猫繁育

Feline Reproduction

主编 [美] 艾米・K. 约翰逊（Aime K. Johnson）
DVM, DACT
美国亚拉巴马州奥本市奥本大学兽医学院临床科学系

[美] 米歇尔・安妮・库茨勒（Michelle Anne Kutzler）
MBA, DVM, PhD, DACT
美国俄勒冈州科瓦利斯市俄勒冈州立大学动物和牧场科学系

主译 王相国

主审 靳亚平 张 勇

CABI

长江出版传媒
湖北科学技术出版社

著作权合同登记号：图字 17-2023-075 号

图书在版编目（CIP）数据

猫繁育 /（美）艾米 · K. 约翰逊（Aime K. Johnson），（美）米歇尔 · 安妮 · 库茨勒（Michelle Anne Kutzler）主编；王相国主译 . —武汉：湖北科学技术出版社，2023.4

书名原文 : Feline Reproduction

ISBN 978-7-5706-2533-8

Ⅰ . ①猫…　Ⅱ . ①艾…　②米…　③王…　Ⅲ . ①猫—繁育　Ⅳ . ① S829.33

中国国家版本馆 CIP 数据核字（2023）第 078575 号

猫繁育
MAO FANYU

策　　划：林　潇　李少莉
责任编辑：林　潇　　封面设计：曾雅明　北农阳光

出版发行：湖北科学技术出版社　　电话：027-87679468
地　　址：武汉市雄楚大街 268 号（湖北出版文化城 B 座 13-14 层）　　邮编：430070

印　　刷：河北华商印刷有限公司　　邮编：072750

889 × 1 194　1/16　17 印张　372 千字
2023 年 5 月第 1 版　　2023 年 5 月第 1 次印刷
定价：288.00 元

本书如有印装质量问题　可找承印厂更换

译委会

主　审

靳亚平　　博士，教授（西北农林科技大学）

张　勇　　博士，教授（甘肃农业大学）

主　译

王相国　　博士，副教授（北京农学院）

副主译

肖龙菲　　博士，讲师（北京农学院）

雷兰杰　　博士，讲师（东南大学）

参　译（排名不分先后）

杨迪琦　　博士，副研究员（海南大学）

赵立佳　　博士，副教授（东北农业大学）

齐茂振　　博士，讲师（东北林业大学）

王　磊　　博士，讲师（福建农林大学）

温　鑫　　博士，讲师（贵州大学）

高　磊　　博士，讲师（青海大学）

任思奇　　硕士研究生（北京农学院）

梁怡宣　　硕士研究生（北京农学院）

傅业全　　博士，讲师（北京农学院）

译者序

在我国，宠物猫在所有宠物中的占比持续提升，目前已成为国内数量最多的宠物。随着人们对于宠物猫的饲养热情不断高涨和喜爱程度不断加深，猫主人一方面希望自己的宠物猫能够得到先进的兽医护理，另一方面对于猫的生殖与繁育的兴趣也与日俱增。

繁殖是一个物种生命的延续。与其他哺乳动物相比，猫的发情期、排卵、交配方式都有其独特性。《猫繁育》一书是艾米・K. 约翰逊（Aime K. Johnson）和米歇尔・安妮・库茨勒（Michelle Anne Kutzler）联合来自全球的作者团队出版的一本猫繁殖专著。该书详细介绍了有关母猫和公猫的生殖生理、生殖疾病和生殖技术应用的最新进展。其中生殖生理包括公猫和母猫生殖系统的解剖，青春期、发情周期及其调控，妊娠诊断和管理，分娩管理，新生幼猫的苏醒与护理等；生殖疾病包括不孕不育、流产、公猫和母猫生殖器官疾病，以及乳腺疾病等；生殖技术包括精液采集评估与冷冻保存、人工授精、节育和辅助生殖技术的应用。

除了宠物猫，野外还生活着大量野生猫科动物，由于人类活动和自然因素对于自然栖息地的破坏以及猫科动物独特的生活方式和生殖方式，多种野生猫科动物种群数量减少，种群的基因多样性和遗传多样性降低，濒临灭绝。本书也介绍了辅助生殖技术在野生猫科动物种质资源保存和生殖中的应用前景。

总之，《猫繁育》不仅阐述了宠物猫的繁育知识，还涵盖了野生猫科动物的繁育知识，期望成为兽医从业者、兽医专业学生、动物科学家和经验丰富的猫养殖者必备的案头书。本书在翻译当中肯定有不足和理解不到位的地方，恳请广大读者、猫友、兽医从业者和专家批评指正，以便日臻完善。

感谢北京北农阳光文化有限公司李少莉总经理为宠物行业甄选了这样一本系统描述猫生殖的专著，感谢各位参与本书翻译和校正工作的译者和朋友们。

北京农学院

王相国

2022 年 12 月・北京

致　谢

感谢 Tanya Robinson 博士在暑假期间为编辑工作所付出的不懈努力和提供的帮助。没有她，这项工作就不可能完成。还要感谢斯科特·里奇研究中心的技术人员、Jessica Cannon、Melissa Korbley 和 Jordan Doss，感谢他们为本书图像方面提供的帮助。最后，要感谢为本书贡献案例和照片的猫主人们。

编著者

主　编

Aime K. Johnson DVM, DACT
Auburn University College of Veterinary Medicine, Department of Clinical Sciences, Auburn, Alabama, USA.
Email: akj0001@auburn.edu

Michelle Anne Kutzler MBA, DVM, PhD, DACT
Oregon State University, Department of Animal and Rangeland Sciences, Corvallis, Oregon, USA.
Email: michelle.kutzler@oregon.edu

参编者

Carla Barstow DVM, MS, DACT
Highland Pet Hospital, Lakeland, Florida, USA.
Email: dr.barstow@tampavet.com

Marco Cunto DVM, PhD, Assoc. Prof
Animal Reproduction Unit, Department of Veterinary Medical Sciences, Alma Mater Studiorum, University of Bologna, Bologna, Italy.
Email: marco.cunto@unibo.it

Diane Delmain DVM, DABVP Feline
Auburn University College of Veterinary Medicine, Department of Clinical Sciences, Auburn, Alabama, USA.
Email: dmd0038@auburn.edu

Jamie M. Douglas DVM, MS
Auburn University College of Veterinary, Department of Clinical Sciences, Auburn, Alabama USA.
Email: jmd0125@auburn.edu

Alain Fontbonne DVM, PhD, MSc, HDR, Prof., DECAR
Centre d'Etudes en Reproduction des Carnivores, Ecole Nationale Vétérinaire d'Alfort, Maisons-Alfort Cedex, France.
Email: alain.fontbonne@vet-alfort.fr

Natalie S. Maticka DVM, MS, MANZCVS, DACT
Guide Dogs Queensland, Bald Hills, Australia.
Email: matickan@vt.edu

Cristina Gobello DVM, PhD, Prof, DECAR
Director Center of Reproductive Physiology, Veterinary Sciences, National University of La Plata and National Research Council, La Plata, Argentina.
Email: cgobello@fcv.unlp.edu.ar

Sandra Goericke-Pesch DVM, Dr. med. vet., Prof., DECAR

Reproductive Unit – Clinic for Small Animals, University of Veterinary Medicine Hannover, Foundation, Hannover, Germany.
Email: Sandra.Goericke-Pesch@tiho-hannover.de

Fiona K. Hollinshead BVSc, PhD, DACT

College of Veterinary Medicine and Biomedical Sciences, Colorado State University, Fort Collins, Colorado, USA.
Email: Fiona.Hollinshead@colostate.edu

Jacob A. Johnson DVM, DACVAA

Auburn University College of Veterinary Medicine, Department of Clinical Sciences, Auburn, Alabama, USA.
Email: jaj0005@auburn.edu

Cindy Maenhoudt DVM, DACT, DECAR

Centre d'Etudes en Reproduction des Carnivores, Ecole Nationale Vétérinaire d'Alfort, Maisons-Alfort Cedex, France.
Email: cindy.maenhoudt@vet-alfort.fr

Jennifer B. Nagashima PhD

Center for Species Survival, Smithsonian Conservation Biology Institute, Front Royal, Virginia, USA.
Email: NagashimaJ@si.edu

Zuzanna Niewiadomska DVM

Centre d'Etudes en Reproduction des Carnivores, Ecole Nationale Vétérinaire d'Alfort, Maisons-Alfort Cedex, France.
Email: zpniewiadomska@gmail.com

Budhan Pukazhenthi BVSc, MS, PhD

Center for Species Survival, Smithsonian Conservation Biology Institute, Front Royal, Virginia, USA.
Email: PukazhenthiB@si.edu

Juliette Roos DVM, DECAR

Ecole Nationale Vétérinaire d'Alfort, Centre d'Etudes en Reproduction des Carinvores, Maisons-Alfort Cedex, France.
Email: roos.juliette@gmail.com

William F. Swanson DVM, PhD

Center for Conservation and Research of Endangered Wildlife (CREW), Cincinnati Zoo and Botanical Garden, Cincinnati, Ohio, USA.
Email: bill.swanson@cincinnatizoo.org

Riley E. Thompson DVM, PhD

Department of Clinical Sciences, Colorado State University, Fort Collins, Colorado, USA.
Email: Riley.Thompson2@colostate.edu

Lindsey M. Vansandt DVM, PhD

Center for Conservation and Research of Endangered Wildlife (CREW), Cincinnati Zoo and Botanical Garden Cincinnati, Ohio, USA.
Email: Lindsey.Vansandt@cincinnatizoo.org

Daniele Zambelli DVM, PhD, Prof, DECAR

Animal Reproduction Unit, Department of Veterinary Medical Sciences, Alma Mater Studiorum, University of Bologna. Bologna, Italy.
Email: daniele.zambelli@unibo.it

目 录

1 母猫的生殖系统解剖和青春期

Michelle Anne Kutzler
美国俄勒冈州立大学动物和牧场科学系

1.1 母猫的生殖系统解剖

母猫的生殖系统包括外阴、前庭、阴道、子宫颈、子宫体、输卵管、卵巢和乳腺（图 1.1）。

外阴由两个垂直的阴唇组成，在背侧接合处连接，位于肛门正下方（图 1.2）。外阴的两个阴唇均匀地闭合在一起（Roberts，1986）。新生母猫的肛门和外阴之间的距离＜ 5 mm（图 1.3a），而新生公猫的肛门和包皮之间的距离＞ 10 mm（图 1.3b）。在发情期，母猫的外阴可能轻微增大并水肿，但身体其他方面的生理变化很小（图 1.4）（da Silva et al.，2006）。此外，与正常母猫相比，切除卵巢的母猫外阴可能略小。母猫主要的前庭腺（大小约 5 mm）位于前庭侧壁，开口于前庭底部（Schummer et al.，1979）。在发情期，可能会出现明显的外阴分泌物，但考虑到猫的卫生行为，这很难被观察到（da Silva et al.，2006）。母猫的外阴和前庭是唯一受感觉神经支配的生殖器官（Roberts，1986）。

猫的前庭和阴道的长度大致相等（Roberts，1986），长度可达 4 cm（McEntee，1990a）。与其他物种不同，母猫没有真正的能将前庭和阴道分开的处女膜（Roberts，1986）。尿道口通向尿道结节，尿道结节从前庭的底部向上凸起。猫的阴道在子宫颈附近变细至直径 1 mm 的宽度（Watson and Glover，1993），这是交配时精液堆积的地方。与其他物种相比，猫的宫颈

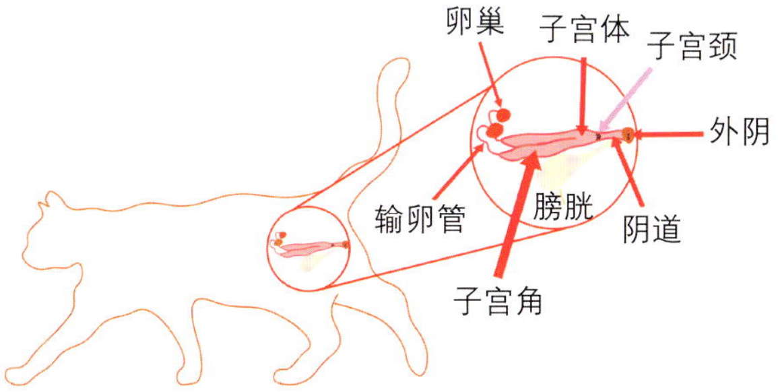

图 1.1 母猫的生殖道示意图

（由 Jamie Douglas 博士提供）

图 1.2 母猫的外阴

外阴由两个垂直的阴唇组成，在背侧接合处连接，位于肛门正下方。（由 Tina Chittick 提供）

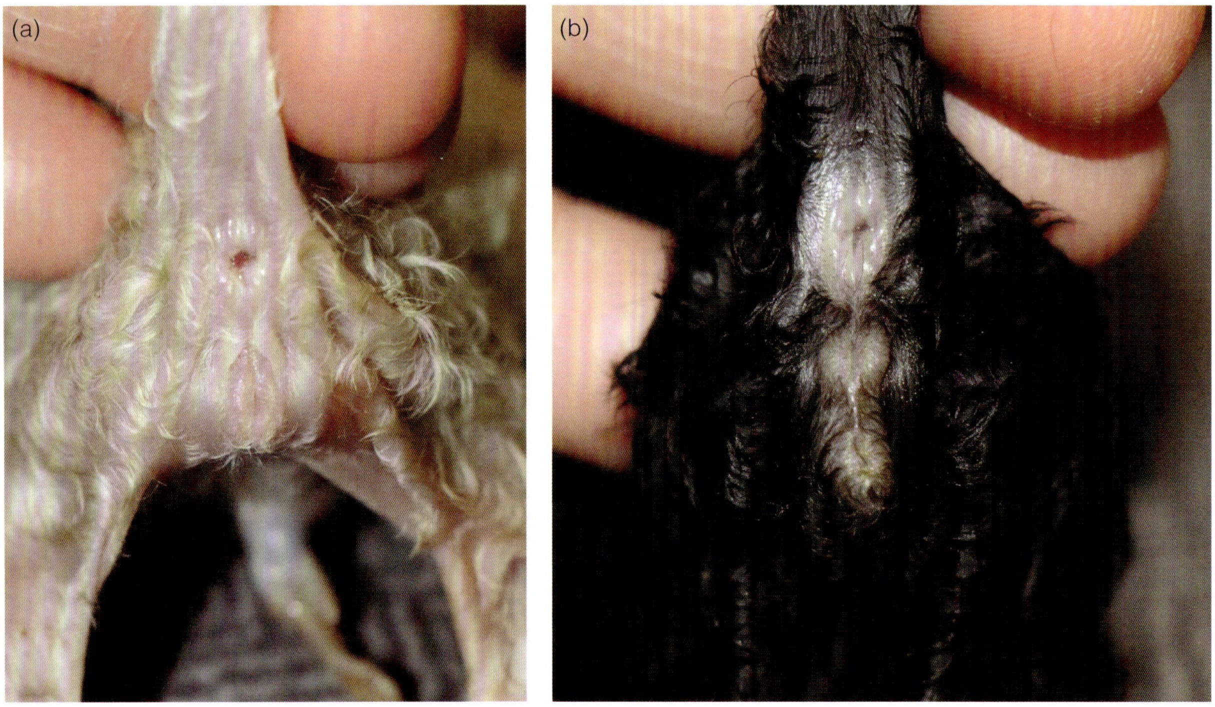

图 1.3　初生幼猫的会阴

（a）母猫的肛门和外阴之间的距离< 5 mm；（b）公猫的肛门和包皮之间的距离> 10 mm。（由 Tina Chittick 提供）

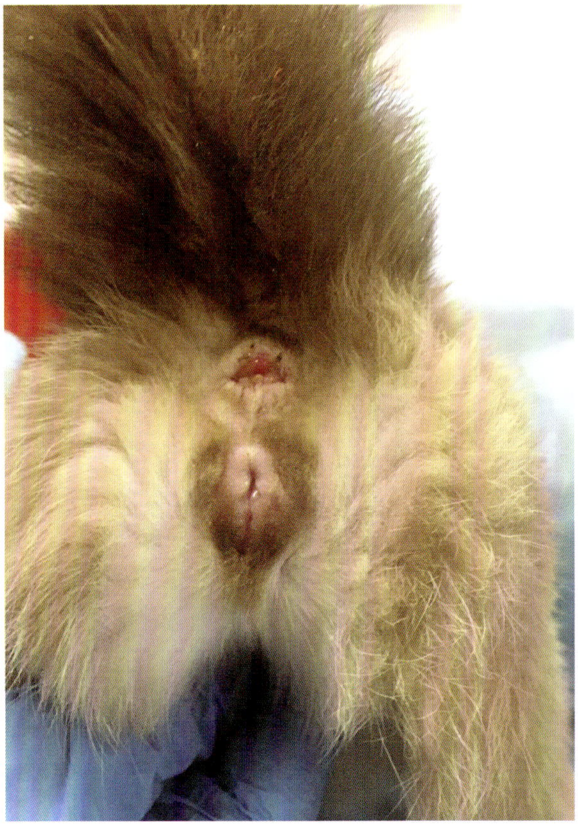

图 1.4　处于发情期的母猫外阴

在发情期，母猫的外阴可能会轻微增大并水肿，但身体其他方面的生理变化很小。（由 Aime Johnson 博士提供）

轮廓不清，其特征是宫颈壁增厚并有横向褶皱（Roberts，1986），形成一个突出的乳头插入阴道腹侧（McEntee，1990a）。猫的子宫颈也有腺体（Schummer，1979）。宫颈管的通畅性在发情周期中会发生变化，只有在发情和分娩时才处于打开状态（Chatdarong et al.，2001, 2002；da Silva et al.，2006）（图 1.5）。

颅侧阴道、子宫颈、子宫和子宫管（输卵管）在猫胚胎冠尾长度长至 1.2 cm 时从中肾副管（缪勒氏管）开始发育，在胚胎冠尾长度长至 3.2 cm 时发育完成（Inomata et al.，2009）。母猫的子宫是双侧性的，其特点是子宫体短（最长仅 2 cm），子宫角长（最长可达 10 cm），在非妊娠状态下重约 1.5 g（Latimer，1939；Chatdarong et al.，2005；Aspinall，2011）（图 1.6 和图 1.7）。然而，母猫的子宫大小取决于其体型、年龄和胎次，以及发情周期或妊娠的阶段（Gatel et al.，2020）。我们实验室的研究表明了年龄（2 ～ 6 月龄）和子宫重量之间呈正相关（图 1.8），在啮齿类动物中，这已被证明与雌二醇分泌增加有关（Medlock et

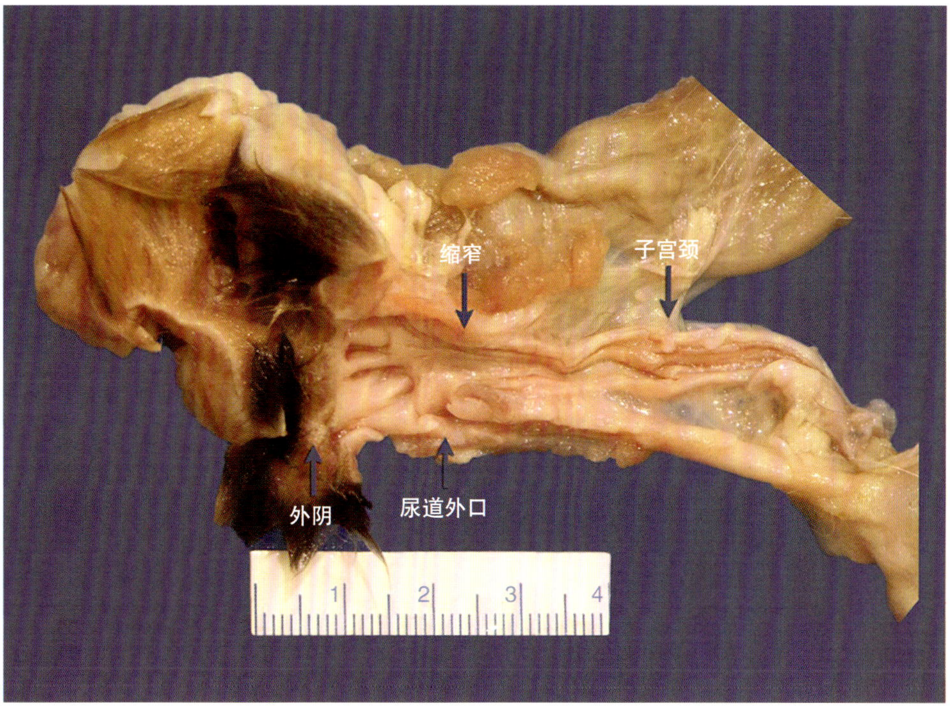

图 1.5　母猫的外生殖道解剖

（由 Rob Lofstedt 博士和生殖图像图书馆提供）

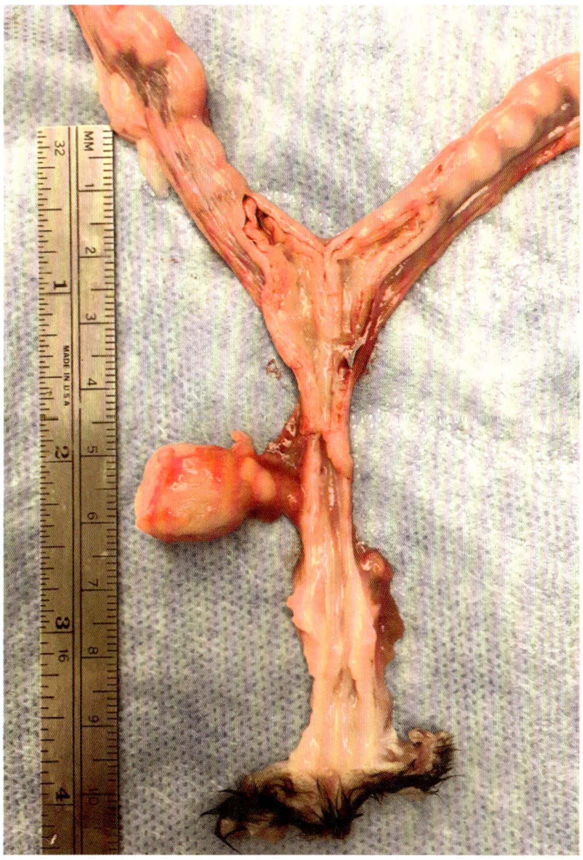

图 1.6　猫的生殖道解剖

（由 Aime Johnson 博士提供）

al.，1994）。子宫重量的增加可能与子宫内膜腺体的数量和深度的增加有关，这一现象从 8 周龄就开始出现了（Lopez Merlo et al.，2017）。另外，猫在青春期后子宫肌层变厚，在卵泡期子宫内膜和肌层都变厚（Chatdarong et al.，2005；Mehl et al.，2017）。

猫的子宫角的形状也会随着卵巢周期的变化而变化，比如在卵泡期，它们看起来是直的，而在黄体期则是适度弯曲的（图 1.9）（Chatdarong et al.，2005）。在卵泡期和黄体期，子宫内膜腺体内的变化也很明显（Dawson，1950）。在间情期，猫的子宫内膜腺体是直的、短且窄的。在发情期前和发情期，子宫内膜腺体扩张，内膜表面和腺上皮高度增加，并出现有丝分裂象。在黄体期，子宫内膜腺体增大并变得弯曲。超声检查可发现子宫体位于膀胱和结肠之间，为均匀的低回声管状结构，周围有细的高回声线（图 1.10）。在大多数检查中，子宫内膜和肌层之间可见一条细的低回声线（Gatel et al.，2020）。未妊娠的子宫腔在子宫中央可见一条细的高回声线。

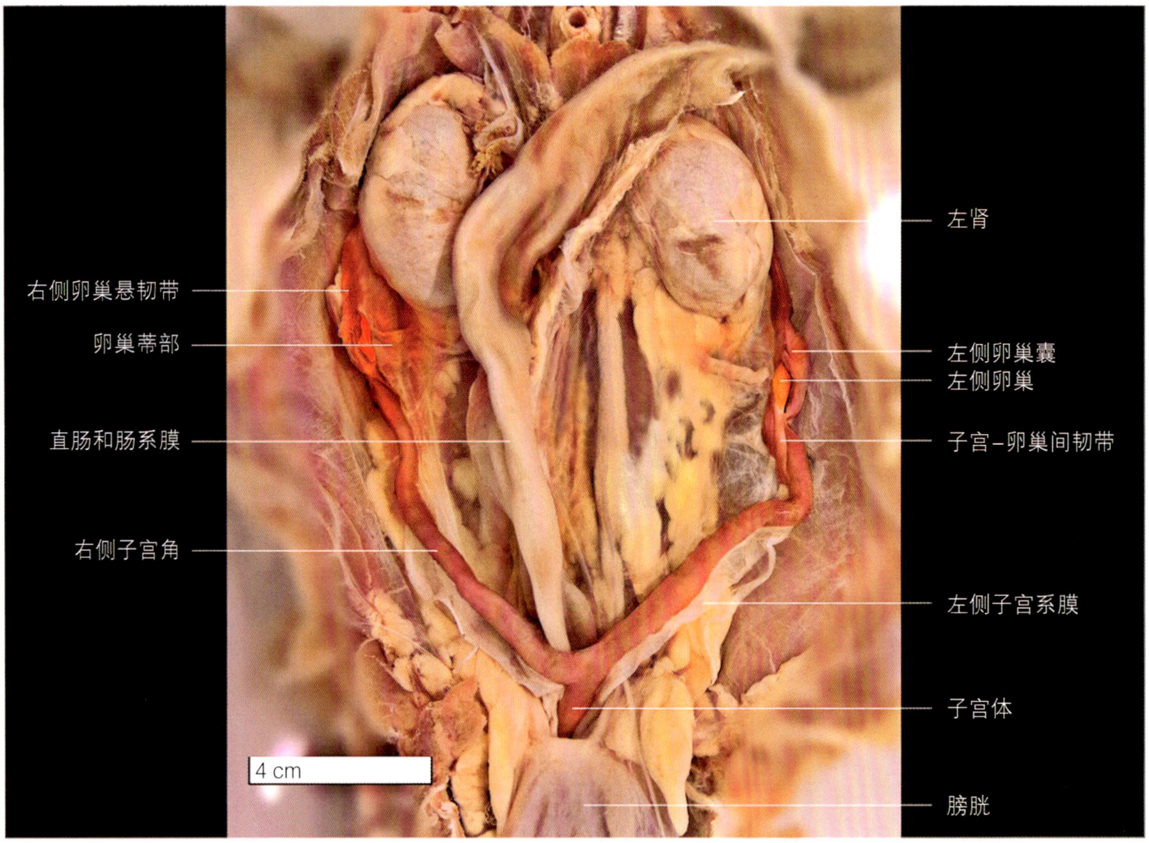

图 1.7 母猫的生殖道原位解剖

（由 Rob Lofstedt 博士和生殖图像图书馆提供）

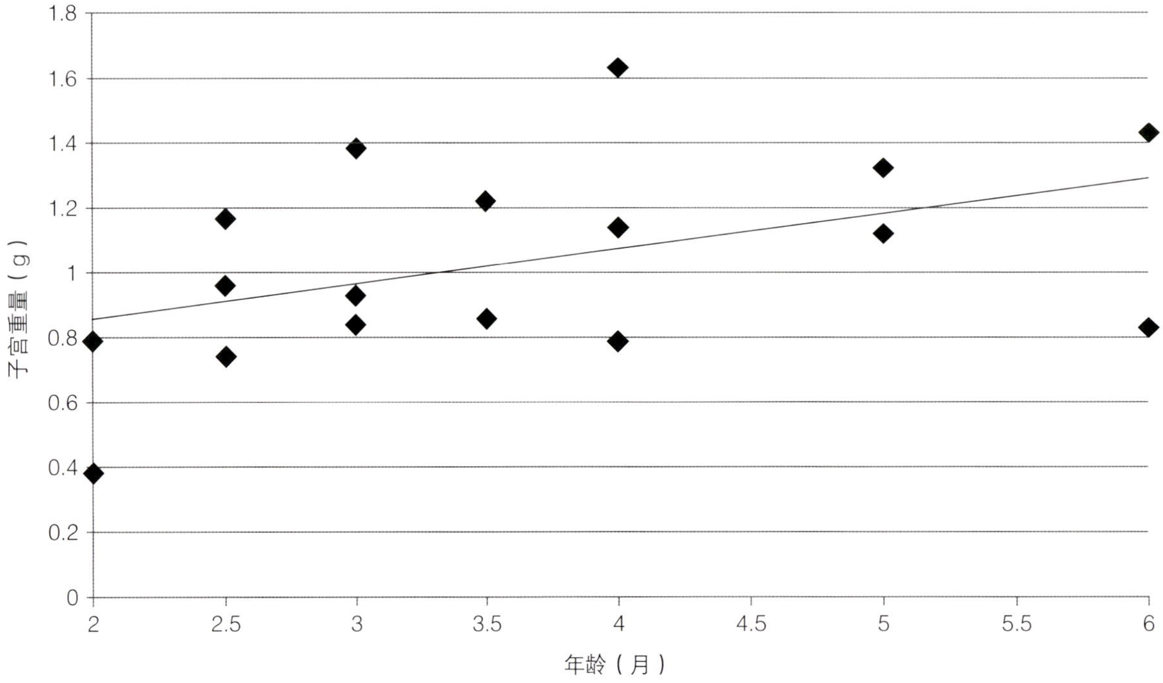

图 1.8 年龄和子宫重量的关系

图中年龄以月为单位，子宫重量以克为单位。随着年龄的增长和青春期的临近，子宫重量会增加。

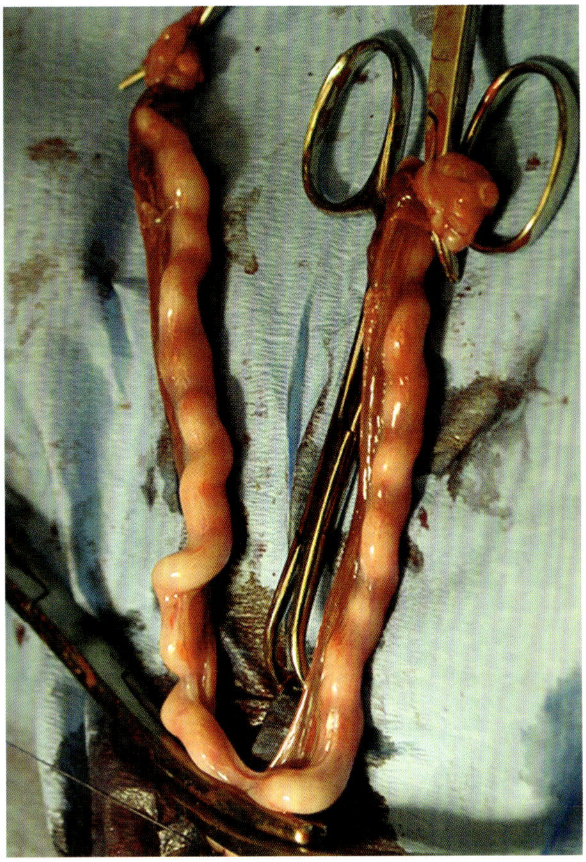

图 1.9　猫的子宫角在黄体期有一个适度弯曲的形状

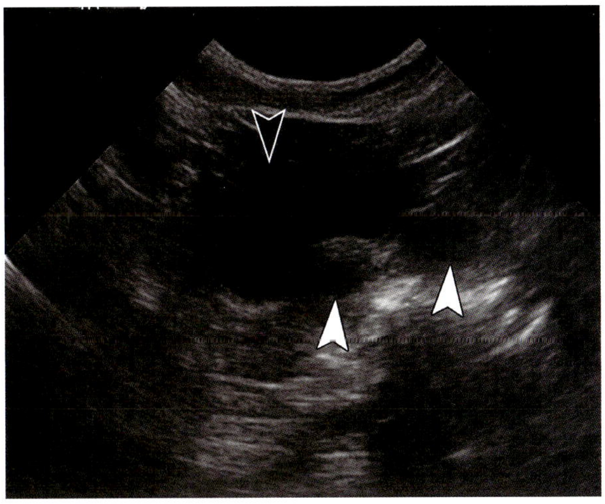

图 1.10　膀胱（黑色箭头）背侧两个子宫角（白色箭头）的横切面超声图像

（由 Aime Johnson 博士提供）

猫的输卵管通过一个小的凸起开口于子宫腔（McEntee，1990b）。猫的输卵管是弯曲的，长 4 ～ 9 cm，包括伞部、漏斗部、壶腹部和峡部（Roberts，1986）。排卵时，卵母细胞被输卵管伞接住，运送到圆锥形的漏斗部，进而到达壶腹部。当精子存在时，在输卵管壶腹部和峡部的交界处完成受精。输卵管内的分泌物为配子存活、受精和胚胎生命的最初几天提供了营养（Momont，2018）。与犬不同，猫的输卵管系膜不含脂肪组织。卵巢囊只在外侧部分包裹卵巢（McEntee，1990b）。卵巢囊入口在背侧由卵巢的固有韧带和悬韧带连接，在腹侧由输卵管的纤毛连接（Schummer et al.，1979）。

猫的卵巢呈椭圆形，长 8 ～ 9 mm（Schummer et al.，1979；McEntee，1990c）（图 1.11）。卵巢囊不含脂肪（Roberts，1986）。多卵巢已被报道，可确定为两个位于阔韧带内的同侧卵巢，相距约 1 cm（Anonymous，1977）。同侧多卵巢均小于对侧卵巢，但其总质量大于对侧卵巢。卵巢的整体外观随发情周期的不同而变化（Wildt，1980）。在季节性乏情期或哺乳期，卵巢表面光滑，仅在组织学上可见窦前卵泡。随着卵泡期（发情期）的临近，会有 3 ～ 7 个卵泡增大，其余的卵泡则会发生闭锁。大多数卵泡发育发生在发情行为出现前的 2 d 内（Wildt and Seager，1978）。猫的卵

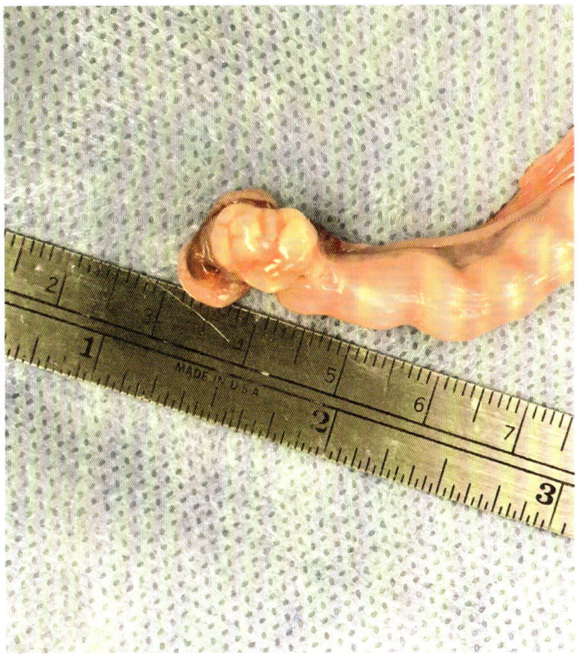

图 1.11　解剖的猫卵巢显示多个黄体

（由 Aime Johnson 博士提供）

巢可以位于两个肾脏尾侧，牢牢地固定在第三和第四腰椎的下方（Roberts, 1986）。左侧卵巢通常位于降结肠外侧，而右侧卵巢更倾向于靠近小肠袢（Gatel et al., 2020）。猫的卵泡在排卵时直径为 2 ～ 3 mm（Foster and Hisaw, 1935），可经腹部超声显像（图 1.12）。

从组织学上看，猫的卵巢与其他家养动物的卵巢有很大的区别，白膜下有丰富的原始卵泡（Bristo and Woodruff, 2004）。原始卵泡的特征是由单层扁平的前颗粒细胞直接包裹直径为 20 ～ 30 μm 的卵母细胞（Bristol-Gould and Woodruff, 2006）（图 1.13A）。初级卵泡比原始卵泡大，具有单层立方状颗粒细胞的透明带，以及将颗粒细胞与卵巢基质分隔开的基底膜（Bristol-Gould and Woodruff, 2006）（图 1.13B）。次级卵泡在基底膜的对面有一层以上的颗粒细胞层和一个膜细胞层（图 1.13C）。青春期前的母猫每平方毫米的卵巢皮质层中有超过 300 个原始卵泡，25 个初级卵泡和 9 个次级卵泡，青春期后没有明显变化（Mehl et al., 2017）。三级卵泡较大，直径为 400 ～ 1000 μm。除了膜细胞层数增加外，三级（有腔）卵泡的主要特征是出现充满液体的腔（图 1.13D）。

母猫通常有四对两侧对称的乳腺（颅胸、胸尾、颅腹和尾腹）（图 1.14）（Silver, 1966）。每

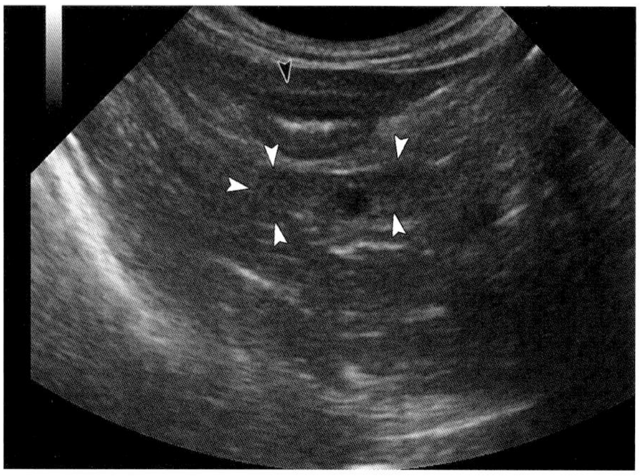

图 1.12　右侧卵巢的超声图像

右侧卵巢（白色箭头）有一个成熟的卵泡（卵巢内有 2 mm 无回声结构）。卵巢腹侧可见小肠袢（黑色箭头）。（由 Aime Johnson 博士提供）

个乳腺由多个叶组成，由 4 ～ 8 个导管引流到乳头，每个导管单独开口于乳头上（Schummer et al., 1981；Hughes, 2021）。在腹股沟区偶尔可以发现无功能的附属乳头，它们不与任何乳腺组织相连，故不应与其他有功能的乳头混淆（Schummer et al., 1981；da Silva et al., 2006）。猫的乳腺组织同时表达雌激素和孕激素受体，在青春期和妊娠期间对这些受体的刺激分别导致乳腺上皮增殖和乳腺发育（Mol et al., 1996；de las Mulas et al., 2002；Millanta et al., 2005）。在哺乳期间，乳成分（如干物质、粗蛋白质、脂肪、乳糖）的浓度因乳腺（乳头）位置、哺乳阶段、饲粮和产崽数的不同而有显著差异（Jacobsen et al., 2004）。

1.2　母猫青春期

“青春期”一词来源于拉丁语“pubescere”，意思是“长满被毛”。这种直译是以人为中心的，因为在人身上所观察到的被毛覆盖的变化不会发生在其他哺乳动物身上。雌性家养动物青春期的开始通常归因于第一次发情或第一次排卵。由于母猫是诱导排卵动物，“第一次发情”更适用于猫。如果在青春期前绝育，与青春期相关的骨骼最终的发育成熟会延迟（Stubbs et al., 1996）。

哺乳动物生殖成熟的速度有显著的差异。家猫的青春期发生在 181 ～ 560 日龄（平均为 345 日龄 ±0.9 日龄），与北半球一年中的其他时间相比，3 月至 6 月出生的幼猫的青春期明显提前（Tsutsui et al., 2004）。然而，最近的研究报告称，青春期发生在 13.3 ± 0.4 周龄（Faya et al., 2013），并且我们的实验室报道了 2 月龄的猫卵巢上的卵泡发育到排卵大小（Bohrer et al., 2016）。猫在 100 日龄左右，当体重接近 1 kg 时，卵巢重量迅速增加（Uchikura et al., 2010）。和反刍动物一样，卵巢重量的增加伴随着次级和三级卵泡的数量和大小的增加（Desjardins and Hafs, 1969；Mahdi and Kahlilli, 2008）。母猫青春期的平均体重为 2.5 ～ 3.0 kg（约为成年母猫体重的 80%）（England, 2010）。除了体重，猫

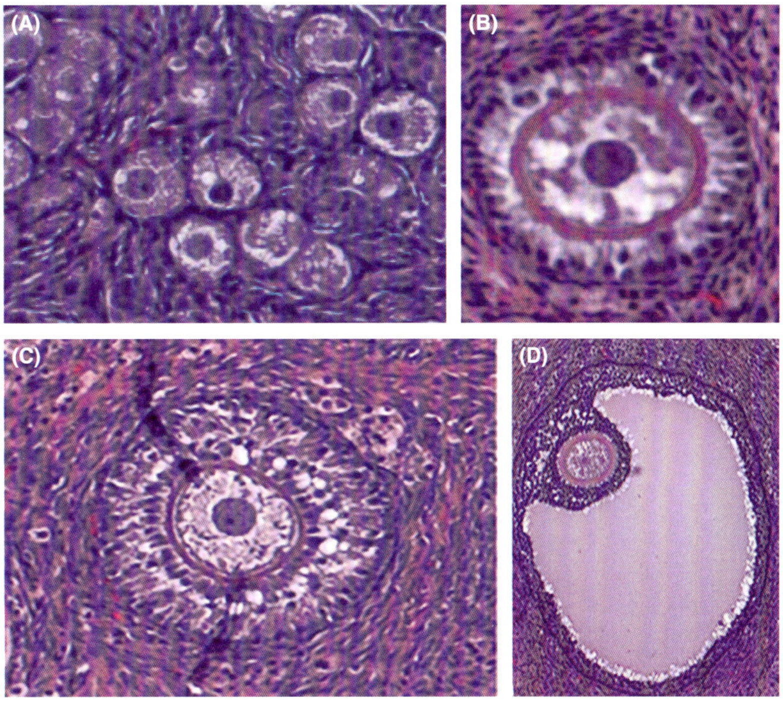

图 1.13　猫卵巢的组织学图像

（A）原始卵泡的特征是有单层扁平的前颗粒细胞直接包裹直径为 20 ～ 30 μm 的卵母细胞；（B）初级卵泡比原始卵泡大，有带有单层立方状颗粒细胞的透明带，以及将颗粒细胞与卵巢基质隔开的基底膜；（C）次级卵泡在基底膜的对面有一层以上的颗粒细胞层和一个膜细胞层；（D）三级卵泡有多层卵泡膜细胞和一个充满液体的腔。

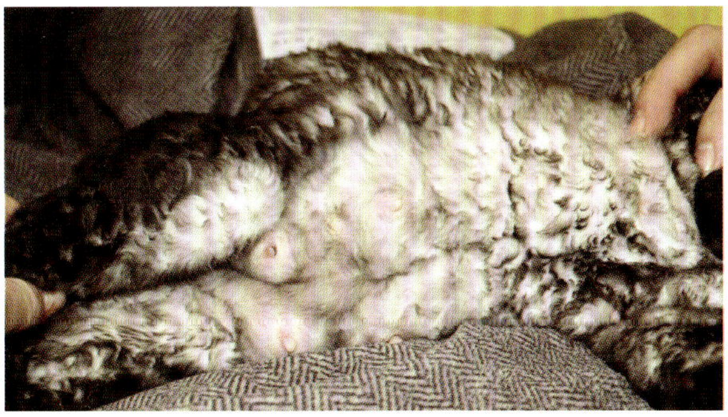

图 1.14　母猫有四对乳腺

（由 Tina Chittick 提供）

表 1.1　不同品种猫的青春期正常开始月龄

品种	青春期开始月龄
阿比西尼亚猫	7 ～ 14 月龄
伯曼猫	10 ～ 18 月龄
缅甸猫	4 ～ 19 月龄
喜马拉雅猫	4 ～ 16 月龄
马恩岛猫	9 ～ 18 月龄
暹罗猫	4 ～ 20 月龄
家养短毛猫	4.5 ～ 15 月龄
家养长毛猫	6 ～ 18 月龄

注：改编自 Johnston（1989）。

青春期的开始还受到其他内在因素（如品种）和外在因素（如环境、季节）的影响（Jemmett and Evans，1977；Romagnoli et al.，2019）。许多短毛品种猫（如缅甸猫、东方短毛猫、家养短毛猫）比长毛品种猫更早进入青春期（如波斯猫及相关品种）（Malandain et al.，2006；England，2010）（表 1.1）。流浪猫往往比宠物猫更早进入青春期（England，2010）；而不与其他猫接触的室内宠物猫进入青春期的时间较晚（Malandain et al.，2006）。光周期对母猫青春期的开始起着重要的决定作用。猫的卵泡活动需要一段时间的长日照（每天至少 12 h）（Hurni，1981）。当光周期缩短时，褪黑素（MT）和催乳素（PRL）分泌增加，导致卵泡活动停止（Levya et al.，1989）。因此，在晚秋出生的母猫一般会比在同一年中其他时间出生的母猫更早进入青春期（Malandain et al.，2006）。2 岁前未有发情表现的母猫应该查明原因（Malandain et al.，2006）。

1.3 参考文献

[1] Anonymous (1977) Third ovary in a cat. Modern Veterinary Practice 58, 199.

[2] Aspinall, V. (2011) Reproductive system of the dog and cat. Part 1 – the female system. Veterinary Nursing Journal 26, 43–45. doi: 10.1111/j.2045-0648.2010. 00013.x.

[3] Bohrer, E., Patton, K., and Kutzler, M. (2016) Early onset of reproductive capacity in free-roaming, unowned cats. Proceedings from the 8th International Symposium on Canine and Feline Reproduction. Paris, France. [abstract].

[4] Bristol, K. and Woodruff, K. (2004) Follicle-restricted compartmentalization of transforming growth factor beta superfamily ligands in the feline ovary. Biology of Reproduction 70, 846–859.

[5] Bristol-Gould, S. and Woodruff, T. K. (2006) Folliculogenesis in the domestic cat (Felis catus). Theriogenology 66, 5–13.

[6] Chatdarong, K., Lohachit, C., Ponglowhapan, S., and Linde-Forsberg, C. (2001) Transcervical catheterization and cervical patency during the oestrous cycle in domestic cats. Journal of Reproduction and Fertility Supplement 57, 353–356.

[7] Chatdarong, K., Kampa, N., Axnér, E., and Linde-Forsberg, C. (2002) Investigation of cervical patency and uterine appearance in domestic cats by fluoroscopy and scintigraphy. Reproduction in Domestic Animals 37, 275–281. doi: 10.1046/j.1439-0531.2002. 00348.x.

[8] Chatdarong, K., Rungsipipat, A., Axnér, E., and Linde-Forsberg, C. (2005) Hysterographic appearance and uterine histology at different stages of the reproductive cycle and after progestagen treatment in the domestic cat. Theriogenology 64, 12–29. doi: 10.1016/j.theriogenology.2004.10.018.

[9] da Silva, L. D. M, da Silva, T. F. P., Rodrigues Silva, A., and Mattos, M. R. F. (2006) Fisiologia Reproductiva Felina. In: Wanke, M. M. and Gobello, C. (eds) Reproduccion en Caninos y Felinos Domesticos. Inter-Medica S.A.I.C.I., Buenos Aires, Brazil, pp 247–266.

[10] Dawson, A. B. (1950) The domestic cat. In: Farris, E. J. (ed.) The Care and Breeding of Laboratory Animals. Wiley, New York, pp 220–225.

[11] de las Mulas, J. M., van Niel, M., Millân, Y., Ordâs, J., Blankenstein, M. A., et al. (2002) Progesterone receptors in normal, dysplastic and tumourous feline mammary glands. Comparison with oestrogen receptors status. Research in Veterinary Science 72, 153–161. doi: 10.1053/rvsc.2001.0542.

[12] Desjardins, C. and Hafs, H.D. (1969) Maturation of bovine female genitalia from birth through puberty. Journal of Animal Science 28, 502–507.

[13] England, G. C. W. (2010) Physiology and endocrinology of the female. In: England, G. and von Heimendahl, A. (eds) BSAVA Manual of Canine and Feline Reproduction and Neonatology, 2nd edn. BSAVA, Glouchester, England, pp. 1–12.

[14] Faya, M., Carranza, A., Miotti, R., Ponchón, T., Furlan, P., et al. (2013) Fecal estradiol-17β and testosterone in prepubertal domestic cats. Theriogenology 80, 584–586. doi: 10.1016/j.theriogenology.2013.05.026.

[15] Foster, M. A. and Hisaw, F. L. (1935) Experimental ovulation and the resulting pseudopregnancy in anoestrous cats. Anatomical Record 62, 75–93.

[16] Gatel, L., Rault, D. N., Chalvet-Monfray, K., de Rooster, H., Levy, X., et al. (2020) Ultrasonography of the normal reproductive tract of the female domestic cat. Theriogenology 142, 328–337. doi: 10.1016/ j.theriogenology.2019.10.015.

[17] Hughes, K. (2021) Comparative mammary gland postnatal development and tumourigenesis in the sheep, cow, cat and rabbit: Exploring the menagerie. Seminars in Cell and Developmental Biology 14(20), 186–195. doi: 10.1016/ j.semcdb.2020.09.010.

[18] Hurni, H. (1981) Daylength and breeding in the domestic cat. Laboratory Animals 15, 229–233.

[19] Inomata, T., Ninomiya, H., Sakita, K., Kashiwazaki, N., Ito, J., et al. (2009) Developmental changes of Müllerian and Wolffian ducts in domestic cat fetuses. Experimental Animals 58, 41–45. doi: 10.1538/expanim.58.41.

[20] Jacobsen, K. L., De Peters, E. J., Rogers, Q. R., and Taylor, S. J. (2004) Influences of stage of lactation, teat position and sequential milk sampling on the composition of domestic cat milk (Felis catus). Journal of Animal Physiology and Animal Nutrition (Berlin) 88, 46–58. doi: 10.1046/j.1439-0396.2003. 00459.x.

[21] Jemmett, J. E. and Evans, J. M. (1977) A survey of sexual behavior and reproduction of female cats. Journal of Small Animal Practice 18, 31–37.

[21] Johnston, S.D. (1989) Premature gonadal failure in female dogs and cats. Journal of Reproduction and Fertility Supplement 39, 65–72.

[23] Latimer, H.B. (1939) The prenatal growth of the cat. VIII. The weights of the kidneys, bladder, gonads, and uterus, with the weights of the adult organs. Growth 3, 89–108.

[24] Levya, H., Madley, T., Stabenfeldt, G. H. (1989). Effect of light manipulation on ovarian activity and melatonin and prolactin secretion in the domestic cat. Journal of Reproduction Fertility Supplement 39, 125–133.

[25] Lopez Merlo, M., Faya, M., Priotto, M., Barbeito, C., and Gobello, C. (2017) Development and proliferation of feline endometrial glands from fetal life to ovarian cyclicity. Theriogenology 99, 119–123. doi: 10.1016/ j.theriogenology.2017.05.030.

[26] Mahdi, D. and Kahlilli, K. (2008) Relationship between follicle growth and circulating gonadotropin levels during postnatal development of sheep. Animal Reproduction Science 106, 100–112.

[27] Malandain, E., Little, S., Casseleux, G., Shelton, L., Pibot, P.,

and Paragon, B. M. (2006) Practical Guide to Cat Breeding. Aniwa SAS, Lyon, France, pp. 63–132.
[28] McEntee, K. (1990a) Cervix, Vagina, and Vulva. In: McEntee, K. Reproductive Pathology of Domestic Mammals. Academic Press, Inc., San Diego, California, pp. 191–223.
[29] McEntee, K. (1990b) The Uterine Tube. In: McEntee, K. Reproductive Pathology of Domestic Mammals. Academic Press, Inc., San Diego, California, pp. 94–117.
[30] McEntee, K. (1990c) The Ovary. In: McEntee, K. Reproductive Pathology of Domestic Mammals. Academic Press, Inc., San Diego, California, pp. 31–51.
[31] Medlock, K., Forrester, T., and Sheehan, D. (1994) Progesterone and estradiol interaction in the regulation of rat uterine weight and estrogen receptor concentration. Proceedings of the Society for Experimental Biology and Medicine (New York) 2, 146–153.
[32] Mehl, N. S., Khalid, M., Srisuwatanasagul, S., Swangchan-Uthai, T., and Sirivaidyapong, S. (2017) Comparison of the ovarian and uterine reproductive parameters, and the ovarian mRNA and protein expression of LHR and FSHR between the prepubertal and adult female cats. Reproduction in Domestic Animals 52(2), 41–44. doi: 10.1111/rda.12926.
[33] Millanta, F., Calandrella, M., Bari, G., Niccolini, M., Vannozzi, I., et al. (2005) Comparison of steroid receptor expression in normal, dysplastic, and neoplastic canine and feline mammary tissues. Research in Veterinary Science 79, 225–232. doi: 10.1016/j.rvsc.2005.02.002.
[34] Mol, J. A., van Garderen, E., Rutteman, G. R., and Rijnberk, A. (1996) New insights in the molecular mechanism of progestin-induced proliferation of mammary epithelium: Induction of the local biosynthesis of growth hormone (GH) in the mammary gland of dogs, cats and humans. Journal of Steroid Biochemistry and Molecular Biology 57, 67–71. doi: 10.1016/0960-0760(95)00251-0.
[35] Momont, H. W. (2018) The gonads and genital tract of cats. Available at: https://www.merckvetmanual.com/cat-owners/reproductive-disorders-of-cats/the-gonads-and-genital-tract-of-cats (accessed 10 December 2020).
[36] Roberts, S. J. (1986) Veterinary Obstetrics and Genital Diseases (Theriogenology) 3rd edn. Roberts, S. J. (published by the author), Woodstock, Vermont, pp. 3–13.
[37] Romagnoli, S., Bensaia, C., Ferré-Dolcet, L., Sontas, H. B., and Stelletta, C. (2019) Fertility parameters and reproductive management of Norwegian Forest Cats, Maine Coon, Persian and Bengal cats raised in Italy: a questionnaire-based study. Journal of Feline Medical Surgery 21, 1188–1197. doi: 10.1177/1098612X18824181.
[38] Schummer, A., Nickel, R., and Sack, W. A. (1979) In: Nickel, A., Schummer, A., and Seiferle, E. (eds) The Viscera of the Domestic Mammals, 2nd edn. Springer Verlag, Berlin, pp 304–389.
[39] Schummer, A., Wilkens, H., Vollmerhaus, B., and Habemehl, K. H. (1981) In: Nickel, A., Schummer, A., and Seiferle, E. (eds) The Anatomy of the Domestic Animals (Volume 3: The Circulatory System, the Skin, and the Cutaneous Organs of the Domestic Mammals). Springer Verlag, Berlin, pp 469–475.
[40] Silver, I. A. (1966) The anatomy of the mammary gland of the dog and cat. Journal of Small Animal Practice 7, 689–696. doi: 10.1111/j.1748-5827.1966.tb04394.x.
[41] Stubbs, W. P., Bloomberg, M. S., Scruggs, S. L., Shille, V. M. and Lane, T. .J. (1996) Effects of prepubertal gonadectomy on physical and behavioral development in cats. Journal of the American Veterinary Medical Association 209, 1864–1871.
[42] Tsutsui, T., Nakagawa, K., Hirano, T., Nagakubo, K., Shinomiya, M., et al. (2004) Breeding season in female cats acclimated under a natural photoperiod and interval until puberty. Journal of Veterinary Medical Science 66, 1129–1132. doi: 10.1292/jvms.66.1129.
[43] Uchikura, K., Nagano, M., and Hishinuma, M. (2010) Evaluation of follicular development and oocyte quality in pre-pubertal cats. Reproduction in Domestic Animals 45, 405–411.
[44] Watson, P. F. and Glover, T. E. (1993) Vaginal anatomy of the domestic cat (Felis catus) in relation to copulation and artificial insemination. Journal of Reproduction and Fertility Supplement 47, 355–359.
[45] Wildt, D. (1980) Laparoscopic determination of ovarian and uterine morphology during the reproductive cycle. In: Morrow, D.E. (ed.) Current Therapy in Theriogenology. W.B. Saunders Company, Philadelphia, Pennsylvania, pp. 828–832.
[46] Wildt, D. and Seager, S. (1978) Ovarian response in the estrual cat receiving varying doses of hCG. Hormone Research 9, 114–150.

2 猫的发情周期

Lindsey M. Vansandt
美国俄亥俄州辛辛那提动植物园濒危野生动物保护与研究中心

2.1 季节性发情

母猫是季节性发情动物，在繁殖季节会多次发情，除非被排卵、妊娠或疾病打断。当日照时间增加时，会出现周期性发情，而在日照时间减少后就会出现乏情。由于季节性发情受光照周期长度的影响，地理位置（如纬度）对季节性发情程度的影响很大。生活在赤道地区的猫全年都可以繁殖。随着纬度从赤道上升，繁殖季节缩短，生活在极地地区的猫繁殖季节大约为 6 个月（Hurni，1981）。在北温带地区，猫的繁殖季节通常从 2 月开始（范围：1 月至 3 月），9 月结束（范围：6 月至 9 月）（Schmidt，1986）。品种的特定适应性，也能够影响光照周期敏感性。长毛品种比短毛品种的繁殖季节更短、更明确（Jemmett and Evans，1977）。高温和（或）高湿度的环境增加了母猫的发情间隔，从而影响了发情周期（Concannon and Lein，1983）。

对于住在完全没有自然光照的室内猫（如在实验室环境中），每天在 4 m×4 m 房间中暴露在一个相当于 100 瓦灯泡的人造光下至少 10 h，可以全年保持繁殖周期（Shille and Sojka，1995）。然而，与赤道条件相似的 12 h ∶ 12 h 的明暗循环已被证明能产生最高产的全年繁殖周期（以每周成功繁殖的百分比评估）（Hurni，1981）。如果需要缩短繁殖周期并且具有更明确的繁殖季节，连续 2 个月将光照时间 9 h 改为 14 h 后将显著增加 5 ～ 6 个月出生的幼崽数量。家养猫经常暴露在自然光和人造光下。由于家庭环境中的人造光不是恒定的，它可能会导致卵巢发情周期无法预测，据报道，大多数没有绝育的宠物猫在 10 月至 12 月不会有发情周期表现。

2.2 排卵生理

虽然家猫被归类为诱导排卵动物，但也有自发排卵的记录（Lawler et al.，1993；Gudermuth et al.，1997；Graham et al.，2000；Pelican et al.，2005；Binder et al.，2019）。在不同的研究中，自发排卵的母猫比例差异很大（35% ～ 87%），一些母猫很少自发排卵，而另一些母猫在没有交配刺激的情况下持续排卵。有趣的是，据报道，诸如高龄、群体饲养和公猫的非交配存在（如视觉、嗅觉和犁鼻接触）等因素可能会增加自发排卵率。然而，在幼龄、单独饲养以及没有与任何公猫接触的母猫中也有自发排卵的记录。也有研究表明，高自发排卵率增加了猫的囊性子宫内膜增生 – 蓄脓发生的风险，主要是孕酮对子宫内膜长期影响导致的。在一项案例调查研究中，45% 炎症性子宫疾病或不孕的猫存在自发排卵现象且存在分泌功能的黄体（Lawler et al.，1991）。

在典型的诱导排卵反射中，公猫在交配时通过带刺的阴茎刺激母猫阴道内的迷走神经产生刺激信号，刺激信号通过脊髓传入神经通路传递到母猫的下丘脑，导致下丘脑释放促性腺激素释放激素（gonadotropin-releasing hormone，GnRH），随后垂体前叶脉冲式释放促黄体生成素（luteinizing hormone，LH）。LH 波峰可在交配后

10 min 内出现，波幅与交配次数有关。LH 水平通常在 8 ～ 12 次交配后的 4 h 达到峰值。如果母猫在 4 h 内只交配 4 次，则 LH 峰值水平显著降低，如果只交配 1 次，则 LH 峰值水平进一步降低（Concannon，1980）。在上述研究中，50% 的发情期母猫在一次交配后就排卵，而经过 4 次或者 4 次以上交配可以保证所有发情的母猫排卵。

排卵或不排卵似乎是交配后 LH 释放量的差异导致的结果，而不是由于卵泡对类似物的反应的差异，因为血清中 LH 只在母猫排卵时升高（Wildt et al.，1980）。单次交配（conannon et al.，1980）或多次交配（Wildt et al.，1981）后，LH 释放量在同一动物和不同动物个体之间存在很大程度的差异。此外，排卵存在要么全部排出要么全部无法排出的现象，因为在排卵期前观察到的成熟卵泡（直径≥ 2 mm）的数量与交配后的黄体数量相对应（Wildt et al.，1980）。

交配诱导 LH 释放的神经内分泌调节通路容易产生不应期。如果母猫被限制每天进行 3 次交配，那么第 1 天的 LH 释放量会大幅增加，第 2 天的 LH 增加较小，第 3 天的 LH 增加可以忽略不计（Wildt et al.，1980）。对于不受限制的交配，在第一次交配后的 2 ～ 4 h，LH 的释放会迅速受到抑制，并持续 48 ～ 72 h（conannon et al.，1989）。在这段不应期内，交配能够引起母猫产生性交后反应，用生理剂量的 GnRH 处理可能会引起 LH 水平显著升高。这些数据表明，不应期内产生的反应性下降是由下丘脑 GnRH 耗竭和（或）GnRH 在进一步释放时的局部负反馈调节引起的。

在出现发情行为的第 1 天交配的母猫至少需要 48 h 才能排卵（Wildt et al.，1981），在第 2 天交配的母猫通常在 30 ～ 36 h 后排卵（Swanson et al.，1994），第 3 ～ 4 天交配的母猫通常在 32 h 后全部排卵（Shille et al.，1983）。排卵时间的差异可能是卵泡成熟度和发情期早期卵泡对 LH 反应水平差异造成的（wilt et al.，1981）。

2.3　发情周期的阶段

母猫的发情周期分为 5 个明确的阶段：发情前期、发情期、发情后期、间情期和乏情期。每个阶段都与激素分泌和行为的明显变化有关。阴道细胞学也有变化，但不像母犬那样特征明显（Mills et al.，1979）。此外，母猫进入发情期会比母犬更突然。由于这些原因，阴道细胞学检查不常用于母猫发情的判断。经腹部卵巢超声检查已被用来监测卵泡生长，但也不常用于母猫的发情判断（Malandain et al.，2011）。

2.3.1　发情前期

这一阶段与卵泡大小的增加和雌二醇水平的上升有关。卵巢表面不明显的深色区域即为发育中的卵泡，直径约为 1 mm。在行为学上，发情前期为发情期前的一段时间，在此期间母猫对公猫具有性吸引力，但不接受交配。母猫会经常用头和脖子摩擦物品，不断发出声音，并且在地上打滚（Michael，1961）。与母犬形成鲜明对比的是，很难在母猫身上观察到阴道出血、外阴肿胀和阴道细胞学变化等明显的发情表现。阴道涂片中的细胞排空现象（涂片缺乏非细胞碎片、黏液和细胞聚结减少）是猫卵泡活性最准确和最早的指标，大约 1/3 的猫在发情前会出现这种情况（Shille et al.，1979）。发情前期这个阶段的识别可能很困难，因为行为变化很微小，持续时间很短，通常持续不到 24 h。在一项研究中发现，168 个发情周期中只有 27 个出现了发情前期这个阶段，平均时间为 1.2 d ± 0.8 d。

2.3.2　发情期

经过短暂的发情前期，母猫进入发情期，其特征是母猫允许公猫爬跨和交配。随着卵泡生长成直径≥ 2 mm 的明显的泡状结构并突出于卵巢表面，血浆中的雌二醇迅速从 15 pg/mL 的基础水平上升到≥ 20 pg/mL。在一个典型的发情周期中，母猫将具有 2 ～ 7 个成熟的卵泡，并且交配过的母猫和没有交配过的母猫的卵泡数量没有区别（Wildt et al., 1981）。不同个体血浆浓度在 25 ～ 80 pg/mL 的雌二醇峰值水平差异很大（Shille et al., 1979；Wildt et al., 1981）。

发情行为滞后于雌二醇的上升，只有 8% 的猫在第 1 天表现出发情行为（血浆雌二醇 > 20 pg/mL），但 80% 的猫在第 4 天才会表现出发情行为（Shille et al., 1979）。公猫的爬跨或抚摸母猫两侧会阴区域会引起母猫产生前屈姿势（前腿弯曲、后躯抬高、尾部侧向偏移）和后脚踏地，可能还包括强烈的呻吟、频繁地排尿和焦躁不安等行为。虽然发情期的母猫通常会表现出明显的性格变化，但个体间的行为表现差异很大。高度发情的母猫可以在非发情期表现出许多发情行为，包括前屈姿势。

可观察到母猫的发情行为的缺失和延迟。有人认为，明显的发情行为缺乏通常发生在胆小和（或）社会等级较低的猫中（Shille et al., 1979），然而，没有表现出这种性格类型的猫发情的时候在上一个发情周期没有观察到发情行为，可能会在下一个发情周期中表现出来。成熟卵泡波的重叠使母猫受到持续高水平的血浆雌激素的影响，可能导致发情行为延长。然而，有明显重复的卵泡波时也可以观察到长时间的发情行为表现。目前还不清楚为什么有些母猫在血浆雌激素水平和发情行为之间不协调（Feldman et al., 2014）。

随着雌二醇浓度的升高，到发情第 4 天，阴道上皮细胞（部分角化，核变性）保持不变（40% ～ 60%），而无核细胞（完全角化）从 5% 增加到 40%，中间细胞（部分角化，核完整）从大约 45% 减少到 < 10%（图 2.1）。基底旁细胞（非角化）在猫的发情周期中通常占比较低（1% ～ 6%），在发情的第 4 ～ 7 天完全消失。大多数猫（大约 90%）在发情期都有排空现象（图 2.2）。发情期结束后的 5 d 内，排空现象依然存在（Shille et al., 1979）。猫的阴道细胞学不同于母犬，在猫的阴道涂片中很少能看到红细胞

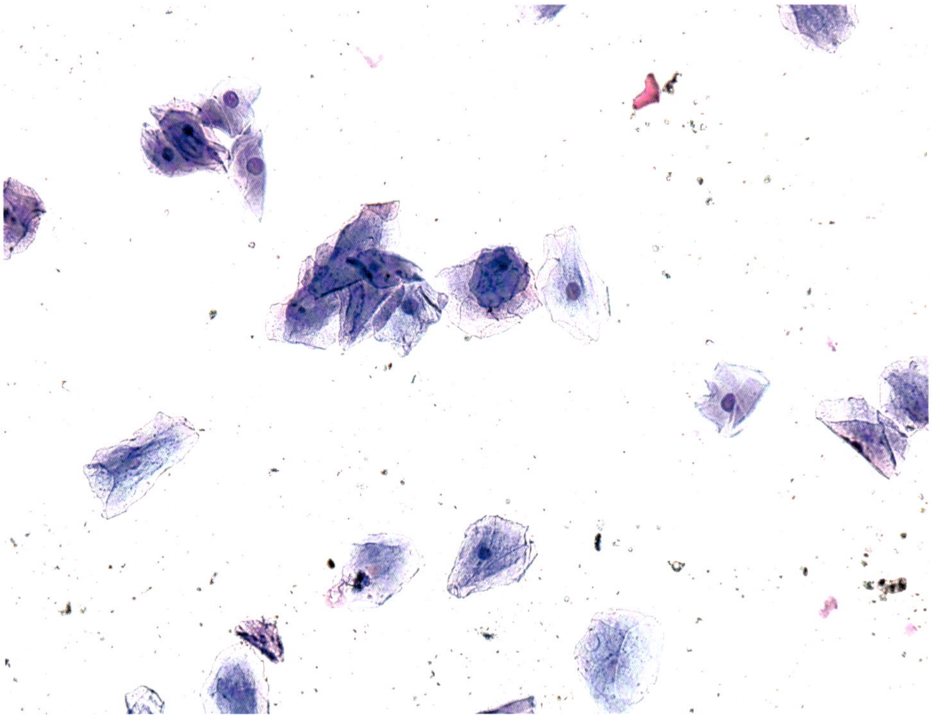

图 2.1　发情期母猫的阴道细胞学涂片

超过 50% 的细胞角化（图中为 95%）。许多细胞有细胞核，但细胞核小且固缩。在母猫体内，红细胞和白细胞在阴道细胞学上是不常见的。[由 Aime Johnson 博士提供，也来自动物繁殖视觉指南（Visual Guide to Animal Reproduction, VISGAR）]

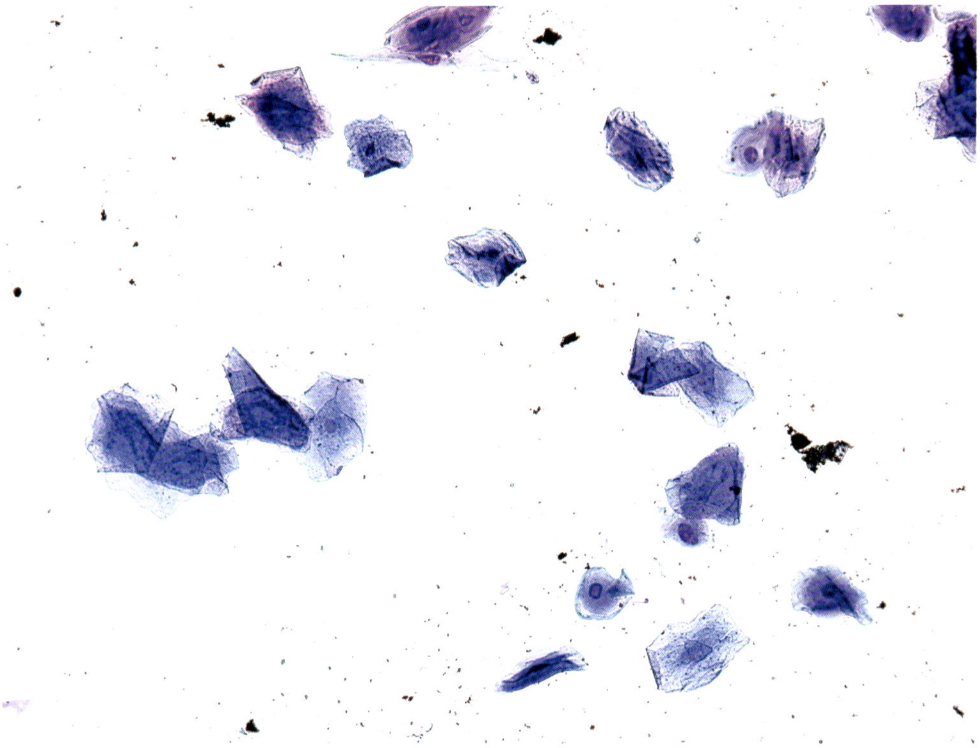

图 2.2　发情期母猫的阴道细胞学涂片

大部分细胞为角质上皮细胞，大多数细胞无核。（由 Aime Johnson 博士提供，也来自 VISGAR）

和白细胞。红细胞在发情早期更典型，而白细胞在发情后期更典型，与非角化细胞一起增多。在一份报告中，只有阴道细菌过度生长的猫的阴道涂片上才能发现红细胞（Mills et al.，1979）。

血浆雌二醇浓度保持在 20 pg/mL 以上的时间为发情的持续时间，据报道持续时间为 7.4 d ± 2.3 d（范围是 3 ～ 16 d）（Shille et al.，1979）。雌二醇持续升高的时间长短不受交配或排卵的影响。然而，交配以及随后的排卵是否会影响发情行为的持续时间是一个有争议的问题。据报道，排卵可以缩短发情行为表现时间（Scott and Lloyd-Jacob，1955）。也有报道称，交配（不考虑排卵）可以延长发情期行为表现时间（Shille et al.，1979）。还有报道称，有排卵或无排卵的交配对发情行为表现的持续时间没有影响（Wildt and Seager，1980；Wildt et al.，1981）。这些看似矛盾的研究结果可能归因于交配过程的差异，特别是关于发情期允许交配的时间。如果交配可以增强发情行为表现，那么只有当交配被推迟到发情后期时，这种效应才会发生（Wildt et al.，1981）。

2.3.3　发情后期

在没有排卵的情况下，母猫进入发情后期。成熟卵泡发生闭锁，血浆雌二醇水平下降到 < 20 pg/mL。这一阶段的特征是母猫恢复正常行为。在这一阶段，母猫通常不会吸引公猫，但如果公猫试图爬跨母猫，母猫会表现出被动或主动的反抗。阴道涂片以中间细胞（48%）为主，上皮细胞（大约 46%）和非细胞碎片减少（Shille et al.，1979）（图 2.3）。

发情后期的平均时长为 8.1 d ± 3.1 d（Shille et al.，1979），但在母猫个体之间有相当大的差异，据报道，其变化范围为 3 ～ 21 d（Jemmett and Evans，1977；Shille et al.，1979）。没有排卵的交配不会影响这一阶段的持续时间（Shille et al.，1979）。

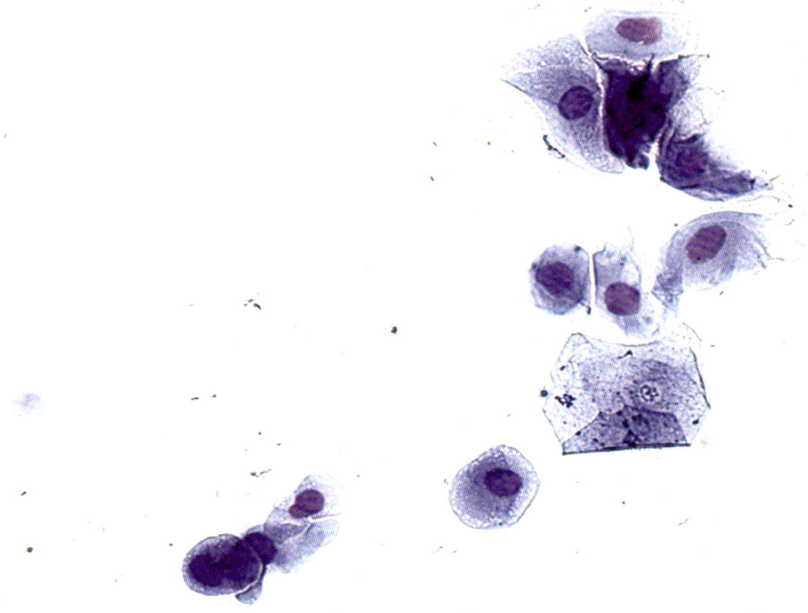

图 2.3　发情后期母猫的阴道细胞学涂片

可见角化上皮细胞与中间细胞和基底旁细胞混杂在一起。角化上皮细胞的百分比＜ 50%。（由 Aime Johnson 博士提供，也来自 VISGAR）

2.3.4　间情期

如果发生排卵（由于交配、阴道刺激或自发发生），母猫将进入间情期，通常称为黄体期。母猫不会表现发情期的前屈姿势，也不会对公猫做出交配的反应。囊泡性卵泡（直径 2.5 ～ 3.4 mm）血管化程度增加，形成中心充血点，并将卵泡内容物释放到卵巢表面（Dawson and Friedgood，1940；Wildt and Seager，1980；Shille et al.，1983）。排卵后的 24 ～ 48 h，黄体发育为凸起的红褐色结构，在排卵后的 10 ～ 16 d 达到最大直径（3.6 ～ 4.5 mm）（Dawson and Friedgood，1940；Wildt and Seager，1980；Wildt et al.，1981）。黄体期阴道细胞学特征为以中间层和副基底层细胞较小（图 2.4）。

猫在排卵前不会产生大量孕酮（Wildt et al.，1981），这与兔（诱导排卵；Shaikh and Harper，1972）和犬（食肉动物，Concannon et al.，1977；Wildt et al.，1979）等其他动物一样。血浆孕酮在排卵后 1 ～ 2 d 开始上升，排卵后的 14 ～ 22 d 从＜ 1 ng/mL 达到 25 ～ 90 ng/mL 的峰值（Paape et al.，1975；Verhage et al.，1976；Wildt et al.，1981）。如果母猫未妊娠，孕酮将持续升高 36 ～ 38 d（Paape et al.，1975；Shille et al.，1979；Wildt et al.，1981），黄体逐渐退化，在原来的黄体位置上残留黄色瘢痕。母猫通常在黄体退化的 7 ～ 14 d 内开始新的发情周期，整个非妊娠黄体期为 40 ～ 50 d（Paape et al.，1975；Wildt et al.，1981）。孕酮浓度在妊娠母猫中达到峰值的时间可能稍晚（时间大于排卵后 20 d），并维持在较高的水平（Verhage et al.，1976），但是孕酮的个体差异程度很高，直到排卵后大约 40 d 才可以作为判定妊娠状态的可靠指标，此时未妊娠的母猫孕酮水平下降。

在非妊娠黄体期，母猫没有表现出任何身体或行为上的变化（如体重增加、乳房发育和筑巢），假孕的母犬通常出现这些表现。与其他食

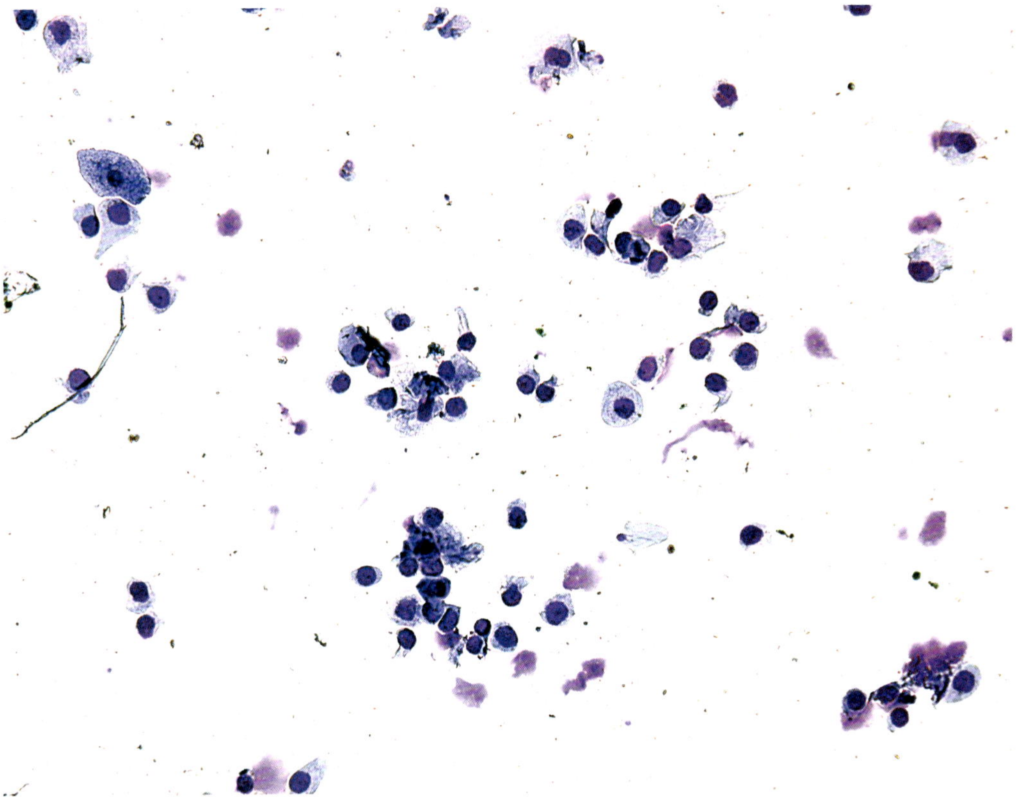

图 2.4　间情期母猫的阴道细胞学涂片

间情期母猫的阴道细胞学是以中间层和副基底层细胞较小为特征。（由 Aime Johnson 博士提供，也来自 VISGAR）

肉动物不同，如犬（Smith and McDonald，1974）和黄鼠狼（Heap and Hammond，1974），无论妊娠状态如何，黄体期持续时间都相似，但猫的非妊娠黄体期（36 ～ 38 d）持续时间要比妊娠黄体期（63 ～ 67 d）短得多（Verhage et al.，1976；Jemmett and Evans，1977；Schmidt et al.，1983）。总的来说，这些差异使得假孕这个词不适用于猫。

雌二醇在交配后的前 5 d 迅速下降到 8 ～ 12 pg/mL，然后保持在一个较低的水平（Verhage et al.，1976）。然而，卵巢上的卵泡可从间情期开始发育。在一项研究中，观察到的成熟卵泡的平均数量是 2.1 ± 0.4 个，显著低于发情期第 1 天观察到的数量（Wildt et al.，1981）。在间情期没有观察到卵泡排卵，但成熟卵泡的存在往往与血浆雌二醇的浓度显著增加相关。因此，无论在发情周期的哪个阶段，家猫的卵泡生长和消退期似乎都是连续发生的。

2.3.5　乏情期

乏情期是生殖的静默期。正如季节性发情所描述的那样（2.1 节），繁殖季节受光照周期长度和地理区域的影响。在北半球，乏情期通常开始于 10 月，结束于来年的 1 月或 2 月。乏情期母猫的行为变化和激素分泌与发情后期相似。血浆中雌二醇和孕酮的浓度保持在基础水平，母猫对公猫没有吸引力，也不表现出任何发情行为。此外，阴道涂片以浅表细胞（约 46%）、中间细胞（48%）和非细胞碎片为主，这也与发情后期相似（Shille et al.，1979）。

2.3.6　总结

综上所述，未交配的母猫的发情周期会在发情期和发情后期之间循环。交配后排卵的母猫，如果妊娠，黄体期维持约 2 个月；如果没有妊娠，黄体期维持 40 ～ 50 d（图 2.5 ～图 2.8）。

场景1：母猫发情期，未交配

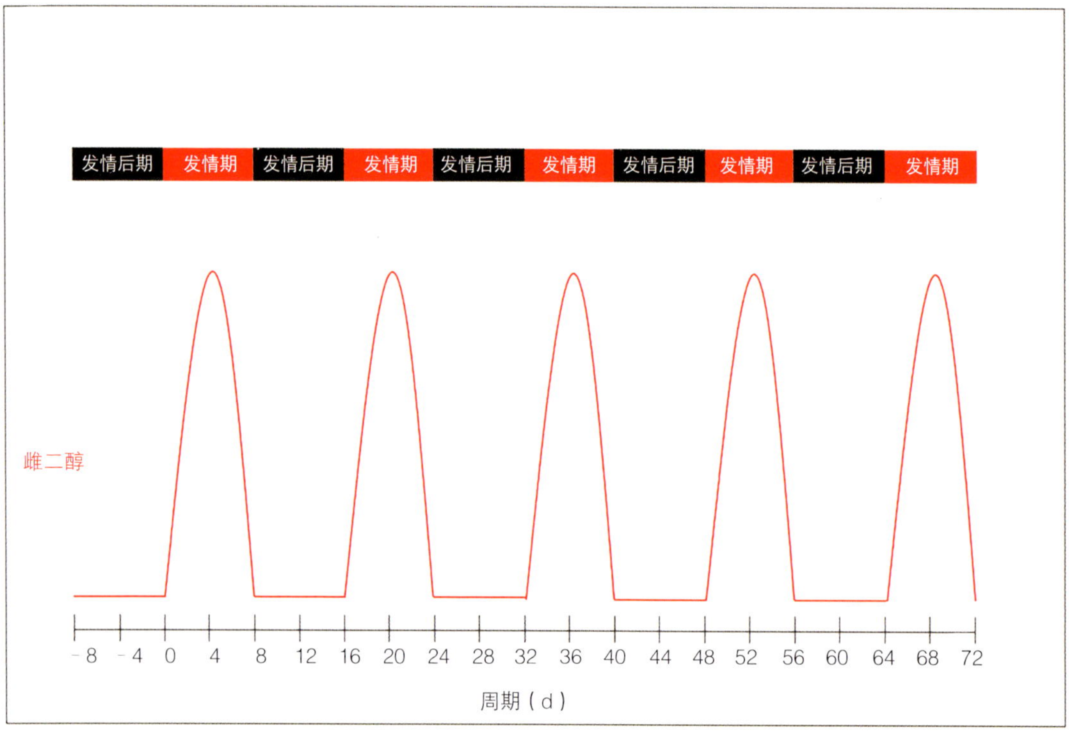

图 2.5　发情期，未交配的母猫的发情周期

多次发情母猫将保持发情期前 / 发情期 8 d。在没有排卵的情况下，母猫将进入 8 d 的发情后期，然后再恢复发情期。（由 Jamie Douglas 博士和 Lindsey Vansandt 博士提供）

场景2：与去势公猫交配，诱导排卵

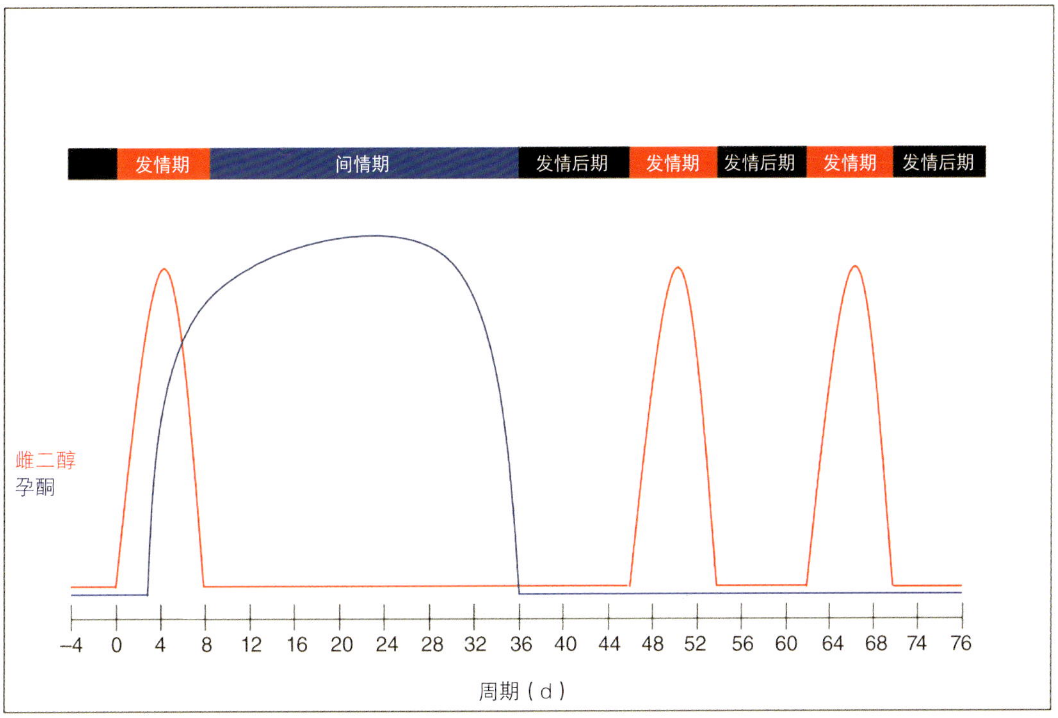

图 2.6　与去势公猫交配的母猫的发情周期

没有受精的排卵将导致孕酮升高 36 ～ 38 d。黄体退化后，母猫将在 7 ～ 14 d 内恢复发情。（由 Jamie Douglas 博士和 Lindsey Vansandt 博士提供）

场景3：与正常公猫交配，诱导排卵

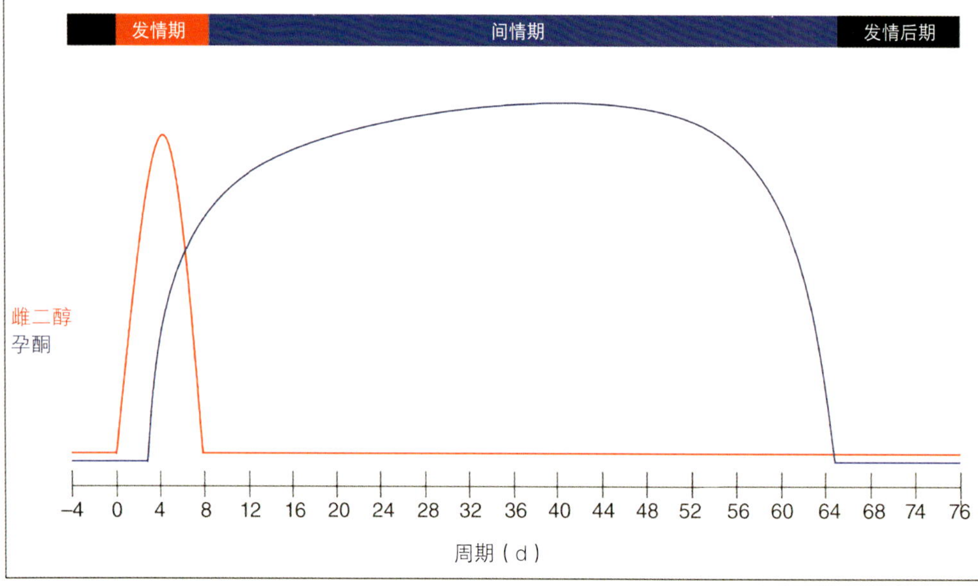

图 2.7　与正常公猫交配的母猫的发情周期

排卵受精以及足月妊娠导致孕酮升高 63～67 d。孕酮在分娩前不久下降。（由 Jamie Douglas 博士和 Lindsey Vansandt 博士提供）

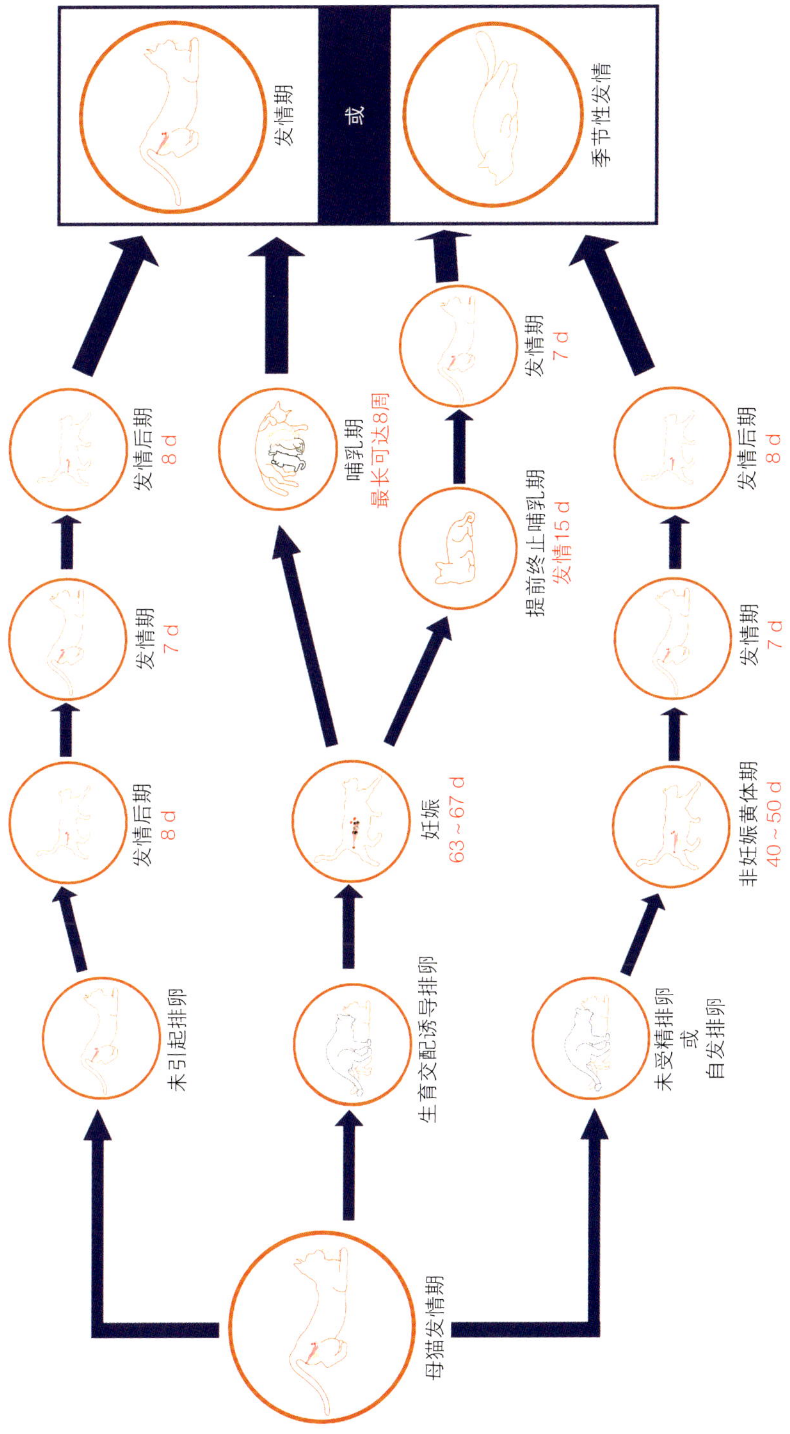

图 2.8　母猫发情周期的流程图

（由 Jamie Douglas 博士提供）

2.4 参考文献

[1] Binder, C., Aurich, C., Reifinger, M., and Aurich, J. (2019) Spontaneous ovulation in cats—Uterine findings and correlations with animal weight and age. Animal Reproduction Science 209. doi: 10.1016/j.anireprosci.2019.106167.

[2] Concannon, P. and Lein, D. (1983) Feline reproduction. Current Veterinary Therapy, Small Animal Practice 8, 932–936.

[3] Concannon, P., Hansel, W., and Mcentee, K. (1977) Changes in LH, progesterone and sexual behavior associated with preovulatory luteinization in the bitch. Biology of Reproduction 17, 604–613. doi: 10.1095/biolreprod17.4.604.

[4] Concannon, P., Hodgson, B., and Lein, D. (1980) Reflex LH release in estrous cats following single and multiple copulations. Biology of Reproduction 23, 111–117. doi: 10.1095/biolreprod23.1.111.

[5] Concannon, P., Lein, D., and Hodgson, B. (1989) Self-limiting reflex luteinizing hormone release and sexual behavior during extended periods of unrestricted copulatory activity in estrous domestic cats. Biology of Reproduction 40, 1179–1187.

[6] Dawson, A. B. and Friedgood, H. B. (1940) The time and sequence of preovulatory changes in the cat ovary after mating or mechanical stimulation of the cervix uteri. Anatomical Record 76, 411–430. doi: 10.1002/ar.1090760405.

[7] Feldman, E. C., Nelson, R. W., Reusch, C., and Scott-Moncrieff, J. C. (2014) Canine and Feline Endocrinology. Elsevier Health Sciences, Oxford.

[8] Graham, L. H., Swanson, W. F., and Brown, J. L. (2000) Chorionic gonadotropin administration in domestic cats causes an abnormal endocrine environment that disrupts oviductal embryo transport. Theriogenology 54, 1117–31. doi: 10.1016/s0093-691x(00)00420-9.

[9] Gudermuth, D., Newton, L., Daels, P., and Concannon, P. (1997) Incidence of spontaneous ovulation in young, group-housed cats based on serum and faecal concentrations of progesterone. Journal of Reproduction and Fertility Supplement 51, 177–184.

[10] Heap, R. and Hammond, J. (1974) Plasma progesterone levels in pregnant and pseudopregnant ferrets. Reproduction 39, 149–152. doi: 10.1530/jrf.0.0390149.

[11] Hurni, H. (1981) Daylength and breeding in the domestic cat. Laboratory Animals 15, 229–233. doi: 10.1258/002367781780893803.

[12] Jemmett, J. and Evans, J. (1977) A survey of sexual behaviour and reproduction of female cats. Journal of Small Animal Practice 18, 31–37. doi: 10.1111/j.1748-5827.1977.tb05821.x.

[13] Lawler, D., Evans, R., Reimers, T., Colby, E., and Monti, K. (1991) Histopathologic features, environmental factors, and serum estrogen, progesterone, and prolactin values associated with ovarian phase and inflammatory uterine disease in cats. American Journal of Veterinary Research 52, 1747–1753.

[14] Lawler, D., Johnston, S., Hegstad, R., Keltner, D., and Owens, S. (1993) Ovulation without cervical stimulation in domestic cats. Journal of Reproduction and Fertility Supplement 47, 57–61.

[15] Malandain, E., Rault, D., Froment, E., Baudon, S., Desquilbet, L., et al. (2011) Follicular growth monitoring in the female cat during estrus. Theriogenology 76, 1337–1346. doi: 10.1016/j.theriogenology.2011. 06.002.

[16] Michael, R. P. (1961) Observations upon the sexual behaviour of the domestic cat (Felis catus L.) under laboratory conditions. Behaviour 18, 1–24.

[17] Mills, J. N., Valli, V., and Lumsden, J. (1979) Cyclical changes of vaginal cytology in the cat. The Canadian Veterinary Journal 20, 95.

[18] Paape, S., Shille, V., Seto, H., and Stabenfeldt, G. (1975) Luteal activity in the pseudopregnant cat. Biology of Reproduction 13, 470–474. doi: 10.1095/biolreprod13.4.470.

[19] Pelican, K., Brown, J., Wildt, D., Ottinger, M., and Howard, J. (2005) Short term suppression of follicular recruitment and spontaneous ovulation in the cat using levonorgestrel versus a GnRH antagonist. General and Comparative Endocrinology 144, 110–121.

[20] Schmidt, P. M. (1986) Feline breeding management. Veterinary Clinics of North America: Small Animal Practice 16, 435–451. doi: 10.1016/S0195-5616(86)50052-8.

[21] Schmidt, P. M., Chakraborty, P. K., and Wildt, D. E. (1983) Ovarian activity, circulating hormones and sexual behavior in the cat. II. Relationships during pregnancy, parturition, lactation and the postpartum estrus. Biology of Reproduction 28, 657–671, doi: 10.1095/biolreprod28.3.657.

[22] Scott, P. P. and Lloyd-Jacob, M. (1955) Some interesting features in the reproductive cycle of the cat. Proceedings of Society for the Study of Fertility, pp. 123–129.

[23] Shaikh, A. A. and Harper, M. J. (1972) Ovarian steroid secretion in estrous, mated and HCG-treated rabbits, determined by concurrent cannulation of both ovarian veins. Biology of Reproduction 7, 387–397. doi: 10.1093/biolreprod/7.3.387.

[24] Shille, V. and Sojka, N. (1995) Feline Reproduction. Textbook of Veterinary Internal Medicine. 4th edn. W.B. Saunders Co., Philadelphia, Pennsylvania, pp.1690–1698.

[25] Shille, V., Lundström, K. E., and Stabenfeldt, G. (1979) Follicular function in the domestic cat as determined by estradiol-17 β concentrations in plasma: relation to estrous behavior and cornification of exfoliated vaginal epithelium. Biology of Reproduction 21, 953–963. doi: 10.1095/

biolreprod21.4.953.

[26] Shille, V., Munrot, C., Farmer, S. W., Papkoff, H., and Stabenfeld, G. (1983) Ovarian and endocrine responses in the cat after coitus. Reproduction 69, 29–39.

[27] Smith, M. S. and McDonald, L. (1974) Serum levels of luteinizing hormone and progesterone during the estrous cycle, pseudopregnancy and pregnancy in the dog. Endocrinology 94, 404–412. doi: 10.1210/endo-94-2-404.

[28] Swanson, W. F., Roth, T. L., and Wildt, D. E. (1994) In vivo embryogenesis, embryo migration, and embryonic mortality in the domestic cat. Biology of Reproduction 51, 452–464. doi: 10.1095/biolreprod51.3.452.

[29] Verhage, H., Beamer, N., and Brenner, R. (1976) Plasma levels of estradiol and progesterone in the cat during polyestrus, pregnancy and pseudopregnancy. Biology of Reproduction 14, 579–585. doi: 10.1095/biolreprod 14.5.579.

[30] Wildt, D. and Seager, S. (1980) Ovarian and uterine morphology during the reproductive cycle. In: Morrow, D. (ed.) Current Therapy in Theriogenology. 2nd edn. W.B. Saunders Co. St Loius, Missouri.

[31] Wildt, D., Panko, W., and Seager, S. (1979) Effect of prostaglandin $F_{2\alpha}$ on endocrine-ovarian function in the domestic cat. Prostaglandins 18, 883–892, doi: 10.1016/0090-6980(79)90125-4.

[32] Wildt, D., Seager, S., and Chakraborty, P. (1980) Effect of copulatory stimuli on incidence of ovulation and on serum luteinizing hormone in the cat. Endocrinology 107, 1212–1217. doi: 10.1210/endo-107-4-1212.

[33] Wildt, D., Chan, S., Seager, S., and Chakraborty, P. (1981) Ovarian activity, circulating hormones, and sexual behavior in the cat. I. Relationships during the coitus-induced luteal phase and the estrous period without mating. Biology of Reproduction 25, 15–28. doi: 10.1095/biolreprod25.1.15.

3 发情周期调控

Cindy Maenhoudt[1], Sandra Goericke-Pesch[2]

法国阿尔福特国立兽医学院食肉动物繁殖研究中心[1]；德国汉诺威兽医大学小动物诊所生殖科[2]

3.1 前言

母猫确实是一个具有某些特殊性的物种。大多数动物在黄体期调控发情周期，而猫的调控机制则是不同的。如第2章所述，季节在家猫的发情周期中起着重要作用。母猫被认为是季节性多情并可诱导排卵者。因此，将基于两种主要方法进行繁殖调控：①控制每日光照周期和（或）与光照周期调节相关的激素（褪黑素）；②控制促性腺激素。因此，模拟正常生理周期的处理可以抑制或刺激家猫的卵泡发育和排卵。

3.2 诱导发情

3.2.1 光照周期和社会刺激

利用光照周期调控发情周期是最有效和最古老的技术之一（Dawson，1941；Scott and Lloyd-Jacob，1959），因为猫的发情会被较长的光照周期所影响。使用光照周期刺激的好处是成本低且没有副作用。事实上，暴露在赤道或近赤道光照周期下的母猫（Johnston et al.，1996；da Silva et al.，2006）和每天在人造光下超过14 h的母猫（Leyva et al.，1989a）可不受季节的影响，全年发情。然而，处于24 h的连续光照下的母猫，发情的频率会降低。

因此，母猫的繁殖可以由光照时长来调控，这与地理位置直接相关，而地理位置对母猫繁殖的影响实际上与光照（Hurni，1981；Feldman and Nelson，1996）或人工光源有关。日照时间的延长导致性活动增加（Cline et al.，1980；Pope，2000）。在温带地区（北半球）也可以观察到光照的影响，并且，这个区域内的动物的繁殖具有更明显的季节性。在这些地区，母猫将在日照减少的10—12月（Romagnoli et al.，2019）出现乏情期。然而，与流浪母猫相比，季节对生活在室内环境中的母猫影响较小（Jemmet and Evans，1977）。几位作者（Jemmet and Evans，1977；Schmidt，1986；Tsutsui and Stabenfeldt，1993；Pope，2000）观察了人造光对季节性和不同品种发情效果的影响。

光照的时间长短有一定的争议，而14 h的光照似乎是刺激下丘脑-垂体的理想条件（Romagnoli，2003）。目前已经证实，家养母猫暴露在人造光下12 h，能够诱导发情（Hurni，1981；Corrada and Gobello，2000）。考虑到赤道地区的自然条件和母猫全年发情的周期性，也许12 h的光照就足以诱导母猫的发情（da Silva et al.，2006）。事实上，光照/白昼的持续时间会影响卵泡的数量和17β-雌二醇的浓度。对不同的光照方案进行的研究总结如表3.1所示。

在此次诱导发情周期的前一个发情期似乎是影响诱导发情活动成功与否的另一个因素。将母猫每日暴露在长时间的黑暗中或减少每日光照时长（< 8 h；Leyva et al.，1989a），一旦光照时间延长到每天12 h，似乎可以促进诱导新的发情周期。如果在黑暗期提供1 h的光照，则对照周期的响应时间显著缩短（Michel，1993）。

社会活动也会对母猫的发情周期产生影响。发情期母猫与青春期前的母猫或非发情期的

表 3.1　不同光照时长诱导母猫发情概述

光照时长	发情期母猫的百分比	特性	参考文献
每天 12 h 光照	足以诱导新的发情周期	经过 30 d 的黑暗阶段（9 h 亮，15 h 暗）	Hurni（1981）
暴露于每天 12 h 的光照中，保持 1 个月，然后光照时长延长到每天 14 h，直到检测到母猫发情（n=6）	5/6（85%） 有处在发情期的母猫在场时，3/4（75 %） 有公猫在场时，3/4（75%）	2 个霓虹灯管提供 150 lux 照明系统	Michel（1993）
光照时长为每天 13 h，分布为光照 12 h，黑暗阶段光照 1 h	5/6（85%）		
光照时长为每天 13 h，分布为 12 h 光照，4 h 黑暗，再光照 1 h，黑暗 7 h	5/6（85%）		
光照时长至少为每天 14 h，使用人造光	需要几周恢复发情周期	发情母猫数量增加	Little（2012）

母猫同居，这种方式似乎对发情表现有积极影响（Michel，1993；Corrada and Gobello，2000；Romagnoli，2003），这种现象很可能是信息素的作用。母猫对公猫很敏感（Michel，1993）。公猫的存在会对非发情期的母猫产生积极影响，它能够降低母猫非发情期的频率，并强化发情的表现（Romagnoli，2003）。对光照系统的反应也会直接受到社会活动的影响。与单独的光照系统（44.6 d ± 0.6 d）相比，在有发情母猫和活跃公猫的猫群中，处于 14 h 的光照下第一次出现发情表现的天数（22.3 d ± 0.6 d）明显缩短（Michel，1993）。

在实践中，最好的选择是在日落前增加光照，以 300 lux 的光照强度将白日延长到 12 ～ 14 h，并引入发情的母猫或公猫。一个诱导周期应控制在 30 ～ 45 d。

3.2.2　激素处理

激素处理是另一个诱导发情期的方法。不同处理方案的发情诱导成功率有差异。激素处理的目的是模拟母猫生殖周期中的激素级联控制。因此，促进卵泡生成的促卵泡素（follicle stimulating hormone，FSH）和诱导排卵必需的 LH 是激素处理中常用的激素（Feldman and Nelson，1996；Johnston et al.，2001）。一般而言，家猫对促性腺激素处理的反应很好，但处理过程中表现出的效果会有差异和不规律的现象。由于与发情周期相关的激素浓度、纯度和刺激时间存在差异和特殊性，理想的家猫发情处理方案尚未确定（Pope，2000）。为了避免自发排卵引起的孕酮干扰或卵泡活动阶段的促性腺激素的改变，用孕酮诱导发情似乎是使用激素处理前的第一步，因为不活跃的卵巢对激素处理方案的反应更好（Michel，1993；Mattos et al.，2001；Pelican et al.，2008）。口服 0.088 mg/kg 烯丙孕素（Regumate®，默克动物健康公司），每天 1 次，持续 38 ～ 45 d，将确保大多数猫对诱导方案产生反应。有趣的是，诱导排卵或自发排卵猫群的发情表现不同，因为它们在促性腺激素刺激下表现出不同的生理变化。Pelican 等（2008）的一项研究表明，注射 150 IU 马绒毛膜促性腺激素（equine chorionic gonadotrophin，eCG）84 h 后，再注射 100 IU 人绒毛膜促性腺激素（human chorionic gonadotropin，hCG），母猫更易发生自发排卵，且卵泡期（大约 11 d）比诱导排卵期（大约 5 d）更长。这些生理现象的不同可能与促性腺激素受体的数量和（或）饱和性有关。预先注射孕酮（左炔诺孕酮）后注射 eCG/hCG 产生类似的卵泡活动（大约 9 d），这与母猫的排卵方式无关。孕酮（左炔诺孕酮）没有黄体溶解作用，但能够抑制新生卵泡的生长，降低卵巢活性并阻止排卵。因此，孕酮的存在（通过内源性或外源性暴露）改变了卵巢卵泡环境，增加了促性腺激素刺激的敏感性。其机制尚不清楚，但极有可能与受体的数量有关，或至少与促性腺激素的敏感性有关。

常用的诱导排卵制剂包括 eCG 联合 FSH 和 LH、猪促卵泡素（porcine FSH，pFSH）、人促卵泡素（human FSH，huFSH）、人绝经期促性腺激素（human menopausal gonadotropin，hMG）和 hCG。具体临床试验的不同方案见表 3.2。所有制剂均应肌内注射或皮下注射，以降低过敏反应的风险。

表 3.2　临床试验中使用不同激素诱导母猫发情的方案概述

药物	实验方案	母猫筛选	结果	参考文献
FSH-p	2 mg/d，持续 5 d	不活跃的卵巢（无黄体、无卵泡或卵泡 < 2 mm） 2 mg/d，持续 5 d	93%（28/30 只）猫的发情时间为 5 ~ 6 d	Goodrowe et al.（1986）
FSH-p+hCG	每 24 h 摄入一次 FSH-p，持续 6 d（前 5 d 给药量相同，第 6 天给药量为前 5 d 的 1/2 或 1/3）+hCG（分别在第 6 天和第 7 天给药 2 次） FSH-p 的给药计划： 第 1 ~ 5 天：0.5 ~ 1.5 mg/d 第 6 天：0.25 ~ 0.5 mg hCG 的给药计划： 第 6 天：不超过 500 IU 第 7 天：不超过 750 IU	健康母猫 7 ~ 10d 内未观察到发情	所有处理均能刺激卵巢诱导排卵。最理想的结果是 0.75 mg FSH-P 持续 5 d，第 6 天和第 7 天分别注射 375 IU hCG，第 6 天注射 0.25 mg FSH-P	Dresser et al.（1987）
FSH-p+hCG	用 FSH-p 诱导发情（肌内注射）——在第 1 天注射 2 mg，之后每天肌内注射 1.0 mg，直到出现发情（最多 4 d） 用 500 IU（静脉注射）hCG 来诱导排卵	22 只季节性乏情母猫混合饲养 10 只母猫作为供体 12 名母猫作为受体 - 进行排卵实验	86.4% 的母猫发情（19/22） 发情期 3 ~ 9 d 所有排卵母猫（9/9）都发情	Tsutsui et al.（1989）
FSH-p+hCG	皮下注射 FSH-p，逐步减少给药量，给药范围 1 ~ 6 mg/d，持续 4 d 第 5 天，肌内注射 100 IU hCG	在 14 h 光照和 10 h 黑暗的光控制系统下放置家养母猫，每周 3 ~ 4 d 监测其发情行为，阴道细胞学检查每周 1 次 在 hCG 注射后 26 h ± 1 h 摘除卵巢收集卵母细胞	所有诱导发情的母猫均存在成熟卵泡	Pope et al.（1993）

药物	实验方案	母猫筛选	结果	参考文献
FSH-p（超纯）无任何 LH 活性 +hCG	三种不同剂量：2.5 IU（G1）、10 IU（G2）和 30 IU（G3）皮下注射，每天分 5 次注射 1 IU 相当于 10 μg 纯 FSH-p 第 6 天一半剂量的 FSH-p 联合 250 IU hCG，24 h 后再注射 250 IU hCG（皮下注射）	在 14 h 光照和 10 h 黑暗的光控制系统下放置 18 只家猫 18 只母猫的分配： 青春期前母猫（n=9） 成年无发情母猫（n=9） 子宫灌洗收集胚胎（第 11 ~ 13 天）	除 G1 期一只青春期前的母猫外，其余母猫均发情 排卵率（%）和胚胎成活率（x ± sd）分别为： 青春期前母猫：0% 成年母猫： G1=72.9%，2.6 ± 2 G2=43.6%，15.3 ± 12.4 G3=35.3%，8.6 ± 6.1	Verstegen et al.（1993）
huFSH+hCG hMG（15 IU FSH 和 LH）+hCG	G1 GA（n=5）每天注射 4 次 7.5 IU huFSH（肌内注射）或者 G2 GA（n=4）每天注射 4 次 15 IU huFSH（肌内注射），同时 12 h+1 h 后注射 1 次 100 IU hCG（肌内注射） G3 GB（n=6）每天注射 4 次 15 IU huFSH（肌内注射），同时 12 h+1 h 后注射 1 次 0.1 mL 生理盐水（肌内注射） G4 GC（n=6）对照组，用生理盐水代替 huFSH，同时 12 h+1 h 后注射 1 次 100 IU hCG（肌内注射） G5 GD（n=8）连续注射 hMG（15 IU FSH 和 LH）5 d，同时 34 h 后注射 1 次 100 IU hCG（肌内注射）	在 8 h 光照和 16 h 黑暗的光控制系统下放置成年短毛家猫 通过内镜选取母猫卵泡［卵泡直径 ≤ 1 mm、无黄体和（或）子宫张力］ 腹腔镜检查收集 hCG 或生理盐水处理 27 ~ 34 h 后的卵母细胞	在 G1、G2、G3 和 G5 期，卵泡大小从 2.0 mm 增大到 2.9 mm，其中一个卵泡 > 3 mm G4 期，卵泡生长不太明显，没有卵泡 > 1.9 mm 抽吸出的卵母细胞 / 卵巢： G3 和 G4= 无 G1 和 G2=6.4 ± 1.7 G5=10.64 ± 2.9 抽吸出的卵母细胞受精率均接近 20%	Orosz et al.（1992）
eCG+hCG	第 1 天注射 150 IU（肌内注射），然后在 80 h、84 h、88 h、92 h、96 h 分别摄入 100 IU	45 只无卵泡发育和黄体组织的母猫（n=9/ 组）	对平均卵泡数无影响，但在 hCG 注射后 92 h 和 96 h 时成熟卵母细胞减少 处理 96 h 后退化卵母细胞增多	Donoghue et al.（1992）
eCG+hCG	静脉注射 100 IU eCG（G1） 肌内注射 100 IU eCG（G2） 静脉注射 75 IU hCG（G3） 肌内注射 75 IU hCG（G4） 肌内注射 100 IU eCG，80 h 后肌内注射 75 IU hCG（G5）	20 只埋置留置针的乏情期的母猫（n=4 处于 12 h 光照和 12 h 黑暗光控制系统），无黄体，无成熟卵泡（≥ 2mm）	静脉注射或肌内注射 eCG 或 hCG 后，95% 的母猫在 2 ~ 3 d 发情，而静脉注射比肌内注射的母猫提前 1 d 进入发情期（$P < 0.05$） G1、G2 和 G3 期 25%（1/4），G4 期 50%（2/4），G5 期 100%（4/4）母猫均至少有 10 个成熟卵泡	Swanson et al.（1997）

药物	实验方案	母猫筛选	结果	参考文献
eCG+hCG FSH+hCG	供体动物： 第 1 天注射 100 IU eCG 第 2 天注射 50 IU eCG 第 3 天注射 50 IU eCG 第 7 天注射 500 IU hCG 促进排卵 受体动物： 第 1 天肌内注射 2 mg FSH，随后每天肌内注射 1 mg 直至发情或第 1 次发情 第 7 天注射 500 IU hCG 诱导排卵	24 只季节性乏情混合品种母猫	5/5 供体母猫发情。18/19 母猫在第一次使用 FSH-p 后 3 ~ 6 d 发情（4.4 d ± 0.3 d），发情持续时间 5 ~ 14 d（9.4 d ± 0.7 d）	Tsutsui et al.（2000）
eCG+hCG	单次注射 150 IU eCG，80 ~ 84 h 后单次注射 100 IU hCG	16 只母猫在发情期通过阴道细胞学检查刺激卵泡活性和排卵	所有母猫均排卵，平均黄体数为 13.5 个和 20 个	Santana et al.（2012）
FSH-p	2 mg/d，卵巢不活跃的母猫（无黄体，无卵泡或卵泡 < 2 mm）持续注射 5 d	93%（28/30）的母猫在 5 ~ 6 d 内发情		Cline et al.（1980）

首次注射后 3 ～ 5 d 可观察到发情迹象。虽然不同的注射方案都有很好的效果，但 FSH 与 hCG 的联合使用存在局限性，多次注射效果并不理想，需要频繁抑制且增加了应激刺激。因此，只需要单次注射的 eCG 更常用。以下两种方案均可以使用：①每天注射 2 mg FSH 直到发情迹象出现（通常需要 3 ～ 7 d），随后自然交配或注射 250 IU hCG（Johnston et al.，2001）；②单次注射 100 ～ 150 IU eCG，然后在 5 ～ 7 d 后使用 50 ～ 100 IU hCG 诱导排卵（Romagnoli，2006）。

激素处理的最大问题往往是由于过度刺激卵巢而产生副作用。外源性促性腺激素通过产生新的卵泡波改变内分泌环境，导致雌二醇水平增加（过度刺激），并伴随额外排卵后孕酮水平的增加。这些内分泌环境的破坏会干扰胚胎的早期发育以及运送，进而影响妊娠率。eCG 的使用与卵泡囊肿和无排卵卵泡有关。发情的迹象也可能很弱或难以察觉（Dresser et al.，1987）。由于激素失衡改变了输卵管运动和（或）子宫环境，卵泡囊肿可能是激素诱导发情中低生育力的原因（Pope，2000）。

激素处理的另一个问题是产生对抗 eCG 和 hCG 的中和抗体，可能直接影响处理效果（Pelican et al.，2006）。但如果 2 次处理间隔较长（至少 4 个月），则排卵几乎不受影响（Swanson et al.，1996）。

3.2.3 GnRH 激动剂

GnRH 是一种来自下丘脑的十肽。在生理学中，GnRH 脉冲性刺激垂体促性腺激素分泌。母犬需要每 70 ～ 90 min 注射一次 GnRH，并持续 8 d 以上才能诱导可育性发情（Kutzler，2007）。频繁的激素注射制约了 GnRH 及其激动剂在猫（和犬）诱导发情中的使用。为了克服这一缺陷，在人医中使用具有脉冲性释放的皮下输注泵，取得了良好的成功率。由于这种方式成本高，需要手术移除，因此并不适用于猫。GnRH 激动剂植入物提供了持续释放的可能性，目前地洛瑞林植入物（2.1 mg、4.7 mg、9.4 mg）已被注册并用于兽医临床。Zambelli 等（2015）使用 4.7 mg 地洛瑞林植入物，成功诱导 13/13 只猫（100%）发情，并且 7/13 只母猫的性行为发生变化。以 100% 角质化的上皮细胞为特征的发情高峰为植入给药后的 5.0 d ± 2.2 d（范围为 4 ～ 11 d）。未观察到任何副作用。其中 3 只猫进行了 2 次人工授精，受孕率为 100%，这表明母猫可用地洛瑞林植入物进行发情诱导。在母犬中使用地洛瑞林植入物后，曾出现过导致流产的黄体早衰（Kutzler et al.，2009；Maenhoudt et al.，2012，2018），因此，建议在排卵前后移除植入物，并在妊娠期间检测孕酮水平。为了避免类似问题的发生，所有 3 只猫的植入物都进行了手术移除（Zambelli et al.，2015）。

3.2.4 一般考虑

虽然母猫仍被认为是诱导排卵，但对自发排卵的观察似乎比之前描述得更为频繁。在尝试诱导发情之前，一个重要的信息是了解孕酮的水平，因为孕酮会阻止诱导发情。

3.2.5 结论

对家猫有很多不同的诱导发情方法。虽然许多方案仍处于试验阶段，但仍然可能用于宠物饲养和育种。育种员通常使用光照系统来诱导和维持发情周期。尽管激素处理诱导发情的方法对于宠物主人来说不常用，但在临床中可以考虑这种方法。使用 FSH 或 eCG 和 hCG 诱导母猫发情和排卵，也可以诱导濒危或野生猫科动物发情。使用 GnRH 激动剂植入物诱导发情和排卵在未来可能是一种常用的新方法。

3.3 发情周期抑制

控制流浪猫的数量是全世界兽医行业关注的问题，与此同时，抑制发情也是猫主人们的共同需求。避孕是一种阻止生育的可逆方法，而抑制发情则被定义为通过阻断或抑制卵泡期来达到抑制发情行为的方法。抑制发情需要结合安全性、可信赖性和可逆性来满足猫主人的需求，同时也要考虑更好地适应该物种的生理特性。患有心脏和肾脏等疾病的母猫，在麻醉有风险的情况下，可以使用药物抑制发情。周期性暂时抑制母猫发情满足大多数猫主人的需求。例如，缅因猫在炎热的时候可能会出现食欲下降甚至厌食的症状，导致整体身体状况显著下降，繁育的效果也不理想（个人观察）。一些国家和登记部门只允许 2 年 3 次繁殖，所以抑制发情可以帮助控制繁殖。虽然抑制发情的需求很高，但家养猫可选择的可逆性抑制发情的方法很有限。最古老的方法也是目前唯一被批准的方法为孕酮（口服或注射），其副作用取决于给药剂量和给药频率。另一种长期抑制发情周期的方法是 GnRH 激动剂植入。褪黑素（口服或植入）是一种很好的短期抑制发情和控制光照持续时间的方式。短期抑制的另一种选择是诱导排卵，这会导致假孕。机械的阴道刺激和（或）雄性（输精管切除或去势的公猫）刺激，以及通过 hCG 或 GnRH 激动剂诱导排卵，将导致排卵和高水平孕酮持续约 45 d（范围为 35 ～ 76 d）（Wildt et al.，1980）。

3.3.1 孕激素

孕激素是预防或抑制母猫发情最常用的药物（Jackson，1984；Romagnoli and conannon，2003；Kutzler and Wood，2006；Romagnoli and Sontas，2010；Goericke - Pesch et al.，2014）。调控小动物繁育力最常用的孕激素为：醋酸甲地孕酮（megestrol acetate，MA）、醋酸甲羟孕酮（medroxyprogesterone acetate，MPA）和孕酮。

合成类孕酮物质抑制发情的机制仍然存在争议。孕激素通过负反馈抑制下丘脑的 GnRH 和垂体的 FSH 和 LH 的释放，阻断卵泡生长和排卵（Munson，2006）。然而，有证据表明，这一机制并不是最重要的。孕激素可能具有避孕作用，因为它可以通过改变子宫运动来阻止精子和卵母细胞的运输，从而影响受精（Munson，2006；Goericke-Pesch，2010；Goericke-Pesch et al.，2014）和干扰子宫内膜容受性而影响胚胎附植（Attardi，1984；Brache et al.，1985）。

孕激素的种类和副作用限制了其使用（表3.3）。孕激素的不良反应与两个因素有关，一个是药物结合和模拟孕激素作用的亲和力，另一个是结合其他类固醇激素、雄激素和糖皮质激素受体的亲和力（Duncan et al.，1964；Fekete and Szebere´nyi，1965；Kloosterboer et al.，1988）。这些孕激素在雄性化、胰岛素抵抗、异常生长和免疫系统功能抑制中的作用已进行了描述（Middleton et al.，1987；Johnston et al.，2001；Muson，2006）。此外，有研究表明，生殖系统受到的直接影响可能导致子宫病理、乳腺增生和肿瘤的发展（Hernandez et al.，1975；conannon and Meyer-sWallen，1991；MacDougall，2003；Loretti et al.，2004，2005；Payan-Carreira，2013）。尽管仍有争议，但乳腺病理学的机制主要涉及实质的增生，反复给药后可能导致良性或恶性乳腺肿瘤。母犬和母猫体内的孕激素可以刺激生长激素（growth hormone，GH）的分泌（Romagnoli and Conannon，2003）。高水平的GH会导致乳腺结节（Romagnoli and Conannon，2003）。母猫孕激素处理时通过GH直接作用于乳腺导致增生和瘤变，造成乳腺肿瘤发生率增加（Romagnoli and Conannon，2003）。在发情周期的分泌阶段注射孕激素，会导致子宫蓄脓。孕激素处理家猫会出现高血糖。高血糖对年轻母猫的健康没有影响。在孕激素处理期间所观察到的糖尿病，可能与GH分泌增加导致胰岛素抵抗有关，或与孕激素的直接作用有关（Findik et al.，1999）。即使在正常发情周期的间情期，高水平内源性孕酮也与胰岛素抵抗有关。

孕激素引起亚临床肾上腺皮质功能抑制，这很可能与糖皮质激素和垂体分泌的促肾上腺皮质激素产生的负反馈调节有关。然而，其对应激反应的临床影响尚不清楚。局部注射后引起的反应可能包括褪色、脱毛、钙质沉着症和皮肤萎缩。用孕激素处理的母猫通常表现为食物摄入增加，导致体重增加和多饮（Romagnoli and Conannon，2003）。

孕激素可能导致不孕，有时还可能危及生命（Keskin et al.，2009）。由于副作用，孕激素

表3.3 使用孕激素抑制母猫发情的副作用和风险表

严重程度	副作用	风险	参考文献
严重	子宫蓄脓和囊性子宫内膜增生－子宫蓄脓综合征	MPA > MA >孕酮	Agudelo, 2005 Johnston et al., 2001
	乳腺纤维上皮增生	剂量越高风险越高	Munson, 2006
	纤维腺瘤	抑制时间越长风险越高	Greenberg et al., 2013 Wehrend et al., 2001
	乳腺肿瘤	动物年龄越大风险越高	Loretti et al., 2005
	胰岛素抵抗高血糖和糖尿病	具有基础疾病的动物风险高	Keskin et al., 2009 Hayden et al., 1989
轻微 / 常规	无精打采 沉郁 被毛褪色 食欲增加和体重增加		Henik et al., 1985
罕见	皮肤萎缩和脱毛 皮肤黄瘤病 子宫肿瘤		Henik et al., 1985 Sapierzynski et al., 2009

注：母猫副作用的严重程度和孕激素处理的频率有关。

的使用应根据具体情况考虑（剂量、频率，以及给药持续时间），避免在非青春期母猫、潜在妊娠母猫和（或）任何有肝脏、乳腺或子宫病理临床症状的母猫中使用（Romagnoli and conannon，2003；Goericke-Pesch，2010）。同时，需要强调的是，误用孕激素会引起一些明显的副作用。因此，可以通过调整孕激素的剂量（Romagnoli，2015）和仅在乏情期或发情后期注射（Romagnoli and Sontas，2010）来减少其副作用。

3.3.1.1 MPA

MPA（17α-羟基-6α-甲基孕酮）是最有效也是应用最广泛的孕激素。MPA具有较高的孕酮受体亲和力，是乳腺增生和肿瘤发展风险增加的原因。此外，它的孕酮效应增加了子宫病理和代谢性疾病的风险。虽然它对雄激素和糖皮质激素受体的亲和力不强，但它的长效特性导致了副作用。因此，一般来说，在一些国家MPA的使用受到严格审查，它被禁止在小动物上使用。

与MPA相关的副作用高度依赖于MPA的剂量。口服5 mg/d或注射25～100 mg即可达到抑制发情2～4个月的效果。根据Munson（2006）和Romagnoli（2015）的研究结果，注射通常每6个月重复一次。其他剂量建议为每3～4个月注射2 mg/kg，每5～6个月注射3～5 mg/kg（Romagnoli and Conannon，2003），或每5个月注射2 mg/kg（Romagnoli and Sontas，2010）。

正如Romagnoli（2015）引用了最早的关于猫的MPA的出版物之一的1963年Harris和Wolchuk的一项研究表明，最低口服剂量0.01 mg/kg和0.05 mg/kg，每24 h服用一次，持续12个月，最低剂量100%有效。如今随着第三代孕酮的出现，建议避免对母猫使用MPA（Munson，2006；Kutzler and Wood，2006）。

3.3.1.2 MA

MA是一种合成孕激素，半衰期短，有轻微的糖皮质激素活性和非常轻微的盐皮质激素活性。因此，比MPA副作用小。由于这些特点，MA更适合作为家猫的孕酮补充剂（Romagnoli and Conannon，2003；Max et al.，2014）。理想情况下，应该在乏情期开始注射，最常见的建议剂量是2.5～5 mg/d，持续3～5 d，然后每周用相同剂量维持一次（Burke，1982；Henik et al.，1985；Munson，2006）。其他剂量建议是每2周每只给药5 mg，每周每只给药2.5 mg，即将剂量减半，每3～4天给予一次（Romagnoli and Sontas，2010）。

在接受MA处理的猫中，患乳腺癌、糖皮质激素阻滞和体重增加的风险更高，其副作用依赖于剂量。MA也曾用于治疗皮肤病或行为问题，剂量> 0.625 mg/kg，每24 h给药一次（间隔24 h），持续1周，或者间隔48 h，持续2周，可能会导致肾上腺皮质抑制和糖尿病（Middleton and Watson，1985；Mansfield et al.，1986）等短期副作用（Chastain et al.，1981；Middleton et al.，1987）。MA的使用可能更安全，因为剂量更低，重复频率更高（每周0.625 mg/kg，持续30周），主要副作用为1/3母猫接受MA处理后食欲增加（Romagnoli，2015）。

虽然由于副作用（主要是子宫蓄脓）的风险增加而不推荐使用，但可以在发情期开始时处理以抑制发情。在这种情况下，剂量为每只猫每天5 mg，直到发情停止（至少治疗3～4 d），然后剂量应减少至每只猫每周2.5 mg或每只猫每2周5 mg（Munson，2006；Romagnoli and Sontas，2010）。在意大利，允许使用极低剂量（0.01～0.03 mg/kg，间隔24 h）的MA（雌酮醇，MSD）抑制发情期（Romagnoli，2015），但需要对其有效性和安全性进行进一步研究。

虽然MA被认为比MPA更安全，但不规律的长期使用可能导致与MPA类似的副作用（表3.3）。由于担心潜在的副作用，不建议作为母猫的长期发情抑制药物重复给药。

3.3.1.3 孕酮

与MPA和MA相比，孕酮具有更强的抗促性腺激素作用，抗雌激素作用以及减少妊娠的作用（Kutzler and Wood，2006；Max et al.，2014）。因此，与其他化合物相比，孕酮被认为是一种更安全且只有轻微副作用的药物（Kutzler and Wood，2006；Romagnoli and Sontas，2010；Goericke-Pesch et al.，2014；Max et al.，2014）。最低剂量（10～30 mg/kg）的孕酮（Findik et al.，1999）被用做对子宫、乳腺和内分泌系统只有轻微影响的避孕药来使用。抑制时间持续4.5～10个月不等（Findik et al.，1999）。建议在3个月后重复注射，接着是在4个月后注射，最后每5个月注射一次。

3.3.1.4 其他孕激素

其他孕激素，如左炔诺孕酮、地马孕酮、氯地孕酮、烯丙孕素（四烯雌酮）等还在实验评估阶段。左炔诺孕酮（LEV）是一种皮下植入物（16 mg），抑制周期为12个月，但没有立竿见影的效果。虽然注射后出现了一些子宫问题（Baldwin et al.，1994），但是在随后证实未丧失生育能力。检测了猫对LEV植入物的剂量反应，表明6种植入物的阈值浓度（36 mg，Norplant®）可以诱导卵巢抑制（Pelican et al.，2008）。

在欧洲，氯地孕酮（CMA）可口服或作为一种植入制剂。观察到的主要副作用是体重增加。当治疗持续较长时间（6年或更长时间）时，乳腺和子宫会出现一些病变（Murakoshi et al.，1996，2000；Tamada et al.，2003）。关于地马孕酮作为母猫避孕药的情况知之甚少。烯丙孕素（ALG）已成功用于母猫的发情抑制（Stewart et al.，2010），且没有明显的短期副作用。

3.3.1.5 结论

本章作者不赞成对母猫使用目前推荐剂量的长效孕激素避孕。应避免对未性成熟的母猫使用持久或长效孕激素，因为那样可能会导致幼年母猫产生危及生命的乳腺肥大（Romagnoli and Conanno，2003）。

给药时间可以根据猫主人的需求、猫的年龄和安全性进行调整。没有健康问题的青春期后年轻母猫，可以给药12～24个月（Romagnoli and Conannon，2003）。使用长效孕激素抑制发情时（超过12个月），建议停药几个月，以减少药物的影响。从短期给药（最多6个月）开始，然后在停药期进行临床评估和血液分析（细胞计数、肝肾功能、血糖谱），可以早期评估任何可能的副作用。长期使用孕激素要慎重。目前没有科学依据能说明孕激素的安全给药时长。任何孕激素给药都应该从间情期或发情后期开始，因为高浓度雌激素和孕激素类似物的联合使用可能会增加猫患子宫蓄脓（Romagnoli and Conannon，2003）和乳腺纤维瘤性增生（Payan-careira，2013）的风险。可以利用阴道细胞学检查和孕激素浓度检查来确定母猫处在发情周期的哪个阶段。发情期的母猫应该在一周后重新评估，以确定其发情周期的时间。如果母猫处于发情后期，可以开始给药，如果处于间情期，则应该在大约30 d后再评估一次。虽然有人建议使用GnRH诱导排卵（Romagnoli and Conannon，2003），但在我们的临床实验中，这种做法不太常用。

3.3.2 通过诱导排卵和假孕来短期抑制发情

母猫的发情也可以通过诱导排卵来中断。在自然繁殖中，LH峰的强度和频率（Conannonetal，1980）取决于发情期的天数和交配的频率。没有受精的排卵会刺激黄体活动处于一种被称为假孕的长期状态。假孕的持续时间为35～76 d不等（平均45 d；Wildt et al.，1980），可通过阴道机械刺激、去势公猫刺激或激素处理（hCG或GnRH激动剂）获得。用棉签刺激阴道，可以模拟交配时阴茎棘引起的刺激，从而诱发LH峰。这一过程需要反复进行，以达到诱导排卵的目的。这种避孕方法有两个局限性。首先，母猫很难耐受这种方法。其次，反复使用该方法会增加与长效孕激素处理相关的病理风险。只是更多地被用作抑制发情的短期处理方案。

3.3.3 光照处理和社会活动

由于母猫对光照周期非常敏感，当光照时长从每天 14 h 缩短到 8 h 时，母猫进入乏情期，发情周期立即停止（Leyva et al.，1989a）。在 8 h 的光照和 16 h 的黑暗处理后，从未观察到发情（Michel，1993）。光照减少会诱导内源性褪黑素水平分泌增高，导致性活动减少。

3.3.4 褪黑素

褪黑素（N- 乙酰基 -5- 甲氧基色胺）是松果体在黑暗时分泌的一种激素。褪黑素会抑制下丘脑 GnRH 的分泌。在家养母猫中，褪黑素会抑制 GnRH，导致 FSH、LH 水平降低，抑制发情周期（Leyva et al.，1984）。光照减少对猫的影响非常明显，黑暗状态时的褪黑素分泌可以增加 15 倍（Graham et al.，2004）。

注射褪黑素不是一种可行的选择，因为对于母猫来说，给药很困难而且实践性较差。Leyva 等（1989b）已经证明，在 24 h 的光照下，每隔 1 d 皮下注射 5 mg 褪黑素可以抑制发情达 60 d 之久，但这种处理是完全可逆的。经过处理的母猫恢复发情时，雌二醇 -17β 的水平更高，卵泡生长模式更长，发情持续的时间也更长，这表明无论是否使用褪黑素，母猫都能感知 24 h 的光照周期。褪黑素延缓或阻止了促排卵所需的交配后的 LH 峰值，并增加了交配之间的不应期。即便如此，褪黑素可以减少 LH 的释放，同时 67% 的猫表现出发情和排卵现象（Leyva et al.，1989b）。目前没有对其副作用的报道，而且在此之后进行繁殖的母猫也成功妊娠（Gimenez et al.，2009；Faya et al.，2011）。所有研究检测褪黑素处理的操作都是在母猫的发情周期内进行的（无论是在白天很长的自然繁殖季节还是在光照条件下）。所有使用口服制剂处理的研究都提示是可逆的。

口服制剂，需要每天进行给药，但猫口服给药并不容易。6 只母猫在关灯前 3 h 以每只猫每天 30 mg 的剂量补充外源性褪黑素，持续 35 d，可有效抑制卵巢活性（Graham et al.，2004）。在 8 h 的采血期间内，褪黑素的循环水平高于夜间的内源性褪黑素浓度。在处理过程中，所有母猫都没有表现出排卵的迹象，并在处理结束 21 ～ 40 d 后恢复了正常的卵巢活动。口服褪黑素处理前 3 周内粪便雌激素水平升高的母猫并没有立即产生效果（Graham et al.，2004）。在关灯前 2 h 以每只猫每天 4 mg 的较低剂量口服褪黑素片（黑色素醇；Ellisium 公司），有类似的效果（Faya et al.，2011），从治疗开始平均抑制发情可达 50 d。这种效果是立竿见影的，因为没有一只母猫在处理开始时表现出发情。作者强调有必要精确地按照母猫的发情周期，在发情后期开始处理，可获得直接的效果。对于参试的 12 只母猫，观察到 19 次发情间隔，在其中的 7 次发情周期中观察到排卵和假孕，这可能是抑制发情的一个辅助因素。

分别对纯种猫进行 3 种剂量的褪黑素（每只猫每天使用 0.9 mg、5 mg 和 10 mg）处理后进行比较（Furthner et al.，2019）。在褪黑素剂量最低的第 1 组中，7/10 的母猫在处理的第 1 周内出现发情行为，因此暂停了后续的研究。在另外 2 组中，5/24 的母猫因为在实验开始时排卵而被取消。另有 5/24 的猫在开始研究的 10 d 内出现了发情迹象。这些猫（东方猫、斯芬克斯猫和德文雷克斯猫）在处理前的发情间隔时间很短。3/24 的母猫由于不愿意每天接受口服药片，处理被中断。7/24 的母猫成功抑制了发情。因此，口服低剂量褪黑素的方法还需要商榷。

褪黑素植入物（Melovine，CEVA Santé Animale，Libourne，France）的药代动力学没有在母猫体内进行研究，且未按照说明书使用（表 3.4）。

褪黑素植入物的效果并不总是立竿见影。至少需要 11 d 才能抑制卵泡活性（Gimenez et al.，2009）。因此，强烈建议将给药的母猫与公猫分开至少 2 周，因为褪黑素给药开始后的发情可以使其生育（Schäfer-Somi，2017）。在上一次发情期结束和下一次发情期开始的间隔时间使用褪黑素非常重要（Faya et al.，2011），因

表 3.4　使用褪黑素植入物抑制母猫发情的文献汇总

	Griffin et al.（2001）	Gulyuz et al.（2009）	Gimenez et al.（2009）	Faya et al.（2011）	Schäfer–Somi（2017）
空白对照（安慰剂）	4	6	5	12	
单个植入物	4	6	9	17	27
5 个植入物	4				
剂量	12 ~ 60 mg（5 × 12）	18 mg	18 mg	18 mg	18 mg
发情周期阶段	未评估	未评估	发情后期 9 只，发情期 9 只	发情后期	发情后期
结果	抑制持续时间未知 成功率达 75%	日照时间为 10.5 h 对照组——所有母猫都发情 处理组——只有 1 只母猫发情	发情期植入，抑制发情 61.1 d	抑制发情 63.8 d	22 只母猫在平均 103.9 d 内没有发情 6 只母猫处理后 1 ~ 10 d 处于发情期，其中 1 只母猫妊娠
副作用	子宫病理	无	无	无	无
结论		褪黑素植入物可延长季节性乏情			对哺乳期猫的有效性还没有研究清楚
特异性			植入 2 d 后阴道细胞学检查发现上皮细胞（发情后期植入） 植入后 2 ~ 3 d 有发情迹象（发情后期 VS. 发情期）	排卵和假孕占 43.3% 植入后没有发情结果具有高度特异性	英国短毛猫和挪威森林猫之间有显著差异性（$P < 0.05$）

为抑制发情的时间似乎取决于动物给药时所处的发情周期的阶段。与发情期相比，在发情后期皮下植入 18 mg 褪黑素植入物抑制发情的时间（113.3 d ± 6.1 d）是在发情期植入的 2 倍（61.1 d ± 6.8 d）（Gimenez et al.，2009）。同时，Faya 等（2011）研究发现，所有母猫均在发情后期植入的抑制时间为 63.8 d ± 5.4 d。对这一结果可能的解释是，高浓度雌激素下调大鼠和人类卵巢褪黑素受体的表达（Kutzler，2015），但并未在猫身上得到证实。抑制发情的时间似乎也受开始给药季节的影响（Schäfer–Somi，2017）。使用这种植入物延长自然的乏情期是可以实现的（Gulyuz et al.，2009）。植入物没有副作用且植入后的母猫可以正常繁殖，6/8（Gimenez et al.，2009）和 12/17（Furthner et al.，2020）的母猫妊娠。对体重为 1.5 ～ 2.0 kg 青春期前的母猫植入 18 mg 褪黑素植入物（Melovine），不会推迟其青春期。研究中的所有动物都在预期的时间进入青春期（成年体重的 75%）（Faya et al.，2011），这说明了给药并没有改变其生长。青春期前和青春期后的猫在行为上的差异尚不清楚。褪黑素植入物的使用可以通过更适合猫的施药器进行优化。

当它们被商业化用于诱导母羊发情时，这种植入物被包装在两根25号植入物棒中，带有一把应用枪，一个无菌针头。理想情况下，使用易于操作的单个无菌施药器和12号针头。

3.3.4.1 结论

针对褪黑素处理，猫个体反应的差异较大。品种差异似乎对反应有影响，但由于缺乏足够数量的特定品种的动物而无法证实。因为植入物似乎对更容易受季节影响的品种更有效，6～9个月的发情抑制时间是最理想的，但需要进一步的研究来确定是否可以达到这一目标。

3.4 GnRH激动剂

3.4.1 用于成年母猫

缓释GnRH激动剂植入物，如Suprelorin®，适合长期抑制猫的发情周期。猫仰卧位保定，在靠近脐的位置皮下植入植入物，植入部位需剃毛，并用抗菌磨砂膏清洁皮肤。操作者捏起皮肤，将植入装置针插入皮肤下，注入植入物（图3.1）。要检查植入物的位置，最好在植入后按压皮肤约1 min，以避免植入物溢出。在此位置植入的植入物在必要时较容易取出。

在使用缓释GnRH激动剂植入物处理后，GnRH激动剂浓度的骤然升高可以观察到成年母猫可育的诱导发情（Munson et al.，2001；Rubion and Driancourt，2009；Ackermann et al.，2012；Toydemir et al.，2012；Goericke-Pesch et al.，2013a；Zambelli et al.，2015）。随后孕酮浓度的增加表明排卵的发生（Rubion and Driancourt，2009；Goericke-Pesch et al.，2013a）。地洛瑞林缓释植入物的药效持续时间变化很大（Goericke-Pesch et al.，2013a）。4.7 mg地洛瑞林植入物的平均药效持续时间为（22.7 ± 2.1）个月（范围为16.1～36.7个月，n=20），家养猫（Furthner et al.，2020）为（16.0 ± 5.7）个月（范围为8～38个月，n=26）。9.4 mg地洛瑞林植入物的药效持续时间＞18.5个月（Toydemir et al.，

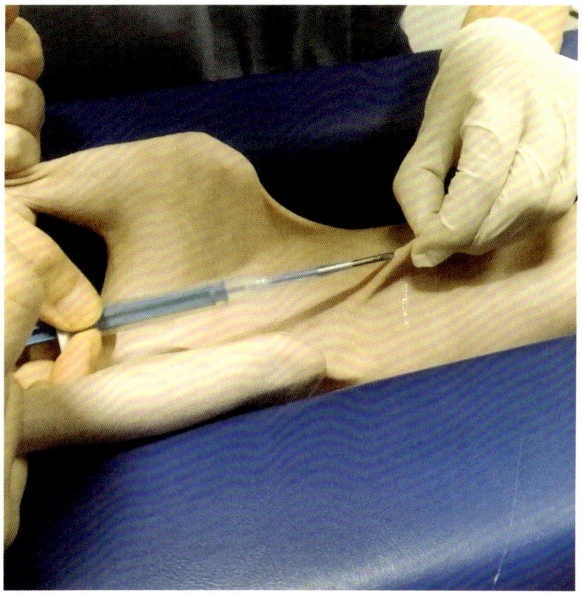

图3.1 在雌性斯芬克斯母猫脐部放置GnRH植入物

轻轻地仰卧位保定猫，将植入物注入皮下。在此位置植入的植入物在必要时可以取出。

2012）。虽然一项研究（n=20；Goericke-Pesch et al.，2013a）报道没有副作用，但副作用（6/26）如持续发情（n=2/26），泌乳（n=2/26），纤维腺瘤病（n=1/26），囊性子宫内膜增生（n=1/26）（Furthner et al.，2020），以及活动量减少和体重增加均有发现（Munson et al.，2001；Furthner et al.，2020）。起效延迟（Goericke-Pesch et al.，2013a），有发情迹象且雌二醇增加（Goericke-Pesch et al.，2013a；Munson et al.，2001）和无反应者（Toydemir et al.，2012）均有。个别母猫药效的起止需要猫主人详细观察，以避免不必要的交配。处理效果是可逆的，猫在药效过后会恢复季节性发情（Goericke-Pesch et al.，2013b）或通过eCG和hCG诱导发情（Ackermann et al.，2012），妊娠（n=9/9，Goericke-Pesch et al.，2013a；n=12/交配数量未知，Furthner et al.，2020），并生产幼崽。幼崽的大小与未处理的幼崽没有显著差异，而母猫则表现出正常的母性行为（Goericke-Pesch et al.，2013a）。应避免在妊娠早期进行处理，有报道称会出现分娩后母性行为缺失的现象（Goericke-Pesch et al.，2013b）。

3.4.2 青春期前使用

给小于 114.4 d ± 12.7 d 的新生动物、青春期前动物和成年动物体重 50% 的动物使用 1/3 剂量的 4.7 mg Suprelorin®（约 1.6 mg 地洛瑞林），并不能诱导发情，但青春期明显推迟（Risso et al.，2012；Carranza et al.，2014）。诱导效应在药效结束后是完全可逆的，诱导效应期平均为 281.2 d ± 21.6 d（范围为 180 ～ 428 d），而对照组为 177.8 d ± 10.8 d（Risso et al.，2012；Carranza et al.，2014，2015）。据描述，给 3 ～ 9 月龄的母猫注射 4.7 mg 地洛瑞林植入物是安全的，其中一只猫在临床观察到诱导发情，另一只猫在亚临床（阴道上皮完全角化）中观察到。青春期明显推迟，而且在观察期结束后，21 ～ 36 月龄（n=4）的动物仍处于青春期前（Cecchetto et al.，2017）。

3.5 结论

对有生殖障碍的母猫来说，诱导发情是一种临床上最好并且风险较小的治疗方法。在乏情的情况下（原发性或继发性），第一选择应该是轻度干预和社会刺激，然后再使用激素治疗。找到生殖障碍的原因是解决这类问题的首要思路。

抑制发情的替代疗法是家猫和动物管理协会的普遍要求。尽管理想的控制种群数量和抑制发情的非手术方法还不得而知，但在宠物身上还是有一些可能性的。药物的利与弊应该公开告知猫主人。即使是极有可能产生副作用的药物，对于合适的患猫，也可以作为一种选择。在选择抑制发情的方法之前，必须考虑原因、持续时间、年龄、品种、动物的总体健康和生殖状况以及难易程度。如前所述，如果正确选择和给药，各种药物都是安全的、可预测的。虽然有些方案更安全，但对每一种发情抑制处理方案都应进行密切和谨慎的评估。寻找新的药物和更安全的抑制发情的方案对兽医研究中的所有物种，特别是对家猫来说，都是一个持续的挑战。

3.6 参考文献

[1] Ackermann, C. L., Volpato, R., Destro, F. C., Trevisol, E., Sousa, N. R., et al. (2012) Ovarian activity reversibility after the use of deslorelin acetate as a short-term contraceptive in domestic queens. Theriogenology 78(4), 817–822. doi: 10.1016/j.theriogenology.2012. 03.030.

[2] Agudelo, C. F. (2005) Cystic endometrial hyperplasia-pyometra complex in cats. A review. Veterinary Quarterly 27(4), 173–182.

[3] Attardi, B. (1984) Progesterone modulation of the luteinizing hormone surge: regulation of hypothalamic and pituitary progestin receptors. Endocrinology 115(6), 2113–2122. doi: 10.1210/endo-115-6-2113.

[4] Baldwin, C. J, Peter, A. T., and Bosu, W. T. (1994) The contraceptive effects of levonorgestrel in the domestic cat. Laboratory Animal Science 44(3), 261–269.

[5] Brache, V., Faundes, A., and Johansson, E. (1985) Anovulation, inadequate luteal phase and poor sperm penetration in cervical mucus during prolonged use of Norplant implants. Contraception 31(3), 261–273. doi: 10.1016/0010-7824(85)90096-4.

[6] Burke, T.J. (1982) Pharmacologic control of estrus in bitch and queen. Veterinary Clinics North America Small Animal Practice 12(1), 79– 84. doi: 10.1016/s0195-5616(82)50007-1.

[7] Carranza, A., Faya, M., Merlo, M. L., Batista, P., and Gobello, C. (2014) Effect of GnRH analogs in postnatal domestic cats. Theriogenology 82(1), 138–143. doi: 10.1016/j.theriogenology.2014.03.012.

[8] Carranza, A., Faya, M., Fernandez, P., Barbeito, C., and Gobello, C. (2015) Histologic effect of a postnatal slow-release GnRH agonist on feline gonads. Theriogenology 83(8), 1368–1372. doi: 10.1016/j.theriogenology.2015.01.027.

[9] Cecchetto, M., Salata, P., Baldan, A., Milani, C., Mollo, A., et al. (2017) Postponement of puberty in queens treated with deslorelin. Journal of Feline Medicine and Surgery 19(12), 1224–1230. doi: 10.1177/1098612X16688406.

[10] Chastain, C. B., Graham, C. L., and Nichols, C. E. (1981) Adrenocortical suppression in cats given megestrol acetate. American Journal of Veterinary Research 42(12), 2029–2035.

[11] Cline, E. M., Jennings, L. L., Sojka, N. J. (1980) Breeding laboratory cats during artificially induced estrus. Laboratory Animal Science 30(6), 1003–1005.

[12] Concannon, P. W. and Meyers-Wallen, V. N. (1991) Current and proposed methods for contraception and termination of pregnancy in dogs and cats. Journal of the American Veterinary Medical Association 198(7), 1214–1225.

[13] Concannon, P., Hodgson, B., and Lein, D. (1980) Reflex LH release in estrous cats following single and multiple copulations. Biology of Reproduction 23(1), 111–117.

[14] Corrada, Y. A. and Gobello, M. C. (2000) Reproducción felina: características del gato doméstico. Buenos Aires: Asociación Argentina de Medicina Felina. Available at: https://aamefe.org/ (accessed 8 November 2020).

[15] da Silva, T. F. P., da Silva, L. D. M., Uchoa, D. C., Monteiro, C. L. B., and Thomaz, L. A. (2006) Sexual characteristics of domestic Queen kept in a natural equatorial photoperiod. Theriogenology 66, 1476–1481. doi: 10.1016/j.theriogenology.2006.02.008.

[16] Dawson, A. B. (1941). Early estrus in cat following increased illumination. Endocrinology 28(6), 907–991. doi: 10.1210/endo-28-6-907.

[17] Donoghue, M., Johnston, L. A., Munson, L., Brown, J. L., and Wildt, D.E. (1992) Influence of gonadotropin treatment interval on follicular maturation, in vitro fertilization, circulating steroid concentrations, and subsequent luteal function in the domestic cat. Biology of Reproduction 46(5), 972–980. doi: 10.1095/biolreprod46.5.972.

[18] Dresser, B. L., Sehlhorset, C. S., Wachs, K. B., Keller, G. L., Gelwicks, E. J., et al. (1987) Hormonal stimulation and embryo collection in the domestic cat (Felis catus). Theriogenology, 28(6), 915–927. doi: 10.1016/0093-691X(87)90042-2.

[19] Duncan, G. L., Lyster, S. C., Hendrix, J. W., Clark, J. J., and Webster, H. D. (1964) Biologic effects of melengestrol acetate. Fertility and Sterility 15, 419–432.

[20] Faya, M., Carranza, A., Priotto, M., Graiff, D., Zurbriggen, G., et al. (2011) Long-term melatonin treatment prolongs interestrus, but does not delay puberty, in domestic cats. Theriogenology 75(9), 1750–1754. doi: 10.1016/j.theriogenology.2011.01.015.

[21] Fekete, G. and Szebere´nyi, S. (1965) Data on the mechanism of adrenal suppression by medroxyprogesterone acetate. Steroids 6(2), 159–166. doi: 10.1016/0039-128x(65)90044-9.

[22] Feldman, E. C. and Nelson, R.W. (1996) Feline reproduction. In: Feldman, E. C. and Nelson, R. W. (eds), Canine and Feline Endocrinology and Reproduction. W.B. Saunders, Philadelphia, Pennsylvania, pp. 741–767.

[23] Findik, M., Maral, N. E., and Aslan, S. (1999) The use of proligestone, megestrol acetate and GnRH on queens with the aim of hormonal contraception. Turkish Journal of Veterinary and Animal Sciences 23, 455–459.

[24] Furthner, E., Maenhoudt, C., Amiriantz, S., Priam, J., and Fontbonne, A. (2019) Oral melatonin supplementation in female domestic cats, a double blinded prospective study [abstract]. In: Proceedings of the 22nd EVSSAR Congress. Berlin, Germany. European Veterinary Society for Small Animal Reproduction (EVSSAR), p 103–104.

[25] Furthner, E., Roos, J., Niewiadomska, Z., Maenhoudt, C., and Fontbonne, A. (2020) Contraceptive implants used by cat breeders in France: a study of 140 purebred cats. Journal of Feline Medicine and Surgery 22(10), 984–992. doi: 10.1177/1098612X19901023.

[26] Gimenez, F., Stornelli, M.C., and Tittarelli, C.M. (2009) Suppression of estrus in cats with melatonin implants. Theriogenology 72(4), 493–499. doi: 10.1016/j.theriogenology.2009.04.004.

[27] Goericke-Pesch, S. (2010) Reproduction control in cats: new developments in non-surgical methods. Journal of Feline Medicine and Surgery 12(7), 539–546. doi: 10.1016/j.jfms.2010.05.005.

[28] Goericke-Pesch, S., Georgiev, P., Atanasov, A., Albouy, M., Navarro, C., et al. (2013a) Treatment of queens in estrus and after estrus with a GnRH-agonist implant containing 4.7 mg deslorelin; hormonal response, duration of efficacy, and reversibility. Theriogenology 79, 640–646. doi:10.1016/j.theriogenology.2012.11.018.

[29] Goericke-Pesch, S., Georgiev, P., Atanasov, A., and Wehrend, A. (2013b) Treatment with Suprelorin in a pregnant cat. Journal of Feline Medicine and Surgery 15, 357–360. doi: 10.1177/1098612X12468837.

[30] Goericke-Pesch, S., Wehrend, A., and Georgiev, P. (2014) Suppression of fertility in adult cats. Reproduction in Domestic Animals 49(2), 33–40. doi:10.1111/rda.12301.

[31] Goodrowe, K. L., Howard, J. G., and Wildt, D. E. (1986) Embryo recovery and quality in the domestic cat: natural versus induced oestrus. Theriogenology 25, 156.

[32] Graham, L. H., Swanson, W. F., Wildt, D. E., and Brown, J. L. (2004) Influence of oral melatonin on natural and gonadotropin-induced ovarian function in the domestic cat. Theriogenology 61(6), 1061–1076. doi: 10.1016/j.theriogenology.2003.05.004.

[33] Greenberg, M., Lawler, D., Zawistowski, S., and Jöchle, W. (2013) Low-dose megestrol acetate revisited: a viable adjunct to surgical sterilization in free roaming cats? Veterinary Journal 196, 304–308. doi: 10.1016/j.tvjl.2013.01.038.

[34] Griffin, B., Heath, A. M., and Young, D. W. (2001) Effects of melatonin implants on ovarian function in the domestic cat [abstract]. In: Proceedings of the 19th American College of Veterinary Internal Medicine. Lakewood, CO: American College of Veterinary Internal Medicine (ACVIM), Denver, Colorado, p 843.

[35] Gulyuz, F., Tasal, I., and Uslu, B. A. (2009) Effects of melatonin on the onset of ovarian activity in Turkish van cats. Journal of Animal and Veterinary Advances 8, 2033–2037.

[36] Harris, T. W. and Wolchuk, N. (1963) The suppression of oestrus in the dog and cat with long term administration of synthetic progestational steroids. American Journal of Veterinary Research 24, 1003–1006.

[37] Hayden, D. W., Barnes, D. M., Johnson, K. H. (1989) Morphologic changes in the mammary gland of megestrol

acetate-treated and untreated cats: a retrospective study. Veterinary Pathology 26, 104–113.

[38] Henik, R. A., Olson, P. N., and Rosychuk, R. A. (1985) Progestagen therapy in cats. Compendium on Continuing Education for the Practising Veterinarian 7, 132–141.

[39] Hernandez, F. J., Fernandez, B. B., Chertack, M., and Gage, P. A. (1975) Feline mammary carcinoma and progestogens. Feline Practice. 5, 45–48.

[40] Hurni, H. (1981) Daylength and breeding in the domestic cats. Laboratory Animal 15, 229–233.

[41] Jackson, E. K. M. (1984) Contraception in the dog and cat. British Veterinary Journal 140, 132–137. doi: 10.1016/0007-1935(84)90073-3.

[42] Jemmet, J. E. and Evans, J. M. (1977) A survey of sexual behaviour and reproduction of female cats. Journal of Small Animal Practice 18, 31–37. doi: 10.1111/j.1748-5827.1977.tb05821.x.

[43] Johnston, S. D., Root, M. V., and Olson, P. N. S. (1996) Ovarian and testicular function in the domestic cat: clinical management of spontaneous reproductive disease. Animal Reproduction Science 42, 261–274.

[44] Johnston, S. D., Kustritz, M. V. R., and Olson, P. S. (2001) The Feline Estrous Cycle. In: Johnston, S. D., Kustritz, M. V. R., and Olson, P. S. (eds) Canine and Feline Theriogenology. Elsevier Health Sciences, Philadelphia, Pennsylvania, pp. 396–403.

[45] Keskin, A., Yilmazbas, G., Yilmaz, R., Musa, O., and Gumen, A. (2009) Pathological abnormalities after long-term administration of medroxyprogesterone acetate in a queen. Journal of Feline Medicine and Surgery 11, 518–521. doi: 10.1016/j.jfms.2008.10.006.

[46] Kloosterboer, H. J., Vonk-Noordegraaf, C. A., and Turpijn, E. W. (1988) Selectivity in progesterone and androgen receptor binding of progestagens used in oral contraceptives. Contraception 38, 325–332. doi: 10.1016/0010-7824(88)90104-7.

[47] Kutzler, M. A. (2007) Estrus induction and synchronization in canids and felids. Theriogenology 68, 354–374. doi: 10.1016/j.theriogenology.2007.04.014.

[48] Kutzler, M. A. (2015) Alternative methods for feline fertility control: Use of melatonin to suppress reproduction. Journal of Feline Medicine and Surgery 17, 753–757. doi: 10.1177/1098612X15594988.

[49] Kutzler, M. and Wood, A. (2006) Non-surgical methods of contraception and sterilization. Theriogenology 66, 514–525. doi: 10.1016/j.theriogenology.2006.04.014.

[50] Kutzler, M., Lamb, S. V., and Volkmann, D. (2009) Comparison between vestibular and subcutaneous insertion of deslorelin implants for oestrus induction in bitches. Reproduction in Domestic Animals 44, 83–86. doi: 10.1111/j.1439-0531.2009.01384.

[51] Leyva, H., Addiego, L., and Stabenfeldt, G. (1984) The effect of different photoperiods on plasma concentrations of melatonin, prolactin and cortisol in the domestic cat. Endocrinology 115, 1729–1736. doi: 10.1210/endo-115-5-1729.

[52] Leyva, H., Madley, T., and Stabenfeldt, G. H. (1989a) Effect of light manipulation on ovarian activity and melatonin and prolactin secretion in the domestic cat. Journal of Reproduction and Fertility Supplement 39, 125–133.

[53] Leyva, H., Madley, T., and Stabenfeldt, G. H. (1989b) Effect of melatonin on photoperiod responses, ovarian secretion of oestrogen, and coital responses in the domestic cat. Journal of Reproduction and Fertility Supplement 39, 155–142.

[54] Little, S.E. (2012) Female reproduction. The Cat, 1195–1227. doi:10.1016/B978-1-4377-0660-4.00040-5.

[55] Loretti, A., Ilha, M., Breitsameter, I., and Faraco, C. (2004) Clinical and pathological study of feline mammary fibroadenomatous changes associated with depot medroxyprogesterone acetate therapy. Arquivo Brasileiro de Medicina Veterinária e Zootecnia 56, 270–274. doi: 10.1590/S0102-09352004000200020.

[56] Loretti, A., Ilha, M., Ordás, J., and de las Mulas, J. M. (2005) Clinical, pathological and immunohistochemical study of feline mammary fibroepithelial hyperplasia following a single injection of depot medroxyprogesterone acetate. Journal of Feline Medicine and Surgery 7, 43–52. doi: 10.1016/j.jfms.2004.05.002.

[57] MacDougall, L. (2003). Mammary fibroadenomatous hyperplasia in a young cat attributed to treatment with megestrol acetate. Canadian Veterinary Journal 44, 227–229.

[58] Maenhoudt, C., Santos, N. R., Fontaine, E., Mir, F., Reynaud, K., et al. (2012) Results of GnRH agonist implants in oestrous induction and oestrous suppression in bitches and queens. Reproduction in Domestic Animals 47, 393–397. doi: 10.1111/rda.12041.

[59] Maenhoudt, C., Santos, N. R., and Fontbonne, A. (2018) Manipulation of the oestrous cycle of the bitch-what works… for now. Reproduction in Domestic Animals 53, 44–52. doi: 10.1111/rda.13364.

[60] Mansfield, P. D., Kemppainen, R. J., and Sartin, J. L. (1986) The effects of megestrol acetate treatment on plasma glucose concentration and insulin response to glucose administration in cats. Journal of the American Animal Hospital Association 22, 515–518.

[61] Mattos, M. R. F., da Silva, T. F. P., Pereira, B. S., Uchoa, D. C., Cardoso, R. C. S., et al. (2001) Embryo transfer in the cat: first success in Latin America. In: Proceedings from Memorias de II Congresso Internacional de Medicina Felina [on CD-ROM]. Rio de Janeiro, Brazil, June 2001.

[62] Max, A., Jurka, P., Dobrzyński, A., and Rijsselaere, T. (2014) Non-surgical contraception in female dogs and cats. Acta Scientiarum Polonorum Zootechnica, 13, 3–18.

[63] Michel, C. (1993) Induction of oestrus in cats by photoperiodic manipulations and social stimuli. Laboratory

Animal 27, 278–280. doi:10.1258/002367793780745381.

[64] Middleton, D. J. and Watson, A. D. (1985) Glucose intolerance in cats given short-term therapies of prednisolone and megestrol acetate. American Journal of Veterinary Research 46, 2623–2625.

[65] Middleton, D. J., Watson, A., Howe, C., and Caterson, I. D. (1987) Suppression of cortisol responses to exogenous adrenocorticotrophic hormone, and the occurrence of side effects attributable to glucocorticoid excess, in cats during therapy with megestrol acetate and prednisolone. Canadian Journal of Veterinary Research 51, 60–65.

[66] Munson, L. (2006) Contraception in felids. Theriogenology 66, 126–134. doi: 10.1016/j.theriogenology.2006.03.016.

[67] Munson, L., Bauman, J. E., Asa, C. S., Jochle, W., and Trigg, T. E. (2001) Efficacy of the GnRH analogue deslorelin for suppression of oestrous cycles in cats. Journal of Reproduction and Fertility 57, 269–273.

[68] Murakoshi, M., Tagawa, M., Ikeda, R., Hoshin, T., Suzuki, M., et al. (1996) The effect of subcutaneous implantation of chlormadinone acetate for preventing estrus in queens. Journal of Toxicologic Pathology 9, 185–190. doi: 10.1293/tox.9.185.

[69] Murakoshi, M., Tagawa, M. and Ikeda, R. (2000) Histopathological studies of subcutaneous implantation of chlormadinone acetate (CMA) for preventing estrus in queens. Tokai Journal of Experimental and Clinical Medicine 25, 7–10.

[70] Orosz, S. E., Morris, P. J., Doody, M. C., Niemeyer, G. P., Cortelyou Lee, J., et al. (1992) Stimulation of folliculogenesis in domestic cats with human FSH and LH. Theriogenology 37, 993–1004. doi: 10.1016/0093-691x(92)90098-c.

[71] Payan-Carreira, R. (2013) feline mammary fibroepithelial hyperplasia: a clinical approach. In: Payan-Carreira, R. (ed.) Insights from Veterinary Medicine, InTech, London. doi: 10.5772/55550.

[72] Pelican, K. M., Wildt, D. E., Pukazhenthi, B., and Howard, J. (2006) Ovarian control for assisted reproduction in the domestic cat and wild felids. Theriogenology 66, 37--48. doi: 10.1016/j.theriogenology.2006.03.013.

[73] Pelican, K. M., Wildt, D. E., Ottinger, M. A., and Howard, J. (2008) Priming with progestin, but not GnRH antagonist, induces a consistent endocrine response to exogenous gonadotropins in induced and spontaneously ovulating cats. Domestic Animal Endocrinology 3, 160-175. doi: 10.1016/j.domaniend.2007.01.002.

[74] Pope, C. E., Keller, G. L. and Dresser, B. L. (1993) In vitro fertilization in domestic and non-domestic cats including sequences of early nuclear events, development in vitro, cryopreservation and successful intra- and interspecies embryo transfer. Journal of Reproduction and Fertility 47, 189–201.

[75] Pope, C. E. (2000) Embryo technology in conservation efforts for endangered felids. Theriogenology 53, 163–174. doi: 10.1016/S0093-691X(99)00249-6.

[76] Risso, A., Corrada, Y., Barbeito, C., Diaz, J., and Gobello, C. (2012) Long-term-release GnRH agonists postpone puberty in domestic cats. Reproduction in Domestic Animals 47, 936–938. doi:10.1111/j.1439-0531.2012.01994.x.

[77] Romagnoli, S. (2003) Clinical approach to infertility in the queen. Journal of Feline Medicine and Surgery 5, 143–146. doi: 10.1016/S1098-612X(02)00131-6.

[78] Romagnoli, S. (2006) Recent Advances in Feline Reproduction. In: World Small Animal Veterinary Association World Congress Proceedings, Prague, Czech Republic, pp. 2006696–2006700.

[79] Romagnoli, S. (2015) Progestins to control feline reproduction: Historical abuse of high doses and potentially safe use of low doses. Journal of Feline Medicine and Surgery 17, 743–752. doi: 10.1177/1098612X15594987.

[80] Romagnoli, S. and Concannon, P.W. (2003) Clinical use of progestins in bitches and queens: a review. In: Concannon, P. W., England, G., Verstegen, J., and Linde Forsberg, C. (eds) Recent Advances in Small Animals Reproduction. International Veterinary Information Service, USA.

[81] Romagnoli, S. and Sontas, B.H. (2010) Prevention of breeding in the female. In: England, G. and von Heimendahl, A. (eds), BSAVA Manual of Canine and Feline Reproduction and Neonatology. British Small Animal Veterinary Association, Gloucester, UK, pp. 23–33.

[82] Romagnoli, S., Bensaia, C., Ferré-Dolcet, L., Sontas, H., and Stelletta, C. (2019) Fertility parameters and reproductive management of Norwegian Forest Cats, Maine Coon, Persian and Bengal cats raised in Italy: a questionnaire-based study. Journal of Feline Medicine and Surgery 21, 1188–1198. doi: 10.1177/1098612X18824181.

[83] Rubion, S. and Driancourt, M. A. (2009) Controlled delivery of a GnRH agonist by a silastic implant (Gonazon) results in long-term contraception in queens. Reproduction in Domestic Animals 44, 79–82. doi: 10.1111/j.1439-0531.2009.01415.x.

[84] Santana, M. L., Paula, T. A. R., Costa, E. P., Costa, D.S. (2012). Exogenous induction of ovarian activity and ovulation and transfer of fresh embryos of domestic cat (Felis catus). Revista Ceres 59, 499–505. doi:10.1590/S0034-737X2012000400010.

[85] Sapierzynski, R. A., Dolka, I., and Cywinska, A. (2009) Multiple pathologies of the feline uterus: a case report. Veterinari Medicina 52, 345–350. doi: 10.17221/101/2009-VETMED.

[86] Schäfer-Somi, S. (2017) Effect of melatonin on the reproductive cycle in female cats: a review of clinical experiences and previous studies. Journal of Feline Medicine and Surgery 19, 5–12. doi: 10.1177/1098612X15610369.

[87] Schmidt, P. M. (1986) Feline breeding management. Veterinary Clinics of North America Small Animal Practice 16, 435–451. doi: 10.1016/S0195-5616(86)50052-8.
[88] Scott, P. P. and Lloyd-Jacob, M. A. (1959) Reduction in the anestous period of laboratory cats by increased illumination. Nature 184, 2022. doi: 10.1038/1842022a0.
[89] Stewart, R. A., Pelican, K. M., Brown, J. L., Wildt, D. E., Ottinger, M. A., et al. (2010) Oral progestin induces rapid, reversible suppression of ovarian activity in the cat. General and Comparative Endocrinology 166, 409–416. doi:10.1016/j.ygcen.2009.12.016.
[90] Swanson, W. F., Roth, T. L., Graham, K., Horohov, D. W., and Godke, R. A. (1996) Kinetics of the humoral immune response to multiple treatments with exogenous gonadotropins and relation to ovarian responsiveness in domestic cats. American Journal of Veterinary Research 57, 302–307.
[91] Swanson, W. F., Wolfe, B. A., Brown, J. L., Martin-Jimenez, T., Riviere, J. E., et al. (1997) Pharmokinetics and ovarian-stimulatory effects of equine and human chorionic gonadotropins administered singly and in combination in the domestic cat. Biology of Reproduction 57, 295–302. doi: 10.1095/biolreprod57.2.295.
[92] Tamada, H., Kawate, N., and Inaba, T. (2003) Long-term prevention of estrus in the bitch and queen using chlormadinone acetate. Canadian Veterinary Journal 44, 416–417.
[93] Toydemir, T. S., Kılıçarslan, M. R., and Olgaç, V. (2012) Effects of the GnRH analogue deslorelin implants on reproduction in female domestic cats. Theriogenology 77, 662–674. doi: 10.1016/j.theriogenology.2011.07.046.
[94] Tsutsui, T. and Stabenfeldt, G. H. (1993) Biology of ovarian cycles, pregnancy and pseudopregnancy in the domestic cat. Journal of Reproduction and Fertility, Supplement, 47, 29–35.
[95] Tsutsui, T., Sato, M., and Kurosawa, N., et al. (1989) Embryo transfer in the cat during the non-breeding season. Nihon Juigaku zasshi. The Japanese Journal of Veterinary Science 51, 871–877. doi: 10.1292/jvms1939.51.871.
[96] Tsutsui, T., Yamane, I., Hattori, I., Kurosawa, N., Matsunaga, H., et al. (2000) Feline embryo transfer during the non-breeding season. Journal of Veterinary Medical Science 62(11), 1169–1175. doi: 10.1292/jvms.62.1169.
[97] Verstegen, J. P., Onclin, K., da Silva, L. D. M., Donnay, I., Mettens, P., et al. (1993) Superovulation and embryo in vitro culture following treatment with ultrapure follicle-stimulating hormone in cats. Journal of Reproduction and Fertility Supplement 47, 209–218.
[98] Wehrend, A., Hospes, R., and Gruber, A. D. (2001) Treatment of feline mammary fibroadenomatous hyperplasia with a progesterone-antagonist. Veterinary Record. 148, 346–347. doi: 10.1136/vr.148.11.346.
[99] Wildt, D. E., Seager, S. W. J., and Chakraborty, P. K. (1980) Effect of copulatory stimuli on incidence of ovulation and on serum luteinizing hormone in the cat. Endocrinology 107, 1212–1217. doi: 10.1210/endo-107-4-1212.
[100] Zambelli, D., Bini, C., Küster, D. G., Molari, V., and Cunto, M. (2015) First deliveries after estrus induction using deslorelin and endoscopic transcervical insemination in the queen. Theriogenology 84, 773–778. doi: 10.1016/j.theriogenology.2015.05.010.

4 育种和猫舍管理

Aime K. Johnson
美国亚拉巴马州奥本大学兽医学院临床系

4.1 前言

适当的育种管理是保障猫具有良好生育能力的关键。管理过程中的微小变化可能会对猫的妊娠率和产崽数产生重大影响。育种场、科研院所与只养一只猫的家庭的猫舍管理是不同的。猫舍的长期记录和实地观察将有助于兽医和猫主人确定可能影响猫的健康和生育能力的管理问题。

4.2 整体管理

为了确保对疾病的充分控制，应审查所有动物的疫苗接种记录以及疫苗的处理和储存程序。目前推荐使用的猫核心疫苗均可在 https://www.aaha.org/aaha-guidelines/2020-aahaaafp-feline-vaccination-guidelines/feline-vaccination-home/（更新于 2022.01.17）网址查询到（Stone et al., 2020）。

营造没有新动物进入的封闭猫舍对于消除新疾病的入侵是行之有效的，但是这种方法没有考虑遗传多样性和环境的自我恢复力。所有新引进的动物都必须接受至少 2 周的隔离，隔离地点应远离封闭猫舍，并遵循严格的检疫程序，防止带入新的病原体。任何因兽医诊断护理、饲养、展览等原因离开猫舍后需要返回的动物，也应该经过检疫程序。出现疾病临床症状的猫应被隔离在一个隔离区域，远离其他猫，直到它们的检测结果为阴性或 2 周内没有症状。猫主人应在照顾健康的动物后再照顾被隔离的动物，以防止污染物污染他们的衣服、手或其他物品进而传播疾病。

在猫舍中，严格的卫生和充足的通风是减少或消除疾病的必要条件。卫生条件差往往导致猫患病或新生幼猫发生败血症而死亡。应遵循标准操作程序（standard operating procedures，SOPs），以防出现卫生问题。猫砂盆、猫窝、玩具、食物和水碗应该定期清洁和消毒。消毒的频率取决于猫舍的密度，但一般来说，应该每天清洁，每周使用高效的消毒剂。应采取谨慎措施，确保使用的消毒剂浓度适当，足以消灭主要病原体，且对猫没有伤害（图 4.1）（Stull et al., 2018）。

猫舍的设计取决于动物数量和饲养用途。许多繁育猫舍将猫安置在集体犬舍中，因为在集体犬舍中，地板、墙壁、猫砂盆和玩具都容易消毒（图 4.2），这对于需要持续保持卫生的猫舍来说是很理想的，如饲养研究用动物的猫舍。尽管在这种情况下卫生状况和疾病预防的效果较佳，但这种饲养方式与人互动较少，日常用品的需求也更多。家庭环境更适合宠物类幼猫进行社交（图 4.3）。图 4.4 显示的是马厩改装的猫舍，图 4.5 显示的“大床房”是用鸡笼改装的。另外，也可以根据猫的年龄或繁殖状况，将它们分组饲养在房间里。需要特别注意水质、食物、设施和卫生。最好选择优质、均衡和商业化的猫粮。生食对饲养动物来说是有风险的，可能无法提供所需的营养，还可能引入有害细菌，导致子宫感染或新生儿败血症。

询问有关猫舍和猫个体本身的具体问题对于获得每只猫的基本情况非常重要。图 4.6 是一份获取详细信息的调查问卷示例，图 4.7 是了解每

图 4.1　消毒剂及其成分表

选择好的消毒剂非常重要，好的消毒剂对动物的伤害最小，而且还可以很好地消除病原微生物（Stull et al., 2018）。（由 Aime K. Johnson 博士和 Jamie Douglas 博士提供）

只猫的繁殖情况的调查问卷示例。这些问卷可以让兽医获得关于猫的有用信息，也可以让兽医通过这些信息了解饲养环境和管理情况。

4.3　照明

由于母猫是长日照繁殖动物，为了减少季节更替带来的影响，可让猫每天在人工光照下活动至少 14 h。然而，根据作者的经验，即使是在这种光照环境下饲养的猫，在一年中可能也会短时出现妊娠率低下的情况。母猫通常会在人工光照后的 1 ～ 2 个月内出现发情迹象。一天 24 h 光照可以维持猫的发情周期，但其次数可以从每月 2 次减少到 1 次（Leyva et al., 1989）。如果母猫长期（数年）处于人工光照下，其整体生育力会下降，在重新延长白天光照之前，通过缩短光照周期（8 h 光照），持续 2 ～ 3 个月，使母猫经历一段乏情期，能够更好地提高生育力。家养母猫可以在自然光和人造光结合下饲养。由于母猫可以自由地藏在物体下或黑暗的房间里，因此它们接触到的光是可变的。正因为如此，在室内环境中，母猫通常会表现出季节性，不会因为短日照而出现周期性。

图 4.2 严格注意生物安全和保持卫生干净的猫舍

猫舍里的所有表面都可以随时消毒，猫窝也可以更换。犬笼应该包括一个供猫攀爬的休息板，并且是完全封闭的。

图 4.3 含有休息空间和躲藏盒子的家养猫舍

虽在各方面给猫提供了丰富的活动空间，但如不及时清理也容易滋生细菌和病毒。

4.4 饲养管理

开始繁殖之前，确保母猫在近期接种过疫苗。在猫舍自然繁殖时，由于公猫具有强烈的领地意识，当母猫表现出发情迹象时，将其带到公猫前。母猫发情的症状包括发声、在墙上摩擦和在地板

图 4.4 马厩改造的猫舍

马厩被改造为成群猫居住的猫舍，并提供了丰富的休息板和可以躲藏的地方。

图 4.5 鸡笼改造的猫舍

它可以让母猫隐藏起来，具有一个隐私的空间，也可以让正在生长的幼猫有一个封闭的玩耍空间。

上打滚，也可以用阴道细胞学检查来确认发情期。在共同饲养条件下如果没有发生交配，可以延长母猫和公猫一起饲养的时间（通常至少 2 周）。同时对猫的交配活动进行监测或者观察是否有打斗发生（如果母猫不在发情期）。如果发生打斗，在重新交配前，应该将这对猫分开几天，或者

猫舍管理调查问卷

请根据需要添加纸张

猫舍名称 ______________________ 品种 ______________________________

动物总数 ______________________________

母猫 _____________ 公猫 _____________ 1岁以下的幼猫 _____________

食物和饮水列表 ____

预防性保健计划（疫苗、驱虫等）____

____

照明计划 ____

消毒计划（消毒剂的名称、类型和频率等）__________________________________

____

母猫和公猫的安置计划 ____

____

每个阶段提供的垫子和猫砂盆（繁殖、妊娠、分娩、哺乳）______________________

____

引导公猫和母猫进行交配的流程 _______________________________________

____

交配观察记录 ____________________ 观察记录方法 ______________________

生产观察纪录 ____________________ 观察记录方法 ______________________

妊娠母猫在妊娠期、分娩期和哺乳期的安置地点 ______________________________

____

每年出生幼崽数 ____

平均产幼崽数 ____________________ 母猫产第一胎时的年龄 _______________

幼猫从出生到断奶之间的管理程序 _____________________________________

____

猫舍现有的具体问题 ____

____

图 4.6 猫舍管理调查问卷

直到阴道细胞学检查显示母猫发情时再进行交配。一旦这对猫在一起超过 2 周，可以检测血清孕酮浓度来确认是否排卵（＞ 2 ng/mL）。确认排卵后，母猫可以回到自己的住所。如果孕酮低于 2 ng/mL，则表示没有发生交配，或没有足够的交配来诱导母猫 LH 增加和排卵。应将母猫继续留在公猫身边，并监测其交配活动。另一种交配管理方法是使母猫和公猫短时间（几小时而不是几天）共处，并观察交配行为。

每天可以重复让猫待在一起，直到母猫拒绝交配为止。观察到交配后 1 ～ 2 周可检测血清孕酮浓度，＞ 2 ng/mL 表明有孕酮分泌，母猫已经排卵。这种方法可以更准确地确定胎龄和分娩日期。观察交配过程有助于确定公猫交配的次数，并观察母猫的典型的“交配后反应”，以确认是否交配过。“交配后反应”是指母猫交配后，用头和身体在地板或墙壁上摩擦，翻身躺下，舔舐会阴。如果“交配后反应”没有发生，阴茎插入阴道的可能性就不大。可以使用摄像机在不干扰行为的情况下监测交配活动。

如果母猫害羞或在新环境中压力过大，可以把公猫放在母猫的生活环境中，光线调暗，或者把母猫和另一只繁殖经验丰富的母猫放在一起，这可能会帮助母猫在面对公猫时感到更自在。或者当自然交配方法不成功时，可以使用人工授精诱导排卵。

猫的信息档案表

为群体中每只繁殖期的猫建立档案

姓名 ________________ 品种 ________ 年龄 ________

母猫

产崽数 ____________ 平均窝产崽数 ________

从母猫第一次妊娠开始列出每一个繁殖阶段。包括以下每一项内容:

- 母猫妊娠时的年龄
- 交配的公猫
- 繁殖方法
- 公猫和母猫第一次接触（交配）用的时间
- 母猫是否妊娠
- 剖宫产或者自然分娩
- 窝产崽数
- #窝产活崽数
- #窝产死崽数
- #产后2周内死亡的幼猫

公猫

产崽数 ________________ 平均窝产崽数 ____________

与母猫交配的次数 ____________________________

公猫交配频率 ________________________________

未妊娠的交配次数 ____________________________

两者

疾病史 ______________________________________

最近2个月内的发热、生病、受伤等情况 ____________

上次注射疫苗及除虫日期 ________________________

其他信息 ____________________________________

____

图 4.7　猫的信息档案表

4.5　繁殖记录

应尽可能详细地做好每只母猫的记录，包括繁殖日期、交配情形、与公猫相处、妊娠诊断、妊娠日期、产崽数，以及其他可能重要的细节。还应包括疾病、交配受伤情况或者交配中的问题。详细的公猫记录包括与母猫接触的日期、行为、交配和每只母猫的产崽数。由于母猫的生育能力会随着年龄的增长而下降，因此作为整体管理的一部分，要详细记录母猫的年龄。根据作者的经验，母猫的生育能力在 4 岁时开始下降，5 岁时会受到严重影响，但许多母猫在更大的年龄（7～9 岁）仍能继续产崽。分析之前的生育记录和产崽数可以让管理人员决定母猫停止繁殖的时间。

猫管理委员会（Governing Council of the Cat Fancy，GCCF）对注册猫的建议是：两胎之间至少间隔 26 周，两年内不超过三胎。该组织还建议，如果母猫一生中产崽三次或三次以上，建议每年产一胎。还需考虑母猫在妊娠和哺乳后的状况，母猫和它分娩出的幼崽的整体健康状况，以及任何有关产后母猫、妊娠和分娩、哺乳和断奶的特殊情况。

繁殖可以提高母猫的健康状况，但也会有一些例外，如子宫内膜炎的治疗或由于持续发情而导致的身体机能下降。而这些例外的情况应该由兽医处理。母猫常被用作育种动物，在没有医学和遗传疾病状况下，其繁殖性能很强。

4.6 妊娠母猫的管理

应在与公猫交配后的 25 ～ 30 d 进行妊娠检查。可以在妊娠 16 ～ 20 d 利用超声波探测到子宫内发育的胎儿，在 25 ～ 30 d 更容易观察胎儿的心跳。早期妊娠诊断非常重要，有利于管理人员制订对妊娠母猫的一些管理策略。妊娠母猫应该被单独饲养在一个安静的环境中，尽可能使用可封闭的盒子做妊娠母猫的窝。受到刺激的母猫更有可能吃掉它的幼崽，因此在母猫妊娠之前应该尝试减轻它的应激。母猫最好独自待在一个安静而温暖的专属房间。母猫与其他猫分开饲养，可以避免疾病传播。如果母猫在独处时表现出应激增加，可以将其他妊娠母猫安置在它附近，以减少焦虑。

4.7 参考文献

[1] Leyva, H., Madley, T., and Stabenfeldt, G. H. (1989) Effect of light manipulation on ovarian activity and melatonin and prolactin secretion in the domestic cat. Journal of Reproduction and Fertility, Supplement 39, 125–133.

[2] Stone, A. E., Brummet, G. O., Carozza, E. M., Kass, P. H., Petersen, E. P., et al. (2020) 2020 AAHA/AAFP Feline Vaccination Guidelines. Journal of Feline Medicine and Surgery 22, 813–830. doi: 10.1177/1098612X 20941784.

[3] Stull, J. W., Bjorvik, E., Bub, J., Dvorak, G., Petersen, C., et al. (2018) 2018 AAHA Infection Control, Prevention, and Biosecurity Guidelines. Journal of the American Animal Hospital Association 54, 297–326. doi: 10.5326/JAAHA-MS-6903.

5 母猫不孕的病因

Alain Fontbonne, Zuzanna Niewiadomska
法国阿尔福特国立兽医学院食肉动物繁殖研究中心

5.1 引言

人们常说猫是 21 世纪最重要的伴侣动物。事实上，猫的繁育在整个西方世界发展迅速，当猫的繁育员和主人面临繁殖问题时，他们会寻求兽医的帮助。不孕是指母猫无法受孕和生育可以存活的后代，是最常见的繁育问题之一。精心培育了几代的品种突然无法繁殖，这对繁育员来说将是一场灾难。更加不幸的是，关于猫的产科学研究十分有限。作者对 1998 年至 2015 年间举办的小动物繁殖兽医学会（European Veterinary Society for Small Animal Reproduction，EVSSAR）上发表的摘要进行分析发现，85% 的摘要是关于犬的繁殖，只有不到 15% 是专门致力于猫的繁殖（Robin and Fontbonne，2019）。即使是在 2019 年举行的最后一次 EVSSAR 大会上，科学委员会选出的 166 份报告中，只有 24 份（14.5%）是关于猫的繁殖。综上所述，我们迫切需要提高猫的生殖学知识，特别是不孕不育方面的知识。令人欣慰的是，一些出版物的发行为了解母猫不孕的知识打开了一扇大门（Romagnoli，2003, 2005；Axnér et al.，2008）。

5.2 纯种母猫的不孕

人们对纯种母猫不孕的研究很少，存在很多未知信息。幸运的是，我们找到了一些不同国家纯种猫繁殖性能的数据。在瑞典，Ström-Holst 和 Frössling 分析了一份调查问卷的结果，其中 32% 的繁育员表示母猫在交配后未妊娠，大约 10% 的繁育员表示疑似妊娠的母猫（在妊娠 1 个月左右显示一定程度的腹部发育和乳房增大）没有产下后代（Ström-Holst and Frössling，2009）。对法国 5203 只纯种母猫的繁殖性能进行分析后，Fournier 等发现 15% 的母猫交配后未妊娠，8.2% 明显妊娠的母猫没有产下后代，这可能是由于妊娠停止导致的（Fournier et al.，2017）。该研究报道了不同品种母猫之间妊娠率的重要差异，从妊娠率最低的（58.1%，117 只）东方猫到妊娠率最高的（100%，15 只）缅甸猫。这些研究表明，猫的不孕并不是一个谜团，不同的品种可能存在差异。

5.3 青春期缺乏

发情期推迟或者缺乏，也称为自发性乏情，造成这种症状的主要原因可能包括缺乏与其他猫的社会接触、育种设施内光照不足和体重过轻（低于 2.3 kg，大型品种除外），以及过度应激。季节的影响可能因纬度而异。Romagnoli 等（2019）发现，在阳光充足、光照刺激更强的意大利，出生季节对发情期年龄没有影响。在北方国家，冬季日照时间缩短可能是导致即将成年母猫乏情的原因（Johnston et al.，2001）。目前，这种季节性因素对繁育猫舍的影响有所减弱，因为大多数猫舍全年都要暴露在 14 h 的人工照明之下。通常情况下，繁育员应该仔细检查乏情的母猫，观察其是否存在任何解剖学上的畸形或两性畸形，这些症状通常与染色体异常有关（见 5.10）。核型分析是评估染色体异常十分有效的手段。医源性乏情也不应该被忽视。明确母猫是否服用过孕酮或者通常用于治疗瘙痒症或癣菌病的抗真菌药物，这些药物会干扰激素平衡，可能导致发情推迟。最后，由于越来越多的纯种母猫在其产崽后绝育，可以通过检查母猫的卵巢缺陷来推测下一代的繁殖性能。检测 LH（Rohlertz et al., 2012）和（或）抗米勒管激素（Axnér and Ström-Holst, 2015）水平可能有助于诊断因卵巢功能缺失导致的母猫乏情。有研究报道，测定抗米勒管激素水平可能有助于分析母猫是否处于青春期前（Flock et al., 2019）。

5.4 成年母猫发情周期缺失

周期性发情的母猫出现发情周期缺失，被称为二次乏情，长毛品种猫多发，如缅因猫、挪威森林猫和波斯猫。这些品种似乎对光照刺激更敏感。英国的一项研究发现，90% 的长毛猫存在非繁殖期（短日照时间），而短毛猫的比例为 39.2%（Jemmett and Evans, 1977）。然而，季节的因素可能会导致任何品种的母猫发情周期缺失。在意大利，对来自 4 个不同品种的 128 只母猫的研究表明，只有 20% 的母猫在 11 月维持正常发情周期，而在 3 月和 4 月维持正常发情周期的母猫数量超过 70%（Romagnoli et al., 2019）。

成年母猫排卵后未妊娠也可能是发情周期中断的原因之一。在这种情况下，由于孕酮的升高，发情周期将停止 40 ~ 45 d。卵巢囊肿或卵巢肿瘤导致的孕酮激增也可能导致发情周期停止（Johnston et al., 2001）。

除了真正的发情周期停止之外，一些母猫可能会出现隐性发情。处在隐性发情期的母猫不会表现出嚎叫或者弓背等临床症状。如果繁育猫舍中没有公猫在场，将难以判断母猫是否隐性发情。这是繁育猫舍面临的一大问题。缅因猫和波斯猫似乎倾向于隐性发情（Fontbonne, 2014）。

5.5 有关配种的问题

在发情期的适当时间配种对犬猫妊娠是必不可少的。Conannon 等证明了在发情期的第 3 天配种，母猫的排卵率达到 100%（36 只全部排卵）（conannon et al., 1980）。另一项研究发现，超过 85% 的母猫在发情期的第 2 天或第 3 天多次交配后会排卵（Swanson et al., 1994）。Donoghue（1993）在家养短毛猫中发现，发情期第 1 天立马交配排出的卵母细胞常出现未成熟和质量较差的情况。因此，作者建议母猫在发情期第 1 天之后再配种。如果繁育员一观察到交配行为便把母猫与公猫分开，可能会由于交配过程未完成或者未在最佳时间配种等原因而无法妊娠。

即使将母猫与公猫放在一起，也可能缺乏有效的交配行为（图 5.1）。将处在发情期的母猫与公猫放在同一环境中，然而交配行为并没有发生，这也是繁育员经常忽视的地方。在瑞典的一项研究中发现，繁育员在同一房间观察到的交配情况只有 35%（StrömHolst and Frössling, 2009）。母猫不愿接受交配行为可能导致错过最佳交配时间。有攻击性或应激的母猫可能不会接受公猫的交配行为，而一些害羞的母猫会仰卧以避免交配发生。也可能是对异性的偏好不同，只有 39.5%（38 只中的 15 只）处在发情期的母猫接受公猫的交配行为（Root et al., 1995）。交配失败的原因还可能是公猫未性成熟或缺乏经验，或者以低性欲品种的猫作为种猫配种，如波斯猫和缅因猫（个人数据）。

图 5.1　常见交配失败

交配失败是很常见的，尤其是没有经验的公猫。疼痛（后肢或背部）也可能是无法完成正常交配的原因。

即使交配成功了，也可能由于没有排卵而妊娠失败。众所周知，如果公猫的插入次数或频率过低，母猫阴道可能得不到足够的刺激，反射性 LH 激增的幅度可能不足以诱导排卵。只有大约 50% 的母猫在一次交配后排卵。当 2 ～ 4 h 内发生 4 次或 4 次以上的交配，才会释放最适浓度的 LH 去刺激排卵（England，2010）。当母猫攻击性强，或试图让母猫与没有经验或性欲低下的公猫交配时，难度会非常大。检测排卵失败的方法是测量孕酮浓度，在第 25 章中有充分的讨论。

5.6 自发排卵

自发排卵是一种不发生交配便出现排卵的现象，可以通过检测未交配母猫体内孕酮水平的升高来判断。在大多数书籍和学术论文中，人们普遍认为猫是一种诱导排卵型动物，需要交配刺激垂体分泌 LH 进而诱导排卵。然而，自 20 世纪 90 年代初以来，一些学者报道了群居母猫自发排卵的案例（Lawler et al.，1993）。在家养群居短毛猫中，自发排卵的发生率可高达 87%（Gudermuth et al.，1997）。在野生猫科动物中，如狮子、云豹、豹子、帕拉斯猫、钓鱼猫或虎猫可能会出现诱导排卵或自发排卵（Brown，2011）。此外，一些未交配母猫可能会患上子宫蓄脓，这种疾病除了与使用外源性孕酮治疗有关外，通常与排卵后的孕酮水平有关。尽管根据瑞典一家保险公司的需求进行的一项研究（Hagman et al.，2014）显示，子宫蓄脓的总体发病率（incidence rate，IR）很低（每 10 000 只猫中有 17 只），但能观察到显著的品种效应。发病率最高的品种（每 10 000 只猫中有 433 只）是斯芬克斯猫，其他每 10 000 只猫中发病率超过 60 只的品种有西伯利亚猫、奥西猫、科拉特猫、暹罗猫、布偶猫、缅因猫和孟加拉猫。当然，我们目前无法确定某一特定品种的子宫蓄脓发病率与自发排卵频率直接相关，但这是一种可能性。虽然只是一个假设，但自发排卵可能是纯种猫繁育的一个问题，因为很多纯种猫与其他母猫一起生活，当准备与公猫交配时可能排卵早已结束。若想探究某些品种猫过早地自发排卵在多大程度上会导致不孕，则必须进行更深入仔细的研究。

5.7 子宫病理学

Axnér 等（2008）对 7 例属于 6 个不同品种的不孕纯种母猫病例进行了研究，其中 4 例病例诊断出了子宫病理变化：包括 2 例囊性子宫内膜增生，1 例子宫蓄脓伴发急性子宫内膜炎，1 例疑似轻度子宫内膜炎。

在母犬繁育过程中，亚临床型子宫内膜炎现在被认为是导致不孕不育的主要因素（Mir et al.，2013；Giffordet et al.，2014）。之后的一项研究报道中，对 399 只低生育率母犬进行子宫内膜活检后发现，最常见的病变是子宫内膜炎（399 只中有 170 只，42.6%）。其中 89 只母犬（52.4%）出现子宫内膜淋巴细胞或淋巴浆细胞浸润，30 只母犬（17.6%）出现急性中性粒细胞性子宫内膜炎。母猫的轻微子宫内膜炎很难诊断。与犬一样，外科切口活检仍然是检测子宫病理学变化的金标准，在诊断（通过超声）妊娠失败或胚胎吸收时优先进行（Gifford et al.，2014）（图 5.2）。切口活检可以对样本进行组织学、细菌学，甚至分子检查，使用聚合酶链反应（polymerase chain reaction，PCR）方法检测微生物抗原。然而，在欧洲，猫主人通常不愿接受这种侵入性检查。研究证实，对母猫在内镜引导下经子宫颈在子宫内插入导尿管是可行的，因此用无菌生理盐水经子

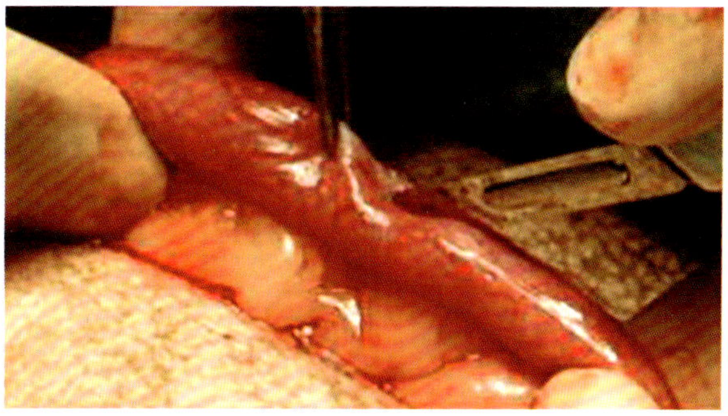

图 5.2　子宫切口活检

子宫切口活检是检查母猫不孕的一种有效方法，该方法与犬类检查一样。这种检查需要全身麻醉和腹部切口。

宫颈冲洗子宫是一种潜在的诊断方法（Zambelli et al.,2015）。在作者实验室未发表的初步试验中，使用 1.9 mm 直径硬式内镜和 3 Fr 冲洗导管进行检查的方法很有效，值得进一步研究（图 5.3）。亚临床型子宫内膜炎的致病机理尚不清楚。最重要的是，细菌的存在及确切作用机制尚需研究。在一项研究中发现，从 7 只不孕的纯种母猫阴道中分离出细菌，其中 2 只母猫接受抗生素治疗后妊娠（Axnér et al.，2008）。在作者实验室进行的一项研究中（Niewiadomska and Fontbonne，未发表），9 只成年母猫（年龄 1 ～ 6 岁）因繁育问题被送到作者医院治疗，其中包括多次配种未妊娠（n = 4）、产崽数少（n = 2），以及胚胎吸收和流产（n = 3）症状。在其他补充检查中，我们对全身麻醉的母猫进行了手术子宫活检（9 只中的 3 只）和卵巢子宫切除术（9 只中的 6 只）。切下的样本进行组织病理学检查。剖腹手术时，使用无菌拭子插入子宫角的腔内进行好氧和厌氧细菌分析。组织学分析结果显示，9 只中有 4 只的母猫存在囊性子宫内膜增生，这 4 只中有 2 只母猫表现为子宫内膜中性粒细胞性和淋巴浆细胞性炎症，与亚临床型子宫内膜炎症状相符。9 只中有 1 只显示轻度中性粒细胞性和巨噬细胞性子宫内膜炎伴慢性出血。在所有子宫样本中均未培养出细菌。总之，33%（9 只中的 3 只）的不孕母猫患有子宫内膜炎，这很可能是其不孕的原因，因为子宫内膜炎也会导致母犬不孕。

Axnér 等（2008）的研究显示，囊性子宫内膜增生是影响母猫（7 只中的 2 只）妊娠的原因之一，作者的研究显示，9 只中有 4 只经手术活检的母猫被诊断为囊性子宫内膜增生，特别是由于囊性子宫内膜增生的发病率随着年龄的增长而增加（Axnér，2010；Binder et al.，2019）。囊性子宫内膜增生发病原因可能是外源性孕酮的使用（Chatdarong et al.，2005），或者老龄母猫几次自发排卵诱发孕酮分泌导致子宫内膜发育而未妊娠。这可能是不孕的原因，因为胚胎无法在如此恶劣的子宫环境中存活。

其他子宫问题也可能是导致母猫繁殖障碍的原因。生育率低的母犬常见子宫内膜纤维化（399 只中有 101 只患病：25.3% 发病率；Gifford et al.，2014），目前还没有足够的研究来确定母猫是否存在类似问题。

对未表现出临床症状的不孕年轻母猫进行超声诊断时，有时会发现子宫内黏液充盈（图 5.4），但具体原因尚无法确定（Verstegen et al.，2008）。在作者的初步研究中，一只母猫出现单侧部分子宫角再生障碍性发育不良，伴有液体潴留和子宫黏膜增生（图 5.5）（Niewiadomska and Fontbonne，未发表）。最后，有些研究报道了一些母犬子宫存在问题的病例，这些问题也可能存在于不孕母猫中，如子宫内膜缺乏孕酮受体（Dockweiler et

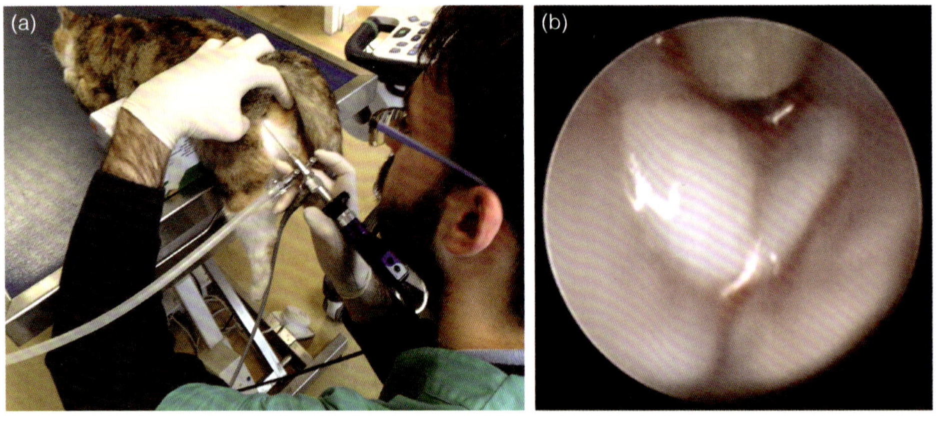

图 5.3　经阴道镜行宫颈置管术冲洗子宫

（a）母猫阴道镜检查；（b）母猫宫颈置管术。注意图像顶部导液管进入子宫颈。一旦导液管进入子宫，就可以注入液体或者抽吸子宫内液体，以分析子宫内膜炎。

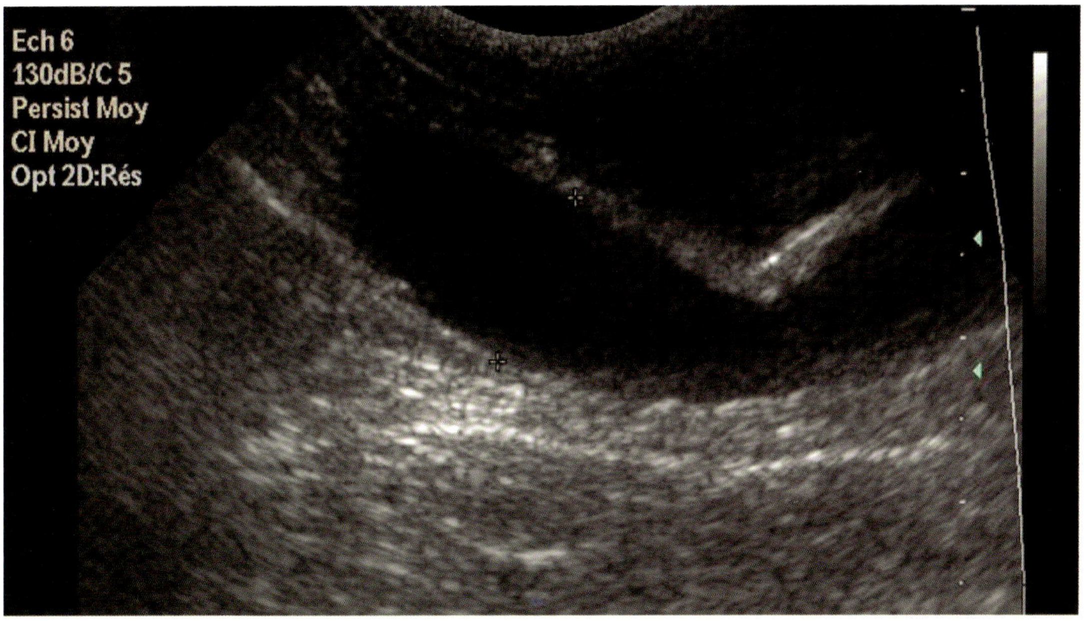

图 5.4　一只 2 岁不孕暹罗猫充满腺体黏液的子宫超声图像

查看子宫内的液性暗区。母猫除了不孕外没有其他症状。

al.，2017）。此外，作者还发现，一只母猫的子宫内膜腺体数量缺乏，这可能导致子宫内膜缺乏孕酮刺激，并影响妊娠维持。

5.8　激素问题

激素问题也常被认为是不孕的潜在原因。雌激素过多症可能对排卵、早期胚胎向子宫迁移和子宫内膜功能产生负面影响，导致不孕或妊娠停止。卵巢囊肿或者颗粒细胞肿瘤可能是雌激素增加的主要来源（Johnston et al.，2001）。例如，东方猫和暹罗猫常表现出频繁的发情，且两次发情期间隔很短，以至于连续的卵泡波重叠从而长时间处于发情状态（Axnér，2010）。如果母猫患有雌激素过多症和自发排卵等疾病，那么该猫极易罹患子宫蓄脓。这种异常的发情周期需要及时诊断和治疗，因为雌激素的骨髓毒性可能会导致非再生性贫血的发生。目前有观点认为母猫会偶发黄体功能减退或孕酮缺乏，尽管该观点尚未得到证实（Verstegen et al.，2008）。在一项调查中，缅因猫是兽医们最常怀疑易患黄体功能减退的品种（Fontbonne,2014）。其他激素的作用尚不清楚。甲状腺功能减退是犬繁殖障碍的一个原因，但在

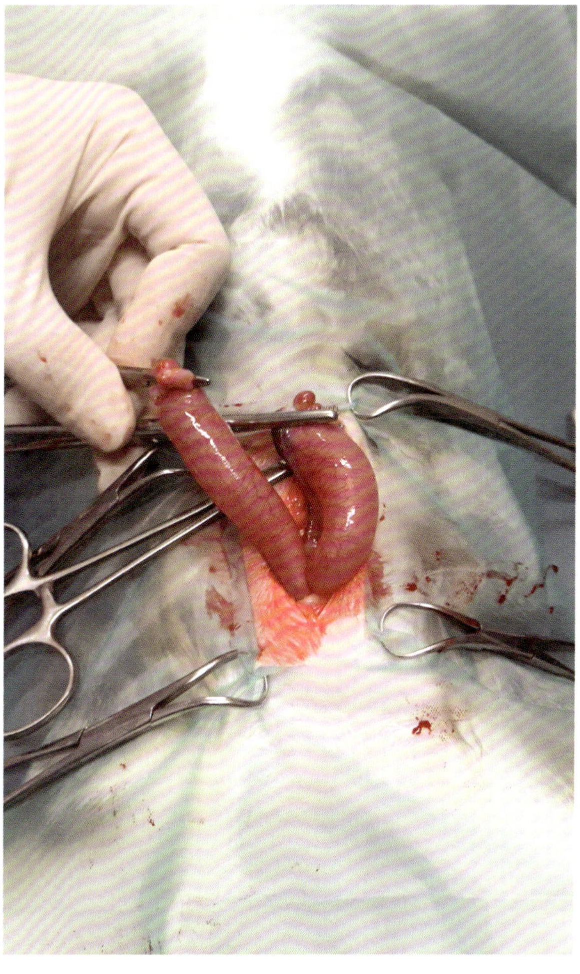

图 5.5　一只 3 岁雌性缅因猫经手术去除充满腺体黏液的子宫

猫身上很少见到自然发生的甲状腺功能减退的病例（Peterson et al.，2018）。

5.9 传染性问题

母猫在繁殖猫舍中感染的风险可能更高，特别是与外来公猫交配或者被带到猫展时。在瑞典进行的一项研究表明，10.4% 的养殖者报告其饲养的猫演出归来后患有结膜炎，14.6% 的养殖者报告其饲养的猫患呼吸道疾病（Ström-Holst and Frössling, 2009）。参加演出是否会增加母猫罹患包括不孕在内的生殖疾病尚不清楚，但不能排除其可能性。有关导致母猫不孕的传染源的综述很少（Decaro et al.，2012；Graham and Taylor，2012），这些传染源可能阻止胚胎着床和（或）胚胎发育或导致胚胎丢失，如果胚胎在子宫内被吸收，可能无法诊断病因，因此出现“不孕”。

在病毒性疾病中，只有逆转录病毒（猫白血病病毒、猫免疫缺陷病毒）和细小病毒被确认为是导致母猫流产的致病因子。猫疱疹病毒（feline herpesvirus，FHV）或杯状病毒（Calicivirus）对妊娠的作用尚不清楚，但还需要做更多的研究确认其对妊娠的危害，因为这两种疾病是大多数猫舍关注的主要传染病。健康母猫接种 FHV 可能会导致妊娠失败（Hoover and Griesemer，1971）。然而，FHV 在育种场中对猫繁殖的影响仍不清楚。由于胎儿被病毒感染，未接种疫苗的母猫可能会因杯状病毒感染而发生胚胎吸收或流产（Van Vuuren et al.，1999）。此外，病毒感染的无症状携带者也是潜在威胁。猫冠状病毒并不被认为是导致猫繁殖障碍的主要原因（StrömHolst，2002）。

在细菌性疾病中，人们主要关注猫衣原体（旧称鹦鹉热衣原体，猫科变种）。目前尚不清楚这种病原是否会导致生殖障碍，但有人认为它会导致母猫流产或妊娠停止（Sykes et al.，1999）。有间接证据表明，猫旋毛虫可能会导致母猫流产（Gruffydd-Jones et al.，2009）。另有研究认为贝氏柯克西氏菌（Shapiro et al.，2015）、钩端螺旋体（*Leptopira* spp.）或亨塞莱巴尔通体（*Bartolla henselae*）对母猫生育能力有着潜在负面影响（Guptill et al.，1998）。一份报告还表明，猫可能对布氏杆菌属敏感，因为布氏杆菌可能会导致母猫子宫蓄脓（Wareth et al.，2017），但尚不清楚它是否会导致母猫不孕、胚胎吸收或晚期流产。

阴道菌群失衡在猫繁殖中的影响可能被低估了。很少有人对猫的生殖菌群进行研究，在健康母猫阴道中细菌生长似乎是正常现象（Clemetson and Ward，1990；Ström-Holst et al.，2003）。大肠杆菌或其他潜在致病菌株的过度生长可能会导致阴道炎和子宫内膜炎，但这种推测仍有待证明。

寄生虫感染也可能影响猫的繁殖。人们特别关注弓形虫，因为猫既是弓形虫的终末宿主又是中间宿主，尽管弓形虫对生殖的危害并不常见。在实验室内，母猫感染弓形虫可能导致其流产（Sakamoto et al.，2009）。如果妊娠母猫血清呈阴性，则不应在其繁殖、妊娠和哺乳期饲喂生肉。在一份母猫流产 3 只幼猫的病例报告中提到了一种蜱传原生动物——猫囊绦虫，但尚不清楚该生物体是否能穿过胎盘导致流产（Weisman et al.，2007）。

5.10 染色体或遗传问题

猫常见染色体问题。常发的异常染色体，如单体 37X0、三体（39XXY、39XXX、39XYY）嵌合体等（Szczerbal et al.，2018）。这可能导致原发性乏情、生理周期正常的母猫不孕或者核型异常的胎儿流产。

近亲繁殖也是繁殖能力降低的原因之一，人们可以通过计算近亲繁殖系数（coefficient of inbreeding，COI）来量化。一项针对波兰纯种猫的研究评估了近亲繁殖的程度约为 3%（Mucha et al.，2011）。只有西伯利亚猫的近亲繁殖率略高（超过 5%）。在维持良好的繁育群体中，近亲繁殖系数较低可能是由于大多数养殖者适度使用了亲本进行近亲繁殖。在野生猫科动物种群的研究中，研究人员发现由于遗传变异有限，近亲繁殖系数通常较高。在这些情况下，公猫和母猫均被观察到不孕不育。

5.11 营养

营养对繁殖性能可能是有影响的。尤其是猫粮中必须提供充足的必需营养素，如牛磺酸、花生四烯酸、多不饱和脂肪酸以及铜等。由于纯种猫养殖者对生食饮食越来越感兴趣，人们担心微生物含量会对猫的繁殖和健康产生潜在的不良影响。如果食物没有被正确储存，可能会从中分离出沙门氏菌、弯曲杆菌、李斯特菌和大肠杆菌等病原微生物（Davies et al.，2019）。真菌毒素对工业食品的污染也是影响猫生殖健康的一个潜在威胁（Koerich de Souza and Scussel，2012）。在南非，近期一份出版物报道了颗粒猫粮中的真菌毒素含量很高（Singhet et al.，2017）。

5.12 环境污染物

塑料中常见的化学物质（如双酚 A 等）是影响人生殖健康的负面因素。最近有研究证实，双酚 A 会抑制母猫子宫收缩，这会导致其不孕（Kabakci et al.，2019）。人们愈发关注环境对生殖的影响，我们可以期待在未来几年对这一课题进行更多的研究。

5.13 总结

关于母猫不孕的公开数据比犬少得多，但这确实是纯种猫养殖者不得不面对的事实。一些潜在的致病因素，如子宫病理或传染病等，它们是如何影响妊娠，值得进行更多的研究，以便了解其致病机理。第 25 章介绍了治疗母猫不孕的临床方法。此外，公猫的不育也不应被忽视，我们将在第 19 章进行讨论。

5.14 参考文献

[1] Axnér, E. (2010) Clinical approach to conditions of the non-pregnant and neutered queen. In: England, G. and Van Heimendahl, A. BSAVA Manual of Canine and Feline Reproduction and Neonatology. British Small Animal Veterinary Association, Gloucester, UK, pp. 185–190.

[2] Axnér, E., and Ström-Holst, B. (2015) Concentrations of anti-Müllerian hormone in the domestic cat. Relation with spay or neuter status and serum estradiol. Theriogenology. 83, 817–821.

[3] Axnér, E., Agren, E., Båverud, V., and Holst, B. S. (2008) Infertility in the cycling queen: seven cases. Journal of Feline Medicine and Surgery 10, 566–576. doi: 10.1016/j.jfms.2008.04.005.

[4] Binder, C., Aurich, C., Reifinger, M., and Aurich, J. (2019) Spontaneous ovulation in cats – uterine findings and correlations with animal weight and age. Animal Reproduction Science 51, 177–184. doi: 10.1016/j.anireprosci.2019.106167.

[5] Brown, J. L. (2011) Female reproductive cycles of wild female felids. Animal Reproduction Science 124, 155–162. doi: 10.1016/j.anireprosci.2010.08.024.

[6] Chatdarong, K., Rungsipipat, A., Axnér, E., and Linde-Forsberg, C. (2005) Hysterographic appearance and uterine histology at different stages of the reproductive cycle and after progestagen treatment in the domestic cat. Theriogenology 64, 12–29. doi: 10.1016/j.theriogenology.2004.10.018.

[7] Clemetson, L. L. and Ward, A. C. (1990) Bacterial flora of the vagina and uterus of healthy cats. Journal of the American Veterinary Medical Association 196, 902–906.

[8] Concannon, P., Hodgson, B., and Lein, D. (1980) Reflex LH release in estrous cats following single and multiple copulations. Biology of Reproduction 23, 111–117. doi: 10.1095/biolreprod23.1.111.

[9] Davies, R. H., Lawes, J. R., and Wales, A. D. (2019) Raw diets for dogs and cats: A review, with particular reference to microbiological hazards. Journal of Small Animal Practice 60, 329–339. doi: 10.1111/jsap.13000.

[10] Decaro, N., Carmichael, L. E., and Buonavoglia, C. (2012) Viral reproductive pathogens of dogs and cats. Veterinary Clinics of North America – Small Animal Practice 42, 583–598. doi: 10.1016/j.cvsm.2012.01.006.

[11] Dockweiler, J. C., Cossic, B., Donnelly, C. G., Gilbert, R. O., Buckles, E., et al. (2017) Infertility associated with the absence of endometrial progesterone receptors in a bitch. Reproduction in Domestic Animals 52, 174–178. doi: 10.1111/rda.12874.

[12] Donoghue, A. M., Johnston, L. A., Goodrowe, K. L., O'Brien, S. J., and Wildt, D. E. (1993) Influence of day of oestrus on egg viability and comparative efficiency of in vitro fertilization in domestic cats in natural or gonadotrophin-induced oestrus. Journal of Reproduction and Fertility 98, 85–90. doi: 10.1530/jrf.0.0980085.

[13] England, G. (2010) Physiology and endocrinology of the female. In: England, G. C. W., and von Heimendahl, A. (eds). BSAVA Manual of Canine and Feline Reproduction and Neonatology. British Small Animal Veterinary Association,

Gloucester, UK, pp. 1–12.
[14] Flock, U., Reese, S., Leykam, C., Otzdorff, C., Klein, R., et al. (2019) Changes in anti-Müllerian hormone concentrations in queens throughout the oestrous cycle. Reproduction in Domestic Animals 54: 91.
[15] Fontbonne, A. (2014) Potential causes of infertility in purebred cats: a survey of data collected from different countries. In: Proceedings of 17th EVSSAR Congress. Wroclaw, Poland, pp. 81–85.
[16] Fournier, A., Masson, M., Corbière, F., Mila, H., Mariani, C., et al. (2017) Epidemiological analysis of reproductive performances and kitten mortality rates in 5,303 purebred queens of 45 different breeds and 28,065 kittens in France. Reproduction in Domestic Animals 52, 153–157. doi: 10.1111/rda.12844.
[17] Gifford, A. T., Scarlett, J. M., and Schlafer, D. H. (2014) Histopathologic findings in uterine biopsy samples from subfertile bitches: 399 cases (1990-2005). Journal of the American Veterinary Medical Association 244, 180–186. doi: 10.2460/javma.244.2.180.
[18] Graham, E. M. and Taylor, D. J. (2012) Bacterial reproductive pathogens of cats and dogs. Veterinary Clinics of North America – Small Animal Practice 42, 561–582. doi: 10.1016/j.cvsm.2012.01.013.
[19] Gruffydd-Jones, T., Addie, D., Belák, S., Boucraut-Baralon, C., Egberink, H., et al. (2009) Chlamydophila felis infection. ABCD guidelines on prevention and management. Journal of Feline Medicine and Surgery 11, 605–609. doi: 10.1016/j.jfms.2009.05.009.
[20] Gudermuth, D. F., Newton, L., Daels, P., and Concannon, P. (1997) Incidence of spontaneous ovulation in young, group-housed cats based on serum and faecal concentrations of progesterone. Journal of Reproduction and Fertility Supplement 51, 177–184.
[21] Guptill, L., Slater, L. N., Wu, C. C., Lin, T. L., Glickman, L. T., et al. (1998) Evidence of reproductive failure and lack of perinatal transmission of Bartonella henselae in experimentally infected cats. Veterinary Immunology and Immunopathology 65, 177–189. doi: 10.1016/s0165-2427(98)00153-6.
[22] Hagman, R., Ström Holst, B., Möller, L., and Egenvall, A. (2014) Incidence of pyometra in Swedish insured cats. Theriogenology 82, 114–120. doi: 10.1016/j.theriogenology.2014.03.007.
[23] Hoover, E. A. and Griesemer, R. A. (1971) Experimental feline herpesvirus infection in the pregnant cat. American Journal of Pathology 65, 173–188.
[24] Jemmett, J. E. and Evans, J. M. (1977) A survey of sexual behaviour and reproduction of female cats. Journal of Small Animal Practice 18, 31–37. doi: 10.1111/j.1748-5827.1977.tb05821.x.
[25] Johnston, S. D., Root Kustritz, M. V., and Olson, P. N. S. (2001) Canine and Feline Theriogenology. W.B. Saunders Company, Philadelphia, Pennsylvania.
[26] Kabakci, R., Macun, H. C., Polat, I. M., and Yildirim, E. (2019) Inhibitory effect of Bisphenol A on in vitro feline uterine contractions. Animal Reproduction Science 205, 27–33. doi: 10.1016/j.anireprosci.2019.03.017.
[27] Koerich de Souza, K. and Scussel, V. M. (2012) Occurrence of dogs and cats diseases records in the veterinary clinics routine in South Brazil and its relationship to mycotoxins. International Journal of Applied Science and Technology 2, 129–134.
[28] Lawler, D. F., Johnston, S. D., Hegstad, R. L., Keltner, D. G., and Owens, S. F. (1993) Ovulation without cervical stimulation in domestic cats. Journal of Reproduction and Fertility Supplement 47, 57–61.
[29] Mir, F., Fontaine, E., Albaric, O., Greer, M., Vannier, F., et al. (2013) Findings in uterine biopsies obtained by laparotomy from bitches with unexplained infertility or pregnancy loss: an observational study. Theriogenology 79, 312–322. doi: 10.1016/j.theriogenology.2012.09.005.
[30] Mucha, S., Wolc, A., Gradowska, A., and Szwaczkowski, T. (2011) Inbreeding rate and genetic structure of cat populations in Poland. Journal of Applied Genetics 52, 101–110. doi: 10.1007/s13353-010-0018-9.
[31] Peterson, M. E., Carothers, M. A., Gamble, D. A., and Rishniw, M. (2018) Spontaneous primary hypothyroidism in 7 adult cats. Journal of Veterinary Internal Medicine 32, 1864-1873. doi: 10.1111/jvim.15239.
[32] Robin, T. and Fontbonne, A. (2019) Descriptive analysis of the abstracts printed in the successive proceeding books of the EVSSAR congresses from 1998 to 2015, which have not been published in international peer-reviewed journals. Reproduction in Domestic Animals 54, 77.
[33] Rohlertz, M., Ström Holst, B., and Axnér, E. (2012) Comparison of the GnRH-stimulation test and a semiquantitative quick test for LH to diagnose presence of ovaries in the female domestic cat. Theriogenology 78, 1901–1906. doi: 10.1016/j.theriogenology.2012.06.027.
[34] Romagnoli, S. (2003) Clinical approach to infertility in the queen. Journal of Feline Medicine and Surgery 5, 143–146. doi: 10.1016/S1098-612X(02)00131-6.
[35] Romagnoli, S. (2005) Failure to conceive in the queen. Journal of Feline Medicine and Surgery 7, 59–63. doi: 10.1016/j.jfms.2004.04.006.
[36] Romagnoli, S., Bensaia, C., Ferré-Dolcet, L., Sontas, H. B., and Stelletta, C. (2019) Fertility parameters and reproductive management of Norwegian Forest Cats, Maine Coon, Persian and Bengal cats raised in Italy: A questionnaire-based study. Journal of Feline Medicine and Surgery 21, 1188–1197. doi: 10.1177/1098612X18824181.
[37] Root, M. V., Johnston, S. D., and Olson, P. N. (1995) Estrous length, pregnancy rate, gestation and parturition lengths,

litter size, and juvenile mortality in the domestic cat. Journal of the American Animal Hospital Association 31, 429–433. doi: 10.5326/15473317-31-5-429.

[38] Sakamoto, C. A. M., da Costa, A. J., Gennari, S. M., Pena, H. F. J., Toniollo, G. H., et al. (2009) Experimental infection of pregnant queens with two major Brazilian clonal lineages of Toxoplasma gondii. Parasitology Research 105, 1311–1316. doi: 10.1007/s00436-009-1558-y.

[39] Shapiro, A. J., Bosward, K. L., Heller, J., and Norris, J. M. (2015) Seroprevalence of Coxiella burnetiid in domesticated and feral cats in eastern Australia. Veterinary Microbiology 177, 154–161. doi: 10.1016/j.vetmic. 2015.02.011.

[40] Singh, S. D., Baijnath, S., and Chuturgoon, A. A. (2017) A comparison of mycotoxin contamination of premium and grocery brands of pelleted cat food in South Africa. Journal of the South African Veterinary Association 88, e1–e4. doi: 10.4102/jsava.v88i0.1480.

[41] Ström-Holst, B. (2002) Disease transmission by mating or artificial insemination in the cat: Concerns and prophylaxis. In: Concannon, P. W., England, G., Verstegen, J., and Linde Forsberg, C. (eds) Recent Advances in Small Animal Reproduction. International Veterinary Information Service, Ithaca, New York.

[42] Ström-Holst, B. and Frössling, J. (2009) The Swedish breeding cat: population description, infectious diseases and reproductive performance evaluated by a questionnaire. Journal of Feline Medicine and Surgery 11, 793–802. doi: 10.1016/j.jfms.2009.01.008.

[43] Ström-Holst, B., Bergström, A., Lagerstedt, A.-S., Karlstam, E., Englund, L., et al. (2003) Characterization of the bacterial population of the genital tract of adult cats. American Journal of Veterinary Research 64, 963–968. doi: 10.2460/ajvr.2003.64.963.

[44] Swanson, W. F., Roth, T. L., and Wildt, D. E. (1994) In vivo embryogenesis, embryo migration, and embryonic mortality in the domestic cat. Biology of Reproduction 51, 452–64. doi: 10.1095/biolreprod51.3.452.

[45] Sykes, J. E., Anderson, G. A., Studdert, V. P., and Browning, G. F. (1999) Prevalence of feline Chlamydia psittaci and feline herpesvirus 1 in cats with upper respiratory tract disease. Journal of Veterinary Internal Medicine 13, 153–162. doi: 10.1892/0891-6640(1999)013<0153:pofpaf>2.3.co;2.

[46] Szczerbal, I., Krzeminska, P., Dzimira, S., Tamminen, T. M., Saari, S., et al. (2018) Disorders of sex development in cats with different complements of sex chromosomes. Reproduction in Domestic Animals 53, 1317–1322. doi: 10.1111/rda.13263.

[47] van Vuuren, M., Geissler, K., Gerber, D., Nöthling, J. O., and Truyen, U. (1999) Characterisation of a potentially abortigenic strain of feline calicivirus isolated from a domestic cat. Veterinary Record 144, 636–638. doi: 10.1136/vr.144.23.636.

[48] Verstegen, J., Dhaliwal, G., and Verstegen-Onclin, K. (2008) Mucometra cystic endometrial hyperplasia, and pyometra in the bitch: advances in treatment and assessment of future reproductive success. Theriogenology 70, 364–374. doi: 10.1016/j.theriogenology.2008.04.036.

[49] Wareth, G., Melzer, F., El-Diasty, M., Schmoock, G., Elbauomy, E., et al. (2017) Isolation of Brucella abortus from a dog and a cat confirms their biological role in re-emergence and dissemination of bovine brucellosis on dairy farms. Transboundary and Emerging Diseases 64, 27–30. doi: 10.1111/tbed.12535.

[50] Weisman, J. L., Woldemeskel, M., Smith, K. D., Merrill, A., and Miller, D. (2007) Blood smear from a pregnant cat that died shortly after partial abortion. Veterinary Clinical Pathology 36, 209–211. doi: 10.1111/j.1939-165X.2007.tb00212.x.

[51] Zambelli, D., Bini, C., and Cunto, M. (2015) Endoscopic transcervical catheterization in the domestic cat. Reproduction in Domestic Animals 50(1), 13–16. doi: 10.1111/rda.12442.

6 妊娠的诊断和管理

Juliette Roos, Alain Fontbonne
法国阿尔福特国立兽医学院食肉动物繁殖研究中心

6.1 引言

与其他物种相同，妊娠过程需要密切关注，因此，当我们确定母猫妊娠后，需要提供特别的照顾和管理。在一项针对法国纯种猫（45 个品种）进行的大规模研究中，所有品种母猫的平均妊娠率约为 85.2%，其中 8.4% 可能妊娠的母猫无法维持妊娠（Fournier et al.，2017）。

本章首先介绍妊娠期间胚胎和胎儿发育的过程；其次描述诊断和跟踪妊娠母猫以及预测分娩时间的不同技术；最后介绍妊娠母猫管理中的关键因素（猫舍在第 4 章中讨论）。

6.2 猫的胚胎和胎儿发育与妊娠的激素控制

6.2.1 胚胎、胎儿和胎盘的发育

就像猫繁殖领域的其他方面一样，猫的胚胎和胎儿发育方面的研究十分有限。然而，Miglino 等和 Pieri 等分别在 2006 年和 2015 年进行的组织学研究为这一领域提供了新的见解（Miglino et al.，2006；Pieri et al.，2015）。

排卵后，卵母细胞在输卵管完成受精，形成受精卵后逐渐发育成桑葚胚，桑葚胚在排卵后 4 ～ 5 d 进入子宫角。进入子宫角之后，游离的胚胎通过 2 个子宫角后不断迁移并发育，在受精后第 10 ～ 12 天开始着床（Johnston et al.，2001）。游离的胚胎由子宫内膜腺产生的“子宫乳”提供营养（Concannon et al.，2001）。胚胎着床完成后，胎盘开始发育。

根据 Miglino 等（2006）的研究，绒毛膜卵黄囊胎盘（由卵黄囊和绒毛膜形成）一直保留到妊娠第 20 天。此时，卵黄囊突出并充满血管（起源于脐带的血管）。第 24 天时卵黄囊的长度是胚胎的 3 倍，羊膜完全包裹着胚胎。羊膜是无血管性的，在整个孕期血管化程度很低。它通过卵黄管与卵黄囊相连。尿囊的大小则是卵黄囊的 2 倍。猫的胎盘与子宫内膜的接触发生在尿囊的中央部分，其属于内皮绒毛膜型胎盘。犬的胎盘完全包围着胚胎。约 62% 猫胚胎的这种带状胎盘是不完整的，而在组织学上观察到的 10% 的胚胎会出现胎盘的空白（或胎盘厚度减少），这被称为胎盘裂隙。胎盘裂隙位于脐带插入处的远端。胎盘的两个外围部分是由血肿形成的，猫的这种血肿在宏观上是棕色的，只有在显微镜下才能观察到。胎盘中的母胎接触呈板层状。猫的胎儿 - 母体血液流动是一种简单的横流型。在妊娠第 25 ～ 30 天，可以观察到供应卵黄囊和胎盘的脐带血管分支。直到第 45 天，胎儿大小不超过卵黄囊的尺寸。在第 53 天，胎儿在被尿囊完全覆盖的羊膜内几乎已经完全发育（Miglino et al.，2006）。

羊水和尿囊液平均最大量分别为 26 mL 和 24 mL，胎盘重量从第 24 天的 5.7 g 上升到第 39 天的 15.0 g，之后处于稳定期（Johnston et al.，2001）。

羊水是胎儿呼吸道、口腔、胃肠道和皮肤分泌的产物，其为胎儿提供机械保护和必要的营养。

尿囊液是来自中肾、后肾和肾脏的分泌物，与胎儿尿液成分非常相似。Fresno 等在 2012 年的一项研究中表明，猫的胎儿体液成分并不是从母体血液中简单过滤出来的。胎儿可能对体液成分的生化组成起着一定作用。此外，也有可能从羊水扩散到尿囊液，这就解释了两者间相似的生化组成。胎儿体液组分在整个妊娠过程中都会发生变化，这里将不再详细讨论（Fresno et al.，2012）。

根据 Pieri 等（2015）的研究，表 6.1 列举了整个妊娠过程中胚胎的大小和器官形成的时间。当身体单个器官的发生过程结束，整体的系统建立时，标志着已经完成胚胎到胎儿的转变。猫的胚胎到胎儿的转变发生在妊娠的第 28 天（Knospe，2002）。

6.2.2 孕期激素控制

排卵后，血浆雌二醇（Estradiol，E_2）在前 5 d 内急剧下降，达到基础值。而血浆孕酮值（progesterone plasma values，P_4）在母猫的妊娠期和假孕妊娠期（未妊娠的间情期）中不断增加，直到着床期（妊娠第 10 ～ 12 天）停止上升。无论妊娠与否，孕酮浓度在黄体早期差异不大（England，2010）。P_4 在妊娠第 21 天达到峰值（交配后的数值达 11 ～ 60 ng/mL）（Root Kustritz，2006）。直到妊娠第 47 天，母猫血浆中的 P_4 仍维持在高水平，之后逐渐下降（García Mitacek et al.，2015）。值得注意的是，假孕母猫血浆中 P_4 在第 40 ～ 45 天降回到基础值，这意味着假性妊娠比正常妊娠时间短，而假孕犬的情况并非如此（Johnston et al.，2001；Zschockelt et al.，2014）。

猫的胎盘通过孕烯醇酮的转化产生 P_4 和类固醇代谢产物维持妊娠的能力是饱受争议的（Siemieniuch et al.，2012）。事实上，对妊娠母猫进行卵巢切除可能会导致其流产，但偶有特例（尽管观察到 P_4 急剧下降），尤其是在妊娠 45 d 后进行的卵巢切除（Tsutsui et al.，2009）。因此，胎盘作为孕酮分泌的主要器官来源维持妊娠的作用尚未确定（Verstegen et al.，1993b），而卵巢是妊娠期 P_4 的主要分泌部位已经达成了共识。

与母犬相比，母猫分娩时的孕酮水平并不总是维持在基础水平，甚至在分娩当天可以超过 6 ng/mL（Johnston et al.，2001；RootKustritz，2006；García Mitacek et al.，2015；Keiser et al.，

表 6.1　胎儿及其附属结构的超声出现时间

		配种后天数	
		平均值（d）	范围（d）
妊娠囊泡	球形	10	10 ～ 11
	柠檬形	20	19 ～ 21
胚胎的位置	在子宫腔壁上	14	13 ～ 16
	在子宫腔的中央	20	19 ～ 21
胚胎 / 胎儿的大小	7 mm	21 ～ 22	
	12 ～ 14 mm	24 ～ 25	
	20 mm	26	
	22 ～ 30 mm	28 ～ 32	
	30 ～ 50 mm	35	
心脏	心跳	16 ～ 17	16 ～ 18
	心腔	50	48 ～ 50
C 型胚胎（头和躯干）		18	17 ～ 19
前肢和后肢的早期发育		22 ～ 25	
原肠		21	
胃	点状	30	29 ～ 39
	尾部至肝脏	49	48 ～ 50
脑泡		22 ～ 25	
尾部和头部		27	
骨盆		28 ～ 32	
膀胱		29 ～ 30	29 ～ 32
首次观察到呼吸系统		28 ～ 32	
肺和肝的高回声对比		30	29 ～ 32
脐带		30	30 ～ 32
泌尿生殖系统		28 ～ 32	
视色素和视网膜		32	
骨骼	高回声骨骼（长骨、胸肢和头部）	30	30 ～ 33
	骨化：长骨骨干	50	48 ～ 50
胎儿运动（横向）		30	30 ～ 34
肠	出现	40	38 ～ 42
	分层结构	54	52 ～ 56
眼睛		35	35 ～ 39
肾脏（大脑皮质和髓质可见）		50	48 ～ 50
隔膜		50	50 ～ 56

注：来自 Zambelli（2002a）和 Pieri et al.（2015）的研究。

2017）。García Mitacek 等在 2015 年对 16 只非纯种猫的研究中发现，P_4 在母猫产前 24 h 的平均浓度为（2.99 ± 1.29）ng/mL（García Mitacek et al.，2015）。

与母犬一样，松弛素是一种妊娠特异性肽激素，由母胎（卵巢和胎盘）共同分泌（Braun et al.，2012）。松弛素最先在妊娠第 20 天被检测到，然后分泌量不断增加，在第 30 ~ 35 天达到最高水平。在妊娠的最后 10 ~ 15 d 松弛素水平下降，分娩后很快就检测不到了（Stewart and Stabenfeldt，1985；Johnston et al.，2001）。

催乳素也是猫妊娠必不可少的激素，在妊娠第 30 ~ 40 天以促黄体激素类似功能发挥作用。研究表明，在妊娠第 30 天使用卡麦角林（一种抗催乳剂）可能会导致母猫流产（Verstegen et al.，1993a、b）。催乳素从母猫妊娠第 20 天分泌量开始增加，分娩前其分泌量急剧增加，新生幼猫哺乳会刺激催乳素的分泌。断奶 1 ~ 2 周后，催乳素恢复到基础水平（Johnston et al.，2001；Root Kustritz，2006）。

图 6.1 显示了母猫在妊娠或未妊娠期间不同激素的变化示意图。

6.3 妊娠诊断

6.3.1 妊娠母猫的身体变化

6.3.1.1 妊娠母猫的身体发育

猫和犬在妊娠的外部特征上差异非常大。妊娠母猫在交配后 14 d 体重开始呈线性增长。如果定期检查母猫交配后的体重，就可以发现体重增加可被认为是妊娠的最初特征之一。母猫妊娠的另一迹象是乳头变红，从妊娠的第 21 天开始，乳头会增大。

随后，可以观察到乳腺增大（即乳房发育），一般在妊娠的最后一周可以观察到母猫分泌初乳。假孕母猫很少观察到分泌乳汁，但并不完全排除会分泌乳汁的可能（Levy and England，2010）。

另一方面，与母犬类似，母猫妊娠后会出现行为学变化，但利用行为学判断其妊娠与否并不可靠。这些行为学变化通常包括频繁梳理会阴和乳腺区域、变得更加温顺以及筑巢行为。这些行为通常可以在妊娠晚期或分娩第一阶段观察到（Levy and England，2010）。

最后，交配后 21 d 内未恢复发情并不一定意味着母猫妊娠，因为自发排卵或无效交配会导致假孕状态的出现，从而将下一次发情推迟

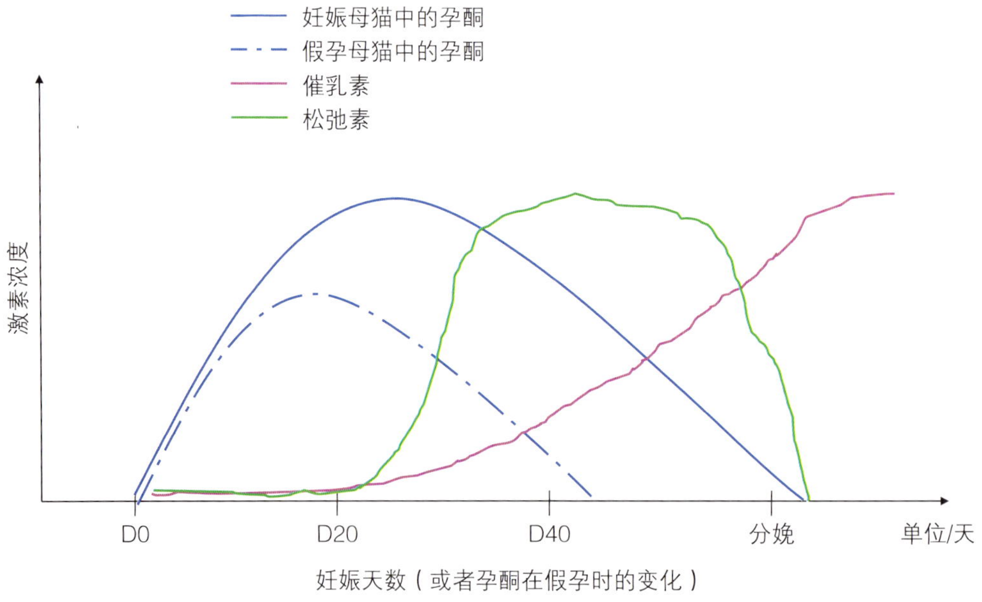

图 6.1　母猫体内不同激素的变化示意图

40 ～ 45 d。然而，交配后一个半月的发情迹象往往提示母猫假孕。

6.3.1.2 腹部触诊

在合适的妊娠时期进行轻柔的腹部触诊是一种简单可靠的检测妊娠方法。利用触诊诊断妊娠的最佳时间是交配后 20 ～ 35 d，此时胚囊呈圆形且紧张（早期诊断的最佳时间是 20 ～ 25 d，此时胚囊呈紧张状态，直径约 2.5 cm，有经验的临床医生诊断准确率接近 90%）。当妊娠第 55 天后，胎儿骨化程度足够高，可以轻松触诊到腹中胎儿的头部。在交配后的 35 ～ 55 d，孕体变得细长且体积增大，并失去了紧张感，此时难以进行触诊诊断（Johnston et al.，2001；Levy and England，2010）。

腹部触诊不能精确计算胚胎数量，此方法只能被用于确定母猫是否妊娠。此外，腹部触诊无法判断胚胎或胎儿是否存活。

6.3.2 激素分析

以血浆孕酮浓度作为诊断猫早期妊娠的方法并不准确，如上所述，妊娠母猫与假孕母猫的孕酮浓度并无显著差异。然而，这种诊断方法可以在妊娠第 45 天后使用，此时假孕已经结束。因此，孕酮检测仅适用于晚期诊断，而不能提供任何关于胚胎 / 胎儿活力的信息（Levy and England，2010）。

松弛素是一种由胎儿胎盘产生的肽。因此，松弛素是一种孕后特有的激素。兽医诊所使用的松弛素测定法（ELISA）已被广泛用于犬猫的妊娠诊断。从妊娠第 20 天开始，可以在母猫血浆中检测到松弛素（DiGangi et al.，2010）。此外，在妊娠第 21 ～ 28 天母猫尿液中也能检测到松弛素（van Dorsser et al.，2007）。然而，松弛素也无法用于判断胎儿是否存活。

6.3.3 影像学

6.3.3.1 超声检查

超声检查是诊断母猫是否妊娠的最佳方法，同时可以进行早期诊断、产崽数量（如果在早期进行）和评估胚胎 / 胎儿活力等项目检测。

从交配后的第 3 周开始进行 B 超检查可以看到胚囊。一些出版物指出，最早可以在交配后 10 ～ 11 d 观察到妊娠迹象（Zambelli et al.，2002a；Topie et al.，2015）。然而，要在妊娠早期明确妊娠与否，需要一位训练有素的临床医生和一台功能强大的超声扫描仪。如果在妊娠早期观察到妊娠迹象，但在此时估计胚囊的数量可能并不容易。在妊娠第 14 天时诊断胚囊的数量会容易很多，因为此时胚囊发育更明显，被圆形高回声壁包围。直到第 20 天，囊泡从圆形逐渐变成“柠檬”形。从妊娠的第 17 天开始就很容易观察到胚胎，为了评估胚胎的活力，其形状也是很重要的。此外，心跳的出现也是妊娠维持的良好迹象，从妊娠第 16 天开始就可以观察到胎心活动（Zambelli et al.，2002a）。

利用超声评估胎儿的活力也很重要。在妊娠检查中，评估胎心率（可能从妊娠第 16 天开始观察）是必不可少的。大多数学者认为心率应该高于 190 次 /min。正常胎儿的心率通常是母体心率的 2 ～ 3 倍。心率持续下降表明胎儿应激。胎心的暂时性下降（持续时间＜ 1 ～ 2 min）可能是由于评估时子宫收缩所致（Lopate，2018）。然而，关于猫的胎心阈值研究较少。

利用三倍多普勒超声分析子宫和胎儿血管跟踪妊娠情况。临床医生能够利用该仪器测量血管的搏动和电阻率指数，并观察流动波形（图 6.2）。这些标准反映了子宫及其内容物的灌注情况。在正常妊娠期间，子宫动脉、胎儿主动脉、尾腔静脉和脐带的搏动和电阻率指数（胎儿主动脉的搏动除外）均呈下降趋势（Scotti et al.，2008）。Pereira 等在 2012 年观察到胎儿数较多的一侧子宫角的搏动和电阻率指数都低于另一侧。这些数值在交配前也有所不同，这可能用来评估哪一侧子宫角胎儿较多（Pereira et al.，2012）。

在药物流产的情况下，子宫动脉的电阻率指数增加（Blanco et al.，2016）。在犬和人上，舒

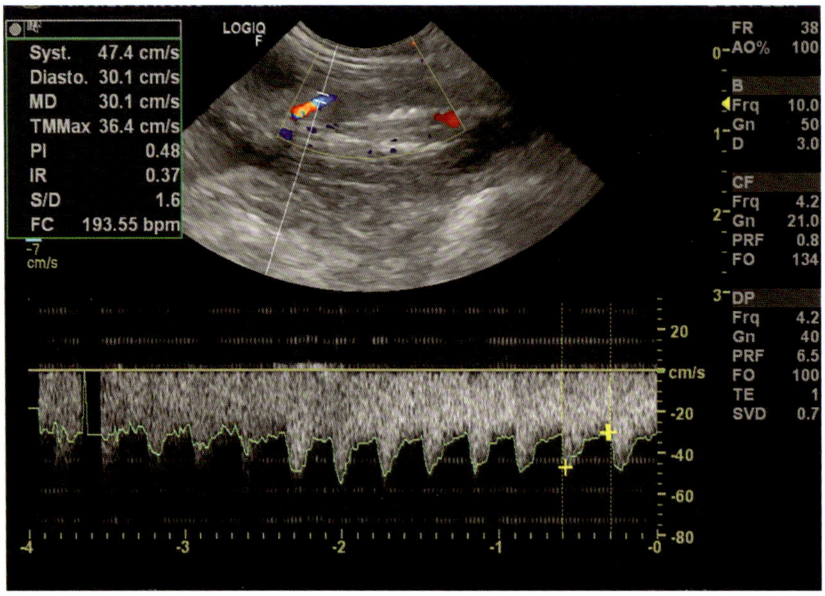

图 6.2 孕后右子宫动脉的三倍多普勒超声检查

（由 CERCA 提供）

张切迹的存在（以舒张前切迹为特征的波形）还与不良的妊娠结果有关。对母猫的研究发现，在单个器官发生结束之前，能观察到舒张末期切迹是正常的，因为其应该在妊娠后半期消失（Brito et al.，2010；Pereira et al.，2012）。舒张切迹的持续以及子宫动脉电阻率的异常增加预示着不良的妊娠结局。

6.3.3.2 X 线检查

在胎儿骨骼骨化之前，利用 X 线检查进行准确的妊娠诊断是具有一定挑战性的。骨骼骨化从妊娠第 39 天左右开始。然而，从第 21 天开始（甚至一些母猫从第 17 天开始），利用 X 线检查就可以观察到子宫球形肿胀，表现为不透明的软组织（Lopate，2018）。

不推荐在妊娠早期进行 X 线检查。X 线检查无法判断胚胎 / 胎儿活力的任何信息，除非出现特定的胎儿死亡特征，如头骨分离或变形（图 6.3）、子宫内或胎儿内 / 周围存在气体（这是腐烂的迹象）、胎儿异常屈曲或后肢过度伸展（Lopate，2018）。在预产期前的最后一周，可以利用 X 线检查对胎儿数量进行计数。

6.4 预产期估算

6.4.1 精确的交配时间

一项研究表明，100% 的母猫在发情的第 3 天多次交配后可以排卵（conannon et al.，1980）。在发情期的第 3 天左右允许母猫在短时间内（2 ～ 3 d）交配，而不是在整个发情期不受控制地随意交配，这可以让养殖者掌握准确的排卵日期和妊娠日期。兽医通过超声监测卵泡生长来选择理想的交配时期。母猫应该在卵泡直径至少达到 3 mm 后的几天内或者在发情的第 3 天与公猫接触，此时主人应该仔细观察母猫的交配行为（Malandain et al.，2011）。

如果没有观察到交配行为或母猫与公猫已经接触很久，可以使用超声或 X 线检查等技术来确定妊娠日期。

6.4.2 超声诊断

6.4.2.1 胎儿和器官的发育

器官发育发生在妊娠期的特定时间，可以通过跟踪胚胎和胎儿的发育来确定妊娠日期。然而，评估的准确与否将取决于超声扫描仪的精度（Topie et al.，2015）。

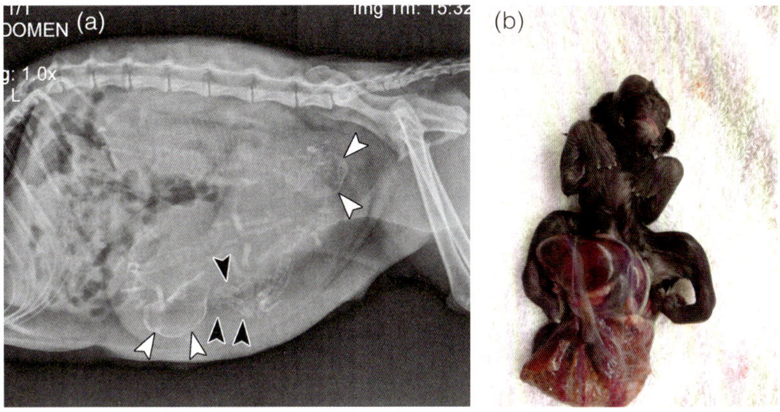

图 6.3　妊娠晚期母猫的 X 线片及胎儿照片

（a）妊娠晚期母猫的 X 线片。下腹部胎儿的头部（畸形，黑色箭头）和四肢。另外两个正常的胎儿头和身体（白色箭头）。（b）死亡的胎儿与活胎一起自然分娩。（由 John Wiley & Sons，Inc. 提供）

一项对胎儿发育进行观察的研究为了解妊娠重要时间节点提供了数据（Zambelli et al.，2002a）。表 6.1 总结了胎儿及其附属结构发育相关的主要时间节点。

交配后第 38 ～ 43 天，通过超声可以确定胎儿性别。雄性胎儿的特征是阴囊向背部延伸至腹侧包皮，在中矢状位上可见于尾部下方。在同一视图中，雌性胎儿的外阴唇在离尾部基部较远的地方有一个三角形的隆起（Zambelli et al.，2004；Lopate，2018）。

6.4.2.2　胎儿测量法

胎儿测量是使用不同的公式测量胎儿及其附属结构来确定妊娠日期。

胎儿附属结构用绒毛膜内围（inner chorionic circumference，ICC）和子宫外径（outer uterine diameter，OUD）指示。这种测量方法适用于妊娠 30 d 以内的胚囊，此时的胚囊清晰，呈圆形或略微椭圆形（Zambelli et al.，2002a）。至少测量 3 个胚囊是很重要的，每一个囊泡通过囊的中间进行两次垂直测量。取平均值用来消除一些与囊泡的卵型形状相关的测量差异，最重要的是不要因探针的过度压力而使这些囊泡变形。图 6.4 显示了一个示例。公式如下（Zambelli et al.，2002b）：

胎龄 =1.368×ICC−11.566，其中 ICC 单位为 mm。

孕龄 =1.602×OUD－12.13，其中 OUD 单位为 mm。

Socha 和 Janowski（2019）的研究使用 ICC 为缅因猫提供了一个特定的公式（该品种猫比其他品种的猫大）：

缅因州猫分娩的日期 =（－0.79×ICC）+ 57.9，其中 ICC 单位为 mm。

可用于确定妊娠时间的胎儿参数如下：

冠尾长度（crown-rump length，CRL；如图 6.5 所示）= 在矢状面从头部最前端到尾部基部（Lopate，2018）。

双顶直径（biparietal diameter，BPD；如图 6.6 所示）= 在大脑镰产生的回声线的中心位置（Lopate，2018），在头骨正面或背面视图中最宽处测量。

身体直径（body diameter，BD；如图 6.7 所示）= 在腹部最宽处进行两次横向测量（Lopate，2018）。

胎儿间脑－端脑囊泡的深部（deep portion of the fetal diencephalo-telencephalic vesicle，DPTV；如图 6.8 所示）= 在胎儿颅骨矢状中线上观察到不对称的无回声区，它代表胎儿丘脑和原始基底核（Lopate，2018）。

股骨长度（femur length，FL）。

胃直径（gastric diameter，GD）。

所有测量均应在多个胎儿身上进行，公式中

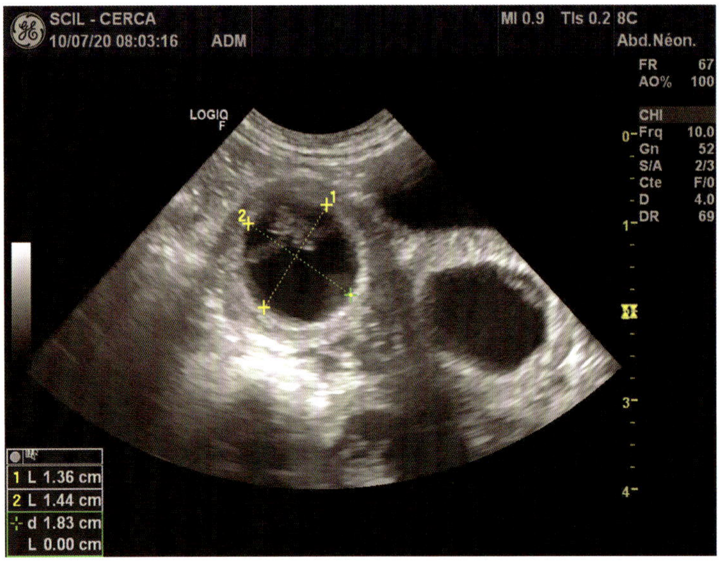

图 6.4　用两个垂直测量方法测量孕腔

测量 1 和测量 2 的平均值将会被用于后续计算，其他孕囊将被持续测量直到妊娠晚期。（由 CERCA 提供）

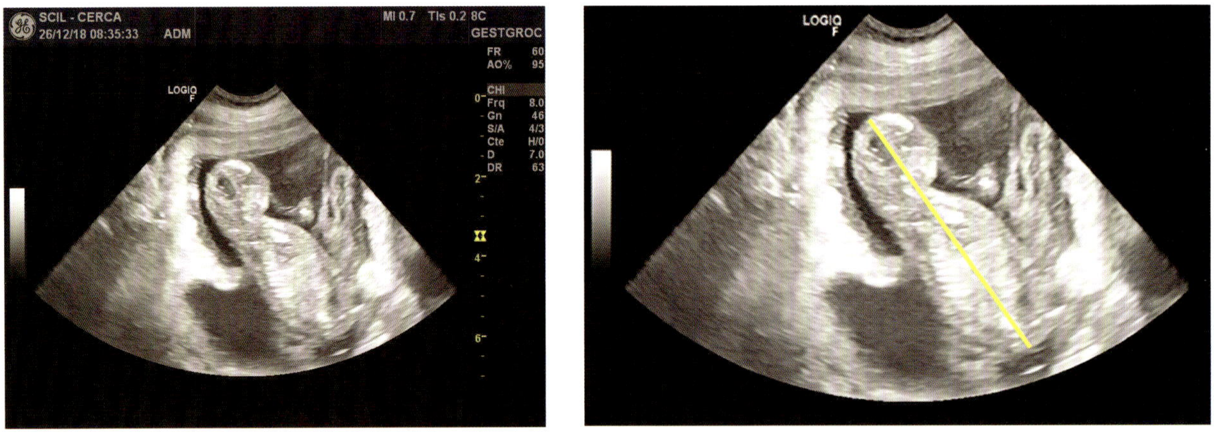

图 6.5　冠尾长度的测量

右图的黄线显示了如何测量从头部最前端到尾部基部的长度。（由 CERCA 提供）

应使用平均值。所有参数均可在妊娠 30 d 后使用。根据参数的不同，推测妊娠期需要不同的公式。具体公式见表 6.2 中。

母猫的 BPD 是妊娠后期推测妊娠期最准确的参数。1 d 内准确率为 64.3%，2 d 内准确度为 85.7%。使用 DPTV 似乎不如 BPD 准确，只有 38.5% 的母猫在 1 d 内开始分娩，61.5% 的母猫在 2 d 内分娩（Beccaglia et al.，2008a）。然而，BPD 不能准确预测在 24～72 h 内的分娩。事实上，使用 BPD 预测预产期的准确率为 27%～53%（使用 BD 的准确率为 17%～35%）（Keiser et al.，2017）。

在另一项研究中，Gatel 等（2015）使用股骨长度来预测分娩时间。他们发现了这一参数与母猫的年龄和体重以及产崽数之间的相关性。该公式在预测 1.6 d 内产崽的准确度为 70%（Gatel et al.，2015）。

最后，García Mitacek 等在 2015 年的研究给出了根据交配后的天数预测妊娠囊大小和胎儿参数（CRL、BPD 和 BD）的公式。这可能是监测胎儿准确发育的新标准（García Mitacek et al.，2015）。

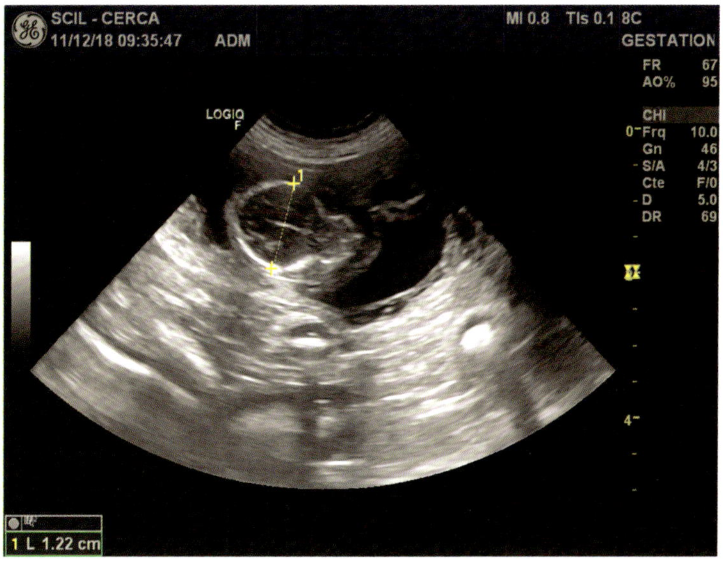

图 6.6 双顶直径的测量

测量背侧视图中颅骨最宽处双顶骨直径，即回声线（白线）的中心位置。（由 CERCA 提供）

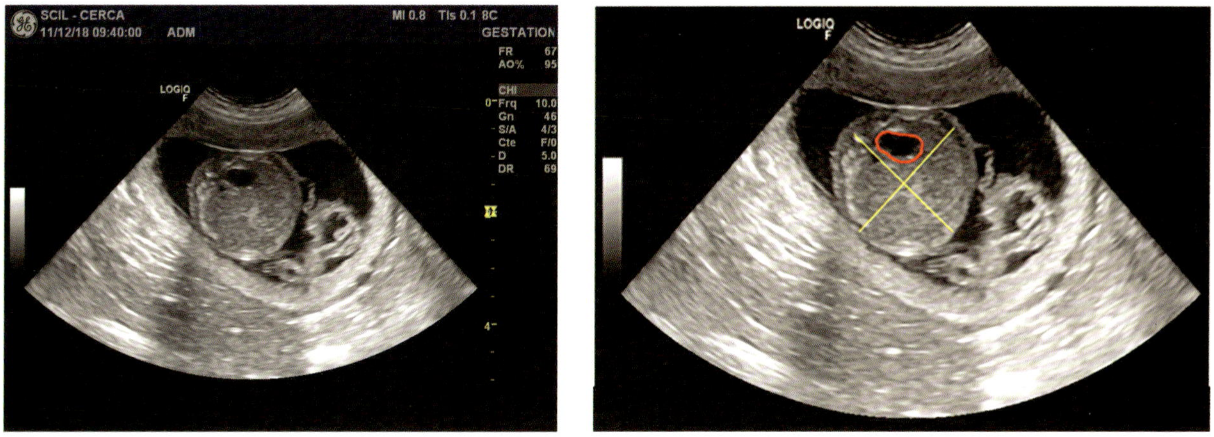

图 6.7 身体直径的测量

右图显示的是腹部最宽处的两次横向测量，腹部最宽处位于胃（用红色标记圈出）和肝脏的水平位置。（由 CERCA 提供）

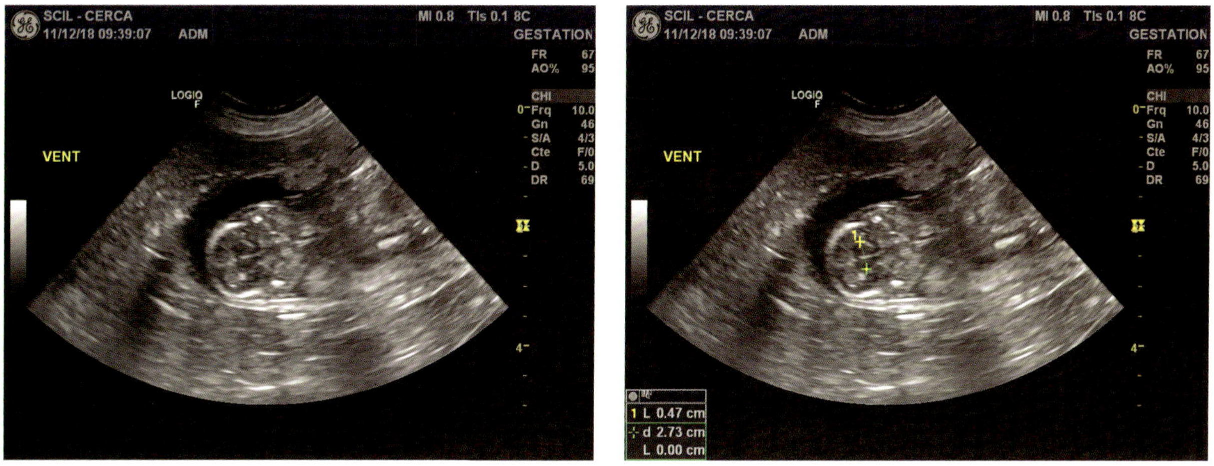

图 6.8 胎儿间脑 – 端脑囊泡深部的测量

右图显示了 DPTV 度量。（由 CERCA 提供）

表 6.2 利用不同胎儿结构评估胎龄的公式

参数	公式	参考文献
CRL	GA = 2.008 7 × CRL(mm) − 31.43	Zambelli et al., 2002b
BPD	GA = Log［BPD(mm)/0.483 873］/0.027 56	Zambelli et al., 2004
	DBP =［BPD (mm) − 23.39］/0.47	Beccaglia et al., 2008a
BPD（缅因猫）	DBP= −1.86 × BPD (mm) + 49.3	Socha and Janowski. 2019
DPTV	DBP =［DPTV (mm) − 10.74］/0.22	Beccaglia et al., 2008b
BD	GA = Log［BD(mm)/0.405 565］/0.037 214 1	Zambelli et al., 2004
GD	GA = Log［GD(mm)/0.115 113］/0.038 890 1	Zambelli et al., 2004
FL	DBP = 37.864 − 0.193 × FL(mm) + 1.227 × 体重 (kg) − 0.615 × 每窝产崽数 −0.832 × 年龄（岁）	Gatel et al., 2015

注：GA，胎龄；DBP，分娩前日期；CRL，冠尾长度；BPD，双顶直径；BD，身体直径；GD，胃直径；FL，股骨长度。

6.4.3 影像学诊断

胎儿的骨化是逐渐发生。根据可以观察到的不同骨骼，大致确定妊娠的时间。

在一项对 17 只母猫进行的研究中发现，从大约 3 周（可以通过腹部触诊进行诊断）开始，每周对其进行 3 次 X 线检查，直到分娩，记录不同骨骼的骨化时间，并将其与分娩前的天数相关联（Haney et al.，2003）。该研究的结果见表 6.3。在分娩前 25 ～ 29 d 可首次检测到骨化的骨骼，但无法区分不同的骨骼（Haney et al.，2003）。

在同一研究中，研究人员用 32 只妊娠母猫评估该方法的准确性，即对每只动物进行一次 X 线检查，并估计分娩日期。75% 的母猫的实际分娩日在估算日期的 3 d 内，100% 的母猫在估算日期的 7 d 内产崽，而出生日期与产崽数无关（Haney et al.，2003）。

X 线检查不是确定妊娠时间的最佳方法，但是估算胎儿数量最准确的方法。

超声和 X 线检查是诊断妊娠、跟踪妊娠和预测分娩日期的非常好的技术。然而，仪器的精度和临床医生的经验对于上述诊疗过程的准确性影响很大。特别是随着数字射线照相技术的引入，图像的准确性及对图像结果的描述是多变的。因此，不能单独依赖于某一技术手段去建议实施剖宫产。

表 6.3 不同胎儿骨的骨化程度与分娩前的天数的关系

	分娩前的天数	
	平均值 ±SD（d）	范围（d）
基本骨化	26 ± 1	25 ~ 29
脊柱	24 ± 1	22 ~ 27
头骨	22 ± 1	21 ~ 27
肋骨	22 ± 2	22 ~ 25
肩胛骨	20 ± 2	17 ~ 24
肱骨	20 ± 1	20 ~ 24
股骨	21 ± 1	19 ~ 23
桡骨	19 ± 2	15 ~ 22
胫骨	19 ± 1	15 ~ 21
尺骨	17 ± 2	5 ~ 21
骨盆	19 ± 1	8 ~ 20
腓骨	13 ± 3	0 ~ 17
尾巴	15 ± 2	8 ~ 16
掌故和跖骨	8 ± 3	3 ~ 14
指骨	6 ± 3	0 ~ 11
跟骨	6 ± 3	0 ~ 10
牙齿	2 ± 1	1 ~ 6

注：来自 Haney et al.（2003）的研究。

6.5 妊娠母猫的管理

6.5.1 营养

从妊娠第 2 周开始，妊娠母猫体重直线增加是其特征性变化之一（Wichert et al.，2009；

Hand et al.，2010）。其他种类的食肉动物只有在妊娠的最后 1/3 阶段体重才会快速增加，而在此之前的变化是很轻微的。这种妊娠早期体重快速增加可能是为了储备能量，为将来哺乳做准备，而不是为了维持妊娠（Hand et al.，2010）。妊娠后期的平均体重增加约为交配前体重的 40%。妊娠母猫另一个特殊性变化是，产崽后其体重仅减少妊娠期增加体重的 40%（Hand et al.，2010）。

妊娠期间母猫营养不良可能会导致很多不良影响，其中包括妊娠失败、胎儿死亡、胎儿畸形、产下体重不足的幼猫和免疫力差的幼猫。此外，母猫超重也会造成一些不良影响，其中包括死产、难产和剖宫产等。交配时母猫理想的体况评分应该是 3/5（Hand et al.，2010）。

妊娠期间营养的变化，最重要的事情之一是要考虑能量供应的增加，这是妊娠期营养供应的限制性环节。如果从第 2 周开始在整个妊娠过程中对食物的需求呈线性增加，那么在交配后的 2 周左右，食物的摄入量会发生轻微变化，甚至会随着胚胎着床而减少。在妊娠期的最后 1 周观察到能量摄入再次下降。妊娠期间的能量摄入量应比正常水平高出 25% ～ 50%（最高可达到 70%，特别是产崽量大的情况），对应每天 90 ～ 110 kcal/kg（每天 376 ～ 460 kJ/kg）。自由采食可以让母猫根据自身的能量需求调整食物摄入量（Hand et al.，2010）。

摄入的蛋白质是适应妊娠状态所需的第二种必需营养素。应使用含有 35% ～ 50% 优质干物质的食物，主要是动物性蛋白质（Hand et al.，2010）。

牛磺酸是猫的生理必需营养素。牛磺酸缺乏可引起妊娠 25 d 的胎儿死亡、流产、胎儿畸形和生长发育迟缓。然而，妊娠后牛磺酸的需求量相比妊娠前的基础需求量变化不大（Hand et al.，2010）。

最后，妊娠期和哺乳期食物中钙和磷的推荐摄入量分别为钙 1.1 ～ 1.6，磷 0.8 ～ 1.4。此外，钙磷比应为 1 ∶ 1 ～ 1.5 ∶ 1。尽管猫的妊娠子痫并不常见，病因也尚不清楚，但不建议将钙摄入量增加到超过之前推荐的比例（Hand et al.，2010）。

从常规食物到妊娠期特殊食物的过渡应该在交配时或交配前完成。由于干粮的营养更丰富，尤其是对于食欲下降的母猫，所以干粮适合作为妊娠期特殊的食物。另一方面，高水分食物的优点是含有更多的脂肪和水（尤其在哺乳期需求较高）。因此，混合饮食是一种更理想的妊娠期饲喂方式，每天让母猫自由摄食干粮和多种高水分食物（Hand et al.，2010）。在妊娠期间，不建议饲喂骨头或生食，因为这会增加营养失衡和传染病的风险。

最后，为了评估营养计划是否合适，应该每周给妊娠母猫称一次体重，观察它们体重是否呈线性增加。

6.5.2 寄生虫预防和疫苗接种

在交配前，公猫和母猫都应该进行疫苗免疫和体内、外寄生虫驱虫。此外，还应该了解每只动物的血型，以避免发生新生儿红细胞溶解症（当 B 型血母猫与 A 型血或 A/B 型血公猫交配时可能发生）（Bücheler，1999）。

母猫良好的疫苗接种状况至关重要，这不仅可以保证高质量的初乳（以确保良好的抗体水平），还可以保护刚出生几周的新生幼猫（直到新生幼猫的自身免疫系统开始发挥作用）。对于猫来说，在交配前完全接种疫苗非常重要，在妊娠期严格禁止接种任何疫苗。事实上，除了猫泛白细胞减少症（feline panleukopenia，FPL），绝大多数疫苗接种后会被机体清除，不清楚能否直接对胚胎和胎儿造成直接伤害，但是接种后的反应（如体温短暂升高）可能会增加妊娠停止的风险。FPL 疫苗通常由改良的活病毒组成，可在胎儿中产生与病毒本身相同的不良影响。事实上，为妊娠母猫接种这种疫苗会诱发胎儿小脑发育不良（Root Kustritz，2006；Zambelli，2012）。因此，在猫妊娠期，严格禁止接种这种疫苗。

在妊娠期控制体内、外寄生虫是必不可少的，特别是在分娩期间要避免母婴传播。然而，并没有任何文献提供针对妊娠母猫驱虫方案的指南。通常情况下，母猫遵循与母犬相同的除虫方案：在妊娠第 40 ～ 45 天和哺乳期的第 2 周使用芬苯达唑（50 mg/kg，3 ～ 5 d）。所有的猫都应该在交配前进行体外驱虫，只有在受到体外寄生虫严重威胁的情况下才需在妊娠期进行治疗（Smith，2011）。

6.5.3 妊娠期常用药物的使用规范

有关母猫妊娠期药物毒性的研究和可用数据非常少。由于妊娠母猫的新陈代谢在妊娠与妊娠之前发生了变化，常用药物（抗生素、镇痛药等）的药代动力学在妊娠期发生改变。因此，有必要调整不同的用药方案（剂量和用药间隔）。妊娠期间孕酮水平升高会导致胃肠道动力减弱和胃肠道血流量增加，这还会影响药物的口服吸收和生物利用度（Rebelto and Loza，2010）。此外，为维持胎儿的发育，母猫心血管发生了广泛的适应性改变，包括血容量和心排血量增加，流向不同器官的血液被重新分配（Carlin and Alfirevic，2008）。因此，可以观察到肾小球滤过率明显增加。根据 Smith（2011）的描述，由于血浆容量增加导致红细胞压积逐渐下降，相关血液学参数变化如表 6.4 所示。曾报道过犬的炎症因子的变化（着床后急性期蛋白、纤维蛋白原、C- 反应蛋白和妊娠中期结合珠蛋白的增加，以及着床后白细胞的增加），推测母猫也会有类似改变，但这一推测还没有得到证实（Verstegen-Onclin and Verstegen，2008）。即使妊娠后的药代动力学还没有被专门研究，所有的参数都必须仔细考虑。此外，使用任何一种处方药物，必须考虑两个方面：药物对胎儿的毒性和妊娠所处的阶段。由于猫的胎盘是内皮绒毛膜型，高脂溶性药物可以通过该类型的胎盘屏障。极性、离子化、蛋白质结合或水溶性的药物不太可能渗透穿过胎盘屏障（Mathews，2008）。

在抗寄生虫药物方面，妊娠期间常选用芬苯达唑（50 mg/kg，3 ～ 5 d）驱虫。也有人使用阿维菌素。为妊娠母猫选择一种被批准的药物来治疗体外寄生虫是很重要的，因为一些药物（如西维因）可能导致胎儿畸形，并导致母猫难产（下一段）。在妊娠期和哺乳期使用氟虫腈是安全的。

附录总结了目前兽医实践中使用的药物及其在妊娠期使用的安全性（Papich and Davis，1986；Mathews，2008；Reveelto and Loza，2010）。

6.6 结论

总之，对母猫进行妊娠诊断是很容易的，应该尽快进行。超声检查是最准确的方法，因为它不仅可以做出诊断，而且可以跟踪妊娠过程（胎儿的活力和发育），并估计分娩日期。为了在分娩前对胎儿进行计数，X 线检查仍然是必不可少的。这两种方法是互补的。对妊娠母猫的管理也是至关重要的，为了确保其正常妊娠、哺乳和新生幼猫的健康，有必要提供与妊娠状态相适应的饲喂方案、疫苗接种计划和良好的驱虫方案。

表 6.4　妊娠对血液学参数的影响

妊娠期	第 1 天	第 2 周	第 4 周	第 6 周	第 8 周	完整妊娠期
红细胞（10^5/μL）	8.0	7.9	7.1	6.7	6.2	6.2
红细胞压积（%）	36.1	37.0	33.0	32.0	28.0	29.0
血红蛋白（gm/dL）	12.5	12.0	11.0	10.8	9.5	10.0
网状细胞（%，包括点状）	9	11	99	10	20	15

注：来自 Smith（2011）的研究。

6.7 参考文献

[1] Beccaglia, M., Anastasi, P., Grimaldi, E., Rota, A., Faustini, M., et al. (2008a) Accuracy of the prediction of parturition date through ultrasonographic measurement of fetal parameters in the queen. Veterinary Research Communications 32, 99–101. doi: 10.1007/s11259-008-9107-1.

[2] Beccaglia, M., Faustini, M., and Luvoni, G. C. (2008b) Ultrasonographic study of deep portion of diencephalo-telencephalic vesicle for the determination of gestational age of the canine foetus. Reproduction in Domestic Animals 43, 367–370. doi: 10.1111/j.1439-0531.2007.00916.x.

[3] Blanco, P. G., Vercellini, R., Rube, A., Rodríguez, R., Arias, D. O., et al. (2016) Evaluation of feline uterine and umbilical arteries blood flow in a pharmacologically induced abnormal gestation model. Theriogenology 86, 2323–2327. doi: 10.1016/j.theriogenology.2016. 07.028.

[4] Braun, B. C., Vargas, A., and Jewgenow, K. (2012) The molecular detection of relaxin and its receptor RXFP1 in reproductive tissue of Felis catus and Lynx pardinus during pregnancy. Reproduction 143, 399–410. doi: 10.1530/REP-11-0316.

[5] Brito, A.B., Miranda, S.A., Ruas, M.R., Santos, R.R., and Domingues, S.F.S. (2010) Assessment of feline fetal viability by conceptus echobiometry and triplex Doppler ultrasonography of uterine and umbilical arteries. Animal Reproduction Science 122, 276–281. doi: 10.1016/j.anireprosci.2010. 09.003.

[6] Bücheler, J. (1999) Fading kitten syndrome and neonatal isoerythrolysis. Veterinary Clinics of North American Small Animal Practice 29, 853–870.

[7] Carlin, A. and Alfirevic, Z. (2008) Physiological changes of pregnancy and monitoring. Best Practice and Research Clinical Obstetrics and Gynaecology 22, 801–823. doi: 10.1016/j.bpobgyn.2008.06.005.

[8] Concannon, P., Hodgson, B., and Lein, D. (1980) Reflex LH release in estrous cats following single and multiple copulations. Biology of Reproduction 23, 111–117. doi: 10.1095/biolreprod23.1.111.

[9] Concannon, P., Tsutsui, T., and Shille, V. (2001) Embryo development, hormonal requirements and maternal responses during canine pregnancy. Journal of Reproduction and Fertility Supplement 57, 169–179.

[10] DiGangi, B. A., Griffin, B., Levy, J. K., Smith, B. F., and Baker, H. J. (2010) Use of a commercially available relaxin test for detection of pregnancy in cats. Journal of the American Veterinary Medical Association 237, 1267–1274. doi: 10.2460/javma.237.11.1267.

[11] England, G. C. W. (2010) Physiology and endocrinology of the female. In: England, G. C. W. and Heimendahl, A. (eds) BSAVA Manual of Canine and Feline Reproduction and Neonatology. British Small Animal Veterinary Association, Gloucester, UK, pp. 1–12.

[12] Fournier, A., Masson, M., Corbière, F., Mila, H., Mariani, C., et al. (2017) Epidemiological analysis of reproductive performances and kitten mortality rates in 5,303 purebred queens of 45 different breeds and 28,065 kittens in France. Reproduction in Domestic Animals 52, 153–157. doi: 10.1111/rda.12844.

[13] Fresno, L., Rodriguez-Gil, J. E., Rigau, T., Pastor, J., and Rivera del Alamo, M.M. (2012) Modulation of the biochemical composition of amniotic and allantoic fluids as a control mechanism of feline foetal development. Placenta 33, 522–527. doi: 10.1016/j.placenta.2012.03.002.

[14] García Mitacek, M. C., Stornelli, M. C., Praderio, R. G., de la Sota, R. L., and Stornelli, M. A. (2015) Ultrasonographic and progesterone changes during Days 21 to 63 of pregnancy in queens. Theriogenology 84, 1131–1141. doi: 10.1016/j.theriogenology.2015.06.014.

[15] Gatel, L., Rault, D., Chalvet-Monfray, K., Saunders, J., and Buff, S. (2015) Prediction of parturition time in queens using radiography and ultrasonography. Anatomia, Histologia, Embryologia 44, 241–246. doi: 10.1111/ahe.12130.

[16] Hand, M. S., Thatcher, C. D., Remillard, R. L., Roudebush, P., and Novotny, B. (2010) Feeding reproducing cats. In: Hand, M. S., Thatcher, C. D., Remillard, R. L., Roudebush, P., and Novotny, B. (eds) Small Animal Clinical Nutrition. Mark Morris Institute, Topeka, Kansas, pp. 401–413.

[17] Haney, D. R., Levy, J. K., Newell, S. M., Graham, J. P., and Gorman, S. P. (2003) Use of fetal skeletal mineralization for prediction of parturition date in cats. Journal of the American Veterinary Medical Association 223, 1614–1616. doi: 10.2460/javma.2003.223.1614.

[18] Johnston, S. D., Root Kustritz, M. V., and Olson, P. N. S. (2001) Feline pregnancy. In: Johnston, S. D., Root Kutritz, M. V. and Olson, P. N. S. (eds) Canine and Feline Theriogenology. Saunders, London, pp. 414–430.

[19] Keiser, R., Reichler, I. M., and Balogh, O. (2017) Are foetal ultrasonographic and maternal blood progesterone measurements near parturition reliable predictors of the time of birth in the domestic cat? Reproduction in Domestic Animals 52, 487–494. doi: 10.1111/rda.12939.

[20] Knospe, C. (2002) Periods and stages of the prenatal development of the domestic cat. Anatomia, Histologia, Embryologia 31, 37–51. doi: 10.1046/j.1439-0264. 2002.00360.x.

[21] Levy, X. and England, C.W. (2010) Pregnancy diagnosis, normal pregnancy and parturition in the queen. In: England, G. C. W. and Heimendahl, A. (eds) BSAVA Manual of Canine and Feline Reproduction and Neonatalogy. British Small Animal Veterinary Association, Gloucester, UK, pp. 98–105.

[22] Lopate, C. (2018) Gestational aging and determination of parturition date in the bitch and queen using ultrasonography and radiography. Veterinary Clinics of North America Small Animal Practices 48, 617–638. doi: 10.1016/j.cvsm.2018.02.008.

[23] Malandain, E., Rault, D., Froment, E., Baudon, S., Desquilbet, L., et al. (2011) Follicular growth monitoring in the female cat during estrus. Theriogenology 76, 1337–1346. doi: 10.1016/j.theriogenology.2011.06.002.

[24] Mathews, K. A. (2008) Pain management for the pregnant, lactating, and neonatal to pediatric cat and dog. Veterinary Clinics of North America Small Animal Practice 38, 1291–1308. doi: 10.1016/j.cvsm.2008.07.001.

[25] Miglino, M. A., Ambrósio, C. E., Martins, D. dos S., Wenceslau, C. V., Pfarrer, C., et al. (2006) The carnivore pregnancy: The development of the embryo and fetal membranes. Theriogenology 66, 1699–1702. doi: 10.1016/j.theriogenology.2006.02.027.

[26] Papich, M. G. and Davis, L. E., 1986. Drug therapy during pregnancy and in the neonate. Veterinary Clinics of North America Small Animal Practice 16, 525–538. doi: 10.1016/S0195-5616(86)50058-9.

[27] Pereira, B. S., Freire, L. M. P., Pinto, J. N., Domingues, S. F. S., and Silva, L. D. M. (2012) Triplex Doppler evaluation of uterine arteries in cyclic and pregnant domestic cats. Animal Reproduction Science 130, 99–104. doi: 10.1016/j.anireprosci.2011.12.019.

[28] Pieri, N., Souza, A., Casals, J., Roballo, K., Ambrósio, C., et al. (2015) Comparative development of embryonic age by organogenesis in domestic dogs and cats. Reproduction in Domestic Animals 50, 625–631. doi: 10.1111/rda.12539.

[29] Rebuelto, M. and Loza, M. E. (2010) Antibiotic treatment of dogs and cats during pregnancy. Veterinary Medicine International 2010:385640. doi: 10.4061/2010/385640.

[30] Root Kustritz, M. V. (2006) Clinical management of pregnancy in cats. Theriogenology 66, 145–150. doi: 10.1016/j.theriogenology.2006.03.018.

[31] Scotti, L., Di Salvo, P., Bocci, F., Pieramati, C., and Polisca, A. (2008) Doppler evaluation of maternal and foetal vessels during normal gestation in queen. Theriogenology 69, 1111–1119. doi: 10.1016/j.theriogenology.2008.01.025.

[32] Siemieniuch, M. J., Jursza, E., Szostek, A. Z., Skarzynski, D. J., Boos, A., et al. (2012) Steroidogenic capacity of the placenta as a supplemental source of progesterone during pregnancy in domestic cats. Reproductive Biology and Endocrinology 10, 89. doi: 10.1186/1477-7827-10-89.

[33] Smith, F. O. (2011) Prenatal care of the bitch and queen, In: Peterson, M. E. and Kutzler, M. A. (eds) Small Animals Pediatrics: The First 12 Months of Life. Elsevier, St. Louis, Missouri, pp. 1–10.

[34] Socha, P. and Janowski, T. (2019) Development of specific fetometric formulas of ICC and BP for predicting the parturition date in Maine Coon queens. Reproduction in Domestic Animals 54, 622–626. doi: 10.1111/rda.13404.

[35] Stewart, D. R. and Stabenfeldt, G. H. (1985) Relaxin activity in the pregnant cat. Biology of Reproduction 32, 848–854. doi: 10.1095/biolreprod32.4.848.

[36] Topie, E., Bencharif, D., Briand, L., and Tainturier, D. (2015) Early pregnancy diagnosis and monitoring in the queen using ultrasonography with a 12.5 MHz probe. Journal of Feline Medicine and Surgery 17, 87–93. doi: 10.1177/1098612X14532088.

[37] Tsutsui, T., Suzuki, Y., Toyonaga, M., Oba, H., Mizutani, T., et al. (2009) The role of the ovary for the maintenance of pregnancy in cats. Reproduction in Domestic Animals 44, 120–124. doi: 10.1111/j.1439-0531.2009.01452.x.

[38] van Dorsser, F. D. H., Lasano, S., and Steinetz, B. G. (2007) Pregnancy diagnosis in cats using a rapid, bench-top kit to detect relaxin in urine. Reproduction in Domestic Animals 42, 111–112. doi: 10.1111/j.1439-0531.2006.00736.x.

[39] Verstegen, J. P., Onclin, K., Silva, L. D., and Donnay, I. (1993a) Abortion induction in the cat using prostaglandin F2 alpha and a new anti-prolactinic agent, cabergoline. Journal of Reproduction and Fertility Supplement 47, 411–417.

[40] Verstegen, J. P., Onclin, K., Silva, L. D., Wouters-Ballman, P., Delahaut, P., et al. (1993b) Regulation of progesterone during pregnancy in the cat: Studies on the roles of corpora lutea, placenta and prolactin secretion. Journal of Reproduction and Fertility Supplement 47, 165–173.

[41] Verstegen-Onclin, K. and Verstegen, J. (2008) Endocrinology of pregnancy in the dog: A review. Theriogenology 70, 291–299. doi: 10.1016/j.theriogenology.2008.04.038.

[42] Wichert, B., Schade, L., Gebert, S., Bucher, B., Zottmaier, B., et al. (2009) Energy and protein needs of cats for maintenance, gestation and lactation. Journal of Feline Medicine and Surgery 11, 808–815. doi: 10.1016/j.jfms.2009.02.006.

[43] Zambelli, D. (2012) Feline neonatal physiology, behavior, and socialization. In: Lopate, C. (ed.) Management of Pregnant and Neonatal Dogs, Cats, and Exotic Pets. John Wiley & Sons, Ames, Iowa, pp. 147–158.

[44] Zambelli, D., Caneppele, B., Bassi, S., and Paladini, C. (2002a) Ultrasound aspects of fetal and extrafetal structures in pregnant cats. Journal of Feline Medicine and Surgery 4, 95–106. doi: 10.1053/jfms.2001.0153.

[45] Zambelli, D., Castagnetti, C., Belluzzi, S., and Bassi, S. (2002b) Correlation between the age of the conceptus and various ultrasonographic measurements during the first 30 days of pregnancy in domestic cats (Felis catus). Theriogenology 57, 1981–1987. doi: 10.1016/s0093-691x(01)00686-0.

[46] Zambelli, D., Castagnetti, C., Belluzzi, S., and Paladini, C. (2004) Correlation between fetal age and ultrasonographic measurements during the second half of pregnancy in domestic cats (Felis catus). Theriogenology 62, 1430–1437. doi: 10.1016/j.theriogenology.2004.02.009.

[47] Zschockelt, L., Amelkina, O., Siemieniuch, M. J., Koster, S., Jewgenow, K., et al. (2014) Corpora lutea of pregnant and pseudopregnant domestic cats reveal similar steroidogenic capacities during the luteal life span. Journal of Steroid Biochemistry and Molecular Biology 144, 373–381. doi: 10.1016/j.jsbmb. 2014.08.010.

7 流产的病因

Jamie M. Douglas, Aime K. Johnson
美国亚拉巴马州奥本大学兽医学院临床科学系

7.1 引言

各种方式导致的妊娠失败是母猫不孕的常见原因（Johnston，2001；Little，2012）。妊娠早期容易发生胎儿吸收，导致妊娠失败。而在足月时会发生死胎，导致妊娠失败。胎儿死亡后滞留在子宫中可能会发生胎儿浸溶或干尸化（图 7.1）。妊娠失败有时是兽医使用药物所致。

流产是指胎儿在妊娠自然结束前就被排出体外，且分娩出一个或多个无法在子宫外存活的胎儿（Verstegen et al.，2008）。一窝幼崽可能全部流产，或者在较少见的情况下，只有少数几只幼崽流产，剩下的幼崽可以正常分娩。发生流产后，必须彻底调查其病因，包括详细的病史、对母猫进行体格检查以及对流产胎儿进行尸检。除此之外，还可以进行血液学检查和影像学检查，如超声检查和 X 线检查等。当发生流产后应迅速进行调查，以提高诊断准确率。

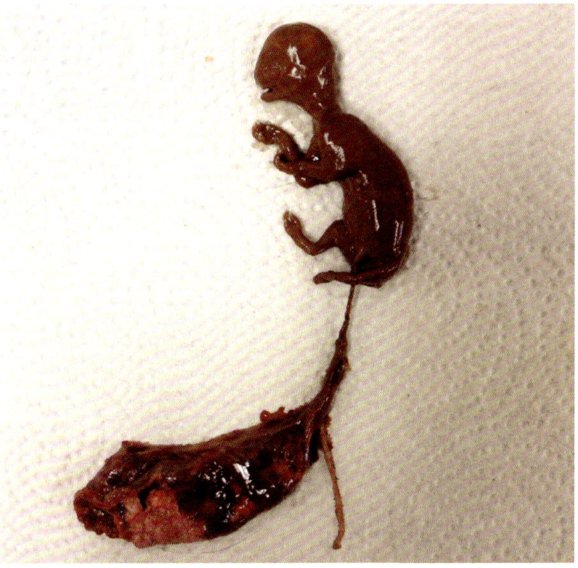

图 7.1　胎儿干尸化

流产后胎盘附着在胎儿上。

母猫流产的主要原因可分为两大类：非感染性和感染性。本章旨在使读者熟悉这两类常见原因。

7.2 非感染性流产

非感染性流产，是指那些不通过病原体传播引起的流产。当涉及猫的非感染性流产时，母体和胎儿的因素都可能存在。母体因素包括子宫病理学改变、继发于其他疾病、药物、中毒和营养失衡等。胎儿因素通常包括毒素、致畸原暴露、染色体缺陷和先天性缺陷。

在老年母猫子宫中常见的疾病是囊性子宫内膜增生（Johnston，2001；Agudelo，2005；Schlafer and Gifford，2008）。囊性子宫内膜增生可能是导致非感染性流产和妊娠失败的一个被忽略的原因，需要借助先进的影像学设备来识别并揭示该疾病特征。子宫内膜的增生变化促进子宫内膜囊肿的形成，这些囊肿的大小、数量和分布也不尽相同（Agudelo，2005；Schlafer and Gifford，2008）。随着年龄的增长，母猫的子宫内膜囊肿的数量、大小和分布有增加的趋势，这导致母猫子宫内膜可能变得不适合维持妊娠。根据子宫疾病程度不同，其主要症状表现为着床失败、早期胚胎死亡、流产等。在患囊性子宫内膜增生的母猫中，切除卵巢之前通常很难获得明确的诊断；先进的超声检查有助于囊性子宫内膜增生的诊断。然而，不幸的是，囊性子宫内膜增生的囊性改变不仅是不可逆的，而且它们也容易使受影响的母猫发生子宫蓄脓（Agudelo，2005）。除了妊娠失败和流产之外，妊娠终止可能是患囊性子宫内膜增生母猫的后遗症。目前治疗该病的首选方法是卵巢子宫切除术。

随着商品化猫粮的普及，由于营养不良导致的非感染性流产的发生率大大降低（Verstegen，2008）。然而，随着家庭自制猫粮或生食的增多，可能会引发意想不到的生殖问题。非商品化猫粮的一个最主要问题是能量摄入不当或不足。妊娠母猫的饮食必须满足自身需求、腹中胚胎或胎儿发育所需，以及身体和乳腺发育的能量需求。当妊娠母猫摄入的能量不能满足所有能量储备的需求时，就会消耗妊娠所需的能量。这通常导致胎儿吸收、早期胚胎死亡和流产，进而提前终止妊娠。

非商品化猫粮的另一个缺陷是缺乏牛磺酸。猫是专性食肉动物，牛磺酸是猫必需的一种物质（Hayes，1982；Herrick et al.，2018）。必需氨基酸是那些不能由身体产生，必须通过饮食获得的氨基酸。在1975年，牛磺酸被发现是猫体内的必需氨基酸（Hayes and trautwein，1989）。野生猫科动物为了满足牛磺酸需求而进行捕猎并食用猎物，由于动物组织中氨基酸含量丰富，牛磺酸缺乏的情况在野生猫科动物中并不多见。对于家猫来说，由于在室内饲喂商品化猫粮，就出现了牛磺酸缺乏的问题。自从发现牛磺酸缺乏会对猫的健康造成危害后，现在的商品化猫粮中普遍添加了牛磺酸（Sturman，1992）。饲喂家庭自制食物、生食或素食等饮食中，母猫牛磺酸缺乏的风险是迫在眉睫的威胁。妊娠后牛磺酸缺乏会导致产崽数减少、死产、胎儿吸收和流产等一系列严重后果（Herrick et al.，2018）。此外，成年猫和幼猫的其他临床症状还包括生长迟缓、步态异常、中央视网膜变性、失明、扩张型心肌病、肝脂质沉着症和神经功能缺损（Sturman et al.，1986；Ferasin et al.，2003；Rothuizen，2020）。围产期牛磺酸缺乏会导致哺乳期幼猫发育迟缓、泌乳量低和初乳质量差等后果。如果怀疑牛磺酸缺乏，可通过高效液相色谱法或氨基酸分析仪对血浆、全血或尿液样本进行牛磺酸浓度检测（Heinze et al.，2009）。至关重要的是满足妊娠母猫所有阶段的营养需求。

另一个不容忽视的事实是，猫在妊娠期间服药会带来风险。包括人医和兽医中使用的大多数药物，会进入胎盘并在胎盘中积累（Al-Enazy et al.，2017）。虽然许多药物对发育中胎儿的影响尚不清楚，但许多药物在胎儿组织中可达到极高的浓度。致畸药物是那些导致胎儿直接或间接结构或功能改变的药物（Wiebe and Howard，2009）。避免给妊娠母猫使用的致畸药物在表7.1中进行了汇总（Papich and Davis，1986；Matthews and Sinclair，2018）。有关这些药物导致流产的程度，这方面的信息还不清楚。可以肯定的是，这些药物通过影响胎盘血液供应、靶向发育中的组织和胚胎或者胎儿活力等方面导致流产。一般情况下，在妊娠期间应避免用药。如果必须使用药物，应核查已发表的数据后谨慎使用。

如果不慎摄入毒素、植物和人类药物，都可能对妊娠母猫构成威胁。家庭中常见的有害物质包括（仅列举部分）：去乙酰氨基酚、避孕药、降压药、局部类固醇霜、巧克力、木糖醇、洋葱、大蒜、葡萄干、葡萄、酒精、漂白剂、消毒剂、化肥、杀虫剂、灭鼠剂和防冻剂等。虽然大多数猫对饮食比较挑剔，但如果以上有毒有害物质储存或保护不当，妊娠母猫有可能摄入这些物质。摄入这些有毒有害物质中的任何一种都能以各种方式引起疾病。毒药的剂量往往决定了疾病的严重程度。如果剂量足够高，妊娠母猫的整体健康状况无法维持妊娠，就会导致流产。

导致母猫妊娠失败的胎儿因素包括先天性畸形和染色体异常。先天性畸形包括腹裂（图7.2）、腭裂或其他胎儿畸形。有些后代可能会足月分娩，而另一些则会在妊娠期间发生流产。染色体异常占家养动物妊娠失败的15%（Berepubo and Long，1983）。在猫身上观察到的单基因特征包括马恩综合征（Manx syndrome），即遗传两个突变的无

表 7.1 妊娠期使用药物对胎儿的潜在影响

药物类别	药物	对胎儿的影响
抗菌药	氯霉素	死胎
	呋喃妥英	胎儿溶血
	链霉素	耳毒性、先天性异常
	庆大霉素	肾毒性、耳毒性
	阿米卡星	耳毒性
	四环素	在骨骼和牙齿发育方面发生改变
	甲氧苄氨嘧啶	产生畸形
	磺胺类	肝功能障碍、高胆红素血症
	两性霉素 B	先天性异常
	灰黄霉素	先天性异常
	氟胞嘧啶	先天性异常
	依托红霉素	母畜肝脏疾病
	甲硝唑	实验动物发生突变
抗炎药	非甾体抗炎药（阿司匹林、苯基丁氮酮、吲哚美辛）	动脉导管过早闭合、新生儿出血、肾脏疾病、肺动脉高压、延长产程
	氯胺酮	增加子宫张力，导致流产。0.25 mg/kg 的剂量是安全的
	糖皮质激素	腭裂
	α 2- 肾上腺素能受体激动剂	无研究报告表明其安全性，应该避免使用
	二甲基亚砜	先天性异常
	加巴喷丁	可安全使用
	普瑞巴林	妊娠早期暴露与出生缺陷风险增加相关
	金刚烷胺	不建议使用
	局部麻醉药	安全且不致畸
抗惊厥药	苯妥英	先天性异常
	地西泮	新生儿沉郁
	苯巴比妥	新生儿出血
	普里米酮	新生儿出血
其他药物	雄激素	雌性胎儿乳房发育
	乙酰唑胺	胎儿异常
	阿米替林	人类胎儿的肢体畸形和发育迟缓，并伴有新生儿戒断症状
	氯丙嗪	肝坏死、胎儿心动过速
	胆碱酯酶抑制剂	新生儿肌无力
	苯甲嗪	先天性异常
	乙二胺四乙酸	先天性异常
	雌激素	雄性胎儿的雌性化、流产
	金盐类	先天性异常
	碘化物	胎儿甲状腺肿
	异丙肾上腺素	胎儿心动过速

药物类别	药物	对胎儿的影响
	锂盐	胎儿甲状腺肿
	氯苯甲嗪	先天性异常
	甲氧胺	胎儿缺氧
	哌替啶	动脉导管未闭
	普鲁氯嗪	先天性异常
	普萘洛尔	低血糖、胎儿心动过缓
	苯肾上腺素	胎儿缺氧
营养品	奎宁	血小板减少
	利血平	呼吸阻塞
	利尿剂	死胎
	甲糖宁	低血糖
	维生素 A	大剂量使用可导致胎儿畸形
	维生素 D	大剂量使用可导致中枢神经系统功能障碍
	维生素 K	高胆红素血症
	金雀花	可能导致流产
	艾蒿	可能导致流产
	蓍草	可能导致流产
阿片类药物	美沙酮	据报道，猫的肠外给药和经口腔黏膜给药是安全的
	芬太尼	在整个妊娠期，高剂量的治疗会导致新生儿出现戒断症状
	二氢吗啡酮	引起人类胎儿心动过速
	吗啡	妊娠期的治疗性使用可导致新生儿出现戒断症状
	丁丙诺啡	据报道，会导致新生儿出现戒断症状
	布托啡诺	无报道
麻醉药	一氧化二氮	人类致畸性
	苯二酚	反复使用，具有人类致畸性

注：来自 Mathews and Sinclair（2018）、Papich and Davis（1986）和 Romm（2010）的研究。

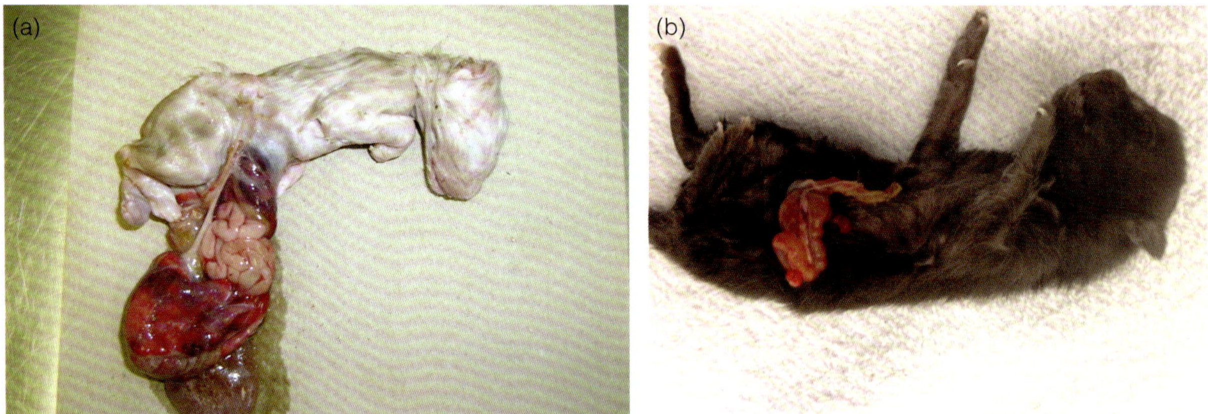

图 7.2　两只妊娠晚期流产的胎猫

其腹裂畸形的严重程度不同：（a）严重，（b）轻微。两只胎猫在运送时都已死亡。

尾 Manx（M）基因妨碍早期胚胎的中枢神经系统发育，导致流产（Deforest and Basrur，1979；Robinson，1993）。据报道，发育中胎儿的染色体异常会导致妊娠失败，包括常染色体 D-2 三体症（导致胎儿浸溶的原因），以及导致死胎的 X 染色体单体症（37，XO）（Long and Berepubo，1980；Johnston et al.，1983；Mayr et al.，1994；Balogh et al.，2015）。由明显染色体异常导致猫流产的数据非常缺乏。可以通过提交胎儿组织和血液进行核型分析诊断染色体是否异常，但由于费用较高很少进行核型分析。

7.3 感染性流产

7.3.1 病毒性病原体

在导致猫流产的传染性病原体中，病毒性病原体是最重要的病原体之一。首先要介绍的是 FHV-1 在母猫中的感染情况（Hoover and Griesemer，1971；Johnston，2001；Gaskell et al.，2007）。FHV-1 是疱疹病毒科的甲疱疹病毒亚科的成员（Davison et al.，2009）。家猫是 FHV-1 的主要宿主，狮子和猎豹也容易感染该病毒（Gaskell et al.，2007）。FHV-1 的潜伏期通常为 2 ～ 6 d，也可能更长（Gaskell and Povey，1979）。急性感染的猫通过直接接触感染的口鼻和眼分泌物传播 FHV-1，而且病毒可以在感染过的猫体内潜伏一段时间后重新激活（Gaskell et al.，2007；Verstegen et al.，2008；Maes，2012）。病毒在子宫内的垂直传播在实验条件之外尚未被证实（Verstegen et al.，2008）。

在 FHV-1 感染引起的多种症状中，病毒性鼻气管炎和眼部病变最为常见，其临床症状包括发烧、鼻涕和眼分泌物增多、抽搐、阵发性喷嚏、呼吸困难、厌食、脱水和体重减轻（Hoover and Griesemer，1971；Maes，2012）。对于妊娠母猫来说，感染 FHV-1 会导致其妊娠晚期流产，然而缺乏母猫妊娠早期和中期感染 FHV-1 结果的对照实验。1971 年进行的一项研究报道，妊娠第 42 ～ 50 天的母猫感染实验性的 FHV-1，均发生了流产。然而，有作者认为流产是一种继发于严重的上呼吸道疾病的非特异性反应（Hoover and Griesemer，1971）。此外，有研究报道了实验性接种 FHV-1 的母猫在产前 3 周流产一个胎儿，然后足月分娩 2 只健康幼猫的记录（Hoover and Griesemer，1971；Verstegen et al.，2008）。目前普遍的共识是，FHV-1 作为引发猫流产的原因并不常见（Gaskell et al.，2007）。

总的来说，由于感染 FHV-1 导致流产的胎盘和胎儿通常没有明显病变，尽管有报道称母猫子宫内会发生水肿、充血和胎盘部分出血（Hoover and Griesemer，1971）。一些不常见的现象如胎儿自溶和部分浸溶也有被观察到。由于病毒好发于骨骼生长区域，感染 FHV-1 的幼猫会出现骨骼畸形以及之前描述的临床症状（Gaskell et al.，2007）。通过直接荧光抗体试验、病毒分离或 PCR 评估排出物或组织匀浆后，方可诊断 FHV-1（Gaskell et al.，2007；Gould，2011；Maes，2012）。

FHV-1 的治疗在很大程度上是支持性治疗，强调恢复体液、食欲和减轻症状。建议对猫进行疫苗接种以预防 FHV-1 感染，包括最初的两剂疫苗接种方案，第一剂疫苗接种不早于 6 周龄，然后每 3 ～ 4 周接种一次，直到幼猫 20 周龄。如果在最后一次加强免疫时存在母体来源的抗体，则建议在 6 月龄时重新接种疫苗，以减少易感窗口期，此后可每 3 年安排接种一次加强针（Stone et al.，2020）。在美国，改良活疫苗和灭活疫苗都可以使用。出于安全考虑，妊娠母猫首选灭活疫苗。

猫免疫缺陷病毒（feline immunodeficiency virus，FIV）会导致猫的后天免疫缺陷综合征（Elder et al.，2010）。FIV 是逆转录病毒科的正逆转录病毒亚科的成员（Elder et al.，2010；Kenyon and Lever，2011）。该病毒是一种单链 RNA 慢病毒，其特征是潜伏期长、在一生中持续存在、突变率高。FIV 会感染家猫和野生猫科动物，也会感染鬣狗（Troyer et al.，2005）。FIV 的主要传播方式是通过叮咬和唾液传播，也会发生经胎盘、哺乳和性病传播。一旦 FIV 被传播，病毒就会在宿主的血液供应组织和淋巴组织中持续存在（Kolenda Roberts et al.，2007）。FIV 感染有三个阶段：急性期、亚临床期和终末期（Hartmann，2011）。

平均而言，FIV 感染的急性期发生在接触的前 3 个月内（Kolenda Roberts et al.，2007）。虽然罕见，但经胎盘传播的 FIV 在自然感染的猫中有报道。在实验性感染的猫中，FIV 的垂直传播在妊娠期很常见（O'Neil et al.，1996；Kolenda Roberts et al.，2007；Medeiros et al.，2012）。从受感染的公猫中收集的精液已被证实会将 FIV 传播给未受感染的母猫（Coats，2005）。FIV 在子宫内传播导致流产、死产和新生动物死亡，或者存活的幼猫发育不良。由于严重的免疫缺陷，新生动物更容易受到 FIV 感染的影响（Kolenda Roberts et al.，2007）。FIV 感染的母猫的其他症状包括发烧、牙龈炎、口炎、淋巴结病、中性粒细胞减少症和恶病质（Elder et al.，2010；Kenyon and Lever，2011）。肉眼可见的身体病变情况在很大程度上取决于 FIV 感染的程度。在组织学上，淋巴病变具有进行性增生性改变，表现为淋巴滤泡数量和（或）大小的增加（Orandle and Baldwin，1995）。

在育种猫舍，严格的检疫规程和 FIV 筛查是必不可少的。所有猫都应进行检测，如果发现被感染的猫，应立即将其从猫舍中移出，以限制病毒的传播。在 3 ～ 6 个月后进行的后续检测得出结果，并做出引种决定之前，不应引入新的猫（Little，2012；Scherk et al.，2013）。感染 FIV 的猫会在一生中持续感染（Hosie et al.，2009）。确诊是否感染 FIV 需要通过病毒分离、PCR 或间接荧光抗体试验后再进行 ELISA 检测。FIV 阳性猫的治疗主要是对症和支持性护理，需要经常进行健康筛查，积极解决临床症状，可以联合使用包括抗生素、皮质类固醇和抗病毒治疗（O'Neil et al.，1996；Hosie et al.，2009；Hartmann，2011）。有一种灭活的全病毒疫苗可用于预防 FIV。然而，由于诊断试验干扰、疗效不确定和疫苗相关肉瘤发生的风险，该疫苗只推荐用于高危母猫（Scherk et al.，2013；Day et al.，2016）。必须注意的是，现有的血清学分析不能区分自然感染和疫苗接种，因而不建议饲养 FIV 阳性的猫。

猫白血病病毒（feline leukemia virus，FeLV）也是逆转录病毒科的正逆转录病毒亚科的成员之一。然而，FeLV 是一种单链 RNA 伽马逆转录病毒（Hartmann，2011）。与 FIV 相比，FeLV 具有更高的致病性，对胎儿造成更高的死亡率（Hartmann，2011）。FeLV 影响家养和小型野生猫科动物，其传播方式是直接接触受感染宿主的唾液、鼻腔分泌物和乳汁。一旦骨髓受到感染，通常在 2 ～ 3 周内会出现病毒血症（Hartmann，2011；Sykes and Hartmann，2014）。猫一旦被 FeLV 侵入就会造成隐性感染，感染的母猫可以通过胎盘将 FeLV 传给后代（Hartmann，2011）。FeLV 导致的繁殖障碍包括胎儿吸收、流产和新生动物死亡，称为“幼猫衰弱综合征”（Hartmann，2011）。流产通常发生在妊娠后期，排出的胎儿外观正常。流产与胎儿直接感染有关（Verstegen et al.，2008）。

与猫舍中筛查感染 FIV 的程序类似，感染 FeLV 的猫应立即从猫舍移出，以限制疾病传播。首先用 ELISA 法对血液中 FeLV 进行诊断；ELISA 检测呈阳性的样本应通过间接荧光抗体试验、病毒分离或 PCR 方法确认是否感染（Lutz et al.，2009）。需要进一步的研究来确定胎儿和胎盘的 FeLV 感染会发展成什么样的组织学病变。对于 1 岁以下猫而言，FeLV 疫苗被认为是这一年当中最关键的疫苗之一，而对于低风险的成年猫，FeLV 疫苗并没有那么重要（Stone et al.，2020）。对于生活在高危环境中的猫（感染风险可高达 33%），建议接种 FeLV 疫苗（Scherk et al.，2013；Day et al.，2016）。与之前讨论的疾病治疗方法类似，主要是对症和支持性的治疗，包括皮质类固醇、疼痛管理、刺激食欲和抗病毒治疗（Lutz et al.，2009）。针对 FeLV 的疫苗有两种，一种是灭活疫苗，另一种是载体重组病毒疫苗（Stuke et al.，2014）。建议为幼猫接种灭活疫苗。成年母猫建议用灭活疫苗免疫后再配种（Day et al.，2016）。

猫泛白细胞减少症病毒（feline panleukopenia virus，FPLV）感染不同妊娠阶段母猫后会导致不同结果。在妊娠早期，当病毒侵入快速分裂的胎儿细胞时，会发生胎儿死亡和吸收。当感染发生在妊娠中期时，可见流产并排出胎儿。在妊娠后期，会产出死胎或者小脑发育不良、视网膜发育不良和视神经病变的幼猫（Verstegen et al.，2008；Bergmann et al.，2018）。所有猫科动物都容易感染FPLV，在未接种疫苗的猫中普遍存在这种病毒，且该病毒具有高度传染性（Parrish，2017；Bergmann et al.，2018）。FPLV通过粪－口途径传播，其在环境中稳定，在急性感染猫的唾液、呕吐物、粪便和尿液中大量存在（Decaro et al.，2012；Parrish，2017）。

感染FPLV的临床症状和随后的治疗取决于猫的年龄、生殖状况、病毒载量和免疫系统的强健程度。产前感染的新生幼猫临床症状包括共济失调、震颤、癫痫、视网膜退化和失明。出生后感染的幼猫症状包括发烧、呕吐、食欲不振、脱水、沉郁和出血性腹泻（Decaro et al.，2012）。FPLV导致的肉眼可见的身体病变也取决于FPLV感染的时间。产前感染的新生幼猫可发展为脑积水、积水性无脑畸形、小脑发育不全、视神经萎缩和视网膜病变（Greene et al.，1982；Sharp et al.，1999；Sykes，2014）。在组织学上，小脑结构的破坏表现为颗粒层和浦肯野细胞层减少、实质空泡化、星形细胞增多和室管膜细胞紊乱（Decaro et al.，2012）。产后感染的幼猫肉眼可见的病理学变化包括出血性肠炎和淋巴结病。组织学上，出血性肠炎表现为肠隐窝坏死、隐窝扩张和肠绒毛缩短，而淋巴结病的特征是淋巴结淋巴细胞减少（Decaro et al.，2012）。流产可能是母猫感染FPLV后表现出的唯一临床症状，因为如果免疫能力强，感染FPLV的幼猫到成猫通常为亚临床状态（Sykes，2014）。

由于FPLV传播广泛，诊断该病变得比较复杂。必要时，可通过犬细小病毒的ELISA试剂盒检测粪便和胎儿组织样本中的FPLV，也可以使用电子显微镜、病毒分离或PCR等方法检测该病毒（Decaro et al.，2012；Sykes，2014）。另外，在可疑的病例中，也可根据抗体阳转率进行诊断（Verstegen et al.，2008）。对表现临床症状的猫，特别是新生幼猫和幼猫的治疗主要是积极的支持性护理，重点包括补液、肠外营养和葡萄糖的补充以及使用肠外抗菌剂和镇吐药。通常在治疗的前5 d能存活下来的幼猫会康复，并且寿命与健康猫一样（Sykes，2014）。由于FPLV的致病性，疫苗接种被认为是预防该病毒的核心，建议所有猫进行疫苗接种。疫苗接种方案与FHV相似，包括最初的两剂疫苗，第一次疫苗接种不早于6周龄，然后每3～4周接种一次，直到幼猫20周龄。如果在最后一次加强免疫时存在母体来源的抗体，则建议在6月龄时重新接种疫苗，以减少易感窗口期，此后可每3年安排接种一次加强针（Stone et al.，2020）。目前有两种FPLV疫苗，分别是灭活疫苗和改良活疫苗。应在配种前对种母猫接种疫苗；如果给妊娠母猫接种疫苗，灭活疫苗是更安全的选择（Stone et al.，2020）。由于自然感染的猫可以在所有身体分泌物中释放大量病毒，因此，坚持严格的生物安全防护和检疫程序可以减少猫舍中意外感染FHV的概率（Ikeda et al.，2002；Meli et al.，2004）。

7.3.2 细菌性病原体

导致猫流产的其他病原体包括细菌和原生动物（Johnston，2001；Root Kustritz，2006；Verstegen et al.，2008；Little，2012）。人们很少观察到母猫的细菌性流产，因此对此了解甚少。在细菌性流产的病例中，推测病原体是通过阴道和子宫颈进入子宫。犬布氏杆菌是母犬流产的常见病原菌，而犬布氏杆菌并非导致妊娠母猫流产的主要病原（Prezer，2008）。可能导致母猫流产的常见细菌种类包括链球菌、葡萄球菌和大肠杆菌

（Verstegen et al.，2008）。母猫生殖道细菌感染的常见临床体征包括阴道炎、子宫炎、乳腺炎、子宫蓄脓，以及相关的不适症状（发热、厌食和嗜睡）。重要的是，细菌性感染导致母猫流产的发生率并不高（Graham and Taylor，2012）。支原体和脲原体是泌尿生殖道和呼吸道病原体，是最小的活细胞。先前有人认为这两种病原都会导致母猫流产，然而以上推测是基于实验接种（Tan and Miles，1974；Prezter，2008；Tatarinova et al.，2016）。1971年的一项实验中，实验性支原体感染会导致流产和幼猫死亡（Tatarinova et al.，2016）。

7.3.3 原生动物

据报道，原生动物病原体刚地弓形虫也会导致母猫流产（Pretzer，2008；Sakamoto et al.，2009）。猫是刚地弓形虫的终末宿主。经过反复试验发现，经胎盘感染刚地弓形虫以及随后母猫发生流产是混合发生的（Dubey and Hoover，1977；Dubey and Carpenter，1993；Dubey et al.，1996）。与FHV-1相似，研究人员怀疑流产是继发于虚弱和全身疾病导致的应激。

7.4 病例管理

对于处理母猫流产病例的临床医生来说，获取完整的病史是至关重要的。需要获得的重要信息包括疫苗、旅行史、诊疗史和生殖史、实施的生物安全方案（如果有）、抗寄生虫程序（如果有）、母猫饮食和生活环境的变化以及繁育计划（以确定妊娠日期）。其他的细节也有助于患猫的治疗，包括在之前的繁育中遇到的健康问题（如果是多胎）和任何关于配种公猫后代的信息（如果已证实）。也要考虑母猫当前生活环境的卫生状况、同舍其他猫的健康状况以及意外摄入药物、毒素或植物的可能性，这些情况可能会导致严重的全身疾病。作者建议调查营养品、益生菌和商用食品添加剂的使用情况，尽量获取品牌名称、购买日期和零售地点，以更好地了解产品来源是否可靠。此外，建议询问大麻二酚的使用情况，因为大麻二酚的成分差异很大，可能包含大量的植物雌激素，这可能导致某些物种的生殖异常和流产（Patisaul and Jefferson，2010）。

此外，应进行体格检查和样本采集，全血细胞计数、血清生化和尿液分析，这些结果都有利于分析病症。还应考虑采集血样以评估孕酮浓度。如果母猫有阴道分泌物（图7.3），以无菌方式收集阴道拭子请专业人员进行细菌和真菌培养和（或）病毒分离。还应进行阴道拭子细胞学检查，以确定分泌物中的细胞类型。根据推测的妊娠日期，获得腹部X线片（如诊断残留胎儿、子宫蓄脓）和腹部超声图像，帮助临床医生更好地了解子宫和卵巢的健康情况。如发生流产需确保饲主把母猫与其流产的胎儿和胎盘一起带到医院，因为猫科动物流产的病因多种多样，如果怀疑是感染病原的原因，将胎儿送到医院的实验室进行尸检可以提高确定病原的概率。然而，在很多流产的病例中，病因学诊断并没有有效进行。

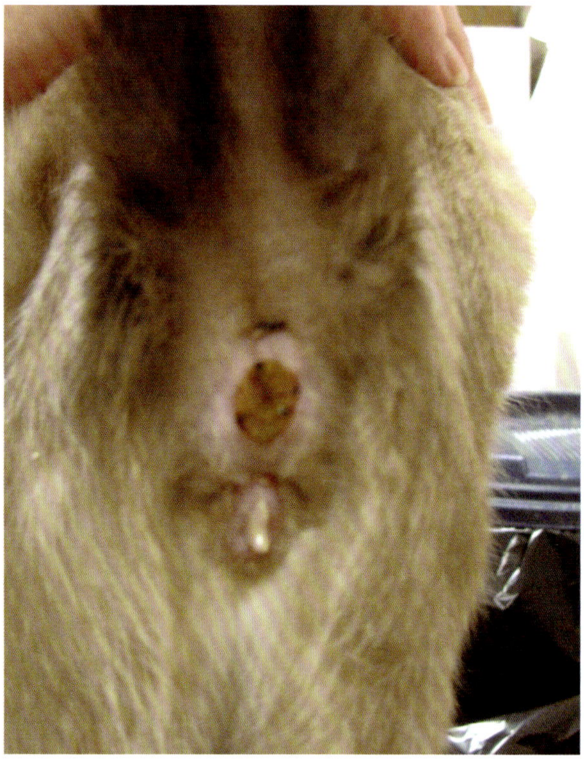

图7.3 母猫有阴道分泌物

其他方面明显健康的母猫阴部流出脓性分泌物，并发现子宫蓄脓。

7.5 参考文献

[1] Agudelo, C. F. (2005) Cystic endometrial hyperplasia-pyometra complex in cats. A review. Veterinary Quarterly 27, 173–182.

[2] Al-Enazy, S., Ali, S., Albekairi, N., El-Tawil, M., and Rytting, E. (2017) Placental control of drug delivery. Advanced Drug Delivery Reviews 116, 63–72. doi: 10.1016/j.addr.2016.08.002.

[3] Balogh, O., Berger, A., Pieńkowska-Schelling, A., Willmitzer, F., Grest, P., et al. (2015) 37,X/38,XY mosaicism in a cryptorchid Bengal cat with Müllerian duct remnants. Sexual Development 9, 327–332. doi: 10.1159/000443233.

[4] Berepubo, N. A. and Long, S. E. (1983) A study of the relationship between chromosome anomalies and reproductive wastage in domestic animals. Theriogenology 20, 177–190. doi: 10.1016/0093-691X (83)90213-3.

[5] Bergmann, M., Schwertler, S., Reese, S., Speck, S., Truyen, U., et al. (2018) Antibody response to feline panleukopenia virus vaccination in healthy adult cats. Journal of Feline Medicine and Surgery 20, 1087–1093. doi: 10.1177/1098612X17747740.

[6] Coats, K. S. (2005) The feline immunodeficiency virus-infected cat: a model for lentivirus-induced placental immunopathology and reproductive failure (mini-review). American Journal of Reproductive Immunology 54, 169–185. doi: 10.1111/j.1600-0897.2005.00296.x.

[7] Davison, A. J., Eberle, R., Ehlers, B., Hayward, G. S., McGeoch, D. J., et al. (2009) The order Herpesvirales. Archives of Virology 154, 171–177. doi: 10.1007/s00705-008-0278-4.

[8] Day, M. J., Horzinek, M. C., Schultz, R. D., and Squires, R. A. (2016) WSAVA Guidelines for the vaccination of dogs and cats. Journal of Small Animal Practice 57, E1–E45.doi: 10.1111/jsap.2_12431.

[9] Decaro, N., Carmichael, L. E., and Buonavoglia, C. (2012) Viral reproductive pathogens of dogs and cats. Veterinary Clinics: Small Animal Practice 42, 583–598. doi: 10.1016/j.cvsm.2012.01.006.

[10] Deforest, M. E. and Basrur, P. K. (1979) Malformations and the Manx syndrome in cats. Canadian Veterinary Journal 20, 304–314.

[11] Dubey, J. P. and Carpenter, J. L. (1993) Neonatal toxoplasmosis in littermate cats. Journal of the American Veterinary Medical Association 203(11), 1546–1549.

[12] Dubey, J. P. and Hoover, E. A. (1977) Attempted transmission of Toxoplasma gondii infection from pregnant cats to their kittens. Journal of the American Veterinary Medical Association 170(5), 538–540.

[13] Dubey, J. P., Mattix, M. E., and Lipscomb, T. P. (1996) Lesions of neonatally induced toxoplasmosis in cats. Veterinary Pathology 33, 290–295. doi.org/10.1177/030098589603300305.

[14] Elder, J. H., Lin, Y-C., Fink, E., and Grant, C. K. (2010) Feline immunodeficiency virus (FIV) as a model for study of lentivirus infections: parallels with HIV. Current HIV Research 8, 73–80.

[15] Ferasin, L., Sturgess, C. P., Cannon, M. J., Caney, S. M. A., Gruffydd-Jones, T. J., et al. (2003) Feline idiopathic cardiomyopathy: a retrospective study of 106 cats (1994–2001). Journal of Feline Medicine and Surgery 5, 151–159. doi: 10.1016/S1098-612X(02)00133-X.

[16] Franzo, G., Tucciarone, C. M., Cecchinato, M., and Drigo, M. (2017) Canine parvovirus type 2 (CPV-2) and feline panleukopenia virus (FPV) codon bias analysis reveals a progressive adaptation to the new niche after the host jump. Molecular Phylogenetics and Evolution 114, 82–92. doi: 10.1016/j.ympev.2017.05.019.

[17] Gaskell, R.M. and Povey, R.C. (1979) The dose response of cats to experimental infection with feline viral rhinotracheitis virus. Journal of Comparative Pathology 89, 179–191. doi: 10.1016/0021-9975(79)90057-4.

[18] Gaskell, R., Dawson, S., Radford, A., and Thiry, E. (2007) Feline herpesvirus. Veterinary Research 38, 337–354. doi: 10.1051/vetres:2006063.

[19] Gould, D. (2011) Feline herpesvirus-1: ocular manifestations, diagnosis and treatment options. Journal of Feline Medicine & Surgery 13, 333–346. doi: 10.1016/j.jfms.2011.03.010.

[20] Graham, E. M. and Taylor, D. J. (2012) Bacterial reproductive pathogens of cats and dogs. Veterinary Clinics of North America: Small Animal Practice 42, 561–582. doi: 10.1016/j.cvsm.2012.01.013.

[21] Greene, C. E., Gorgasz, E. J., and Martin, C. L. (1982) Hydranencephaly associated with feline panleukopenia. Journal of the American Veterinary Medical Association 180, 767–768.

[22] Hartmann, K. (2011) Clinical aspects of feline immunodeficiency and feline leukemia virus infection. Veterinary Immunology and Immunopathology 143, 190–201. doi: 10.1016/j.vetimm.2011.06.003.

[23] Hayes, K.C. (1982) Nutritional problems in cats: taurine deficiency and vitamin A excess. Canadian Veterinary Journal 23, 2–5.

[24] Hayes, K. C. and Trautwein, E. A. (1989) Taurine deficiency syndrome in cats. Veterinary Clinics of North America: Small Animal Practice 19, 403–413. doi: 10.1016/s0195-5616(89)50052-4.

[25] Heinze, C. R., Larsen, J. A., Kass, P. H., and Fascetti, A. J. (2009) Plasma amino acid and whole blood taurine concentrations in cats eating commercially prepared diets. American Journal of Veterinary Research 70, 1374–1382. doi: 10.2460/ajvr.70.11.1374.

[26] Herrick, J. R., Lyons, S. M., Greene-Ermisch, A. F., Broeckling, C. D., Schoolcraft, W. B., et al. (2018) A

carnivore embryo's perspective on essential amino acids and ammonium in culture medium: effects on the development of feline embryos. Biology of Reproduction 99, 1070–1081. doi: 10.1093/biolre/ioy122.

[27] Hoover, E. A. and Griesemer, R. A. (1971) Experimental feline herpesvirus infection in the pregnant cat. American Journal of Pathology 65, 173–188.

[28] Hosie, M. J., Addie, D., Belák, S., Boucraut-Baralon, C., Egberink, H., et al. (2009) Feline immunodeficiency. ABCD guidelines on prevention and management. Journal of Feline Medicine & Surgery 11, 575–584. doi: 10.1016/j.jfms.2009.05.006.

[29] Ikeda, Y., Nakamura, K., Miyazawa, T., Tohya, Y. Takahashi, E., et al. (2002) Feline host range of canine parvovirus: recent emergence of new antigenic types in cats. Emerging Infectious Diseases 8, 341–346. doi: 10.3201/eid0804.010228.

[30] Johnston, S. (2001) Canine pregnancy. In: Johnston, S. D., Root Kustritz, M. V., and Olson, P. N. S. (eds) Canine and Feline Theriogenology. W.B. Saunders Company, Philadelphia, Pennsylvania, pp. 66–104.

[31] Johnston, S. D., Buoen, L. C., Madl, J. E., Weber, A. F., and Smith, F. O. (1983) X-Chromosome monosomy (37, XO) in a Burmese cat with gonadal dysgenesis. Journal of the American Veterinary Medical Association 182, 986.

[32] Kenyon, J. C. and Lever, A. M. L. (2011) The molecular biology of feline immunodeficiency virus (FIV). Viruses 3, 2192–2213. doi: 10.3390/v3112192.

[33] Kolenda-Roberts, H. M., Kuhnt, L. A., Jennings, R. N., Mergia, A., Gengozian, N., et al. (2007) Immuno-pathogenesis of feline immunodeficiency virus infection in the fetal and neonatal cat. Frontiers in Bioscience: a Journal and Virtual Library 12, 3668. doi: 10.2741/2343.

[34] Little, S. E. (2012) Female reproduction. In: Little S. E. (ed.) The Cat. W.B. Saunders, St. Louis, Missouri, pp. 1195–1227.

[35] Long S. E. and Berepubo, N. A. (1980) A 37XO chromosome complement in a kitten. Journal of Small Animal Practice 21, 627–631. doi: 10.1111/j.1748-5827.1980.tb01366.x.

[36] Lutz, H., Addie, D., Belák, S., Boucraut-Baralon, C., Egberink, H., et al. (2009) Feline leukaemia. ABCD guidelines on prevention and management. Journal of Feline Medicine & Surgery 11, 565–574. doi: 10.1016/j.jfms.2009.05.005.

[37] Maes, R. (2012) Felid herpesvirus type 1 infection in cats: a natural host model for alphaherpesvirus pathogenesis. International Scholarly Research Notices 2012. doi: 10.5402/2012/495830.

[38] Mathews, K. and Sinclair, M. (2018) Analgesia and anesthesia for pregnant cats and dogs. In: Kathews, K. A., Sinclair, M., Steele, A. M., and Grubb, T. (eds) Analgesia and Anesthesia for the Ill or Injured Dog and Cat. Wiley-Blackwell, Hoboken, New Jersey, pp. 279–293.

[39] Mayr, B., Hofstadler, E., Schleger, W., Reifinger, M., and Eisenmenger, E. (1994) Trisomy D1, marker F1: new cytogenetic findings in two cases of feline fibrosarcoma. Zentralblatt Fur Veterinarmedizin Reihe A 41, 197–201. doi: 10.1111/j.1439-0442.1994.tb00086.x.

[40] Medeiros, S. de O., Martins, A. N., Dias, C. G. A., Tanuri, A., and Brindeiro, R. de M. (2012) Natural transmission of feline immunodeficiency virus from infected queen to kitten. Virology Journal 9, 99. doi: 10.1186/1743-422X-9-99.

[41] Meli, M., Kipar, A., Müller, C., Jenal, K., Gönczi, E., et al. (2004) High viral loads despite absence of clinical and pathological findings in cats experimentally infected with feline coronavirus (FCoV) type I and in naturally FCoV-infected cats. Journal of Feline Medicine and Surgery 6, 69–81. doi: 10.1016/j.jfms.2003.08.007.

[42] O'Neil, L. L., Burkhard, M. J., and Hoover, E. A. (1996) Frequent perinatal transmission of feline immunodeficiency virus by chronically infected cats. Journal of Virology 70, 2894–2901.

[43] Orandle, M. S. and Baldwin, C. J. (1995) Clinical and pathological features associated with feline immunodeficiency virus infection in cats. Iowa State University Veterinarian 57, 5.

[44] Papich, M. G. and Davis, L. E. (1986) Drug therapy during pregnancy and in the neonate. Veterinary Clinics of North America: Small Animal Practice 16, 525–538. doi: 10.1016/S0195-5616(86)50058-9.

[45] Parrish, C. R. (2017) Parvoviridae. In: MacLachlan, N. J. and Dubovi, E. J. (eds) Fenner's Veterinary Virology, 5th edn. Academic Press, Boston, Massachussetts, pp. 245–257.

[46] Patisaul, H. B. and Jefferson, W. (2010) The pros and cons of phytoestrogens. Front Neuroendocrinol 31, 400–419. doi: 10.1016/j.yfrne.2010.03.003.

[47] Pretzer, S. D. (2008) Bacterial and protozoal causes of pregnancy loss in the bitch and queen. Theriogenology 70, 320–326. doi: 10.1016/j.theriogenology.2008.04.035.

[48] Robinson, R. (1993) Expressivity of the Manx gene in cats. Journal of Heredity 84, 170–172. doi: 10.1093/oxfordjournals.jhered.a111311.

[49] Romm, A. (2010) Pregnancy and botanical medicine use and safety. In: Romm, A., Hardy, M. L., and Mills, S. (eds) Botanical Medicine for Women's Health. Elsevier, St. Louis, Missouri, pp. 321–333.

[50] Root Kustritz, M. V. (2006) Clinical management of pregnancy in cats. Theriogenology 66, 145–150. doi: 10.1016/j.theriogenology.2006.03.018.

[51] Rothuizen, J. (2020) Metabolic, toxic, and neoplastic diseases of the liver. Clinical Small Animal Internal Medicine 62, 677–686. doi: 10.1002/9781119501237.ch62.

[52] Sakamoto, C. A. M., da Costa, A. J., Gennari, S. M., Pena, H.

F. J., Toniollo, G. H., et al. (2009) Experimental infection of pregnant queens with two major Brazilian clonal lineages of Toxoplasma gondii. Parasitology Research 105, 1311. doi: 10.1007/s00436-009-1558-y.

[53] Scherk, M. A., Ford, R. B., Gaskell, R. M., Hartmann, K., Hurley, K. F., et al. (2013) 2013 AAFP feline vaccination advisory panel report. Journal of Feline Medicine and Surgery 15, 785–808. doi: 10.1177/1098612X13500429.

[54] Schlafer, D. H. and Gifford, A. T. (2008) Cystic endometrial hyperplasia, pseudo-placentational endometrial hyperplasia, and other cystic conditions of the canine and feline uterus. Theriogenology 70, 349–358. doi: 10.1016/j.theriogenology.2008.04.041.

[55] Sharp, N. J., Davis, B. J., Guy, J. S., Cullen, J. M., Steingold, S. F., et al. (1999) Hydranencephaly and cerebellar hypoplasia in two kittens attributed to intrauterine parvovirus infection. Journal of Comparative Pathology 121, 39–53. doi: 10.1053/jcpa.1998.0298.

[56] Stone, A. E. S., Brummet, G. O., Carozza, E. M., Kass, P. H., Petersen, E. P., et al. (2020) 2020 AAHA/AAFP Feline Vaccination Guidelines. Journal of Feline Medicine and Surgery 22, 813–830. doi.org/10.1177/1098612X20941784.

[57] Stuke, K., King, V., Southwick, K., Stoeva, M. I. Thomas, A., et al. (2014) Efficacy of an inactivated FeLV vaccine compared to a recombinant FeLV vaccine in minimum age cats following virulent FeLV challenge. Vaccine 32, 2599–2603. doi: 10.1016/j.vaccine. 2014.03.016.

[58] Sturman, J. A. (1992) Review: Taurine deficiency and the cat. In: Lombardini, J. B., Schaffer, S. W., and Azuma, J. (eds) Taurine: Nutritional Value and Mechanisms of Action. Springer US, Boston, Massachussetts, pp. 1–5.

[59] Sturman, J. A., Gargano, A. D., Messing, J. M., and Imaki, H. (1986) Feline maternal taurine deficiency: effect on mother and offspring. The Journal of Nutrition 116, 655–667. doi: 10.1093/jn/116.4.655.

[60] Sykes, J. E. (2014) Feline panleukopenia virus infection and other viral enteritides. In: Sykes, J. E. (ed.) Canine and Feline Infectious Diseases. Elsevier, St. Louis, Missouri, pp. 187–194. doi: 10.1016/B978-1-4377-0795-3.00019-3.

[61] Sykes, J. E. and Hartmann, K. (2014) Feline leukemia virus infection. In: Sykes, J. E. (ed.) Canine and Feline Infectious Diseases. Elsevier, St. Loius, Missouri, pp. 224-238. doi: 10.1016/B978-1-4377-0795-3.00022-3.

[62] Tan, R. J. and Miles, J. A. (1974) Possible role of feline T-strain mycoplasmas in cat abortion. Australian Veterinary Journal 50, 142–145. doi: 10.1111/j.1751-0813. 1974. tb06877.x.

[63] Tatarinova, T. V., Lysnyansky, I., Nikolsky, Y. V., and Bolshoy, A. (2016) The mysterious orphans of Mycoplasmataceae. Biology Direct 11, 2. doi: 10.1186/s13062-015-0104-3.

[64] Troyer, J. L., Pecon-Slattery, J., Roelke, M. E., Johnson, W., VandeWoude, S., et al. (2005) Seroprevalence and genomic divergence of circulating strains of feline immunodeficiency virus among Felidae and Hyaenidae species. Journal of Virology 79, 8282–8294. doi: 10.1128/JVI.79.13.8282-8294.2005.

[65] Verstegen, J., Dhaliwal, G., and Verstegen-Onclin, K. (2008) Canine and feline pregnancy loss due to viral and non-infectious causes: a review. Theriogenology 70, 304–319. doi: 10.1016/j.theriogenology.2008.05.035.

[66] Wiebe, V.J. and Howard, J.P. (2009) Pharmacologic advances in canine and feline reproduction. Topics in Companion Animal Medicine 24, 71–99. doi: 1.1053/j.tcam.2008.12.004.

8 母猫的围产期疾病

Natalie S. Maticka
澳大利亚昆士兰博德山区昆士兰导盲犬繁育中心

绝大多数母猫的妊娠过程是顺利的，没有并发症。然而，在围产期仍可能发生一些疾病和紊乱，临床医生应该关注这些疾病并根据情况进行救治。

8.1 产前和产后疾病

8.1.1 子宫捻转

子宫捻转是指子宫角或子宫体沿其长轴的扭转。母猫患子宫捻转的病例较多（Biller and Haibel，1987；Young et al.，1991；Ridyard et al.，2000；Thilagar et al.，2005；Stanley and Pacchiana，2008；Kuroda et al.，2017）。子宫捻转的病因尚不清楚，目前推测是继发于多胎后阔韧带拉伸、胎儿在子宫内运动或母体身体活动增加（Kuroda et al.，2017）。有发生子宫捻转但胎儿存活的病例报道，特别是只有一侧子宫角受到影响的情况下。也有未妊娠母猫发生子宫捻转的报道（De La Puerta et al.，2008）。由于贫血、嗜睡、厌食和腹痛等并非子宫捻转的特异性临床症状，因此子宫捻转的术前诊断可能比较困难。如果母猫在妊娠后期发生非特异性疾病症状、胎儿窘迫和死亡，应该进行子宫捻转的鉴别诊断。对于有急性腹部症状如休克、循环衰竭和腹痛的妊娠母猫，可以推定发生子宫捻转。

大型动物（如母牛和母马）的子宫捻转发生得更加频繁，可以通过固定子宫和翻转动物来纠正捻转。由于猫的子宫解剖结构与牛、马不同，且每侧子宫角有多个胎儿以及单角捻转的发生率较高，因此不适用这种方法。此外，该方法也无法确定子宫是否已经恢复到正常位置。治疗猫子宫捻转的首选方法是手术探查和卵巢子宫切除术，尤其是术前难以做出明确诊断时（Kuroda et al.，2017）。与其他物种相比，当妊娠母猫确诊该病时，病情已发展很久，捻转的子宫角常出现充血和坏死。因此，不建议通过翻转的方式来纠正，因为捻转的子宫组织通常已经坏死，需要进行卵巢子宫切除术（Ridyard et al.，2000）。子宫捻转也可导致内毒素和炎症介质释放到体循环中，进一步增加患并发症的风险（Ridyard et al.，2000）。术后应根据需要为母猫提供支持性护理，据报道，母猫术后存活率约为 80%（Freeman，1988）。由于胎儿缺氧的程度不同，存活下来的幼猫可能会受到严重损伤并在出生后不久死亡。

8.1.2 宫外孕的胎儿

在文献中多次报道过宫外孕胎儿的存在，通常被错误地称为“异位妊娠”。没有证据表明异位妊娠，即发育中的胚胎与子宫以外的器官形成胎盘附着。通常情况下，胎儿是在卵巢子宫切除术时作为无菌的木乃伊胎被偶然发现的。有些病例有外伤史，这可能导致子宫破裂。胎儿可在子宫组织和腹腔网膜中观察到，或者漂浮在腹部（McKeating，1979）。治疗该病的方法是通过腹侧中线切开进行手术切除。

8.1.3 阴道脱出

据报道，在妊娠母猫中发现一例阴道脱出病例（McKelvey et al.，2015），尽管这种疾病通常多发生在反刍动物和犬科动物身上。该患猫产崽前，利用缝线避免子宫脱垂，随后进行剖宫产分娩，同时行卵巢子宫切除术。术后，保留缝线维持 2 周，脱出未再发生。由于很少报道母猫的阴道脱出，很难确定这种治疗方式是否适合所有猫科动物阴道脱出的治疗。

8.1.4 子宫脱垂

子宫脱垂是与母猫分娩相关的一种相对少见的并发症，通常发生在产后 48 h 内（Deroy et al.，2015）。子宫脱垂是指子宫外翻通过子宫颈，进入阴道穹窿，并翻出外阴唇（图 8.1）。通过观察即可诊断。子宫脱垂可以是子宫角和子宫体全部脱出，也可以是子宫体和一侧子宫角脱出。母猫子宫脱垂的病因尚不清楚。

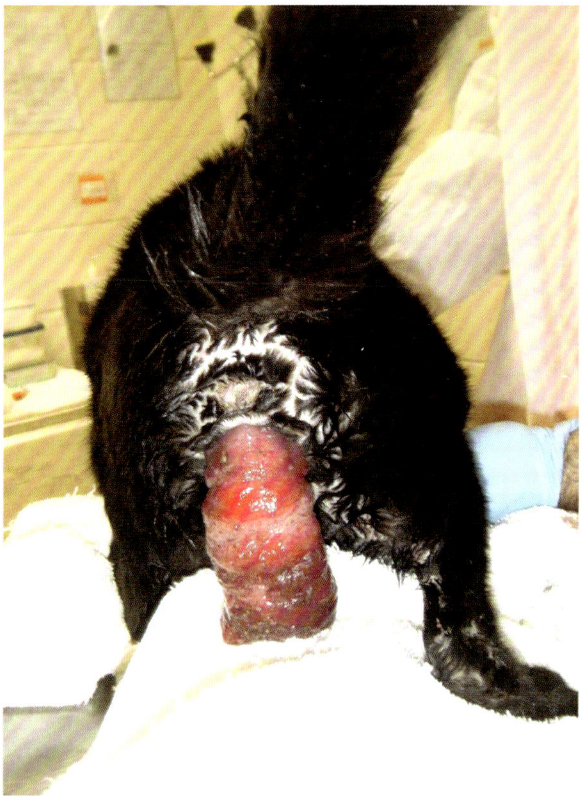

图 8.1　产后母猫的一侧子宫角脱出

这只猫 24 h 前刚下了一窝正常的幼猫。（由 Aime Johnson 博士提供）

子宫脱垂必须迅速处理，根据病情发展不同，母猫的临床症状也会大相径庭。暴露的组织应用生理盐水轻轻清洗。在大多数情况下，如果对母猫进行镇静或麻醉，可以减少脱出。根据脱出组织暴露于外部环境的时间长短，暴露的组织会出现水肿、充血甚至坏死。如果不存在坏死，且母猫还计划繁殖，可以在阴道穹窿外部轻柔还纳子宫或通过手术切口还纳子宫（Deroy et al.，2015）。作者使用一根干净的玻璃管作为检查器，在不需要腹部切口的情况下，将子宫角还纳到正常的解剖位置。

如果子宫不能从外部还纳，手术是必要的（图 8.2）。对于想要繁殖的母猫，可以在受影响的子宫角上轻轻牵拉，同时助手通过阴道穹窿将子宫组织推回原位。阴道壁尿道悬吊术，即将子宫固定在腹壁上，可用于经常复发的患猫（Hopper，2007）。如果子宫坏死，或者不计划让母猫进行繁育，可以进行卵巢子宫切除术。一般来说，可以分两个阶段进行：首先进行双侧卵巢切除术，然后切除子宫。在结扎子宫血管和横切

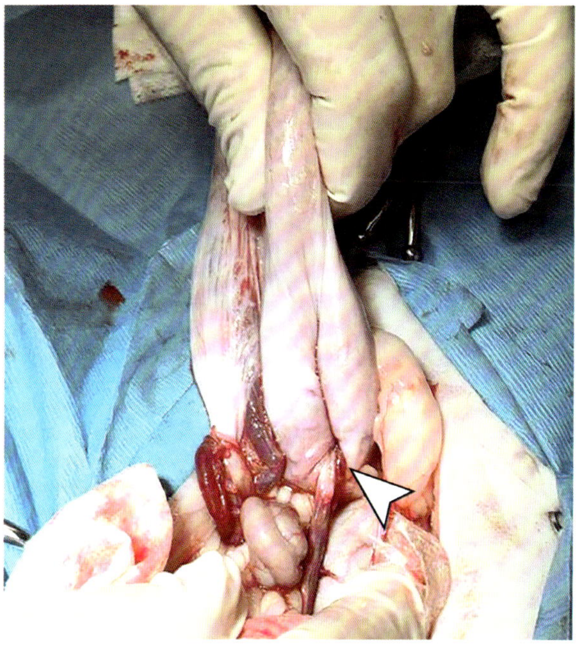

图 8.2　对图 8.1 所示的猫进行手术

一侧子宫角脱出，可见卵巢血管延伸至脱出的子宫角（箭头）。脱出的子宫角被矫正后，进行常规卵巢子宫切除术。（由 Aime Johnson 博士提供）

子宫体之前，必须注意鉴别尿道结节，子宫切开术切口将更容易暴露血管进行结扎。应尽量在子宫体基部切除子宫，子宫残端应在横切子宫体后缝合。如果只有一个子宫角脱出，可以进行半卵巢子宫切除术，即仅把脱出侧的子宫角和卵巢切除。在子宫角分叉处切除脱出的子宫角，并按常规子宫切开术闭合切口。经历半切除的母猫，由于子宫容量降低，其产崽数也会减少。

8.2 产后失调

8.2.1 胎衣不下

胎衣不下在母猫分娩后很少出现。母猫通常会在产崽期间将胎盘吃掉，所以主人很难确定全部胎盘是否均已排出，偶尔会出现双胞胎幼猫共用一个胎盘。超声检查可证实残留胎盘组织的存在（图 8.3）。腹部触诊和 X 线检查可显示胎衣不下导致的子宫内肿物。使用催产素治疗（每只猫 0.25 ～ 2 IU）通常可以排出胎盘，但子宫对催产素的反应会在产后的前几天减弱（Wiebe and Howard，2009）。对高剂量催产素无效的母猫应该肌内注射前列腺素 $F_{2\alpha}$（0.25 ～ 0.5 mg/kg，肌内注射）进行治疗（Wiebe and Howard，2009）。但是，前列腺素的使用可能会导致母猫出现呕吐、腹泻、流涎和腹部痉挛等副作用。在某些情况下，母猫可能会出现低血压休克的情况。前列腺素最好在母猫住院期间使用，以便突发任何不良反应时及时救治。不良反应通常在 60 min 内消退，多次给药后不良反应可能会减轻。在绝大多数体况良好且能正常哺乳的母猫中，外源性催产素的使用可以排出胎盘，而不会发展为全身性疾病或子宫炎。当出现全身性疾病时，母猫应该首先治疗子宫炎。

8.2.2 子宫炎

子宫炎发生在母猫产后，继发于细菌感染。诱发原因可能包括子宫创伤、分娩时间过长、胎

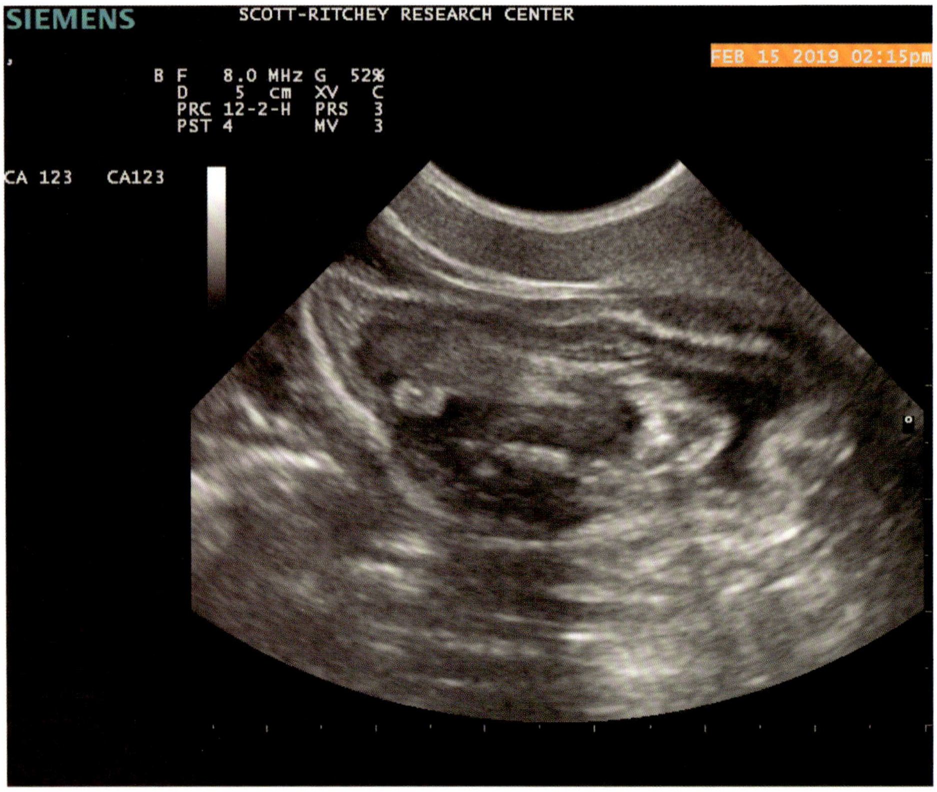

图 8.3 产后胎盘残迹的超声图像

所有幼猫都顺利娩出。分娩后，在子宫内可见胎盘残迹。这只母猫接受了催产素治疗，并在 24 h 内排出胎盘，没有并发症。（由 Aime Johnson 博士提供）

儿或胎盘组织残留或助产操作不卫生等。患子宫炎的母猫通常在产后早期表现为嗜睡、厌食、发热、母性差和有恶臭的阴道分泌物。腹部超声检查通常显示子宫松弛、积液和白细胞增多。可以观察到母猫外阴存在出血性化脓性恶臭分泌物。

患病母猫应接受支持性治疗，适当使用抗菌治疗和催产治疗，帮助子宫排空。母猫可以通过静脉输液解决发热和厌食的问题。根据作者的经验，使用非甾体抗炎药可以极大地缓解发热，通常可以恢复母猫的精神状态，并解决厌食的问题。在服用非甾体抗炎药之前，应注意确保母猫未处于脱水状态。可以通过多次给予催产素促进子宫炎性物排出，或延长前列腺素 $F_{2\alpha}$ 使用时间进行治疗。理想情况下，应在子宫内细菌分离培养并进行药敏试验的基础上选择使用抗生素。如果上述条件不具备，可以使用增强型青霉素类药物，如阿莫西林 - 克拉维酸，该药物对母猫和其哺乳的幼猫来说是相对安全的（Reelto and Loza，2010）。大多数母猫接受药物治疗后是有效果的，但如果子宫特别脆弱，可能会有子宫破裂的风险，此时需要进行卵巢子宫切除术。如果子宫壁薄且易碎，就会发生子宫破裂，这可能会导致突然呼吸困难，增加死亡的风险。一般来说，存活母猫的预后良好。目前还没有关于子宫炎母猫预后生育能力的科学研究，但根据作者的经验，如果母猫接受药物治疗有效或者出现疾病（如难产）时得到了有效的救治，预后是良好的。

8.2.3 子痫症（产后抽搐）

子痫症，也称产后抽搐，是一种急性、危及生命的低钙血症，发生在围产期。与母犬相比，母猫的子痫症不太常见，该病主要发生在妊娠后期（Davidson，2012）。子痫症的临床症状包括肌肉痉挛和手足搐搦，饲主可能会把这种行为与癫痫混淆，母猫神志和意识在发病最初阶段仍然清晰。其他临床症状包括面部瘙痒、喘气、肢体疼痛、颤抖、虚弱和共济失调。临床症状可迅速发展为强直阵挛性抽搐、视神经麻痹和死亡。当成年母猫血清总钙浓度低于 8 mg/dL，或血清电离钙浓度低于 1.0 mmol/L 时，就会发生低钙血症（Fascetti and Hickman，1999）。当细胞外腔内的电离钙被耗尽时，也会发生低钙血症。在哺乳期间，尽管泌乳消耗了大量的钙，但母猫可以通过几种机制维持钙稳态。这些机制包括胃肠道吸收钙增加、肾脏减少钙排泄、骨溶解增加（Davidson，2012）。当这些机制不能补偿哺乳期钙需求的增加时，临床上就会发生低钙血症。

当哺乳期母猫表现出与妊娠子痫一样的临床症状时，应在实验室最终确诊前就立即进行治疗。如果母猫身体允许，在给予钙制剂治疗前采集血液样本，如果母猫处于严重低钙血症的情况下，不能为了采集血液样本而延误治疗。母猫应使用 10% 葡萄糖酸钙缓慢静脉输注进行治疗（2 ～ 5 mL，输注时间 5 ～ 10 min）直至产生效果。可以进行心电图监测，以便在给药期间进行持续的心脏检测，以免发生心动过缓或心律失常；如果检测到任何心脏异常，应暂时停止钙的输注，直至心律平稳，然后再继续以较慢的输注速率进行治疗。钙可以溶解在无菌液体中，然后注入注射泵中进行输注，这样有可能减少对心脏的副作用。在治疗初期，母猫对钙输注治疗的反应迅速并有效。如果癫痫发作继发脑水肿，可以分别使用安定、巴比妥盐酸或甘露醇来减轻癫痫发作和水肿 / 炎症（Davidson，2012）。由于糖皮质激素对钙的代谢会产生不良的影响，如肠道吸收减少、钙尿和破骨细胞损伤，因此不建议使用糖皮质激素进行治疗。

在最初的临床症状消失后，葡萄糖酸钙应从静脉输注过渡到皮下注射。控制临床症状所需的葡萄糖酸钙应以 1 ∶ 1 比例与生理盐水混合，间隔 6 ～ 8 h 皮下注射给药一次，直到可以口服给药为止。一旦母猫情况稳定，能够口服药物，应立即口服补充葡萄糖酸钙或碳酸钙，每 8 h 补充一次（10 ～ 30 mg/kg）。母猫症状缓解后可以逐渐恢复哺乳幼猫，直到幼猫能够安全断奶，并努力改善母猫营养水平。如果重新哺乳幼猫后母猫子痫再次发生，幼猫应该断奶以减少泌乳对母猫钙的消耗，并根据幼猫年龄适当补充饲料。

预防子痫最好的方法是提供充足的营养。母猫应该喂养AAFCO批准的适合妊娠和哺乳期的猫粮，市面上可以买到的大多数猫粮都能满足钙的需求。钙的目标水平应维持在1.0%～1.8%，磷的目标水平应维持在0.8%～1.6%。产后，饮食中钙含量应至少为1.4%，钙磷比为1∶1。应建议饲主避免在妊娠期间给母猫额外补充钙，因为这可能损害甲状旁腺激素的正常释放，容易导致子痫的发展。此外，还要避免饲喂富含瘦肉和内脏的食物，因为这些食物含磷过高。对于有子痫史的母猫，可以考虑在哺乳期间补充钙作为预防措施。

8.2.4 乳腺炎

参见第16章（乳腺疾病）。

8.2.5 哺乳失败/无乳

对于母猫哺乳失败了解甚少，但乳腺发育不良和产奶量低可能导致由于初乳摄入不足或饥饿引起的新生幼猫死亡。无乳症可能是原发性的也可能是继发性的，大多数无乳症是应激导致垂体前叶催乳素释放失败所致（Jensen et al.，2016）。继发性无乳症的致病因素包括全身性疾病、遗传因素、营养状况或身体状况不良以及环境应激。原发性无乳症在排除继发性无乳症所有原因之后进行诊断，可能是乳腺发育不良和泌乳内分泌机制失调所致。

对母猫无乳症的治疗旨在控制潜在病因，为新生幼猫提供营养支持，同时鼓励新生幼猫吮吸母乳，刺激母猫泌乳。据报道，抗多巴胺能药物多潘立酮可成功治疗母猫原发性无乳症（Jensen et al.，2016），其可以拮抗D2-多巴胺能受体和5HT3血清素能受体。由于该药物被用于治疗母马羊茅草中毒导致的无乳症，因此推测也可用于母猫的无乳症。建议多潘立酮的使用剂量为2.2 mg/kg，每12～24 h口服一次。如果母猫前一窝有无乳症的病史，可以在其产崽前5～7 d进行治疗。甲氧氯普胺已被证明会短暂增加母犬的催乳素浓度（0.2 mg/kg，每6 h口服一次），可以作为催奶剂给母猫使用（Keller et al.，2018）。乙酰丙嗪也可以增加血浆催乳素浓度，其在绵羊上的作用已被证实（Bryant et al.，1968），乙酰丙嗪的镇静作用可能对哺乳新生幼猫时显得紧张或者不安的母猫有益。针灸治疗虽然缺乏严格的科学依据，但可能是一种有益的辅助疗法。据报道，针对SI11和LI4这两个穴位针灸对母犬无乳症的治疗是有效果的。当然，根据母猫的具体情况，针对其他穴位的针灸也可能会有用。

8.3 参考文献

[1] Biller, D. S. and Haibel, G. K. (1987) Torsion of the uterus in a cat. Journal of the American Veterinary Medical Association 191, 1128–1129.

[2] Bryant, G. D., Connan, R., and Greenwood, F. (1968) Changes in plasma prolactin induced by acepromazine in sheep. Journal of Endocrinology 41, 613–614. doi: 10.1677/joe.0.0410613.

[3] Davidson, A. P. (2012) Reproductive causes of hypocalcemia. Topics in Companion Animal Medicine 27, 165–166. doi: 10.1053/j.tcam.2012.09.002.

[4] De La Puerta, B., McMahon, L. A., and Moores, A. (2008) Uterine horn torsion in a non-gravid cat. Journal of Feline Medicine and Surgery 10, 395–397. doi: 10.1016/j.jfms.2008.01.004.

[5] Deroy, C., Bismuth, C., and Carozzo, C. (2015) Management of a complete uterine prolapse in a cat. Journal of Feline Medicine and Surgery Open Reports 1, 1. doi: 10.1177/2055116915579681.

[6] Fascetti, A. J. and Hickman, M. A. (1999.) Preparturient hypocalcemia in four cats. Journal of the American Veterinary Medical Association 215, 1127–1129.

[7] Freeman, L. (1988) Feline uterine torsion. The Compendium on Continuing Education for the Practicing Veterinarian 10, 1078–1082.

[8] Hopper, R. M. (2007) Surgical correction of abnormalities of genital organs of cows. In: Youngquist, R. S. and Threlfall, W. R. (eds) Current Therapy in Large Animal Theriogenology. Elsevier, St. Louis, Missouri, pp. 463–472.

[9] Jensen, R. L., Johnson, A. K., Wilborn, R. R., and Fraser, N. S. (2016) A case report on the use of domperidone for management of agalactia in a queen. Clinical Theriogenology 8, 121–128.

[10] Keller, S. R., Abonyi-Tóth, Z., Sprenger, N., Austin, S.

C., Wichert, B. A., et al. (2018) Effect of metoclopramide treatment of bitches during the first week of lactation on serum prolactin concentration, milk composition, and milk yield and on weight gain of their puppies. American Journal of Veterinary Research 79, 233–241. doi: 10.2460/ajvr.79.2.233.

[11] Kuroda, K., Osaki, T., Harada, K., Yamashita, M., Murahata, Y., et al. (2017) Uterine torsion in a full-term pregnant cat. Journal of Feline Medicine and Surgery Open Reports 3. doi: 10.1177/2055116917726228.

[12] McKeating, F. J. (1979) Ectopic pregnancy in a cat. Veterinary Record, 104, 240–241.

[13] McKelvey, K., Beachler, T., Ferris, K., Diaw, M., Vasgaard, J., et al. (2015) Vaginal prolapse in a pregnant Maine coon cat: a case report. Journal of Small Animal Practice 56, 473–475. doi: 10.1111/jsap.12310.

[14] Rebuelto, M. and Loza, M. E. (2010) Antibiotic treatment of dogs and cats during pregnancy. Veterinary Medicine International 2010, 385640. doi: 10.4061/2010/385640.

[15] Ridyard, A. E., Welsh, E. A., and Gunn-Moore, D. A. (2000) Successful treatment of uterine torsion in a cat with severe metabolic and haemostatic complications. Journal of Feline Medicine and Surgery 2, 115–119. doi: 10.1053/jfms.2000.0082.

[16] Stanley, S. W. and Pacchiana, P. D. (2008) Uterine torsion and metabolic abnormalities in a cat with a pyometra. Canadian Veterinary Journal 49, 398–400.

[17] Thilagar, S., Yew, Y. C., Dhaliwal, G. K., Toh, I., and Tong, L. L. (2005) Uterine horn torsion in a pregnant cat. Veterinary Record 157, 558–560. doi: 10.1136/vr.157.18.558.

[18] Wiebe, V. J. and Howard, J. P. (2009) Pharmacologic advances in canine and feline reproduction. Topics in Companion Animal Medicine 24, 71–99. doi: 10.1053/j.tcam.2008.12.004.

[19] Young, J. D., Hillis, G. P., and McKibbin, M. L. (1991) Uterine torsion in a cat. Canadian Veterinary Journal, 32, 479.

9 分娩管理

Natalie S. Maticka
澳大利亚昆士兰博德山区昆士兰导盲犬繁育中心

9.1 引言

据报道，从交配之日起，猫的正常妊娠期将持续 52 ～ 74 d，平均妊娠期为 65 d（Root Kustritz, 2006）。母猫的生产过程一般分为 3 个阶段。分娩的第一阶段通常是时间最长的，宫颈发生扩张。在这个阶段母猫可能会表现出焦躁不安或筑巢行为、寻找安静地方、喘气或者呕吐。在分娩的第一阶段和第二阶段母猫通常会频繁走动并夹杂着一阵阵呼噜声。第二阶段是胎儿主动排出的过程，以第一绒毛尿囊膜破裂开始。在产下第一只幼猫之前会排出少量清澈且带血的液体。当第二阶段开始后，第一只幼猫应该会在 4 h 内出生，当出现持续的剧烈宫缩时，一般在 30 min 内会产下幼猫。母猫通常采用蹲姿来分娩幼猫，从外阴部可见到幼猫完全产出可能需要几分钟（图 9.1）。与母犬不同，母猫的产程可能会延长，也有几天后分娩出活的幼猫的报道（Root Kustritz et al., 1995）。一些母猫在分娩过程中被打扰则会暂停分娩的第二阶段，这也给猫难产的诊断增加了挑战性，一般认为每只幼猫出生的时间间隔小于 4 h。每只幼猫出生后，母猫通常都会用舌头和牙齿用力舔舐新生幼猫，以去除尿囊膜并使幼猫保持干净。在舔舐幼猫的过程中，母猫会把脐带弄断。分娩的第三阶段是胎盘的排出（图 9.2）。胎盘一般在幼猫出生后的 15 min 内排出，第二阶段和第三阶段一般是交替进行，直至所有幼崽都产出。多数母猫都会在分娩时吃掉胎盘。

一般来说，猫的分娩是相当直接和容易的。母猫产程正常进行的情况下，没有出现胎儿死亡的现象，让母猫单独处于黑暗的地方会对其分娩很有益。一个隐蔽的地方（如一个纸箱）能够为母猫进行正常的分娩提供必要的私密环境。大多数母猫都会在夜间分娩，不需要帮助，然而过度热心的主人可能会多次打扰母猫，从而导致产程延长。

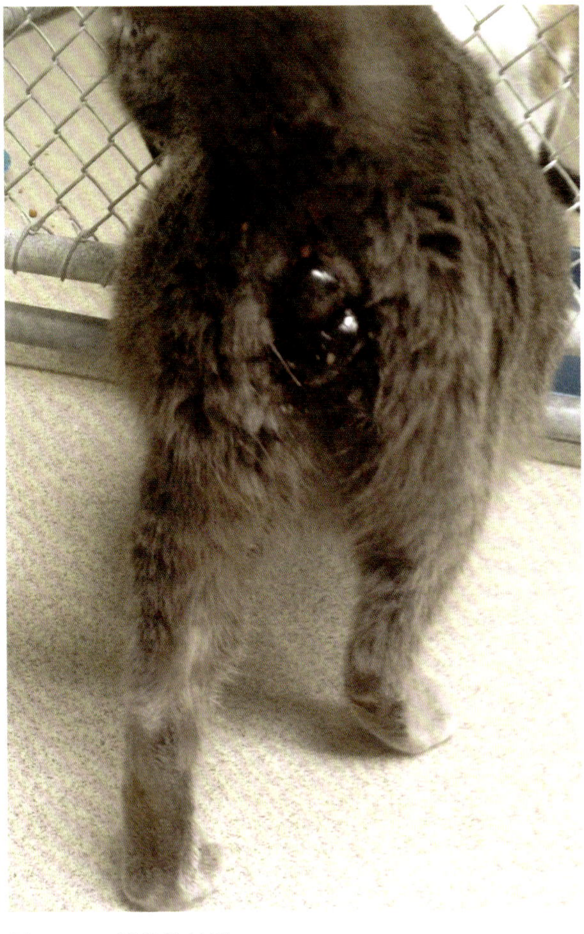

图 9.1 正常分娩的猫
注意外阴唇处有完整的羊膜囊。（由 Aime Johnson 博士提供）

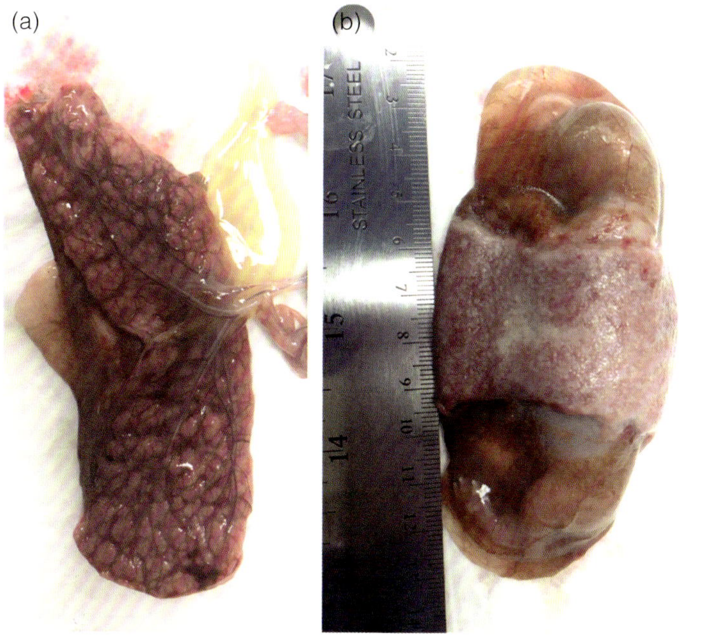

图 9.2 正常胎盘及胎盘内的晚期胎儿

（a）从分娩胎儿分离的正常胎盘，展示的是与羊膜囊接触的表面；（b）胎盘内的晚期胎儿。图中可以看到的在胎儿中部环绕的胎盘带状区域是与子宫接触的。（由 Aime Johnson 博士提供）

9.2 顺产和难产的区别

猫难产比犬难产出现的少，据报道猫难产的发生率为 3% ～ 6%，纯种猫的难产率高于杂种猫（Holst et al.，2015）。有报道称，短头品种和长头品种比中型头品种的难产发生率高（Holst et al.，2015）。难产可由母体或者胎儿引起。母体原因包括原发性或者继发性宫缩乏力、盆腔直径不足或者妊娠异常。妊娠异常的情况包括子宫脱垂、捻转或者破裂，文献中也报道过一例因异位动脉引起子宫角狭窄导致梗阻性难产的病例（Stedile et al.，2011）。原发性的子宫惯性宫缩乏力是报道中引起母猫难产最常见的原因（Ekstrand and Linde-Forsberg，1994）。因为猫的妊娠时间范围比较大，原发性宫缩乏力必须谨慎诊断，很有可能在诊断的时候母猫根本没有开始分娩。非生产性反复收缩会导致肌层疲劳，从而引起继发性宫缩乏力发生。继发性宫缩乏力通常是梗阻性难产引起的，如有东西阻碍幼猫通过产道。

导致难产的原因包括胎儿过大，胎儿形态、姿势和体位异常。胎儿过大可能是整体过大，如在单胎情况下，幼猫在子宫中生长得过大不能通过产道，也可能是幼猫某一部位过大（如头部）导致不能进入产道。胎儿畸形或者死胎也可能导致梗阻性难产（图 9.3 和图 9.4）。胎儿绝对尺寸过大可能出现在年轻的初产母猫中，母猫身体大小还没有发育完全或者未达到成年母猫的盆腔直径。胎儿通常呈现为前位或者后位，后位相对不容易出现难产。与其他动物相比，幼猫的体型特点导致其位置异常不太常见，因为胎儿的大部分突出部位是头部、颈部和身体，四肢相对较短。然而头颈部移位或者弯曲可能导致胎位异常，引起难产。当胎儿和母体的脊柱没有对齐时会发生胎位异常。幼猫的正常姿势是背骶姿势，即幼猫的背部对着母体的骶骨。一个体位异常的例子是背耻骨姿势（幼猫在产道中倒挂着，四肢和腹部指向母体的脊柱）。

难产的诊断可以通过从几种诊断辅助工具中收集的信息来实现。应该仔细进行信息记录，包括此前妊娠和妊娠时长信息，此次妊娠的受孕日期，分娩开始时间，以及前一胎的分娩时间。猫

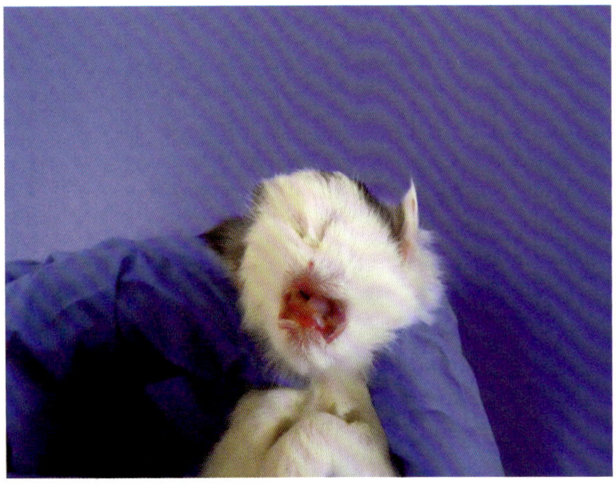

图 9.3　胎儿畸形导致难产

缺少眼睛和鼻子的头部畸形胎儿。（由 Aime Johnson 博士提供）

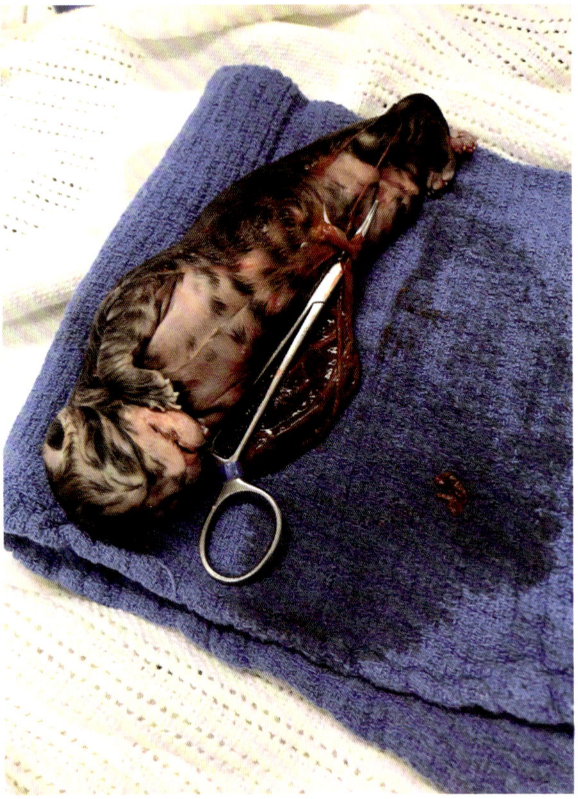

图 9.4　一只通过剖宫产分娩的幼猫

这是一只已经死亡并发生水肿的幼猫，卡在盆腔内导致梗阻性难产。（由 Jamie Douglas 博士提供）

妊娠后的血清孕酮在分娩前不会像犬那样下降到基线水平。Keiser 报告称，在分娩当天，母猫的血清孕酮平均为 2.99 ng/mL，另一份报告为 3.18 ng/mL（Keiser et al.，2017）。因此，与犬不同的是，每天检测孕酮水平观察其是否下降到基线水平，以此来判断分娩日期的方法，对猫来说是没有用的。分娩第一阶段或第二阶段时间较长的母猫应该被高度怀疑难产，如果分娩的第一阶段持续时间超过 24 h，则需要对其进行进一步诊断。同时，出现强烈宫缩 30 min 或更长时间而不产幼猫的母猫也应被诊断为难产。对于产崽间隔时间较长的猫，难产的临床诊断变得更加困难。通常超过 2 ～ 4 h 未产崽是进行人工助产的基本时间，但也有报道称母猫在更长的时间（几天）内产出正常的幼猫。猫难产的基本诊断依据主要包括起始分娩失败（惯性宫缩乏力），分娩过程不正常，或者母猫出现继发性休克或脱水的情况。

如果怀疑出现难产，临床检查包括阴道指检，同时根据母猫出现的症状进行所有可能导致难产的病因排查。给母猫做腹部 X 线检查是非常有用的，能够确定胎儿的数量、大致的大小以及相对于产道的位置。例如，如果发现腹中幼猫呈现横向位，临床医生可以通过剖宫产进行快速分娩，则不需要浪费时间在已经不太可能成功的生产护理工作上。对母猫进行钙离子检测能够判断其是否需要补钙。据了解，有人使用基础浓度＜ 1.3 mmol/L 的钙进行钙离子补充。给母猫做腹部超声检查有助于判断腹中幼猫的状态，胎心率相对容易检测，胎心率＜ 180 次 /min 的胎儿状态不容乐观（图 9.5）。正常的胎心率大约应该是母猫的 2 倍，通常＞ 200 次 /min。

9.3　难产的医学处理方案

如果腹部 X 线和超声检查显示胎儿状态良好，且大小和外形合适，适于顺产，可以使用催产素和（或）钙来增强子宫收缩，帮助胎儿娩出。钙会提高宫缩的强度，而催产素会增加宫缩的频率。根据作者的经验，如果母猫的钙先恢复正常，催产素疗法的疗效会显著提高。报道的剂量是每只猫 0.5 ～ 1.0 mL 10% 葡萄糖酸钙溶液（Jutkowitz，2005），这相当于每千克 1 ～ 2 mg 单质钙。葡萄糖酸钙可以缓慢静脉注射或皮下注射，但皮下注射可能会导致局部组织反应和坏死。

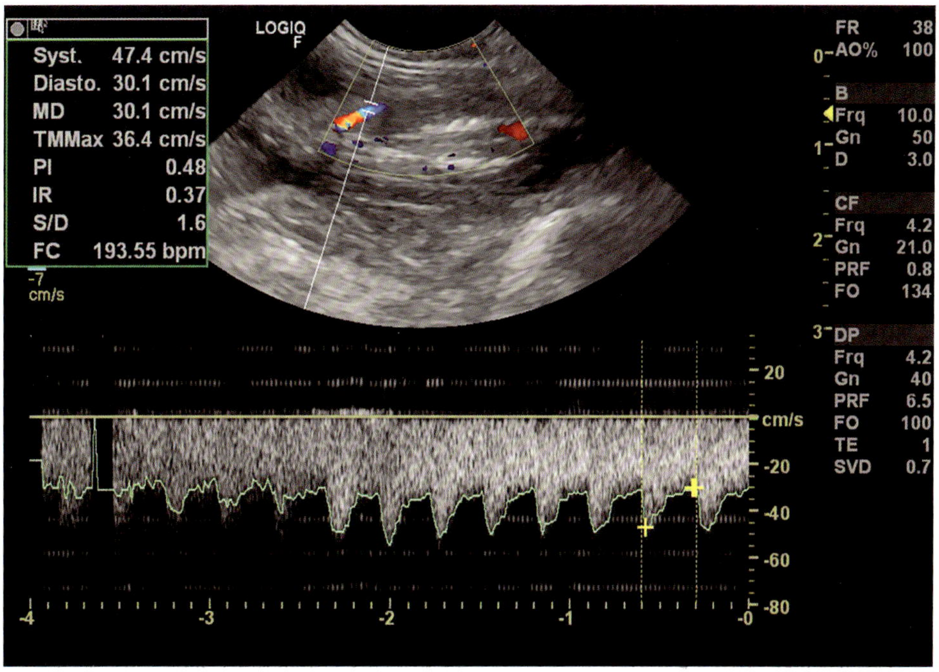

图 9.5　使用 M 模式超声测量幼猫胎心率

由于胎心率通常＞ 200 次 /min，使用 M 模式超声检测胎心率比手动计数更加准确。

用无菌液体稀释葡萄糖酸钙可降低出现组织反应的可能性。对母猫进行静脉钙治疗期间应该监测心率，防止用药期间出现心动过缓或心律失常。可以使用注射泵以缓慢、可预测的速度静脉注射钙，以减少出现意外的可能。对猫来说，合适的催产素剂量是间隔 20 ～ 30 min 给药 0.25 ～ 2 IU。催产素可以通过多途径快速吸收，皮下注射、肌内注射或者静脉注射都可以。如果用药不仔细，高剂量催产素会通过引起宫缩束缚胎儿、抑制胎儿和胎盘间的血液流动，不利于胎儿发育和分娩（Pretzer，2008）。如果在梗阻性难产的情况下使用催产素，宫缩的力量会导致子宫破裂。在对症使用催产素且剂量合适的情况下，引起并发症的病例是很少见的。随着肌层中的催产素受体变得饱和，后续使用的催产素将变得不是那么有效（Phaneuf et al.，2000）。因此，催产素最多只能使用 2 ～ 3 次，如果还是不能见效则应考虑进行剖宫产。60% ～ 80% 的猫难产病例需要通过手术干预（Traas，2008）。

对于表现出放弃或者不积极主动生产的猫不适合通过药物助产，当然不包括已经接受剖宫产手术之前的稳定和保护性处理的情况。猫在分娩过程中放弃生产也可能与出现子宫破裂或捻转等情况有关。猫放弃生产的临床症状包括沉郁、厌食、声音微弱、毛细血管再充盈时间延迟、脉搏微弱、心动过速，可能还有虚脱。在这些情况下，腹部超声检查有助于确定是否存在大量的游离于腹腔的液体或不正常的子宫血流模式。全血细胞计数、血清生化指标和血气分析等检查有助于猫的术前稳定。

由于猫的体型较小，经阴道操作胎儿较为困难。简单的胎位异常，如从背耻骨旋转到背骶骨，可以通过温和的操作来完成。然而，由于阴道直径较小，纠正胎位或者产位的操作是具有一定难度的。过度的分娩可能导致四肢断裂或颈椎和头部脱位。一根连接无菌润滑剂注射器的红色橡胶导管可用于阴道的润滑，以帮助娩出胎儿。

9.4　剖宫产

剖宫产的目的是在尽量缩短总麻醉时间的同时，尽可能快地分娩幼猫。大多数猫可以在麻醉之前进行手术准备，如剪掉腹部的被毛，用氯己定或聚维酮碘进行“大致擦洗”，或放置静脉导管。如果母猫能够允许，可以在手术准备期间通过氧气面罩提供氧气。

据报道，有多种麻醉技术可用于猫剖宫产。作者倾向于预先给猫服用阿片类药物，使用丙泊酚或者阿尔法沙酮静脉注射快速麻醉，并通过气管插管使用氧气和异氟烷或七氟烷维持麻醉。根据作者的经验，术前使用阿片类药物对新生动物的不良影响是最小的，并可被母猫快速、安全的诱导麻醉所抵消。关于剖宫产麻醉的内容将在第 10 章中进一步讨论。如果有必要，新生幼猫的任何呼吸抑制症状都可以通过脐血管给予纳洛酮，这主要取决于给母猫使用的麻醉药种类。对于猫来说，阿片类药物的使用可能和术后体温过高有关（Posner et al.，2010）。虽然这些病例中有许多是具有局限性的，但无论如何，在麻醉期间都应密切监测体温。拔管时体温与麻醉后体温升高程度呈负相关（Posner et al.，2010），耐心的保暖以防止热量流失可能有助于减轻这种副作用。

母猫剖宫产的常见技术包括腹侧中线腹腔切开术，切口扩大到足够大，可以很容易地暴露子宫角，并将幼猫从腹部取出。取出的子宫角应该使用湿润的医用剖腹海绵将其与腹部其他部分隔开。有些情况下，整个子宫都可见，可以使子宫完全脱离腹腔以防止污染。在子宫角无血管的部分做一个切口，通常沿着子宫弯曲的地方切开，然后幼猫被挤到子宫角的切口处分娩而出。外科医生可以根据自己的喜好或者主人是否允许来决定做一个还是多个切口（即在每侧子宫角上做一个切口）。如果很难从另一侧子宫角向切口处挤出幼猫，最好做第二个切口，以便于更快地取出幼猫，而不是继续艰难地挤幼猫。对于足月胎儿，轻轻牵拉脐带通常会导致胎盘从子宫壁脱落（图 9.6）。如果胎盘粘连牢固，或者在取出胎盘过程中出现明显出血，则可将胎盘留在原位，让其自行分离。虽然保留的胎膜可能是诱发产后子宫炎的原因，但根据作者的经验，这通常不会引起并

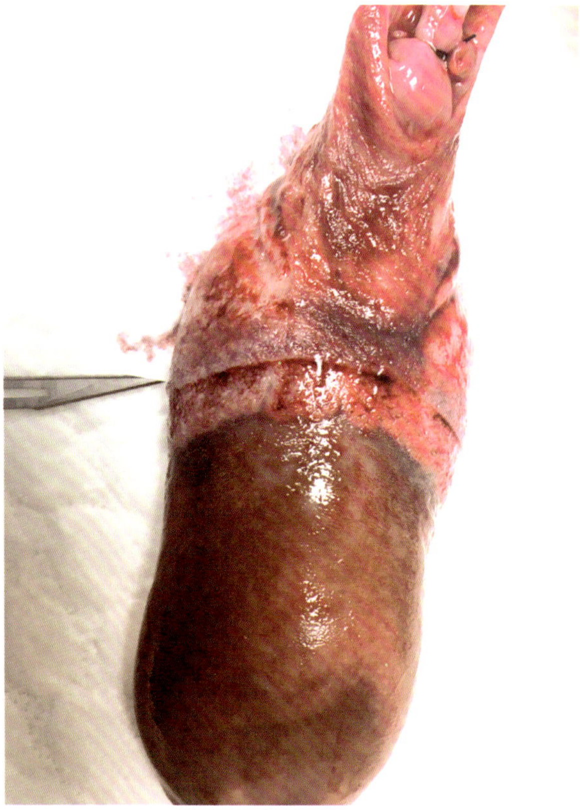

图 9.6　胎盘与子宫的人工剥离

左侧的手术刀位于子宫和被剥离胎盘的连接处。施加轻柔的牵引力可以将胎盘从子宫上“拉开”。（由 Aime Johnson 博士提供）

发症。催产素或前列腺素可用于帮助胎盘排出（Jutkowitz，2005）。

分娩出的幼猫随后被递给未消毒的助手，注意这个过程不要污染外科医生或无菌区域。助手可以拿一条无菌的毛巾，将幼猫轻轻地放到毛巾里，并开始唤醒幼猫。如果脐带和胎盘与幼猫一起排出，进行幼猫唤醒的医生可以在需要时利用脐带血管给新生幼猫用药。如果外科医生在取出幼猫时将脐带结扎，应留下较长的脐带（2.5 ～ 5 cm），以便在需要时能够通过脐带静脉给药。脐带可以剪断后使用无菌缝合。其他医生应迅速从幼猫的头部 / 口鼻上撕下羊膜，并用力摩擦幼猫以刺激呼吸。其他医生的辅助工作是很重要的，这样外科医生就可以只专注于继续分娩幼猫，而不是在幼猫产出的同时对其进行复苏。此外，一个专门的麻醉师应该监测母猫，因为幼猫的取出会导致低血压和其他麻醉并发症。

外科医生应该检查子宫，直到看到子宫角尖和卵巢，以确保没有幼猫在手术时意外留在子宫中。同样，可以用手指伸入盆腔的子宫，以检查在助产或手术开始时可能向尾部移动的幼猫。一旦分娩完成，子宫切口可以采用平行或内翻的方式缝合。传统上，内翻的方式如乌得勒支式缝合常用于闭合子宫切开术的切口，因为这种方式可以保证快速和安全的闭合（图 9.7）。如果对切口的完整性有任何顾虑，可以在第一层切口上进行第二层闭合。

对于不希望其继续繁殖的母猫，可以在剖宫产的同时进行卵巢子宫切除术。在胎儿死亡、胎儿自溶或子宫蓄脓的情况下，整体切除子宫是首选的方案，因为它减少了子宫内物质污染腹腔的风险。子宫体和两个卵巢蒂被分离和结扎，子宫被整体移除就不需要进行子宫切口闭合。如果是子宫中幼猫仍然存活的情况下使用这种方案，从子宫血流中断到幼猫分娩的过程必须非常迅速（60 s 内），以防止缺氧和随后出生的幼猫死亡（Robbins and Mullen，1994；Traas，2008）。还有一种方式是在取出最后一只幼猫后进行正常的卵巢子宫切除术，这样子宫切口是否闭合均可。在剖宫产时，应根据猫的情况和主人的需求，单独询问主人是否对猫进行卵巢子宫切除术。对于妊娠的猫来说，手术并发症（如术后出血）的风险必须根据手术进展情况或者在术后进行评估。

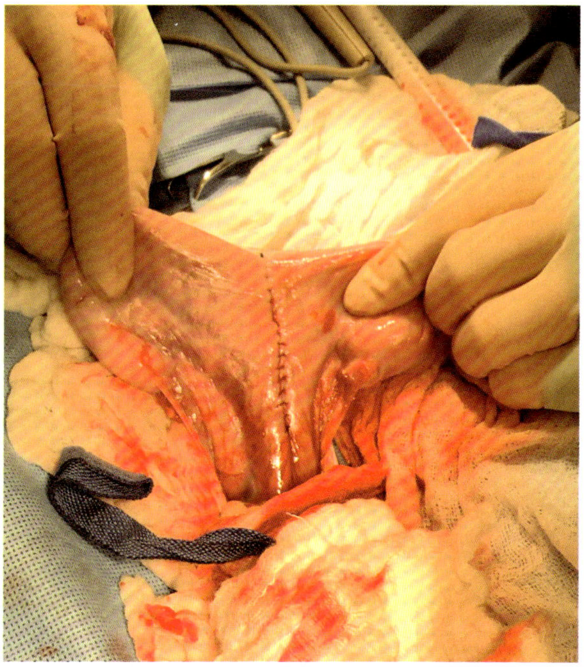

图 9.7　在猫的剖宫产术中使用乌得勒支式缝合

（由 Aime Johnson 博士提供）

在剖宫产后需要提供术后镇痛处理。镇痛的选择包括非甾体抗炎药和阿片类药物。考虑到非甾体抗炎药在猫体内代谢的独特生理特性，围手术期可以单剂量给药，也可以给予阿片类药物用于术后镇痛，如丁丙诺啡（0.01 ~ 0.04 mg/kg，肌内注射、静脉注射、经黏膜给药）或者美沙酮（0.25 ~ 0.5 mg/kg，皮下注射、肌内注射、慢速静脉注射）等。一个非常有意思的现象是，术后疼痛控制较好的母猫更愿意哺育幼猫。

9.5　参考文献

[1] Ekstrand, C. and Linde-Forsberg, C. J. (1994) Dystocia in the cat: A retrospective study of 155 cases. Journal of Small Animal Practice 35, 459–464. doi: 10.1111/j.1748-5827.1994.tb03951.x.

[2] Holst, B. S., Axnér, E., Öhlund, M., Möller, L., and Egenvall, A. (2015) Dystocia in the cat evaluated using an insurance database. Journal of Feline Medicine and Surgery 8, 1–6 doi: 10.1177/1098612X15600482.

[3] Jutkowitz, L. A. (2005) Reproductive emergencies. Veterinary Clinics North America: Small Animal Practice 35, 397–420. doi: 10.1016/j.cvsm.2004.10.006.

[4] Keiser, R., Reichler, I. M., and Balogh, O. (2017) Are foetal ultrasonographic and maternal blood progesterone measurements near parturition reliable predictors of the time of birth in the domestic cat? Reproduction in Domestic Animals 52, 487–494. doi: 10.1111/rda.12939.

[5] Phaneuf, S., Rodíguez Liñares, B., TambyRaja, R. L., MacKenzie, I. Z., and López Bernal, A. (2000) Loss of myometrial oxytocin receptors during oxytocin-induced and oxytocin-augmented labour. Journal of Reproduction and Fertility 120, 91–97. doi: 10.1530/jrf.0.1200091.

[6] Posner, L. P., Pavuk, A. A., Rokshar, J. L., Carter, J. E., and Levine, J. F. (2010) Effects of opioids and anesthetic drugs on body temperature in cats. Veterinary Anaesthesia and Analgesia 37, 35–43. doi: 10.1111/j.1467-2995.2009.00508.x.

[7] Pretzer, S. D. (2008) Medical management of canine and feline dystocia. Theriogenology 70, 332–336. doi: 10.1016/j.theriogenology.2008.04.031.

[8] Robbins, M. A. and Mullen, H. S. (1994) En bloc ovariohysterectomy as a treatment for dystocia in dogs and cats. Vet-

erinary Surgery 23, 48–52. doi: 10.1111/j.1532-950x.1994.tb00442.x.
[9] Root Kustritz, M. V. (2006) Clinical management of pregnancy in cats. Theriogenology 66, 145–150. doi: 10.1016/j.theriogenology.2006.03.018.
[10] Root Kustritz, M. V., Johnston, S. D., and Olson, P. N. (1995) Estrous length, pregnancy rate, gestation and parturition lengths, litter size, and juvenile mortality in the domestic cat. Journal of the American Animal Hospital Association 31, 429–433. doi: 10.5326/15473317-31-5-429.
[11] Stedile, R., Oliveira, S. T., Muccillo Mde, S., Contesini, E. A., and Beck, C. A. (2011) Dystocia in a cat due to an ectopic artery. Veterinary Record 169, 556. doi: 10.1136/vr.d5516.
[12] Traas, A. M. (2008) Surgical management of canine and feline dystocia. Theriogenology 70, 337–342. doi: 10.1016/j.theriogenology.2008.04.014.

10　新生幼猫的苏醒与护理

Aime K. Johnson, Jacob A. Johnson
美国亚拉巴马州奥本大学兽医学院临床科学系

10.1　引言

新生儿时期是幼猫生长发育的关键时期。发生在新生儿时期的重要事件包括通过摄入初乳建立被动免疫，骨密度和组织密度迅速增加，以及睁开眼睛。对于新生幼猫来说，体温的自我调节还不是自主的，其体温自主调节是在出生后的 45 d 内逐渐形成的。对新生幼猫健康威胁最大的问题包括营养不良、接触病原体、遗传疾病和被母猫或其他成年猫虐待。对于幼猫新生儿时期的定义是出生后的前 2 周，随后是 2 ～ 6 周的小儿时期，接着是持续到 12 周的少儿时期。总的来说，新生儿时期的幼猫死亡率是随着时代的发展逐渐降低的，8 周龄以内的新生幼猫死亡率从 1978 年的 28% 降至 2020 年的 13%（Scott and Geissinger，1978；Dolan et al.，2020）。与新生幼猫存活率负相关的因素是出生体重过低（死亡率增加 13 倍）以及出生后第 1 周体重减轻（死亡风险增加 9 倍）（Dolan et al.，2020）。有关新生幼猫疾病和疾病导致死亡的内容在第 11 章进一步讨论。在无病原体的环境中，新生幼猫死亡率约为 15%（Young，1973）。有些新生幼猫的死亡不是保育箱或猫舍中常见的疾病导致的。母猫遗弃（19%）、同类嗜食（12.5%）、大肠杆菌感染（10.5%）、先天畸形（19%）、未发现的死胎（21%）以及出生时活着但不明原因死亡（18%）等都是引起新生幼猫死亡的原因。还有一项研究表明产崽数增加和较高的死胎率有相关性（Sparkes et al.，2006）。在新生儿时期细心监管和照顾新生幼猫对最大限度提高存活率是至关重要的。

10.2　分娩准备

妊娠母猫准备分娩的征兆是预产期前一周乳房发育加快。在分娩前的几天，母猫通常会寻找一个藏身之处。经腹部超声检查，胎心率应超过 200 次 /min。在分娩前的几天，胎儿的肾脏界限清晰可见，可以区分皮质区和髓质区（图 10.1）。肠腔是胎儿最后发育的部分之一（图 10.2）。如果能够观察到这些现象，说明胎儿已经做好了分娩或者剖宫产的准备。作者发现，通常情况下在交配后的 64 ～ 66 d 就可检测到发育良好的肠道。

大多数情况下，母猫会自己产出幼猫，无需帮助。在分娩过程中，远距离观察是最好的做法，除非母猫出现分娩并发症。关于分娩过程的更多内容请参见第 9 章。一旦幼猫被产出，母猫会去除幼猫身体上的羊膜并舔舐幼猫，直到幼猫被刺激到。母猫也会把幼猫移到腹部以便于哺乳。在这段时间里最好不要打扰它们，让母猫和幼猫建立亲密的关系。如果母猫在分娩过程中有紧张感，那么它吃掉幼猫的可能性会增加。一旦母猫和幼猫的亲密关系建立，则可以将幼猫取出称重并做好标记，在把它还给母猫之前做好一系列检查工作。辨别一窝幼猫的一个简单方法就是在每只幼猫的不同位置剪下一小撮毛（颈部、尾巴、肩部或者臀部等）。

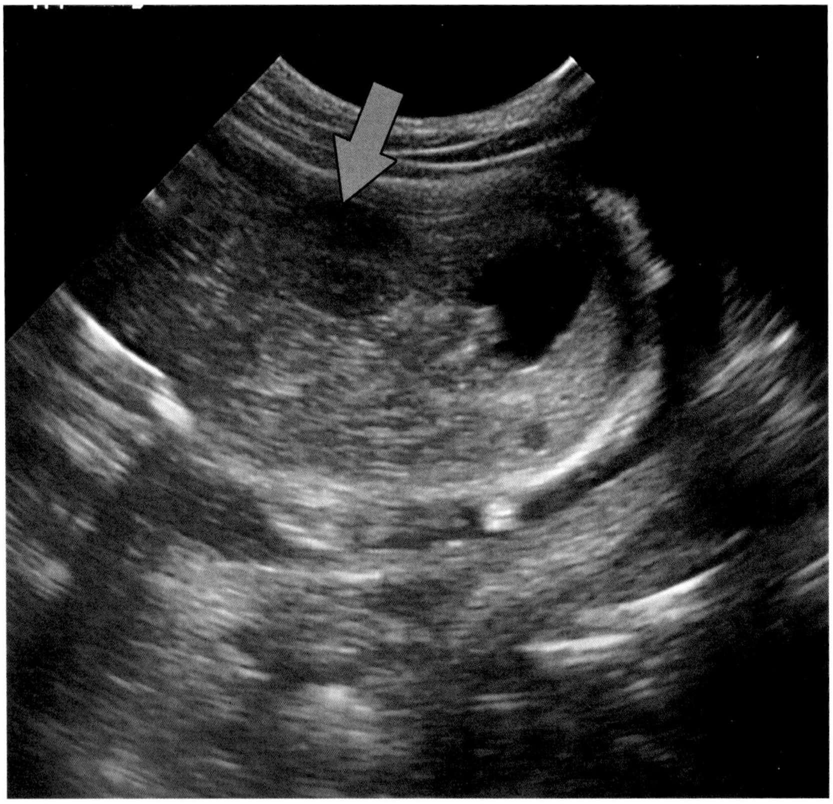

图 10.1　胎儿腹部肾脏清晰可见的晚期胎儿超声图像

胎儿肾脏用箭头标出。可以看到肾脏右侧的低回声结构显示的是胎儿的胃。

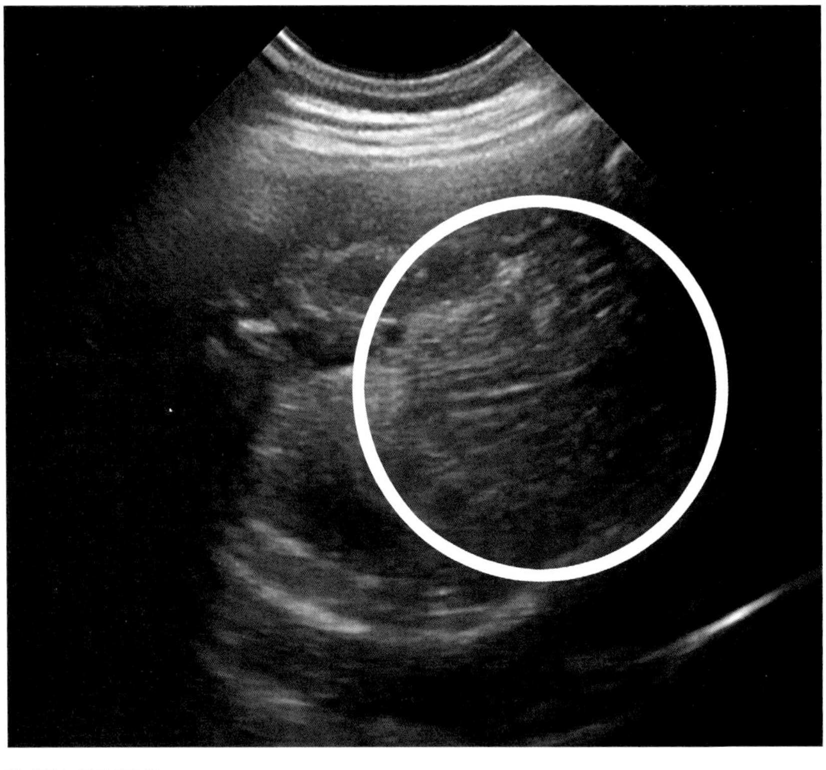

图 10.2　晚期胎儿腹部的超声图像

肠的发育和肠腔均可看见。幼猫成熟时可以看到这些结构，通常在 1 ～ 2 d 内会分娩。

10.3 剖宫产麻醉

当分娩过程受阻需要助产时，分娩的过程可能决定了幼猫的命运。如果分娩时间过长或者出现难产，胎儿存活率则会降低。另外，如果需要进行剖宫产，这个过程对幼猫的健康和存活率是有很大帮助的。关于猫剖宫产的最佳麻醉方案很少有报道（Dodman，1979；Benson and Thurmon，1984；Tranquilli，1992）。猫的剖宫产麻醉的基本原则一般都是从犬和人的方法中延伸过来（Robertson and Moon，2003；Kraus，2016；Robertson，2016；Mathews and Sinclair，2018）。妊娠母猫的术前检查应包括询问病史和体格检查，除非发现一些意外的情况，否则不需要做额外的工作。如有任何异常的发现都需要进行进一步检查，如红细胞压积或总固形物含量检测、全血细胞计数、生化指标以及 X 线检查。

非甾体抗炎药有利于控制术后炎性疼痛（Shih et al.，2008）。罗贝考昔（2 mg/kg，皮下注射）是被认可的术前以及可多日使用的药物，最适合在剖宫产手术中短期使用。美洛昔康（0.3 mg/kg，皮下注射）也被推荐用于术前给药。

使用术前镇静药的优点是减少麻醉以及维持麻醉的药物使用，同时可以减轻性格暴躁母猫的应激。然而，这些药物的使用也会影响胎儿的苏醒（Moon et al.，1998）。如果母猫不抗拒，可在放置静脉导管时不使用镇静药。否则，需要使用右旋美托咪定（5 ～ 20 mg/kg，肌内注射），且在放置导管前留出镇静时间。

术前使用阿片类药物可提供镇痛和镇静，同时减少麻醉和维持麻醉药物的使用。能够快速起效且可逆的药物（如二氢吗啡酮）是最合适的。布托啡诺可能不能在手术过程中提供足够的镇痛作用。丁丙诺啡可提供长效镇痛，但不能逆转，并且可能会影响术中使用其他镇痛药。阿片类药物可与右旋美托咪定联合使用以达到镇静效果，或在麻醉前静脉注射。

为了减少麻醉的时间，对于顺从或者安静的母猫在麻醉前进行剪毛和术前准备是非常有益的。在麻醉前的 3 ～ 5 min 进行吸氧会减少妊娠母猫的呼吸系统变化。这些前期工作只适用于性格温顺的母猫。有一种替代静脉输液的方法，如在麻醉前使用 3 ～ 5 mL/（kg·h）乳酸林格液。

因为妊娠母猫的反流风险增加，所以应在进行镇静处理的同时快速麻醉。在剖宫产手术中，与使用丙泊酚（2 ～ 6 mg/kg，静脉注射）相比，使用阿法沙龙（1 ～ 2 mg/kg，静脉注射）可以显著提高胎儿的活力（Doebeli et al.，2013）。已经有研究表明氯胺酮、钛胺酮和唑拉西泮等药物会降低胎儿的活力（Moon-Massat and Erb，2002）。由于缺乏气道控制，而且需要很高的浓度来诱导麻醉，所以应该避免使用吸入式麻醉。

一旦开始麻醉就要进行气管插管，保持麻醉吸入量和氧气量的平衡。七氟烷比异氟烷更难溶解，能促进母猫和幼猫更快地苏醒。妊娠晚期可减少 40% 的吸入剂需求，因此应密切监测麻醉深度，并将吸入麻醉的剂量尽量降到较低的水平以保持麻醉状态（Palahniuk et al.，1974）。可以考虑给予阿替帕唑（右旋美托咪定 10 倍剂量，肌内注射）以确保对胎儿活力的影响降到最小。

硬膜外注射不含防腐剂的吗啡（用量为 0.1 mg/kg，浓度为 1 mg/mL）和等量不含防腐剂的 2% 利多卡因有利于术中和术后镇痛（DeRossi et al.，2016）。如果硬膜外麻醉不可行，那么可以额外使用相同剂量的阿片类药物，以减少手术刺激。剖宫产手术过程中的监测技术和参数应该和其他手术相同。如果没有进行硬膜外麻醉，在切口闭合后应考虑沿切口位置给予布比卡因（不超过 4 mg/kg，皮下注射）进行线性封闭。

10.4 新生幼猫的苏醒

幼猫出生后医生应该立即将其传递给助手，并将幼猫的胸和头稍微向下倾斜放置。用一条温暖干净的毛巾用力擦拭幼猫，同时轻轻地捏颈后部来刺激幼猫呼吸，帮助其清除气道中的黏液。然后用球吸器（图 10.3）或者德勒黏液收集器（图 10.4）清理口腔和鼻子。因为太冷会导致幼

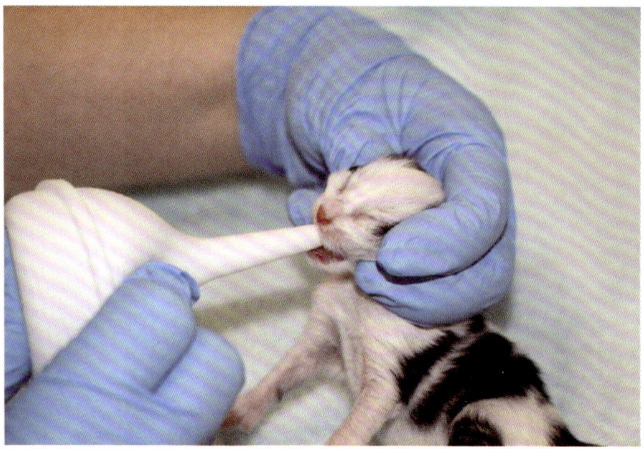

图 10.3　用于清理新生幼猫气道的球吸器

在新生幼猫苏醒过程中，使用球吸器可以清除气道中的黏液和液体。

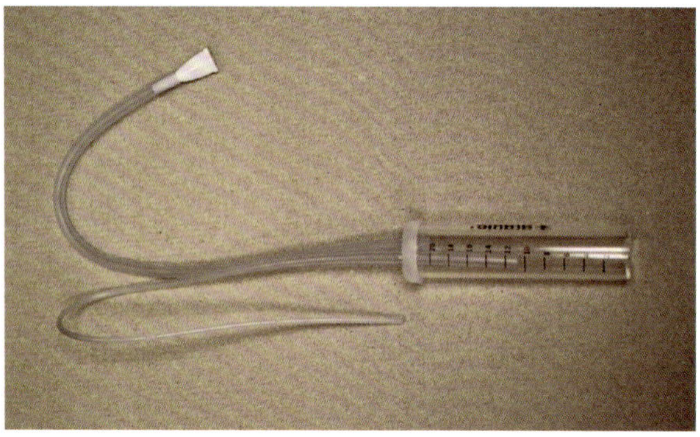

图 10.4　用于清理新生幼猫气道的德勒黏液收集器

装置的一端放入医生的口中，另一端插入幼猫的口中或者气道。黏液就会被收集至装置中。

猫苏醒缓慢，因此需要进行热量补充或者保暖。取暖方式包括使用 Bair Hugger 保暖毯™（3M）、Hot Dog™ 患者取暖系统（奥古斯汀外科公司）或者一个有很好填充材料的加热毯都足以给新生幼猫保暖。如果这些东西都没有，一个装满温水并扎紧的橡胶手套也可以用来取暖。一定要注意不能让手套太热或者让水漏出来，否则会导致幼猫又湿又冷。

如果幼猫在 3 min 内没有自主呼吸和发声，应该通过氧气面罩开始补充氧气。新生幼猫氧气面罩最好放在幼猫的口鼻上（图 10.5）。如果没有新生幼猫氧气面罩，可以使用成年猫氧气面罩。如果使用成年猫氧气面罩，应用毛巾堵住面罩的边缘，保证氧气集中在面罩内。在给予氧气时，应该确定幼猫是否有心跳。可以通过触摸法确认

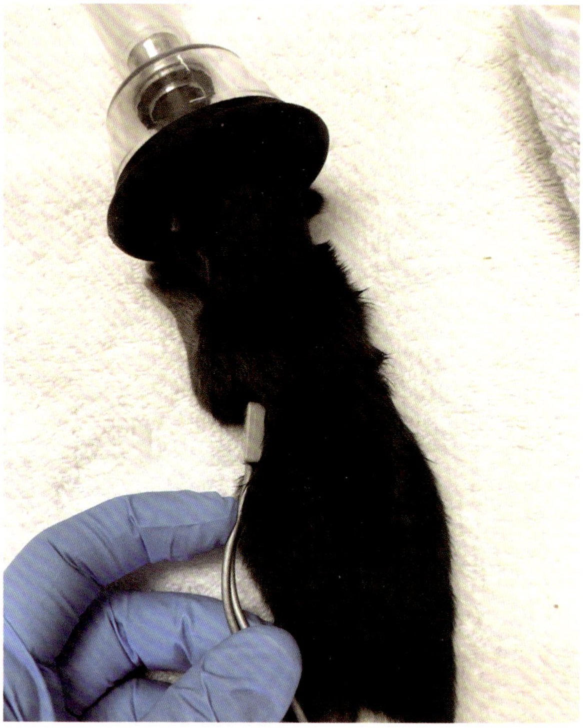

图 10.5　新生幼猫氧气面罩放在幼猫的鼻子上来补充氧气

在心脏上放一个多普勒探头检测心率。

心跳，但是如果用一个多普勒探头放在心脏上方将会更简单（图 10.5）。使用多普勒探头可以持续监测幼猫的心率。如果幼猫没有呼吸，也可能是存在心动过缓。在幼猫吸氧时，可以用拇指和食指快速轻轻地挤压胸部。这样操作有利于氧气进入肺部，并进一步清除气道中的液体和黏液。一旦氧气进入肺部，心率通常会加快。这个过程（清理气道、剧烈擦拭刺激幼猫以及补充氧气）应该一直持续到幼猫能够自主呼吸并且完全苏醒。

如果幼猫仍然没有呼吸，可以使用 22 ～ 25 号针刺激 GV26 穴位，在上唇和鼻子之间的区域插入（图 10.6）。如果之前给幼猫服用了阿片类药物，可以给幼猫注射 0.05 ～ 0.1 mL 纳洛酮来缓解可能由阿片类药物造成的副作用，当然只有在幼猫苏醒缓慢并且怀疑阿片类药物药效过长时才需要进行。纳洛酮最好的给药方式是静脉注射，然而在这样一只刚出生的幼猫身体上找到静脉是一个技术上的难题。脐静脉是产后初期静脉给药的理想途径。在剖宫产手术中，脐带应在距离体壁脐孔 6 ～ 8 cm 处结扎（图 10.7），这样可以更

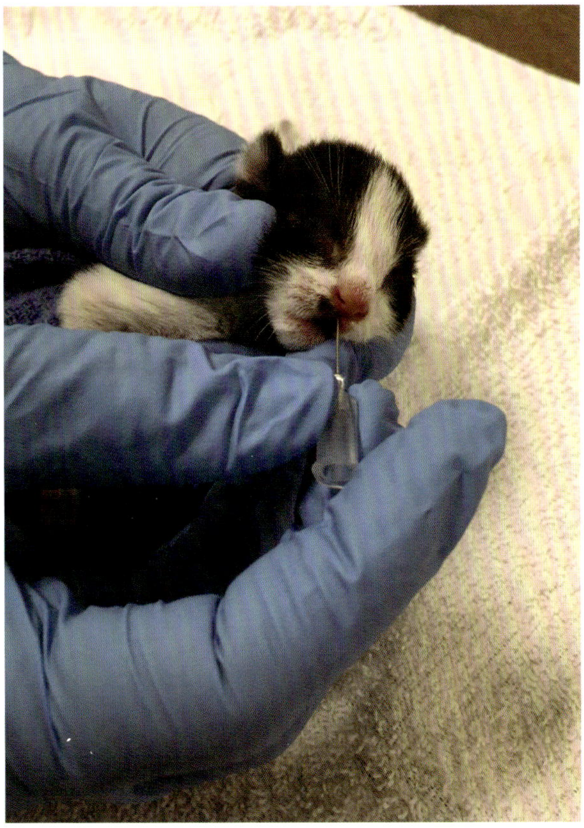

图 10.6　在 GV26 穴位用针刺激呼吸

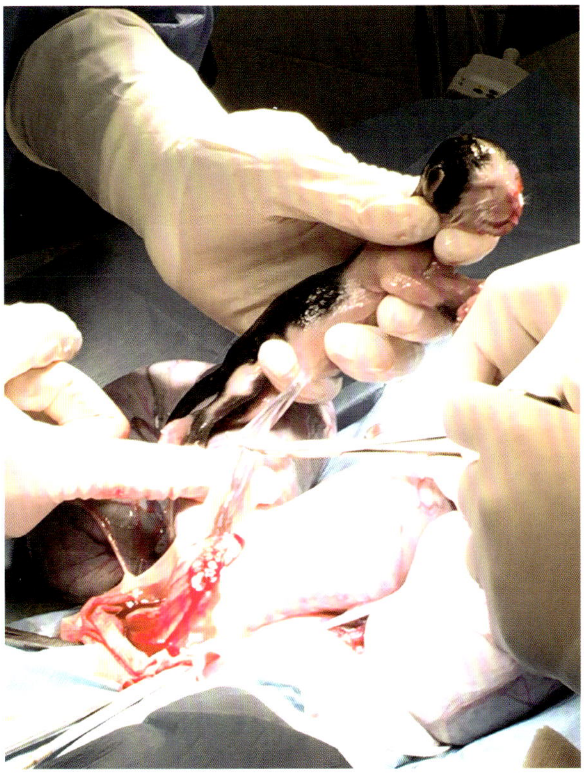

图 10.7　脐带结扎位置

进行剖宫产分娩幼猫时，脐带应在距离身体至少 6 ～ 8 cm 的地方结扎，以便通过脐静脉进行给药。

方便地找到脐带血管。在幼猫苏醒后，脐带会逐渐缩短。在作者看来，给予氧气、取暖和刺激的操作对大多数新生幼猫的苏醒过程已经足够了。在通过多普勒探头或听诊没有检测到心跳的情况下，可以通过脐静脉注射 0.05 ～ 0.1 mL 肾上腺素。目前不推荐使用阿托品，因为它会增加已经缺氧的动物的心脏负荷。通常不推荐通过将幼猫头朝下摇晃的操作来清理气道黏液，因为器官和大脑受到这种力的作用时会造成损伤。也不推荐将多沙普仑作为刺激呼吸使用的一种兽用药物，因为这种药已经被证实在人类新生儿本身已经缺氧的情况下会增加大脑对氧气的需求量（Roll and Horsch，2004）。气管插管的方法适用于无法自主呼吸的幼猫，给幼猫插管是一项非常具有挑战性的工作，可以使用小型无套囊气管导管、大一点的静脉导管（去除针头）或者红色的橡胶导管。插管治疗往往是无奈之举，因为插管过程以及在控制呼吸时肺部进入过量气体都存在对气道造成损伤的风险。在作者看来，通过有正向压力或者没有正向压力的氧气面罩给幼猫提供氧气是比插管治疗要好的。

一旦幼猫完全苏醒（呼吸良好、有声音、能扭动、有温度），应该将其放入提前预热的保温箱或者有盖子的纸箱里以保持温暖，直到达到送回母猫身边的条件。关于新生幼猫苏醒过程中建议使用的器具已在专栏 10.1 中列出。

幼猫苏醒后应该对它们进行体格检查。虽然刚出生的幼猫很小，但常规的体格检查还是可以进行的，能够检查出的异常包括心脏杂音、腭裂（图 10.8）以及胎儿畸形。先天性缺陷在纯系品种或近亲繁殖系数高的幼猫中很常见。一些常见的先天性缺陷是有被纠正和存活的可能性的，包括脐疝、并指畸形、眼睑缺损或者皮样囊肿（可能需要切除一只眼睛），以及平胸综合征。出生时就患有危及生命的疾病的幼猫通常是无法存活的，包括腭裂、胃裂、直肠闭锁（图 10.9），以及漏斗胸。其他异常可能在出生时不容易发现，但可能导致幼猫在新生儿时期死亡的情况包括肠

专栏 10.1　新生幼猫复苏工具盒

- 1 mL 注射器
- 22 ~ 25 号针头
- 新生幼猫氧气面罩
- 非再吸入性麻醉管
- 小儿球吸器
- 德勒黏液收集器
- 工作区热源
- 氧气源
- 小毛巾（最多 10 条）
- 有热源的猫箱
- 脐带缝合线
- 蚊式止血钳（2 ~ 3 把）
- 小剪刀
- 多普勒和凝胶
- 儿科听诊器
- 纳洛酮
- 肾上腺素
- 阿托品
- 标记幼猫的修剪工具或者项圈

闭锁、脑积水、溶酶体贮积症、高乳糜微贫血、多囊肾、门体静脉分流和器官发育不良。

10.5　产后护理

一些幼猫在出生后的几天里会被母猫弃养，或者一窝幼猫中有一只相对较弱小的幼猫无法和其他幼猫竞争。当有这种情况出现时，则需要将它们从母亲身边带走，进行人工抚养或者交叉抚养都会有利于它们的生存。如果有母猫不抚养幼猫或者母猫有健康问题（如乳腺炎、子宫炎）以及一窝幼猫的数量特别多的情况，交叉抚养对幼猫是有益的。将一只幼猫送给另一只母猫进行交叉抚养时，先把母猫自己的一只幼猫移出，与需要交叉抚养的幼猫放在一起足够长的时间来交换气味，然后再将 2 只幼猫一起放回去的方法是较好的。只要是刚出生几天的幼猫，大多数母猫是愿意接受交叉抚养的。如果尝试将一只刚出生的幼猫放入一窝已经出生超过一周的幼猫中交叉抚养是不太可行的。大一点的幼猫更强壮，能够把较小的幼猫挤出去。一旦将幼猫送给另一只母猫

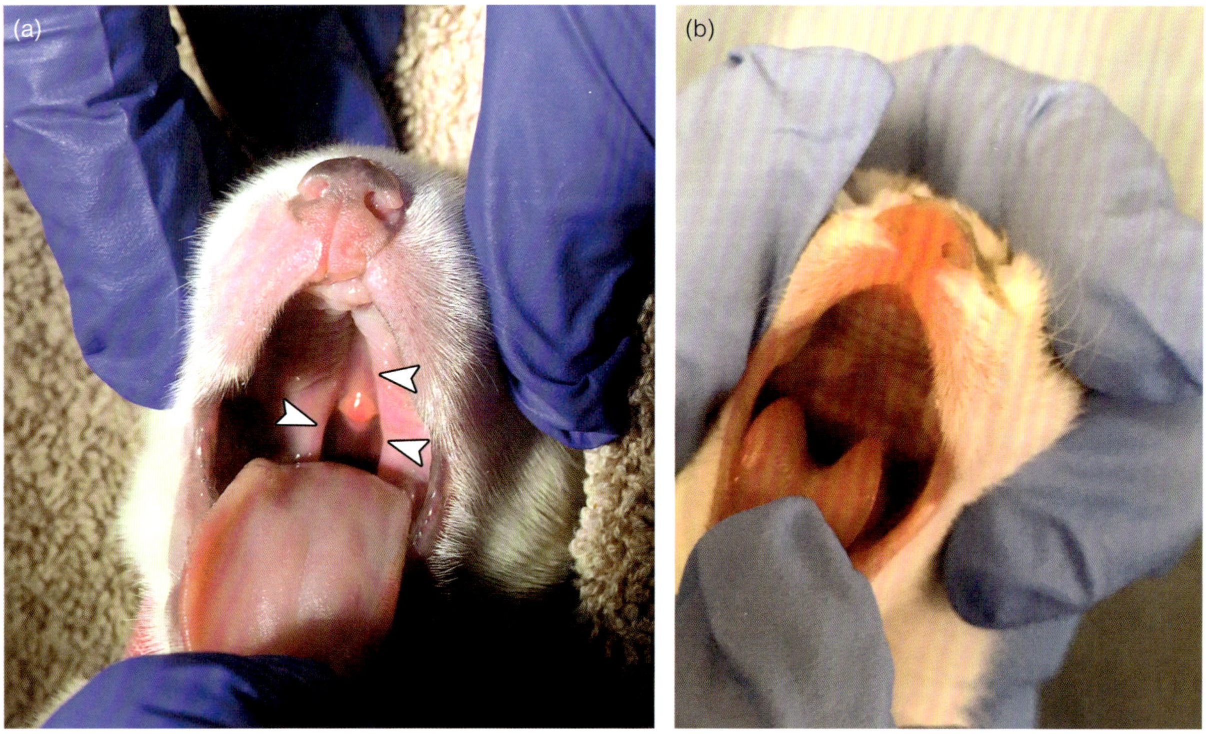

图 10.8　腭裂和正常上腭的幼猫

（a）严重腭裂的新生幼猫（白色箭头）；（b）正常上颚的幼猫。

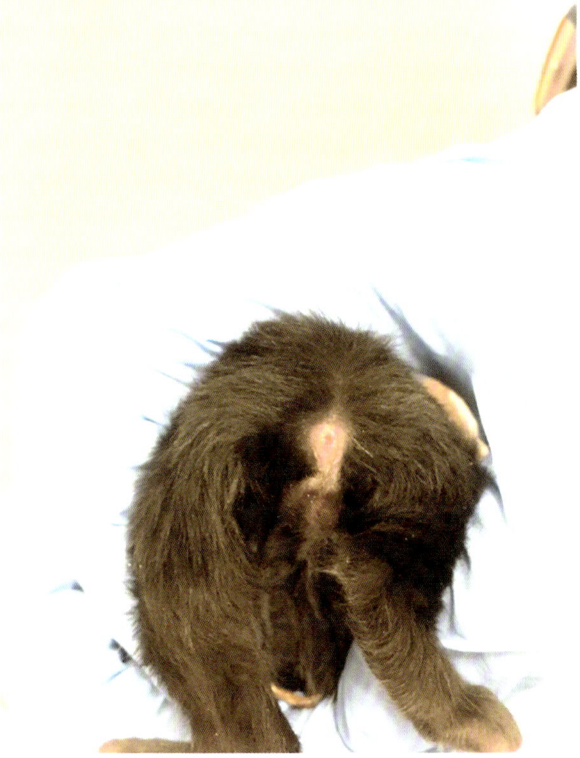

图 10.9　天生没有尾巴或直肠开口的幼猫

这只幼猫出生时是活的，但由于这个缺陷已被安乐死。

图 10.10　将幼猫放在天平上以获取精确的重量

抚养，就应该密切地监视，以确保被收养的幼猫不会被攻击。母猫一口就能迅速杀死幼猫，因此刚开始的几小时非常重要。母猫接受一只新来幼猫的标志包括舔舐幼猫，将其移至乳腺的位置，并且与自己的幼猫相比不会更多地关注它。不接受或者具有攻击性的表现包括把幼猫移来移去，闻了闻但是又忽略它，向幼猫发出嘶嘶的声音，持续超过几分钟的躁动。

出生体重就较轻或者体重没有增加的幼猫，其死亡的可能性很大，因此体重是监测幼猫整体成长的一项重要数据。幼猫应该每天进行两次称重来监测体重的增长（图 10.10）。幼猫在出生后的 24 h 内体重可能会减少几克，但是在这之后体重应该是稳定增长的。通常，体重的增加取决于一窝幼猫的数量和品种，但是 24 h 内体重应该增加 2 ～ 10 g。如果在出生 24 h 后幼猫的体重没有增加（超过 24 h 体重保持不变）或者减少，建议增加饲喂量。使用奶瓶喂养是危险的，可能会导致奶被吸入肺部。幼猫对营养的摄取取决于其吮吸能力和胃口，对于瘦弱的幼猫来说，这两者可能都很差以至于不能茁壮成长。胃管喂食可以确保给予适当的营养，对幼猫整体来说也是安全的，与奶瓶喂养相比更节约时间。用一根 5 Fr 的红色橡胶导管作为胃管，把导管的尖端放在幼猫最后一根肋骨水平处，然后在导管接触鼻子的地方做上标记（图 10.11）。这样可以确保导管被伸入胃里而不是气管里。幼猫应该被直立抱起（胸骨和前端抬高），这可以很容易地通过提起幼猫的颈背来完成。一旦幼猫被控制在合适的位置，就可以通过张开的嘴轻轻地将导管压入胃里。当导管插入时幼猫应该能够叫唤，以此来确认导管没有进入气管。当导管插至标记处后，适当体积温暖的代乳剂在 1 ～ 2 min 内就可以导入，然后导管可以被缓慢地抽出。在给幼猫喂奶时，要密切观察有没有反流现象。如果出现这种情况，应停止喂食，取出导管，将幼猫头部朝下放置，用球吸器抽吸口中液体，以降低误吸的风险。导管用水冲洗，然后晾干。

对于完全没有母猫喂养的幼猫（孤儿或者被母猫遗弃的幼猫）来说，补充的量必须满足所有的营养需求，并以幼猫的体重为基础（表 10.1）。出生后的第一周，要 24 h 进行饲喂且每 2 h 饲喂一次，以确保在不扩张胃的前提下提供充足的营养。如果在一周后幼猫的体重增加足够，则可以增加每次饲喂的体积，慢慢降低饲喂的频率。最为合理的饲喂方式是，白天 2 ～ 3 h 喂一次，晚上 5 ～ 6 h 喂一次，让管理员也可以休息一下。如果幼猫是母猫哺乳喂养，但体重却不增长，可以通过胃管喂养增加幼猫的营养摄入，防止出现低血糖或虚弱，进而影响哺乳喂养。根据作者的经验，通过每天 3 ～ 4 次的饲喂来补充所需营养总量的 1/3 ～ 1/2 就足以满足体重增加的需求。当幼猫体重开始增加时，可以减少饲喂频率或饲喂量，直到可以停止喂食（通常在几天之内）。如果幼猫增重失败，则应增加饲喂频率（从每天 3 ～ 4 次到每 2 ～ 3 h 饲喂一次），直到幼猫体重开始增加。市面上可以买到幼猫或者幼犬专用的代乳剂。

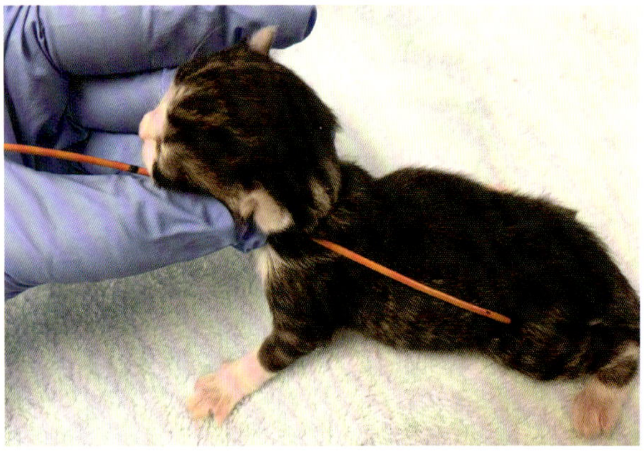

图 10.11　测量从最后一根肋骨到口鼻的导管长度

注意在口鼻处导管上的标记，作为指示导管进入食道和胃内的位置。

表 10.1　不同体重幼猫的饲喂频率和饲喂量

体重（oz）	体重（g）	24 h 饲喂量（mL）	每次饲喂量（mL）	每天饲喂次数	哺乳期的补充量（mL）[a]	哺乳期每天饲喂次数[a]
2	57	14	2	8 ~ 9	1 ~ 2	6 ~ 7
3	85	23	3	8 ~ 9	1 ~ 2	6 ~ 7
4	113	30	5	8 ~ 9	2	6
5	142	38	6	7	3 ~ 4	6
6	170	46	7	7	4	4 ~ 5
7	198	54	8	7	5	4
8	227	61	9	7		
9	255	70	10	6 ~ 7		
10	283	77	11	6 ~ 7		
11	312	85	12	6 ~ 7		
12	340	92	14	5 ~ 6		
13	680	100	15	5 ~ 6		
14	397	107	16	4 ~ 5		
15	425	115	17	4 ~ 5		
16（1 lb）	454	123	18	4 ~ 5		

注：饲喂频率和饲喂量应根据需要增加或减少，以保证幼猫的体重增长。幼猫的胃容量是 0.045 mL/g（45 mL/kg）。在刚开始饲喂时，饲喂需求量的 1/2 ～ 2/3，在饲喂 4 ～ 5 次以后增加饲喂量，让幼猫适应代乳剂。该表改编自 Lawler，2008。

a 如果幼猫在哺乳期体重减轻，应该补充的量。这是基于作者的经验，如果需要提供足够的增重则应进行调整（增加饲喂量或饲喂频率）。

如果母猫没有刺激幼猫排尿或排便，可以用一个温暖湿润的棉球敷在幼猫的生殖器上，转圈摩擦来刺激幼猫。这个操作应该在补充饲喂之后进行，并且动作应该轻柔，过度摩擦可能会刺激生殖器疼痛发炎。

10.6 新生儿溶血症

造成新生幼猫在出生后几天内死亡的原因之一就是新生儿溶血症（neonatal isoerythrolosis，NI）。NI 是幼猫非传染性发病和死亡的最常见原因之一（Cave et al.，2002）。临床症状包括黄疸、血红蛋白尿、血尿（图 10.12）、呼吸急促和围产期心动过速（Silvestre-Ferreira and Pastor，2010）。新生幼猫由于摄入了母猫初乳中含有的同族抗体诱发出现 NI 的临床症状。这会导致免疫系统介导的红细胞破坏以及危及生命的溶血性贫血。如果出现 NI，需要立即给予治疗以减轻疾病造成的损伤。新生幼猫的体型较小，在出现严重的临床症状和死亡之前很难诊断，同时母猫经常把幼猫藏起来或放在一个封闭的盒子里，所以这种疾病造成的幼猫死亡率很高。

猫有三种主要血型：A 型、B 型和 AB 型，

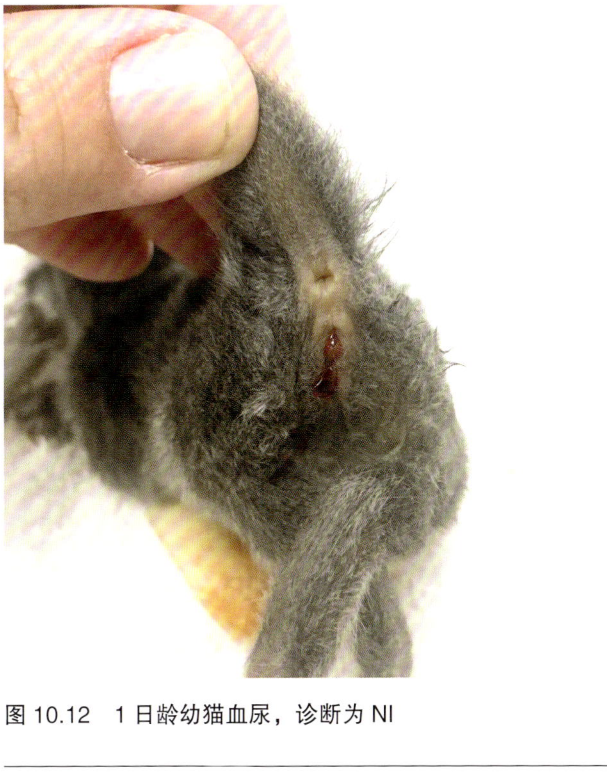

图 10.12　1 日龄幼猫血尿，诊断为 NI

其中 AB 型是猫抗原系统疾病报道最多的。猫血型的遗传特征遵循常染色体孟德尔遗传定律。A 型的等位基因相对 B 型的等位基因是显性的，因此 A 型优于 AB 型，AB 型优于 B 型。猫的 AB 型血罕见，是单独遗传的，等位基因 a^c 优于 b，而等位基因 A 优于 a^c（Giger，2014）。存在一种单独的 b/b 基因型猫，其表型是 B 型血。AB 型血的猫基因型是 a^c/a^c 或者 a^c/b。A 型血和 B 型血的猫分别产生天然抗 B 或抗 A 同族抗体。AB 型血的猫既不产生抗 A 同族抗体也不产生抗 B 同族抗体。在所有 B 型血的猫中，在 3 个月之内都存在抗 A 同族抗体。这些抗 A 同族抗体具有很强的溶血活性。北美的猫品种中 B 型血概率较高，包括英国短毛猫、柯尼斯卷毛猫和德文卷毛猫、土耳其安哥拉猫或者土耳其梵猫，但这个列表并不详尽。B 型血猫的出现频率受地理位置的影响（Giger，2014）。相比之下，A 型血猫在 3 月龄时体内抗 B 同族抗体的浓度并不高，特点是溶血能力较弱。在临床工作的医生应该注意，在家养的短毛猫和中毛猫中 A 型血最多（Silvestre-Ferreira and Pastor，2010；Giger，2014；Kehl et al.，2018）。

初产母猫和不同血型的公猫交配均有可能产下患 NI 的幼猫，其中 B 型血母猫和 A 型血公猫交配生出的幼猫患病率最高。为了确定幼猫是否为 NI 疑似患病动物，应该采集幼猫母体和父体的血液进行血型凝集试验（图 10.13）。当母猫与一只 A/b 或者 a^c/b 基因型公猫交配时，基因型对评估 NI 的患病风险很重要。因为这只公猫携带了等位基因 B，它与 B 型血母猫的第一次交配可能不会导致 NI 出现，但是 NI 可能会在以后交配产崽中产生。

对于 NI 应该积极治疗，治疗方案主要是维持疗法（Silvestre-Ferreira and Pastor，2010；Giger，2014）。防止新生动物继续摄入初乳。随着 NI 临床症状的出现，必须给予保暖和营养补充措施。根据临床症状的严重程度，应考虑进行输血和输液治疗。输液治疗对于正在接受 NI 治

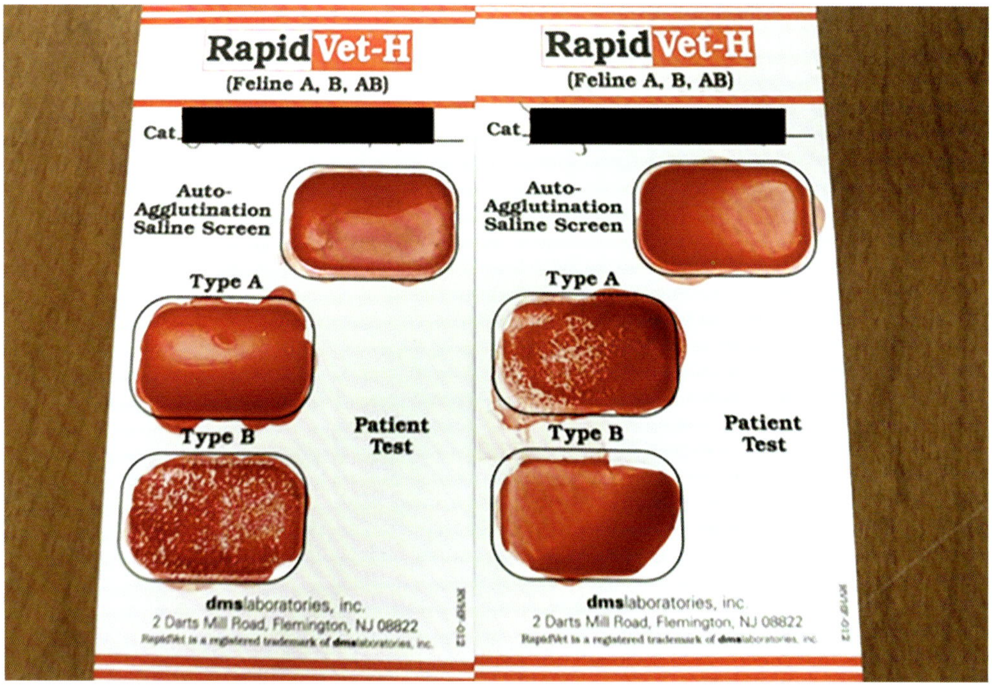

图 10.13　一种显示血型的血型凝集试验

左边的卡片是血型为 B 的母猫（注意“B 型”区域的凝集）。右边的卡片是血型为 A 的公猫（注意“A 型”区域的凝集）。来自这一窝的幼猫会患有 NI。该测试可以快速进行，并可用于临床。

疗的新生动物预防色素诱导的肾脏和肝脏疾病是很重要的。

如果出生不到 72 h 的幼猫患有 NI，并且无法获得对应血型的储存血液，建议使用母猫的血液进行输血（Silvestre-Ferreira and Pastor，2010）。NI 是摄入 B 型血母猫初乳中的抗 A 同族抗体的直接结果。当猫的血液循环中抗 A 同族抗体浓度仍然很高时，给猫输入 A 型血会导致持续溶血。因为 B 型血的母猫在初乳中不会隔绝抗 B 同族抗体，所以其血液是最适合给 NI 急性期幼猫输入的。据报道，妊娠母猫的同族抗体的寿命很短，IgA 和 IgG 的寿命分别为 1.9 d 和 4.4 d（Casal et al.，1996）。如果幼猫在 72 h 后需要继续输血，可以在抗 A 同族抗体减弱时使用交叉匹配的供体血液继续输血。

针对 NI 最好是从预防入手。了解父系和母系的血型后可以推测后续繁殖幼崽患 NI 的可能性。对于 B 型血的母猫来说，可以选择与 B 型血的公猫进行交配，生出 B 型血的幼崽，从而降低幼崽中患 NI 的风险；如果与 A 型血或者 AB 型血的公猫交配，一定要尽量避免幼崽摄入初乳。可以通过导管饲喂和代乳剂补充营养，直到幼猫进行血型鉴定，或直到肠道闭合。据报道，幼猫的肠道在出生后 12 ～ 24 h 内闭合（Casal et al.，1996；Silvestre-Ferreira and Pastor，2010）。对于与母猫血型不同的幼猫来说，可以让一只与公猫血型相同的哺乳期母猫进行交叉抚养。

10.7　结论

对于一只高危的新生幼猫来说，没有初乳来建立被动免疫是应该被考虑的一个重点问题。通过口服或者静脉输入同窝其他幼崽的血浆或者血清可以实现这个目标。应该在出生后 12 ～ 24 h 内口服血浆或血清，以便在肠道闭合前吸收免疫球蛋白。

新生儿时期的护理对幼猫存活至关重要。细心的、合适的苏醒方法和护理都可以提升幼猫的存活率。

10.8 参考文献

[1] Benson, G. J. and Thurmon, J. C. (1984) Anesthesia for cesarean section in the dog and cat. Modern Veterinary Practice 65, 29–32.

[2] Casal, M. L., Jezyk, P. F., and Giger, U. (1996) Transfer of colostral antibodies from queens to their kittens. American Journal of Veterinary Research 57, 1653–1658.

[3] Cave, T. A., Thompson, H., Reid, S. W. J., Hodgson, D. R., and Addie, D. D. (2002) Kitten mortality in the United Kingdom: a retrospective analysis of 274 histopathological examinations (1986 to 2000). Veterinary Record 151, 497–501. doi: 10.1136/vr.151.17.497.

[4] DeRossi, R., Hermeto, L. C., Jardim, P. H. A., Bicudo, N. de A., and de Assis, K. T. (2016) Postoperative pain control in cats: clinical trials with pre-emptive lidocaine epidural co-administered with morphine or methadone. Journal of Feline Medicine and Surgery 18, 882–888. doi: 10.1177/1098612X15602738.

[5] Dodman, N. H. (1979) Anesthesia for Cesarean-section in the dog and cat - review. Journal of Small Animal Practice 20, 449–460. doi: 10.1111/j.1748-5827.1979.tb06750.x.

[6] Doebeli, A., Michel, E., Bettschart, R., Hartnack, S., and Reichler, I. M. (2013) Apgar score after induction of anesthesia for canine cesarean section with alfaxalone versus propofol. Theriogenology 80, 850–854. doi: 10.1016/j.theriogenology.2013.07.006.

[7] Dolan, E. D., Doyle, E., Tran, H. R., and Slater, M. R. (2020) Pre-mortem risk factors for mortality in kittens less than 8 weeks old at a dedicated kitten nursery. Journal of Feline Medicine and Surgery doi: 10.1177/1098612X20974960.

[8] Giger, U. (2014) Blood-typing and crossmatching to ensure blood compatability. In: Bonagura, J. D. and Twedt, D. C. (eds) Kirk's Current Veterinary Thepary XV. Elsevier, St. Louis, Missouri, pp. 143–148.

[9] Kehl, A., Heimberger, K., Langbein-Detsch, I., Boehmer, S., Raj, K., et al. (2018) Molecular characterization of blood type A, B, and C (AB) in domestic cats and a CMAH genotyping scheme. PLoS One 13. doi: 10.1371/journal.pone.0204287.

[10] Kraus, B. H. (2016) Anesthesia for cesarean section in the dog. Veterinary Focus 26, 24–31.

[11] Lawler, D.F. (2008) Neonatal and pediatric care of the puppy and kitten. Theriogenology 70, 384–392.

[12] Mathews, K. and Sinclair, M. (2018) Analgesia and anesthesia for pregnant cats and dogs. In: Mathews, K., Sinclair, M., Steele, A. M., and Grubb, T. Analgesia and Anesthesia for the Ill or Injured Dog and Cat. Wiley, Hoboken, New Jersey, pp. 279–293.

[13] Moon, P. F., Erb, H. N., Ludders, J. W., Gleed, R. D., and Pascoe, P. J. (1998) Perioperative management and mortality rates of dogs undergoing cesarean section in the United States and Canada. Journal of the American Veterinary Medical Association 213, 365–369.

[14] Moon-Massat, P. F. and Erb, H. N. (2002) Perioperative factors associated with puppy vigor after delivery by cesarean section. Journal of the American Animal Hospital Association 38, 90–96. doi: 10.5326/0380090.

[15] Palahniuk, R. J., Shnider, S.M., and Eger II, E. I. (1974) Pregnancy decreases the requirement for inhaled anesthetic agents. Anesthesiology, 41, 82–83. doi: 10.1097/00000542-197407000-00021.

[16] Robertson, S. (2016) Anaesthetic management for caesarean sections in dogs and cats. In Practice 38, 327–339 doi: 10.1136/inp.i3201.

[17] Robertson, S. A. and Moon, P. F. (2003) Anesthetic management for cesarean section in bitches. Veterinary Medicine 98, 675–694.

[18] Roll, C. and Horsch, S. (2004) Effect of doxapram on cerebral blood flow velocity in preterm infants. Neuropediatrics 35, 126–129. doi: 10.1055/s-2004-817904.

[19] Scott, F. W. and Geissinger, C. (1978) Kitten mortality survey. Feline Practice 8, 31–34.

[20] Shih, A. C., Robertson, S., Isaza, N., Pablo, L., and Davies, W. (2008) Comparison between analgesic effects of buprenorphine, carprofen, and buprenorphine with carprofen for canine ovariohysterectomy. Veterinary Anaesthesia and Analgesia 35, 69–79. doi: 10.1111/j.1467-2995.2007.00352.x.

[21] Silvestre-Ferreira, A. C. and Pastor, J. (2010) Feline neonatal isoerythrolysis and the importance of feline blood types. Veterinary Medicine International 2010, 753726. doi: 10.4061/2010/753726.

[22] Sparkes, A. H., Rogers, K., Henley, W. E., Genn-Moore, D. A., May, J. M. et al. (2006) A questionnaire-based study of gestation, parturition and neonatal mortality in pedigree breeding cats in the UK. Journal of Feline Medicine and Surgery 8, 145–157. doi: 10.1016/j.jfms.2005.10.003.

[23] Tranquilli, W. J. (1992) Anesthesia for cesarean section in the cat. Veterinary Clinics of North America Small Animal Practice 22, 484–486. doi: 10.1016/s0195-5616(92)50679-9.

[24] Young, C. (1973) Preweaning mortality in specific pathogen free kittens. Journal of Small Animal Practice 14, 391–397. doi: 10.1111/j.1748-5827.1973.tb06476.x.

11 新生幼猫疾病

Aime K. Johnson

美国亚拉巴马州奥本大学兽医学院临床科学系

11.1 引言

虽然合理的饲养管理和兽医干预可以防止一些新生幼猫的死亡，但幼猫总体死亡率仍然很高。有报道称，9.7% 的幼猫可能是死胎，16% 的幼猫可能在断奶前死亡（Holst and Frössling，2009；Fournier et al.，2017）。然而，也有其他的报道称幼猫的死亡率较低，只有 7.2% 的幼猫是死胎，8.3% 的幼猫在出生后的 12 周内死亡（Sparkes et al.，2006；Holst and Frössling，2009）。幼猫在刚出生的时候是最脆弱的，超过一半的幼猫死亡发生在出生后的前两周（Casal，1996；Holst and Frössling，2009；Sparkes et al.，2006）。出生时体重较轻的幼猫比体重较重的幼猫更容易死亡，即使在同一窝幼猫中也是如此。单胎幼猫比一窝 5 只或更多幼猫的存活率低。肥胖母猫产崽存活率比标准体重的母猫低。体型较小的母猫往往会产下更小的幼猫，但这些幼猫的存活率反而更高（Lawler et al.，1984）。幼猫产后 2 h 内必须喂奶，在产后最初的 18 ～ 24 h 内多次喂奶对于幼猫从初乳中吸收母源抗体至关重要。

11.2 常见临床症状

通常幼猫会睡在一起来调节体温。给幼猫有规律地喂奶，在两次喂奶之间的睡眠很好，则体重每天都会增加。生病的幼猫倾向于独处（或者母猫将其与其他幼猫分离），不吃奶或者吃奶较少，同时出现躁动和不断嚎叫的现象，这会导致其体温过低、低血糖和脱水。幼猫生病的第一个症状就是体重减轻和发育不良。在出生后的前 2 ～ 3 周内，幼猫应该每天称两次体重，以监测体重增加的情况。体重不增加的幼猫死亡率是体重持续增加的幼猫的 9 倍，最瘦幼猫死亡率是最胖幼猫死亡率的 13 倍（Dolan et al.，2020）。如果幼猫体重不增加，应立即进行临床疾病检查和人工护理。与受影响系统相对应的临床症状可能很明显，如腹泻、呼吸急促、鼻或眼有分泌物。然而，有些症状可能不具有特异性，通常被归类为“幼猫衰弱综合征”（Bucheler，1999）。在一项对 59 只纯种波斯猫和德文卷毛猫的研究中发现，母猫遗弃（幼猫被孤立、得不到照顾等）、体温过低（正常体温为 36 ～ 36.6℃）是死亡前的常见症状（Omoto，2019）。关于呼吸系统疾病相关的临床症状，在一篇来自 10 窝幼猫的 13 只死亡病例报道中呼吸困难是死亡之前最常见的症状。来自不同窝的好几只幼猫死亡前出现体重不增加、粪便异常和无法吃母乳的症状。在最近的一项研究中，在宠物新生儿护理中心与死亡率增加相关的风险因素是出生体重轻、体重减轻、厌食、腹泻和上呼吸道症状（Dolan et al.，2020）。

11.3 病因学

幼猫死亡的原因可以分为传染性和非传染性，其中非传染性原因包括创伤、先天性缺陷、营养失衡、免疫系统疾病、退行性疾病和护理不善；传染性的原因包括病毒、细菌和寄生虫感染。据统计，在出生 2 周内死亡的幼猫中，50% 死于感染原因，19% 死于自发性原因，12% 死于免疫系统疾病（如 NI），9.5% 死于先天原因，4.8%

死于营养原因，4.8% 死于外伤原因（Cave et al.，2002）。Omoto 进行的一项研究调查了德文卷毛猫和波斯猫饲养中心新生幼猫的死亡原因，不包括死胎，至少有 29.5%（44 只中的 13 只）的幼猫可能是由于感染而死亡（Omoto，2019）。免疫系统疾病、护理不善和先天性缺陷已经在第 10 章讨论。传染性疾病将在本章中更详细地讨论。

当幼猫受到传染病的影响时，脱水是一个主要问题，因为它们的身体成分 80% 是水，而成年猫的比例是 60%（Little，2011）。由于水分比例更高、体表面积比例更高、代谢率更高和体脂水平更低等因素，使幼猫比同等体型的成年猫需要更多的液体。此外，幼猫的肾脏在出生时还没有发育完全，因此单位体重所排泄的水比成年猫要多。因此，如果幼猫腹泻、呕吐、液体或奶摄入量减少很容易出现脱水（Little，2011）。快速检查幼猫水合状态的一种方法是检查其黏膜以及毛细血管再充盈时间，如果前者出现苍白，后者出现延迟，那么幼猫至少脱水了 10%。脱水幼猫的尿液颜色较深，比重＞1.020（Little，2011）。如果幼猫只是轻微脱水，没有其他健康问题，可以通过温热的皮下注射液或口服代乳剂治疗。然而，严重脱水通常需要静脉注射或骨内导管进行液体补充。对于幼猫来说，可以简单快速地放置股骨内导管（图 11.1）。用一只手（非惯用手）抓住幼猫的膝关节，拇指放在大转子上。用一根 2.54 cm（1 in）的 22 号针穿过大转子内侧的皮肤，沿大转子内侧推至转子间窝，轻轻地将针推入髓腔。然后取出钻孔针，使用另一根 2.54 cm 的 22 号针沿着针孔进入骨髓。当液体可以很容易地进入髓腔时，就可以确认骨内导管装置位置正确。注意不要给新生幼猫过量补水，因为它们没有完善的肾脏排泄功能（Little，2011）。

除了在幼猫死前或死后检查时可以诊断出传染病外，死胎也可能是传染病的结果。通常，病毒比细菌或原生动物更容易引起猫的死胎现象（Givens and Marley，2008）。尤其是猫细小病毒、FeLV、猫鼻气管炎病毒和猫传染性腹膜炎病毒已经被证明与流产、死胎、新生动物死亡以及胎儿干尸化等有关（Lefebvre，2015）。FIV 也可以导致死胎（Givens and Marley，2008）。然而，如果没有进一步检测，就很难确定有多少死胎是由于传染病造成的，有多少是由于非传染性原因造成的。

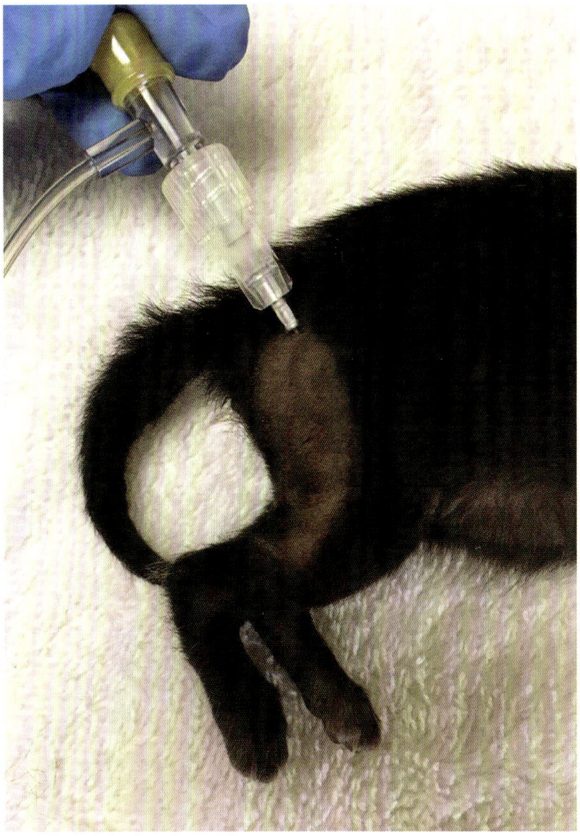

图 11.1　在新生幼猫的股骨内放置骨间导管进行液体补充治疗

11.4　幼猫死亡的感染性因素

Cave 等在 2002 年的调查发现，在 274 例幼猫死亡病例中超过一半是传染性疾病造成的。进一步细分，一半死于病毒感染，另一半死于细菌感染。通过检测发现，FHV 和猫杯状病毒是引起病毒性死亡的两大主要病原（Cave et al.，2002）。从死亡新生动物中分离出的细菌病原体包括大肠杆菌、链球菌、巴斯德菌、肠杆菌、肠球菌、克雷伯菌属、假单胞菌、鲍特菌属和沙门氏菌（Mossi-Dieth et al.，1990；Hoskins，1993）。这些疾病中的任何一种都可能导致“幼猫衰弱综合征”，包括幼猫体重不增加，不能维持体温，在短时间内从活跃的新生幼猫“衰弱”到死亡。在一窝幼猫中传染性疾病可能影响的不止一只。因此，应进行仔细的检查或尸检，以确定可能受到影响的任何机体系统，从而可以更精确地排查出病因。

11.4.1 呼吸系统疾病

从患有肺炎、胸膜炎、心肌炎/心内膜炎、脑膜炎/脑炎的幼猫身上分离出的最常见的细菌种类为链球菌和大肠杆菌（Mossi-Dieth，1990）。导致幼猫上呼吸道、下呼吸道疾病的其他常见原因包括 FHV-1、猫杯状病毒、支气管败血鲍特菌、支原体和衣原体（Little，2011）。

新生幼猫感染 FHV 的特征是急性上呼吸道感染。幼猫会出现眼睛流水和鼻塞（图 11.2）。它们变得虚弱，可能会发烧，并表现出呼吸急促或咳嗽。幼猫的口腔和舌头也可能出现溃疡，哺乳或进食会感到疼痛（图 11.3）。FHV 可以通过眼分泌物和（或）鼻分泌物拭子样本进行诊断。将棉签交给实验室后，通过 PCR 分析是否存在病毒。由于继发性细菌感染很常见，治疗可能包括使用广谱抗生素。人工护理包括液体治疗、营养补充，保暖也是必不可少的。蒸汽雾化可以帮助幼猫清理鼻腔通道并促进进食。如果情况严重，使用泛昔洛韦（90 mg/kg，口服，每 8 h 一次，持续 14 d）可以缩短感染时间或减少向猫舍中其他幼猫的传播。口服赖氨酸辅助治疗也会有利于免疫支持。这一窝幼猫以及母猫都应该考虑进行治疗。如果鼻腔和眼有严重的黏性分泌物或者引起了新生儿结膜炎（还没睁开眼睛的幼猫结膜囊积存脓性分泌物），每天应该用温热的湿纱布或毛巾清洁眼睛几次。可以使用抗生素眼膏以减少继发感染。为了预防，需要采取严格的卫生和生物安全措施。这种病毒在室温下不能存活很长时间，常用的消毒剂很容易将其杀死（Sykes，2014）。为母猫接种抗 FHV 疫苗可以为幼猫提供免疫力，但随着母猫抗体的减弱，幼猫可能在第一次接种疫苗前就易受感染。

猫杯状病毒可以通过唾液、鼻腔或眼分泌物，以及气溶胶传播。大多数幼猫会出现上呼吸道感染，但病毒可以传播到肺部，导致严重的肺炎。这种病毒会发生变异，临床症状取决于引起感染

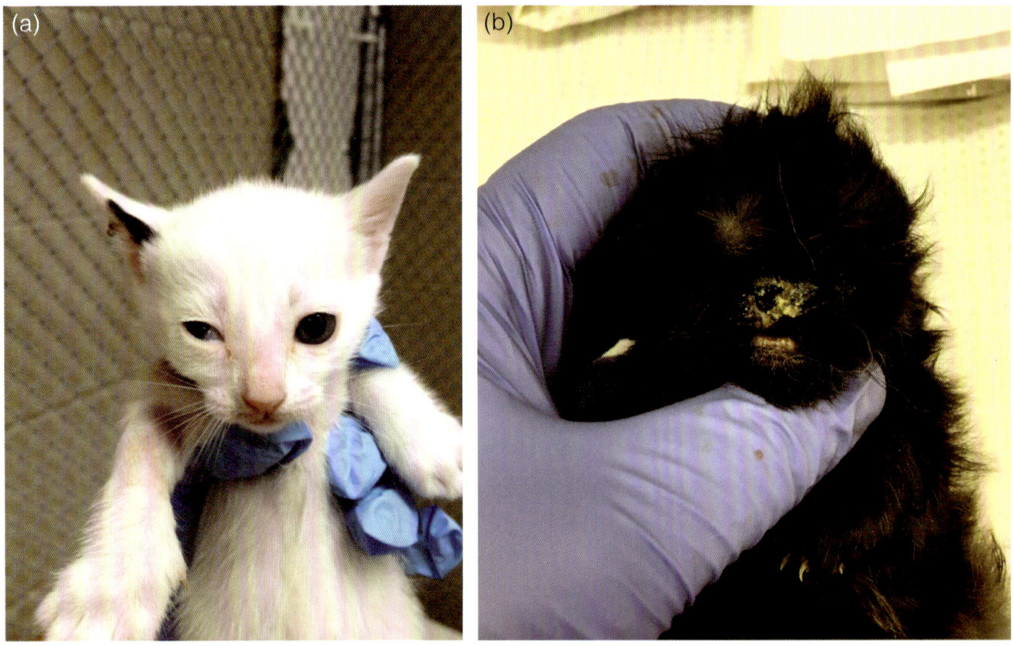

图 11.2 感染疱疹病毒的幼猫

（a）一只感染疱疹病毒的幼猫出现鼻腔和眼黏性分泌物、第三眼睑脱垂和眼睑痉挛；（b）可能感染了疱疹病毒的幼猫出现严重的鼻塞和分泌物。（由俄勒冈州立大学 Holly Omoto 和 Michelle Kutzler 博士提供）

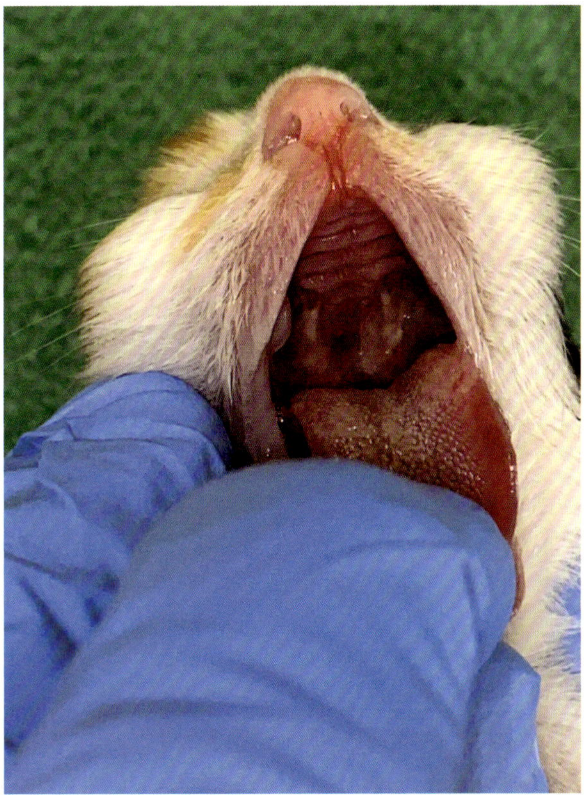

图 11.3　新生幼猫的硬腭尾部和舌基部严重溃疡

幼猫体重正在下降，需要频繁地用导管喂食来补充营养。

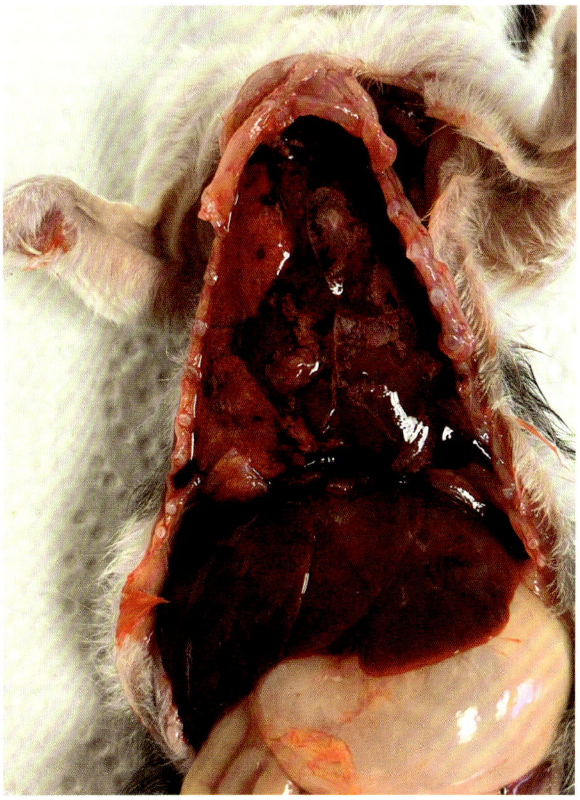

图 11.4　一只出生 36 h 后死亡的新生幼猫的心脏和肺

左肺叶呈弥漫性暗红色，表明充血严重。

的毒株。病毒的诊断可以通过分离病毒或者更常见的逆转录 PCR 反应（RT-PCR）进行。阳性结果应伴随临床症状。之前接触过患病动物或者病毒可能导致出现 PCR 假阳性。治疗措施包括人工护理，盐水雾化治疗以消除鼻塞，继发性细菌感染需要使用抗生素，出现发烧或疼痛时服用非甾体抗炎药。接种疫苗将有助于降低疾病的严重程度，母猫应该在妊娠前接种疫苗。在治疗猫杯状病毒时，也可以使用治疗 FHV 所用的泛昔洛韦或者赖氨酸。

细菌引起的呼吸道疾病，如猫衣原体、支原体、支气管败血鲍特菌可通过鼻腔分泌物培养诊断，并采用合适的人工护理和抗生素治疗。严重时，细菌或病毒感染可导致肺部疾病（图 11.4）。进行尸检时，肺组织切块培养有助于诊断。将肺组织漂浮在水中有助于确定肺部是否发生突变 / 充血（沉到水底）或者充气（浮在水面）（图 11.5）。

图 11.5　一只出生后一周内死亡的新生幼猫的肺组织样本

充气的（正常的）肺浮在水面上，而发生肺实变的病变肺已沉到水底。（由俄勒冈州立大学 Holly Omoto 和 Michelle Kutzler 博士提供）

11.4.2 胃肠道疾病

引起传染性胃肠道疾病的病原包括病毒、细菌和原生动物。细小病毒、大肠菌群、胎三毛滴虫、贾第虫属、囊包虫属和隐孢子虫是引起幼猫胃肠道疾病的常见病原。胃肠道疾病可以导致腹泻和呕吐等典型的胃肠道症状，但也可观察到由胃肠道动力减弱或腹水引起的腹胀（图 11.6）。

胎三毛滴虫已被证明可引起猫，特别是幼猫的慢性腹泻。腹泻可能是短暂的，也可能持续数月至数年，这取决于诊断是否及时。其传播是通过粪 - 口途径，可以很容易地从一只猫传给另一只猫或从母猫传给它的幼猫。诊断可以通过直接涂片和观察活动的滋养体来确定新鲜、未冷藏的粪便中的生物体。然而，由于该技术需要粪便中有大量的滋养体，在一项研究中，该测试的灵敏度低于 5%（Gookin et al.，2003）。可以通过在几天内完成一系列测试来改进诊断方法。粪便培养可以使用商业化的“In Pouch® TF”系统进行（Biomed Diagnostics，White City，OR）。将粪便（0.1 g）放入装有专门培养液的袋中，在 37℃条件下孵育 6 d。从第 2 天或第 3 天开始在显微镜下分析袋中的滋养体，如果有必要，可以一直持续到第 6 天。在 In Pouch® TF 系统中，富含营养物质和抗生素的培养液可作为抗生素的替代品（Gookin et al.，2004）。粪便还可以进行 PCR 检测。Gookin 等发现，PCR 诊断的准确率接近 95%（35 只中的 34 只）。大多数实验室进行 PCR 检测需要 1 g 冷藏运输的新鲜粪便，不含猫砂（猫砂中的某些成分可能会抑制 PCR 检测）。样本在运输前可以在冰箱中保存数天，并维持样本特性。

图 11.6　幼猫腹水引起的严重腹胀

（由俄勒冈州立大学 Holly Omoto 和 Michelle Kutzler 博士提供）

已经证明使用罗硝唑（30 mg/kg，每天 1 次，口服 14 d）对治疗胎三毛滴虫有效。使用最后一剂抗生素 2 周后再次进行检测，以确认治疗效果。甲硝唑对治疗猫的胎三毛滴虫无效（Gookin et al.，2006）。

贾第虫引起的腹泻通常是恶臭、颜色淡、含有更多黏液的状态。通常幼猫和免疫缺陷的猫更容易感染。贾第虫通过包囊传播感染。贾第虫包囊可以在理想条件下存活 2 ～ 3 个月。其包囊的存活率随着温度的升高而降低。新生幼猫通常由腹泻引起的脱水死亡，在年龄非常小的猫中更为常见。贾第虫的诊断是通过粪便直接涂片，然后鉴定其包囊或滋养体。使用硫酸锌溶液漂浮法也可以分离包囊。由于猫可以间歇性地清除包囊，因此可能需要通过一系列的检查进行诊断。甲硝唑（25 mg/kg，口服，每天 2 次，持续 5 d）治疗可消除滋养体阶段的虫体，但可能无法消除所有能够导致复发的包囊阶段虫体，需要重复治疗。联合使用芬苯达唑治疗可改善猫顽固性腹泻的治疗效果（Dubey，1993）。

球虫病，通常为猫等孢球虫（*Cystoisospora felis*）或维德加等孢球虫（*Cystoisospora rivolta*），是引起猫腹泻的常见原因。通过粪 - 口途径感染。大多数猫在一生中的某个阶段都会接触球虫。与球虫感染相关的临床症状往往出现在特殊时期，如新生儿时期、断奶时期，或者免疫能力低下的个体。临床症状包括胃肠道症状，如呕吐、腹泻（通常是严重的）和腹痛，同时也可以作为神经系统或呼吸系统疾病，这取决于病原体所感染的位置（Dubey，1993）。由于这种微生物可以在大约 6 h 内产生孢子，因此在没有严格卫生管理环境的猫舍中，感染可能是迅速且严重的。诊断是通过使用粪便浮选法分离虫体来鉴定粪便中的微生物种类（糖浮选）。球虫包囊很小，所以应该仔细观察，以免遗漏。磺胺地索辛已被批准用于猫球虫病的治疗。因为它是球虫抑制剂，治疗应该持续 5 ～ 21 d。治疗时间越长，在治疗后无球虫残留的可能性就越高。也可以使用甲氧苄啶磺酰胺（15 ～ 30 mg/kg，口服 6 d），但往往对猫来说有适口性问题。呋喃唑酮（8 ～ 20 mg/kg，每天 1 次或 2 次，持续 5 d）也具有疗效。帕托珠利已经被测试作为治疗猫球虫病的一种药物，建议每天口服 20 ～ 50 mg/kg，连续 3 d。然而，如果初始的卵囊很多，这个剂量并不能清除所有的卵囊。如果仍然能检测到卵囊，建议重复治疗（Litster et al.，2014）。预防是控制疾病最好的方法。猫砂盆应该每天清理一次，至少每周消毒一次。因为卵囊可以通过生肉传播，所以喂食生肉或者被允许抓活物吃的猫更有可能被感染并排出卵囊，给幼猫带来感染风险。严格的卫生管理是最好的预防措施，同时可以减少猫排出的微生物对环境进一步污染。

猫泛白细胞减少症，由猫细小病毒引起，感染快速分裂的细胞，如小肠的肠隐窝细胞。感染的细胞被杀死，引起绒毛钝化，导致吸收不良和腹泻。这种疾病在新生幼猫和幼猫中更为严重，可能导致 90% 的死亡率（Truyen et al.，2009）。症状通常是急性发作的呕吐、腹泻和缺乏护理导致的严重脱水。感染后也可能观察到幼猫衰弱综合征，幼猫在 24 h 内死亡，只表现出嗜睡和厌食（Addie et al.，1998）。与其他病毒（如冠状病毒）或细菌联合感染将增加临床疾病的严重程度（Truyen，2009）。如果母猫在妊娠期间被感染，可以观察到死产、胚胎吸收、胎儿干尸化和幼猫衰弱综合征。或者幼猫出生时可能会有小脑发育不全，导致出现典型的神经疾病（共济失调、过度伸展和宽站姿），当幼猫在 2 周龄开始行走时症状就会比较明显。治疗措施是适当的人工护理，包括体温调节、营养和液体补充。可以通过 PCR 检测或者从粪便或血液中分离病毒进行确诊。临床上用乳胶凝集法或免疫层析法来检测粪便中的抗体（Addie et al.，1998）。这种病毒可能在环境中存活数月，对许多常规消毒剂都有耐药性。预防方法是在交配之前给育种繁殖群内的所有猫接种弱毒活疫苗。这种疾病在收容所或流浪动物中更普遍，但纯种猫也可能发生（Addie et al.，1998）。

11.4.3 系统性疾病

幼猫的系统性疾病可以导致死亡，伴随轻微的临床症状。FeLV、FIV 和细菌性败血症是导致系统性疾病的常见原因（Little，2011）。猫冠状病毒可以引起幼猫的感染，并伴随轻微症状，但也与一种毒性更强的毒株有关，即猫传染性腹膜炎。这些疾病会导致系统性疾病，对幼猫来说可能是致命的。细菌性败血症（新生儿败血症）也是导致新生幼猫死亡率很高的系统性疾病的一个原因。被动免疫是通过出生后 24 h 内摄入初乳获得的。如果不摄入初乳建立被动免疫，幼猫就有患系统性疾病的风险。当细菌负荷击垮幼猫的免疫系统时，就会发生败血症，易感因素包括与病毒联合感染、营养不足、体温调节不足和免疫抑制。受感染的幼猫经常呻吟、虚弱或者不安、无法维持体温，以及总体上无法茁壮成长。可以根据病史和临床症状进行诊断。通过培养原发性感染组织样本（关节、脐、血液等）进行确认。治疗方法是适当的人工护理，并根据组织培养结果和敏感性反应选择对应的抗生素使用。因为幼猫很快就会被感染，所以可以在得到结果之前就开始用阿莫西林 – 克拉维酸进行抗菌治疗。对新生幼猫来说，药物剂量应减少（30% ～ 50%），或者根据新生幼猫的个体情况和药物分布来调整用药频率（Hoskins，1993）。当患败血症时，口服抗生素的吸收情况可能发生改变。因此，建议开始时通过静脉注射或骨间注射途径给予抗生素治疗（Hoskins，1993）。预防措施包括确认幼猫在出生后 24 h 内得到母猫的良好照顾。母猫所在的区域应该保持清洁卫生，尽量减少对环境的污染。

新生动物传染病的预防工作比疾病发生后进行诊断和治疗更重要。严格的生物安全措施至关重要，要将妊娠期和哺乳期的母猫及其幼崽安排在一个单独的地方与其他动物隔离，并在妊娠期和新生儿时期保持环境清洁。此外，确保母猫在受孕前全面地接种疫苗。对患病的新生幼猫进行仔细检查，并将所有死亡的幼猫送到诊断实验室进行全面分析，这对确定病因并制订治疗和预防计划至关重要。

11.5 参考文献

[1] Addie, D. D., Toth, S., Thompson, H., Greenwood, N., and Jarrett, J. O. (1998) Detection of feline parvovirus in dying pedigree kittens. Veterinary Record 142(14), 353–356. doi: 10.1136/vr.142.14.353.

[2] Bücheler, J. (1999) Fading kitten syndrome and neonatal isoerythrolysis. Veterinary Clinics of North America: Small Animal Practice 29(4), 853–870.

[3] Casal, M. L., Jezyk, P. F., and Giger, U. (1996) Transfer of colostral antibodies from queens to their kittens. American Journal of Veterinary Research 57(11), 1653–1658.

[4] Cave, T. A., Thompson, H., Reid, S. W. J., Hodgson, D. R., and Addie D. D. (2002) Kitten mortality in the United Kingdom: a retrospective analysis of 274 histopathological examinations (1986 to 2000). Veterinary Record 151, 497–501. doi: 10.1136/vr.151.17.497.

[5] Dolan, E. D., Dolan, E., Tran, H. R., and Slater, M. R. (2020) Pre-mortem risk factors for mortality in kittens less than 8 weeks old at a dedicated kitten nursery. Journal of Feline Medicine and Surgery. doi: 10.1177/1098612X20974960.

[6] Dubey, J. P. (1993) Intestinal protozoa infections. Veterinary Clinics of North America: Small Animal Practice 23(1), 37–55. doi: 10.1016/s0195-5616(93)50003-7.

[7] Fournier, A., Masson, M., Corbière, F., Mila, H., Mariani, M., et al. (2017) Epidemiological analysis of reproductive performances and kitten mortality rates in 5,303 purebred queens of 45 different breeds and 28,065 kittens in France. Reproduction in Domestic Animals 52(2), 153–157. doi: 10.1111/rda.12844.

[8] Givens, D. M. and Marley, M. S. D. (2008) Infectious causes of embryonic and fetal mortality. Theriogenology 70(3), 270–285. doi: 10.1016/j.theriogenology. 2008.04.018.

[9] Gookin, J. L., Foster, D. M., Poore, M. F., Stebbins, M. E., and Levy, M. G. (2003) Use of a commercially available culture system for diagnosis of Tritrichomonas foetus infection in cats. Journal of the American Veterinary Medical Association 222(10), 1376–1379. doi: 10.2460/javma.2003.222.1376.

[10] Gookin, J. L., Stebbins, M. E., Hunt, E., Burlone, K., Fulton, M., et al. (2004) Prevalence of and risk factors for feline Tritrichomonas foetus and Giardia infection. Journal of Clinical 42(6), 2707–2710. doi: 10.1128/JCM.42.6.2707-2710.2004.

[11] Gookin, J. L., Copple, C. N., Papich, M. G., Poore, M. F., Stauffer, S. H., et al. (2006) Efficacy of Ronidazole for treatment of feline Tritrichomonas foetus infection. Journal of Veterinary Internal Medicine 20(3), 536–543. doi: 10.1892/0891-6640(2006)20[536:eorfto] 2.0.co;2.

[12] Holst, B. S. and Frössling, J. (2009) The Swedish breeding cat: population description, infectious diseases and reproductive performance evaluated by a questionnaire. Journal of Feline Medicine and Surgery 11, 793–802. doi: 10.1016/j.jfms.2009.01.008.

[13] Hoskins, J. D. (1993) Feline neonatal sepsis. Veterinary Clinics of North America: Small Animal Practice 23(1), 91–100. doi: 10.1016/s0195-5616(93)50006-2.

[14] Lawler, D. F. and Monti, K. L. (1984) Morbidity and mortality in neonatal kittens. American Journal of Veterinary Research 45(7), 1455–1459.

[15] Lefebvre, R. C. (2015) Fetal mummification in the major domestic species: current perspectives on causes and management. Veterinary Medicine: Research and Reports 6, 233–244. doi: 10.2147/VMRR.S59520.

[16] Litster, A. L., Nichols, J., Hall, K., and Camp, J. (2014) Use of ponazuril paste to treat coccidiosis in shelter-housed cats and dogs. Veterinary Parasitology 202(3–4), 319–325. doi: 10.1016/j.vetpar.2014. 03.003.

[17] Little S. (2011) Feline pediatrics: how to treat the small and the sick. Compendium: Continuing Education for Veterinarians. (33)9, E3.

[18] Mossi-Dieth, V., Hauser, B., Corboz, L., Lutz, H., and Pospischil, A. (1990) Todes und erkrankungsursachen bei katzenwelpen. Schweizer Archiv Tierheilkunde 132, 587–594. doi: 10.5169/seals-593729.

[19] Omoto, H. (2019) Gross causes of neonatal mortality in Devon Rex and Persian kittens. BS Honors College Thesis. Oregon State University, Oregon, United States.

[20] Sparkes, A. H., Rogers, K., Henley, W. E., Gunn-Moore, D. A., May, J. M., et al. (2006) A questionnaire-based study of gestation, parturition and neonatal mortality in pedigree breeding cats in the UK. Journal of Feline Medicine and Surgery 8, 145–157. doi: 10.1016/j.jfms.2005.10.003.

[21] Sykes, J. E. (2014) Pediatric feline upper respiratory disease. Veterinary Clinics of North America: Small Animal Practice 44(2), 331–342. doi: 10.1016/j.cvsm.2013.10.005.

[22] Truyen U., Addie D., Belák S., Boucraut-Baralon C., Egberink H., et al. (2009) Feline panleukopenia. ABCD guidelines on prevention and management. Journal of Feline Medicine and Surgery 11(7), 538–546. doi: 10.1016/j.jfms.2009.05.002.

12 终止妊娠

Sandra Goericke-Pesch

德国汉诺威兽医大学小动物诊所生殖科

12.1 引言

猫的繁殖效率很高，这就导致猫的数量过多，引发严重的动物福利问题、公共健康风险和环境危害。对于有主人的猫来说，理想的避孕方法应该是临时的、可逆的；然而，对于流浪猫来说，理想的避孕方法是使公母猫终身不育，这也是唯一的治疗方法。在采取任何终止妊娠的措施之前，先确认妊娠状况并估计胎龄是很重要的（见第6章）。本章将集中讨论终止母猫妊娠的手术和药物方法。图12.1提供了一个流程图，展示在母猫（疑似/观察到）不需要生育的情况下发生妊娠时如何处理，为兽医提供参考。下文中总结并给出了所有可能性。

12.2 手术终止妊娠

手术终止妊娠可以在妊娠期间的任何阶段进行。然而，在妊娠后期，幼猫可能存活，需要从子宫取出后实施安乐死。此外，幼猫可以通过子宫壁进行安乐死，不需要取出。如果通过手术绝育来终止妊娠，关键点是进行卵巢子宫切除术而不是单纯的卵巢切除术，因为胎盘可以提供孕激素来维持妊娠。对妊娠的猫（45 d后）进行卵巢切除可以维持妊娠和正常产崽（Scott，1970；Tsutsui et al.，2009）。对于计划继续繁育的母猫来说，是不能进行手术绝育终止妊娠的。同时应该考虑伦理问题，特别是在手术终止较晚的情况下。

12.3 药物终止妊娠

对于何时以及如何终止妊娠做出适当的医疗决定，必须要了解母猫妊娠的不同阶段和内分泌学知识。在第13天之前终止妊娠是阻止胚胎着床，而第13天之后是诱导流产。和其他物种一样，孕酮是维持妊娠所必需的。猫的黄体和胎盘都能够分泌孕酮，胎盘孕酮在交配后6～8周达到最大浓度（Tsutsui and Stabenfeldt，1993）。来自垂体前叶的催乳素是促黄体激素，是妊娠后期黄体维持所必需的（Tsutsui and Stabenfeldt，1993）。胎盘源性松弛素也可能具有促黄体作用，因为孕酮在着床期间浓度不断增加，在分娩前的30～35 d（妊娠第35天）（Addiego et al.，1987）直至分娩前的10～15 d（Stewart and Stabenfeldt，1985）达到平台期，在分娩前24 h逐渐下降到无法检测到的浓度（Stewart and Stabenfeldt，1985；Tsutsui and Stabenfeldt，1993）。

药物终止妊娠的方案是：①通过诱导黄体溶解和（或）通过清除促黄体激素来停止孕酮作用；②使用孕酮受体拮抗剂。单一用药和联合用药方案分别见表12.1和表12.2。值得注意的是，在任何终止妊娠方案结束时都应该进行超声检查，以确认成功终止。此外，应该通知猫主人，在终止妊娠后的4～8 d内通常会恢复发情，以避免不必要的交配。如果在妊娠晚期终止，应该考虑同时使用抗生素。雌激素的使用存在副作用的风险，如子宫蓄脓等，在此不作介绍，而且事实上有更好的药物可用。此外，雌激素只有在交配后不久使用才有效。

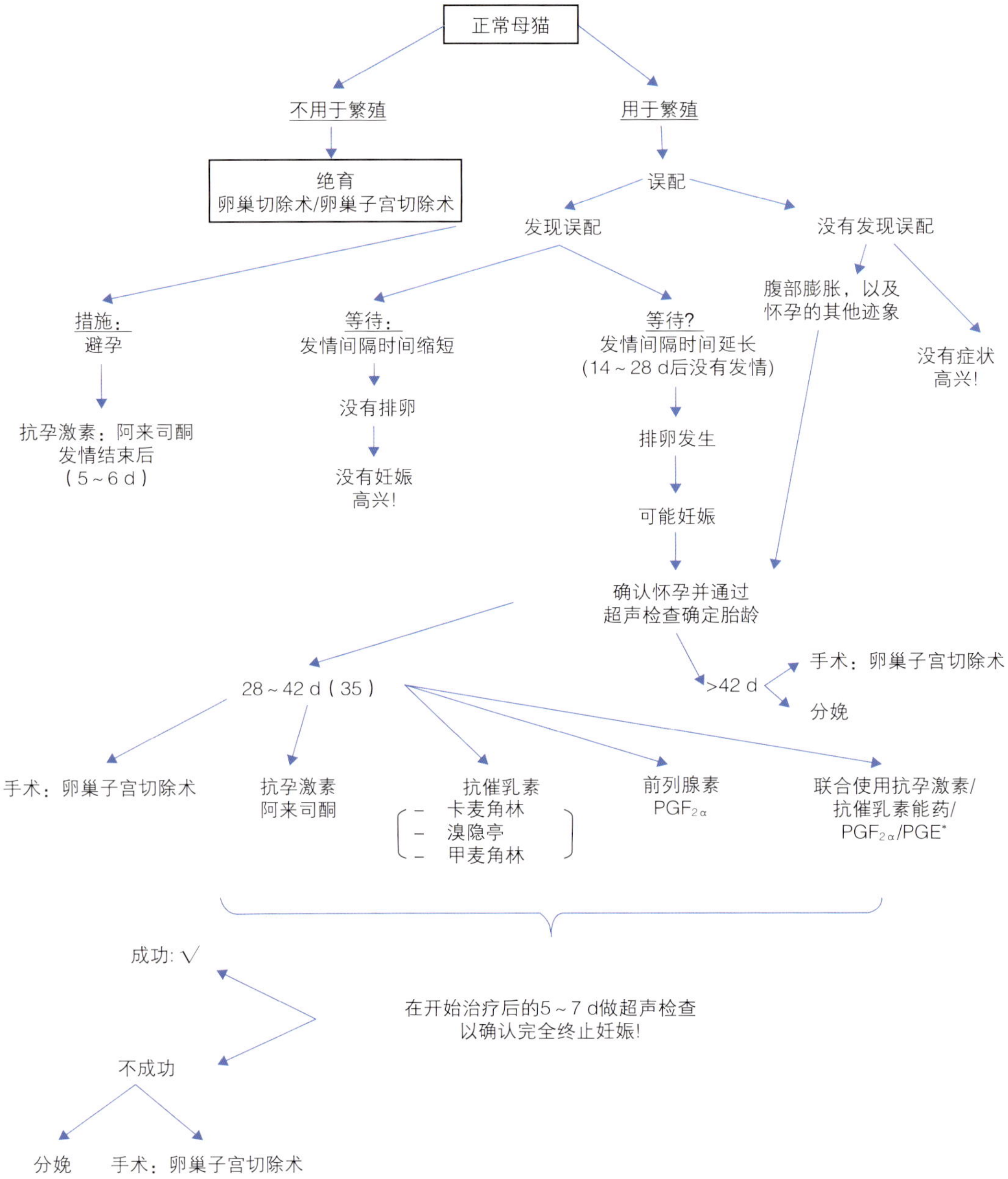

图 12.1　关于处理一只具有生育能力但可能误配的母猫的流程图

表 12.1　母猫终止妊娠的单一用药选择

药物	剂量	用法	时间	用药的妊娠时间
阿来司酮	10 ～ 15 mg/kg	皮下注射	2 次用药间隔 24 h（如果流产不完全：6 d 内再次用药）	5 ～ 45 d[a]
卡麦角林	5 ～ 15 μg/kg	口服[b]	每天 1 次，用 5 ～ 7 d	28 ～ 42 d[a]
地诺前列素	20 ～ 50 μg/kg	皮下 / 肌内注射	每 12 ～ 24 h 用药 1 次，用 5 ～ 10 d	28 ～ 42 d[a]
氯前列烯醇	1 ～ 5 μg/kg	皮下 / 肌内注射	每天 1 次，用 5 ～ 10 d	28 ～ 42 d[a]

a 不建议在妊娠后期使用。

b 可以与食物一起服用。

表 12.2 母猫终止妊娠的联合用药选择

第一种药（剂量、用法、时间）	第二种药（剂量、用法、时间）
卡麦角林（5 μg/kg，口服，每天 1 次，用 5 ～ 7 d）	地诺前列素（20 ～ 50 μg/kg，皮下注射，每天 2 次）
卡麦角林（5 μg/kg，口服，每天 1 次，用 5 ～ 7 d）	氯前列烯醇（1 μg/kg，皮下 / 肌内注射，每天 1 次或者每 2 天 1 次）
阿来司酮（10 mg/kg，皮下注射，2 次用药间隔 24 h，在妊娠 30 ～ 40 d 开始用药[a]）	米索前列醇（每只猫 200 μg，口服，间隔 12 h 用药，直至流产）

a 不建议在妊娠后期使用。

12.3.1 孕酮阻断方法

12.3.1.1 前列腺素

前列腺素（prostaglandin，PG）$F_{2\alpha}$（地诺前列素）具有直接的黄体溶解特性，但也可诱导平滑肌收缩。一方面，诱导子宫收缩有利于排出子宫内容物；另一方面，药物对平滑肌产生的作用不是生殖道特有的，会产生剂量依赖性的副作用。每只猫使用 0.1 ～ 2 mg 的地诺前列素就会导致嚎叫、气喘吁吁、坐立不安、舔毛、里急后重、流涎、腹泻、肌强直、瞳孔放大、呕吐、排尿和脊柱前凸。注射 $PGF_{2\alpha}$ 后约 30 s 开始出现副作用，并持续 60 min（Nachreiner and Marple，1974；Davidson et al.，1992；Verstegen et al.，1993）。尽管据报道猫不像犬那样敏感，但与犬相似，过量用药仍有死亡的风险（半数致死量：5.0 mg/kg；Wildt et al.，1979）（Sokolowski and Geng，1977）。据报道，妊娠 40 d 后皮下注射 1 ～ 2 次 $PGF_{2\alpha}$（0.5 ～ 1 mg/kg）可以成功诱导流产（Nachreiner and Marple，1974），但是在另一项研究中并不是这样（Wycoff and Ganjam，1979）。Davidson 等（1992）报道称，每 12 ～ 24 h 皮下注射 0.1 ～ 0.25 mg/kg 前列腺素，3 ～ 5 d 就能治愈开放性宫颈蓄脓。前列腺素处理后，95%（21 只中的 20 只）的母猫可以恢复正常的发情周期，81%（20 只中的 17 只）的母猫正常产崽。这些数据表明前列腺素治疗是安全的，适合终止妊娠。皮下注射地诺前列素 20 ～ 50 μg/kg，每 12 h 注射一次，持续 5 ～ 10 d，直到完全流产为止，在临床应用中副作用最小（Jöchle，2016）。通常从较低的剂量开始，慢慢增加到最大剂量可以减少产生副作用的可能性，就像在母犬中描述的那样（Verstegen et al.，2008）。氯前列烯醇是一种 $PGF_{2\alpha}$ 类似物，报道称 5 μg/kg 可用于治疗开放性宫颈蓄脓和终止妊娠（García Mitacek et al.，2014；Jöchle，2016），但是 1 μg/kg 的剂量对终止妊娠也有效（作者的临床经验）。在交配后 28 d 之前，黄体溶解药物无法溶解猫的黄体，这就是这些药物只适合在这个时间之后终止妊娠的原因。此外，猫的呼吸功能受损是使用前列腺素的禁忌。

PGE（米索前列醇）诱导子宫收缩和宫颈扩张。每 12 h 口服米索前列醇 400 μg/ 只，可诱导 57% 妊娠 30 ～ 40 d 的母猫流产，但有明显的副作用（如呕吐）（Ay et al.，2019）。注意，每 12 h 口服米索前列醇 200 μg/ 只没有终止妊娠。基于不良效果和副作用的风险，不推荐单独口服米索前列醇用于终止猫的妊娠。米索前列醇已经被外用来引起宫颈扩张，协助终止犬的妊娠。在一项研究中，对体重不足 20 kg 的犬，每隔一天外用 400 μg 的米索前列醇，与卡麦角林和前列腺素联合使用。服用米索前列醇 3 d 内发生宫颈扩张，而未服用米索前列醇的 5 d 都没有扩张（Cetin et al.，2010）。第二项研究将较低剂量的外用米索前列醇与阿来司酮联合使用。体重在 20 kg 以下的犬每天使用 200 μg 米索前列醇，使用米索前列醇可显著缩短完全流产的时间（Agaolu et al.，

2014）。临床上可将片剂碾碎后混入 1 ～ 2 mL 的无菌生理盐水或无菌润滑油中，用人工授精管插入阴道。目前还没有关于猫宫颈外用米索前列醇的报道，但通过上述的病例，这种治疗方案可能是有成功希望的。

注意，给猫使用任何前列腺素都是未经检验、未经批准的。

12.3.1.2　卡麦角林

卡麦角林是一种多巴胺激动剂，作用类似于催乳素拮抗剂，阻断催乳素促黄体作用，导致黄体溶解。在受孕后的 28 ～ 42 d 口服卡麦角林，用药后 3 ～ 4 d 内可导致孕酮浓度下降（不像高剂量 $PGF_{2\alpha}$ 作用 24 h 即可），用药后 4 ～ 6 d 即可诱导流产（Verstegen et al.，1993）。口服卡麦角林每天 1 次（5 ～ 15 μg/kg），持续 5 ～ 7 d，对终止妊娠安全有效（Jöchle and Jöchle, 1993）。在妊娠的这个阶段，流产的外部症状是最少的，只是持续出现 24 ～ 36 h 的浅色的阴道分泌物。如果在妊娠 42 d 后使用卡麦角林，妊娠可能不会终止，因为胎盘孕酮可能足以维持妊娠。然而，卡麦角林会抑制初乳的产生和哺乳行为以及正常的母性行为，导致幼猫得不到照顾或者引起死亡。尽管卡麦角林在欧洲是用于抑制泌乳、治疗子痫和哺乳期乳腺炎的药物，但它也可以用于终止妊娠。

为了提高终止妊娠的效率，建立了一种联合用药方案，即每天口服卡麦角林（5 μg/kg）并联合使用 $PGF_{2\alpha}$，持续 5 ～ 7 d（Erünal-Maral et al.，2004；Onclin and Verstegen，1997）。另外，也可以使用地诺前列素（20 ～ 50 μg/kg，每天 1 次，皮下注射）或氯前列烯醇（1 μg/kg，每 2 天 1 次，皮下注射）。由于卡麦角林和 $PGF_{2\alpha}$ 的剂量较小，所以很少有关于联合用药方案副作用的报道。

12.3.1.3　溴隐亭和甲麦角林

与卡麦角林类似，溴隐亭和含血清素的拮抗剂甲麦角林能够抑制催乳素的分泌。对于犬来说，与卡麦角林相比，溴隐亭更容易引起恶心和呕吐等副作用，因此如果可以选择，前者更好。虽然已经报道称犬使用后可以成功地终止妊娠，但没有相应的文献提供剂量和（或）证实对猫的有效性。

12.3.2　孕酮受体拮抗剂

阿来司酮（Alizin®，Virbac）与孕酮受体结合的亲和力是孕酮的 9 倍（Alizin 的产品特征；Gogny and Fiéni，2016；Goericke-Pesch，2017）。与受体结合后，阿来司酮能够阻断孕酮结合受体后的细胞信号传导。孕酮对靶组织的“作用”被阻断，导致子宫收缩和宫颈扩张增强。对猫来说，阿来司酮是目前防止妊娠和终止妊娠最有效和最安全的选择。目前没有报道阿来司酮对母猫有严重的副作用，且对后续的生育没有负面影响（Georgiev et al.，2010；Goericke-Pesch et al.，2010）。然而，目前阿来司酮在美国是不允许使用的。

在欧洲，阿来司酮是犬终止妊娠的标准药物，然而对猫不是。在受孕后第 5 天和第 6 天使用阿来司酮（10 mg/kg，皮下注射）具有 100% 终止妊娠的作用（Goericke-Pesch et al.，2010）。在受孕后第 25 ～ 26 天使用阿来司酮（10 mg/kg，皮下注射，2 次用药间隔 24 h）（Georgiev and Wehrend，2006）或者受孕后 33.3 d ± 4.2 d 使用（Fiéni et al.，2006），终止妊娠的效率为 87% ～ 88.5%。在受孕后第 45 天和第 46 天使用阿来司酮（10 mg/kg，皮下注射）终止妊娠的效率为 67%（Georgiev et al.，2010）。这些结果表明，较早用药的效果较好。此外，如果目的是诱导母猫流产，应在第一次注射阿来司酮后的 6 ～ 7 d 进行子宫超声检查确认流产。对于不完全流产的猫，应再次注射阿来司酮，4 ～ 7 d 后进行超声复查，确认完全流产。如果仍然有存活的胎儿，应该考虑采取其他措施，如进行手术终止妊娠或者分娩。应该通知猫主人，治疗后的猫发情间隔显著缩短，避免再次误配。虽然已有研究报道犬的阿来司酮用量（10 mg/kg，皮下注射，2 次用药间隔 24 h），但是生产商建议阿来司酮的用量为15 mg/kg，皮下注射，2次用药间隔24 h，来保证更高的效率。

为了提高终止妊娠的效率，建立了一种联合用药方案，即联合使用阿来司酮（10 mg/kg，皮下注射，2次用药间隔24 h）和米索前列醇（每只猫200 μg，口服，间隔12 h用药，直至流产）。这种联合用药方案终止妊娠的效率为100%（n=7），比单独使用每一种药的效率都高（Ay et al.，2019）。

12.4 参考文献

[1] Addiego, L. A., Tsutsui, T., Stewart, D. R., and Stabenfeldt, G. H. (1987) Determination of the source of immunoreactive relaxin in the cat. Biology of Reproduction 37, 1165–1169. doi: 10.1095/biolreprod37.5.1165.

[2] Agaoglu, A. R., Aslan, S., Emre, B., Korkmaz, O., Ozdemir Salci, E. S., et al. (2014) Clinical evaluation of different applications of misoprostol and aglepristone for induction of abortion in bitches. Theriogenology 81(7), 947–951. doi: 10.1016/j.theriogenology.2014.01.017.

[3] Ay, S. S., Aslan, S., Önyay, F., Kaya, D., Koldas, E., et al. (2019) Effect of oral misoprostol, alone or in combination with aglepristone, on mid-term pregnancy termination in cats. Journal of Feline Medicine and Surgery 21, 714–722. doi: 10.1177/1098612X18797139.

[4] Cetin, Y., Macun, H. C., Beceriklisoy, H. B., Schäfer-Somi, S., and Aslan, S. (2010) Intravaginal application of misoprostol improves pregnancy termination with cabergoline and alfaprostol in dogs. Berliner und Münchener Tierärztliche Wochenschrift 123(5–6), 236–242.

[5] Davidson, A. P., Feldman, E. C., and Nelson, R. W. (1992) Treatment of pyometra in cats, using prostaglandin $F_{2\alpha}$: 21 cases (1982–1990). Journal of the American Medical Association 200, 825–828.

[6] Erünal-Maral, N., Aslan, S., Findik, M., Yüksel, N., Handler, J., et al. (2004) Induction of abortion in queens by administration of cabergolin (Galastop) solely or in combination with the $PGF_{2\alpha}$ analogue Alfaprostol (Gabbrosim). Theriogenology 61, 1471–1475. doi: 10.1016/j.theriogenology.2003.08.014.

[7] Fiéni, F., Martal, J., Marnet, P. G., Siliart, B., and Guittot, F. (2006) Clinical, biological and hormonal study of mid-pregnancy termination in cats with aglepristone. Theriogenology 66, 1721–1728. doi: 10.1016/j. theriogenology.2006.02.026.

[8] García Mitacek, M. C., Stornelli, M. C., Tittarelli, C. M., Nuñez Favre, R., de la Sota, R. L., et al. (2014) Cloprostenol treatment of feline open-cervix pyometra. Journal of Feline Medicine and Surgery 16, 177–179. doi: 10.1177/1098612X13498248.

[9] Georgiev, P. and Wehrend, A. (2006) Mid-gestation pregnancy termination by the progesterone antagonist aglepristone in queens. Theriogenology 65, 1401–1406. doi: 10.1016/j.theriogenology.2005.08.011.

[10] Georgiev, P., Bostedt, H., Goericke-Pesch, S., Dimitrov, M., Petkov, P., et al. (2010) Induction of abortion with aglepristone in cats on day 45 and 46 after mating. Reproduction in Domestic Animals, 45, e161–167. doi: 10.1111/j.1439-0531.2009.01540.x.

[11] Goericke-Pesch, S. (2017) Antiprogestins in Small Animal Reproduction – more than induction of abortion in dogs. Turkiye Klinikleri Journal Veterinary Science Obstetrics and Gynecology-Special Topics 3, 24–31.

[12] Goericke-Pesch, S., Georgiev, P., and Wehrend, A. (2010) Prevention of pregnancy in cats using aglepristone on days 5 and 6 after mating. Theriogenology. 74, 304–310. doi: 10.1016/j.theriogenology.2010.02.014.

[13] Gogny, A., and Fiéni, F. (2016) Aglepristone: A review on its clinical use in animals. Theriogenology 85, 555–566. doi: 10.1016/j.theriogenology.2015.10.010.

[14] Jöchle, W. (2016) Nidationsverhütung und Graviditätsabbruch. In: Günzel-Apel, A., Bostedt, H. Reproduktionsmedizin und Neonatologie von Hund und Katze. Schattauer, Stuttgart, Germany, pp. 498–501.

[15] Jöchle, W. and Jöchle, M. (1993) Reproduction in a feral cat population and its control with a prolactin inhibitor, cabergoline. Journal of Reproduction and Fertility Supplement 47, 419–424.

[16] Nachreiner, R. F. and Marple, D. N. (1974) Termination of pregnancy in cats with prostaglandin $F_{2\alpha}$. Prostaglandins 7, 303–308. doi: 10.1016/s0090-6980(74)80085-7.

[17] Onclin, K. and Verstegen, J. (1997) Termination of pregnancy in cats using a combination of cabergoline, a new dopamine agonist, and a synthetic $PGF_{2\alpha}$, cloprostenol. Journal of Reproduction and Fertility Supplement 51, 259–263.

[18] Scott, P. P. (1970) Reproduction and breeding techniques for laboratory animals. In: Hafez, E. S. E. (ed.), Cats. Lea & Febiger, Philadelphia, Pennsylvania.

[19] Sokolowski, J. H. and Geng, S. (1977) Effect of prostaglandin F2alpha-THAM in the bitch. Journal of the American Veterinary Medical Association 170, 536–553.

[20] Stewart, D. R. and Stabenfeldt, G. H. (1985) Relaxin activity in the pregnant cat. Biology of Reproduction 32, 848–854. doi: 10.1095/biolreprod32.4.848.

[21] Tsutsui, T. and Stabenfeldt, G. H. (1993) Biology of ovarian cycles, pregnancy and pseudopregnancy in the domestic cat. Journal of Reproduction and Fertility Supplement 47, 29–35.

[22] Tsutsui, T., Suzuki, Y., Toyonaga, M., Oba, H., Mizutani, T., et al. (2009) The role of the ovary for the maintenance of pregnancy in cats. Reproduction in Domestic Animals 2,

120–124. doi: 10.1111/j.1439-0531.2009.01452.x.
[23] Verstegen, J. P., Onclin, K., Silva, L. D., and Donnay, I. (1993) Abortion induction in the cat using prostaglandin F2 alpha and a new anti-prolactinic agent, cabergoline. Journal of Reproduction and Fertility Supplement 47, 411–417.
[24] Verstegen, J., Dhaliwal, G., and Verstegen-Onclin, K. (2008). Mucometra, cystic endometrial hyperplasia, and pyometra in the bitch: advances in treatment and assessment of future reproductive success. Theriogenology 70, 364–374. doi: 10.1016/j.theriogenology.2008.04.036.
[25] Wildt, D. E., Panko, W. B., and Seager, S. W. (1979) Effect of prostaglandin F2a on endocrine ovarian function in the domestic cat. Prostaglandins 18, 883–892.
[26] Wycoff, J. T., and Ganjam, V. K. (1979) Successful termination of pregnancy in cats by the administration of a combination of adrenocorticotrophic hormone (ACTH) and prostaglandin F2a-tham salt. Federation Proceedings 38, 1189.

13 卵巢疾病

Aime K. Johnso
美国亚拉巴马州奥本大学兽医学院临床科学系

13.1 引言

第 1 章已经对卵巢的解剖结构进行了论述。随着年龄的增长，雌性动物卵巢发生病变的可能性也随之增加。卵巢的病变可能是良性的，虽然不影响雌性动物的生育能力，但可能会引起激素的变化，也可能会影响动物机体的健康，还可能降低生育能力。一项研究评估了 106 只接受常规卵巢子宫切除术的母猫，这些猫的年龄从 4 月龄到 9 岁不等（平均年龄约为 2 岁）。其中 27.4% 的猫出现生殖道异常，包括卵巢或副卵巢囊肿、子宫病变和子宫内膜炎。在 3 ～ 5 岁的猫中，发现 50% 的猫有病理异常。当猫的年龄超过 5 岁时，这一比例增加到 83%（Binder et al.，2020）。

13.2 先天性卵巢畸形

性表型的特征主要包括内外生殖器的外观、性行为和第二性征。性染色体决定性腺类别。正常母猫共有 38 条染色体，2 条 X 染色体分别来自父母双方。在具有 XY 基因的正常雄性中，Y 染色体的性别决定区域（SRY 基因）通过激活其他信号途径相关基因来促进睾丸的发育。SRY 基因还影响其他决定性别的基因，如 SOX9（SRY-box 包含基因 9）和抗米勒管激素。雌性的 WNT4 在 2 条 X 染色体存在的情况下高表达。R-Spinins（如 RSPO1）通过上调 WNT4 途径发挥作用，激活 β－连环蛋白途径。在早期性腺细胞的胞浆中，β－连环蛋白和 SOX9 不起作用，当发育中的胚胎达到性分化的临界点时，细胞内含量较高的蛋白质决定分化途径。例如，如果存在的染色体是 XX，则 β－连环蛋白合成增加，并扩散到细胞核中，促进形成雌性特征的基因转录，从而启动雌性 / 卵巢发育（Chassot et al.，2008）。

雌性基因遗传病包括卵巢发育不全（单侧或双侧）、两性畸形、假两性畸形、多卵巢或副卵巢，以及卵巢发育不全。卵巢发育不全是猫常见的先天性疾病，也被定义为卵巢发育不足。这种情况通常是由各种染色体问题引起的，包括 X 单体（在人类中也被称为 XO 或特纳综合征）或三体（XXX）。在每种情况下，猫的卵巢都很小，不活跃且不发达。虽然外生殖器是雌性，但无法生育。一份关于母猫不孕和原发性不发情的报告显示，其子宫很小、发育不完全、卵巢不活跃。组织病理学检查结果显示，卵巢间质细胞肥大和成纤维细胞间质增生。两个卵巢上均无卵泡或黄体。这只猫的外生殖器是雌性的，核型显示为 37，XO（Johnston et al.，1983）。已报道其他关于猫 X 单体的情况，并与其他疾病（如脊柱裂或主动脉缩窄）有关（Johnston et al.，2001）。

性染色体的嵌合体和镶嵌体可导致性发育紊乱。嵌合体是由基因不同的组织嵌合而成，通常是由于两个早期胚胎的融合。嵌合体动物由一个胚胎中的两种遗传上不同类型的细胞组成。两者的区别是，在嵌合体中，胚胎（通常是 2 个）融合产生不同的细胞类型，而在嵌合体动物中，不同的细胞系是由于单个胚胎的突变所造成的。这两种情况都会导致动物在不同的组织 / 细胞中显示不同的染色体数目。Thomsen 等报道了两只无血缘关系的猫在收容所接受常规卵巢子宫切除术，其在就诊时均已妊娠，均显示单侧卵巢发育不良，而对侧卵巢功能正常。第一只猫的淋巴细胞核型分别为 37，XO 和 39，XXX，第二只猫分别为 38，XX 和 37，XO。一些胎儿的核型显示出 38，XX 或 38，XY 的正常染色体模式，以上结果表明，嵌合如果只影响一个卵巢，动物仍然具有生育能力（Thomsen et al.，1987）。

也有猫两性畸形的报告，但比犬的报告要少。Schlafer 等在 2011 年报道了一例真正的两性畸形病例，这只表型为雄性的猫来做双侧隐睾绝育手术。在手术过程中，发现了一个发育不良的子宫，其性腺位于正常雌性的卵巢位置。组织病理学检查结果显示，它有一个真正的卵巢，同时具有雌性和雄性的生殖系统。接着对它进行了核型分析，显示为正常雄性（38，XY）（Schlafer et al.，2011）。目前还没有报道关于外部看起来是雌性，但同时含有卵巢和睾丸的猫。关于真正的两性畸形的报道少之又少，而报道出的大多数是表型为雄性的猫。假两性畸形比真正的两性畸形更常见。当表型性别和性腺性别不同时，就会出现这种情况，被归类为雄性或雌性假两性畸形。雄性假两性畸形的猫具有 38，XY 的正常雄性染色体，但具有雌性外生殖器。而雌性假两性畸形的猫具有 38，XX 的正常雌性染色体，但具有雄性外生殖器。在上述每种情况下，外部发育都可能是混合雄性和雌性生殖器。例如，雌性假两性畸形的动物可能有一个特殊的阴蒂，看起来像阴茎，但并不是正常的阴茎。为了区分这些动物和真正的性别逆转病例，应进行性腺和染色体的组织学检查。假两性畸形动物的性腺表型和染色体核型相符合，而外生殖器表现相反（38，XX；存在卵巢，外生殖器是雄性），而在性别逆转病例中，染色体核型与性腺表型不一致（38，XY；存在睾丸或卵巢，外生殖器是雌性）。病因可能是遗传性的，也可能是外部原因所造成的。例如，在外生殖器形成的关键时期母体接受外源性孕激素治疗，可能会出现雌性假两性畸形的情况。

XX 性别逆转，即染色体为 38，XX，性腺可能是睾丸，也可能是卵巢，已有犬（如可卡犬）的相关报道，但没有猫的。据报道，猫的睾丸雌性化后，其染色体是 38，XY，但外生殖器是雌性的。在一份报告中显示，细胞质雄激素受体的遗传缺陷未能使外部雄性化发育。从外表上看，这只猫呈雌性。虽然从外表上看，这只猫是雌性的。但是染色体却显示是 38，XY 的正常雄性，体内性腺中仅仅发现了睾丸组织。根据详细的系谱分析，这种缺陷似乎是一种 X 连锁疾病，这也是其他物种患有这种疾病的原因（Meyers-Wallen et al.，1989）。

大多数性发育障碍的诊断可以通过性腺组织病理学和核型分析来证实。由于许多疾病只在常规绝育过程中发现，很多主人可能会因为他们的动物已经完成绝育手术而拒绝提交组织样本和核型分析。然而，当这些疾病发生时，诊断和描述疾病是很重要的，需要确定疾病发生的频率，并确定是否有遗传成分。后者将对受影响动物的父母、兄弟姐妹或任何后代进行评估，并为将来动物的繁殖提供建议。

13.3 卵巢残余综合征

卵巢残余综合征是一种由卵巢子宫切除术后残留的功能性卵巢组织引起的疾病。因为猫的卵巢没有包裹在法氏囊中，所以与母犬相比，这种疾病在母猫中更常见。副卵巢或组织结节很少会引起这类疾病的发生（McEnte，1990）。残留的卵巢继续发挥功能，形成卵泡并释放雌激素。尽管已经做过卵巢子宫切除术，但这种雌性动物仍会继续表现出发情行为。这类疾病的临床特征包括脊柱前凸、呻吟，并可能接受雄性的交配。从卵巢子宫切除术后到临床症状的出现所需要的时间并不相同，最早是几天到几周，甚至长达几年。曾有一只猫在卵巢子宫切除术后 9 年才被确诊，这个时间的长短取决于剩余组织的位置和血液供应。出现临床症状的平均时间为 3 ～ 4 个月（Wallace，1991）。

卵巢残余综合征可以通过观察患猫发情时表现出的一些迹象进行确诊。阴道细胞样本与雌激素存在时一致（70% 以上的角质化）。确认雌激素存在后，可以肌内注射 500 IU hCG 或 25 μg GnRH 来诱导排卵，这将导致卵泡黄体化并产生孕酮。孕酮的检测应在诱导排卵后 1 ～ 2 周进行。如果孕酮水平较高（＞ 2 ng/mL），则说明存在卵巢组织。抗米勒管激素已被确定为包括猫在内的几种动物中卵巢组织存在的辅助诊断指标。与孕酮不同，这种激素具有物种特异性，每种可用的检测方法都应该在所需的物种中得到验证。一项研究表明，检测犬的卵巢组织具有 100% 的特异性和 90% 的敏感性（Themman et al.，2016）。Yilmaz 等（2015）表明，没有绝育的雌性动物的抗米勒管激素显著高于绝育的雌性动物。抗米勒管激素与其他激素一样，可能会根据发情的不同时期而略有不同，当 LH 升高时（如 LH 激增），它的水平会下降（Nagashima et al.，2016）。结合 LH 和孕酮或几天后复查 LH 可增加诊断的准确性。另外，还可以检测另一种激素，即抑制素 -A，这种激素在正常动物体内升高，但在绝育的动物中却检测不到或表达量很低，所以抑制素 -A 可能会为确诊提供有效证明。因为没有一项单一的检测能够完全说明问题，所以卵巢残余综合征的诊断最好通过多项测试和获得多项阳性结果来确认。

应对患猫进行鉴别诊断，以排除其他雌激素来源，如饮食、肾上腺肿瘤或意外接触人类激素乳膏等。临床症状的持续时间，以及这些症状是周期性还是持续性的，此类的病史信息有助于区分是卵巢残余综合征，还是由其他因素引起的。Meler 等报道了一只患肾上腺皮质癌的 15 岁绝育母猫表现出周期性发情行为，激素检测结果表明雌激素、孕酮和 17α－羟孕酮浓度增加，超声显示肾上腺增大，但并不是卵巢残余综合征（Meler et al.，2011）。

确认卵巢组织有残留后，首选治疗方法是手术切除。手术应在诱导排卵后 2 ～ 3 周进行，以使外科医生更容易识别残留的卵巢组织。该组织包含黄体，在组织内呈现淡黄色的簇状。卵巢组织通常位于卵巢蒂内，可能是双侧的。切除的所有组织都需要进行组织病理学检查，以确认卵巢组织已被切除。有时，在行卵巢子宫切除术时被切开的卵巢组织可能掉入腹腔，这种组织可以在大网膜内重新血管化，作为卵巢残留物发挥作用（图 13.1）。在手术过程中，应对整个腹部进行仔细检查，以找到所有潜在的卵巢组织。当卵巢组织被彻底切除后，卵巢残余综合征也会随之消失。

13.4 卵巢囊肿

母猫经常发生卵巢囊肿，而且发病率随年龄增长而增加。卵巢囊肿通常产生于闭锁的或成熟的卵泡，这些卵泡比排卵前的卵泡大，但是不能排卵。它们的结构与正常的卵泡相同，包括一层囊膜和颗粒细胞。许多都具有激素分泌的功能，会产生高浓度的雌激素。也正因为如此，这类疾病的常见临床症状是持续发情，但不能排卵和妊娠。患这种病的母猫常常因其不孕而被发现。如果激素分泌的多，病史往往包括持续观察到发情行为，但事实上，它们从未发过情，或者很少发情。另外，母猫会表现出不规则的发情周期。腹部超声检查是确认卵巢囊肿最好的检测方法之一（图 13.2）。在猫侧卧的情况下，可以进行卵巢

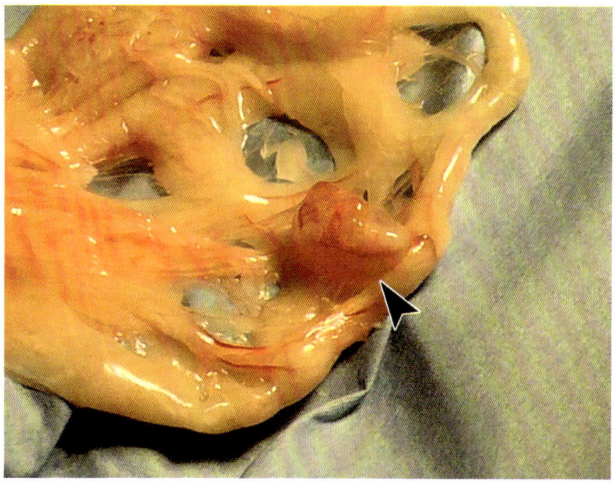

图 13.1 位于网膜内的卵巢残留物（黑色箭头）

这只母猫出现持续发情的症状，手术时正处于发情期。卵巢组织已重新血管化。

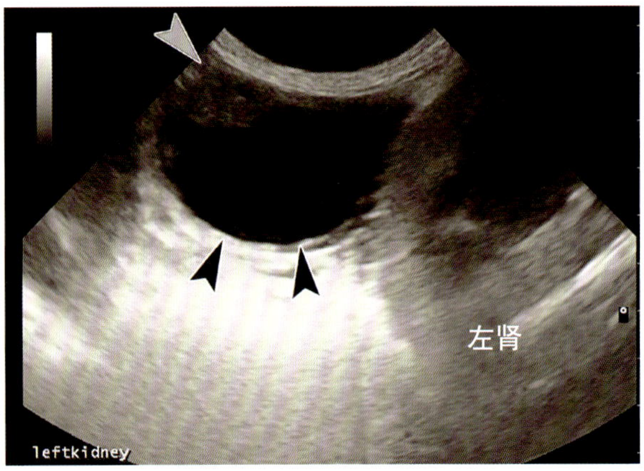

图 13.2　猫卵巢囊肿的超声图像

卵巢位于肾脏附近。囊肿（黑色箭头）为卵巢（灰色箭头）内充满液体的低回声区。

观察，剪掉后腹侧区域的被毛后，可以看到肾脏，卵巢就在该肾脏附近。正常排卵前的卵泡尺寸为 1 ～ 2 mm（Wildt and Seager，1980），直径超过 5 mm 的囊性结构都可能是卵巢囊肿。有研究人员曾观察到大至 1 ～ 2 cm 的卵巢囊肿。

卵巢囊肿的治疗方案为肌内注射 500 IU hCG 或 25 μg GnRH，以此来诱导囊肿黄体化。在治疗后 2 ～ 3 周可以通过检测血清孕酮、阴道细胞学检查角质化上皮细胞和超声检查来评估治疗是否成功。有报道显示手术切除卵巢囊肿后也可能具有生育能力（Johnston et al.，2001），该作者通过剖腹手术从一只 2 岁不孕的母猫身上摘除一个 2 cm 的卵巢囊肿，同时进行了子宫活检，几个月后，这只母猫怀孕了。

13.5　卵巢周围囊肿

卵巢外或直接邻近卵巢的囊肿也可通过经腹超声进行诊断。大多数的卵巢周围囊肿起源于卵巢网，即卵巢髓质内的一组盲管或索状物。卵巢网类似于雄性的睾丸网，此结构中的囊肿壁较薄，直径可达 2.5 cm。卵巢囊肿上皮内衬一层或两层立方上皮或纤毛柱状上皮。这些囊肿似乎没有功能性，但应该与滤泡囊肿相鉴别，因为它们对激素治疗没有反应。母猫的行为和囊壁的组织学外观都可作为诊断依据（Gelberg et al.，1984）。

发生在中肾小管残留物或卵巢旁组织中的囊肿是良性的，但由于靠近卵巢，可能会被误认为滤泡囊肿。在中肾（Wolffian）管或中肾旁（Müllerian）管内的流体聚集可以根据位置部分区分。位于子宫或卵巢尾侧附近或靠近伞部的囊肿常分别位于中肾管的尾部或头部。在靠近输卵管的绒毛浆膜面可见中肾旁管残留物。通过对囊性结构的组织学研究可以确认这些结构（McEnte，1990）。除了在排卵期间引起伞部或输卵管物理阻塞的囊肿为恶性外，其他囊肿均为良性。

13.6　卵巢肿瘤

受影响器官中的所有细胞都可能引起原发性肿瘤。因此，要创建一个卵巢肿瘤的鉴别列表，必须了解卵巢中细胞的种类。卵巢中的细胞可分为三大类型：上皮细胞、基质细胞和生殖细胞。由于大多数猫在很小的时候就进行了绝育手术，所以猫患卵巢肿瘤的发生率不高，目前只有少量的报道。卵巢肿瘤可以通过腹部触诊、超声检查或 X 线检查进行确诊。如果发现卵巢肿瘤，可能需要进行分期检查（胸部和腹部 X 线检查、腹部超声检查、全血细胞计数和血清生化检查）以确定肿瘤是否转移。评估肿瘤的影响也可用阴道细胞学或激素测定的方法。

13.6.1　卵巢上皮性肿瘤

肿瘤起源于卵巢表面组织和卵巢内的上皮组织，如卵巢网。猫的囊腺瘤和腺瘤很少见，但也有报道。在一项研究中，评估了 22 只猫的原发性卵巢肿瘤，只有 1 只母猫（10 岁）被诊断出患有囊腺瘤。肿瘤为双侧结节性 / 囊性外观。囊性区域内排列着含有纤毛的低立方或假复层柱状细胞（Gelberg and McEntee，1985）。腺癌同样罕见。对 10 只患有卵巢肿瘤的猫进行评估，研究结果显示，1 只 5 岁的猫患有卵巢腺癌，伴有梭形细胞转化。同时这只猫出现腹水、脱毛和腹部肿物。进一步评估发现，转移灶遍布整个腹部和肺部（Norris et al.，1969）。

13.6.2 卵巢间质和性索肿瘤

间质瘤是猫中最常见的卵巢肿瘤，每 22 只猫中就有 14 只被诊断为间质细胞瘤（Gelberg and McEntie，1985）。

13.6.2.1 颗粒细胞瘤

颗粒细胞瘤（granulosa cell tumor，GCT）是猫中最常见的原发性卵巢肿瘤。这种肿瘤起源于卵巢性索，约 1/3 的病例是恶性的。这种肿瘤通常是功能性肿瘤，可产生雌激素、孕酮或两者皆分泌。受影响的猫通常表现为发情时间延长、发情周期不规律、不孕、腹部肿物、脱毛、腹水或这些症状的随机组合。卵巢的大体外观可能不同，但通常呈分叶状（图 13.3）。肿瘤的转移可见于子宫（图 13.4a）、区域淋巴结、肝脏、肾脏、脾脏或肺（图 13.4b）。组织学上，许多细胞呈玫瑰花环状排列，称为 Call-Exner 小体（图 13.5），这些结构有一个浅色或嗜酸性的中心，并被上皮细胞包围（Heaps et al.，2017）。许多猫的颗粒细胞瘤也累及膜细胞，但肿瘤是指最突出的细胞类型。有研究针对一只 15 岁猫的颗粒细胞瘤切除前后的抗米勒管激素进行了分析，在切除前，抗米勒管激素升高，甚至超过了正常雌性的正常范围（5.7 ng/mL，而正常雌性只有 1.7 ng/mL）。卵巢子宫切除术后，抗米勒管激素下降到基线。研究表明，抗米勒管激素可能有助于诊断猫的颗粒细胞瘤（Heaps et al.，2017）。

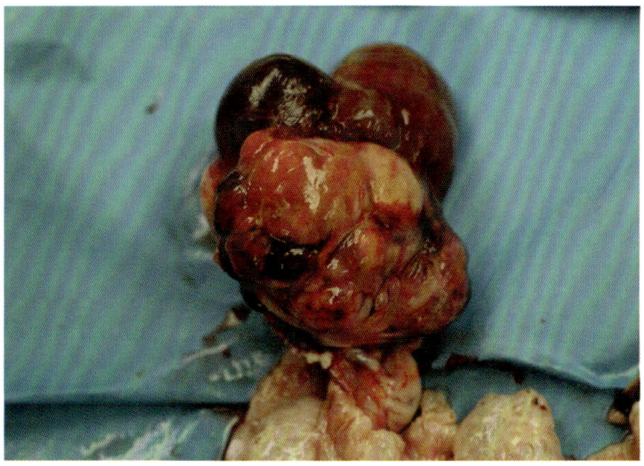

图 13.3 一只 14 岁母猫的卵巢颗粒细胞瘤

这只猫因体重减轻和腹胀而就诊。

13.6.2.2 间质细胞瘤

已有关于母猫患间质细胞瘤的报道。这些肿瘤为固体，颜色为黄色或棕色。组织学上，细胞质呈空泡状，有一个圆形细胞核。在 22 只猫中，有 5 只被诊断为间质细胞瘤。但此类报道

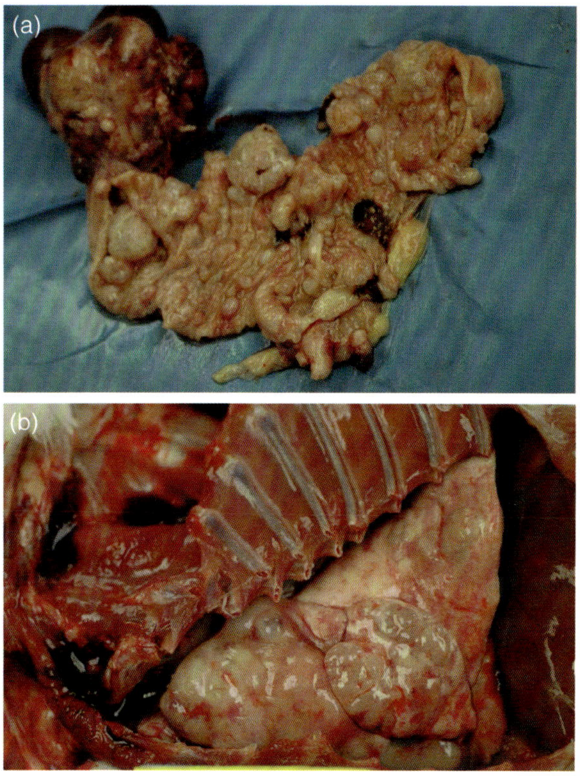

图 13.4 肿瘤转移

（a）与图 13.3 是同一只猫，显示已经转移至子宫；（b）在尸体解剖时发现，肿瘤已经转移至整个腹部，包括肠、肝脏、胸壁和肺。

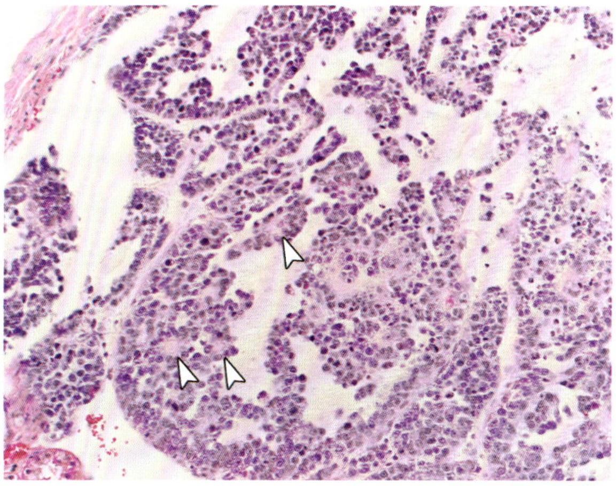

图 13.5 颗粒细胞瘤中的 Call-Exner 小体转移至肾脏（箭头）

没有提到肿瘤转移或副肿瘤性疾病（Gelberg and McEntee，1985）。

13.6.3 生殖细胞瘤

13.6.3.1 畸胎瘤

畸胎瘤是源自外胚层、内胚层和中胚层细胞类型的肿瘤。畸胎瘤通常包括衬有被毛、骨骼、肌肉、结缔组织、牙齿、软骨、脂肪、汗腺或神经组织的囊状区域。畸胎瘤也被称为皮样囊肿。大多数畸胎瘤发现于幼年动物，恶性的很少。在Gelberg和McEntee报道的22只猫中，仅有1只患有畸胎瘤（Gelberg and McEntee，1985）。其他关于猫的畸胎瘤的报道显示，一只5月龄的猫，腹部膨胀，有一个10 cm×11 cm的卵巢畸胎瘤（Basaraba et al.，1998）。一例病例报告是关于一只5岁的母猫，出现了腹胀（Machida et al.，2017）。在探查性开腹手术中发现一个单侧未成熟的卵巢畸胎瘤，肿瘤含有平滑肌、神经外胚层组织、软骨、脂肪和间质细胞。母猫的血液和肿瘤液中雌激素水平升高。而且该畸胎瘤已经在腹部内转移，在对其进行手术后6周死亡（Machida et al.，2017）。

13.6.3.2 未分化胚细胞瘤

雌性的未分化胚细胞瘤与雄性的精原细胞瘤相似。在报道的22只患有卵巢肿瘤的猫中，有6只被诊断为未分化胚细胞瘤。其中2只是双侧的，还有1只涉及卵睾体双性腺。另外，在6只猫中已经有2只发生了肿瘤转移（Gelberg and McEntee，1985）。通常情况下，肿瘤呈白色至灰色，质地坚硬（Andrews et al.，1974）。组织学上，未分化胚细胞瘤由大的圆形细胞群组成，被结缔组织分开。已经有报道表明未分化胚细胞瘤是局部浸润性的，1例累及卵巢和子宫角的病例是转移性的（Lamm et al.，2020）。

13.6.4 总结

诊断为卵巢肿瘤后，应进行手术切除。所有增大的卵巢都应做组织病理学检查，以确定是否为肿瘤、肿瘤类型，以及转移的可能性。如果怀疑肿瘤已经转移，就需要对猫进行多项检查，包括全血检查、腹部超声检查和胸部X线检查。良性肿瘤，可以对其进行手术切除。如果希望保留猫的生育能力，可以只切除患病卵巢，使对侧卵巢继续维持发情周期。

13.7 参考文献

[1] Andrews, E. J., Stookey, J. L., Helland, D. R., and Slaughter, L. J. (1974) A histopathological study of canine and feline dysgerminomas. Canadian Journal of Comparative Medicine 38(1) 85–89.

[2] Basaraba, R. J., Kraft, S. L., Andrews, G. A., Leipold, H. W., and Small, D. (1998) An ovarian teratoma in a cat. Veterinary Pathology 35(2), 141–144. doi: 10.1177/030098589803500208.

[3] Binder, C., Reifinger, M., Aurich, J., and Aurich, C. (2020) Histopathological findings in the uteri and ovaries of clinically healthy cats presented for routine spaying. Journal of Feline Medicine and Surgery 23(8), 770–776. doi: 10.1177/1098612X20975376.

[4] Chassot, A. A., Gregoire, E. P., Magliano, M., Lavery, R., and Chaboissier, M. C. (2008) Genetics of ovarian differentiation: Rspo1, a major player. Sexual Development 2, 219–227. doi: 10.1159/000152038.

[5] Gelberg, H. B. and McEntee, K. (1985) Feline ovarian neoplasms. Veterinary Pathology 22(6), 572–576. doi: 10.1177/030098588502200610.

[6] Gelberg, H. B., McEntee, K., and Heath, E. H. (1984) Feline cystic rete ovarii. Veterinary Pathology 21(3), 304–307. doi: 10.1177/030098588402100307.

[7] Heaps, L. A., Scudder, C. J., Lipscomb, V. J., Steinbach, S. M., Priestnall, S. L., et al. (2017) Serum anti-Müllerian hormone concentrations before and after treatment of an ovarian granulosa cell tumour in a cat. Journal of Feline Medicine and Surgery: Open Reports 3(2). doi: 10.1177/2055116917722701.

[8] Johnston, S. D., Buoen, L. C., Madi, J. E., Weber, A. F., and Smith, F. O. (1983) X-Chromosome monosomy (37, XO) in a Burmese cat with gonadal dysgenesis. Journal of the American Veterinary Medical Association 182, 986–989.

[9] Johnston, S. D., Root Kustritz, M. V., and Olson, P. N. S. (2001) Disorders of the Ovary. In: Johnston, S. D., Root Kustritz, M. V., and Olson, P. N. S. (eds) Canine and Feline Theriogenology. Saunders, Philadelphia, Pennsylvania, pp.453–462.

[10] Lamm, C. G., Foster, R. A., and Swick, A. (2020) Pathology in Practice: Ovarian and uterine dysgerminoma. Journal of the American Veterinary Medical Association 257(8), 817–819. doi: 10.2460/javma.257.8.817.

[11] Machida, Y., Michishita, M., Wada, M., Hori, T., Kawakami, E., et al. (2017) Malignant oestrogen-producing teratoma in a cat. Journal of Comparative Pathology 156(2–3), 178–182. doi: 10.1016/j.jcpa.2016.11.273.

[12] McEntee, K. (1990) Cysts in and around the ovary. In: McEntee, K. (ed.) Reproductive Pathology of Domestic Mammals. Academic Press, San Diego, California, pp. 52–68. doi: 10.1016/B978-0-12-483375-3.50010-X.

[13] Meler, E. N., Scott-Moncrieff, J. C., Peter, A. T., Bennett, S., Ramos-Vara, J. et al. (2011) Cyclic estrous-like behavior in a spayed cat associated with excessive sex-hormone production by an adrenocortical carcinoma. Journal of Feline Medicine and Surgery 13(6), 473–478. doi: 10.1016/j.jfms.2011.02.002.

[14] Meyers-Wallen, V. N., Wilson, J. D., Griffin, J. E., Fisher, S., Moorhead, P. H., et al. (1989) Testicular feminization in a cat. Journal of the American Veterinary Medical Association 195(5), 631–634.

[15] Nagashima, J. B., Hansen, B. S., Songsasen, N., Travis, A. J., and Place, N. J. (2016) Anti-Müllerian hormone in the domestic dog during the anestrus to oestrous transition. Reproduction in Domestic Animals 51, 158–164.

[16] Norris, H. J., Garner, F. M., and Taylor, H. B. (1969) Pathology of feline ovarian neoplasms. The Journal of Pathology 97, 138–143. doi: 10.1002/path.1710970118.

[17] Schlafer, D. H., Valentine, B., Fahnestock, G., Froenicke, L., Grahn, R. A., et al. (2011) A case of SRY-positive 38,XY true hermaphroditism (XY sex reversal) in a cat. Veterinary Pathology 48(4), 817–822. doi: 10.1177/0300985810382093.

[18] Themmen, A. P. N., Kalra, B., Visser, J. A., Kumar, A., Savjani, G., et al. (2016) The use of anti-Müllerian hormone as diagnostic for gonadectomy status in dogs. Theriogenology 86(6), 1467–1474. doi: 10.1016/j.theriogenology.2016.05.004.

[19] Thomsen, P. D., Byskov, A. G., and Basse, E. (1987) Fertility in two cats with X-chromosome mosaicism and unilateral ovarian dysgenesis. Journal of Reproduction and Fertility 80, 43–47. doi: 10.1530/jrf.0.0800043.

[20] Wallace, M. S. (1991) The ovarian remnant syndrome in the bitch and queen. Veterinary Clinics of North America Small Animal Practice 21, 501–507. doi: 10.1016/s0195-5616(91)50056-5.

[21] Wildt, D. and Seager, S. (1980) Laparoscopic determination of ovarian and uterine morphology during the reproductive cycle. In: Morrow, D. (ed.). Current Therapy in Theriogenology, 2nd edn. W.B. Saunders Co., Philadelphia, Pennsylvania, pp. 828–832.

[22] Yilmaz, Ö. T., Toydemir, T. S. F., Kirsan, I., Ucmak, Z. G., and Karacam, E. C. (2015) Anti-Müllerian hormone as a diagnostic tool for ovarian remnant syndrome in bitches. Veterinary Research Communications 39(3), 159–162. doi: 10.1007/s11259-015-9639-0.

14 子宫疾病

Carla Barstow
美国佛罗里达莱克兰高地宠物医院

14.1 子宫的发育

子宫由中肾旁管（中胚层）发育而来，与输卵管、子宫颈和阴道一起发育。阴道颅侧端和前庭由外胚层发育而来。这发生在妊娠的早期和中期（Senger，2012）。而卵巢由生殖嵴发育而来。卵巢组织和管状生殖组织的胚胎学区别可以解释卵巢和子宫异常通常一起发生的原因（McIntyre et al.，2010）。

14.1.1 子宫发育异常

猫先天性子宫发育异常的发病率约为 0.09%（Brookshire et al.，2017）。最常见的子宫发育异常包含单角子宫、单侧子宫角节段性发育不全和子宫角发育不全。先天性子宫发育异常的主要原因是中肾旁管畸形（Jones et al.，1997）。由于泌尿系统和生殖系统的发育密切相关，所以这些先天性发育缺陷可能与两性畸形或同侧肾发育不全有关（Johnston et al.，2001），如在患有子宫畸形的猫中，有 29.4% 出现了同侧肾发育不全（McIntyre et al.，2010；Brookshire et al.，2017）。单角子宫的特征是一个子宫角发育不全（图 14.1），正常卵巢一般会生长在子宫发育良好的一侧（McIntyre et al.，2010）。单侧子宫角节段性发育不全的特征是生殖道部分缺失，可能包括子宫颈、子宫或阴道前段。通常子宫前段与后段被一层薄薄的组织隔开（Jones et al.，1997），但节段性发育不全会导致子宫的近端与远端部分发生分离。子宫近端通常由于无法排出的正常子宫分泌物而发生扩张（McIntyre et al.，2010）。

子宫发育异常并不常见，通常只有当双侧子宫角都发育异常时，生育力才会受到影响。子宫发育异常通常通过剖腹探查或行卵巢子宫切除术时发现（Johnston et al.，2001）。由于同侧的肾发育不全比较常见，所以当发现子宫发育异常时应对双侧肾功能进行检查，而且由于两个卵巢都可能存在病理性变化，所以必须将它们同时切除（McIntyre et al.，2010）。

14.2 子宫内膜息肉

子宫内膜息肉可能是单发或多发的，而且可以发生在子宫的任何地方，其生长可突出到子宫腔内（Johnston et al.，2001）。有些息肉有蒂，但也有些分散在组织中（Gelberg and McEntee，1984）。有证据表明，中老年猫的子宫内膜息肉产生于囊性子宫内膜增生的局部区域（Gelberg and McEntree，1984）。息肉通常很小，一般情况下不会被发现，只有影响到子宫腔时才会被注意到（Schlafer and Gifford，2008）（图 14.2）。

14.3 子宫积水 / 子宫蓄脓

子宫内非炎性的水样液或黏性液的聚集称为子宫积水 / 子宫蓄脓。在大多数情况下，液体的积累是由外流受阻造成的。宫颈梗阻会导致子宫体和两侧子宫角扩张，子宫内膜息肉可引起局部梗阻，导致子宫近端扩张。节段性发育不全、囊性子宫内膜增生和子宫肿瘤是引起子宫积水 / 子宫蓄脓的其他潜在原因。

一般情况下，猫在发病时不会表现出临床症

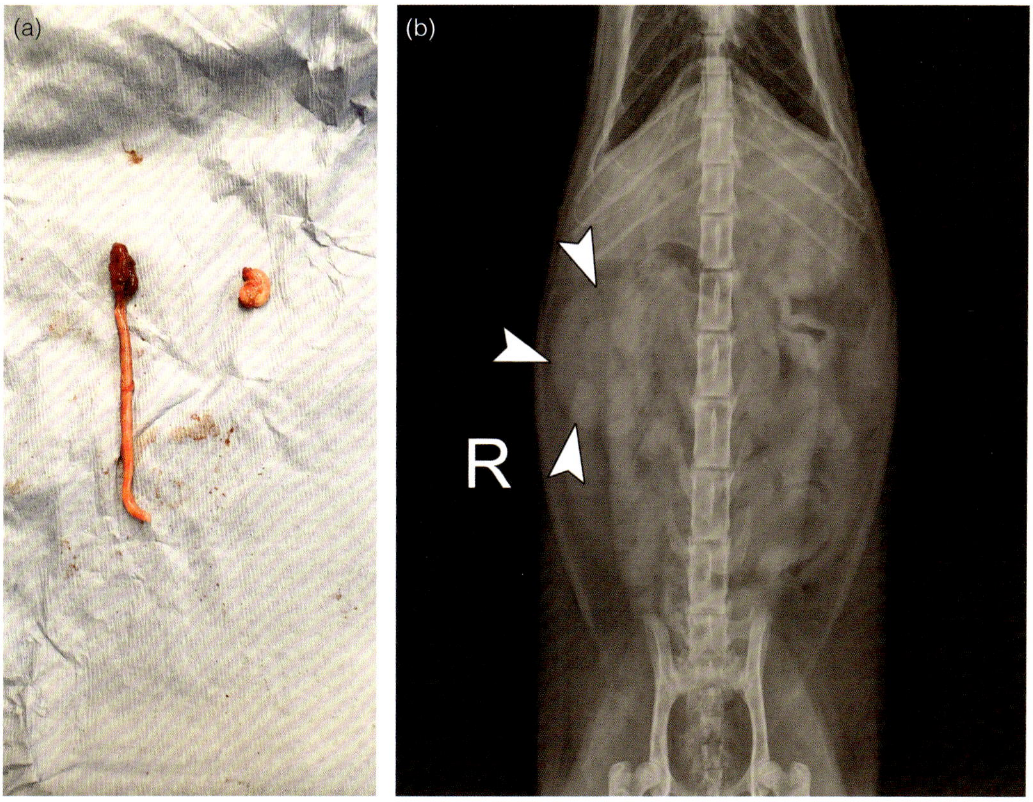

图 14.1　单角子宫的猫

（a）在给猫行卵巢子宫切除术时发现单角子宫。有两个卵巢，但只有一个子宫角。（b）同一只单角子宫患猫的 X 线片。有右肾（箭头），没有左肾。

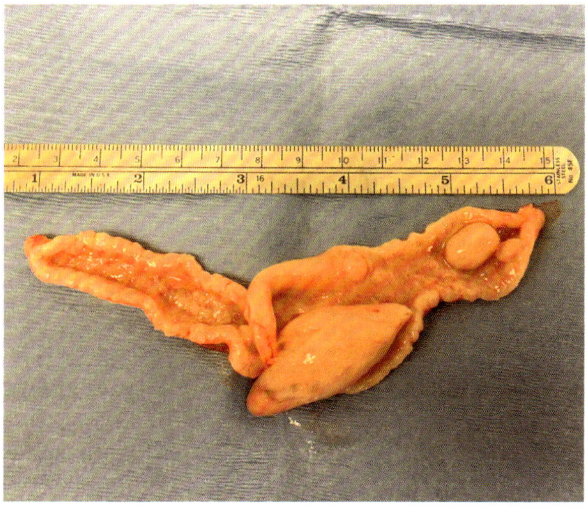

图 14.2　一只经超声诊断患有子宫肿瘤的生育能力低下的猫的子宫

可见数个子宫内膜息肉突出至子宫腔。组织病理学检查证实为囊性子宫内膜增生。（由 Aime Johnson 博士提供，也来自 VISGAR）

状，但在病情严重的情况下可能会出现腹胀，首选治疗方法是卵巢子宫切除术。

14.4　囊性子宫内膜增生 – 子宫蓄脓综合征

囊性子宫内膜增生 – 子宫蓄脓综合征是一种以子宫内膜增生伴子宫内膜囊性扩张和子宫内膜炎为特征的疾病（Agudelo，2005）。有研究表明在年龄达到 13 岁且未做绝育的猫中，有 2.2% 的猫会患上子宫蓄脓（Hagman et al.，2014）。囊性子宫内膜增生 – 子宫蓄脓综合征是引起母猫生殖障碍最重要的原因。

群居母猫的囊性子宫内膜增生发病率较高，而野猫的囊性子宫内膜增生发病率则较低（Perez et al.，1999）。已有研究表明，妊娠对犬囊性子宫内膜增生 / 子宫蓄脓的发展有保护作用，且有调查显示未妊娠母犬患子宫蓄脓的数量大约是经产母犬的 10 倍（Dow，1958）。未妊娠的母猫更易患子宫蓄脓。此外，疾病的发展、第一次分娩的年龄和产崽数之间没有相关性（Agudelo，2005）。

14.4.1 病理生理学

由于在发情期子宫内膜反复暴露于高浓度的雌激素下，随后在黄体期暴露于高浓度的孕酮下，这就导致了囊性子宫内膜增生的发生并使子宫易于发生继发性细菌感染和子宫蓄脓。孕酮通过促进腺体生长和黏液分泌、关闭宫颈、减少肌肉活动和抑制子宫内白细胞功能，使子宫给胎儿发育提供适合的环境（Hollinhead and Krekeler，2016）。发情期间子宫微环境的改变和收缩能力的降低有利于菌群从阴道通过开放的宫颈上移（Barsanti，1998）。子宫内膜的变化为细菌增殖创造了条件，大肠杆菌是从猫子宫蓄脓中分离出的最常见微生物（Johnston et al.，2001；Agudelo，2005）。有报道称也可以从子宫蓄脓中分离出其他微生物，如链球菌、葡萄球菌、克雷伯菌、假单胞菌、变形杆菌、莫拉氏菌和巴氏杆菌等（Johnson，1994）。

最近，人们对子宫蓄脓和囊性子宫内膜增生实际上是否是两个独立的疾病过程进行了讨论（Hollinshead et al.，2016）。发现通过对母犬的子宫腔进行实验性操作，诱导了增生性改变，如犬在受到轻微机械刺激后出现了子宫内膜增生（Nomura，1995），但猫没有类似组织变化的相关报道（Schlafer and Gifford，2008）。而子宫蓄脓中囊性子宫内膜增生的存在，可能仅仅是子宫对细菌感染反应的结果（Hollinshead et al.，2016）。

猫是诱导性排卵，而反复自发排卵可能会增加患子宫蓄脓的风险（Keskin et al.，2009）。一项研究表明，大约 1/3 的母猫会自发地、非交配诱导性地排卵（Binder et al.，2019），体重较大可能会导致母猫更频繁地自发排卵，因为肥胖在影响多种物种的周期性卵巢功能方面起着重要作用（Binder et al.，2019）。

服用避孕药也可能增加患子宫蓄脓的风险，已证明对母犬和母猫使用外源性类固醇激素（MA 或 MPA）可能诱发子宫蓄脓（Hollinshead et al.，2016）。

根据临床和组织病理学标准已经建立了囊性子宫内膜增生分类（表 14.1）（Dow，1958）。

卵巢残余综合征可导致剩余部分子宫发生蓄脓，因为残留的卵巢组织会产生孕酮，再加上子宫切除不完全，就会导致囊性子宫内膜增生和子宫蓄脓的发生（Johnston et al.，2001）。

14.4.2 症状、病史及体格检查

囊性子宫内膜增生是导致生育力下降和产崽数减少的主要原因，因此应该对不孕的母猫进行囊性子宫内膜增生的检查。在 4 ～ 5 岁不孕的母猫中，80% 出现了囊性子宫内膜增生。

子宫蓄脓通常发生在中老年母猫发情期及排卵后 4 周内，并且发病率会随着年龄的增长而逐渐增加（Hagman et al.，2014），囊性子宫内膜增生的发病率也会随着母猫年龄的增长而逐渐增加（Perez et al.，1999；Binder et al.，2019），这表明

表 14.1　囊性子宫内膜增生的分类

类型	特征
Ⅰ类	无炎症过程，无临床症状
Ⅱ类	伴急性子宫内膜炎，在大多数情况下有黄体 白细胞计数增加 症状可能会因子宫的严重程度和扩张而有所不同，但一般来说猫是患病的
Ⅲ类	亚急性子宫内膜炎伴子宫内膜单核浸润及子宫内膜腺体囊性改变 临床症状比上述类型更明显
Ⅳ类	慢性子宫内膜炎伴子宫内膜萎缩 临床症状的严重程度取决于腹胀程度和对其他器官的损害

注：来自 Dow（1958）的研究。

囊性子宫内膜增生与母猫的子宫病理有关。然而，在没有经产的1～2岁母猫身上也会诊断出子宫蓄脓，这些母猫通常没有子宫的病理性变化，对药物治疗反应良好。由于轻症病例缺乏明显的临床症状，所以关于子宫病变症状的研究，可能患囊性子宫内膜增生的比例比实际的少（Binder et al.，2019）。在轻症病例中可能会观察到患病动物有较少的阴道分泌物，这可能与胚胎着床失败、产崽较少或不孕有关（Johnston et al.，2001）。

这种疾病的发生率与猫的品种有关，如斯芬克斯猫的发病率很高。其他发病率较高的品种包括西伯利亚猫、奥西猫、柯拉特猫、暹罗猫、布偶猫、缅因猫和孟加拉猫等（Hagman et al.，2014）。

14.4.3 临床症状

仅患囊性子宫内膜增生的猫通常表现为产崽减少或不孕，患开放型子宫蓄脓的猫可能会出现出血性黏液状阴道分泌物（图14.3）。因为猫总是舔舐自己的被毛，所以可能不会注意到其外阴有分泌物（Hollinhead and Krekeler，2016），但当猫蜷坐时，可能会在其外阴周围或被褥上观察到。在发病期间，患猫有可能会出现腹胀（Johnson，1994），但出现宫颈闭合的概率更大。还可能观察到患猫的非特异性临床症状，如厌食、发热、呕吐、嗜睡和体重减轻，但并不像犬一样经常出现多饮、多尿等症状。由于临床症状是非特异性的，所以任何患病的、未发病的母猫都应检查是否患有子宫蓄脓（Hollinhead and Krekeler，2016）。据研究表明，通常犬比猫更易患系统性疾病。

14.4.4 诊断

诊断囊性子宫内膜增生的最佳方法是超声检查。超声检查显示子宫内膜增厚，子宫内膜皱褶突出（图14.4a）。随着病情严重程度的增加，超声检查也可以观察到子宫内膜内的囊肿（图14.4b、c）。

根据病史可诊断出动物是否患有子宫蓄脓，

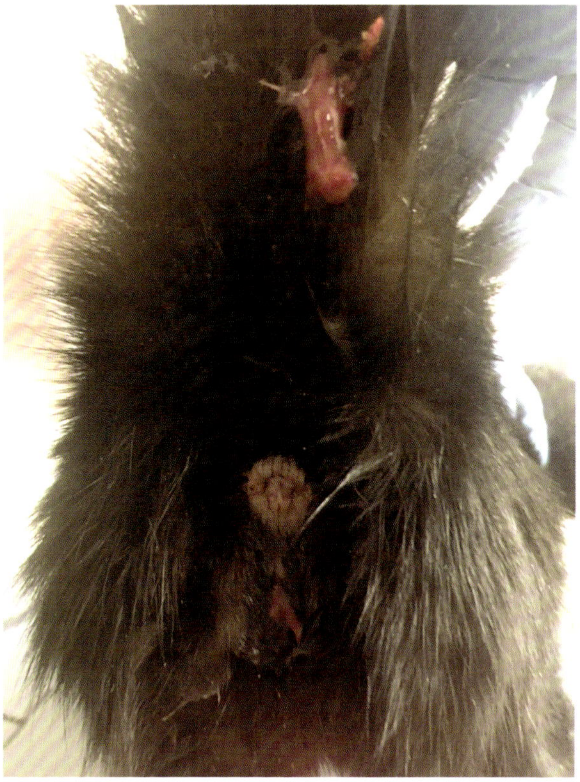

图14.3 患有开放性子宫蓄脓的猫的阴道分泌物

（由Aime Johnson博士提供，也来自VISGAR）

包括发情周期分期以及临床症状。血液学检查显示非再生性红细胞正色素性贫血和白细胞计数增加，其特征为中性粒细胞增多伴核左移（Johnson，1994）。血清生化检查可表现出正常或显示氮质血症，犬的检查结果也类似。与母犬相比，母猫因患子宫蓄脓而引起的肾脏损害的概率低。此外，患有脓毒症的动物也会出现低血糖。

在阴道细胞学检查中可观察到大量的白细胞和红细胞。对外阴分泌物进行细菌培养有助于确诊，但也可能分离到正常的阴道菌群。此外，药敏试验对确定治疗方案很重要，因为一些细菌菌株可能对常用抗生素已经产生了耐药性（Hollinshead and Krekeler，2016）。血液中的孕酮浓度通常会因为黄体活动而升高（> 5 ng/mL），但并不是在所有病例中都会出现。

子宫蓄脓通常用超声检查的方法进行诊断，因为这种诊断方法可以区分子宫蓄脓和早期妊娠。液体呈低回声至高回声，也可以观察到散布在液体中的高回声斑点（图14.5）。在母猫的子

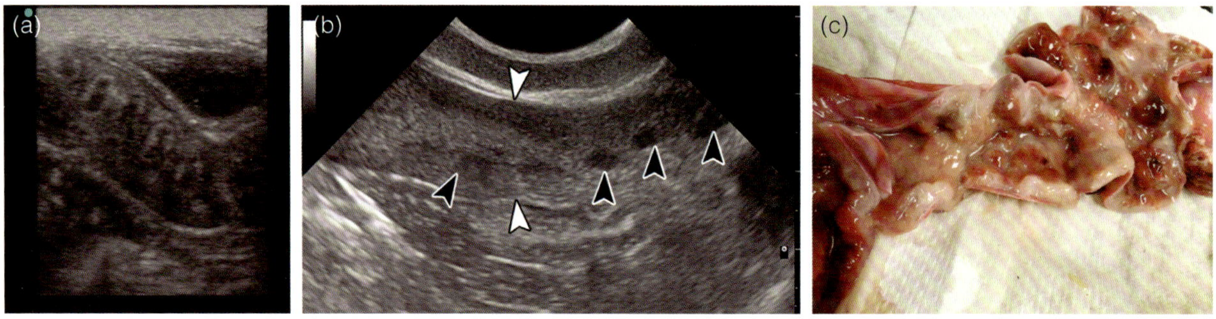

图 14.4　囊性子宫内膜增生的超声图像及子宫蓄脓患猫的子宫

（a）5 岁猫的超声图像，显示为不孕。超声检查表明中度囊性子宫内膜增生伴子宫内膜褶皱（子宫内的明暗条纹）。（b）囊性子宫内膜增生患猫的超声图像。子宫用白色箭头表示。子宫内膜增厚，腔内多个小囊肿（黑色箭头）。（c）患子宫蓄脓的猫的子宫。整个子宫内膜表面遍布着囊性内膜。（由 Aime Johnson 博士提供，也来自 VISGAR）

宫内，脓性物质像妊娠一样呈团块状，而不是将子宫腔全部填满（图 14.6）。因为药物治疗会引起流产，所以首先必须要排除妊娠的可能性。曾有报道，有些患猫会出现一个子宫角蓄脓，但另一个子宫角正在发生妊娠的情况（Hollinshead and Krekeler，2016）。X 线检查可用于诊断子宫扩张及子宫蓄脓，但其结果不能作为判定子宫蓄脓的诊断依据。因为子宫蓄脓和早期妊娠在 X 线片上可能看起来很相似，所以确保母猫未妊娠十分重要。

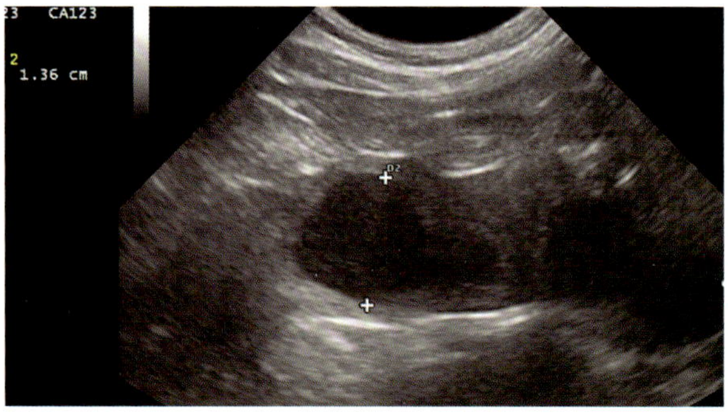

图 14.5　子宫蓄脓的超声图像

子宫肿胀达到 1.36 cm。在最大的肿胀区域右边可以看到另外两个肿胀区域。（由 Aime Johnson 博士提供，也来自 VISGAR）

14.4.5　治疗

无论采用哪种治疗方法，都应在等待细菌培养结果的同时开始对患猫使用广谱抗生素治疗。首先可以选择氨苄西林钠（11 mg/kg，每 12 h 静脉注射 1 次）、克拉维酸 + 阿莫西林（62.5 mg/kg，每 12 h 口服 1 次）、奥比沙星（7.5 mg/kg，每 24 h 口服 1 次）或头孢氨苄（30 mg/kg，每 12 h 口服 1 次）。如果母猫患有全身性疾病，应静脉输液（乳酸林格液或 Normsol R，每天 50 mg/kg），以纠正潜在的氮质血症，并维持水合或组织灌流。

选择药物治疗还是手术治疗要取决于母猫的身体状况和繁育能力，如果母猫患有败血症或因休克导致病情危重或身体状况不稳定时，应考虑手术治疗（Agudelo，2005），但在进行手术治疗之前应先使患猫的基本情况稳定下来，此外，也

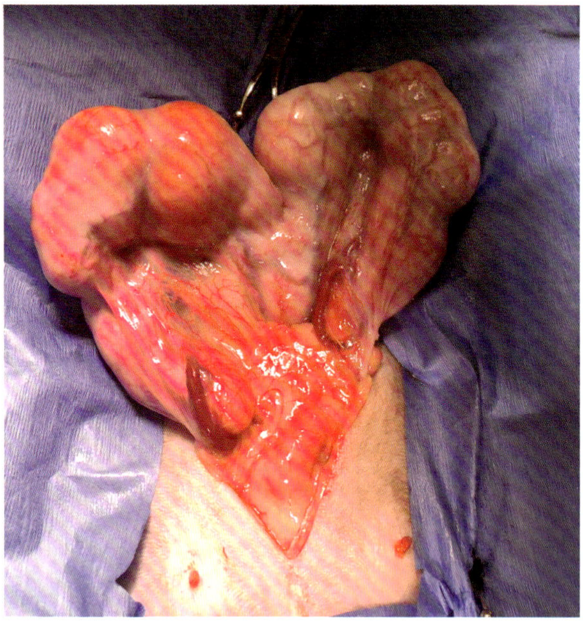

图 14.6　患有子宫蓄脓的猫

子宫并非均匀充满液体，而是具有典型的节段性。（由 Aime Johnson 博士提供，也来自 VISGAR）

可以为患猫提供对未来生育潜力和高生育率造成最小损害的药物治疗。

14.4.5.1 手术治疗

对不需要保留生育能力的母猫，卵巢子宫切除术是首选的治疗方法，因为它的治愈率较高，复发可能性较小。然而，手术并非没有风险的，在患猫的治疗过程中，败血症是导致患猫死亡的常见原因，而不是手术技术或麻醉方案（Agudelo，2005）。因为子宫组织易碎，所以在处理子宫时应该仔细，以避免子宫破裂造成腹腔污染。此外，还要确保子宫颈被完全切除。在犬中已经证明，手术前的氮质血症与较高的死亡率有关（Johnson，1994）。

14.4.5.2 药物治疗

$PGF_{2\alpha}$ 是一种具有溶解黄体功能的催产剂。它导致子宫内平滑肌收缩，帮助排出子宫内容物，并通过溶解黄体来降低孕酮水平。患有宫颈闭合式子宫蓄脓时禁止使用 $PGF_{2\alpha}$，因为 $PGF_{2\alpha}$ 可能会导致子宫破裂。孕酮浓度降低可促进宫颈松弛和子宫分泌物减少。$PGF_{2\alpha}$ 有天然（地诺前列素）和合成（氯前列烯醇）两种形式。氯前列烯醇的副作用较少，由于其半衰期较长，需要注射的次数也较少。然而，与合成 $PGF_{2\alpha}$ 相比，天然 $PGF_{2\alpha}$ 诱导肌层收缩的强度更大，从而可以更快地使脓性物质从子宫中排出（Hollinhead and Krekeler，2016）。

在使用前列腺素治疗之前，应评估基线血清孕酮水平。前列腺素 $F_{2\alpha}$ 应谨慎使用，因其可能会产生剂量依赖性的副作用，其副作用包括呻吟、喘息、躁动、唾液增多、排尿、排便、里急后重、腹泻、呕吐、散瞳和身体前屈（Johnson，1994；Davidson，1995；Barsanti，1998）。这些副作用通常发生在给药后的 15 min 内，但应该会在 1 h 后消失。在以后的注射中，这种副作用的强度会减弱（Johnson，1994；Davidson，1995）。老年患病动物的 $PGF_{2\alpha}$ 治疗方案为皮下注射 0.10 ～ 0.25 mg/kg，每天 1 ～ 2 次。报道显示，较高剂量（0.25 mg/kg，每天 2 次）（Johnston et al.，2001）的治疗效果并不比较低剂量（0.1 mg/kg，每天 1 次，持续 5 ～ 7 d）的治疗效果好（Johnson，1994；Davidson，1995）。

在临床中，使用低剂量的治疗方案已经获得了很好的效果，预后很少会出现副作用（Hollinshead and Krekeler，2016）。母猫第 1 天可每 6 h 皮下注射 10 ～ 15 μg/kg 地诺前列素，然后剂量可以增加到每 6 h 注射 25 μg/kg，持续到第 2 天（如果对 $PGF_{2\alpha}$ 耐受性较低，可持续到第 3 天）。随后剂量应增加到每 8 h 注射 50 μg/kg，持续 3 ～ 5 d，直到观察不到外阴分泌物、超声检查发现子宫内没有液体，或孕酮恢复至基线水平为止。

对于宫颈闭合式子宫蓄脓的病例，可以给予低剂量的天然 $PGF_{2\alpha}$，并逐渐加大给药剂量，尽量减少药物的催产作用，降低子宫破裂的风险。一旦发生黄体溶解和宫颈开放，便可以根据个体对 $PGF_{2\alpha}$ 的耐受性来增加给药剂量，但给药不应超过 50 μg/kg（Hollinhead and Krekeler，2016）。

要注意的是，与母犬相比，母猫对 $PGF_{2\alpha}$ 的黄体溶解作用有更强的抵抗力。此外，如果在排卵后不久就开始治疗，黄体可能对 $PGF_{2\alpha}$ 的溶解作用产生耐受（Johnston et al.，2001；Hollinshead and Krekeler，2016），从而导致 $PGF_{2\alpha}$ 的治疗时间延长，所以必须要等血清孕酮达到基线水平为止。

多巴胺激动剂可单独或联合 $PGF_{2\alpha}$ 或孕酮受体拮抗剂治疗母猫的子宫蓄脓。多巴胺激动剂与 $PGF_{2\alpha}$ 联合使用可以增强黄体溶解作用，使黄体溶解得更快,并在 24 ～ 48 h 内使宫颈开放（Hollinhead and Krekeler，2016）。

卡麦角林是最常用的多巴胺激动剂，因为它几乎没有副作用。卡麦角林的推荐剂量为治疗期间每 24 h 口服 5 μg/kg（Hollinhead and Krekeler，2016）。

溴隐亭是多巴胺受体的一种部分激动剂，可以代替卡麦角林。但它可能会引起胃肠道副作用，如恶心、呕吐、镇静或低血压等。溴隐亭半衰期较短，因此需要更频繁地给药，使用溴隐亭的推荐剂量为每 12 h 口服 10 ～ 30 μg/kg。

孕酮受体拮抗剂，如阿格列普司酮，是一种人工合成的类固醇，与孕酮受体竞争性结合，比天然孕酮具有更强的结合能力，它可使孕酮活性降低并诱发黄体溶解（Galac et al.，2000）。阿格列普司酮的副作用很小，因为它能使子宫颈开放，而子宫收缩程度最小，所以其治疗宫颈闭合式子宫蓄脓的效果较好。在宫颈闭合式子宫蓄脓的情况下，阿格列普司酮的治疗应在 $PGF_{2\alpha}$ 治疗前 2 d 开始，因为它可以通过缓慢打开宫颈而不引起强烈宫缩，从而降低子宫破裂的风险（Hollinhead and Krekeler，2016）。禁止对肝或肾功能较差的母猫使用阿格列普司酮。在治疗中，阿格列普司酮的推荐使用剂量为 15 mg/kg，间隔 24 h 分 2 次注射，然后在第 8 天可单次注射。由于母猫的药物利用率较低，所以建议母猫与母犬相比要加大给药剂量（Hollinhead and Krekeler，2016），阿格列司酮在美国没有商业供应。

14.4.5.3 监测治疗反应

临床症状的改善通常在药物治疗后的 2 d 内出现，并且临床症状在治疗后 7 ～ 10 d 内消失。当超声检查显示子宫腔内所有液体排出后，需再进行至少 14 d 的抗菌治疗。在开始治疗后的前 2 d 或前 4 d 内可观察到子宫缩小 50%。超声检查是一种重要的监测方法，建议每天进行超声检查，直到子宫内的液体排空，再评估治疗的效果。当子宫大小恢复正常、子宫内无液体存在以及孕酮浓度降到基线（<1 ng/mL）时，黄体溶解治疗既可停止。随着子宫内液体或脓性物质的排出，外阴分泌物的量会增加。直到外阴分泌物排出停止以及子宫恢复到正常大小后，才可停止治疗。每周应监测孕酮浓度，以确定黄体溶解发生的时间（血清孕酮<1 ng/mL）。单独使用 $PGF_{2\alpha}$ 可以治疗子宫蓄脓或在重症病例中帮助确定黄体是否完全溶解。

14.4.6 治疗效果

子宫蓄脓的死亡率为 5.6%（Hagman et al.，2014）。对于宫颈开放性子宫蓄脓的母猫，如果其潜在的子宫病变不严重，那么治疗效果应该很好，而且不影响生育能力。若能在治疗后的 4 ～ 5 d 内就能看到显著的治疗效果，那么母猫的预后应该是良好的。治疗时间越长，后期生育能力的预后就会越差。大多数经过治疗的母猫（95%）可以恢复正常发情周期，约 85% 的母猫经过治疗可以在交配后妊娠（Johnson，1994；Johnston et al.，2001）。母猫应该在治疗子宫蓄脓后的下一个发情周期（Hollingshead and Krekeler，2016）或治疗停止后的 1 个月内受孕，因为妊娠母猫不会复发子宫蓄脓。此外，对不需要保留生育能力的猫应接受卵巢子宫切除术。

14.5 肿瘤

猫很少发生子宫肿瘤，其占所有猫肿瘤的 0.29%（Miller et al.，2003）。这可能是因为美国大多数猫都进行了卵巢子宫切除术，从根本上消除了发生子宫肿瘤的风险。

大多数猫发生的子宫肿瘤是腺癌，其他的子宫肿瘤还包括平滑肌瘤、平滑肌肉瘤、淋巴瘤等（Johnston et al.，2001；Miller et al.，2003）（图 14.7）。猫的生殖道很少发生恶性间叶肿瘤（MacLachlan and Kennedy，2002），然而却有关于子宫内膜间质肉瘤的报道（Sato et al.，2007）。虽然在未绝育的动物中发生肿瘤比较常见，但有报道证实，一只已被切除卵巢子宫的猫的子宫残端也发生了腺癌（Miller et al.，2003）。

通常中老年猫易发病（发病率最高的年龄为 9 岁），但经调查并没有发现发病率与品种有关。一般情况下，在子宫肿瘤达到很大之前，患猫的临床症状表现一般不明显。在未绝育的患猫中，其临床症状可能表现为发情周期的改变（如不孕）、阴道有分泌物、继发性子宫蓄脓等。此外，子宫肿瘤可以通过腹部触诊、X 线检查、腹部超声检查、剖腹探查和组织病理学检查进行诊断。

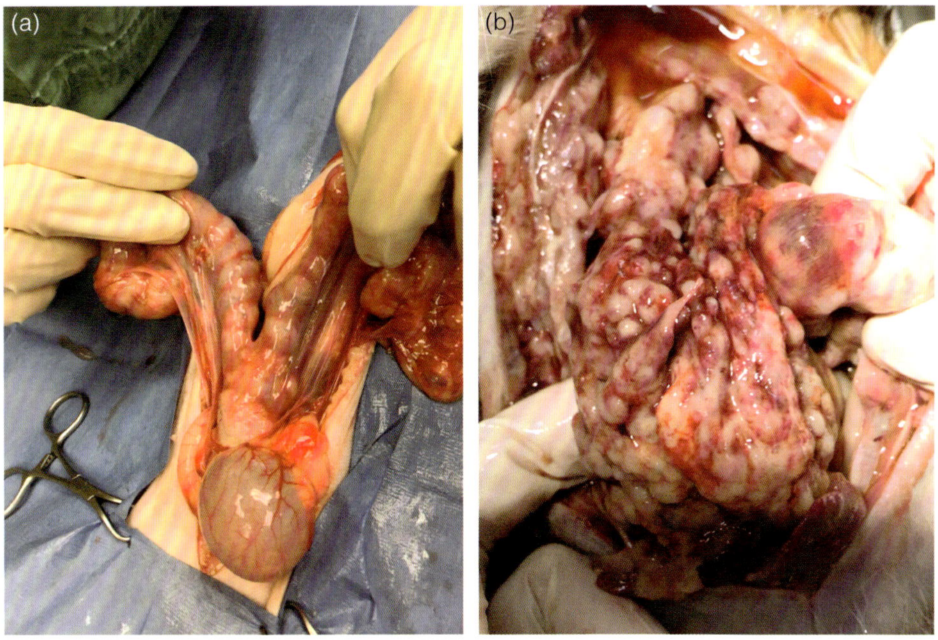

图 14.7　一只患有纤维肉瘤的猫发生腹部转移

（a）一只 11 岁母猫因阴道出血和疑似子宫蓄脓而就诊。在手术过程中，发现子宫内有多个肿物，经组织病理学证实为纤维肉瘤。（b）同一只猫在尸检时显示了腹部转移的程度。（由得克萨斯州弗里斯科市班菲尔德传统兽医医院的 Jessica Cohen 医生提供）

卵巢子宫切除术是首选的治疗方法。由于猫子宫腺癌有很大的转移风险（Miller et al., 2003），因此，必须进行仔细的预后检查。此外，一些良性肿瘤，手术切除的预后是良好的，如平滑肌瘤。如果肿瘤仅位于一个子宫角处，为了保留患猫的生育能力，可对其进行部分卵巢子宫切除。

14.6　参考文献

[1] Agudelo C. F. (2005) Cystic endometrial hyperplasia-pyometra complex in cats. A review. The Veterinary Quarterly 27(4), 173–182. doi: 10.1080/01652176. 2002.9695198.

[2] Barsanti J. (1998) Genitourinary infections. In: Green, C. (ed.) Infectious Disease of the Dog and Cat, 2nd edn. W.B. Saunders Company, Philadelphia, Pennsylvania, pp. 643–644.

[3] Binder, C., Aurich, C., Reifinger, M., and Aurich, J. (2019) Spontaneous ovulation in cats—Uterine findings and correlations with animal weight and age. Animal Reproduction Science 209, 106167. doi: 10.1016/j.anireprosci.2019.106167.

[4] Brookshire, W., Shivley, J., Woodruff, K., and Cooley, J. (2017) Uterus unicornis and pregnancy in two feline littermates. Journal of Feline Medicine and Surgery Open Reports 3(2), 205511691774361. doi: 10.1177/2055116917743614.

[5] Davidson, A. (1995) Medical treatment of pyometra with prostaglandin $F_{2\alpha}$ in the bitch and queen. In: Bonagura, J. and Kirk, R. (eds) Current Veterinary Therapy, XII. W.B. Saunders, Philadelphia, Pennsylvania, pp.1163–1165.

[6] Dow C. (1958) The cystic hyperplasia-pyometra complex in the bitch. Veterinary Record 70, 1102–1110.

[7] Galac, S., Kooistra, H. S., Butinar, J., Bevers, M. M., Dieleman, S. J., et al. (2000) Termination of mid-gestation pregnancy in bitches with aglepristone, a progesterone receptor antagonist. Theriogenology 53(4), 941–950. doi: 10.1016/S0093-691X(00)00241-7.

[8] Gelberg, H. and McEntee, K. (1984) Hyperplastic endometrial polyps in the dog and cat. Veterinary Pathology 21(6), 570–573. doi:10.1177/030098588402100604.

[9] Hagman, R., Ström Holst, B., Möller, L., and Egenvall, A. (2014) Incidence of pyometra in Swedish insured cats. Theriogenology 82(1), 114–120. doi: 10.1016/j.theriogenology.2014.03.007.

[10] Hollinshead, F. and Krekeler, N. (2016) Pyometra in the queen. Journal of Feline Medicine and Surgery 18(1), 21–33. doi: 10.1177/1098612X15623114.

[11] Johnson, C. (1994) Female reproduction and disorders of the female reproductive tract. In: Sherding, R. (ed.) The Cat: Diseases and Clinical Management, vol. 2, 2nd edn. Churchill Livingstone, New York, pp.1855–1876.

[12] Johnston, S., Kustritz, M., and Olson, P. (2001) Canine and Feline Theriogenology. W.B. Saunders, Philadelphia, Pennsylvania, pp.463–471.

[13] Jones, T., Hunt, R., and King, N. (1997) Genital system. In: Veterinary Pathology, 6th edn. Lippincott, Williams & Wilkins, Baltimore, Maryland, pp. 1149–1222.

[14] Keskin, A., Yilmazbas, G., Yilmaz, R., Ozyigit, M., and Gumen, A. (2009) Pathological abnormalities after long-term administration of medroxyprogesterone acetate in a queen. Journal of Feline Medicine and Surgery 11(6), 518–521. doi: 10.1016/j.jfms.2008.10.006.

[15] MacLachlan, N. and Kennedy, P. (2002) Tumors of the genital systems. In: D. J. Meuten (ed.) Tumors in Domestic Animals, 4th edn. Iowa State Press, Ames, Iowa, pp. 547–573.

[16] McIntyre, R., Levy, J., Roberts, J., and Reep, R. (2010) Developmental uterine anomalies in cats and dogs undergoing elective ovariohysterectomy. Journal of the American Veterinary Medical Association 237(5), 542–546. doi: 10.2460/javma.237.5.542.

[17] Miller, M., Ramos-Vara, J., Dickerson, M., Johnson, G., Pace, L., et al. (2003) Uterine neoplasia in 13 cats. Journal of Veterinary Diagnostic Investigation 15(6), 515–522. doi: 10.1177/104063870301500602.

[18] Nomura, K. (1995) Histological evaluation of the canine decidual reactions induced by intraluminal injection of olive oil. The Journal of Veterinary Medical Science 57(1), 71–74. doi: 10.1292/jvms.57.71.

[19] Perez, J., Conley, A., Dieter, J., Sanz-Ortega, J., and Lasley, B. (1999) Studies on the origin of ovarian interstitial tissue and the incidence of endometrial hyperplasia in domestic and feral cats. General and Comparative Endocrinology 116(1), 10–20. doi: 10.1006/gcen.1999.7331.

[20] Sato, T., Maeda, H., Suzuki, A., Shibuya, H., Sakata, A., et al. (2007) Endometrial stromal sarcoma with smooth muscle and glandular differentiation of the feline uterus. Veterinary Pathology 44(3), 379–382. doi: 10.1354/vp.44-3-379.

[21] Schlafer, D. and Gifford, A. (2008) Cystic endometrial hyperplasia, pseudo-placentational endometrial hyperplasia, and other cystic conditions of the canine and feline uterus. Theriogenology 70(3), 349–358. doi: 10.1016/j.theriogenology.2008.04.041.

[22] Senger, P. (2012) Embryogenesis of the pituitary gland and the male or female reproductive system. In: Pathways to Pregnancy and Parturition, 3rd edn. Current Conceptions, Washington, pp. 80–99.

15 外生殖道疾病

Aime K. Johnson
美国亚拉巴马州奥本大学兽医学院临床科学系

15.1 先天性畸形

胚胎结构形成时发育异常，可能引起母猫外生殖道先天性畸形，通常这种情况在青年期即可确诊。其主要症状是阴道、前庭或外阴开口发育不全，一般会伴有生殖腔内积液。这些猫会表现出拒绝交配，长期舔舐或梳理外阴部分，或交配后不孕的现象。通过腹部超声检查或全麻状态下阴道镜检查阴道的方法确诊。根据阴道和外阴的发育不全和狭窄的严重程度，可选择手术对其进行矫正。然而，如果想要繁殖，有可能会面临很高的难产风险。为了避开狭窄部分，可以选择剖宫产，从而达到降低风险的目的。

15.2 阴道炎

猫的阴道内有多种细菌，包括需氧菌、非致病性菌和兼性致病菌。Ström 等在猫常规卵巢子宫切除术时，对其阴道内的菌群进行了培养（Ström Holstet et al.，2003），从 77% 的样本中分离出需氧菌，其中大肠杆菌、犬链球菌和葡萄球菌最常见。影响猫阴道菌群分布的因素包括年龄、生殖周期、外部环境（卫生条件）和品种。随着猫的年龄增长，菌群也会发生变化。与青春期后的猫相比，青春期前的猫阴道菌群更加多样化。处于发情期的猫比不发情的猫具有更多样化的菌群种类。繁殖行为似乎对猫的阴道菌群影响不大。

虽然猫阴道炎很少见，但也有可能发生。猫阴道炎在临床上常表现为外阴周围疼痛、阴道分泌物、过度舔舐或梳理被毛及多尿。在诊断原发性阴道炎之前应先排除引起阴道分泌物的其他原因，如阴道异物、阴道肿瘤、子宫蓄脓、子宫残端蓄脓或尿路感染。通过阴道细胞学检查，可判定是否存在炎症细胞（图 15.1）。培养阴道分泌物，可确定细菌种类。子宫或子宫残端进行超声检查和尿液培养（膀胱穿刺），可排除引起阴道分泌物的其他原因。

根据培养结果选择靶向抗生素进行治疗。通过柔性导管注入生理盐水或稀释的（5%）碘伏溶液冲洗（灌洗）阴道穹窿有助于清除脓液。冲洗（灌洗）通常要在给予大剂量镇静药下进行，一般治疗一次即可见到效果。如果冲洗的太频繁，反而可能会对阴道产生其他刺激，使病情加重。建议只有在必要时才进行该治疗，但每天不能超过 1 次，连续不超过 3 ～ 5 d。益生菌对恢复正常阴道菌群有很大的帮助。外阴脓皮病患猫应根据需要使用抗生素和（或）皮质类固醇进行局部治疗，来达到抗炎的目的。据报道，一只患有严

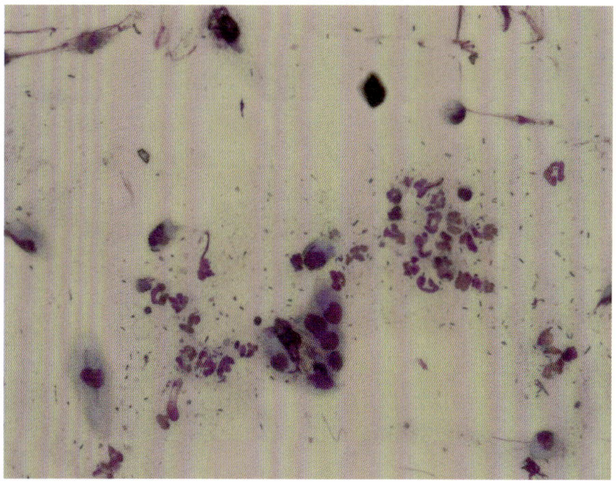

图 15.1　患有严重外生殖道炎症的猫的阴道细胞学检查
注意图中被中性粒细胞包围的阴道上皮细胞。

重阴道炎导致外阴阴唇粘连的16月龄母猫，经手术矫正治疗后，恢复良好（Plavec and Pavlin，2013）。

15.3 阴道脱出

与犬相比，猫发生阴道脱出的概率并不高。这种情况是由发情期阴道内膜过度增厚或妊娠后期雌激素水平高引起的。据报道，一只缅因猫在第一次交配54 d后出现了Ⅲ级阴道脱出（McKelvey et al.，2015），对脱出部分进行复位并进行缝合。为了防止复发，切除了该猫的卵巢和子宫，术后恢复良好。如果脱出的组织坏死或过度损伤，则需要通过手术进行切除。

15.4 肿瘤

猫外生殖道肿瘤并不常见。阴道肿瘤的临床症状包括：①肿瘤的刺激或坏死，引起化脓性或血清血液性阴道分泌物；②占位效应，包括外阴组织突出或会阴肿胀；③如果肿物对尿道或结肠造成挤压，患猫出现尿淋沥、尿多或便秘等症状。

虽然猫发生阴道平滑肌瘤的概率没有犬高，但也偶有报道（Wolke，1963）。这些肿瘤一般是良性的，可以通过手术切除，治疗效果良好。但为了彻底切除肿物，通常需要切开外阴。据报道，曾有一只8岁的猫患有外阴平滑肌肉瘤（Firat et al.，2007），也有一些关于外阴恶性腺瘤（顶腺腺癌）的报道（Welsh et al.，2010）。

肿瘤的治疗是先利用血液检查、胸部和腹部X线片、超声检查确定肿瘤分期，然后通过手术切除肿瘤。根据肿瘤类型，可搭配化疗或局部放疗的方法进行治疗，以达到减少复发和提高生活质量的目的。对于良性肿瘤，手术切除后预后良好。据报道，外阴腺癌患猫在手术切除后局部复发或转移引起并发症而接受安乐死的生存期为9.2个月（范围为2～18个月）（Welsh et al.，2010）。

15.5 参考文献

[1] Firat, I., Haktanir-Yatkin, D., Sontas, B. H., and Ekici, H. (2007) Vulvar leiomyosarcoma in a cat. Journal of Feline Medicine and Surgery 9, 435–438. doi: 10.1016/j.jfms.2007.04.002.

[2] Mckelvey, K. A., Beachler, T. M., Ferris, K. K., Diaw, M., Vasgaard, J. M., et al. (2015) Vaginal prolapse in a pregnant Maine coon cat: a case report. Journal of Small Animal Practice 56, 473–475. doi: 10.1111/jsap.12310.

[3] Plavec, T. and Pavlin, D. (2013) Surgical correction of labial fusion with vaginoplasty in a cat. Journal of Feline Medicine and Surgery 15, 520–523. doi: 10.1177/1098612X12470653.

[4] Ström Holst, B., Bergström, A., Lagerstedt, A. S., Karlstam, E., Englund, L., et al. (2003) Characterization of the bacterial population of the genital tract of adult cats. American Journal of Veterinary Research 64, 963–968. doi: 10.2460/ajvr.2003.64.963.

[5] Welsh, J. B., Best, S. J., Yager, J. A., and Foster, R. A. (2010) A report of 7 cases of feline vulval adenocarcinoma. Canadian Veterinary Journal 51, 764–766.

[6] Wolke, R. E. (1963) Vaginal leiomyoma as a cause of chronic constipation in the cat. Journal of the American Vet Medical Association 143. 1103–1105.

16 乳腺疾病

Diane Delmain
美国亚拉巴马州奥本大学兽医学院临床科学系

16.1 解剖学

母猫有四对乳腺，从头腹侧到尾腹侧呈两侧对称。这些乳腺通常被编号为 1 ～ 4，从头侧到尾侧，但有时也称为腋下乳腺、胸部乳腺、腹部乳腺和腹股沟乳腺。偶尔会出现多余的腺体。非哺乳期猫的乳腺主要由间质和脂肪组成。分泌性上皮组织在妊娠期和哺乳期发育。哺乳期的乳腺由腺小叶组织组成，由一系列导管引流到乳头窦，然后到乳头开口。猫的乳头由平滑肌组成，平滑肌有三层：两层纵向的，一层环形的。星状肌上皮细胞包围腺组织，腺管在催产素或拉伸作用下收缩（Silver，1966）。

乳腺的血液供应由胸动脉的穿支、肋间动脉的皮支、胸外侧动脉、腹壁浅动脉、肋间动脉尾部和旋髂深动脉的皮支提供。血液由腋窝静脉、胸肌内胸内静脉的分支、头侧上腹浅静脉、肋间穿静脉和尾上腹壁浅静脉排出。小静脉可穿透胸壁或穿过中线，是乳腺肿瘤转移的潜在途径（Silver，1966）。

两对头侧乳腺淋巴的引流方向为腋窝淋巴结，第四对头侧乳腺淋巴的引流方向为腹股沟浅淋巴结。第三对乳腺体可引流至腋窝淋巴结或腹股沟浅淋巴结。第三对和第四对乳腺体引流至髂骨正中淋巴结的情况很少发生（Papadopoulou et al.，2009）。

16.2 乳腺肿瘤

猫的乳腺肿瘤非常常见，约占该物种所有肿瘤的 17%（Zappulli et al.，2015）。大多数乳腺肿瘤是易转移的侵袭性癌，总体预后很差，多数患猫在确诊后的 12 个月内死亡。早期发现并治疗可以延长生存期。

乳腺肿瘤更可能发生于年长母猫，很少发生于公猫。发病的平均年龄为 10 ～ 12 岁（Zappulli et al.，2015）。幼年猫可能发生这种疾病，其中暹罗猫的发病率最高。虽然病因还不完全清楚，但能确定的是发病率与生殖状况有关，没有生育过的母猫更容易患病。进行子宫切除术时的年龄也与疾病发生率有关，早期卵巢子宫切除术可显著降低发病率。一项研究显示，6 个月前接受过卵巢子宫切除术的猫与未接受卵巢子宫切除术的猫相比，发病率降低了 91%，而 1 年前接受过卵巢子宫切除术的猫发病率降低了 86%（Overley et al.，2005）。雌激素和孕酮对猫乳腺癌发展的影响尚不清楚，因为这些激素的受体在大多数肿瘤组织上不表达（Zappulli et al.，2015）。据推测，孕酮诱导的乳腺组织周期性 GH 分泌和释放的刺激可能是造成犬癌变的原因，猫的癌变也可能与此有关（Sorenmo et al.，2020）。外源性孕酮的使用也可能引起乳腺肿瘤发育。然而，还需要进一步的研究来阐明猫乳腺肿瘤的病因与激素间的相互作用。

虽然流行病学研究有所不同，但猫乳腺肿瘤大多是恶性的（恶性发生率高达 90%）（Hayes et al.，1981）。猫的良性肿瘤包括单纯腺瘤、导管腺瘤、纤维腺瘤和导管内乳头状腺瘤（导管乳头状瘤）（Sorenmo et al.，2020）。癌是最常见的乳腺恶性肿瘤，其命名方法有很多种。这些肿瘤可称为腺癌或癌，可为导管状、复合型、管状、乳头状或实质性。在本章中，猫恶性乳腺肿瘤被称为乳腺癌。所有的腺体都可以发生结节，但尾侧4个腺体最常发生（图16.1）。肿瘤可累及单个腺体或诊断时为多灶性肿物。剪掉腹部的被毛，使猫仰卧检查有助于触诊和诊断较小的结节。溃疡和较大肿物的炎症也是常见的（图16.2）。

乳腺癌具有侵袭性，可侵袭血管和淋巴系统。头侧四腺肿瘤易转移至腋窝淋巴结，尾侧四腺肿瘤易转移至腹股沟腺。然而，由于转移的交叉，可能发生腺体和淋巴管之间连接的变异。乳腺癌转移到肺部和胸膜的情况很常见，所以很多猫最初会出现呼吸窘迫的症状。转移也可累及胸、腹淋巴结和肝脏，但极少累及骨骼。患有弥散性疾病的母猫一般预后较差。

猫的乳腺癌与人的乳腺癌有许多共同的症状。因此，在人医中常用的预后标志物和靶向治疗在未来可能对猫也具有一定的临床相关性。很多被用于人的靶向治疗的标记物，在猫的领域也引起了研究人员的关注，可能会给猫的治疗带来更多的选择。可能是由于研究方法的不同，使用雌激素和孕激素受体作为预后指标所得出相关数据存在争议。大多数猫乳腺癌组织中不表达雌激素受体，这些猫预后可能较差（Zappulli et al., 2015）。人类表皮生长因子（human epidermal growth factor-2，HER-2）是一种促进癌细胞生长的蛋白质，是由人类基因突变引起的。在女性中，表达HER-2基因的乳腺癌组织往往更具侵袭性，对激素治疗不敏感。HER-2在猫乳腺肿瘤中的作用尚不清楚，但在一项研究中，表达HER-2基因的乳腺癌患猫的总生存期较短（Zappulli et al., 2015）。Ki-67是一种经常用于帮助人类患

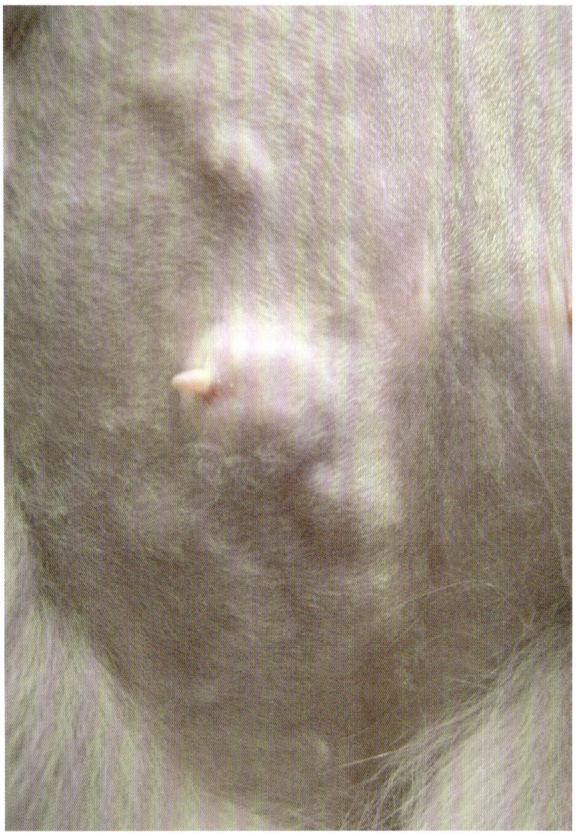

图 16.1　多灶性乳腺癌

右侧乳腺尾侧乳头周围有几个结节。结节向头侧延伸至下一个受影响的乳腺。在剃毛后才能发现。（由 Aime Johnson 博士提供，也来自 VISGAR）

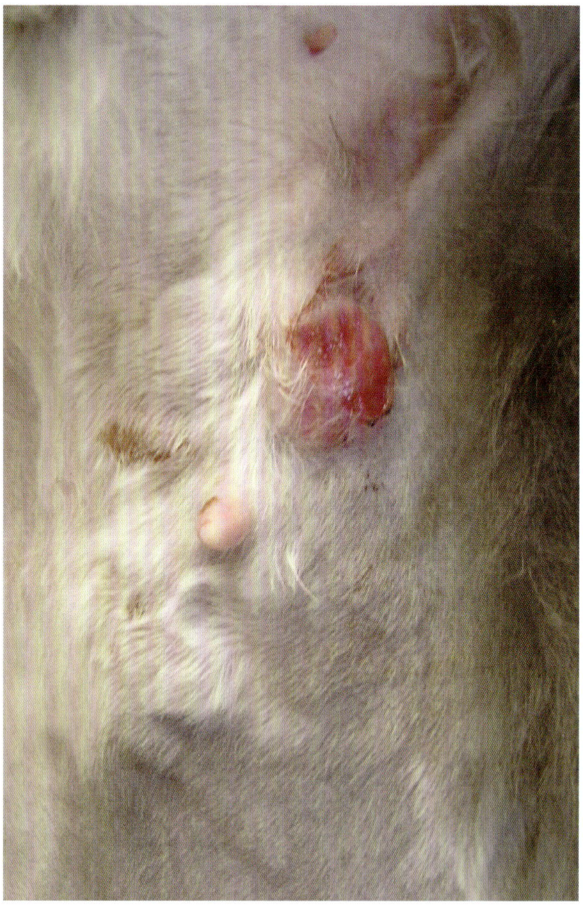

图 16.2　溃疡性乳腺癌

（由 Aime Johnson 博士提供，也来自 VISGAR）

者分期的核蛋白和增殖标记物，对猫的 Ki-67 进行研究，可能有助于预测疾病是否具有浸染性（Soares et al.，2016）。细胞毒性 T 淋巴细胞相关抗原（Cytotoxic T-lymphocyte-associated antigen，CTLA-4）对女性乳腺癌的发展起着重要作用，而且在猫乳腺癌中也起作用。这对开发针对猫的靶向疗法很有帮助（Urbano et al.，2020）。据报道，猫乳腺癌中环氧合酶 -2（cyclooxygenase-2，COX-2）的表达水平可能与较差的预后有关（Millanta et al.，2006）。

炎性乳腺癌是一种侵袭性极强的乳腺癌。通过对病例的研究可以发现，炎性乳腺癌多发生于术后，表现为局部极度疼痛、僵硬、严重水肿、红斑、无乳腺结节和四肢受累。组织学检查结果显示为恶性乳腺乳头状腺癌、严重炎症和淋巴管真皮肿瘤栓塞。经报道，3 只猫中有 2 只出现了手术缝合的排斥反应。对这些猫进行安乐死处理后，经尸检后发现其中 2 只猫出现肺部和局部淋巴结转移。所有肿瘤均有较高的 Ki-67 表达，且肿瘤组织中表达雌激素、孕酮和雄激素受体（Pérez-Alenza et al.，2004）。

16.2.1 诊断和分期

所有猫腹部肿瘤都需要仔细检查，因为大多数乳腺肿瘤是恶性的，且传播迅速。所以需要结合全身和细胞学检查去进行评估并排除其他皮肤或皮下生长情况。细胞学可能无法对乳腺癌做出诊断，因为这种方式不能区别上皮肿瘤，必须要结合组织病理学检查，通过检查患猫肿物的数量、溃疡大小和淋巴结肿大的区域来进行诊断。对可触及的淋巴结进行穿刺和细胞学检查以确定是否发生了转移。

应进行全血细胞计数、生化检测、甲状腺、猫白血病、免疫缺陷病毒检测及尿液分析，以筛查因转移引起的并发症。胸片三视图（左右侧位和腹背位）对确认肺部、纵隔或胸膜病变很有用。肺部病变一般表现为绒毛状或结节状的间质密度（图 16.3）或粟粒状的胸膜密度。患猫可能存在胸腔积液，使用 CT 或 MRI（如果有条件的话）能检测到较小的转移性病变，可更好地确定疾病的严重程度。另外，可以通过腹部 X 线片、超声检查和腹腔局部淋巴结穿刺进行进一步确认。

生存期与肿瘤大小和是否转移有关。虽然从直观感觉来说，猫的肿瘤越大生存期应该越

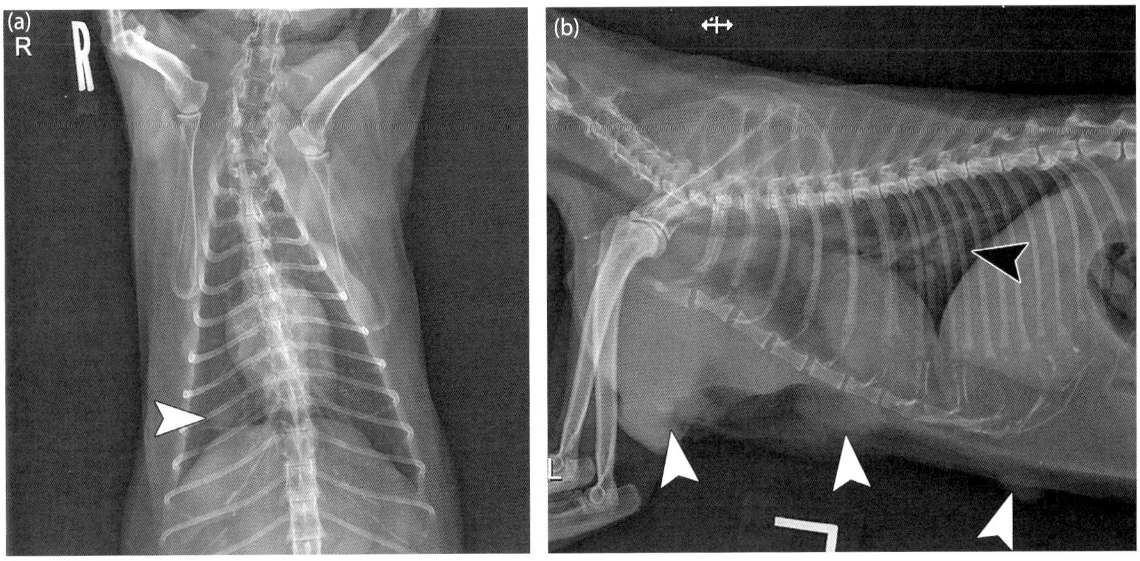

图 16.3　转移性乳腺癌

（a）转移性乳腺癌。如箭头所示，在右侧肺部靠尾端区域可见一个大结节。（b）转移性乳腺癌的左侧侧位图。肺部靠尾端区域可见肺结节（黑色箭头）。乳腺肿物出现在第一、第二和第三腺体区域，第一腺体区域最大（白色箭头）。

短，但一些研究已经对肿瘤大小进行了分类。直径 3 cm 是一个显著节点（Viste et al.，2002）。乳腺癌直径> 3 cm 的猫预后较差，平均生存期为 5 个月，中位生存期为 4 ～ 12 个月。肿瘤< 3 cm 的猫的平均生存期为 21 个月，但中位生存期为 3 ～ 54 个月，这使得对较小肿瘤的预后预测更加困难。其他因素也对预测产生影响，如肿瘤溃疡、手术时的淋巴结转移和尾侧（腹股沟）胸腺肿瘤（Viste et al.，2002）。

基于人的分期系统，目前已经提出了几种用于猫乳腺癌的分级和分期系统。经世界卫生组织修改后，分为Ⅰ～Ⅳ期，这取决于肿瘤的大小、累及淋巴结程度和转移。Ⅰ期为直径< 1 cm 且无转移的肿瘤。Ⅱ期肿瘤直径为 1 ～ 3 cm，伴或不伴局部淋巴结受累，无远处转移。Ⅲ期为直径> 3 cm 的肿瘤和无远处转移的炎症性癌。无论是否累及局部淋巴结，所有转移至远处的肿瘤都被认定为Ⅳ期。这套系统可用来决定是否进行临床化疗，因为化疗一般用于Ⅲ期和Ⅳ期肿瘤（Ito et al.，1996）。

最近，Mills 等（2015）提出了一种基于淋巴血管被侵袭程度、核形态和有丝分裂计数的新分级系统，显示出与总生存率显著相关。使用这些标准后，低级别癌症被归为Ⅰ级，中位生存期为 31 个月，18 个月生存率为 82%。Ⅱ级或中级别癌症的中位生存期为 14 个月，18 个月生存率为 37%。Ⅲ级或高级别癌预后较差，中位生存期为 8 个月，只有 18% 的病例可以存活至 18 个月（Mills et al.，2015）。

16.2.2 治疗

手术是治疗乳腺癌的主要方法。基于临床症状、体格检查和分期诊断，临床医生必须要在乳房切除术前确认是否需要切口活检，还是整体组织病理学检查即可确诊。由于猫的乳腺肿瘤极大概率是恶性，且转移迅速，所以临床医生通常会选择立即进行乳房切除术。手术治疗一般采用全乳房切除术，由于腺体和淋巴之间存在连接的可能性，即使只有一个腺体受到影响，也应一起切除局部淋巴结（如果允许）。最近一项大型多中心研究表明，接受双侧根治性乳房切除术与接受单侧乳房切除术的猫相比，无并发症时间且生存期更长。无并发症时间为从进行乳房切除术开始到局部复发、区域或远处转移或肿瘤相关的死亡时间。接受双侧乳房切除术的猫的中位无并发症时间和生存期分别为 542 d 和 1140 d，而接受单侧乳房切除术的猫的中位无并发症时间和生存期分别为 289 d 和 473 d，且接受单侧乳房切除术的猫更容易发生癌转移。然而，可能是由于切除了大量组织，单侧乳房切除术的手术并发症发生率低于双侧乳房切除术。因此，切除单侧乳房后，建议间隔几周后再切除另一侧的乳房，这样可以最大限度地提高生存率并减少手术并发症（Gemignani et al.，2018）。应采取宽手术切缘，并将所有组织进行组织病理学检查。目前还没有证据表明乳房切除术和卵巢子宫切除术同时进行更好，而且手术有可能使恶性肿瘤扩散到腹部。有一些临床医生建议同时进行卵巢子宫切除术，以减少激素对剩余乳腺组织的影响，应该先进行腹外卵巢子宫切除术，然后闭合腹部，之后再进行乳房切除术。

16.2.3 化疗

虽然早期的及时发现和正确的手术疗法可以提高生活质量和延长生存期，但肿瘤具有侵袭性且较大的猫仅靠手术治疗，效果并不理想。由于乳腺癌转移迅速，即使进行了所有检查，也可能存在无法检测的、细微的和转移扩散型肿瘤。因此，可以考虑对患有乳腺癌的所有猫进行化疗，但必须与主人进行有效的沟通才能做出决定。一般情况下，< 3 cm 且没有累及淋巴结的肿瘤，可单独手术治疗。较高的组织学分级、累及淋巴血管且> 3 cm 的肿瘤需要考虑进行化疗（Sorenmo et al.，2020）。化疗方案通常以阿霉素为基础，但可能包括多种额外的化疗药物或其他药物。在一项大型的回顾性研究中发现，单侧或双侧乳腺癌根治术后进行化疗与死亡率显著降低有关。由于许多乳腺癌表达 COX-2 受体，因此有人认为添加 COX-2 抑制剂可以改善治疗效果。然而，研究发现，其并没有提高总生存率或延长不发病的时间间隔（Borrego et al.，2009）。由于缺乏预期性，对猫乳腺癌的随机研究经常干扰这一领域的临床决策，建议咨询兽医肿瘤学家。

16.3 乳腺增生

16.3.1 临床症状、病史和体格检查

乳腺增生，也称为纤维腺瘤性乳腺增生或乳腺肥大，是一种良性疾病，其临床症状是乳腺深度、快速、弥漫性增大（图 16.4），乳房在几周内可能会急剧增大。这种情况最常发生在受孕酮影响的幼龄未生育的母猫或妊娠母猫身上，但在给公猫注射外源性孕酮或类似药物后，也可能发生类似疾病。受影响的腺体表现为迅速、弥散性增大。在某些情况下，可触摸到结节和类似肿瘤状物，继发性乳腺炎可能伴有坏死和溃疡（Johnston et al.，2001；Choy，2012）。

16.3.2 发病机制

内源性孕酮和外源性孕酮在乳腺增生的发病机制中发挥重要作用。从理论上讲，乳腺增生是由对孕酮化合物的过度反应引起。在一项研究中

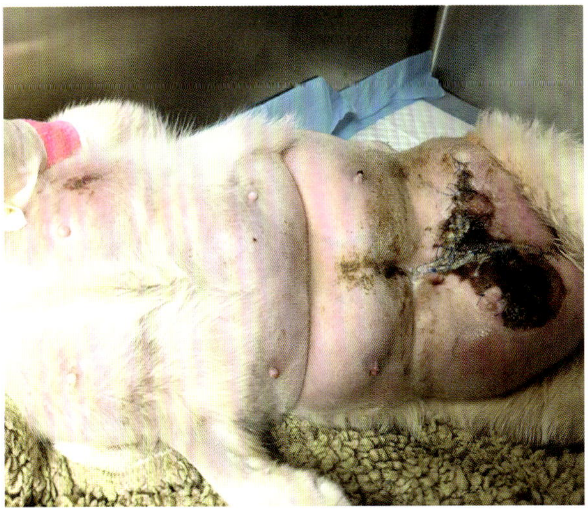

图 16.4 乳房发育不良（1 岁）

尾部乳腺存在坏死区域，需要额外治疗和止痛处理。（由 Aime Johnson 博士提供，也来自 VISCAR）

显示，患有乳腺增生的猫，其乳腺组织有孕酮受体表达，而只有 50% 的猫发现了雌激素受体（De Las Mulas et al.，2000）。诱导排卵后，假孕引起的孕酮浓度升高也可能导致乳腺增生（Burton，2007；Ferrer and Miller，2007）。已经被证明，使用外源性孕酮能诱发猫的乳腺增生，而且与性别没有关系，特别是甲地孕酮或 MA，（Hayden et al.，1989；MacDougall，2003；Loretti et al.，2005）。这种情况通过停药即可达到治疗目的，其发病机制可能与 GH、催乳素和胰岛素样生长因子有关。

16.3.3 诊断

初步诊断乳腺增生的方法通常为病史检查、临床症状和体格检查。穿刺和腺体细胞学检查可评估乳腺上皮或腺细胞，但不能证明有肿瘤。如果继发于乳腺增生的乳腺炎或溃疡，也可能出现炎症。由于这些患病动物的手术切口愈合时间可能会延长，所以活检需要更加小心谨慎。乳腺增生的组织学特征是良性、无包膜的纤维腺增生，这也可以证明没有发生炎症或肿瘤。另外，内源性孕酮水平也可以作为一个依据，但仅依靠检测孕酮并不能确定，因为在诊断时孕酮浓度可能是正常的。在一项研究调查中发现，只有 1/3 患有乳腺增生的猫孕酮水平升高（Norsworthy and Romeo，2018）。

16.3.4 治疗

猫在妊娠期或月经期的乳腺增生可随自身黄体溶解而消退，在此期间内可能会感到疼痛，所以应该采取适当的镇痛措施。猫的卵巢子宫切除术一般在几周到几个月内恢复。如果在乳腺组织增大的情况下进行卵巢子宫切除术，应采用侧腹切口（图 16.5）。在医源性病例中，虽然猫接受外源性孕酮缓释产品可能需要更长的缓解时间，但是一般在停药几周后即可缓解。

对有意繁殖的乳腺增生患猫，当去除孕酮来源不能治愈时，可以考虑配合药物治疗。由于目前还没有明确用于治疗猫乳腺增生的产品，所以

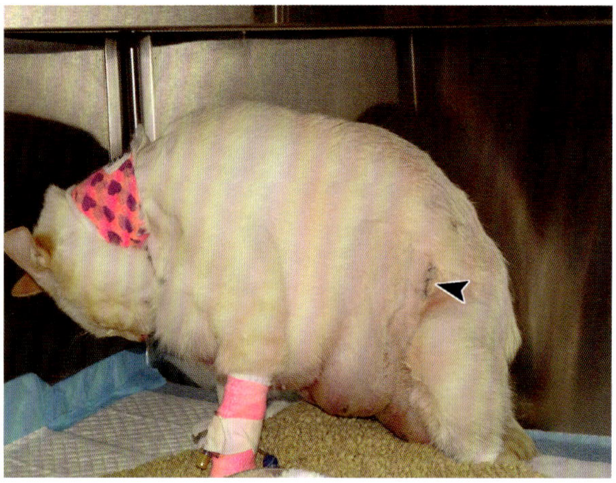

图 16.5　乳腺增生患猫的侧腹切口

由于腹部中线处发生腺体肿大和炎症，所以在侧腹区域进行手术。（由 Aime Johnson 博士提供）

治疗之前与主人沟通是否使用药物并告知药物的潜在副作用也很重要。

现在已经有使用孕酮受体阻滞剂阿来司酮（aglépristone）进行治疗的报道。皮下注射 1 d（7 只猫，20 mg /kg）或连续 2 d（15 只猫，每天 10 mg/kg）。除 1 只猫外，所有猫在治疗后 1 ～ 4 周内症状完全缓解。2 只猫的阿来司酮注射部位出现短期皮肤刺激。2 只患有乳腺增生的妊娠母猫在使用阿来司酮治疗后流产，随后引发子宫内膜炎（Görlinger et al.，2002）。目前阿来司酮在美国无法使用。

使用催乳素抑制剂也是一种治疗方法，如多巴胺激动剂（卡麦角林每 24 h 使用 5 μg/kg 或甲磺酸溴隐亭每只口服 0.25 mg）或睾酮（每只 50 ～ 150 mg，肌内注射或皮下注射，每 30 d 使用一次）治疗，但目前还没有关于在乳腺增生病例中使用这些产品的安全性或有效性报告（Schmidt，2018）。溴隐亭可引起恶心、厌食或呕吐，同时高剂量的溴隐亭可使猫产生幻觉。同时使用马罗匹坦（maropitant）可减轻胃肠道副作用（Gonzalez-Lima et al.，1984）。马罗匹坦通常被皮下或静脉给药，剂量为 1 mg/kg，连续给药 5 d。也可以使用其他给药方式来进行大量给药，如每 24 h 口服 1 mg/kg。

对于伴有坏死或严重感染的乳腺增生患猫，乳房切除术可能是最后采取的治疗手段。由于要切除的组织量大，受影响的腺体包括血管，闭合会很困难，可能会引起并发症。曾有使用手术引流浓汁和坏死区域清创术成功治疗乳腺增生继发乳腺炎的案例（Burstyn，2010）。

16.3.5　预后

乳腺增生的预后通常比较理想。一旦消除孕酮的来源，大多数猫都可以完全康复。

16.4　乳腺炎

乳腺炎是一种伴或不伴微生物感染的乳腺组织炎症，发生于产后母猫。在产后 1 ～ 3 周出现典型症状，此时产奶量最大，但也可能在断奶后乳腺膨胀时发生。与其他物种相比，母猫患乳腺炎比较罕见，但某种情况下也可能发生，如继发于乳头和周围皮肤的创伤、乳汁滞留、卫生条件不佳。乳腺炎的症状包括发热、厌食或心动过速。受影响的腺体通常肿胀、触感温度升高、变色或疼痛，乳汁也可能变色（图 16.6）。患猫生育的幼猫体重可能会不增长，虚弱或不断呻吟（O'Brien，2014）。严重情况下，可能会发生脓肿或坏疽。如果发生坏疽或坏死，应进行外科清创。在这种情况下，应将幼猫隔离，并用奶瓶喂养，对母猫进行抗生素治疗（Wilson，2013）（图 16.7）。

16.4.1　诊断

乳腺炎的诊断是基于病史和临床症状，通过细胞学检查和细菌（有氧）培养进行确诊。最常见的致病微生物是大肠杆菌、葡萄球菌和链球菌。这些细菌的感染都是由乳腺区域的创伤、环境不卫生或母体自身免疫力低引起的。在使用抗生素之前，应尽快对母乳或引流物进行培养和药敏试验。大肠杆菌是肠道菌群的一部分，含有产生内毒素毒力基因的菌株可能会导致感染。大肠杆菌的强毒性菌株有引起人畜共患病的风险。葡萄球菌和链球菌是皮肤菌群的一部分，可通过感染引起乳腺炎。猫的主要病原菌为猫葡萄球菌，但

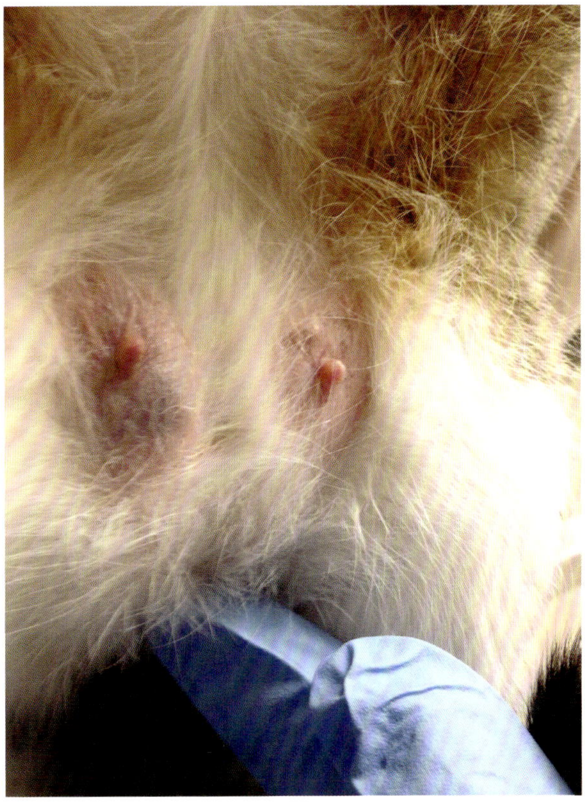

图 16.6　产后母猫的右尾部腺体炎症

乳腺已经变色，经触诊发现腺体紧实、温热、疼痛。从腺体里挤出来的乳汁颜色变淡，经过抗生素和腺体局部治疗与热敷后，乳腺炎痊愈，可以正常哺乳幼猫。（由 Aime Johnson 博士提供，也来自 VISGAR）

偶尔也会分离出假葡萄球菌。乳腺分泌物涂片的细胞学检查有助于做出初步诊断。葡萄球菌将以革兰氏阳性球菌的形式出现在“葡萄组”中，而链球菌将以革兰氏阳性球菌的形式成对或成链出现。母猫全身患病，可能会影响多个腺体，从患有乳腺炎的母猫身上也能偶尔分离出 β－溶血性链球菌（Graham and Taylor，2012）。应对患病母猫进行猫白血病和免疫缺陷病毒、全血细胞计数和血清生化筛查，以排除易感或并发疾病，并确定全身疾病的严重程度。如果临床医生怀疑引起并发性生殖疾病，如胎儿滞留或子宫炎，应进行放射免疫或超声检查。

16.4.2　治疗

发现并去除诱发条件对治疗至关重要，同时，为母猫和幼猫提供一个干净、安全的环境，确保营养也非常关键。特别是在产乳时液体需求量增加的情况下，应提供包括静脉或皮下液体补充，以维持水合作用。在母猫没有其他全身性疾病的情况下，应尽量避免住院，因为住院会使母猫过度应激，干扰它的营养摄入和照顾幼猫的意愿。

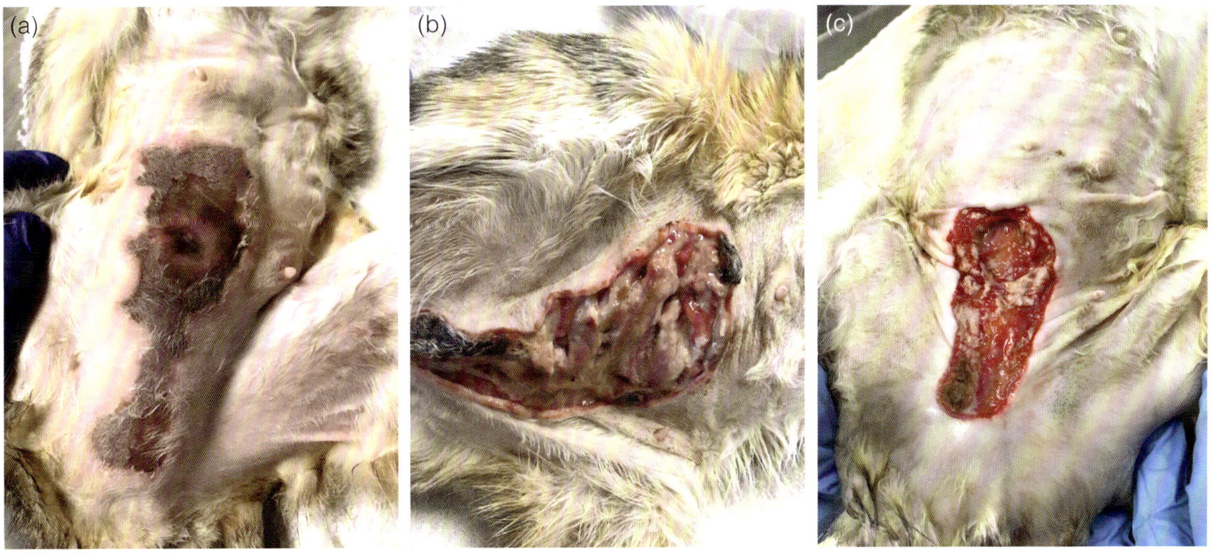

图 16.7　乳腺炎患猫的治疗

（a）右乳腺尾侧区域坏疽性乳腺炎。周围的组织受到影响后坏死，幼猫被移走寄养。母猫全身发病，已经失去分泌乳汁的能力。给予静脉输液、静脉抗生素和消炎药，并在腺体区域缠了绷带，热敷治疗。（b）与图（a）为同一只猫（3 d 后），可见组织已经脱落，留下一个开放性伤口。为了预防感染，对坏死组织区域进行手术清创，并包扎。（c）经过连续几次手术清创后的第 10 天，坏死组织已经被清除，可见新鲜肉芽组织生长。伤口可自行二期愈合，如果伤口没有完全愈合，也可以通过手术闭合伤口。（由 Aime Johnson 博士提供，也来自 VISGAR）

每天对受感染的腺体进行 2 ～ 4 次热敷，可有助于缓解感染。

应该注意给予镇痛。然而，哪种药物适用于母猫目前并没有认证。所以，使用任何药物之前，都应该取得主人的同意。低水平阿片类药物可能进入母乳，不太可能对新生动物造成危险。虽然一些非甾体抗炎药短期内可用于猫，但这些药物也会以低水平进入母乳。非甾体抗炎药禁止应用于人类新生儿，而且目前也没有对哺乳母猫使用该药的文献报道（Meyer，2007）。在临床病例中已经开始短期使用（1 ～ 3 剂），并没有对幼猫造成不利影响，但可以起到有效镇痛作用。

在得到培养结果之前，应使用对哺乳期新生幼猫安全的抗生素。如果培养和药敏试验结果显示需要使用一种对新生幼猫不安全的抗生素，则需要将幼猫移走，使用奶瓶喂养或代乳。阿莫西林 / 克拉维酸或头孢氨苄是比较好的抗生素。克林霉素在乳汁中含量较高，可能会导致幼猫患肠胃炎（O 'Brien，2014）。大肠杆菌和溶血性链球菌是新生幼猫死亡的主要原因。幼猫通常是通过阴道分泌物感染致病菌，但也可以通过乳汁感染，感染后可能会引发致命的败血症。犬链球菌败血症也可能导致新生幼猫死亡。年轻母猫的阴道中经常有很高的细菌载量，所以年轻母猫更容易受到影响。如果母猫不能或不愿哺乳幼猫，需要把幼猫从母猫身边移走，进行人工喂养。

哺乳期妇女常见乳腺炎，在美国，发病率大约为 10%。猫科动物的乳头创伤和乳汁滞留都是诱发乳腺炎的原因。一般的治疗方法是通过改变母乳喂养技巧以减少创伤，清空乳房，必要时可使用抗生素（Spencer，2008）。抗生素相对于其他疗法的有效性一直备受质疑，需要进一步研究（Jahanfar et al.，2013）。一项关于女性乳腺炎的研究显示，乳酸菌益生菌的治疗效果比抗生素的效果好（Arroyo et al.，2010），所以使用益生菌治疗猫乳腺炎的方法值得考虑和探究。

16.5 参考文献

[1] Arroyo, R., Martín, V., Maldonado, A., Jiménez, E., Fernández, L., et al. (2010) Treatment of infectious mastitis during lactation: antibiotics versus oral administration of Lactobacilli isolated from breast milk. Clinical Infectious Diseases 50, 1551-1558. doi: 10.1086/652763.

[2] Borrego, J. F., Cartagena J. C., and Engel, J. (2009) Treatment of feline mammary tumours using chemotherapy, surgery and a COX-2 inhibitor drug (meloxicam): a retrospective study of 23 cases (2002-2007). Veterinary and Comparative Oncology 7, 213–221. doi: 10.1111/j.1476-5829.2009.00194.x.

[3] Burstyn, U. (2010) Management of mastitis and abscessation of mammary glands secondary to fibroadenomatous hyperplasia in a primiparturient cat. Journal of The American Veterinary Medical Association 236, 326–329. doi: 10.2460/javma.236.3.326.

[4] Burton, J. (2007) Mammary gland hyperplasia – cat. In: Smith, T., et al. (eds) The 5-Minute Veterinary Consult: Canine and Feline. Lippincott Williams & Wilkins, Hoboken, New Jersey, pp. 865–866.

[5] Choy, K. (2012) Mammary hyperplasia. In: Little, S. (ed.) The Cat: Clinical Medicine and Management. Elsevier, St. Louis, Missouri, pp. 1203–1204.

[6] De Las Mulas, J. M., Millán, Y., Bautista, M. J., Pérez, J. and Carrasco, L. (2000) Oestrogen and progesterone receptors in feline fibroadenomatous change: an immunohistochemical study. Research in Veterinary Science 68, 15–21. doi: 10.1053/rvsc.1999.0327.

[7] Ferrer, M. and Miller, L. (2007) Mammary gland hyperplasia-cat. In: Smith, T., et al. (eds) The 5-Minute Veterinary Consult: Canine and Feline. Lippincott Williams & Wilkins, Hoboken, New Jersey, pp. 864.

[8] Gemignani, F., Mayhew, P. D., Giuffrida, M. A., Palaigos, J., Runge, J. J., et al. (2018) Association of surgical approach with complication rate, progression-free survival time, and disease-specific survival time in cats with mammary adenocarcinoma: 107 cases (1991–2014). Journal of the American Veterinary Medical Association, 252, 1393–1402. doi: 10.2460/javma.252.11.1393.

[9] Gonzalez-Lima, F., Stiehl, W. L., and Medina, R. (1984) Long-lasting behavioral effects of bromocriptine in cats. European Journal of Pharmacology 102, 279–287. doi: 10.1016/0014-2999(84)90259-0.

[10] Görlinger, S., Kooistra, H. S., van den Broek, A., and Okkens, A. C. (2002) Treatment of fibroadenomatous hyperplasia in cats with aglépristone. Journal of Veterinary Internal Medicine 16, 710–713. doi: 10.1892/0891-6640(2002)016<0710:tofhic>2.3.co;2.

[11] Graham, E. M. and Taylor, D. J. (2012) Bacterial reproductive pathogens of cats and dogs. Veterinary Clinics of North America – Small Animal Practice 42, 561–582. doi: 10.1016/j.cvsm.2012.01.013.

[12] Hayden, D. W., Barnes, D. M., and Johnson, K. H. (1989) Morphologic changes in the mammary gland of megestrol acetate-treated and untreated cats: a retrospective study. Veterinary Pathology 26, 104–113. doi: 10.1177/030098588902600202.

[13] Hayes Jr, H. M., Milne, K. L., and Mandell, C. P. (1981) Epidemiological features of feline mammary carcinoma. Veterinary Record 108, 476–479. doi: 10.1136/vr.108.22.476.

[14] Ito, T., Kadosawa, T., Mochizuki, M., Matsunaga, S., Nishimura, R., and Sasaki, N. (1996) Prognosis of malignant mammary tumor in 53 cats. Journal of Veterinary Medical Science 58, 723–726. doi: 10.1292/jvms.58.723.

[15] Jahanfar, S., Ng, C. J., and Teng, C. L. (2013) Antibiotics for mastitis in breastfeeding women. Cochrane Database of Systemic Reviews 28, CD005458. doi: 10.1002/14651858.CD005458.pub3.

[16] Johnston, S. D., Root Kustritz, M. V., and Olson, P. S. (2001) Disorders of the Mammary Glands of the Queen. In: Johnston, S. D., Root Kustritz, M. V., and Olson, P. S. (eds) Canine and Feline Theriogenology, W.B. Saunders, Philadelphia, Pennsylvania, pp. 474–485.

[17] Loretti, A. P., Ilha, M. R., Ordás, J., and De Las Mulas, J. M. (2005) Clinical, pathological and immunohistochemical study of feline mammary fibroepithelial hyperplasia following a single injection of depot medroxyprogesterone acetate. Journal of Feline Medicine and Surgery 7, 43–52. doi: 10.1016/j.jfms.2004.05.002.

[18] MacDougall, L. D. (2003) Mammary fibroadenomatous hyperplasia in a young cat attributed to treatment with megestrol acetate. The Canadian Veterinary Journal 44, 227–229.

[19] Meyer, R. (2007) Paediatric patients. In: Seymour, C. and Duke-Novakovski, T. (eds) BSAVA Manual of Canine and Feline Anaesthesia and Analgesia, British Small Animal Veterinary Association., Quedgeley, Gloucester, UK, pp. 265–273.

[20] Millanta, F., Citi, S., Santa, D.D., Porciani, M., and Poli, A. (2006) COX-2 expression in canine and feline invasive mammary carcinomas: correlation with clinicopathological features and prognostic molecular markers. Breast Cancer Research and Treatment 98, 115–120. doi: 10.1007/s10549-005-9138-z.

[21] Mills, S. W., Musil, K. M., Davies, J. L., Hendrick, S., Duncan, C., et al. (2015) Prognostic value of histologic grading for feline mammary carcinoma: a retrospective survival analysis. Veterinary Pathology 52, 238–249. doi: 10.1177/0300985814543198.

[22] Norsworthy, G. D. and Romeo, A. (2018) Mammary hyperplasia In: Norsworthy, G. D. and Restine, L. M. (eds) The Feline Patient. Wiley-Blackwell, Hoboken, New Jersey, pp. 385–386.

[23] O'Brien, M. (2014) Reproductive Emergencies. In: McMichael, M. (ed.) Handbook of Canine and Feline Emergency Protocols, Wiley Blackwell, West Sussex, UK, pp. 198–199.

[24] Overley, B., Shofer, F. S., Goldschmidt, M. H., Sherer, D., and Sorenmo, K. U. (2005) Association between ovarihysterectomy and feline mammary carcinoma. Journal of Veterinary Internal Medicine, 19, 560–563. doi: 10.1111/j.1939-1676.2005.tb02727.x.

[25] Papadopoulou, P. L., Patsikas, M. N., Charitanti, A., Kazakos, G. M., Papazoglou, L. G., et al. (2009) The lymph drainage pattern of the mammary glands in the cat: a lymphographic and computerized tomography lymphographic study. Anatomia Histologia Embryologia 38, 292–299. doi: 10.1111/j.1439-0264.2009.00942.x.

[26] Pérez-Alenza, M. D., Jiménez, A., Nieto, A. I., and Peña, L. (2004) First description of feline inflammatory mammary carcinoma: clinicopathological and immunohistochemical characteristics of three cases. Breast Cancer Research 6, R300–R307. doi: 10.1186/bcr790.

[27] Schmidt, B. (2018) Mammary neoplasia. In: Norsworthy, G. D. and Restine, L. M. (eds) The Feline Patient. Wiley-Blackwell, Hoboken, New Jersey, pp. 385–386.

[28] Silver, I. A. (1966) The anatomy of the mammary gland of the dog and cat. Journal of Small Animal Practice 7,689–696. doi: 10.1111/j.1748-5827.1966.tb04394.x.

[29] Soares, M., Ribeiro, R., Carvalho, S., Peleteiro, M., Correia, J., et al. (2016) Ki-67 as a prognostic factor in feline mammary carcinoma: what is the optimal cutoff value? Veterinary Pathology 53, 37–43. doi: 10.1177/0300985815588606.

[30] Sorenmo, K., Worley, D., and Zappulli, V. (2020) Tumors of the mammary gland. In: Vail, D. M., Thamm, D., and Liptak, J. (eds) Withrow and MacEwen's Small Animal Clinical Oncology. Elsevier, St. Louis, Missouri, pp. 615–620.

[31] Spencer, J. P. (2008) Management of mastitis in breastfeeding women. American Family Physician 78, 727–731.

[32] Urbano, A. C., Nascimento, C., Soares, M., Correia, J., and Ferreira, F. (2020) Clinical Relevance of the serum CTLA-4 in Cats with Mammary Carcinoma. Scientific Report 10, 3822. doi: 10.1038/s41598-020-60860-3.

[33] Viste, J. R., Myers, S. L., Singh, B., and Simko, E. (2002) Feline mammary adenocarcinoma: tumor size as a prognostic indicator. The Canadian Veterinary Journal 43, 33–37.

[34] Wilson, C. R. (2013) Feline gangrenous mastitis. The Canadian Veterinary Journal 54, 292–294.

[35] Zappulli, V., Rasotto, R., Caliari, D., Mainenti, M., Peña, L., et al. (2015) Prognostic evaluation of feline mammary carcinomas: a review of the literature. Veterinary Pathology 52, 46–60. doi: 10.1177/0300985814528221.

17 公猫的生殖解剖学和青春期

Michelle Anne Kutzler
美国俄勒冈州立大学动物和牧场科学系

17.1 胚胎学

17.1.1 外生殖器

公猫胚胎的外生殖器起源于泌尿生殖结节，在妊娠第 25 天左右在胚胎泄殖腔膜水平形成（Noden and de la Hunta，1985）。在冠臀长度为 2.2 cm（约妊娠第 25 天）时，生精小管在睾丸内发育（Knospe，2002；Inomata et al.，2009）。当公猫胎儿的冠臀长度为 3.2 cm（约妊娠第 28 天）时，出现肛门 – 生殖器，生殖器肿胀的尾侧部分融合形成阴囊（Knospe，2002；Inomata et al.，2009）。双氢睾酮激素诱导阴茎末端外胚层的圆形板变厚并内陷，从而形成包皮（Noden and de la Hunta，1985）。

17.1.2 内管束

当公猫胚胎的冠臀长度为 1.2 cm（约在妊娠第 19 天）时，沃尔夫管在中肾表面的下方发育（Knospe，2002；Inomata et al.，2009）。沃尔夫管在胎儿冠臀长 7 cm 时（妊娠第 48 天左右）开始发育为附睾管，这是一个雄激素依赖的过程（Knospe，2002；Inomata et al.，2009）。

17.2 青春期

在雄性哺乳动物中，青春期是指雄性可以与雌性交配从而导致妊娠的时期。据报道，公猫的青春期大概出现在 8 ～ 10 月龄（范围为 6 ～ 15 月龄）（Roberts，1986），这与猫的一些生理和解剖情况相吻合（Tiptanavattana et al.，2015）。值得一提的是，达到青春期并不意味着具备完全的生殖能力。此外，一些品种的猫（如缅因猫、波斯猫、夏特尔猫）可能要接近 2 岁才能产崽（Malandain et al.，2006）。

睾丸产生的睾酮导致阴茎与包皮分离，包皮从 1 月龄时开始生长，在 6 月龄时结束。从 4 ～ 7 月龄开始，平均血浆睾酮浓度≤ 0.8 ng/mL（Tsutsui et al.，2004）。然而，通过粪便睾酮测量，青春期发生在 14.3 周 ±0.3 周，相应的粪便睾酮为 61.4 ng/g ± 7.9 ng/g（Faya et al.，2013）。血浆睾酮浓度在 10 月龄时达到峰值（2.64 ng/mL ± 0.68 ng/mL），然后在 2 岁时趋于稳定（1.52 ng/mL ± 0.37 ng/mL）（Tsutsui et al.，2004）。值得注意的是，正常公猫的血浆睾酮浓度在一天中会有很大的波动（范围为 0.25 ～ 2.50 ng/mL），这取决于猫的个体，没有明确的规律（Tsutsui et al.，1990）。随着时间的推移，睾丸输精管腔中存在精子的猫的比例逐渐增加，为 0%（2 ～ 2.5 月龄）、17%（3 ～ 4 月龄）、67%（5 ～ 6 月龄）和 100%（12 ～ 24 月龄）。一些 4 月龄公猫的输精管中存在精子（图 17.1）（Bohrer et al.，2015）。副性腺分泌物从 5 月龄时开始分泌。

17.3 包皮和阴茎

17.3.1 包皮

出生时，公猫的包皮由一个围绕着尾状包皮口的短褶皱组成（Roberts，1986）（图 17.2）。龟头褶皱连接包皮和阴茎黏膜，直到青春期因雄激素的作用而分离（Romagnoli and Schlafer，2006）（图 17.3）。在性成熟的阴茎中，包皮附着在阴茎柄的近端。

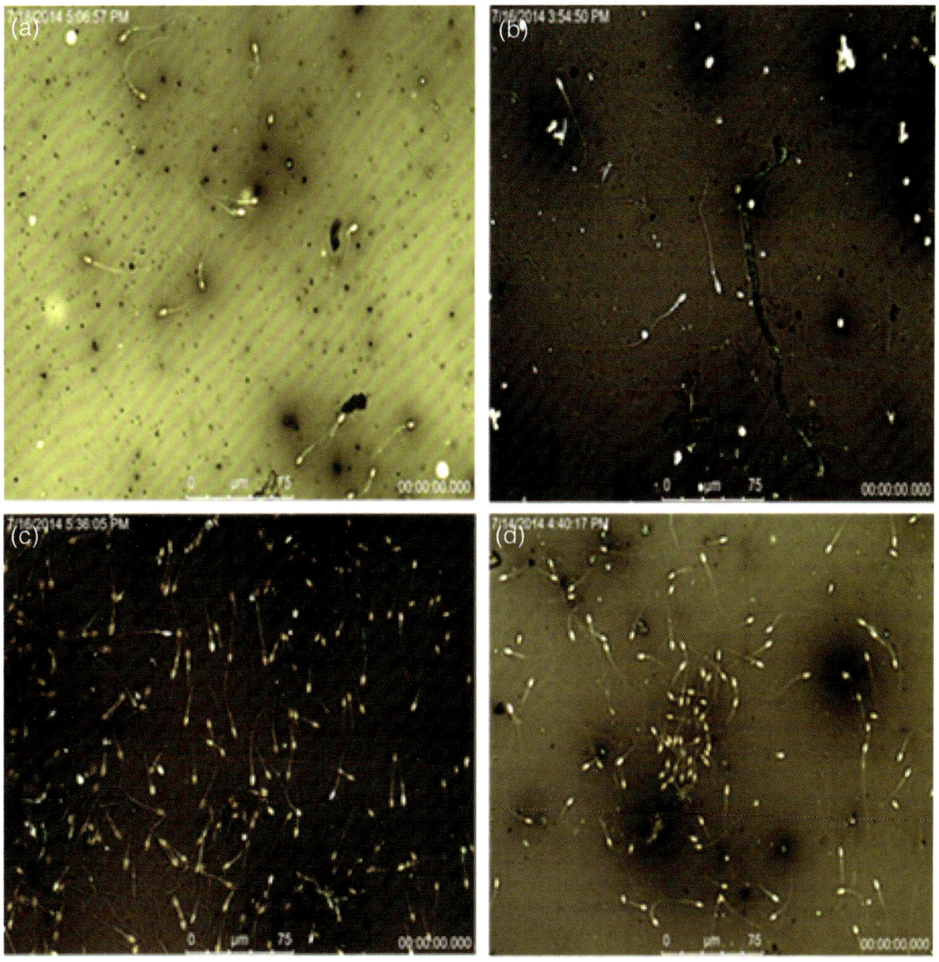

图 17.1　输精管分泌物

输精管分泌物分别来自 2 月龄（a）、4 月龄（b）、6 月龄（c）和 12 月龄（d）的公猫。

17.3.2　阴茎

猫的阴茎很短，尿道开口位于背侧（Schummer et al.，1979）。在非勃起状态下，阴茎指向尾部并向下。勃起时阴茎指向前方。勃起是通过两个海绵体勃起体的充血来实现的：尿道海绵体和阴茎海绵体（图 17.4）。充血是动脉血管扩张、静脉闭塞或收缩以及阴茎横纹肌将血液泵入勃起组织的综合结果（Hart，1974）。尿道海绵体的血管引流来自近端部分的阴茎球和远端部分的龟头（Amiri et al.，2014）。阴茎海绵体的血管引流仅来自近端的下肢（Amiri et al.，2014）。

17.3.2.1　阴茎骨

猫的阴茎包含骨头（即阴茎骨），但年轻猫罕见。与犬不同，猫阴茎骨的发育是一种与年龄相关的变化，这是由阴茎海绵体之间的中隔远端骨化所致（Jackson，1902）。当出现时，阴茎骨的长度为 3 ～ 5 mm（Schummer et al.，1979）。阴茎骨可以在骨盆的标准 X 线片上看到（图 17.5）。

17.3.2.2　阴茎棘

在 9 ～ 13 周龄时，释放充足的睾酮促进环绕阴茎龟头的锥形乳头（棘）开始发育（Ives et al.，1975）。阴茎棘随着雄激素水平的升高而增大（Aronson and Cooper，1967），并在公猫 8 月龄时达到成年尺寸（Ives et al.，1975）。与远端（靠近龟头）相比，阴茎近端的阴茎棘更大，刺底部的直径为 0.1 ～ 0.7 mm（Aronson and Cooper，1967）。在性成熟时，有 100 ～ 200 个角质化的阴茎棘（Shille and Stabenfeldt，1980；Roberts，

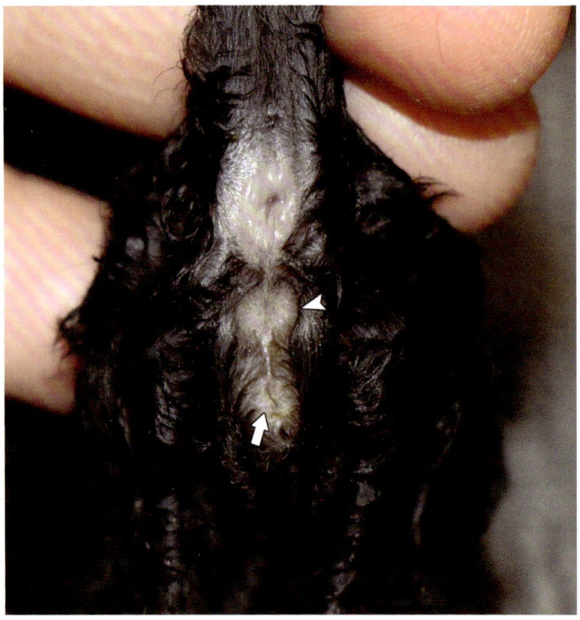

图 17.2　公猫的包皮

在出生时，公猫的包皮由一个短的褶皱组成，围绕着尾部并指向包皮孔（箭头）。睾丸可能在出生时完全下降到阴囊内（无尾箭头），或在出生后的第一周内下降。（由 Tina Chittick 提供）

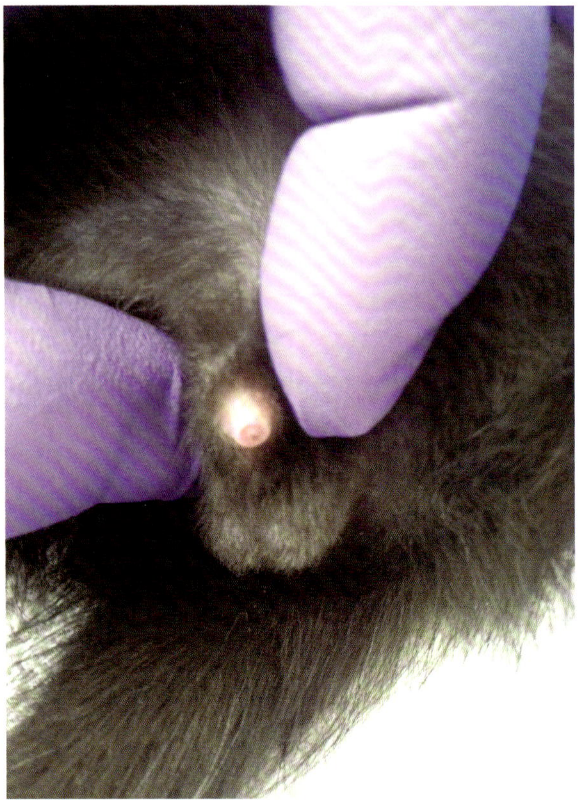

图 17.3　青春期前公猫外翻的包皮黏膜与龟头部的阴茎黏膜相连

由于雄激素的影响，龟头皱褶在青春期分离。

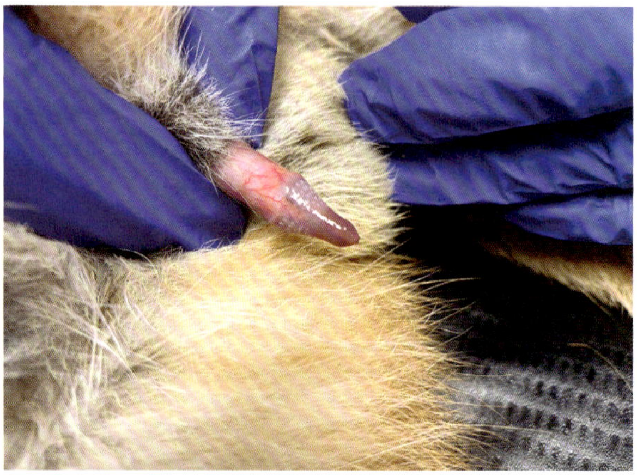

图 17.4　在电射精过程中勃起的阴茎

注意完全伸出鞘的阴茎和勃起的龟头。（由 Aime Johnson 博士提供）

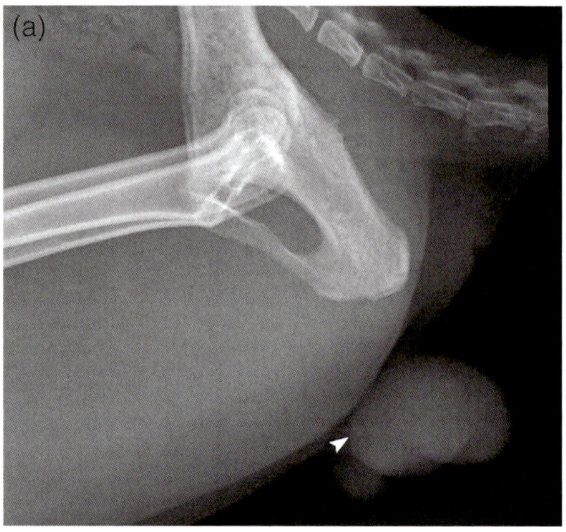

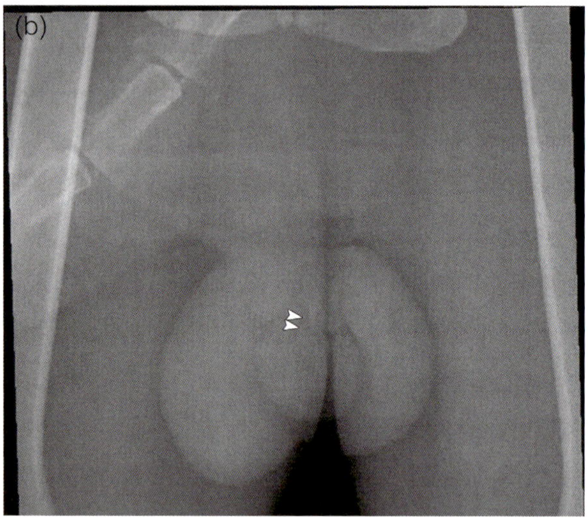

图 17.5　正常公猫的骨盆 X 线片

（a）6 岁正常公猫骨盆侧位 X 线片。阴茎位于睾丸 / 阴囊下方和包皮内（箭头）。（b）6 岁正常公猫骨盆腹背位 X 线片。在中线附近可以看到阴茎骨（箭头）。（由 Aime Johnson 博士提供）

1986）（图 17.6）。阴茎棘的生长或退化与雄激素密切相关。阴茎棘在去势后迅速退化，如果用雄激素治疗，就会重新发育（McEntee，1990）。虽然阴茎棘的确切功能尚不清楚，但人们通常认为，在交配期间，阴茎棘被用来诱导母猫排卵（Goodrowe et al.，1989）。

17.4 阴囊和睾丸

17.4.1 阴囊

阴囊底部位于会阴内，肛门的腹侧，包皮的近端。除了无毛品种外，猫的阴囊通常覆盖着浓密的被毛（Schummer et al.，1979）（图 17.8）。

17.4.2 睾丸和附睾

睾丸在出生时可能完全下降到阴囊内（Scott and Scott，1957），也可能在出生后的第一周内下降。猫的睾丸包含一个链状的中央纵隔，延伸到颅侧睾丸顶部的 3/4 处（Wrobel and Gurtler，2001）。睾丸网位于纵隔内。穿透睾丸头端的白膜，并继续作为睾丸外网，以帽状方式覆盖睾丸（Wrobel and Gurtler，2001）。13 ~ 18 个输精小管离开睾丸外网，进入附睾头部（McEntee，1990）。睾丸长轴几乎垂直于睾丸的游离侧和背侧的附睾尾部（Schummer，1979）。猫的附睾的整个长度一致（McEntee，1990）。

猫的睾丸被一层富含胶原纤维的致密结缔组织层包围，称为白膜（Diagone et al.，2011）。猫的白膜随着年龄的增长变厚，因此，与其他雄性哺乳动物相比，8 岁以上的猫的白膜更厚（Elcock and Schoning，1984；Diagone et al.，2011）。

由于腹股沟环与阴囊的距离较长，猫的精索也相对较长（Schummer et al.，1979）。精索的血管是由回旋的睾丸动脉和静脉形成的，它们一起嵌入一个脂肪体内，与睾丸的头端接触（Wrobel and Gürtler，2001）。通过猫精索的血流的基本值范围为每 100 g 每分钟 20 ~ 64 mL（Chiocchio et al.，1999）。输精管起源于睾丸尾端的附睾尾部，与精索分开（Wrobel and Gurtler，2001）（图 17.7）。猫有一个粗的中间输精管，在输精管和睾丸附睾边缘之间延伸（Wrobel and Gürtler，2001）。公猫的提睾肌发育不良（Schummer et al.，1979）。

猫的睾丸很容易在阴囊内进行超声成像。正常睾丸质地均匀，回声类似于脾脏（Davidson and Baker，2009）（图 17.9）。纵隔睾丸是一条薄的、位于中央的、非常高回声的线（Davidson and Baker，2009）。附睾（附睾头、附睾体、附睾尾）的回声低于睾丸（Davidson and Baker，

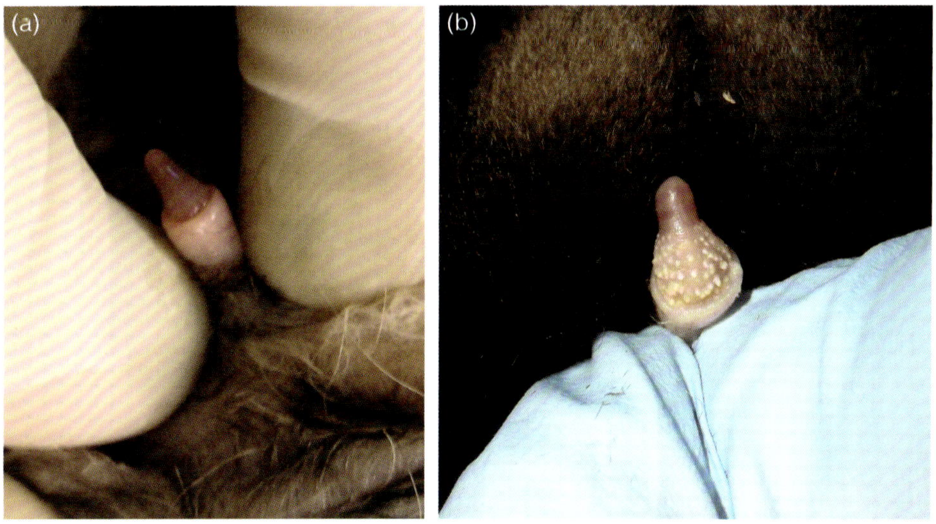

图 17.6 阴茎龟头

这两张图分别来自 2 月龄公猫（a）和去势成年公猫（b）。注意在成熟的公猫上存在 100 ~ 200 个角质化的阴茎棘。

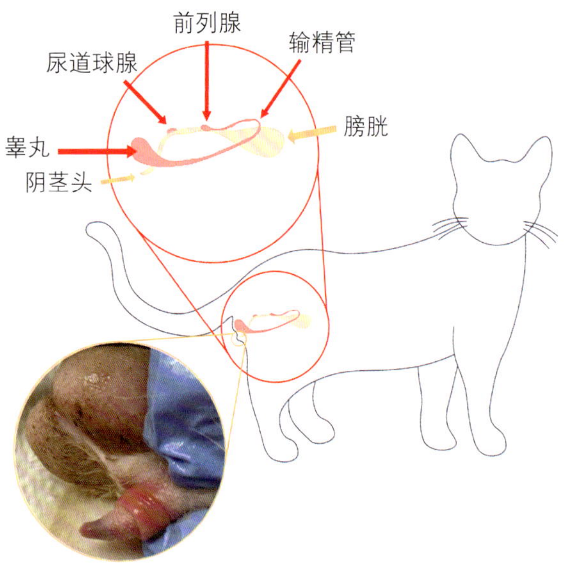

图 17.7　公猫生殖道图

（由 Jamie Douglas 博士创作，经 Johnson 许可使用，Journal of Feline Medicine and Surgery, 2022.）

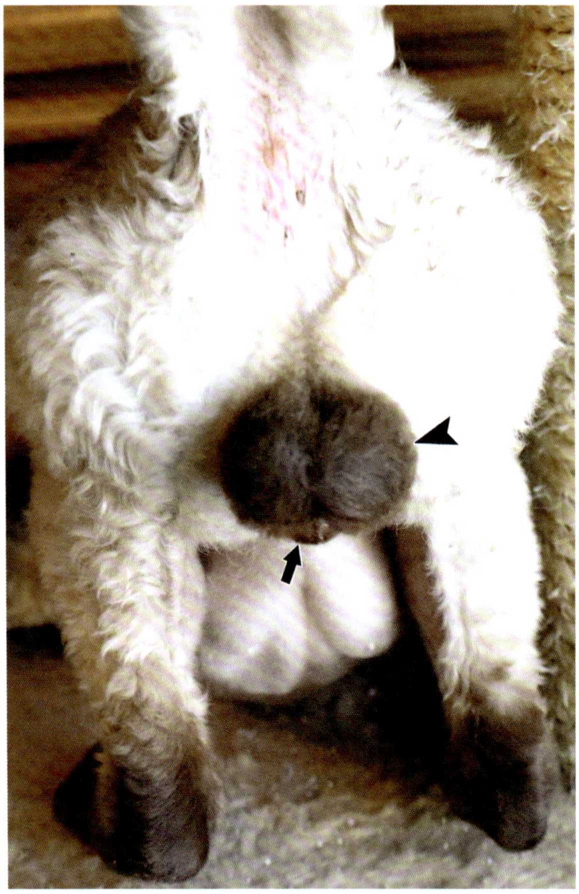

图 17.8　公猫的阴囊

阴囊（无尾箭头）位于会阴内，肛门腹侧，包皮近端（箭头）。注意覆盖在阴囊上的浓密的被毛。（由 Tina Chittick 提供）

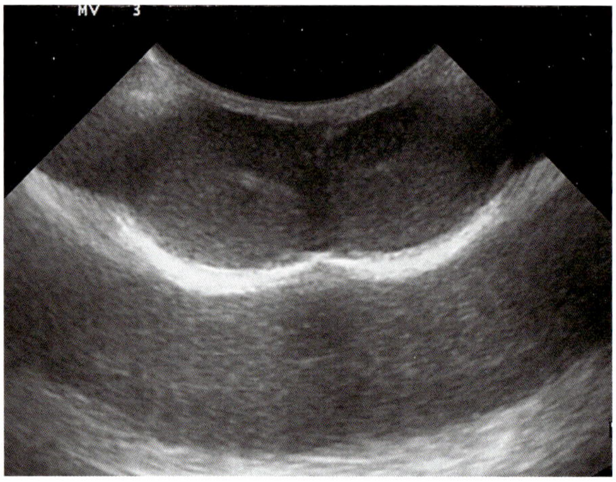

图 17.9　正常公猫睾丸的超声图像

纵隔为睾丸中心的高回声结构。（由 Aime Johnson 博士提供）

2009）。输精管很难可视化（Davidson and Baker，2009）。精索与附睾头相邻，具有明显的、曲折的小静脉（Davidson and Baker，2009）。多普勒超声也可以对猫的睾丸进行检查。睾丸动脉的多普勒检查显示出具有低血管阻力（0.53 ～ 0.54）的单相模式波（Brito et al.，2015）。右侧和左侧睾丸动脉的血管指数值没有显著差异（Brito et al.，2015）。收缩压峰值速度和舒张压末期速度分别为 6.23 ～ 6.73 cm/s 和 2.77 ～ 2.80 cm/s（Brito et al.，2015）。

每只成年猫的睾丸长 1.2 ～ 2 cm，宽 0.7 ～ 1.5 cm（Roberts，1986）（图 17.10）。使用超声可以准确地测量每个睾丸的宽度、长度和高度。通过测量可以估计睾丸的体积。进行超声检查时，猫应进行重度镇静或麻醉，以减少误差。应该通过轻轻推动其中一个睾丸来分离 2 个睾丸，以防止干扰另一个睾丸的测量。然后，轻轻抓住阴囊底部并用食指和拇指将睾丸夹在阴囊内，使待测量的睾丸稳定下来。应该用酒精（或超声耦合剂）彻底湿润睾丸，以使皮肤和探头充分接触。然后，将超声探头放置在阴囊皮肤上，以测量其下方的睾丸。探头与测量的睾丸成 90° 角放置，测量睾丸时注意不要倾斜或旋转（图 17.11）。还必须注意不要用探头向睾丸施加压力，因为它会因压迫而错误地降低测量值。一旦操作员确定探头方向正确且睾丸未受压，就可

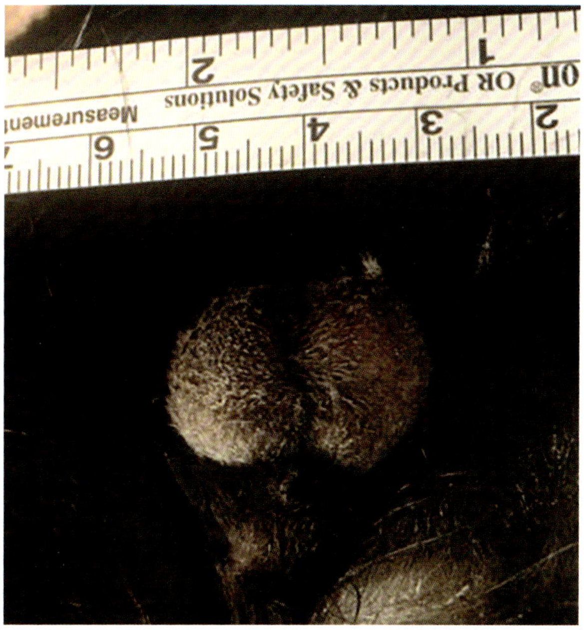

图 17.10　测量成熟公猫的睾丸

长 1.2 ～ 2 cm，宽 0.7 ～ 1.5 cm。（由 Aime Johnson 博士提供）

以冻结图像并测量从一层白膜穿过睾丸实质到另一层白膜。应分别进行 2 ～ 4 次相同的测量（移除探头、更换并重新测量）。通过获得多个测量值，减少误差。对每次尝试获得的测量值取平均值，以提供单个值（每个睾丸的长度、宽度和高度）。每个睾丸的体积可以使用椭圆的公式计算（TV=4/3π × L/2 × W/2 × H/2）。该公式可简化为 TV=0.2533 × L × W × H。这些测量值最好用于监测单只猫的睾丸体积（和变化），而不是评估睾丸组织的数量，并将其与所有猫进行比较（正如在公牛中常见的那样）。

猫的睾丸大小取决于年龄和季节。然而，睾丸大小与体重没有相关性（Tsutsui et al.，1990，2004）。出生时，睾丸的总重量为 20 mg，出生后前 2 个月增加到 100 mg（Scott and Scott，1957）。在性成熟时，猫睾丸的个体重量为 1.2 ～ 2.0 g，左、右睾丸没有显著差异（Scott and Scott，1957）。长日照生殖季节的睾丸重量（1.46 g ± 0.06 g）重于短日照非生殖季节的睾丸重量（1.29 g ± 0.05 g）（Blottner and Jewgenow，2007）。

睾丸分泌生殖激素（即睾酮）并产生精子。在睾丸内，有两个形态和功能不同的区室：间质组织（用于产生雄激素）和生精小管（用于产生精子）。间质组织包含间质细胞，约占间质组织的 50%（Franca and Godinho，2003）。在猫体内，间质细胞不仅存在于管间部位，也存在于膜内和纵隔（Wrobel and Gürtler，2001）。出生时，在猫的间质细胞中可以检测到雄激素活性，然后下降到可忽略的量，直到 4 月龄时，雄激素活性恢复（Sánchez et al.，1993a）。猫体内睾酮的产生与光照周期呈正相关（Joffre，1977；Kirkpatrick，1985；Blottner and Jewgenow，2007）。然而，睾丸组织学研究显示，一年四季，生精小管腔中都存在精子。

在睾丸中，生精小管含有支持细胞和生殖细胞。支持细胞支持生殖细胞从精原细胞发育为精母细胞。成熟公猫的每个睾丸的每日精子产量为 158 万 ± 250 万个，平均每日总精子产量为 3000 万个（Franca and Godinho，2003；Tsutsui et al.，2012）。在生精周期的第 1 阶段，每日精子产量与生殖细胞总数和每个生精小管横截面的圆形精细胞数量显著相关（Franca and Godinho，2003）。大约 2 亿精子储存在附睾中，并在频繁射精时排出体外（Tsutsui et al.，2012）。猫可以进行多次连续交配，以诱导母猫排卵，但在前 2 次射精中，大约 75% 储存在附睾中的精子被释放（Tsutsui et al.，2012）。由于猫通过阴道内授精受孕所需的精子数量最少为 8000 万个（Tanaka et al.，2000），因此储存在附睾中的精子足以使至少 2 只母猫授精（Tsutsui et al.，2012）。

生精小管的直径与性成熟度相关。成年公猫生精小管的平均直径为 223 μm，生精小管上皮平均高度为 81 μm（Franca and Godinho，2003）。生精小管直径（平均值 ± 标准差）从 88.10 μm ± 10.88 μm（2 ～ 2.5 月龄）、109.8 μm ± 8.89 μm（3 ～ 4 月龄）和 142.2 μm ± 16.89 μm（5 ～ 6 月龄），稳步增加至 237.90 μm ± 52.45 μm（12 ～ 24 月龄）（图 17.12）。出生时，生精小管由单层支持细胞组成，几乎没有精原细胞，也没有管状管腔（Sánchez et al.，1993b；

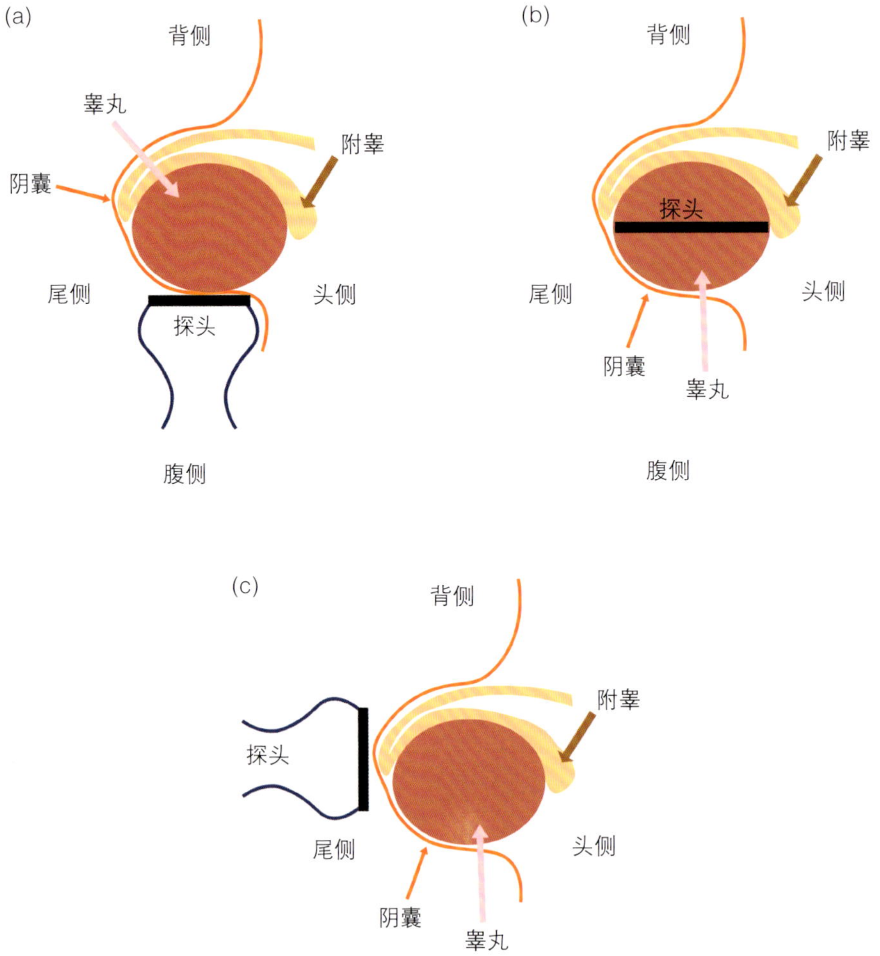

图 17.11　超声探头置于睾丸上的位置图

（a）测量睾丸高度；（b）测量睾丸宽度；（c）测量睾丸长度。这些测量值可以结合起来确定每个睾丸的体积，并用于跟踪猫睾丸随时间的变化。（由 Jamie Douglas 博士创作，经 Johnson 许可使用，Journal of Feline Medicine and Surgery, 2022.）

Siemieniuch and Woc awek Potocka，2007）。值得一提的是，每克睾丸中约有 23 m 的生精小管，这高于其他物种（Franca and Godinho，2003）。

17.4.2.1　精子发生

精子发生是曲细精管内一个复杂但高度组织化的过程，原始生殖细胞（精原细胞）通过有丝分裂和减数分裂产生精子（Franca and Godinho，2003）。在繁殖季节开始时，精子发生增加，精原细胞有丝分裂增强，减数分裂转化增加（Blottner and Jewgenow，2007）。

精子细胞由生精小管外层上皮细胞中的精原细胞发育成熟形成，并在成熟阶段通过上皮细胞进入管腔，在管腔中可以观察到成熟的精子。不同发育时期，精子在生精小管内的排列和位置不同（Courot et al.，1970；Berndtson，1977）。猫的生精周期有 8 个阶段。观察到这些阶段的时间百分比有所不同。第 1 阶段最常见，第 7 阶段最不常见（图 17.13）。猫的生精周期为 10～11 d，与其他哺乳动物相似。

精子生成受 FSH 调节。卵泡刺激激素刺激支持细胞产生雄激素结合蛋白，该蛋白与睾丸内睾酮结合，以增加其在生精小管内的浓度（Diagone et al.，2011）。

17.4.2.2　精子形态

精子的特定形态特征可以决定它是否能使卵子受精。精液中形态正常的精子和异常精子的百

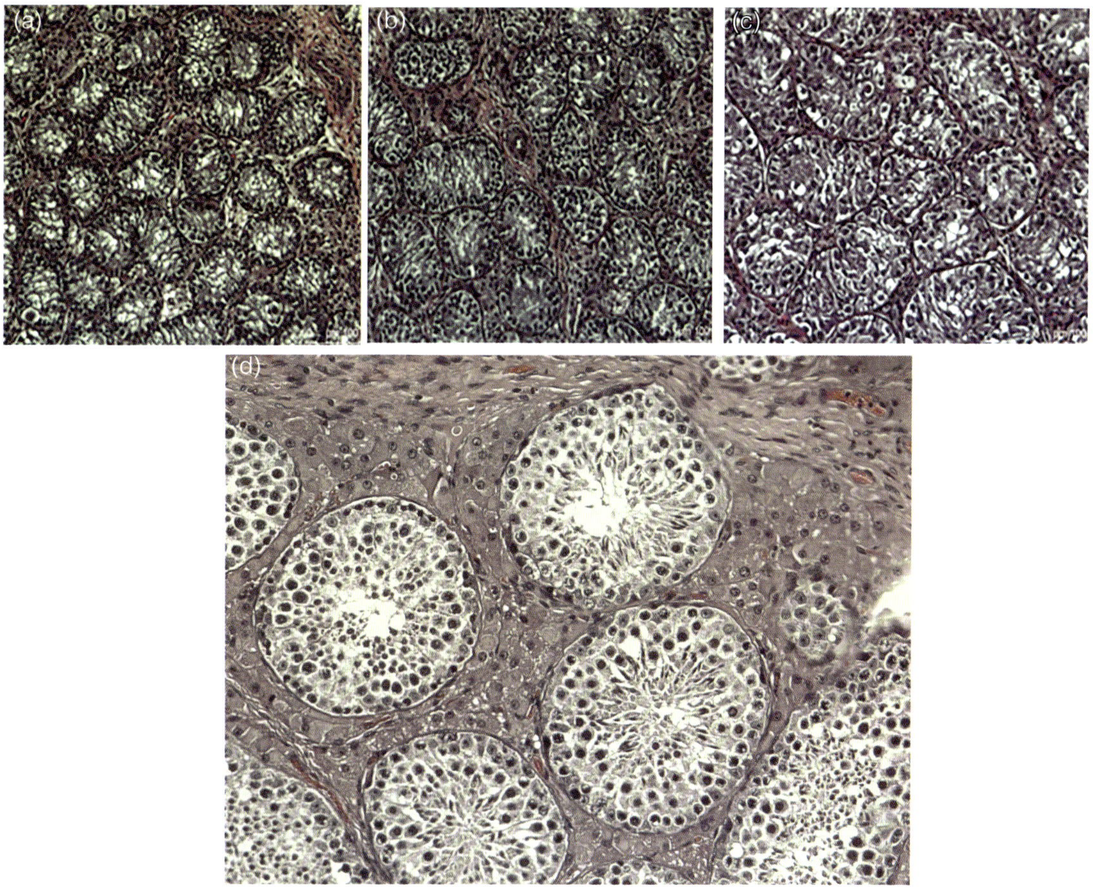

图 17.12 具有代表性的生精小管横截面

（a）2 月龄的公猫；（b）4 月龄的公猫；（c）6 月龄的公猫；（d）12 月龄的公猫。

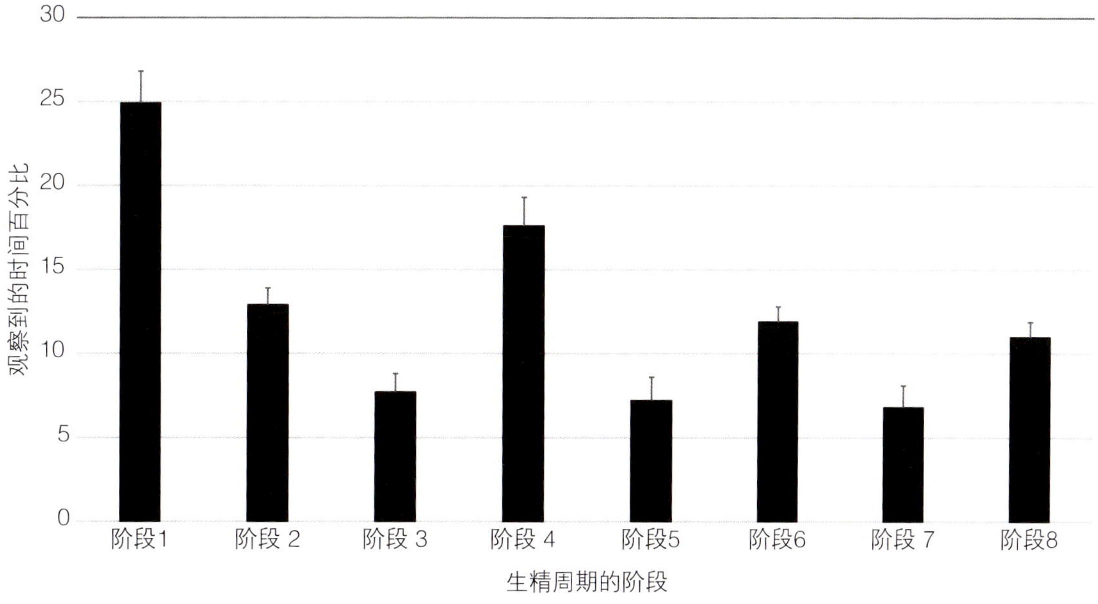

图 17.13 观察到的生精周期每个阶段的时间百分比

猫的生精周期为 10 ~ 11 d。数据来源于 Franca 和 Godinio（2003）的研究。

分比可以通过使用相差显微镜检查200个精子或使用伊红－苯胺黑染色后的常规光学显微镜来确定（Johnston et al.，2001）。精液分析中有许多不同的精子形态异常需要考虑。精子的各个部分对于精子到卵子的运输（如精子尾部）和与透明带的融合（如顶体）是不可分割的，这是受精过程的第一步。一些最常见的精子形态异常包括精子头部巨大、头部过小、双头、双尾、近端卷曲的尾巴、弯曲的中段、近端和远端保留胞浆液滴、头部脱落和尾部弯曲（Howard et al.，1990）。

可导致受孕的正常精子总体百分比一直存在争议。公猫形态正常精子（畸形精子）少于40%的透明带穿透率低于正常精子多于60%的透明带穿透率（Howard et al.，1993）。然而，根据Wildt（1999）等的研究发现，有60%以上畸形精子的可生育猫并不罕见。值得注意的是，在繁殖季节，随机检测发现家猫精子形态正常的百分比为56.1%（Axner and Linde Forsberg，2007）。

在生殖季节（长日照），形态正常精子的平均百分比明显高于非生殖季节（短日照）（Blottner and Jewgenow，2007）。在非生殖季节，近端液滴、远端液滴、头部脱落、顶体异常和精子尾部异常的平均百分比较高。顶体异常似乎特别容易受季节性的影响（Axner and Linde Forsberg，2007）。

年龄也会影响公猫精子的形态。经组织学上观察，4岁以上睾丸正常的公猫的精原细胞不规则（Diagone et al.，2011）。

第18章描述了用于精子分析的精液采集。通过挤压或切开去势睾丸附睾尾部来采集精子。这种技术经常用于研究，其优点是在睾丸切除后获得睾丸组织。然而，附睾样本中异常精子的比例（36%）通常比射精细胞（26%）高。

17.5 附属性腺（副性腺）

17.5.1 前列腺

猫的前列腺长10～12 mm，直径5～6 mm，随着年龄的增长，前列腺会略微增大（Mialot，1988）。猫的前列腺有两个侧叶，由一个纵向中间沟分隔，并由一个宽的结缔隔膜分隔为头叶和尾叶（散布）。超声检查显示，猫的前列腺是一个致密的组织，具有均质、中等至精细的回声纹理（Zambelli and Levy，2010）。猫的前列腺靠近骨盆边缘，覆盖尿道的背侧和外侧，但不覆盖腹侧（Hewitt，1998）（图17.7）。前列腺的弥散部分由延伸到尿道肌的小叶组成（Aitken and Aughey，1964）。

猫的前列腺是一种复合管状腺体，由不同直径的小管组成，内衬分泌上皮（Aughey，1973）。猫前列腺液的成分包括分泌蛋白、糖原、酸性磷酸酶、5－核苷酸酶和锌（Aughey，1970）。

17.5.2 尿道球腺

猫的尿道球腺是两个直径约5 mm的豌豆状腺体，位于坐骨联合水平的每个阴茎球的背外侧（Sikorski，1978；McEntee，1990；Zambelli and Levy，2010）（图17.7）。猫尿道球腺的超声图像与前列腺的超声图像相似（Zambelli and Levy，2010）。猫的尿道球腺实质由粗的窦状内导管和短而窄不分支的管状末端组成（Wrobel，1969）。猫的尿道球腺有一个非常薄且不完整的纤维膜，因此一些外周小管位于周围尿道球腺肌的纤维之间（Wrobel，1969；Schummer et al.，1979；McEntee，1990）。

猫尿道球腺实质富含β－d－葡萄糖苷酸酶、β－d－半乳糖苷酶、醛缩酶、α－甘油磷酸脱氢酶、乳酸脱氢酶、醇脱氢酶、NAD依赖性异柠檬酸脱氢酶、琥珀酸脱氢酶和细胞色素氧化酶（Wrobel，1969）。猫尿道球腺分泌液的成分主要是硫酸黏多糖（即黏蛋白）（Herron，1989；McEntee，1990；Johnston et al.，2001）。

17.5.3 尿道

公猫的尿道长8.5～10.5 cm，分为骨盆尿道和阴茎尿道（Fletcher，1996）。前列腺位于盆腔尿道中部，因此骨盆尿道可分为前列腺前尿道、前列腺尿道和前列腺后尿道（Fletcher，

1996）。尿道内括约肌占据膀胱颈和前列腺前尿道（Fletcher，1996）。前列腺前尿道呈圆柱形，直径 0.9 ～ 2.0 mm，长度 3 ～ 5 cm（Wang et al.，1999）。前列腺前尿道背壁的尿道嵴通向前列腺尿道的精阜（Fletcher，1996）。精阜是一种黏膜下增厚，有多个前列腺导管开口，以及成对的进入前列腺尿道腔的输精管开口（Fletcher，1996）。前列腺尿道位于前列腺的腹侧，直径为 4.5 ～ 5.0 mm，长度 1.5 ～ 1.9 cm（Wang et al.，1999）。

尿道球腺导管在坐骨弓水平处将分泌物排至前列腺后尿道（Fletcher，1996）。尿道球腺位于前列腺后尿道的背外侧。尿道壁周围偶尔可见弥散性的尿道球腺组织（Johnston et al.，2001）。前列腺后尿道直径 1.9 ～ 2.6 mm，长度 1.2 ～ 1.8 cm（Wang et al.，1999）。尿道横纹肌环绕前列腺后尿道，形成尿道外括约肌，再与尿道球腺肌和海绵体肌混合，分别覆盖尿道球腺和阴茎球部（Martin et al.，1974；Cullen et al.，1983；Wang et al.，1999）。阴茎尿道沿着阴茎的背面延伸，并被海绵体包围（Wang et al.，1999）。

17.6 参考文献

[1] Aitken, R. N. C. and Aughey, E. (1964) A histochemical study of the accessory genital glands of the male cat. Research in Veterinary Science 5, 268–273. doi: 10.1016/S0034-5288(18)34791-X.

[2] Amiri, A. A., Gilanpour, H., and Veshkini, A. (2014) Contrast radiographic study of venous drainage of the corpus cavernosum and the corpus spongiosum of the cat penis. Italian Journal of Anatomy and Embryology 119(3), 193–200.

[3] Aronson, L. R and Cooper, M. L. (1967) Penile spines of the domestic cat: their endocrine-behavior relations. The Anatomical Record 157, 71–78.

[4] Aughey, E. (1970) Zinc in the cat prostate. Journal of Reproduction and Fertility 22, 65–68.

[5] Aughey, E. (1973) The ultrastructure of the prostate gland in the cat. Journal of Reproduction and Fertility 33, 351–352.

[6] Axner, E. and Linde Forsberg, C. (2007) Sperm morphology in the domestic cat, and its relation with fertility: a retrospective study. Reproduction in Domestic Animal 42, 282–291. doi: 10.1111/j.1439-0531. 2007.00780.x.

[7] Berndtson, W. E. (1977) Methods for quantifying mammalian spermatogenesis: a review. Journal of Animal Science 44, 818–833. doi: 10.2527/jas1977. 445818x.

[8] Blottner, W. and Jewgenow, K. (2007) Moderate seasonality in testis function of domestic cat. Reproduction in Domestic Animals 42, 536–540. doi: 10.1111/j.1439-0531.2006.00817.x.

[9] Bohrer, E., Mihalyo, A., and Kutzler, M. A. (2015) Histologic and morphometric evaluation of testes of feral tom kittens and cats. Clinical Theriogenology 7(3), 312.

[10] Brito, M. B. S, Feliciano, M., Coutinho, L. N., Uscategui, R. R., Simões, A., et al. (2015) Doppler and contrast-enhanced ultrasonography of testicles in adult domestic felines. Reproduction in Domestic Animals 50(5), 730–734.

[11] Chiocchio, S. R., Suburo, A. M., Vladucic, E., Zhu, B. C., Charreau, E., et al. (1999) Differential effects of superior and inferior spermatic nerves on testosterone secretion and spermatic blood flow in cats. Endocrinology 140(3), 1036–1043. doi: 10.1210/endo.140.3.6569.

[12] Courot, M., Hochereau-de Reviers, M. T., and Ortavant R. (1970) Spermatogenesis. In: Johnson, A. D., Gomes, W. R., and Vandemark, N. L. (eds) The Testis. Academic Press, New York City, New York, pp.339–432.

[13] Cullen, W. C., Fletcher, T. F., and Bradley, W. E. (1983) Morphometry of the male feline pelvic urethra. Journal of Urology 129, 186–189. doi: 10.1016/s0022-5347(17)51979-5.

[14] Davidson, A. P. and Baker, T. W. (2009) Reproductive ultrasound of the dog and tom. Topics in Companion Animal Medicine 24(2), 64–70. doi: 10.1053/j.tcam.2008.11.003.

[15] Diagone, K. V., Feliciano, M. A. R., Pacheco, M. R., and Vicente, W. R. R. (2011) Histology and morphometry of the testes of adult domestic cats (Felis catus). Journal of Feline Medicine and Surgery 14(2), 124–130. doi: 10.1177/1098612X11431531.

[16] Elcock, L. H. and Schoning, P. (1984) Age-related changes in the cat testis and epididymis. American Journal of Veterinary Research 45(11), 2380–2384.

[17] Faya, M., Carranza, A., Miotti, R., Ponchón, T., Furlan, P., et al. (2013) Fecal estradiol-17β and testosterone in prepubertal domestic cats. Theriogenology 80(6), 584–586. doi: 10.1016/j.theriogenology.2013.05.026.

[18] Fletcher, T. F. (1996) Applied anatomy and physiology of the feline lower urinary tract. Veterinary Clinics of North America: Small Animal Practice 26(2), 181–196. doi: 10.1016/S0195-5616(96)50201-9.

[19] Franca, L. R. and Godinho, C. L. (2003) Testis morphometry, seminiferous epithelium cycle length, and daily sperm production in domestic cats (Felis catus). Biology of Reproduction 68, 1554–1561. doi: 10.1095/biolreprod.102.010652.

[20] Goodrowe, K. L., Howard, J. G., Schmidt, P. M., and Wildt, D. E. (1989) Reproductive biology of the domestic cat with special reference to endocrinology, sperm function, and in-vitro fertilization. Journal of Reproduction and Fertility

Supplement 39, 73–90.
[21] Hart, B. L. (1974) Physiology of sexual function. Veterinary Clinics of North America 4(3), 557–571. doi: 10.1016/s0091-0279(74)50059-0.
[22] Herron, M. A. (1989) Feline physiology of reproduction. In: Burke, T. J. (ed.) Small Animal Reproduction and Infertility: A Clinical Approach to Diagnosis and Treatment. Lea & Febiger. Philadelphia, Pennsylvania, pp 13–23.
[23] Hewitt, D. (1998) Physiology and endocrinology of the male. In: Simpson, G. M., England, G. C. W., and Harvey, M. (eds) Manual of Small Animal Reproduction and Neonatology. British Small Animal Veterinary Association, Cheltenham, UK, pp. 61–69.
[24] Howard, J. G., Brown, J. L., Bush, M., and Wildt, D. E. (1990) Teratospermic and normospermic domestic cats: ejaculate traits, pituitary-gonadal hormones, and improvement of spermatozoal motility and morphology after swim-up processing. Journal of Andrology 11, 204–215.
[25] Howard, J. G., Donoghue, A. M., Johnston, L. A., and Wildt, D. E. (1993) Zona pellucida filtration of structurally abnormal spermatozoa and reduced fertilization in teratospermic cats. Biology of Reproduction 49, 131–139. doi: 10.1095/biolreprod49.1.131.
[26] Inomata, T., Ninomiya, H., Sakita, K., Kashiwazaki, N., Ito, J., et al. (2009) Developmental changes of Müllerian and Wolffian ducts in domestic cat fetuses. Experimental Animals 58(1), 41–45. doi: 10.1538/expanim.58.41.
[27] Ives, P. J., McArthur, N. H., and Sis, F. R. (1975) Scanning electron microscopy of the penile spines of the domestic cat. Southwestern Veterinarian 28, 58–59.
[28] Jackson, C. M. (1902) On the structure of the corpus cavernosa in the domestic cat. American Journal of Anatomy 2, 73–80.
[29] Joffre, M. (1977) Relationships between testicular blood flow, testosterone secretion and spermatogenic activity in young and adult red foxes (Vulpes vulpes). Journal of Reproduction and Fertility 51, 35–40. doi: 10.1530/jrf.0.0510035.
[30] Johnston, S. D., Root-Kustritz, M. V., and Olson, P. N. S. (2001) Sexual differentiation and normal anatomy of the tom cat. In: Johnston, S. D., Root-Kustritz, M. V., and Olson, P. N. S. (eds) Canine and Feline Theriogenology. Elsevier Health Sciences, St. Louis, Missouri, pp. 497–507.
[31] Kirkpatrick, J. (1985) Seasonal testosterone levels, testosterone clearance, and testicular weights in male domestic cats. Canadian Journal of Zoology 63, 1285–1287.
[32] Knospe, C. (2002) Periods and stages of the prenatal development of the domestic cat. Anatomia, Histologia, Embryologia 31(1), 37–51. doi: 10.1046/j.1439-0264.2002.00360.x.
[33] Malandain, E., Little, S., Casseleux, G., Shelton, L., Pibot, P., et al. (2006) Reproduction from oestrus to kittening. In: Malandain, E., Little, S., Casseleux, G., Shelton, L., Pibot, P., et al. (eds) Practical Guide to Cat Breeding. Aniwa SAS, Lyon, France, pp. 63–79.
[34] Martin, W. D., Fletcher, T. F., and Bradley, W. E. (1974) Perineal musculature in the cat. Anatomical Record 180, 3–13. doi: 10.1002/ar.1091800103.
[35] McEntee, K. (1990) Penis and prepuce. In: McEntee, K. (ed.) Reproductive Pathology of Domestic Mammals. Academic Press, Inc., San Diego, California, pp. 359–383.
[36] Mialot, J. P. (1988) Patologia da reprodução dos carnivoros domésticos. A Hora Veterinária, Porto Alegra, Brazil.
[37] Noden, D. N. and de la Hunta, A. (1985) Derivatives of intermediate mesoderm: reproductive organs. In: Noden, D. N. and de la Hunta, A. (eds) The Embryology of Domestic Animals. Williams & Wilkins, Baltimore, Maryland, pp. 330.
[38] Roberts, S. J. (1986) Veterinary Obstetrics and Genital Diseases (Theriogenology), 3rd edn. Roberts, S. J. published by the author, Woodstock, Vermont.
[39] Romagnoli, S. and Schlafer, D. H. (2006) Disorders of sexual differentiation in puppies and kittens: a diagnostic and clinical approach. Veterinary Clinics of North America, Small Animal Practice 36(3), 573–606. doi: 10.1016/j.cvsm.2005.12.007.
[40] Sánchez, B., Pizarro, M., García, P., and Flores, J. M. (1993a) Histological study of Leydig cells in the cat from birth to sexual maturity. Journal of Reproduction and Fertility Supplement 47, 349–353.
[41] Sánchez, B., Pizarro, M., García, P., and Flores, J. M. (1993b) Postnatal development of seminiferous tubules in the cat. Journal of Reproduction and Fertility Supplement 47, 343–348.
[42] Schummer, A., Nickel, R., and Sack, W. A. (1979) In: Nickel, A., Schummer, A., Seiferle, E. (eds) The Viscera of the Domestic Mammals, 2nd ed. Springer Verlag, Berlin, pp. 304–389.
[43] Scott, M. G. and Scott, P. P. (1957) Some factors affecting the maturation of the reproductive organs of the cat. Proceedings of the Societal Study Fertility 9, 72–89.
[44] Shille, V. M. and Stabenfeldt, G. H. (1980) Current concepts in reproduction of the dog and cat. Advances in Veterinary Science and Comparative Medicine 24, 211–243.
[45] Siemieniuch, M. J. and Wocławek-Potocka, I. (2007) Morphological features of the seminiferous epithelium in cat (Felis catus, L. 1758) testes. Journal of Reproduction and Development 53(5), 1125–1130. doi: 10.1262/jrd.19053.
[46] Sikorski, A. (1978) Comparative anatomy of the bulbourethral glands. (Preliminary report). Folia Morphologica (Warsz) 37(2), 151–156.
[47] Tanaka, A., Takagi, Y., Nakagawa, K., Fujimoto, Y., Hori, T., et al. (2000) Artificial intravaginal insemination using fresh semen in cats. Journal of Veterinary Medical Science 62,

1163–1167. doi: 10.1292/jvms.62.1163.
[48] Tiptanavattana, N., Radtanakatikanon, A., Hyttel, P., Holm, H., Buranapraditkun, S., et al. (2015) Determination phase at transition of gonocytes to spermatogonial stem cells improves establishment efficiency of spermatogonial stem cells in domestic cats. Journal of Reproduction and Development 61(6), 581–588. doi: 10.1262/jrd.2015-094.
[49] Tsutsui, T., Murao, I., Kawakami, E., Ogasa, A., and Stabenfeldt, G. H. (1990) Androgen concentration in the blood and spermatogenic function of tom cats during the breeding season. Japanese Journal of Veterinary Science 52(4), 801–806.
[50] Tsutsui, T., Kuwabara, S., Kuwabara, K., Kugota, Y., Kinjo, T., et al. (2004) Development of spermatogenic function in the sex maturation process in male cats. Journal of Veterinary Medical Science 66(9), 1125–1127. doi: 10.1292/jvms.66.1125.
[51] Tsutsui, T., Oba, H., Fujimoto, S., and Toyonaga, M. (2012) Spermatogenic function in cats. Reproduction in Domestic Animals 47(6), 247–249. doi: 10.1111/rda.12074.
[52] Wang, B., Bhadra, N., and Grill, W. M. (1999) Functional anatomy of the male feline urethra: morphological and physiological correlations. Journal of Urology 161(2), 654–659. doi: 10.1016/S0022-5347(01)61989-X.
[53] Wildt, D. E., Brown, J. L., and Swanson, W. F. (1999) Cats. In: Knobil, E. and Neill, J. (eds) Encyclopedia of Reproduction, vol. 1. Academic Press, New York, pp. 497–510.
[54] Wrobel, K. H. (1969) Morphologische Untersuchungen an der Glandula bulbourethralis der Katze [Morphological studies on the bulbourethral gland of the cat]. Zeitschrift fur Zellforschung und Mikroskopische Anatomie 101(4), 607–620.
[55] Wrobel, K. H. and Gürtler, A. (2001) The nerve distribution in the testis of the cat. Annals of Anatomy 183(4), 297–308. doi: 10.1016/S0940-9602(01)80167-9.
[56] Zambelli, D. and Levy, X. (2010) Clinical approaches to the infertile male. In: England, G. and von Heimendahl, A. (eds) BSAVA Manual of Canine and Feline Reproduction and Neonatology. BSAVA, Gloucester, UK, pp. 70–79.

18 精液采集与评估

Daniele Zambelli, Marco Cunto
意大利博洛尼亚大学兽医科学系动物生殖科

18.1 引言

兽医师需要经常采集猫的精液来进行人工授精或诊断，特别是需要评估其生育能力时。自从1970年Sojka（1970）等第一次报道人工授精技术以来，人工授精技术已经逐渐成熟。在过去的几十年中，人们对使用的精子数量和授精的解剖部位进行了大量的研究，以获得最佳的效果（Tsutsui et al.，2000a、b）。随着内镜下宫内授精技术的发展，人工授精也取得了重要进展（Zambelli et al.，2015a、b）。使用新鲜或保存的精子进行人工授精（artificial insemination，AI）有诸多优势，包括控制疾病（如呼吸道感染）和避免心理或生理上的繁殖障碍。对猫繁殖感兴趣的另一个原因是其为濒临灭绝的野生猫科动物或将其用作人类疾病研究中的模型。

收集到的精液应具有良好的质量并且能够使用，同时在收集过程中应尽量减少动物的应激。在实践中，可以使用不同的方法来收集精子，假阴道和电射精的方法最早在20世纪70年代被描述（Scott，1970；Sojka et al.，1970；Platz et al.，1976，1978；Platz and Seager，1978；Johnstone，1984；Pineda et al.，1984；Dooley and Pineda，1986；Dooley et al.，1991，Howard et al.，1990）。最近，药物诱导后导尿被认为是一种新的、简单的收集方法（Zambelli et al.，2006，2008；Filliers et al.，2010；Cunto et al.，2015，2018，2019；Prochowska et al.，2015，Romagnoli et al.，2016，2020；Jelinkova et al.，2018）。研究人员经常通过切割或挤压去势后的附睾尾获得大量的附睾精子进行研究（Bowen，1977；Hay and Goodrowe，1993；Yu and Leibo，2002）。不论是用于生产实践还是研究，收集精子后应立即进行评估。精子评估的第一个限制因素是射精量少，因此在评估时只能使用少量精子。通常通过宏观参数和微观参数、体积、颜色、浓度、总精子活力和前进精子活力的百分比以及形态评估精子。对于特殊需求，可以评估其他参数，包括pH、精浆化学成分（Zambelli et al.，2010）或射精行为。

18.2 精液采集

18.2.1 假阴道采精法

Sojka等（1970）发表了第一篇关于使用假阴道采集精液和构建该装置的技术的论文。这种技术用于猫舍或实验室，动物经过适当的训练并经常采集精液用于人工授精、保存精子或其他目的。然而，对于在实践中经常需要收集单只未经训练的猫的精液，这种方法很难得到理想的结果。假阴道采精法（artificial vagina，AV）的优点是设备成本低，不需要约束猫，一位技术人员就可以独自完成并且可以在一周内进行多次采集。使用假阴道采精法采精所需要的训练在许多猫中是可行的，可以在母猫发情期间温和的训练2周来达成（Sojka et al.，1970）。需要训练并判断母猫的发情周期是这种方法最常见的缺点。Sojka使用塑料管（如离心管）和巴斯德移液管中的橡胶球制作了一个简单的假阴道（Sojka et al.，1970）（图18.1）。另一种模型可以使用一个5 mL的塑料管（外部部分）、彭罗斯引流管和一个小玻璃

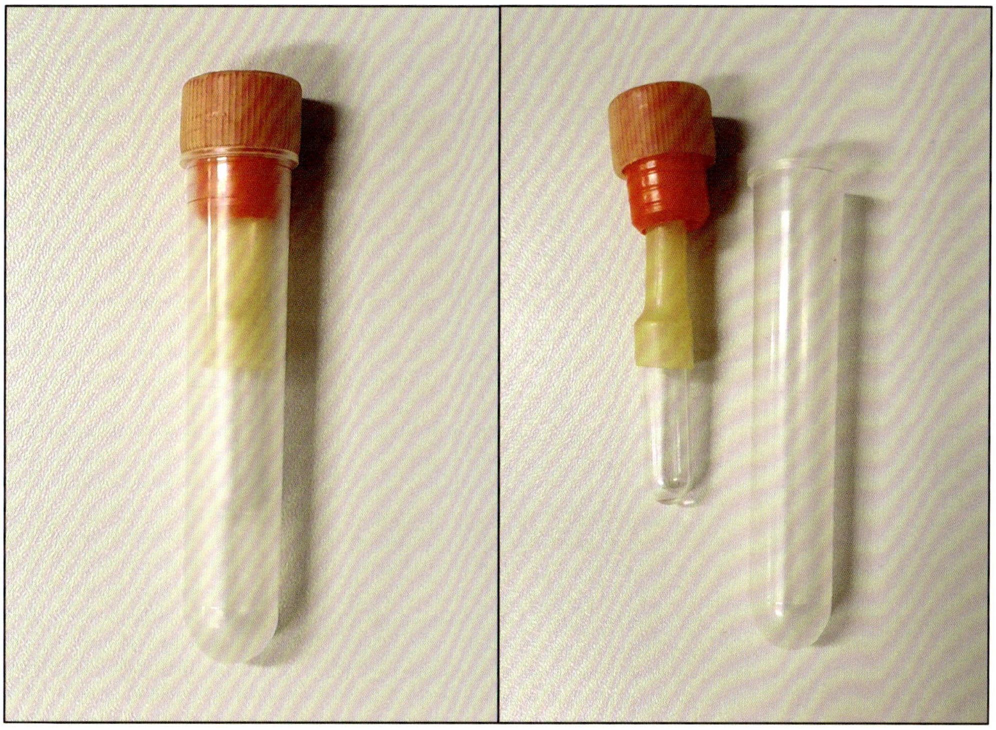

图 18.1　使用塑料管（如离心管）和巴斯德移液管的橡胶球制作的一个简单的假阴道

管来制作。在 5 mL 的管中装满水（40℃），以维持精子温度和减少热休克（Zambelli et al., 2006）。在收集精子之前，允许公猫能够正常地接近母猫对获得最大的性唤起很有必要。操作员戴上手套并将假阴道滑到竖起的阴茎上。经过几次交配动作后，猫就会射精。如果猫受过良好的训练，可以在没有发情母猫的情况下采集精液，只要让公猫爬上操作者受保护的手臂（以避免在收集过程中被公猫咬伤）。第 2 次射精最快可以在 10 min 后收集；然而，收集的频率可能会影响精子质量。据报道，每周收集 3 次精子并不会改变精子的体积和浓度，但从第 4 次开始，每次收集精子都会导致这两个参数开始迅速下降（Sojka et al., 1970）。

18.2.2 电刺激采精法

经直肠电刺激采精法（electroejaculation, EE）已经在许多不可能进行假阴道训练的野生动物中使用。此外，它也用于一些动物园饲养动物和脊髓损伤的人类。首次使用的报道分别来自 1936 年和 1948 年，用于收集绵羊（Gunn, 1936）和人（Horne et al., 1948）的精液。Scott 于 1970 年首次报道将电刺激采精法应用于猫。电刺激采精法收集的精液通常具有足够的体积以更容易操作。当雄性未经训练或有攻击性或没有发情的母猫刺激时，不可能使用假阴道采精法的情况下，所有可以安全麻醉的雄性都可以使用电刺激采精法（Sojka, 1986）。该技术已证明是安全的，不会在直肠中引起组织学或结肠镜检损伤（Furthner et al., 2018）。这些优点导致许多临床医生认为电刺激采精法是最佳的方法。但其缺点包括患病动物麻醉的必要性、执行手术的技能以及设备的投资。文献中提出了不同的麻醉原材料和药物，但最常用的是氯胺酮（20 mg/kg，肌内注射）或优选与美托咪定联合用药（分别为 5 mg/kg 和 80 μg/kg，肌内注射）。与氯胺酮麻醉方案相关的其他药物包括甲苯噻嗪、地西泮、吩噻嗪衍生物（如马来酸乙酰丙嗪）、吸入麻醉药（如异氟烷或七氟烷）或异丙酚（Johnston et al., 1988；Howard, 1992；Axnér and Linde Forsberg, 2002；Chatdarong et al., 2006；Zambelli et al.,

2007)。在一项与氯胺酮的对比研究中，已经报道了美托咪定对电刺激采精法中精子质量的影响（Zambelli et al.，2007）。与单独使用氯胺酮相比，美托咪定的添加会产生更高浓度的精子，并提供了良好的药理学约束和足够的镇痛作用。在同一研究中，美托咪定给药后尿道中观察到高浓度的精子。这一重要研究为引入一种新的采集精液方法打开了大门——药理学诱导后导尿采精法（Zambelli et al.，2006）。

美托咪定不会影响精子在膀胱中逆行的百分比，这是猫射精过程中的一个正常过程（Dooley et al.，1991）。如果没有美托咪定，那么可使用美托咪定剂量一半的右美托咪定，其诱导的镇静、镇痛、心肺和体温效应与美托咪定相当（Ansah et al.，1998）。一些美国医生在没有美托咪定的情况下，联合使用 30 ~ 40 μg/kg 右美托咪定和 3 ~ 5 mg/kg 氯胺酮肌内注射的麻醉方案来采集精液（Johnson，2018），但有关这方面的数据从未发表过。根据作者的经验，吸入麻醉药的使用与电刺激采精法收集期间尿液污染的增加有关。已经报道了电压、收集次数和精子逆流对精液特性的影响（Pineda and Dooley，1984；Pineda et al.，1984；Dooley et al.，1991）。用电刺激采精法收集的精液体积和总数在同一只猫的不同采集时间以及不同猫之间是有差异的。刺激电压和电刺激次数影响精子数量，但不影响射精量。据报道，0 ~ 1 V 的刺激是辅助腺体分泌释放的最小阈值。电压高于 2 V 但低于 8 V（因为尿液污染的风险增加）是射精后期精子最大数量的阈值（Pineda and Dooley，1984；Pineda et al.，1984）。精子活力和功能与刺激电压、收集频率（重复收集）或精子收集方法（电刺激采精法与假阴道采精法）无关（Dooley and Pineda，1986）。使用电刺激采精法采集精液，需要一个与直肠探头（直径 1 cm，长度 12 cm）连接的电射精器，配备三个纵向不锈钢电极（图 18.2）。诱导麻醉后，需要确保直肠中没有粪便，因为粪便可能会插入黏膜和电极之间。阴茎的龟头部分应该用盐水湿润

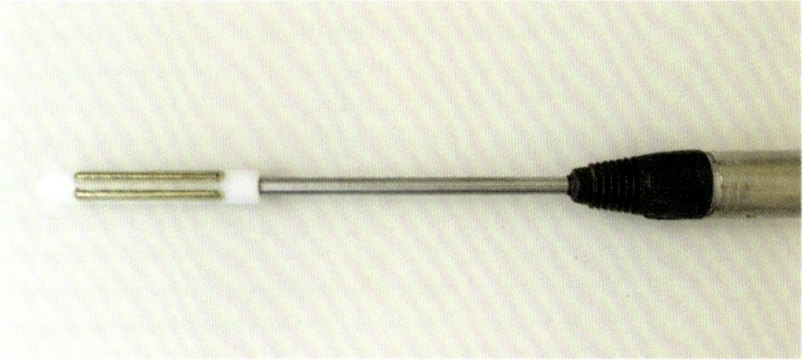

图 18.2　作者使用的电刺激射精探头（Minitube®）
该探头有 2 个电极，直径为 1.27 cm，长度为 6.35 cm。

的纱布清洗。将润滑探头（电极朝向腹侧）轻轻插入直肠 7 ~ 8 cm，然后向腹侧推到膀胱颈上，以确保与直肠黏膜和位于膜性尿道背侧、前列腺和尿道球腺之间的盆腔丛有良好的接触。在开始电刺激之前，收缩包皮，暴露龟头并将其引入无菌的离心管。文献中报道了不同的电刺激方案，但实践中使用最多的是 Howard 等（1990）提出的方案。它总共由 80 个刺激组成，分为三组（分别为 30 个、30 个和 20 个），每组之间休息 2 ~ 3 min。特别是，第一组由 10 个 2 V 刺激、10 个 3 V 刺激和 10 个 4 V 刺激组成。第二组由 10 个 3 V 刺激、10 个 4 V 刺激、10 个 5 V 刺激组成。第三组由 10 个 4 V 刺激和 10 个 5 V 刺激组成。

建议在每组刺激之间更换试管，因为较高的电压会导致尿液污染，导致整个样本丢失。在电刺激过程中，公猫的反应是双后肢僵硬且对称伸展。对后肢伸展进行评估非常重要。后肢没有伸展、伸展无力或不对称的运动意味着电极和直肠黏膜间的接触不好，这可能是由于直肠探头的位置错误或是电极和黏膜间存在肠道内容物。

18.2.3　药理学诱导后导尿采精法

近几十年来报道了一种新的精子采集技术（Zambelli et al.，2006），使临床医生能够克服假阴道采精法和电刺激采精法采集过程中遇到的一些最重要的缺点。美托咪定或其他 α2- 肾上腺素能激动剂可能在其他物种中也有类似的效果。据报道，在大鼠体内，α2- 肾上腺素能激动剂给药后，输精管收缩，随后精子细胞释放到

尿道中，而不会导致射精（MacDonald and McGrath，1980）。给种马服用这些药物会导致其射精（McDonnell and Odian，1994），其特点是精子体积小，精子浓度极高，非常适合冷冻（Turner et al.，1995）。药理学诱导后导尿采精法（urethral catheterization after pharmacological induction，Ur.Ca.P.I.）不需要任何特定设备（假阴道或电射精器）或假阴道采精法所需的训练，可以在任何国家无限制进行。在实践中，这项技术可以减少精子的采集量、评估和使用成本同时降低、无额外的设备和培训需求。用药理学诱导后导尿采精法采集的精子可以冷冻保存（Zambelli et al.，2008），用于体外受精（Zambeli et al.，2008）或人工授精（Zampelli et al.，2015a、b）。该技术的一个特点是提供体积小但精子浓度非常高的精液（Zambelli et al.，2006）。这可以被认为是人工授精和体外受精的一个优点，但需要非常小心的处理，以避免损伤精子。药理学诱导后导尿采精法采集的精子质量与附睾切开挤压获得的精子质量相同或更好，并且可以成功冷冻保存。用药理学诱导后导尿采精法获得的精子冷冻保存后的质量与冷冻保存的附睾精子的质量没有差异。

与电刺激采精法一样，这种技术的一个缺点是在采集前需要进行镇静。根据作者的经验，用于精液采集的药物剂量在药物制造商测试和报告的范围内，从未引起任何类型的动物健康问题。尽管如此，许多麻醉师不愿意使用所需的高剂量麻醉药，因此不建议使用这种方法。高剂量美托咪定（0.13 mg/kg）对健康猫的影响已经得到了广泛研究。尽管观察到心脏收缩和舒张功能以及收缩压的变化，但它们对健康猫没有临床相关影响或危险。使用较低剂量的美托咪定也可以观察到这些变化，因此必须将其视为分子作用的固有特性，而不是剂量依赖性的。所有受试动物对美托咪定剂量耐受性良好（Romagnoli et al.，2016）。

育种对象的选择取决于它们良好的身体条件。在任何情况下，如果需要进行麻醉，建议进行心脏学检查，避免给患有心血管疾病的受试动物用药。由于美托咪定的停用，现在有报道将右美托咪定作为美托咪定的替代品用于精子采集。Cunto 等（2019）报道了两种不同剂量的镇静药。比较了高剂量美托咪定（120 μg/kg）和右美托咪定（60 μg/kg）与低剂量的这两种药物（分别为 50 μg/kg 和 25 μg/kg）。据观察，在高剂量下，这两种药物都能用于采集精子。值得注意的是，在一些接受右美托咪定的动物中观察到导管插入时尾肢有轻微运动。低剂量的药物对于精子采集和镇静水平都不令人满意。据报道，低剂量右美托咪定（25 μg/kg）联合氯胺酮（10 mg/kg）已被用于药理学诱导后导尿采精法。在一项只有 3 只猫的研究中，研究结果与使用大剂量美托咪定获得的结果相似（Swanson et al.，2017）。给予美托咪定（130 μg/kg，肌内注射）后，测试了 3 种不同的精子采集方案：在达到药物的药理作用后立即进行 3 次采精，在达到药理作用后每 5 min 进行 3 次采精，在达到药理学作用后 20 min 进行 3 次采精。结果表明，在药理作用开始后立即进行采精可获得高质量的精子，而不会对尿道造成临床可检测的损伤（Cunto et al.，2015）。虽然没有发现临床问题，但 3 次连续导管插入采集更容易导致尿道损伤。对于药理学诱导后导尿采精法，使用开放式公猫导尿管（图 18.3）。使用 Carter 等（2013）发表的数字评分表（其中 0 表示没有镇静，5 表示侧卧且无反应），当达到 5 级镇静（注射约 10 ～ 15 min，取决于动物个体对药物的反应）时，进行插管。

露出家猫的阴茎，将导尿管轻柔且缓慢地插入尿道，总深度为 9 cm，将包皮缩回。这确保了导管的尖端不会进入膀胱并收集尿液。导管完全插入后，立即取出。药物起作用后，尿道中的精子可通过毛细作用迅速进入导管。如果导尿管长时间（几分钟）停留在尿道中，则可能导致尿液污染。通过毛细作用收集到导尿管中的精子被冲进离心管和胰岛素注射器。由于采集程序简单，

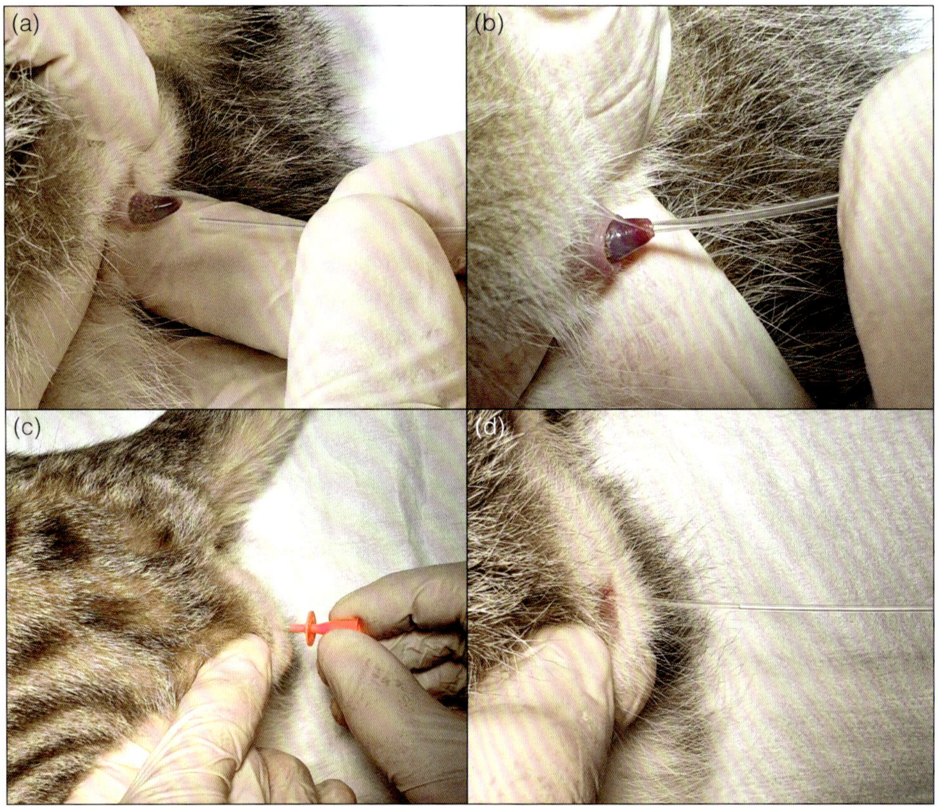

图 18.3 药理学诱导后导尿采精法采集精液

（a）采用开放式公猫导尿管。（b）暴露阴茎，将导尿管插入尿道至 9 cm 处，回拉包皮（c）。（d）当导尿管完全插入后，立即拔出。

从同一只公猫身上多次采集的可操作性以及获得高质量精子样本的能力使药理学诱导后导尿采精法成为精子库采集精子的一种好方法。可能会有 1.7% ～ 8% 的概率无法成功采集到精子（导管内无精子或有可见的尿液污染）（Zambelli et al.，2008；Prochowska et al.，2016）。

18.3 精子评估

精子评估是雄性生育能力诊断评估过程的重要基础。它能提供精子质量、运动性和其他参数。然而，即使精子质量很好，也无法保证生育能力，因为许多有助于生育的功能特征至今仍不为人所知（Rodríguez Martínez，2003）。精子质量也会受到外部因素的影响，如采集方法、环境条件或处理技术。精子处理过程必须小心，以免对精子造成损害。由于难以保持恒定的环境参数（温度、避光保护等），猫的射精量低是进行全面评估的最大障碍。此外，当需要精子进行受精或保存时，少量的精子可能不足以支持临床医生进行完整的检查。临床医生可以通过练习使用常规猫睾丸切除术后通过挤压附睾或切口获得精子，以提高操作和评估少量射精的技能。

根据所收集的精子的体积和浓度，可能需要稀释少量样本，以便进行正确的评估并避免过量使用射精液。Tris- 葡萄糖 - 柠檬酸盐和酪氨酸 - 白蛋白 - 乳酸 - 丙酮酸盐培养基（Tyrodes-Albumin-Lactate-Pyruvate medium，TALP）已被报道用于精液稀释（Zambelli et al.，2008；Buranaamnuay，2013）。

一个基本的精子图谱应包括对宏观参数（如外观和体积）和微观参数（如活力、形态和生存能力）的评估。其他评估项目可能包括评估 pH、渗透压、精子孵育、膜完整性、顶体完整性和精液化学组成。

18.2.3.1 宏观参数

精液应该呈现均匀的乳白色。样本如果出现血液（呈粉红色）、炎症或尿液（样本有尿液气味）应提醒临床医生对动物进行全面检查。可以采用可变体积的校准移液管评估射精量，以获得精确的微升体积。

18.2.3.2 微观参数

为了使用更大的样本量进行评估，可在获得初始射精体积后添加稀释剂。可以使用400倍相差显微镜和预热的载玻片来主观评估精子的活力，或者使用计算机辅助精子分析（computer-assisted sperm analysis，CASA）来客观评估精子的活力。以总运动（total motility，TMOT）率、前进运动（progressive motility，PMOT）率和精子活力指数来总体评估精子的活力特征，公式为［TMOT（%）+（PMOT×20）：2）］（Howard et al.，1990）。使用相差显微镜（最好带有温热台），将一小滴射精液（2～3 μL）放在带盖玻片的温热载玻片上。总运动取决于精子移动的百分比。前进运动取决于直线运动的精子总数的百分比。计算机辅助精子分析的发展可以客观地评估精子的运动能力，给出详细的运动特征，如运动精子的百分比（TMOT,%）、前进运动精子的百分比（PMOT,%）、平均路径速度（VAP，mm/s）、直线速度（VSL，mm/s）、曲线速度（VCL，mm/s）、侧向头部位移幅度（ALH，mm）、跳动交叉频率（Hz）、直线度（STR，%），以及线性度（LIN，%）（Contri et al.，2012；Prochowska et al.，2016）。

可以使用相差显微镜进行形态学评估。用福尔马林水溶液固定的精子（Axnér et al.，1999）可以进行计数，如有必要，福尔马林可以保持精子的形态及其缺陷数月。虽然许多技术可以影响计数，但是精子染色也可以用来进行形态学评估。不同的染色方法，如风干染色（瑞氏－吉姆萨染色）或湿染色（伊红－苯胺黑染色）以及常规的光学显微镜也可用于确定正常精子和异常精

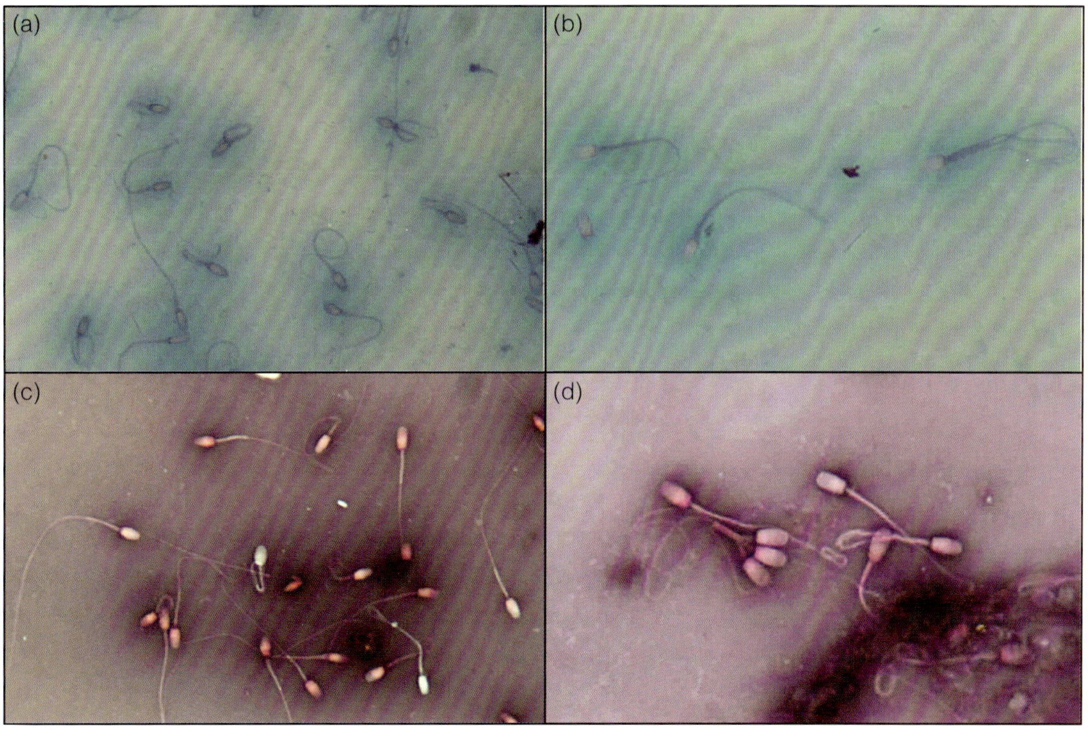

图 18.4 建议采用两种精子染色方法

（a）和（b）为固绿 FCF－玫瑰红染色，可用于评估精子结构分化和精子异常。（c）和（d）为伊红－苯胺黑染色，用于活力评估（活精子为白色，死精子为粉红色）以及正常精子和异常精子的测定。

子的比例（Perez Marin et al.，2016）（图 18.4）。固绿 FCF- 玫瑰红染色可以很好的区分精子的结构，仅有少量的伪影（Zambelli et al.，1993）。对于每一个样本，在 1000 倍（油）镜头视野中至少有 100 ～ 200 个精子用于计数。一次全面的评估，应考虑头部、顶体、中段和精子尾段的形态学异常。在文献中，已经报道了精子异常的不同统计方法。精子分为正常和异常两种，根据精子的异常情况分为：近端液滴、头部异常、顶体异常、中段缺陷、远端液滴、尾巴弯曲、头部分离和尾部卷曲等。如果精子存在不止一种异常情况，一些研究人员只考虑最重要的缺陷，而其他临床医生则统计单个精子的所有异常，因此总异常百分比可能高于 100，而统计的精子总数是一致的 100 个。

在文献中报道了评估精子缺陷的两个有用指标：畸形精子症指数（teratozoosmalia index，TZI）（Menkveld and Kruger，1996）和精子畸形指数（Sperm deformity index，SDI）（Aziz et al.，1996）。TZI 表示每个异常精子同时存在多少缺陷，包括头部异常、颈部 / 中段异常、尾部异常或细胞质液滴。记录的异常总数相加，除以异常精子总数。TZI 的范围为 1 ～ 4，这意味着一个精子存在单个缺陷，或者同时存在 2 个、3 个或所有缺陷。SDI 被定义为每个精子的平均缺陷数。在人医中，有报道显示 SDI 与正常精子形态的百分比相比，是一个更可靠的体外受精结果的预测指标（更高的敏感性、特异性、阳性预测值和阴性预测值）（Aziz et al.，1996）。SDI 是通过将随机选择并评估的精子总数（正常精子数加异常精子数）除以异常精子数来统计的。顶体完整性是受精成功的决定性因素之一。只有顶体完整的精子才能穿透透明带并与卵母细胞质膜融合，它可以用异硫氰酸荧光素（fluorescein isothiocyanate，FITC）染色确定，并在荧光显微镜下进行评估（Filliers et al.，2010）。在实践中，精子的活力和形态可以用伊红 - 苯胺黑染色来评估（Zambelli et al.，1993）。精子浓度（每毫升样本中精子的个数）是在福尔马林水中稀释一份样本后测定的，稀释比例基于采集的精子浓度，并在相差显微镜下在血细胞计数板或 Bürker 计数板中对精子进行计数，最终密度为 6 ～ 7 个精子 / 视野。一旦确定了总体积和浓度，就可以计算获得的精子总数（体积 × 浓度）。

据报道，精浆、前列腺液和尿道球腺液的渗透压分别为 323 mOsm/L、327 mOsm/L 和 331 mOsm/L，pH 分别为 6.6、6.7 和 7.8（Johnston et al.，1988）。由于难以对射精量非常少的样本进行这些分析，精浆的生化特性在文献中报道很少。Johnston 等（1988）评估了精浆、前列腺和尿道球腺样本的特征。他们的报道表明，尿道球腺的分泌占优势，前列腺分泌物的 pH 是碱性的，精液中的碱性磷酸酶来源于睾丸和（或）附睾。精子的特征与所用的采集方法有关。用假阴道采精法收集的精液与自然交配过程中沉积在阴道中的精液非常相似。相反，电刺激采精法通过对附属腺体产生更大的刺激，导致射精量比假阴道采精法产生的射精量更大。最后，药理学诱导后导尿采精法采集的精液体积量少，因为附属腺体的分泌贡献最小。表 18.1 展示了用假阴道采精法、电刺激采精法和药理学诱导后导尿采精法采集的精子的平均体积。如果需要进一步诊断，可以将精子样本提交给专门的实验室使用不同荧光探针进行透射电子显微镜或荧光显微镜分析，特别是异硫氰酸酯偶联花生凝集素（isothiocyanate conjugated peanut agglutinin，FITC-PNA）和荧光团 EthD-1 和 SYBR-14 探针，可分别评估顶体状态和质膜完整性（Axnér et al.，2004）。

18.4 人工授精精子用量和授精部位

据报道，使用 20×10^6 个、40×10^6 个和 80×10^6 个新鲜精子进行阴道内授精的受孕率分别为 6.6%、33.3% 和 77.8%（Tanaka et al.，2000a）。较高的授精数量大概与连续 2 次射精收集的精子数量相当（Tanaka et al.，2000b），考虑到猫需要在发情期间多次交配，可能是为了确保

表 18.1　通过假阴道采精法、电刺激采精法和药理学诱导后导尿采精法收集的猫精液的特征

技术	运动性（%）		向前运动性（1～5）	体积（μL）	浓度（$\times 10^6$mL）	精子总数（10^6）
	前进性运动精子	总活力				
AV	58～82[1,2,3]			34～60[1,2,3]	57～60.97[1,2,3]	
EE	60～84.4[2,4,5,6]	78.1～91.11[8,9]	4.5～5[1,2,4]	67.1～260[2,4,5,6,8]	28～542.9[2,4,5,6,8]	19.11～33.6[5,7,8]
Ur.Ca.P.I.	34.1～46.06[5,9]	63.0～78.1[8,9,10]	4.2～4.7[9,10]	10.5～21.06[5,8,9,10]	412.6～3257.8[5,8,9,10]	5.36～47.7[5,8,9,10]

注：表中的值表示由几位作者报告的平均值的范围。AV，假阴道采精法；EE，电刺激采精法；Ur.Ca.P.I.，药理学诱导后导尿采精法。上标编号表示参考文献：1. Sojka et al.（1970）；2. Dooley and Pineda（1986）；3. Platz and Seager（1978）；4. Platz et al.（1978）；5. Jelinkova et al.（2018）；6. Howard et al.（1990）；7. Zambelli and Cunto（2006）；8. Zambelli et al.（2006）；9. Prochowska et al.（2015）；10=Cunto et al.（2015）。

较高的精子数量（Tanaka et al.，2000a）。Tsutsui等（2000a）报道，通过手术将 8×10^6 个新鲜精子注入一个子宫角的受孕率为 80.0%。与犬上的报道一致，阴道内受精所需精子量（80×10^6 个）是子宫内受精（8×10^6 个）所需精子量的 10 倍（Tsutsui et al.，1988, 1989）。

研究还报道了使用 2.4×10^6～19.2×10^6 个新鲜精子进行子宫内人工授精后受孕（Howard et al.，1992）。特别是经宫颈子宫授精，将 200 μL 含有 10×10^6 个新鲜活动精子和 200 μL 含有 30×10^6 个冷冻解冻活动精子经宫颈导管输精的母猫的受孕率均为 100%（Zambelli and Cunto，2005）。据报道，采用药理学诱导后导尿采精法采集的 8.1×10^6～53.3×10^6 个新鲜精子宫颈内镜人工授精成功。在最后一种情况下，每只母猫进行了 2 次授精，受孕率为 100%（Zambelli et al.，2015a、b）。

许多报道随后表明了不同剂量的新鲜或冷冻精液的受孕率（Platz et al.，1978；Howard et al.，1992；Tsutsui et al.，2000a、b）（表 18.2）。

表 18.2　用于阴道或子宫内人工授精的猫的精液的特征及用新鲜或冷冻解冻的精液受精母猫的相对受孕率

精液	精子总数（$\times 10^6$）	体积（μL）	授精部位	受孕率（%）	作者
新鲜	5	100	阴道	42.9	Sojka et al.（1970）
新鲜	80	50～100	阴道	77.8	Tanaka et al.（2000a）
冷冻	50～100	100	阴道	10.6	Platz et al.（1978）
新鲜	4.2～7.5	200	双侧宫内（手术）	34.4	Howard et al.（1992）
新鲜	8	30	单侧宫腔内（手术）	80	Tsutsui et al.（2000a）
新鲜	50	30	单侧宫腔内（手术）	57.1	Tsutsui et al.（2000b）
新鲜	10	200	宫内（经宫颈）	100[a]	Zambelli and Cunto（2005）
冷冻	30	200	宫内（经宫颈）	100[a]	Zambelli et al.（2005）
新鲜	8.1～53.3	18～32	宫内（内镜下经宫颈）	100	Zambelli et al.（2015a、b）

a 经宫颈人工授精母猫的受孕率。

18.5 参考文献

[1] Ansah, O. B., Raekallio, M., and Vainio, O. (1998) Comparison of three doses of dexmedetomidine with medetomidine in cats following intramuscular administration. Journal of Veterinary Pharmacology and Therapeutics 21, 380–387. doi: 10.1046/j. 1365-2885.1998.00155.x.

[2] Axnér, E. and Linde-Forsberg, C. (2002) Semen collection and assessment, and artificial insemination in the cat. In: Concannon, P. W., England, G., Verstegen, J., and Linde-Forsberg, C. (eds) Recent Advances in Small Animal Reproduction. International Veterinary Information Service, Ithaca, New York.

[3] Axnér, E., Linde-Forsberg, C., and Einarsson, S. (1999) Morphology and motility of spermatozoa from different regions if the epididymal duct in the domestic cat. Theriogenology 52, 767–778. doi: 10.1016/S0093-691X(99)00170-3.

[4] Axnér, E., Hermansson, U., and Linde-Forsberg, C. (2004) The effect of Equex STM paste and sperm morphology on post-thaw survival of cat epididymal spermatozoa. Animal Reproduction Science 84, 179-191. doi: 10.1016/j.anireprosci.2003.11.003.

[5] Aziz, N., Buchan, I., Taylor, C., Kingsland, C. R., and Lewis-Jones, I. (1996) The sperm deformity index: a reliable predictor of the outcome of oocyte fertilization in vitro. Fertility and Sterility 66, 1000–1008. doi: 10.1016/S0015-0282(16)58697-X.

[6] Bowen, R.A. (1977) Fertilization in vitro of feline ova by spermatozoa from ductus deferens. Biology of Reproduction 17, 144–147. doi: 10.1095/biolreprod17.1.144.

[7] Buranaamnuay, K. (2013) Sperm-TALP: An alternative extender for retrieving and diluting epididymal sperm in the domestic cat. Reproduction in Domestic Animals 48, 912–917. doi: 10.1111/rda.12185.

[8] Carter, J. E., Lewis, C., and Beths T. (2013) Onset and quality of sedation after intramuscular administration of dexmedetomidine and hydromorphone in various muscle groups in dogs. Journal of the American Veterinary Medical Association 243, 1569–1572. doi: 10.2460/javma.243.11.1569.

[9] Chatdarong, K., Ponglowhapan, S., Manee-in, S., and Pongphet, K. (2006) The use of propofol for electroejaculation in domestic cats. Theriogenology 66, 1615–1617. doi: 10.1016/j.theriogenology.2006.01.006.

[10] Contri. A, Zambelli, D., Faustini, M., Cunto, M., Gloria, A., et al. (2012) Artificial neural networks for the definition of kinetic subpopulations in electroejaculated and epididymal spermatozoa in the domestic cat. Reproduction 144, 339–347. doi: 10.1530/REP-12-0125.

[11] Cunto, M., Küster, D. G., Bini, C., Pietra, M., and Zambelli, D. (2015) Influence of different protocols of urethral catheterization after pharmacological induction (Ur.Ca.P.I.) on semen quality in the domestic cat. Reproduction in Domestic Animals 50, 999–1002. doi: 10.1111/rda.12626.

[12] Cunto, M., Mariani, E., Ballotta, G., Anicito Guido, E., and Zambelli, D. (2018) Influence of two anesthesiological protocols on quality of cat semen collected by urethral catheterization after pharmacological induction (Ur.Ca.P.I.). In: Proceedings of the 21st European Veterinary Society for Small Animal Reproduction (EVSSAR) Congress. Venice, Italy, pp. 103.

[13] Cunto, M., Anicito Guido, E., Ballotta, G., and Zambelli, D. (2019) Effect of medetomidine and dexmedetomidine administration at different dosages on cat semen quality using urethral catheterization after pharmacological induction (Ur.Ca.P.I.). Reproduction in Domestic Animals 54, 96–97.

[14] Dooley, M. P. and Pineda, M. H. (1986) Effect of method of collection on seminal characteristics of the domestic cat. American Journal of Veterinary Research 47, 286–292.

[15] Dooley, M. P., Pineda, M. H., Hopper, J. G., and Hsu, W. H. (1991) Retrograde flow of spermatozoa into urinary bladder of cat during electroejaculation, collection of semen with an artificial vagina, and mating. American Journal of Veterinary Research 52, 687–691.

[16] Filliers, M., Rijsselaere, T., Bossaert, P., Zambelli, D., Anastasi, P., et al. (2010) In vitro evaluation of fresh sperm quality in tomcats: a comparison of two collection techniques. Theriogenology 74(1), 31–39. doi: 10.1016/j.theriogenology.2009.12.016.

[17] Furthner, E., Cordonnier, N., Le Dudal, M., Fontbonne, A., and Freiche, V. (2018) Is electroejaculation a safe procedure in cats? An endoscopic and histological prospective blinded study. Theriogenology 119, 69–75. doi: 10.1016/j.theriogenology.2018.06.013.

[18] Gunn, R. M. C. (1936) Fertility in sheep: Artificial production of seminal ejaculation and the characters of the spermatozoa contained therein. In: Bulletin for Council Scientific Industrial Research. Melbourne: Government Printer, Melbourne, Australia, pp 1–116.

[19] Hay, M. and Goodrowe, K. (1993) Comparative cryopreservation and capacitation of spermatozoa from epididymis and vasa deferentia of domestic cat. Journal of Reproduction and Fertility 47, 297–305.

[20] Horne, H. W., Paull, D. P., and Munro, D. (1948) Fertility studies in the human male with traumatic injuries of the spinal cord and cauda equina. Journal of Medicine 239, 959–961. doi: 10.1056/NEJM194812162392504.

[21] Howard, J. G. (1992) Feline semen analysis and artificial insemination. In: Kirk, R. W. and Bonagura, J. D. (eds) Kirk's Current Veterinary Therapy XI: Small Animal Practice. W.B. Saunders, Philadelphia, Pennsylvania, pp. 929–938.

[22] Howard, J. G., Brown, J. L., Bush, M., and Wildt, D. E. (1990) Teratospermic and normospermic domestic cats: ejaculate traits, pituitary-gonadal hormones, and improvement of spermatozoa motility and morphology after swim up processing. Journal of Andrology 11, 204–215. doi: 10.1002/j.1939-4640.1990.tb03229.x.

[23] Howard, J. G., Barone, M. A., Donoghue, A. M., and Wildt, D. E. (1992) The effect of pre-ovulatory anaesthesia on ovulation in laparoscopically inseminated domestic cat. Journal of Reproduction and Fertility 96, 175–186. doi: 10.1530/jrf.0.0960175.

[24] Jelinkova, K., Vitasek, R., Novotny, R., and Bartoskova, A. (2018) A comparison of quality parameters of fresh feline ejaculates collected by three different collection techniques. Reproduction in Domestic Animals 53, 1068–1074. doi: 10.1111/rda.13205.

[25] Johnson, A. K. (2018) Assisted reproduction in the male cat. Veterinary Clinics of North America: Small Animal Practice 48, 511–521. doi: 10.1016/j.cvsm.2018.02.001.

[26] Johnston, S. D., Osborne, C. A., Lipowitz, A. J. (1988) Characterization of seminal plasma, prostatic fluid and bulbourethral gland secretions in the domestic cat. In: Proceedings of the 11th International Congress Animal Reproduction and Artificial Insemination, vol IV, pp. 560.

[27] Johnstone, I. P. (1984) Electroejaculation in domestic cat. Australian Veterinary Journal 61, 155–158. doi: 10.1111/j.1751-0813.1984.tb07220.x.

[28] MacDonald, A. and McGrath, J. C. (1980) The distribution of adrenoreceptors and other drug receptors between the two ends of the rat vas deferens as revealed by selective agonists and antagonists. British Journal of Pharmacology 71, 445–458. doi: 10.1111/j.1476-5381.1980.tb10957.x.

[29] McDonnell, S. M. and Odian, M. J. (1994) Imipramine and xylazine-induced ex copula ejaculation in stallions. Theriogenology 41, 1005–1010. doi: 10.1016/S0093-691X(05)80023-8.

[30] Menkveld, R. and Kruger, F. T. (1996) Basic semen analysis. In: Acosta, A.A. and Kruger, T.F. (eds), Human Spermatozoa in Assisted Reproduction. Parthenon Publishing, Carnforth, UK, pp. 53–71.

[31] Perez-Marin, C. C., Jimenez, E., and Aguera, E. (2016) Choice of staining technique affects the morphological assessment of epididymal feline sperm. Veterinarni Medicina 61, 560–566.

[32] Pineda, M. H. and Dooley, M. P. (1984) Effect of voltage and order of voltage application on seminal characteristics of electroejaculates of the domestic cat. American Journal of Veterinary Research 45, 1520–1525.

[33] Pineda, M. H., Dooley, M. P., and Martin, P. A. (1984) Long term study on the effects of electroejaculation on seminal characteristics of the domestic cat. American Journal of Veterinary Research 45, 1038–4010.

[34] Platz, C. C. and Seager, S. W. J. (1978) Semen collection by electroejaculation in the domestic cat. Journal of the American Veterinary Medical Association 173, 1353–1355.

[35] Platz, C. C., Fallis, T., Demorest, N., and Seager, S. W. J. (1976) Semen collection, freezing and insemination in the domestic cat. In: Proceedings of the 8th International Congress on Animal Reproduction and Artificial Insemination, vol. IV, pp. 1053–1056.

[36] Platz, C. C., Wildt, D. E., and Seager S. W. J. (1978) Pregnancy in the domestic cat after artificial insemination with previously frozen spermatozoa. Journal of Reproduction and Fertilitiy 52, 279–282. doi: 10.1530/jrf.0.0520279.

[37] Prochowska, S., Niżański, W., Ochota, M., and Partyka, A. (2015) Characteristics of urethral and epididymal semen collected from domestic cats – A retrospective study of 214 cases. Theriogenology 84, 1565–1571. doi: 10.1016/j.theriogenology.2015.08.005.

[38] Prochowska, S., Nizanski, W., and Partyka, A. (2016) Comparative analysis of in vitro characteristics of fresh and frozen-thawed urethral and epididymal spermatozoa from cats (Felis domesticus). Theriogenology 86, 2063–2072. doi: 10.1016/j.theriogenology.2016.07.002.

[39] Rodríguez-Martínez, H. (2003) Laboratory semen assessment and prediction of fertility: still utopia? Reproduction in Domestic Animals 38, 312–318. doi: 10.1046/j.1439-0531.2003.00436.x.

[40] Romagnoli, N., Zambelli, D., Cunto, M., Lambertini, C., Ventrella, D., et al. (2016) Non-invasive evaluation of the haemodynamic effects of high-dose medetomidine in healthy cats for semen collection. Journal of Feline Medicine and Surgery 18, 337–343. doi: 10.1177/1098612X15583345.

[41] Romagnoli, N., Lambertini, C., Zambelli, D., Cunto, M., et al. (2020) Plasma concentration rise after the intramuscular administration of high dose medetomidine (0.13 mg/kg) for semen collection in cats. Veterinary Sciences 7, 17. doi: 10.3390/vetsci7010017.

[42] Scott, P. (1970) Cats. In: Hafez, E. S. E. (ed.). Reproduction and Breeding Techniques for Laboratory Animals. Lea and Febiger, Philadelphia, Pennsylvania, p. 205.

[43] Sojka, N. J. (1986) Management of artificial breeding in cats. In: Morrow, D. A., (ed.) Current Therapy in Theriogenology: Diagnosis, Treatment and Prevention of Reproductive Diseases in Large and Small Animals, 2nd edn. W.B. Saunders, Philadelphia, Pennsylvania, pp. 805–808.

[44] Sojka, N. J., Jennings, L. L., and Hamner, C. E. (1970) Artificial insemination in the cat (Felis catus L.). Laboratory Animal Care 20, 198–204.

[45] Swanson, W. F., Bateman, H. L., and Vansandt, L. M. (2017) Urethral catheterization and sperm vitrification for simplified semen banking in felids. Reproduction in Domestic Animals 52, 255–260. doi: 10.1111/rda.12863.

[46] Tanaka, A., Takagi, Y., Nakagawa, K., Fujimoto, Y., Hori, T., et al. (2000a) Artificial intravaginal insemination using fresh semen in cats. Journal of Veterinary Medical Science 62, 1163–1167. doi: 10.1292/jvms.62.1163.

[47] Tanaka, A., Kuwabara, S., Takagi, Y., Nakagawa, K., Fujimoto, Y., et al. (2000b) Effect of ejaculation intervals on semen quality in cats. Journal of Veterinary Medical Science 62, 1157–1161. doi: 10.1292/jvms.62.1157.

[48] Tsutsui, T., Tezuka, T., Shimizu, T., Murao, I., Kawakami, E., et al. (1988) Artificial insemination with fresh semen in beagle bitches. The Japanese Journal of Veterinary Science 50, 193–198. doi: 10.1292/jvms1939.50.193.

[49] Tsutsui, T., Shimizu, T., Ohara, N., Shiba, Y., Hironaka, T., et al. (1989) Relationship between the number of sperms and the rate of implantation in bitches inseminated into unilateral uterine horn. The Japanese Journal of Veterinary Science 51, 257–263. doi: 10.1292/jvms1939.51.257.

[50] Tsutsui, T., Tanaka, A., Takagi, Y., Nakagawa, K., Fujimoto, Y., et al. (2000a) Unilateral intrauterine horn insemination of fresh semen in cats. Journal of Veterinary Medical Science 62, 1241–1245. doi: 10.1292/jvms.62.1241.

[51] Tsutsui, T., Tanaka, A., Takagi, Y., Nakagawa, K., Fujimoto, Y., et al. (2000b) Unilateral intrauterine horn insemination of frozen semen in cats. Journal of Veterinary Medical Science 62, 1247–1251. doi: 10.1292/jvms.62.1247.

[52] Turner, R. M., McDonnell, S. M., and Hawkins, J. F. (1995) Use of pharmacologically induced ejaculation to obtain semen from a stallion with a fractured radius. Journal of the American Veterinary Medical Association 206, 1906–1908.

[53] Yu, I. and Leibo, S. P. (2002) Recovery of motile, membrane intact spermatozoa from canine epididymis stored for 8 days at 4 degrees C. Theriogenology 57, 1179–90. doi: 10.1016/s0093-691x(01)00711-7.

[54] Zambelli, D. and Cunto, M. (2005) Transcervical artificial insemination in the cat. Theriogenology 64, 698–705. doi: 10.1016/j.theriogenology.2005.05.020.

[55] Zambelli, D. and Cunto, M. (2006) Semen collection in cats: Techniques and analysis. Theriogenology 66, 159–165. doi: 10.1016/j.theriogenology.2006. 01.054.

[56] Zambelli, D., Bergonzoni, M. L., De Fanti, C., and Carluccio, A. (1993) Techniques for cat, dog and rabbit spermatozoa morphologic evaluation Proceedings of XLVII S.I.S. Vet (Italian Society of Veterinary Sciences). Congress Riccione, pp. 279–283.

[57] Zambelli, D., Prati, F., Merlo, B., and Cunto, M. (2006) Collection of semen by urethral catheterization after pharmacologically induced spermatozoa releasing in the domestic cat. In: Proceedings of 5th Biannual Congress, European Veterinary Society for Small Animal Reproduction (EVSSAR), Budapest, p. 300.

[58] Zambelli, D., Cunto, M., Prati, F., and Merlo, B. (2007) Effects of ketamine or medetomidine administration on quality of electroejaculated sperm and on sperm flow in the domestic cat. Theriogenology 68, 796–803. doi: 10.1016/j.theriogenology.2007.06.008.

[59] Zambelli, D., Prati, F., Cunto, M., Iacono, E., and Merlo, B. (2008) Quality and in vitro fertilizing ability of cryopreserved cat spermatozoa obtained by urethral catheterization after medetomidine administration. Theriogenology 69, 485–490. doi: 10.1016/j.theriogenology.2007.10.019.

[60] Zambelli, D., Raccagni, R., Cunto, M., Andreani, G., and Isani, G. (2010) Sperm evaluation and biochemical characterization of cat seminal plasma collected by electroejaculation and urethral catheterization. Theriogenology 74, 1396–1402. doi: 10.1016/j.theriogenology.2010.06.011.

[61] Zambelli, D., Bini, C., and Cunto, M. (2015a) Endoscopic transcervical catheterization in the domestic cat. Reproduction in Domestic Animals 50, 13–16. doi: 10.1111/rda.12442.

[62] Zambelli, D., Bini, C., Küster, D. G., Molari, V., and Cunto, M. (2015b) First deliveries after estrus induction using deslorelin and endoscopic transcervical insemination in the queen. Theriogenology 84(5), 773–778. doi: 10.1016/j.theriogenology.2015.05.010.

19　公猫不育的原因

Cristina Gobello
阿根廷拉普拉塔国立大学兽医科学生殖生理学中心和国家研究委员会

19.1　引言

随着人们对纯种猫繁育的兴趣越来越浓厚，要求调查猫繁育失败的案例也越来越多。相比于母猫的不孕，在文献中关于公猫不育的描述较少。在大多数情况下，系统的检查方法，包含详细病史记录和辅助检查的体格检查，可以获取大部分病例的诊断结果。只有在确诊的时候才应该开始治疗。无差别的使用“生育药物”通常是无效的并且会有潜在危险。本章的目的是指导临床医生通过系统的检查方法，在公猫不育的病例中，获取可靠的诊断结果和采用合适的治疗方案。

19.2　症状和病史

患猫的体貌特征（年龄、品种和花纹）有时可以揭示公猫为何会有繁育问题。例如，非常年老或者非常年轻的猫的生育力是比较低的。特定品种的猫（如波斯猫）有较高的概率出现生殖繁育问题（Axner et al.，1996）。三花色猫（黑色、白色和橙色）或玳瑁色猫（黑色和橙色）的花纹可能与染色体异常核型有关（图 19.1；表 19.1）（Centerwall and Benirschke，1975）。

如第 4 章所述，与饲养管理任何变化有关的信息（如居住环境、新动物、药物、膳食补充剂、疫苗接种、环境毒素、演出、旅行等）都应该被收集起来。此外，应记录动物的一般健康史（如疾病、体温过高或发热等），以及以前实验室检测结果。应仔细评估与饲养方式变化或健康障碍相关的不育的发展。睾丸不育问题通常不会与损伤同时出现，而是在至少一个精子周期（大约

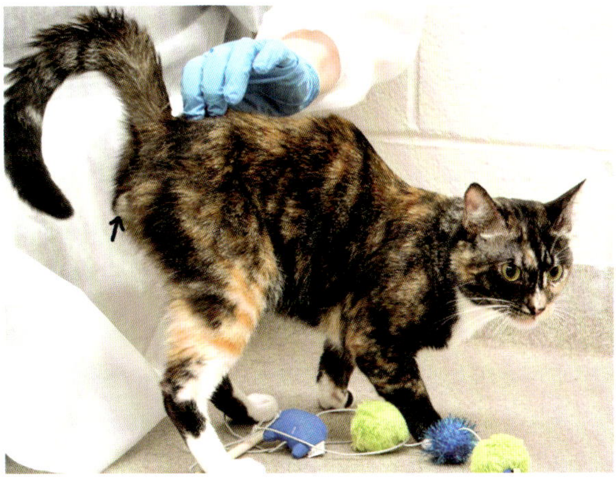

图 19.1　一只雄性三花色猫

这只猫的毛色为橙色和黑色的结合，两毛色基因都在 X 染色体上携带。这只猫为雄性，基因型为 XXY（箭头指示睾丸）。（由 Aime Johnson 博士提供）

表 19.1　公猫不育

分类	所需信息
日期	
主人	
主诉	
症状	姓名 品种 年龄 体重 性欲
病史	总体健康状况 生殖史
体格检查	常规检查 生殖检查：睾丸、附睾、包皮、阴茎
辅助检查	
诊断	
治疗	

47 d；Franca and Godinho，2003）之后出现。此外，这些问题也可能需要超过一个周期的时间才能逆转。与此相反的是，附睾损伤引起的不育可能在一两周内就显现出来。

记录完整的繁殖史，特别注意交配频率、繁殖方式，公猫或其任何亲属之前的繁殖问题也很重要。最后，应该使用系谱分析来计算近亲繁殖系数，因为这在某些情况下可以解释不育。

19.3 体格检查

在关注生殖道之前，应进行一次完整的体格检查。应特别注意是否存在持续的并发症（如尿路感染或提示内分泌疾病的皮肤病）。

应仔细评估生殖道，检查阴囊皮肤是否有皮炎或病变（如伤口、疤痕）。睾丸应该坚硬而有弹性，质地光滑。如果有可触及的异常（如硬、软或块状睾丸），则需要进一步检查。柔软和小的睾丸与精子发生异常相关，异常的精子产生，可能是睾丸退化的指示。在检查中，附睾很难单独探查出来，除非其因炎症或梗阻而增大。包皮的皮肤也应该是正常且开口干净。成熟未去势公猫的阴茎应该有粉红色的黏膜和小的、角化的针状体，而且阴茎也能很容易的从包皮上挤出来。不能进行该操作表明该猫性不成熟或系带粘连。如果可能，主人应该提供一只发情的母猫，以便观察交配行为，来确定可能存在的性功能问题。

19.4 不育的原因

不育可由先天性或获得性原因引起。如果公猫从未成功繁育过后代，应怀疑先天性原因，如果不育出现得较晚，那么更有可能是获得性原因。从实际的角度来看，公猫不育可分为：①性欲差或缺乏；②交配障碍；③交配后不能产崽。

19.4.1 性欲差或缺乏

性欲差可能是由于广泛性疾病或心理原因。例如，由陌生的环境或社会变化引起的应激会导致公猫性欲暂时下降（Long，1979）。占统治地位的母猫也会减弱公猫的性欲。

19.4.2 交配障碍

当公猫表现出良好的性欲，但不能成功交配时，就应该考虑口腔牙齿、运动功能和阴茎的问题。盆腔或腰背痛会妨碍交配时的生殖器进入。因为在交配时，公猫会咬母猫的后颈，严重的牙龈炎可能会妨碍母猫姿势的固定和阴茎的插入。有时，公猫和母猫的体型差异会妨碍阴茎插入。阴茎和包膜问题（如阴茎系带粘连、包茎、嵌顿包茎、阴茎勃起障碍）将在第 22 章进行阐述。

19.4.3 交配后不能产崽

交配后不能产崽可能是由于不正确的管理、逆行射精或原发性睾丸问题（见第 20 章）。服用糖皮质激素、酮康唑、化疗药物或性激素，如雄激素、孕激素、补雌激素可导致公猫不育。此外，公猫交配次数过多或次数过少导致诱导母猫排卵失败也会导致不孕（Johnston et al.，2001b）。

精子逆行进入膀胱在公猫射精过程中很常见，据报道有 14% ～ 90% 的公猫射精中有这种现象（Dooley et al,，1991）。严重的逆行射精可导致不孕，因为射出的精子数量减少。生殖器或尿道疼痛可诱发完全的逆行性射精。必须区分逆行性射精引起的少精子症或无精子症与精子肉芽肿引起的附睾部分或完全梗阻相。可以通过离心后收集尿液以及评估精子浓度进行诊断。

19.5 诊断和辅助检查

诊断结果是基于全面的医疗和繁殖史、完整的体格检查以及实验室血液检查。现有可以自动计算近亲繁殖系数的在线计算机程序。一般来说，该系数应低于 10%。当系数高于 5% 时，近亲繁殖的不良影响开始显现，该系数刚好低于堂系血亲之间交配所获得的值（Vella et al.，1999）。研究人员发现，仅经过一代近亲交配后，公猫正常精子的百分比就从 55% 下降到 15%，这显示了近亲繁殖对生殖的巨大影响（Pukazhenthi et al.，2006）。

实验室血液检查应包括全血细胞计数、血

清生化检查、甲状腺激素检测和传染病检测（如 FeLV、FIV 和猫传染性腹膜炎）。如果怀疑性别分化异常，则需要对肝素化全血淋巴细胞进行核型分析（Centerwall and Benirschke，1975）。

19.5.1 精液的采集和评估

通常情况下，由于与精液采集有关的问题具有挑战性，在公猫发情情况下进行第一次测试，即精液评估，是很困难的。然而，进行精液评估是很有必要的，因为这种测试不仅可以确定相关问题是否与精子产生有关，而且还可以评估问题的严重程度，以便优先进行额外的诊断测试。在确定问题是否可逆之前，可能需要多次评估精液。精液采集的方法已在第 18 章中描述。为了量化逆行性射精的严重程度，可以通过膀胱穿刺从尿液中提取精子。一份报告显示，公猫自然射精后膀胱中精子的平均百分比为 46.8% ± 31.7%（范围 14.6% ～ 90.32%）（Dooley et al.，1991）。另一项研究显示，公猫电刺激射精后膀胱内精子逆行的比例为 0% ～ 93.7%（平均为 40.9%）（Herron et al.，1986）。

精液评估参数的正常值在第 18 章中进行了阐述。猫精液的正常颜色为白色，样本的透明度反映了精子的浓度（越透明的样本精子浓度越低）。黄色精液样本可能反映了样本的尿液污染或样本中存在炎症细胞。尿液污染可以通过评估精浆肌酐来诊断，如果样本确实被尿液污染，那么样本的肌酐值会很高，像尿液样本一样。通过对精液进行常规细胞学染色（快速区分等），可以识别其中的白细胞，从而使中性粒细胞变得明显。

前进性精子活力＜ 25%（弱精子症）可能是感染的第一个迹象。然而，洗涤剂、水、尿液或润滑剂污染设备，或对冷休克的精子样本进行评估，都可能导致精子活力低下。精子在附睾运输过程中活化，因此附睾的任何改变都可以在不改变精子其他特征的情况下降低精子的活力。值得注意的是，完全丧失运动能力并不能证实精子已经死亡，因为存在纤毛运动障碍和其他可遗传的条件的情况下，可以出现 100% 静止的精子。在这些情况下，应该进行额外的测试，如精子染色质结构分析，以评估精子中的 DNA 片段或细胞膜的完整性，从而评估整体精子细胞。碱性磷酸酶可以直接从精浆中测量，以确定患有少精子症或无精子症猫的附睾和输精小管是否通畅（Valiente et al.，2014）。如果样本来源于睾丸或附睾，碱性磷酸酶过高则是公猫不育的原因。碱性磷酸酶超过 5000 U/L 通常表示样本来自睾丸 / 附睾（猫精液中平均碱性磷酸酶为 160 000 U/L）（Johnston et al.，1996）。

由于缺乏遗传变异，纯种公猫在一次射精中畸形精子的比例往往很高（畸形精子症）。相反，在异种交配的杂交猫中很少观察到精子形态异常（观察结果未发表）。除近亲繁殖外，畸形精子症的原因还包括炎症、肿瘤、生殖道传染病和会使睾丸内温度升高的发热。精子原发性形态缺陷（尾部卷曲、小头畸形、大头畸形）与更严重的不育有关，因为这些异常发生在精子形成过程中（图 19.2）。精子活力、浓度和形态正常的公猫应进行额外的精子功能测试，以确定精子顶体完整性，还有精子染色质结构检测，通过电子显微镜检查公猫精子是否存在任何超微结构形态异常。

19.5.2 其他诊断测试

雄性的血清睾酮以脉冲的方式分泌，因此一次测定通常不能反映睾丸的内分泌状态。为了检测垂体 - 性腺轴，应在采集基础血样后单次肌内注射 50 μg GnRH，并在 1 h 后采集第二次血样。刺激后的血清睾酮应该显著高于刺激前的样本（Romagnoli et al.，2017）。

二维超声作为一种非侵入性诊断技术，已广泛应用于雄性动物，用于评估附属性腺（前列腺腺和尿道球腺）、睾丸和附睾的大小和回声。睾丸实质通常被描述为中等回声和均匀回声纹理的结构（Nland and Mattoon，1995）（图 19.3）。可以使用高频超声测量睾丸，并测量每个睾丸的宽度、长度和高度。这些测量可以估计睾丸组织的

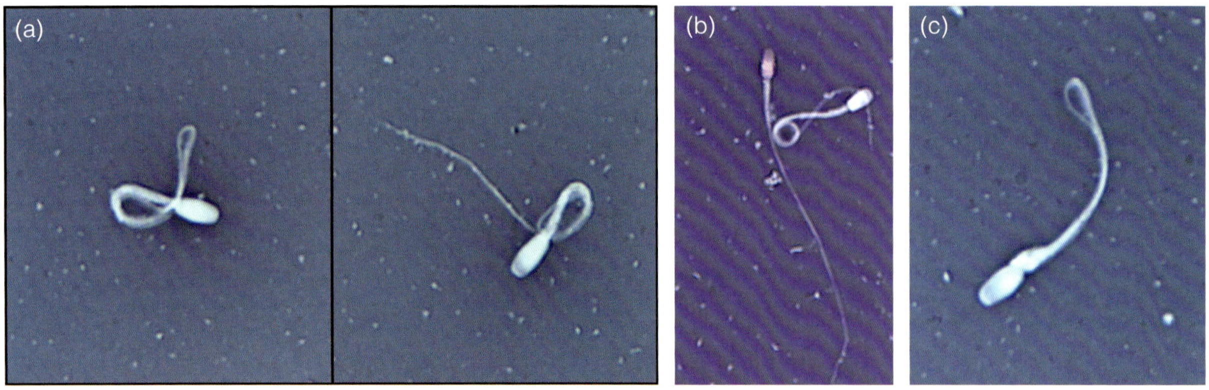

图 19.2 异常精子形态

（a）中段和尾部卷曲；（b）头部异常，中段异常；（c）中段异常。（由 Aime Johnson 博士提供）

体积。如果有必要，可以对镇静公猫的睾丸进行超声检查，以减少错误。检查时，每个睾丸应该分开，可以轻轻地把一个睾丸往上推，以防止干扰另一个睾丸的测量。然后，可以抓住阴囊底部并用食指和拇指将睾丸夹在阴囊内，分离被测量的睾丸。食指和拇指应该轻轻地将阴囊夹在睾丸和身体之间。超声探查前应该用酒精或超声波凝胶彻底湿润睾丸，以使皮肤和探头之间有足够的接触。然后将超声探头放在阴囊皮肤上，测量皮下睾丸（图 19.4）。在超声探查时，睾丸不应倾斜或旋转。探头放置在与所需测量（长度、宽度或高度）成 90° 角的位置，以确保睾丸不是倾斜测量的。探头也不应对睾丸施加太大的压力，因为这会错误的降低测量值。宽度可以通过将探头放置在向下的睾丸的内侧表面（并横向测量）和向上的睾丸的外侧表面（猫同时侧卧）来获得。对于高度，探头可以放置在每个睾丸的腹面，测量从腹面到背部。长度是最难获得的，需要保持耐心和练习。将探头放在睾丸的尾部表面（附睾尾上方），对睾丸进行尺寸测量。用拇指和食指轻轻抓住睾丸，使睾丸的纵轴与探头对齐，可能会更容易。测量范围是从尾极到头极。一旦操作员确定探头定位正确并且睾丸没有受压迫，就可以固定姿势并获得从一个白膜穿过睾丸实质到另一个白膜的图像（图 19.5）。测量应重复 2 ～ 4 次（移除探头、更换和重新测量）。通过获得多个测量值，减少误差。对每次获得的

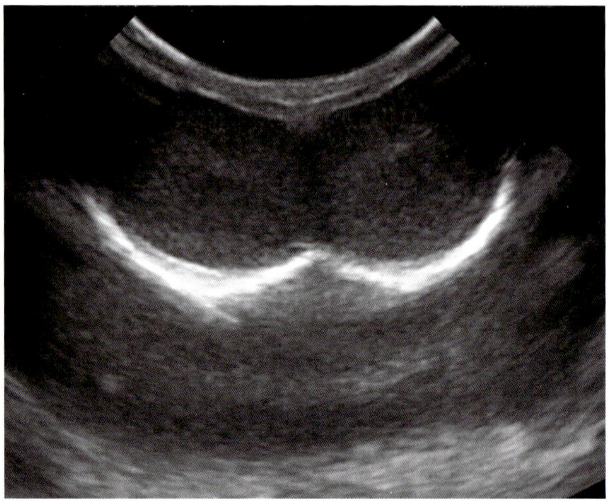

图 19.3 双睾丸横切面的超声检查

白膜表现为睾丸周围的高回声线。（由 Aime Johnson 博士提供）

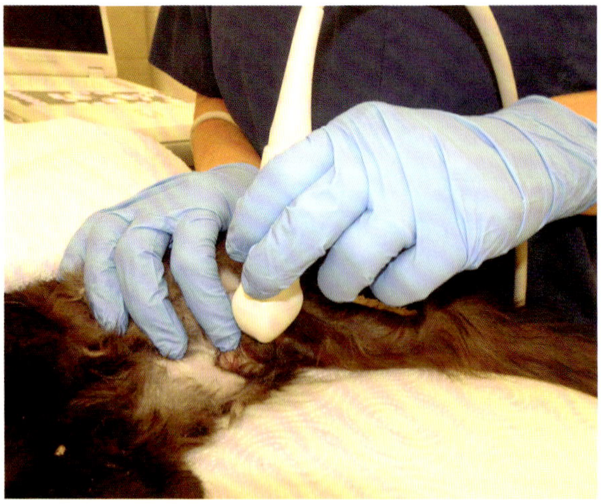

图 19.4 将探头放在注射了镇静药的公猫阴囊上以测量睾丸的宽度

探头移动到不同的高度和长度轴上。公猫右侧卧保定，头在照片的左边，尾巴在右边。检查者右手食指位于睾丸和包皮之间。（由 Aime Johnson 博士提供）

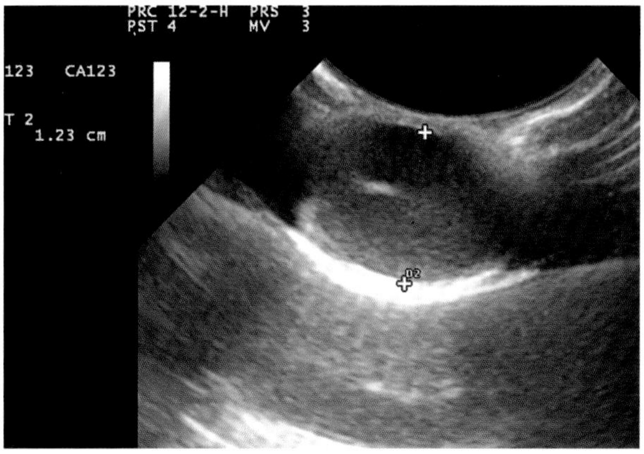

图 19.5 睾丸宽度的测量

从白膜的一侧向另一侧测量睾丸的宽度。纵隔可显示为睾丸中心的高回声区，表明探头位于睾丸中心。（由 Aime Johnson 博士提供）

测量值取平均值，以获得单值（每个睾丸的长度、宽度和高度）。每个睾丸的体积可用椭圆公式（$Tv=2/3\pi\times L/2\times W/2\times H/2$）计算。公式可简化为 $TTv=0.2533\times L\times W\times H$。这些测量最好用于监测公猫的单个睾丸体积，而不是评估单只动物的睾丸组织数量。平均体重的公猫平均每天的精子产量估计为 3200 万（Franca and Godinho，2003）。

猫的生发上皮高度异常下降 34% 可以导致实质回声显著降低（Francisco et al.，2020）。持续性少精子症或无精子症患猫需进行睾丸活检。虽然使用穿孔技术可以获得足够的睾丸活检样本，但开放的楔形活检可以更好地评估样本组织（Johnston et al.，2001a）。活检样本应该固定在 Bouin 氏液、Zenker 氏液或改良的戴维森氏液中，因为福尔马林产生的伪影会使活检结果的解释不太准确。活检结果应由具有生殖组织病理学专业知识的训练有素的病理学家进行判读。由于活检取样的过程必须在无菌条件下进行，因此活检所获得的部分组织也可以培养成微生物制剂。

尽管睾丸细针抽吸是一种操作简单的方法，但这种技术在诊断活跃的精子发生方面的作用是非常有限的。另外，睾丸活检可以用来确定精子产生的充分性和完整性，以及肿瘤或炎性病变的存在。对于自身免疫性睾丸炎，如果在病程早期进行睾丸活检，才能确定淋巴浆细胞性炎症。在许多长期少精子症 / 无精子症的病例中，在组织学评估时不能确定病因，但睾丸变性可以在组织学评估中得到确认。然而，睾丸组织学检查可区分获得性睾丸变性和先天性睾丸发育不良（Johnston et al.，2001a）。在进行睾丸活检之前，应与猫主人讨论因血 - 睾丸屏障破坏而引起免疫不耐受的风险以及可能影响双睾丸体温调节的出血。

19.6 治疗

治疗应针对不育的主要病因。在某些情况下，改善不育猫的饲养环境、饲养方式、环境卫生和育种管理可以解决这个问题。在近交系系数高的猫舍中，近交系的公猫应该通过杂交母猫实现种群谱系的多样化。还应该避免雄性之间的竞争。信息素可以减少心理压力（Beck，2013）。如果性欲差，应在交配前 1 h 注射促性腺激素（25 μg，肌内注射），睾酮分泌会自然增加（Johnston et al.,2001b）。当逆行射精导致少精子症 / 无精子症时，可以每 8 ～ 12 h 注射一次苯丙醇胺（1 ～ 2 mg/kg，口服）（Cohn and Cote，2020）。注意，苯丙醇胺在患甲状腺功能亢进、心脏病、高血压、青光眼或糖尿病的动物中应谨慎使用。

公猫粘连的阴茎系带很容易用剪刀切开。对于不打算繁殖的公猫，包茎不需要治疗，但应该进行绝育，以防止与性唤醒有关的疼痛。猫的阴茎异常性持续勃起是一种医疗紧急情况，因为长时间暴露在外的阴茎很快会变得肿胀、干燥和疼痛。如果发现的早，可以通过去除刺激原因（如修剪缠绕的被毛），以及清洁和润滑，将裸露的阴茎还纳回去。如果尿道受损，可能需要暂时使用导尿管。如果阴茎损伤严重，可能需要切除阴茎。

猫生殖道的急性炎性疾病需要及时治疗，因为炎症可造成永久性损伤。由于猫对非甾体抗炎药敏感，短期的使用非甾体抗炎药对猫才是安全的。在细菌感染的情况下，应在生殖道直接进行抗生素用药，如唑西林、甲氧苄啶磺胺、氨基糖苷或恩诺沙星，直到细菌培养确定了特定的抗生素为止，且抗生素应使用 3 ～ 4 周。单侧睾丸损伤时，严重者应尽早切除患侧睾丸，以减少对健康侧睾丸的热损伤。

关于诊断为不育的预后，病程在第一个生精周期（47 d）后的情况下没有改善，恢复生育能力的预后是有保障的（Franca and Godinho，2003），如果不育情况在 2 ～ 3 个生精周期（94 ～ 141 d）后仍然没有改善，则预后较差。

19.6 参考文献

[1] Axnér, E., Ström, B., Linde-Forsberg, C., Gustavsson, I., Lindblad, K., et al. (1996) Reproductive disorders in 10 domestic male cats. Journal of Small Animal Practice 37(8), 394–401. doi: 10.1111/j.1748-5827. 1996.tb02427.x.

[2] Beck, A. (2013) Use of pheromones to reduce stress in sheltered cats. Journal of Feline Medicine and Surgery 15(9), 829–830. doi: 10.1177/1098612X13500882.

[3] Centerwall, W. R., and Benirschke, K. (1975) An animal model for the XXY Klinefelter's syndrome in man: tortoiseshell and calico male cats. American Journal of Veterinary Research 36(9), 1275–1280.

[4] Cohn, L.A. and Cote, E. (2020) Drug compendium. In: Cohn, L. and Cote, E. (eds) Cote's Clinical Veterinary Advisor Dogs and Cats. Elsevier, St Louis, Missouri, pp. 1461–1510.

[5] Dooley, M. P., Pineda, M. H., Hopper, J. G., and Hsu, W. H. (1991) Retrograde flow of spermatozoa into the urinary bladder of cats during electroejaculation, collection of semen with an artificial vagina, and mating. American Journal of Veterinary Research 52(5), 687–691.

[6] Franca, L. R. and Godinho, C. L. (2003) Testis morphometry, seminiferous epithelium cycle length, and daily sperm production in domestic cats (Felis catus). Biology of Reproduction 68(5), 1554–1561. doi: 10.1095/biolreprod.102.010652.

[7] Francisco, F. D., Lapuente, C., Merlo, M. L., Barbeito, C., and Gobello, C. (2020) Feline testicular ultrasonogram differentiates pre vs. postpubertal and normal vs. disrupted spermatogenesis. Theriogenology 157, 503–507. doi: 10.1016/j.theriogenology.2020.08.012.

[8] Herron, M. A., Barton, C. L., and Applegate, B. (1986) A modified technique for semen collection by electroejaculation in the domestic cat. Theriogenology 26(3), 357–364. doi: 10.1016/0093-691x(86)90155-x.

[9] Johnston, S. D., Root, M. V., and Olson, P. N. S. (1996) Ovarian and testicular function in the domestic cat: clinical management of spontaneous reproductive disease. Animal Reproduction Science 42, 261–274. doi: 10.1016/0378-4320(96)01485-6.

[10] Johnston, S.D., Root Kustritz, M.V., and Olson, P.N. (2001a) Disorders of the feline testes and epididymides. In: Johnston, S. D., Root Kustritz, M. V., and Olson, P. N. (eds) Canine and Feline Theriogenology. W.B. Saunders, Philadelphia, Pennsylvania, pp. 525–536.

[11] Johnston, S.D., Root Kustritz, M.V., and Olson, P.N. (2001b) Clinical approach to the complaint of infertility in the male cat. In: Johnston, S. D., Root Kustritz, M. V., and Olson, P. N. (eds) Canine and Feline Theriogenology. W.B. Saunders, Philadelphia, Pennsylvania, pp.544–548.

[12] Long, S. E. (1979) Infertility in male animals with special reference to the cat. Pedigree Digest 6, 13.

[13] Nyland, T. G. and Mattoon, J. S. (1995) Veterinary Diagnostic Ultrasound. W.B. Saunders, Philadelphia, Pennsylvania, p. 357.

[14] Pukazhenthi, B. S., Neubauer, K., Jewgenow, K., Howard, J., and Wildt, D. E. (2006) The impact and potential etiology of teratospermia in the domestic cat and its wild relatives. Theriogenology 66(1), 111–121. doi: 10.1016/j.theriogenology. 2006.03.020.

[15] Romagnoli, S., Baldan, A., Righetti, C., Fontaine, C., Scenna, L., et al. (2017). Use of the gonadotropin-releasing hormone (GnRH) stimulation test to monitor gonadal function in intact adult male cats. Reproduction in Domestic Animals 52(1), 24–27. doi:10.1111/rda.12771.

[16] Valiente, C., de la Sota, P. E., Arauz, S., and Gobello, C. (2014). Ejaculation training, seminal alkaline phosphatase and semen preservation through cooling in a milk-based extender in domestic cats. Journal of Feline Medicine and Surgery, 16(4), 312–316. doi:10.1177/1098612X13508192.

[17] Vella, C. M., Shelton, L. M., McGonagle, J. J., and Stanglein, T. W. (1999) Robinson's Genetics for Cat Breeders and Veterinarians, 4th edn. Elsevier Health Sciences, Oxford.

20 睾丸与阴囊疾病

Michelle Anne Kutzler

美国俄勒冈州立大学动物和牧场科学系

20.1 先天性疾病

20.1.1 隐睾症

尽管猫的睾丸下降过程可能与犬相似，但是关于猫睾丸的起源知之甚少。猫的睾丸在出生前会通过腹股沟管迁移到阴囊中（Romagnoli and Schlafer，2006）。隐睾症是一种性发育障碍，是由于一个或两个睾丸向阴囊的迁移出现缺陷造成的（Centerwall and Benirschke，1975；Millis et al.，1992；Yates et al.，2003）。

隐睾症与脐疝、小脑发育不全、眼和眼睑缺陷一样，是猫最常见的先天性缺陷之一（Priester et al.，1970）。据报道，猫隐睾症发病率为1.3%～3.8%（Millis et al.，1992；Richardson and Mullen，1993；Yates et al.，2003）。睾丸可被保留在腹腔内、腹股沟组织的皮肤下方或腹股沟管中，腹股沟管中的隐睾约占隐睾病例的50%（Richardson and Mullen，1993；Steckel，2011）。猫隐睾症的发生没有偏向性（左侧或右侧睾丸）（Richardson and Mullen，1993）。

隐睾症可能具有遗传性，据报道纯种猫发生隐睾症的情况更为普遍（Johnston et al.，2001）。波斯猫在有关隐睾症的报道中占极高的比例，在一项研究中的发病率为29%（Millis et al.，1992；Richardson and Mullen，1993）。隐睾症可以遗传于父母中的任意一方（即使雌性不受影响）。尽管隐睾不会产生精子，但是如果只有一个睾丸下降到阴囊，公猫仍然具有生育能力（图20.1）。然而，患有双侧隐睾症的公猫通常不会产生精子。

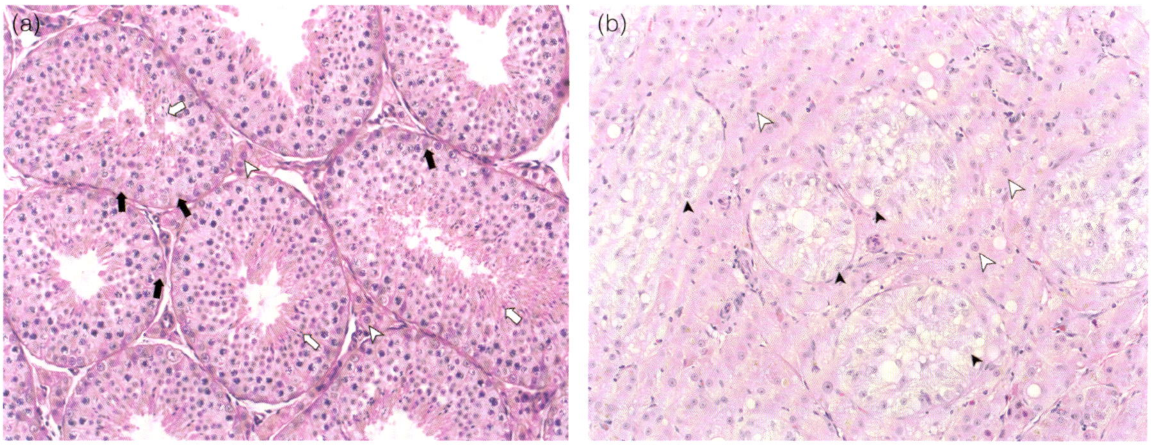

图 20.1　睾丸的组织学图像

（a）正常睾丸；（b）隐睾睾丸（20×）。正常睾丸（a）在小管内有活跃的精子形成，这可以从含有精母细胞的小管到细长的精子细胞中得到证明（白色箭头）。正常的生殖细胞可见于生精小管的基膜上（黑色箭头）。间质（睾丸间质）细胞位于小管之外（白色无尾箭头）。在隐睾睾丸（b）中，没有精子形成的迹象，其中小管仅包含支持细胞（黑色无尾箭头）而没有生殖细胞。在小管之外，间质（睾丸间质）细胞相对增加（白色无尾箭头）。（由奥本大学病理学系 Russell Cattley 博士提供）

隐睾症也可由染色体异常（如 XX/XY 嵌合）引起，并伴发其他生殖缺陷（如生殖器性别难辨或内生殖道的部分缺失）（Meyers–Wallen and Patterson，1989）。此外，隐睾症也存在非生殖性先天性异常，包括髌骨脱位、跗骨畸形、肾上腺伴输尿管发育不全、短尾或尾巴扭结、法洛四联症、小眼症和上眼睑发育不全（Richardson and Mullen，1993；Paradise and Clark，2013）。

虽然隐睾症可以在年龄很小时被发现，但直到青春期腹股沟环闭合时，无法使滞留的睾丸下降至阴囊中，才能做出明确的诊断。青春期前，睾丸会在腹股沟管上下运动，猫的这一现象比犬更常见，这就解释了被诊断为隐睾症的患猫在 6 月龄时睾丸正常的原因（Henderson，1951）（图 20.2）。

隐睾症应该要与很少发生的单睾症或者无睾症区分开来（见第 20 章 20.1.2）。因为隐睾症动物体内睾酮分泌正常，所以阴茎棘的存在可用于区分这两种情况（Richardson and Mullen，1993）（图 20.3）。因此，隐睾症公猫的表型、行为（如性欲、攻击性）和尿液气味也得以保持（Diaz，1947；Mason，1976；Memon et al.，1992）。

如果不确定动物是否患有隐睾症，可静脉注射 hCG（每只猫 500 mg），注射前和注射 2 h 后测量血清睾酮。性功能完整公猫的基线睾酮浓度为 1.0 ～ 6.0 ng/mL，去势后公猫的基线睾酮浓度＜0.5 ng/mL（Reimers，1989）。给予 hCG 后，性功能完整公猫的血清睾酮浓度将比基线浓度增加 5 倍，但去势公猫的血清睾酮浓度则保持不变（Memon et al.，1992）。经皮超声检查有助于验证皮肤下腹股沟区域内隐睾的触诊结果（图 20.4）。虽然通过腹部超声检查确认腹部隐睾位置比较困难，但仍可以尝试通过扫描肾脏和腹股沟之间的部位进行探查。

目前尚无药物可有效诱导或加速隐睾症动物的睾丸下降。但如前所述，睾丸可能在 6 月龄之前自发下降。具有一个或两个隐睾的公猫为防止基因遗传以及隐睾肿瘤化应该进行去势。

若在腹股沟区域触及隐睾，则应在睾丸上做正中切口以切除隐睾。但是，如果无法触及睾丸，则应在腹正中线做切口。由于猫患隐睾症时，睾丸最常在腹股沟中，因此应在做腹正中线切口后对腹股沟脂肪进行分离，暴露腹股沟外环（Millis et al.，1992）。必须谨慎地从股三角中区分腹股

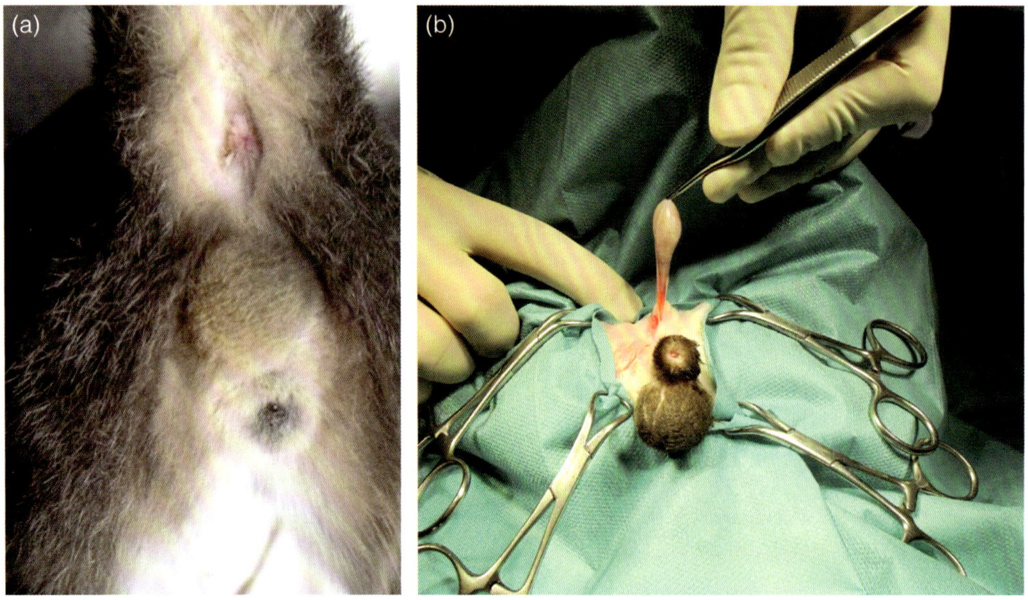

图 20.2　青春期后被诊断为隐睾症的患猫

（a）这是青春期后的公猫，左侧睾丸下降，右侧睾丸隐睾；（b）手术切除右侧隐睾。注意，与下降的睾丸（阴囊中）相比，隐睾（手术切除）体积较小。（由 Hasan Sontas 博士提供）

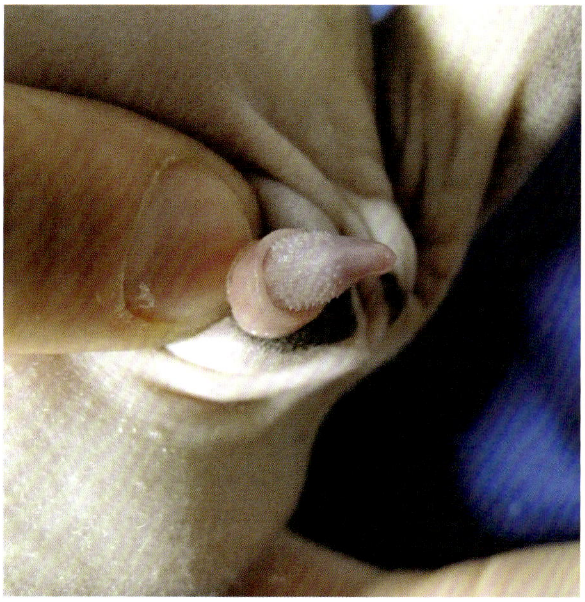

图 20.3 已去势的公猫存在阴茎棘

根据阴茎棘的外观，可判断该猫可能具有至少一个睾丸且仍有睾酮产生。

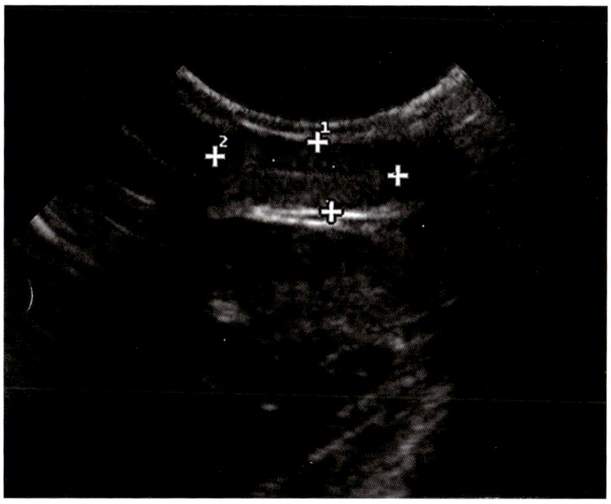

图 20.4 腹股沟隐睾的超声图像

测量结果为 0.57 cm × 1.52cm。注意，整个睾丸中部的高回声纵隔的现象。（由 Hasan Sontas 博士提供）

沟外环（Millis et al., 1992）。如果在腹股沟中未发现睾丸，那么就要将腹正中线切口向颅侧延伸并做腹部探查。大多数腹部睾丸被发现时位于膀胱外侧或靠近肾脏尾极，且具有输精管和精索血管（Wolff, 1981；Hakala, 1984；Millis et al., 1992；Paradise and Clark, 2013）。

20.1.2 单睾症和无睾症

据报道，猫的先天性单侧（单睾）或双侧（无睾或发育不全）睾丸缺失是一种极为罕见的情况。报道了 3 例公猫单睾症病例（包括 23 只隐睾症患猫中的 2 只）（Millis et al., 1992；Backhaus and Krauss, 2019）。在 50 只隐睾症患猫中发现了 2 只患无睾症 / 双侧睾丸发育不全（Richardson and Mullen, 1993）。要确诊单睾症和无睾症，需要在探查睾丸缺失的过程中辨别精索和睾丸血管。附睾可能位于睾丸缺失的位置（Backhaus and Krauss, 2019）。

20.1.3 多睾症

多睾症是一种罕见的异常，其定义为存在 2 个以上经组织学证实的睾丸。已报道了 2 例公猫多睾症病例（Milwright and Smith, 1999；Roca-Ferrer et al., 2015）。其中 1 例病例的左侧阴囊中有 1 个睾丸，右侧阴囊中有 2 个睾丸（Milwright and Smith, 1999）。这 2 个右侧睾丸融合了附睾并连接着共有的输精管。在这 3 个附睾中都存在精子。另一例病例有 4 个隐睾，1 个在左侧，其余 3 个在右侧（图 20.5）（Roca-Ferrer et al., 2015）。可以通过超声检查和术中检查进行初步的诊断，但需要通过组织学才能确诊。

20.1.4 睾丸发育不全

睾丸发育不全是一种双侧睾丸（或单侧睾丸）发育不全且体积明显较小的情况，通常是由生殖细胞数量减少所致（Roberts, 1986；McEntee, 1990）。

睾丸发育不全的幼猫可能与正常幼猫没有区别，直到青春期时睾丸无法生长。睾丸发育不全的公猫在表型上是雄性，其阴囊内包含 2 个非常小的睾丸及大小正常的附睾，有正常大小阴茎和包皮（图 20.6）。因为睾丸内的间质细胞不受影响，所以睾丸发育不全的公猫通常具有正常的性行为。然而，它们通常是没有精子或少精子的，常常会影响其生育能力。因此，选择的治疗方法是去势。

猫克兰费尔特综合征（39, XXY）导致双侧睾丸发育不全，仅存在支持细胞，少量精原细胞，

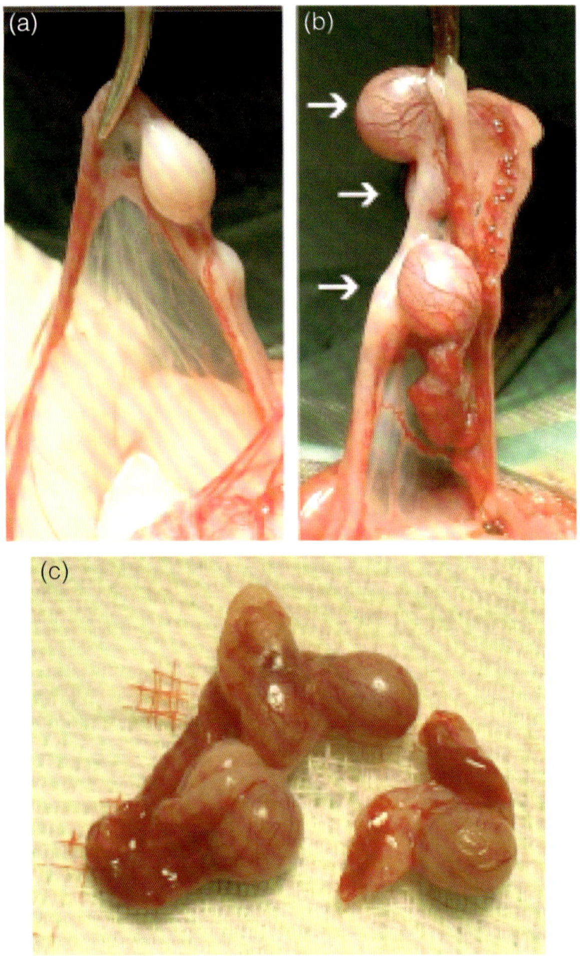

图 20.5　一例罕见的猫腹腔内有 4 个睾丸的多睾症病例

左侧有 1 个睾丸（a），右侧有 3 个睾丸（b），这 4 个睾丸均被切除（c）。（由 J. Roca-Ferrer et al. 提供）

图 20.6　成年公猫的睾丸发育不全

从幼猫长成成年猫，睾丸仍然很小。公猫表现出一些雄性特征，但性欲降低 / 缺失，不育。（由 Aime Johnson 博士提供）

并且在生精小管中没有精子形成的痕迹（axnér et al.，1996）。随着时间的推移，生精小管发生退行性病变，如玻璃样的硬化和生精小管萎缩。已知存在多个 X 染色体对精子的形成是有害的。这种 3 条染色体的情况可能是由于雄性或雌性配子形成过程中，性染色体减数分裂过程中不分离或早期受精卵在有丝分裂中不分离所引起的（Meyers-Wallen and Patterson，1989）。由不分离导致的性染色体组成异常是随机出现的并且不是遗传缺陷造成的。

具有多条 X 染色体的公猫可的毛色为三花色或玳瑁色，这是因为橙色和黑色毛色的基因是 X 连锁等位基因（Malandain et al.，2006；Pedersen et al.，2014）。为了使猫同时具有橙色和黑色的毛色，所有（或至少一部分）染色体组型必须具有 2 条 X 染色体。2 条 X 染色体中的任意 1 条失活均会导致形成杂色被毛（Lyon，1961）。这发生在猫胚胎发育的第 12 天（Austin and Amoroso，1957）。虽然 39，XXY 是三花色或玳瑁色的最常见原因（图 20.7），但 38，XY/38，XX、38，XY/39，XXY 和 38，XY/38，XY 也有可能（Ishihara，1956；Thuline and Norby，1961；Malouf et al.，1967，Pyle et al.，1971；Centerwall and Benirschke，1973，1975；Long et al.，1981；Moran et al.，1984）。XX/XY、XY/XXY 或 XY/XY 奇美拉 * 嵌合体的公猫通常不会发生睾丸发育不全，并且具有正常的精子形成能力，这是因为它们至少有一个正常的 38，XY 细胞系（Long et al.，1981; Pedersen et al.，2014）。少见 XY/XY 的马赛克 § 嵌合体猫有繁育力（Loughman et al.，1970）。

---

* 奇美拉（Chimera）：具有多个基因型的细胞群中的个体，这些基因型源于妊娠期间不同胚胎。

§ 马赛克（Mosaic）：具有多个基因型的细胞群中的个体，这些基因型来源于单个胚胎中的突变。

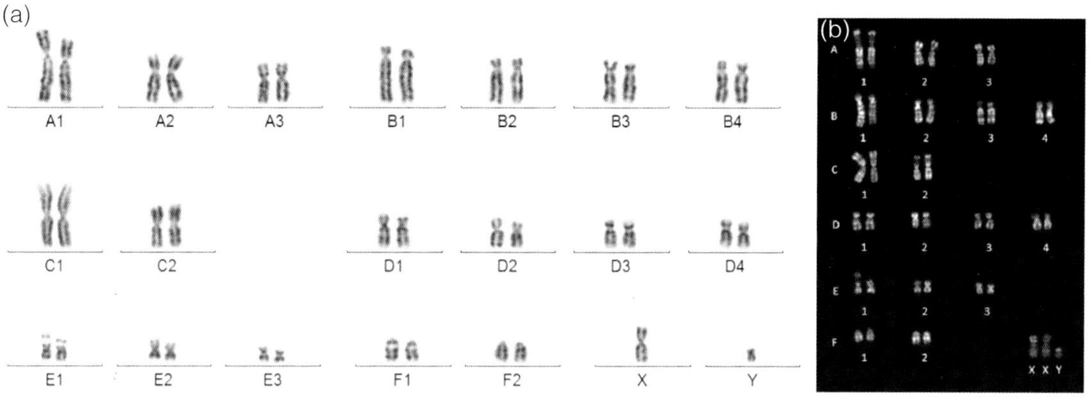

图 20.7　正常公猫和黄褐黑白相间毛色的公猫的染色体组型

（a）正常雄性的染色体组型为 38，XY，具有单个 X 和 Y 染色体；（b）来自黄褐黑白相间毛色的公猫的 39，XXY 组型，显示出额外的 X 染色体。（由 a.s.Pedersen 提供）

20.1.5　卵睾体

猫的卵睾体（卵巢和睾丸的结合）极为罕见。在一份报告中，公猫具有正常的阴茎，包皮和单侧下降的睾丸，以及未下降的卵睾体，其相应的输卵管和子宫角与前列腺相连（Harman，1917）。在另一份报告中，一只有双侧卵睾体和薄壁子宫的公猫有长期尿失禁和血尿，其治疗是通过手术切除性腺和子宫（Felts et al.，1982）。XX/XY 和 XY/XY 的奇美拉嵌合体可发生卵睾体。在正常的情况下，XY 染色体组型会引起睾丸发育；而 XX 染色体组型引起卵巢发育（Meyers-Wallen and Patterson，1989）。这两种染色体组型不同程度上的混合可以产生不同类型的卵睾体或同时具有一个卵巢和一个睾丸的个体（真正的两性畸形）（Meyers-Wallen and Patterson，1989）。在一只猫中报道了具有 XX/XY 组型的真正两性畸形。

20.1.6　囊性睾丸网

囊性睾丸网是睾丸的先天性囊性疾病。睾丸网是输精管和传出管之间的一系列相互连接的通道。睾丸网充当精子和液体通过的单向阀，仅当输精管中的压力上升至高于睾丸网和传出管中的压力时才打开。睾丸网也可以吸收输精管液（Haschek et al.，2009）。有一份报告称，一只 8 月龄的猫患有囊性睾丸网（Gelberg and McEntee，1983）。该公猫无症状，在正常去势时发现了这种情况。囊性区域约占右睾丸的一半，并与附睾头的较小囊肿连通，该囊肿起源于囊性传出管。尽管右睾丸有活跃的精子形成区域，但右附睾中没有精子。左侧睾丸和附睾未受影响。在这种情况下，睾丸网的囊性扩张是继发于附睾囊肿引起的导管阻塞（Gelberg and McEntee，1983）。切除受影响的睾丸即可治愈。

20.2　获得性睾丸和阴囊疾病

20.2.1　睾丸肿瘤

猫的睾丸肿瘤并不常见（Zambelli and Levy，2010）。在 395 例猫肿瘤病例中，没有发现睾丸肿瘤（Brodey，1970）。话虽如此，但在公猫上仍发现了一些支持细胞瘤（Meier，1956；Moulton，1961；Whitehead，1967；Cotchin，1984；Baptista and Silva，1985；McEntee，1990b；Silva，2002；Benazzi et al.，2004）和间质细胞瘤（Rosen and Carpenter，1993；Withrow and Reeves，1996）。

支持细胞瘤是睾丸内支持细胞的原发性肿瘤，维持生殖细胞生长发育以及分泌雌二醇、抑制素、雄激素结合蛋白和抗米勒管激素。在一系列的病例中，报道的 5 例猫支持细胞瘤病例中至少有 2 例发生在隐睾中（Benazzi et al.，2004）。报道了一只 3 岁双侧隐睾的公猫通过去势解决了由支持细胞瘤导致的持续 6 周的发情行为（Mason，1976）。此外，公猫的支持细胞瘤可能是恶性的，也可能转移到肝脏和脾脏（Meier，1956）。

间质细胞瘤是指睾丸内分泌睾酮的间质细胞的原发性肿瘤。间质细胞瘤往往是尸检时偶然发现的（McEntee，1990b）。然而，在 6 只已去势的老年猫中发现了间质细胞瘤（Rosen and Carpenter，1993；Doxsee et al.，2006）。在每个病例中，均记录了与睾酮生成相关的临床症状（如大下巴、尿斑）。这种肿瘤可能是产生于胚胎学上的睾丸残余，去势时睾丸实质细胞的移植或不完全去势引起的。

畸胎瘤是复杂的肿瘤，其在成熟的各个阶段都具有多胚层的可识别要素，所以是由出现的各种异于身体成分的组织组成（Miyoshi et al.，2001）。报道了一只隐睾症患猫的恶性畸胎瘤（Miyoshi et al.，2001）。畸胎瘤转移至隐睾附近的网膜，并在切除睾丸肿瘤约 1 个月后，因转移性疾病死亡（Miyoshi et al.，2001）。

精原细胞瘤是睾丸生殖细胞的原发性肿瘤。一只隐睾症患猫被报道有恶性精原细胞瘤。精原细胞瘤转移到隐睾周围的腰椎下淋巴结和邻近软组织（Carpenter et al.，1987）。

值得一提的是，同一只猫的睾丸内可能存在多个肿瘤。据报道，一只 9 岁的俄罗斯蓝猫的隐睾中同时存在间质细胞瘤和支持细胞瘤（Miller et al.，2007）。另一份报告显示，在猫下降的睾丸中含有支持细胞瘤和精原细胞瘤（Meier，1956）。通过超声检查进行诊断。肿物可能表现为睾丸实质内或附近的高回声或低回声病变。在诊断时，应切除受影响的睾丸。因为所有肿瘤类型的转移都有报道，所以应该进行最小数据库分析和肿瘤分期以评估是否存在转移。

20.2.2 睾丸损伤

阴囊和睾丸的损伤可由钝力撞击（如车祸）、咬伤（图 20.8）或穿透伤（图 20.9）引起。腹膜下陷延续形成的睾丸鞘膜易受局部感染和炎症（睾丸炎）的影响（Foster，2012）。睾丸炎通常是纤维化脓性炎症，阴囊会变得肿胀和疼痛。从外观上看，这可能与睾丸损伤的临床症状并无区

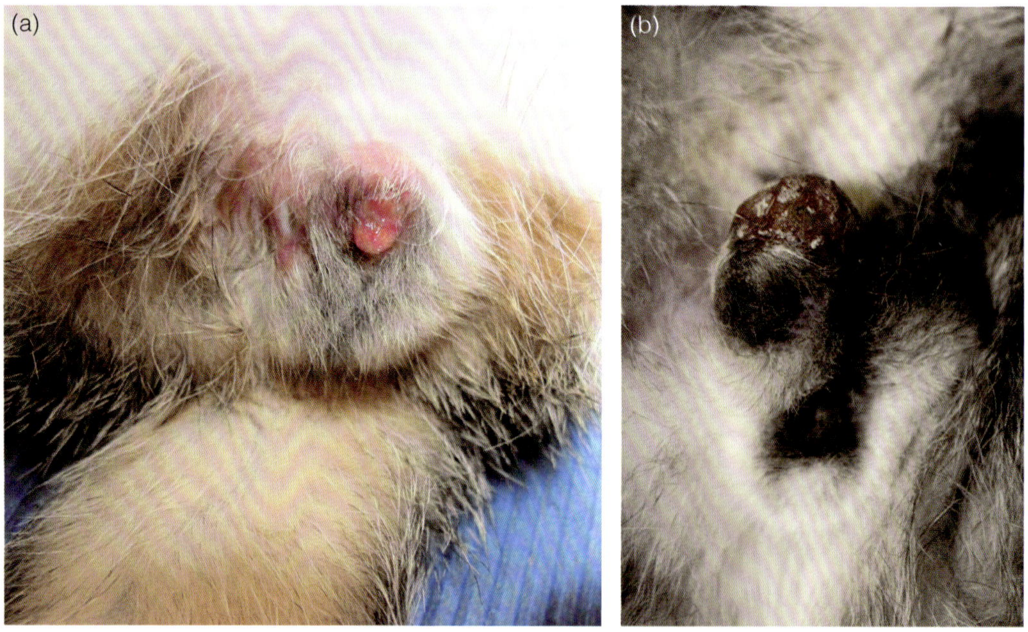

图 20.8 阴囊和睾丸的咬伤

（a）阴茎和包皮的急性咬伤伤口；（b）影响睾丸的慢性伤口。（由 Hasan Sontas 博士提供）

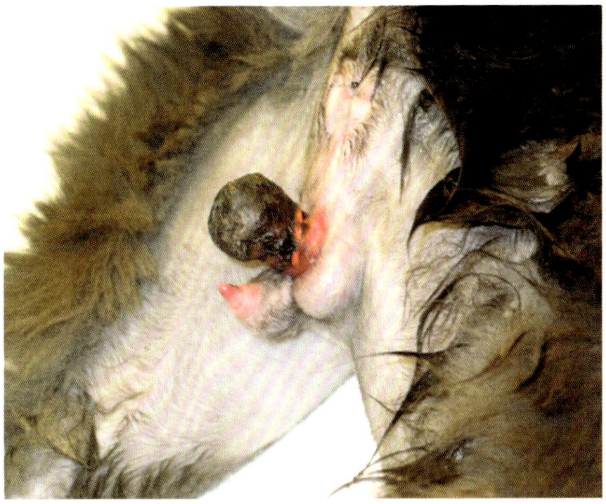

图 20.9 成年公猫的阴囊损伤

睾丸暴露并坏死。（由 S.H. Cheong 博士提供，也收录于生殖影像库）

别，睾丸损伤还包括受影响的睾丸或阴囊肿胀，可能还会有相应的后肢跛行。

阴囊和睾丸损伤的诊断需进行详细的体格检查，如检查阴囊是否存在液体、疼痛和不适，阴囊是否变色，阴囊内容物的大小、形状或平滑度有无改变。在严重的睾丸损伤的情况下，外部可见阴囊肿胀及损伤。睾丸的严重性钝伤可能会导致局部出血和睾丸白膜破裂，这可能会形成肉芽肿。很难仅凭触诊局部的肿胀就能发现白膜破裂。使用超声检查可以明显看出睾丸损伤或累及睾丸鞘膜的程度。

对于所有阴囊或睾丸损伤的情况，都应该使用全身性抗生素和抗炎药。绝大多数阴囊损伤应视为开放性伤口进行治疗，其目的是为了最大限度地减轻炎症，炎症可能导致睾丸萎缩和受压坏死。睾丸可能发生其他继发性变化，包括睾丸坏死或梗塞（Foster，2012）。大多数严重的睾丸损伤需要单侧或双侧去势。重要的是要注意，与其他物种不同，性成熟的猫在单侧睾丸去势后的 60 d 内，另一侧睾丸不会发生代偿性肥大（Romero et al.，2012）。

少见公猫的睾丸扭转，这可能是因为睾丸在阴囊内的解剖位置。公猫急性表现为严重疼痛（Verstegen，1998；Graves，2006）。曾报道过一只无任何临床症状的慢性睾丸扭转的幼猫（Giuliano，2013）。睾丸扭转的所有病例均与睾丸下降有关。在进行检查时，触诊阴囊增大并伴随疼痛。由于炎症和缺血会导致睾丸的变性，因此需要切除受影响的睾丸。去势时，睾丸通常缺血，呈黑色。

20.2.3 炎症或感染性因素

少见猫的睾丸（睾丸炎）或附睾（附睾炎）炎症，除非由损伤（如咬伤）引起（Davidson，2016）。有无结晶尿的下尿路感染也易导致睾丸炎和附睾炎。当存在术后感染时，去势后可发生睾丸鞘膜炎（Foster，2012）。睾丸鞘膜炎也可继发于睾丸炎和附睾炎，但猫睾丸鞘膜炎很罕见（Foster，2012）。睾丸炎的超声检查会表现出较强的回声以及睾丸实质内偶见不规则的低回声区域（Foster et al.，1996）。睾丸鞘膜炎的超声检查可以发现睾丸鞘膜的粘连。如果想保留繁育能力，睾丸炎的治疗应采取半去势。切除受影响的睾丸可以最大限度的保护未受影响的睾丸。受影响的睾丸产生过多的热量和炎症会导致未受影响的睾丸发生变性（图 20.10）。

猫传染性腹膜炎可表现为原发性睾丸炎和睾丸鞘膜炎（图 20.11）（Wolfe and Griesemer，1971；Sigurdardóttir et al.，2001）。在一些猫传染性腹膜炎的病例中，阴囊或睾丸增大是感染的第一个迹象（Foster，2012；Sigurdardóttir et al.，2001）。诊断猫传染性腹膜炎具有一定难度，因为该病有很多不同的临床表现。可能无法将猫传染性腹膜炎与创伤性 / 细菌性睾丸鞘膜炎区分开，但是阴囊皮肤的并发病变会增加由创伤导致的可能性（Foster，2012）。在表现猫传染性腹膜炎的全部临床症状的猫的睾丸中，可以看到组织学变化，包括血管炎、纤维蛋白原渗出和梗死（Foster et al.，1996）。猫传染性腹膜炎的总体预后不良，特别是与 FeLV 共同感染时（Foster et al.，1996）。

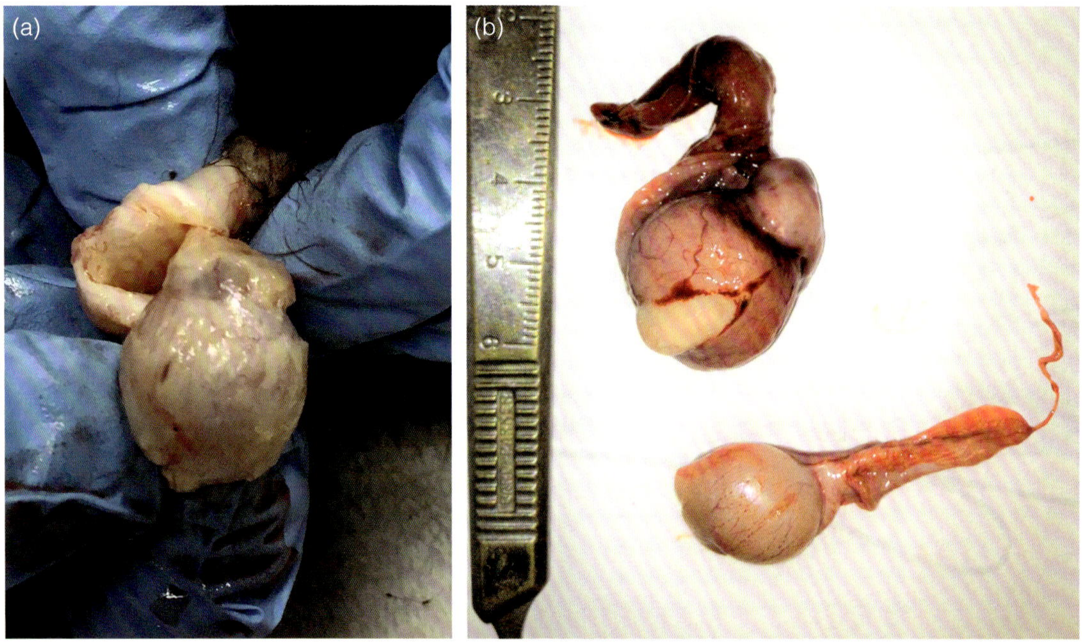

图 20.10　一只患有单侧睾丸炎的公猫

（a）开放去势的单侧睾丸炎的公猫。睾丸（白膜）的外表面覆盖着纤维样物质。睾丸和阴囊之间有几处粘连。（b）同一只公猫上切除的 2 个睾丸。受影响的睾丸肿大，切开后发现睾丸内有严重的炎症和脓性物质。精索也肿大发炎。另一个睾丸比预期的略小。（由 Aime Johnson 博士提供）

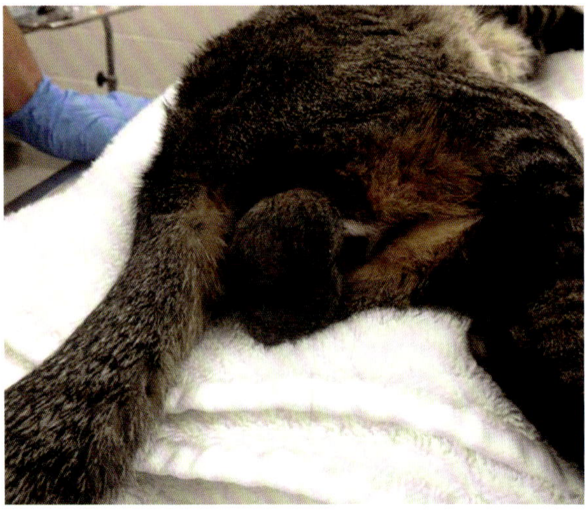

图 20.11　一只患有双侧睾丸炎的公猫

可能来自全身感染（如猫传染性腹膜炎）。注意 2 个睾丸都很大。（由 Aime Johnson 博士提供）

20.2.4　睾丸变性

任何炎症、免疫介导、营养、热量、内分泌或代谢损伤均可发展为睾丸变性或萎缩。例如，有 2 篇报道表明，处于生长期的公猫在仅饲喂生心脏后，罹患附睾上皮囊肿和增生（Leathern，1970；Anver and Cohen，1979）。已经报道了睾丸和附睾的组织学变化与年龄相关，但是与犬不同的是，猫的这些变化没有相应的超声描述（Mantziaras，2020）。

睾丸和附睾鞘膜厚度以及间质细胞数量随着猫年龄的增加而显著增加（Elcock and Schoning，1984）。相反，精原细胞 A、精原细胞 B 和次级精母细胞的数量随着猫年龄的增加而显著减少（Elcock and Schoning，1984）。生精小管变性、生精小管基底膜厚度、支持细胞胞浆空泡化、蛋白质管型、间质细胞中的脂褐素、间质细胞胞浆和附睾导管精子均与年龄显著相关（Elcock and Schoning，1984）

生精小管变性最常见于年轻（0.5 ～ 1 岁）或老年（≥ 7 岁）公猫（Elcock and Schoning，1984）。变性的严重程度从成熟生殖细胞的变性到成熟和未成熟细胞变性不等，包括支持细胞胞浆空泡化数目增加，不同数量的精母细胞空泡化，支持细胞、精原细胞以及精母细胞的核碎裂和固缩并且生殖细胞脱落到管腔中（Elcock and Schoning，1984）。组织学观察到的单核和多核巨大的精子细胞是早期退行性病变的结果（Elcock and Schoning，1984）。较老的猫的生精小管基底膜显著增厚形成波纹状，间质细胞中的脂褐素也显著增加（Elcock and Schoning，1984）。其他组织学发现包括精子形成的停滞。

70% 的 0.5 ～ 1 岁猫，20% ≥ 5 岁的猫的附睾管具有明显的上皮增生和上皮内囊肿（Elcock and Schoning，1984）。报道过老年猫的睾丸内（n=2）和附睾导管头部（n=1）的精子囊肿（Elcock and Schoning，1984）。精子囊肿的特征是生精小管扩张，看不到生殖上皮或支持细胞以及紧密堆积的管腔内精子（Elcock and Schoning，1984）。附睾的精子囊肿由扩张的导管组成，导管中有大量紧密堆积的精子和巨大精子细胞（Elcock and Schoning，1984）。

睾丸变性的预后较差导致将来生育能力低下，但这也取决于诱因。如果治疗了原始病因，生育能力可能会在一个生精周期（约 60 d）内改善。随着时间的推移，精液采集和睾丸测量对于全面评估睾丸是必要的。每 30 ～ 60 天检查一次公猫，可以得到有关睾丸状态是否改善或恶化的信息。当需要确诊时，应进行睾丸活检以评估生精小管内精子形成的阶段以及是否存在成熟精子。若没有，则预后不良（图 20.12）。

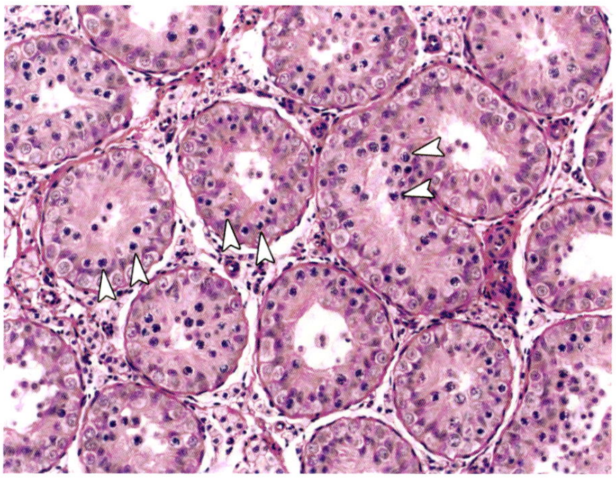

图 20.12　无精子症公猫睾丸的组织学切片（20×）

在小管内，有精母细胞和早期精子细胞（箭头），但没有成熟的精子细胞并且全部生殖细胞发生耗竭。（由 Aime Johnson 博士提供）

20.3　参考文献

[1] Anver, M. R. and Cohen, B. J. (1979) Lesions associated with aging. In: Baker, H. J., Lindsey, J. R., and Weisbroth, S. H. (eds) The Laboratory Rat. Academic Press Inc, London, pp 378–396.

[2] Austin, C. R. and Amoroso, E. C. (1957) Sex chromatin in early cat embryos. Experimental Cell Research 13(2), 419–421. doi: 10.1016/0014-4827(57)90027-7.

[3] Axnér, E., Ström, B., Linde-Forsberg, C., Gustavsson, I., Lindblad, K., et al. (1996) Reproductive disorders in 10 domestic male cats. Journal of Small Animal Practice 37(8), 394–401. doi: 10.1111/j.1748-5827.1996.tb02427.x.

[4] Backhaus, S. and Krauss, M. (2019) Monorchismus bei einem Kater [Monorchism in a tomcat]. Tierarztl Prax Ausg K Kleintiere Heimtiere 47(3), 202–208. doi: 10.1055/a-0886-0854.

[5] Baptista, R. and Silva, M. C. (1985) Animal tumors-statistical data. Repos Trabalhos Lab Nac Invest Vet 17, 95–110.

[6] Benazzi, C., Sarli, G., and Brunetti, B. (2004) Sertoli cell tumour in a cat. Journal of Veterinary Medicine, A Physiology, Pathology, Clinical Medicine 51, 124–126. doi: 10.1111/j.1439-0442.2004.00608.x.

[7] Biggers, J. D. and McFeeley, R. A. (1966) Intersexuality in domestic animals. Advanced Reproductive Physiology 1, 29–60.

[8] Bishop, M. W. H. (1972) Genetically determined abnormalities of the reproductive system. Journal of Reproduction and Fertility and Supplement 15, 51–78.

[9] Brodey, R. S. (1970) Canine and feline neoplasia. Advances in Veterinary Science and Comparative Medicine 14, 309–354.

[10] Carpenter, J. L., Andrews, L. K., and Holzworth, J. (1987) Tumors and tumor-like lesions. In: Holzworth, J. (ed.) Diseases of the Cat: Medicine and Surgery. W.B. Saunders, Philadelphia, Pennsylvania, pp. 517–518.

[11] Centerwall, W. R. and Benirschke, K. (1973) Male tortoiseshell and calico (T-C) cats: Animal models of sex chromosome mosaics, aneuploids, polyploids, and chimerics. Journal of Heredity 64, 272–273. doi: 10.1093/oxfordjournals.jhered.a108410.

[12] Centerwall, W. R. and Benirschke, K. (1975) An animal model for XXY Klinefelter's syndrome in man: tortoiseshell and calico male cats. American Journal of Veterinary Research 36, 1275–1280.

[13] Cotchin, E. (1984) Neoplasia. In: Wilkinson, G. T. (ed.) Diseases of the Cat and Their Management. Blackwell, Oxford, pp 366–387.

[14] Davidson, A. P. (2016) Reproductive diseases of the male small animal. In: Aiello, S. E. (ed.) The Merck Veterinary Manual, 11th edn. Merck & Co, Inc., Kenilworth, New Jersey, pp. 1400–1402.

[15] Diaz, J. A. (1947) Cryptorchid on a cat. Veterinary Medicine 42, 159.

[16] Doxsee, A. L., Yager, J. A., Best, S. J., and Foster, R. A. (2006) Extratesticular interstitial and Sertoli cell tumors in previously neutered dogs and cats: a report of 17 cases. The Canadian Veterinary Journal 47(8), 763–766.

[17] Elcock, L. H. and Schoning, P. (1984) Age-related changes in the cat testis and epididymis. American Journal of Veterinary Research 45(11), 2380–2384.

[18] Felts, J. F., Randell, M. G., Greene, R. W., and Scott, R. C. (1982) Hermaphroditism in a cat. Journal of the American Veterinary Medicine Association 181, 925–926.

[19] Foster, R. A. (2012) Common lesions in the male reproductive tract of cats and dogs. Veterinary Clinics of North America, Small Animal Practice 42, 527–545. doi: 10.1016/j.cvsm.2012.01.007.

[20] Foster, R. A., Caswell, J. L., and Rinkardt, N. (1996) Chronic fibrinous and necrotic orchitis in a cat. The Canadian Veterinary Journal 37(11), 681–682.

[21] Gelberg, H. B. and McEntee, K. (1983) Cystic rete testis in a cat and fox. Veterinary Pathology 20, 634–636.

[22] Giuliano, A. (2013) Testicular torsion in a normally descended testicle in a cat. Journal of Small Animal Practice 54(3), 164. doi: 10.1111/jsap.12030.

[23] Graves, T. K. (2006) Diseases of the testes and scrotum. In: Birchard, S. J. and Sherding, R. G. (eds) Saunders Manual of Small Animal Practice, 3rd edn. Elsevier, St. Louis, Missouri, pp. 963.

[24] Hakala, J. E. (1984) Reproductive tract anomalies in 2 male cats. Modern Veterinary Practice 65(8), 629.

[25] Harman, M. T. (1917) Another case of gynandromorphism. Anatomical Record 13, 425–435.

[26] Haschek, W. M., Rousseaux, C. G., and Wallig, M. A. (2009) Male reproductive system. In: Haschek, W. M., Rousseaux, C. G., and Wallig, M. A. (eds) Fundamentals of Toxicologic Pathology, 2nd Edn. Elsevier, St. Louis, Missouri, pp. 553–597.

[27] Henderson, W. (1951) Cryptorchidism in the adult cat. North American Veterinarian 32, 634–636.

[28] Ishihara, T. (1956) Cytological studies on tortoiseshell male cats. Cytologia 21, 391.

[29] Johnston, S. D., Root-Kustritz, M. V., and Olson, P. N. S. (2001) Canine and Feline Theriogenology. Elsevier Health Sciences, St. Louis, Missouri.

[30] Leathern, J. H. (1970) Nutrition. In: Johnson, A. D., Gomes, W. R., and Vandemark, N. L. (eds) The Testis. Academic Press Inc, New York, pp 170–197.

[31] Long, S. E., Gruffydd-Jones, T., and David, M. (1981) Male tortoiseshell cats: an examination of testicular histology and chromosome complement. Research in Veterinary Science 30, 274–280.

[32] Loughman, W. D., Frye, F. L., and Condon, T. B. (1970) XY/XXY bone marrow mosaicism in three male tricolor cats. American Journal of Veterinary Research 31, 307-314.

[33] Lyon, M. F. (1961) Gene action in the X-chromosome of the mouse (Mus musculus L.). Nature 190, 372–373. doi: 10.1038/190372a0.

[34] Malandain, E., Little, S., Casseleux, G., Shelton, L., Pibot, P., et al. (2006) Practical Guide to Cat Breeding. Aniwa SAS, Lyon, France.

[35] Malouf, N., Bernischke, K., and Hoefnagel, D. (1967) XX/XY chimerism in a tricolored male cat. Cytogenetics 6, 228–241.

[36] Mantziaras, G. (2020) Imaging of the male reproductive tract: Not so easy as it looks like. Theriogenology 150, 490–497. doi: 10.1016/j.theriogenology.2020.03.009.

[37] Mason, K. V. (1976) Oestral behaviour in a bilaterally cryptorchid cat. Veterinary Record 99, 296–297. doi: 10.1136/vr.99.15.296.

[38] McEntee, K. (1990a) Scrotum and testis: anatomy and congenital anomalies. In: McEntee, K. (ed.) Reproductive Pathology of Domestic Mammals. Academic Press, San Diego, California, pp. 224–251.

[39] McEntee, K. (1990b) Scrotum, spermatic cord and testis: proliferative lesions. In: McEntee, K. (ed.) Reproductive Pathology of Domestic Mammals. Academic Press, San Diego, California, pp. 276–306.

[40] Meier, H. (1956) Sertoli-cell tumor in the cat: report of two cases. North American Veterinary 37, 979–981.

[41] Memon, M. A., Ganjam, V. K., Pavletic, M. M., and Schelling, S. H. (1992) Use of human chorionic gonadotropin stimulation test to detect a retained testis in a cat. Journal of the American Veterinary Medical Association 201(10), 1602.

[42] Meyers-Wallen, V. N. and Patterson, D. F. (1989) Sexual differentiation and inherited disorders of sexual development in the dog. Journal of Reproduction and Fertility Supplement 39, 57–64.

[43] Miller, M. A., Hartnett, S. E., and Ramos-Vara, J. A. (2007) Interstitial cell tumor and Sertoli cell tumor in the testis of a cat. Veterinary Patholongy 44(3), 394–397. doi: 10.1354/vp.44-3-394.

[44] Millis, D. L., Hauptman, J. G., and Johnson, C. A. (1992) Cryptorchidism and monorchidism in cats: 25 cases (1980–1989). Journal of the American Veterinary Medical Association 200, 1128–1130.

[45] Milwright, R. D. and Smith, K. C. (1999) Polyorchidism in a cat. Veterinary Record 145(23), 679–680.

[46] Miyoshi, N., Yasuda, N., Kamimura, Y., Shinozaki, M., and Shimizu, T. (2001) Teratoma in a feline unilateral cryptorchid testis. Veterinary Pathology 38(6), 729–730. doi: 10.1354/vp.38-6-729.

[47] Moran, C., Gillies, C. B., and Nicholas, F. W. (1984) Fertile male tortoiseshell cats. Mosaicism due to gene instability?

Journal of Heredity 75(5), 397–402. doi: 10.1093/oxfordjournals.jhered.a109964.
[48] Moulton, J. E. (1961) Tumors of Domestic Animals. University of California Press, Berkeley, California.
[49] Paradise, D. and Clark, D. (2013) Supernumerary kidney with ipsilateral cryptorchidism in a cat. Journal of the American Animal Hospital Association 49(5), 338–341. doi: 10.5326/JAAHA-MS-5885.
[50] Pedersen, A. S., Berg, L. C., Almstrup, K., and Thomsen, P. D. (2014) A tortoiseshell male cat: chromosome analysis and histologic examination of the testis. Cytogenetic and Genome Research 142(2), 107–111.
[51] Priester, W. A., Glass, A. G., and Waggoner, N. S. (1970) Congenital defects in domesticated animals: general considerations. American Journal of Veterinary Research 31, 1871–1879.
[52] Pyle, R. L., Patterson, D. F., Hare, W. C. D., Kelly, D. F., and Digiulia, T. (1971) XXY sex chromosome constitution in a Himalayan cat with tortoise-shell points. Journal of Heredity 62, 220–222. doi: 10.1093/oxfordjournals.jhered.a108154.
[53] Reimers, T. J. (1989) Feline reproductive endocrinology. Proceedings from the Cornell Feline Specialists Seminar. Ithaca, New York, USA.
[54] Richardson, E. F. and Mullen, H. (1993) Cryptorchidism in cats. Compendium on Continuing Education for the Practicing Veterinarian 15, 1342–1345.
[55] Roberts, S. J. (1986) Veterinary Obstetrics and Genital Diseases (Theriogenology), 3rd edn. Roberts, S. J. (published by the author), Woodstock, Vermont.
[56] Roca-Ferrer, J., Rodríguez, E., Ramírez, G. A., Moragas, C., and Sala, M. (2015) A rare case of polyorchidism in a cat with four intra-abdominal testes. Reproduction in Domestic Animals 50(1):172–176. doi: 10.1111/rda.12461.
[57] Romagnoli, S. and Schlafer, D. H. (2006) Disorders of sexual differentiation in puppies and kittens: a diagnostic and clinical approach. Veterinary Clinics of North America, Small Animal Practice 36(3), 573–606. doi: 10.1016/j.cvsm.2005.12.007.
[58] Romero, G. G., Barbeito, C., Fernandez, P., Gimeno, E., and Gobello C. (2012) Unilateral orchidectomy in mature cats is not followed by compensatory hypertrophy. Reproduction in Domestic Animals 47(6), 226–228. doi: 10.1111/rda.12024.
[59] Rosen, D. K. and Carpenter, J. L. (1993) Functional ectopic interstitial cell tumor in a castrated male cat. Journal of the American Veterinary Medicine Association 202, 1865–1866.
[60] Sigurdardóttir, O. G., Kolbjørnsen, O., and Lutz, H. (2001) Orchitis in a cat associated with coronavirus infection. Journal of Comparative Pathology 124(2-3), 219–222. doi: 10.1053/jcpa.2000.0443.
[61] Silva, J. F. (2002) Sertolinoma maligno em testículo ectópico de gato (Felis catus). [Malignant Sertoli cell tumor in an ectopic testis of a cat (Felis catus).] Revista Portuguesa de Ciencias Veterinarias 97, 87–92.
[62] Steckel, R. R. (2011) Use of an inguinal approach adapted from equine surgery for cryptorchidectomy in dogs and cats: 26 cases (1999–2010). Journal of the American Veterinary Medical Association 239, 1098–1103. doi: 10.2460/javma.239.8.1098.
[63] Thuline, H. C. and Norby, D. E. (1961) Spontaneous occurrence of chromosome abnormality in cats. Science 134, 554–555. doi: 10.1126/science.134. 3478.554.
[64] Verstegen, J. P. (1998) Condition of the male. In: Simpson, G., England, G., and Harvey, M. (eds) BSAVA Manual of Small Animal Reproduction and Neonatology, 1st edn. BSAVA, Gloucester, UK, pp. 81.
[65] Whitehead, J. E. (1967) Neoplasia in the cat. Veterinary Medicine, Small Animal Clinician 62(1), 44–45.
[66] Withrow, S. J. and Reeves, N. P. (1996) Tumors of the male reproductive tract. In: Withrow, S. G. and MacEwen, E. G. (eds) Small Animal Clinical Oncology, 2nd edn. W.B. Saunders, Philadelphia, Pennsylvania, pp. 373–379.
[67] Wolfe, L. G. and Griesemer, R. A. (1971) Feline infectious peritonitis: review of gross and histopathologic lesions. Journal of the American Veterinary Medical Association 158(6), 987–993.
[68] Wolff, A. (1981) Castration, cryptorchidism, and cryptorchidectomy in dogs and cats. Veterinary Medicine, Small Animal Clinician 76(12), 1739–1741.
[69] Yates, D., Hayes, G., Heffernan, M., and Beynon, R. (2003) Incidence of cryptorchidism in dogs and cats. Veterinary Record 152(16), 502–504. doi: 10.1136/vr.152.16.502.
[70] Zambelli, D. and Levy, X. (2010) Clinical approaches to the infertile male. In: England, G. and von Heimendahl, A. (eds) BSAVA Manual of Canine and Feline Reproduction and Neonatology. BSAVA, Gloucester, UK, pp. 70–79.

21 副性腺疾病

Michelle Anne Kutzler
美国俄勒冈州立大学动物和牧场科学系

21.1 前言

猫的副性腺包括前列腺和尿道球腺。猫的先天性尿道球腺功能异常尚未见报道（Romagnoli and Schlafer，2006）。猫的先天性前列腺发育不全十分罕见，通常与其他生殖器官发育异常相伴发生（如假两性畸形）（Romagnoli and Schlafer，2006）。猫的获得性副性腺疾病也很罕见。膀胱炎和尿道炎可扩散至前列腺和尿道球腺，引发尿道腺囊炎（Foster，2012）。猫易发细菌性前列腺炎、脓肿、前列腺旁囊肿、前列腺鳞状化生和前列腺腺癌等，其中前列腺腺癌最常见（McEntee，1990；Foster and Ladds，2007）。常见公犬的前列腺增生，但猫的前列腺增生十分罕见，即使患有前列腺炎也很少引发前列腺增生。

目前，仅凭临床症状无法判断猫是否罹患前列腺腺癌或非肿瘤性前列腺疾病。猫的前列腺疾病临床症状常伴随胃肠道和下尿路异常，如呕吐、厌食、便秘、里急后重和排便困难等，也偶发血尿、排尿困难、多尿、膀胱无力和尿路梗阻等。此外，前列腺脓肿也可引起发热。

当发现猫前列腺肿大时，应采取积极的诊断方法。常规实验室检查包括全血细胞计数、血清生化检查和尿液分析等。大多数情况下，全血细胞计数和血清生化数值维持在正常范围内；但在细菌性前列腺炎和前列腺脓肿病例中，中性粒细胞指数升高，同时膀胱穿刺收集的尿液样本中也可检出红细胞和中性粒细胞。此外，在前列腺腺癌患猫中，也可表现出相同症状。

前列腺疾病可通过直肠检测进行初步诊断。由于猫的前列腺解剖学位置靠近尾部，位于阴茎根部和膀胱颈之间，直肠检查只可检测前列腺背侧（Caney et al.，1998）。而对于犬则可通过直肠检查并配合腹部触诊，对前列腺进行更全面的诊断。在直肠触诊时，应评估前列腺的大小、对称性、表面轮廓、活动性和疼痛性。猫的正常前列腺呈双叶、对称、光滑，可有限活动、无疼痛感。与犬相比，患细菌性前列腺炎或前列腺脓肿的猫，在直肠触诊时前列腺不会感到疼痛。

腹部 X 线检查无法用于诊断猫是否患有前列腺相关疾病。前列腺肿大可引起下消化道功能异常，常见充满粪便的结肠向背侧偏移。然而，静脉尿路造影、膀胱尿道造影和尿道造影可应用于涉及泌尿系统病变的前列腺疾病诊断。静脉尿路造影又称静脉肾盂造影或排泄性尿路造影，适用于检查肾脏、输尿管和膀胱是否畸形。该方法在放置静脉导管后，注射非离子水溶性碘造影剂（如洛帕美多，880 mg/kg），每隔 10 min 对腹部进行 X 线检查，持续 1 h。与仅使用阳性或阴性造影剂相比，双重造影技术能更详细的检测膀胱壁和膀胱内容物。猫在进行全身麻醉或深度镇静后，放置导尿管，并向膀胱内注射 2% 利多卡因，以减少膀胱紧张。之后，通过导尿管注射阳性造影剂（如非离子水溶性碘化物洛帕美多，每只猫 3 mL），标记膀胱内结构。此时，猫应腹部朝下（如从右到左横向卧位），以确保整个膀胱黏膜被造影剂覆盖。保持左侧卧位（以防止空气栓塞），同时对膀胱进行触诊，防止过度膨胀，缓慢注射阴性造影剂（2 ～ 3 mL/kg 或空气）以勾勒膀胱壁结构。注意在膀胱造影和膀胱破裂诊断时必须辅以触诊，防止过度膨胀，然后对腹部进行 X 线检查。尿道造影同样需要在全身麻醉或深度镇静下进行。在进行侧位和腹背侧位 X 线检查之前，应对患猫进行灌肠。然后，将导尿管插入阴茎，注射 2 mL 2% 利多卡因，以防止尿道痉挛。待导尿管完全进入膀胱后，抽尽尿液。注入造影剂（5 ～ 10 mL）（非离子水溶性碘造影剂与生理盐水的比例为 1 ∶ 2）至膀胱完全充盈后，取出导管。然后对膀胱施加轻微压力，当看到有液体从尿道口流出时，进行 X 线检查。

静脉尿路造影常用于诊断前列腺旁囊肿，该方法是向膀胱内注入造影剂。若在 X 线片上观察到第二个充满液体的结构，则可诊断为前列腺旁囊肿（Newell et al.，1992）。此外，患有前列腺旁囊肿的猫在进行膀胱尿道造影后，可观察到前列腺尿道不规则或造影剂反流等现象，患前列腺腺癌的猫具有同样症状（Hawe，1983；Hubbard et al.，1990）。目前，已通过 CT 技术绘制了猫的正常副性腺图谱，但该技术还尚未应用于诊断猫的副性腺疾病（Mantziaras et al.，2019；Mantziaras，2020）（图 21.1）。

腹部超声检查是评估犬前列腺病变的常用方法，但由于猫的前列腺大部分位于盆腔内，该技术在猫的相关疾病检测中尚存在一些争议。猫的前列腺超声表现与脾脏相似，为均匀的细 - 中等质地，中度高回声，表现为有回声且边缘光滑的包膜（图 21.2）。回声及回声质地的改变常与疾病有关。

当前列腺出现病变时，可通过超声引导进行前列腺穿刺检测，但并不是所有的穿刺都有诊断价值。细菌性前列腺炎或前列腺脓肿病例的穿刺物可见大量的中性粒细胞（通常是退行变性）和数量不定的巨噬细胞、淋巴细胞或浆细胞（Roura et al.，2002；Pointer and Murray，2011）。在细菌性前列腺炎中通常观察不到内 / 外细菌，但在前列腺脓肿中可发现（Mordecai et al.，2008）。而

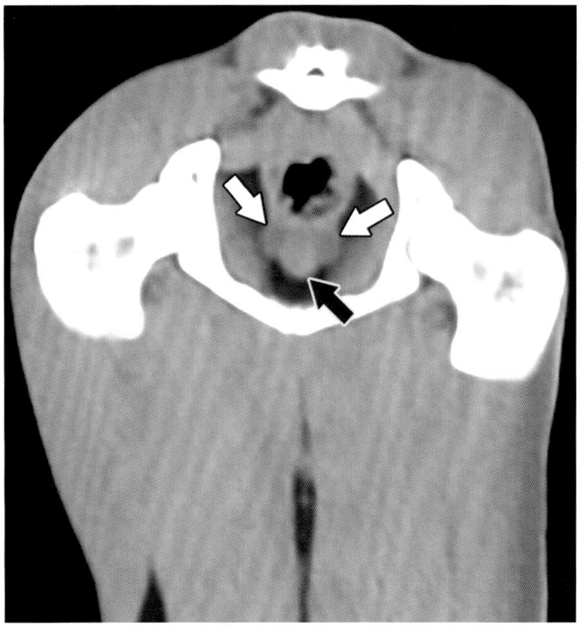

图 21.1　正常成年公猫的 CT 图像

可见前列腺双叶（白色箭头）。在前列腺之间可见尿道（黑色箭头）。（由 Rachel Moon 博士提供）

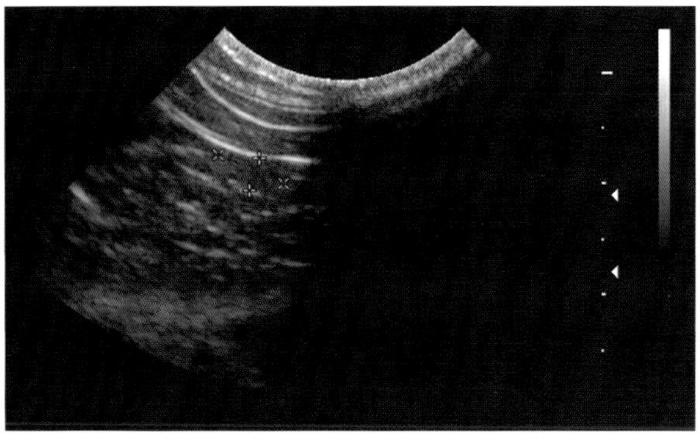

图 21.2　正常猫前列腺的超声图像（十字标记）

（由 Judith Hudson 博士提供）

在前列腺腺癌穿刺物中，通常可观察到大量带有腺泡和有丝分裂象的上皮样细胞（Hubbard et al.，1990）。对前列腺炎、脓肿或肿瘤的患病动物进行穿刺可增加感染或肿瘤在体内扩散的风险，通常需配合组织病理学检测才能得到明确的诊断结果。组织病理学可在活检、前列腺切除术后或尸检时进行。虽然有报道显示，前列腺活检后可导致尿失禁，但在猫的病理报告中还未发现相关症状。根据病因的不同，组织病理学检测结果也会有所差异。需要注意的是，猫的良性前列腺增生还未曾有过报道。

21.2 细菌性前列腺炎

猫的细菌性前列腺炎非常罕见，但在成年或去势的公猫中也偶有发现（Roura et al., 2002；Pointer and Murray, 2011）。通常，猫的下尿路的生理结构不利于细菌生长（Bartges and Barsanti, 2000）。然而，在患有甲状腺功能亢进、慢性肾脏疾病和糖尿病等基础疾病的猫中易发生尿路感染（MayerRoenne et al., 2007）。罹患细菌性前列腺炎时，患猫前列腺肿大，超声检查可清楚地显示回声边缘和混合回声实质（高回声和低回声）（图 21.3）。配合细胞学检测和前列腺穿刺物培养可确诊是否为细菌性前列腺炎。猫的细菌性前列腺炎穿刺物体外培养，通常可观察到大肠杆菌的生长。

长期服用抗生素类药物能够有效治疗细菌性前列腺炎。然而，由于血－前列腺屏障的存在，大多数抗生素（如阿莫西林和克拉维酸）难以进入前列腺组织。血－前列腺屏障只允许亲脂性药物和不与蛋白质结合的药物进入（Dorfman and Barsanti, 1995）。此外，甲氧苄氨磺胺甲恶唑、红霉素等则可通过其药物特性，高效地从血液（pH 7.4）扩散到酸性更强的前列腺微环境中（pH 6.1 ～ 6.5）（Fair and Cordonnier, 1978）。氯霉素和恩诺沙星则不通过酸碱微环境调控，而是利用其自身药物特性高效地穿过上皮细胞膜

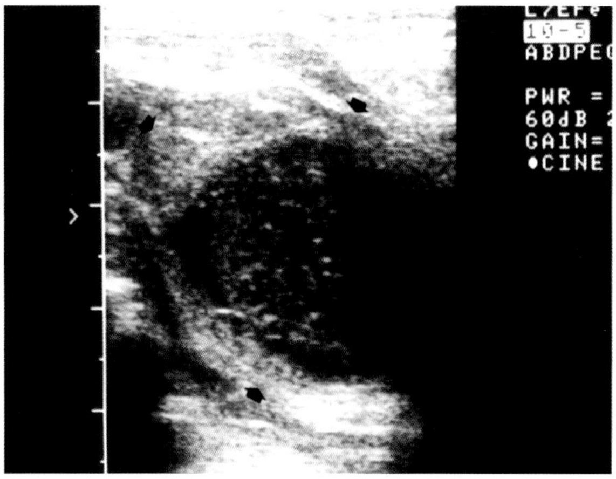

图 21.3　典型的前列腺炎影像

前列腺肿大，回声边缘清晰，实质混合。[由 X. Roura et al.（2002）提供]

（Dorfman et al., 1995）。已有病例显示，每 24 h 口服恩诺沙星（5 mg/kg）一次，持续 1 个月，可有效治疗猫的细菌性前列腺炎（Roura et al., 2002）。

21.3 前列腺脓肿

猫的前列腺脓肿极为罕见，其可能是细菌性前列腺炎的后遗症。一例 6 岁去势的短毛猫病例显示，发生前列腺脓肿后，该患猫出现急性排便紧张、嗜睡、呕吐和厌食等症状（Mordecai et al., 2008）。猫的前列腺脓肿的发病机制目前尚不清楚，但一般认为其发病机制与犬类似，由慢性或急性细菌性前列腺炎引起。慢性细菌性前列腺炎逐渐发展为实质微脓肿，最终合并成较大的脓肿（White and Williams, 1995）。直肠触诊和腹部 X 线检查可辅助进行诊断。腹部超声检查表现为低回声前列腺（2.2 cm）和无回声病灶。前列腺穿刺物活检可见大量浓汁，细胞学检测结果则以退行变性的中性粒细胞为主，伴有少量巨噬细胞和大量胞内 / 外多形性细菌。

前列腺脓肿的大网膜化通常是前列腺脓肿的最佳治疗方法。患猫在全身麻醉的情况下，在腹中线做开口，用湿润的剖腹手术海绵分离前列腺。然后在左右前列腺叶的腹外侧切开前列腺，通过抽吸吸出内容物，使用普尔氏抽吸接头切开脓肿的前列腺实质，在左右叶之间形成一个单独的前列腺腔。前列腺脓肿通过大网膜依次穿过右侧切口、前列腺腔腹侧、前列腺尿道、左侧切口，然后将大网膜缝合回原位。前列腺大网膜完成后，应彻底冲洗腹腔，随后依次对前列腺外膜、肌肉层和皮肤进行缝合。

就像犬一样（White and Williams, 1995；Basinger et al., 2003），大网膜化由于其成功率高，术后并发症少，是猫前列腺脓肿的推荐治疗方案（DeHoff et al., 1972；Mordecai et al., 2008）。在一份猫的前列腺脓肿病例报告中显示，脓肿通过腹中线开腹引流（Mordecai et al., 2008）。在前列腺两侧切开前列腺实质，形成一个单一的

前列腺腔（Mordecai et al.，2008）。前列腺脓肿被大网膜化，腹部被彻底灌洗（Mordecai et al.，2008）。对术中获得的病理组织进行培养，证实该病例是由大肠杆菌引起慢性化脓性肉芽肿性前列腺炎（Mordecai et al.，2008）。术后该患猫出现便秘和厌食症状，经术后护理，患猫完全康复，3 年内没有复发（Mordecai et al.，2008）。

21.4 尿道腺囊炎

尿道腺囊炎是一种前列腺的细菌性感染。与细菌性前列腺炎不同，尿道腺囊炎的表现与膀胱炎相似（如疼痛性淋沥，血尿）（Meier，1967）。猫的尿道腺囊炎主要由铜绿假单胞菌或嗜麦芽假单胞菌感染引起，在各年龄段公猫（去势或未去势）中均可出现。病原菌可通过尿液细菌培养进行鉴定（Meier，1967）。尿道腺囊炎使猫下尿路疾病的治疗复杂化。然而大量病例报告显示，氯霉素和土霉素能有效治疗尿道腺囊炎（Meier，1967）。其复发率约为 50%，复发常发生在治疗后 6 周至 6 个月（Meier，1967）。

21.5 前列腺旁囊肿

前列腺旁囊肿的病因目前尚不完全清楚，但有证据显示其与米勒管的胚胎痕迹残存有关（参见第 22 章米勒管永存综合征部分）。在组织学上，前列腺旁囊肿内含 1 ～ 2 层过渡上皮，在几个位置与前列腺导管相通。X 线检查显示，前列腺旁囊肿呈一个大的圆形紧密实质，类似于“第二个”膀胱。可以用膀胱造影进行诊断，因为造影剂可描绘膀胱，而不是前列列腺旁囊肿（DeHoff et al.，1972；Newell et al.，1992）。猫的前列腺旁囊肿极为罕见，目前只有两份关于猫前列腺旁囊肿的病例报告。在这两份病例报告中，前列腺旁囊肿与尿道相连，其中一份报告显示前列腺旁囊肿最终转变为脓毒性（Schulman and Levine，1989）。另一份报告中的病例则通过手术切除进行治疗，然而另一例病例因存在其他与前列腺旁囊肿不相关因素，最后实施了安乐死（Newell et al.，1992）。

21.6 前列腺鳞状上皮化生

前列腺鳞状上皮化生常见于患有睾丸肿瘤引发雌激素水平分泌异常的犬中。然而，目前仅有一份病例报告显示猫也患前列腺鳞状上皮化生（Tucker and Smith，2008）。在该病例报告中，一只 10 岁的雄性短毛猫，在去势手术中发现单侧隐睾。术后临床表现为慢性间歇性小便疼痛性淋沥和多尿。安置导尿管无法排尿，后进行尿道造口术也效果不佳，最终采取安乐死。尸检发现患猫发生前列腺鳞状上皮化生并伴随睾丸间质细胞瘤。遗憾的是，患猫生前并没有进行内分泌水平监测，无法支持猫的前列腺鳞状上皮化生也与睾丸肿瘤导致的雌激素分泌异常相关，因此猫的前列腺鳞状上皮化生发病机制目前仍不清楚。

21.7 前列腺腺癌

猫的前列腺腺癌十分罕见（Hornbuckle and Kleine，1980；Hawe，1983；Hubbard et al.，1990；Caney et al.，1998；LeRoy and Lech，2004；Tursi et al.，2008；Zambelli et al.，2010）。目前所有的病例报告均显示，患前列腺腺癌的猫均发生在去势后。猫的前列腺腺癌临床症状与非肿瘤性前列腺疾病难以区分。尽管膀胱造影和尿道造影显示的前列腺液体回流可以提示患病动物是否患前列腺腺癌，然而最终确诊仍需要组织活检后的细胞学或组织病理学检查。前列腺腺癌组织穿刺表现为带有腺泡和有丝分裂象的上皮样细胞（Hubbard et al.，1990）。需要注意的是，活检穿刺过程中有扩散肿瘤细胞的风险。猫的前列腺腺癌通常采用手术治疗，采用尿道吻合术和双侧耻骨截骨术对前列腺进行全去除（Hubbard et al.，1990；LeRoy and Lech，2004；Zambelli et al.，2010）。术前需进行胸腹部 X 线检查以排除转移性肿瘤的可能性。在一例猫的前列腺腺癌病例中，在前列腺切除术后使用阿霉素［30 mg/m^2（体表面积）］和环磷酰胺［300 mg/m^2（体表面积）］，每 4 周一次，共进行 4 次化疗，但在术后 10 个月，该猫出现大便困难。实施安乐死后，尸检发现该猫前列腺有一个与尿道相连的 4 cm^3 肿瘤，并在肺和胰腺内发现转移灶（Hubbard et al.，1990）。

21.8 预后

猫的副性腺疾病通常预后不良。患有非肿瘤性前列腺疾病可通过长期服用抗生素进行治疗，其他如脓肿或前列腺旁囊肿也可进行手术治疗。然而，对于确诊前列腺腺癌的患猫，其生存期通常只有 3 个月（Fan and de Lorimer，2007）。

21.9 参考文献

[1] Bartges, J. W. and Barsanti, J. A. (2000) Bacterial urinary tract infection in cats. In: Bonagura, J. D. (ed.) Kirk's Current Veterinary Therapy XIII. W. B. Saunders, Philadelphia, Pennsylvania, pp. 880–882.

[2] Basinger, R. R., Robinette, C. L., and Spaulding, K. A. (2003) Prostate. In: Slatter, D. (ed.) Textbook of Small Animal Surgery, 3rd edn. W. B. Saunders, Philadelphia, Pennsylvania, pp. 1542–1557.

[3] Caney, S. M., Holt, P. E., Day, M. J., Rudorf, H., and Gruffydd-Jones, T. J. (1998) Prostatic carcinoma in two cats. Journal of Small Animal Practice 39, 140–143. doi: 10.1111/j.1748-5827.1998.tb03619.x.

[4] DeHoff, W. D., Greene, R. W., and Greiner, T. P. (1972) Surgical management of abdominal emergencies. Veterinary Clinics of North America 2(2), 301–330. doi: 10.1016/s0091-0279(72)50032-1.

[5] Dorfman, M. and Barsanti, J. (1995) CVT update: treatment of canine bacterial prostatitis. In: Bonagura, J. D. (ed.) Kirk's Current Veterinary Therapy, 12th edn. W. B. Saunders, Philadelphia, Pennsylvania, pp. 1029–1032.

[6] Dorfman, M., Barsanti, J., and Budsberg, S. C. (1995) Enrofloxacin concentrations in dogs with normal prostate and dogs with chronic bacterial prostatitis. American Journal of Veterinary Research 56, 386–390.

[7] Fair, W. R. and Cordonnier, J. J. (1978) The pH of prostatic fluid: a reappraisal and therapeutic implications. Journal of Urology 120, 695–698. doi: 10.1016/s0022-5347(17)57333-4.

[8] Fan, T. E. and de Lorimer, L. (2007) Tumors of the male reproductive system. In: Withrow, S. J. and Vail, D. M. (eds) Withrow and MacEwen's Small Animal Clinical Oncology, 4th edn. W. B. Saunders, St. Louis, Missouri, pp. 637–648.

[9] Foster, R. A. (2012) Common lesions in the male reproductive tract of cats and dogs. Veterinary Clinics of North America Small Animal Practice 42, 527–545. doi: 10.1016/j.cvsm.2012.01.007.

[10] Foster, R. A. and Ladds, P. W. (2007) The male genital system. In: Maxie, G. (ed.). Jubb, Kennedy & Palmer's Pathology of Domestic Animals, vol. 3, 5th edn. Saunders, Toronto, Canada, pp. 565–619.

[11] Hawe, R. S. (1983) What is your diagnosis? Prostatic adenocarcinoma. Journal of the American Veterinary Medical Association 182, 1257–1258.

[12] Hornbuckle, W. E. and Kleine, L. J. (1980) Medical management of prostatic disease. In: Kirk, R. W. (ed.) Current Veterinary Therapy VII. W. B. Saunders, Philadelphia, Pennsylvania, pp. 1146–1150.

[13] Hubbard, B. S., Vulgamott, J. C., and Liska, W. D. (1990) Prostatic adenocarcinoma in a cat. Journal of the American Veterinary Medical Association 197(11), 1493–1494.

[14] LeRoy, B. E. and Lech, M. E. (2004) Prostatic carcinoma causing urethral obstruction and obstipation in a cat. Journal of Feline Medicine and Surgery 6, 397–400. doi: 10.1016/j.jfms.2004.04.005.

[15] Mantziaras, G. (2020) Imaging of the male reproductive tract: not so easy as it looks like. Theriogenology 150, 490–497. doi: 10.1016/j.theriogenology.2020.03.009.

[16] Mantziaras, G., Choudeloudis, A., Flarakos, M., and Grivas, I. (2019) Computed tomography of the accessory glands in clinically normal intact tomcats. Preliminary results. Reproduction in Domestic Animals 54(S2), 108 (abstract).

[17] Mayer-Roenne, B., Goldstein, R. E., and Erb, H. N. (2007) Urinary tract infections in cats with hyperthyroidism, diabetes mellitus and chronic kidney disease. Journal of Feline Medicine and Surgery 9(2), 124–132. doi: 10.1016/j.jfms.2006.09.004.

[18] McEntee, K. (1990) Bulbourethral, vesicular, and prostate glands. In: Reproductive Pathology of Domestic Mammals. Academic Press, San Diego, California, pp. 333–358.

[19] Meier, F. W. (1967) Urethroadenocystitis in the male cat. Journal of the American Veterinary Medical Association 151(8), 1059–1071.

[20] Mordecai, A., Liptak, J. M., Hofstede, T., Stalker, M., and Kruth, S. (2008) Prostatic abscess in a neutered cat. Journal of the American Animal Hospital Association 44, 90–94. doi: 10.5326/0440090.

[21] Newell, S. M., Mahaffey, M. B., Binhazim, A., and Greene, C. E. (1992) Paraprostatic cyst in a cat. Journal of Small Animal Practice 33, 399–401. doi: 10.1111/j.1748-5827.1992.tb01186.x.

[22] Pointer, E. and Murray, L. (2011) Chronic prostatitis, cystitis, pyelonephritis, and balanoposthitis in a cat. Journal of the American Animal Hospital Association 47, 258–261. doi: 10.5326/JAAHA-MS-5627.

[23] Romagnoli, S. and Schlafer, D. H. (2006) Disorders of sexual differentiation in puppies and kittens: a diagnostic and clinical approach. Veterinary Clinics of North America Small Animal Practice 36(3), 573–606. doi: 10.1016/j.cvsm.2005.12.007.

[24] Roura, X., Camps-Palau, M. A., Lloret, A., Garcia, F., and

Espada, I. (2002) Bacterial prostatitis in a cat. Journal of Veterinary Internal Medicine 16, 593–597. doi: 10.1111/j.1939-1676.2002.tb02393.x.

[25] Schulman, J. and Levine, S. H. (1989) Pyometra involving uterus masculinus in a cat. Journal of the American Veterinary Medicine Association 194, 690–691.

[26] Tucker, A. R. and Smith, J. R. (2008) Prostatic squamous metaplasia in a cat with interstitial cell neoplasia in a retained testis. Veterinary Pathology 45(6), 905–909. doi: 10.1354/vp.45-6-905.

[27] Tursi, M., Costa, T., Valenza, F., and Aresu, L. (2008) Adenocarcinoma of the disseminated prostate in a cat. Journal of Feline Medicine and Surgery 10(6), 600–602. doi: 10.1016/j.jfms.2008.02.008.

[28] White, R. A. and Williams, J. M. (1995) Intracapsular prostatic omentalization: a new technique for management of prostatic abscesses in dogs. Veterinary Surgery 24, 390–395. doi: 10.1111/j.1532-950x.1995.tb01349.x.

[29] Zambelli, D., Cunto, M., Raccagni, R., Merlo, B., Morini, M., et al. (2010) Successful surgical treatment of a prostatic biphasic tumour (sarcomatoid carcinoma) in a cat. Journal of Feline Medicine Surgery 12, 161–165. doi: 10.1016/j.jfms.2009.07.016.

22 包皮和阴茎疾病

Michelle Anne Kutzler

美国俄勒冈州立大学动物和牧场科学系

22.1 前言

先天性或获得性因素均可导致猫的包皮和阴茎功能异常。在某些情况下（如包茎），可能是由先天性和获得性因素共同引起的。先天性疾病可能是由染色体异常突变或调控性别分化的遗传条件改变引起。需要注意的是，并非所有先天性异常都是可遗传的。猫的包皮和阴茎的先天性缺陷十分罕见。10 所美国兽医学院对 19 646 只猫的调查结果显示，患有一种或多种先天性泌尿生殖器官功能异常的公猫均无阴茎或存在包皮缺陷症状（Priester et al.，1970）。猫的获得性包皮和阴茎疾病则包括非肿瘤性的（如龟头包皮炎、包茎病、嵌顿包茎）和肿瘤性的。

22.2 先天性疾病

22.2.1 外生殖器性别不明

虽然新生幼猫外生殖器肉眼不易分辨，但在断奶前外生殖器已发育明显。猫的假两性畸形是指外生殖器性别不明或生殖器与性腺性别不“匹配”（图 22.1）。雄性外生殖器性别不明表现为既含有睾丸（可能被保留）也包含雌性内、外生殖器（如外阴和雄性化子宫）（Schulman and Levine，1989；Romagnoli and Schlafer，2006）。目前已报告多种染色体异常核型与外生殖器性别不明密切相关，包括 39，XX7 三体综合征，38，XX/XY 嵌合，37，X/38，XY 嵌合，38，XX（SRY 阳性）等（Szczerbal et al.，2015, 2017, 2018）。经组织胚胎学检测发现，外生殖器性别不明与胚胎

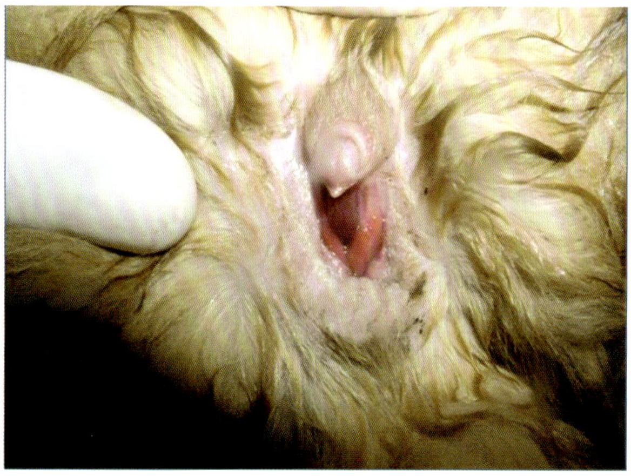

图 22.1　猫的外生殖器性别不明

有外阴开口，阴蒂 / 阴茎发育不良。（由 Alain Fontbonne 博士提供）

时期米勒管痕迹残存和（或）胎儿雄激素分泌不足导致内外生殖器雌性化有关（Meyers-Wallen，1993）。雌性外生殖器性别不明的动物含有卵巢和雄性生殖器（如包皮和阴茎）。这种雄性化特征与胎儿经胎盘接触外源性雄激素 / 孕激素或内源性雄激素过量分泌密切相关（如 β－羟化酶缺乏症）（Knighton，2004）。

22.2.1.1　雄性假两性畸形－米勒管永存综合征

抗米勒管激素受体基因发生突变可导致米勒管退化异常（Kutzler，2011）。患有米勒管永存综合征（persistent Müllerian duct syndrome，PMDS）的猫在基因上是雄性（38，XY），其阴茎短小或发育不全，但含有正常副性腺和睾丸（通常是隐睾）。米勒管永存综合征患猫通常是两性畸形，除雄性器官外也含有双侧输卵管、完整的子宫、子宫颈和阴道（图 22.2）（Balogh et al.，2015）。

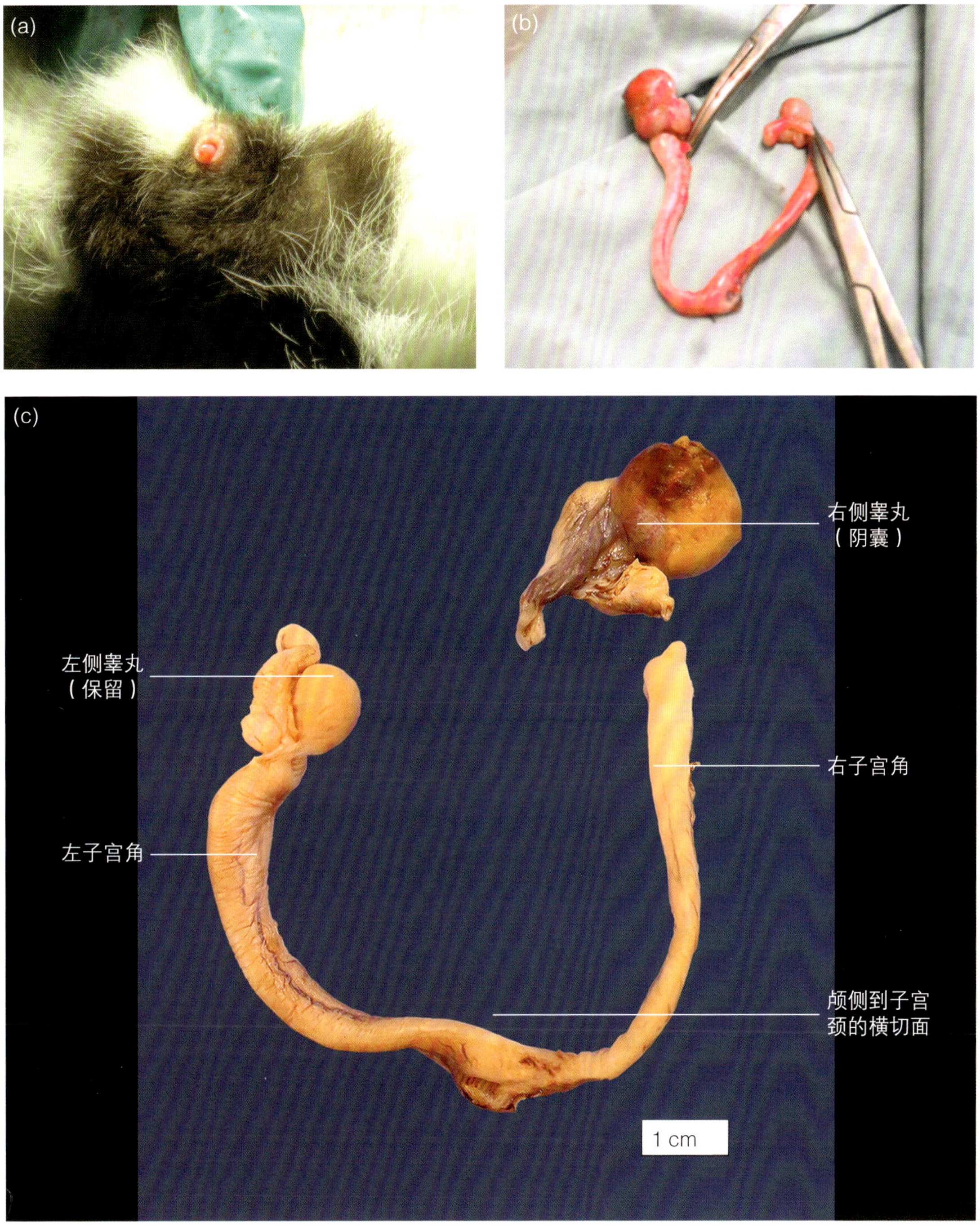

图 22.2 绝育手术后收集的成年米勒管永存综合征患猫的生殖器官

（a）阴茎短小，阴囊中仅有一个睾丸。第二个睾丸位于腹部。（b）腹部检测发现类子宫结构，左角向头侧延伸，在左肾远端形成一个性腺。右角向尾侧延伸，呈环状，穿过腹股沟管，在阴囊内形成一个较大的性腺。（c）诊断为米勒管永存综合征。（由 Heather M. Hillie 提供，也收录于生殖影像库）

在短毛猫和长毛猫中均发现了米勒管永存综合征，研究发现这些患猫携带“波斯”和“喜马拉雅”常染色体隐性基因（Meyers-Wallen and Patterson，1989a、b；Bredal et al.，1997）。通常只有携带这些隐性基因的纯合子个体才会表现为假两性畸形。在一例孟加拉猫病例中也报告了上述情况（balog et al.，2015）。大多数公猫难以被发现，直到个体出现子宫蓄脓（前列腺尿道感染上升转移至子宫），临床表现为持续排尿困难（Osborne et al.，1984；Schulman and Levine，1989）。通常子宫切除术后患猫排尿困难将得到解决。如果米勒管永存综合征患猫临床表现为单侧或双侧隐睾，则睾丸位于子宫角处（通常是雌性卵巢解剖学位置）。

22.2.1.2 雄性假两性畸形 – 睾丸雌性化

雄激素受体基因突变可导致公猫生殖器发育异常（Meyers-Wallen et al.，1989；Kutzler，2011）。患有睾丸雌性化的猫在性别上是雄性（38，XY），其不仅有睾丸（通常双侧隐睾），还含有外阴、前庭和阴道。患有此病的猫在进入发情期前，通常被误认为是雌性。睾丸雌性化是一种 X 连锁隐性遗传疾病，携带该基因雌猫其后代中有 50% 的雄性表现睾丸雌性化特征（Meyers-Wallen，1993）。

22.2.1.3 雌性假两性畸形 – 先天性肾上腺增生

11-β 羟化酶缺乏可导致母猫先天性肾上腺增生（Knighton，2004），患有此病的母猫不仅具有正常的子宫和卵巢，还会发育出雄性外生殖器（包括阴茎、包皮和阴囊等）。其发病机制是 11-β 羟化酶缺乏导致肾上腺分泌过多的睾酮，从而使雌性胚胎雄性化。患有此病的母猫在发情期前通常被误认为是患有隐睾症的雄性，直到表现出发情行为（Diegman et al.，1978）。

22.2.2 阴茎和包皮的其他先天性异常

除外生殖器性别不明外，猫的阴茎包皮系带、阴茎发育不全、尿道下裂和双泄殖腔等先天畸形也被广泛报道。

22.2.2.1 阴茎包皮系带

在猫的胚胎发育过程中，包皮皱褶环绕着阴茎头部（图 22.3）。包皮脱落由雄激素调控。偶尔，由于包皮皱褶没有完全脱离，导致连接阴茎腹侧和包皮的纤维结缔组织薄膜（阴茎包皮系带）仍然存在（Romagnoli and Schlafer，2006；Foster，2011）。系带正常时不会出现龟头下弯畸形，系带异常时则会出现龟头不能完全伸直、下弯畸形，在性交时会出现系带疼痛症状（Kutzler，2011）（图 22.4）。犬猫的阴茎包皮系带先天畸形是否

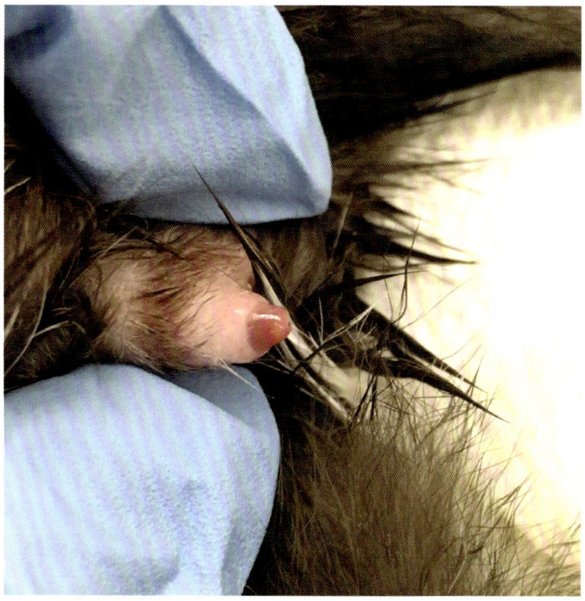

图 22.3 青春期前公猫的阴茎和包皮之间形成粘连

这种粘连在雄激素的影响下会分开。当分开不完全时，阴茎系带仍然存在。（由 Aime Johnson 博士提供）

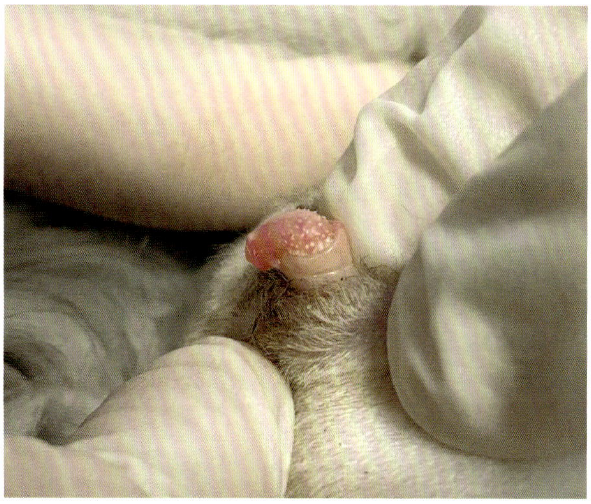

图 22.4 一只猫的阴茎包皮系带异常

需注意阴茎头部残留褶皱未能分开，导致阴茎偏离到照片左侧。（由 G. Robiteau 博士提供）

受遗传因素影响目前还尚未有定论（Hutchinson，1973）。持续性系带异常的公猫通常症状轻微或无症状，在排尿或交配（勃起）行为中偶尔表现不适。阴茎包皮系带异常通过视诊进行诊断。通过在全身麻醉后进行阴茎包皮系带切断术进行治疗，手术无出血风险。如果患猫在进入青春期前被诊断出阴茎包皮系带异常，可推迟去势手术时间（＞6 月龄），患猫通常可自愈。

22.2.2.2 阴茎发育不全

性染色体异常的公猫易患此病，如出现 XXY 核型（Malouf et al.，1967；Pyle et al.，1971；Centerwall and Bernischke，1975）。除了阴茎发育不全外，患猫往往并发睾丸发育不全和米勒管永存综合征。严重的阴茎发育不全可导致尿失禁、排尿困难、血尿、继发性包皮内积尿和感染（阴茎深埋于包皮内）。阴茎发育不全通常通过视诊进行初步诊断，并配合组织病理学检测和核型分析进行确诊（Kutzler，2011）。若病情严重，阴茎发育不全可通过外科手术缩短包皮，以扩大包皮开口，或采用阴茎截断术并联合尿道造口术进行治疗。

22.2.2.3 尿道下裂

阴茎中缝、包皮或阴囊等部位的不完全融合可导致尿道下裂，是尿道开口处于异常位置的一种症状（图 22.5）。该症状是由雄性泌尿生殖窦在发育过程中的雄性化不完全所致（Bloom，1954）。研究显示，母猫妊娠期间注射孕激素或食物中缺乏维生素 A 均可诱发胎儿尿道下裂（Ader and Hobson，1978）。根据尿道开口所在位置，尿道下裂可分为阴茎头、冠状沟型（尿道开口位于龟头、龟头及阴茎之间的冠状沟）、阴茎型（尿道开口位于除龟头外的阴茎体部）、阴囊型（尿道开口位于阴囊）和会阴型（尿道开口位于会阴部，从阴囊到肛门之间）。通常越远离正常位置的尿道开口，其危害程度越大。如阴茎头、冠状沟型尿道下裂通常是无症状的，往往不需要治疗。阴茎型、阴囊型和会阴型尿道下裂则会出现尿失禁、尿灼伤和腹股沟皮炎等症状。阴茎或包皮发育不全和隐睾症等先天性缺陷疾病均并发尿道下裂。

手术是尿道下裂的唯一治疗方法，需注意在修复过程中必须保证尿道的完整性。治疗方案为放置导尿管后，切开尿道黏膜，并在黏膜和皮肤交界处进行分离。将切开的尿道黏膜边缘缝合，需注意不要在尿道腔内形成瘢痕（可导致结石形成）。阴茎型尿道下裂需部分切除阴茎和包皮，与尿道开口水平对齐。阴囊型和会阴型尿道下裂，则需要完全切除阴茎，并进行尿道造口术。需要

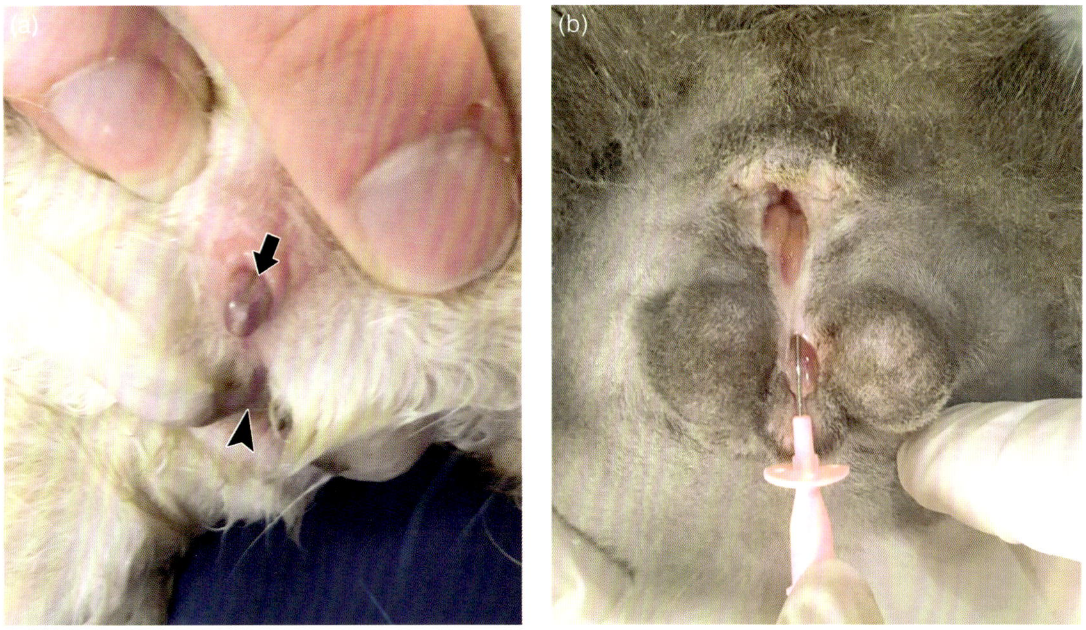

图 22.5　猫的尿道下裂

（a）猫的阴茎型尿道下裂。尿道开口从顶端延伸至阴茎腹侧（箭头）。需注意阴囊分裂，将左右睾丸分开（无尾箭头），这是尿道下裂的常见临床症状。（由 Zuzanna Niewiadomska 提供）（b）阴茎开口在探针针柄下方，位于睾丸远端。探针所示睾丸中线之间有缺损。（由 G. Robiteau 提供）

注意的是，无论任何形式的尿道下裂都需对患猫进行去势手术。

22.2.2.4 双泄殖腔

在胚胎发育过程中，泄殖腔膜的重复发育可导致出现双泌尿生殖器结节，从而导致出现双阴茎。这种发育缺陷已在暹罗猫繁育过程中得到描述（Axnér et al.，1996）。

22.3 获得性疾病

22.3.1 创伤

包皮和阴茎的创伤可由钝器外伤（如交通事故）造成，其他如咬伤、自残（如与主人的分离焦虑）或交配也可导致创伤。是否需要手术治疗主要取决于是否存在尿道梗阻或能否控制出血（图 22.6）。

22.3.1.1 包皮和阴茎的刺穿或撕裂伤

通常包皮的刺穿或撕裂伤表现明显，然而阴茎处损伤则难以探查，仅表现为少量血液从包皮口缓慢、连续滴下。轻微的包皮和阴茎损伤（如刺穿和轻微撕裂伤）应作开放性伤口处理，使用局部和全身抗菌药物治疗。若尿道完整性受损，则需留置导尿管防止内部狭窄的形成，直至伤口愈合。对于出血明显的阴茎撕裂伤，则需考虑是否有必要进行阴茎截断术和尿道造口术。

22.3.1.2 阴茎骨折

猫的阴茎骨与其他骨骼相比所含矿物质密度较低，但仍可在 X 线片上进行观察（Piola et al.，2011）（图 22.7），需与其他病理性疾病进行区分（如尿石症或营养不良性钙化）。包皮或阴茎的严重撕裂伤可导致阴茎骨折，临床症状表现为出血性分泌物、血尿和排尿困难。阴茎骨折触诊时有明显的捻发音，可通过 X 线检查或 CT 检查进行确诊（图 22.8）。在造影前需放置导尿管，用于诊断尿路是否也发生损伤。阴茎骨折通常是单纯性骨折，可采用保守治疗并配合抗菌和抗炎药物。治疗期间需留置导尿管至少 7 d 以上，保障愈合期间尿路的稳定性。若阴茎骨折愈合时期发生尿道梗阻或骨痂形成，则需考虑是否需要采取阴茎截断术和尿道造口术。

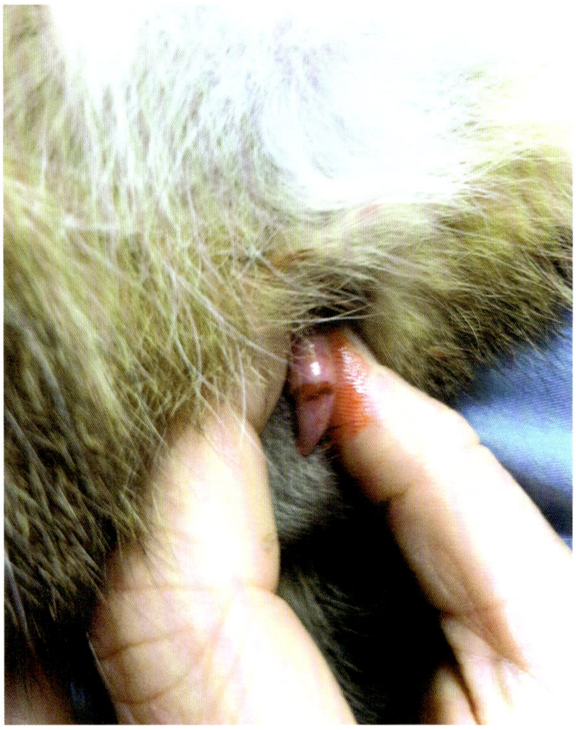

图 22.6 阴茎基底部撕裂伤

该伤口行二期愈合，需注意术后护理，防止粘连形成。（由 Aime Johnson 博士和 Jessica Cannon 女士提供）

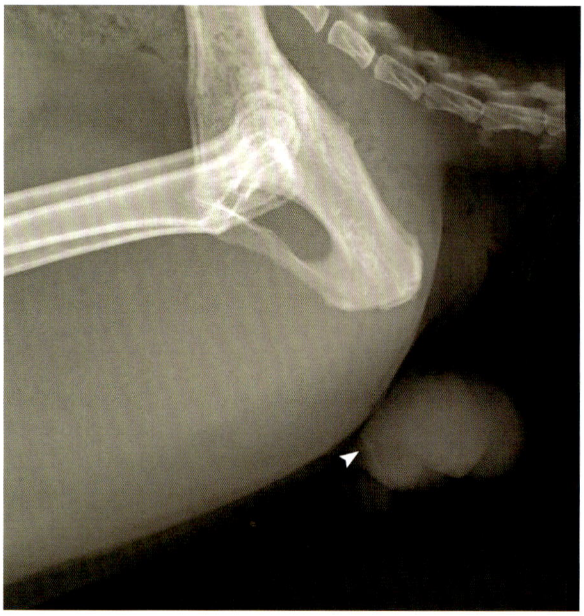

图 22.7 公猫骨盆侧位 X 线片

阴茎骨位于睾丸腹侧包皮内（箭头）。（由 Aime Johnson 博士提供）

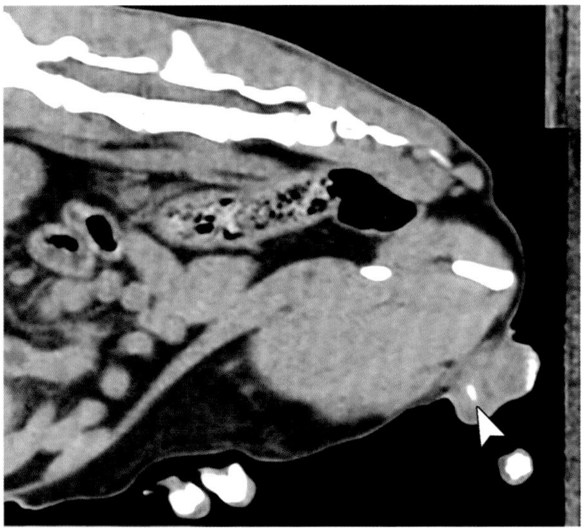

图 22.8 未去势公猫包皮内的正常阴茎矢状面（箭头）CT 图像

（由 Rachel Moon 博士提供）

22.3.2 龟头包皮炎

龟头包皮炎是指阴茎（龟头部）和包皮的炎症。猫通常不易患此病，若患病则需考虑是否与潜在病因（如尿石症和创伤）有关（Foster，2012）。一份病例报告显示，该猫的龟头包皮炎继发于慢性前列腺炎、膀胱炎和肾盂肾炎（Pointer and Murray，2011）。此外，猫的龟头包皮炎也可能继发于包茎，特别是尿液在包皮内积聚时导致包皮部感染。龟头包皮炎的临床症状为患猫过度舔舐 / 梳理包皮部位、包皮疼痛性肿胀以及包皮部位出现浓汁性分泌物（Davidson，2016）。若不及时治疗，龟头包皮炎可引起包皮和阴茎部溃疡或黏膜粘连。该病通常使用抗生素和抗炎药物进行治疗，其治疗原则是防止复发。

22.3.3 被毛环勒

在长毛猫中经常可观察到被毛环勒龟头基底部，导致阴茎出现缺血性坏死（Zambelli and Levy，2010）。会阴部被毛的生长依赖于雄激素，因此正常公猫也易患该病（Foster，2012）。被毛环勒临床表现为紧张性的不愿交配和持续性的长期骨盆抽搐（Hart and Peterson，1971）。患此病的公猫易患包茎与嵌顿包茎，临床症状见后文。对于病情轻微的猫，取下毛环后便可恢复正常的行为并具备交配能力。

22.3.4 包茎

包茎是指阴茎无法从包皮中露出。猫包茎较为罕见，先天缺陷（如包皮开口过小）或继发的阴茎和包皮炎症、创伤等获得性疾病均可导致包茎，其中创伤是包茎的最常见因素（Kirk，1931；May and Hauptman，2009）。长毛猫的包茎也可能与被毛环勒密切相关（Romagnoli and Schlafer，2006）。包茎的临床症状是多变的，在一般情况下，包茎直到交配出现问题时才被发现。公猫过度舔舐包皮和尿液成滴状排泄是包茎的常见临床表现，若进一步恶化则表现为血尿或排尿困难（Kirk，1931）。视诊时，公猫包茎常伴随包皮炎症或包皮口溃疡症状。包茎的治疗策略取决于发病的潜在因素（如被毛环勒或炎症）。若无潜在病因，则需考虑通过手术治疗以扩大包皮。治疗方法采用包皮环切术，需注意术后护理防止尿液污染和过度的炎性肿胀。通常情况下，矫正术后的阴茎和包皮功能恢复良好。

22.3.5 嵌顿包茎

嵌顿包茎是指包皮口较小，将包皮翻开到龟头冠状沟的后方没有及时进行回位，这样远端的包皮就会水肿，包皮不能有效地翻回是一种紧急情况。虽然猫的嵌顿包茎较为罕见，但在交配过程中、被毛环勒阴茎、阴茎异常勃起或去势之后均可发生（Kirk，1931；Swalec and Smeak，1989）。阴茎异常勃起是一种阴茎持续勃起的嵌顿包茎的一种形式。据报道，猫的阴茎异常勃起最常见于暹罗猫（Gunn-Moore et al.，1995）。可以通过视诊对嵌顿包茎进行诊断。长期嵌顿包茎可导致阴茎黏膜变得干燥、充血、红斑、发炎、水肿、缺血、损伤、疼痛，最终导致龟头缺血坏死。诊断时应配合 X 线检查进行辅助诊断，判断阴茎是否并发骨折。

治疗原则是尽快将阴茎复位，并防止复发

（Davidson，2016）。治疗时应密切监测尿量，在全身麻醉下拨开或剪去会阴部被毛，在局部涂抹润滑油后手动将狭窄的地方再次翻回使阴茎复位。此外还可通过手术治疗对患病公猫进行去势，防治阴茎勃起，从而达到根治效果。若阴茎不能手动复位，则需进行包皮环切手术。若阴茎损伤严重发生坏死，则需考虑阴茎截断术和尿道造口术。预后与严重程度和持续时间密切相关，早期治疗通常预后良好。

22.3.6 肿瘤形成

猫的包皮肿瘤极为罕见。包皮上的皮肤肥大细胞瘤临床表现为孤立、凸起、坚实、边界分明和无毛的真皮结节（Govier，2003）。患猫平均发病年龄为 8 ～ 9 岁（Miller et al.，1991）。手术切除是该病的首选治疗方案。虽然包皮肿瘤很少在局部复发，但报告显示约 1/3 的患猫会在其他部位继发皮肤肥大细胞瘤（Buerger and Scott，1987）。目前，尚无猫阴茎肿瘤的报道。

22.4 参考文献

[1] Ader, P. L. and Hobson, H. P. (1978) Hypospadias: a review of the veterinary literature and a report of three cases. Journal of the American Animal Hospital Association 14, 721–727.

[2] Axnér, E., Ström, B., Linde-Forsberg, C., Gustavsson, I., Lindblad, K., et al. (1996) Reproductive disorders in 10 domestic male cats. Journal of Small Animal Practice 37(8), 394–401. doi: 10.1111/j.1748-5827. 1996.tb02427.x.

[3] Balogh, O., Berger, A., Pieńkowska-Schelling, A., Willmitzer, F., Grest, P., et al. (2015) 37,X/38,XY mosaicism in a cryptorchid Bengal cat with Müllerian duct remnants. Sexual Development 9, 327–332. doi: 10.1159/000443233.

[4] Bloom, F. (1954) Pathology of the dog and cat. In: American Veterinary Publications, Evanston, Illinois, pp.194–212.

[5] Bredal, W. P., Thoresen, S. I., Kvellestad, A., and Lindblad, K. (1997) Male pseudohermaphroditism in a cat. Journal of Small Animal Practice 38(1), 21–24. doi: 10.1111/j.1748-5827.1997.tb02981.x.

[6] Buerger, R. G. and Scott, D. W. (1987) Cutaneous mast cell neoplasia in cats: 14 cases (1975–1985). Journal of the American Veterinary Medical Association 190, 1440–1444.

[7] Centerwall, W. R. and Bernischke, K. (1975) An animal model for the XXY Klinefelter's syndrome in man: tortoiseshell and calico male cats. American Journal of Veterinary Research 32, 1275–1280.

[8] Davidson, A. P. (2016) Reproductive diseases of the male small animal. In: Aiello, S. E. (ed.) The Merck Veterinary Manual, 11th edn. Merck & Co., Inc., Kenilworth, New Jersey, pp. 1400–1402.

[9] Diegman, F. G., Loo, B. J., and Grom, P. A. (1978) Female pseudohermaphroditism in a cat. Feline Practice 8(5), 45.

[10] Foster, R. A. (2011) Male reproductive system. In: Zachary, J. and McGavin, D. M. (eds) Pathologic Basis of Veterinary Disease, 5th edn. Elsevier Mosby, St. Louis, Missouri, pp. 1127–1152.

[11] Foster, R. A. (2012) Common lesions in the male reproductive tract of cats and dogs. Veterinary Clinics of Small Animal 42, 527–545. doi: 10.1016/j.cvsm.2012.01.007.

[12] Govier, S. M. (2003) Principles of treatment for mast cell tumors. Clinical Techniques in Small Animal Practice 18(2), 103–106. doi: 10.1053/svms.2003.36624.

[13] Gunn-Moore, D. A., Brown, P. J., Holt, P. E., and Gruffydd-Jones, T. J. (1995) Priapism in seven cats. Journal of Small Animal Practice 36(6), 262–266. doi: 10.1111/j.1748-5827.1995.tb02912.x.

[14] Hart, B. L. and Peterson, D. M. (1971) Penile hair rings in male cats may prevent mating. Laboratory Animal Science 21,422.

[15] Herron, M. A. and Boehringer, B. T. (1975) Male pseudohermaphroditism in a cat. Feline Practice 4, 30–32.

[16] Hutchinson, J. A. (1973) Persistence of the penile frenulum in dogs. Canadian Veterinary Journal 14, 71.

[17] Kirk, H. (1931) Phimosis and paraphimosis in the cat. Veterinary Records 11, 832.

[18] Knighton, E. (2004) Congenital adrenal hyperplasia secondary to 11 beta-hydroxylase deficiency in a domestic cat. Journal of the American Veterinary Medical Association 225, 238–241. doi: 10.2460/javma.2004.225.238.

[19] Kutzler, M. A. (2011) The reproductive tract, In: Peterson, M. E. and Kutzler, M. A. (eds) Small Animal Pediatrics: The First 12 Months of Life. Elsevier, St. Louis, Missouri, pp. 405–417.

[20] Malouf, N., Bernischke, K., and Hoefnagel, D. (1967) XX/XY chimerism in a tricolored male cat. Cytogenetics 6, 228–241.

[21] May, L. R. and Hauptman, J. G. (2009) Phimosis in cats: 10 cases (2000-2008). Journal of the American Animal Hospital Association 45, 277–283. doi: 10.5326/0450277.

[22] Meyers-Wallen, V. N. (1993) Genetics of sexual differentiation and anomalies in dogs and cats. Journal of Reproduction and Fertility Supplement 47, 441–452.

[23] Meyers-Wallen, V. N. and Patterson, D. F. (1989a) Sexual differentiation and inherited disorders of sexual development in the dog. Journal of Reproduction and Fertility Supplement 39, 57–64.

[24] Meyers-Wallen, V. N. and Patterson, D. F. (1989b) Disorders

of sexual development in dogs and cats. In: Kirk, R. W. (ed.) Current Veterinary Therapy, Small Animal Practice XIII. W. B. Saunders, Philadelphia, Pennsylvania, pp. 1261–1269.

[25] Meyers-Wallen, V. N., Wilson, J. D., Griffin, J. E., Fisher, S., Moorhead, P. H., et al. (1989c) Testicular feminization in a cat. Journal of the American Veterinary Medical Association 195(5), 631–634.

[26] Miller, M. A., Nelson, S. L., Turk, J. R., Pace, L. W., Brown, T. P., et al. (1991) Cutaneous neoplasia in 340 cats. Veterinary Pathology 28:389–395. doi: 10.1177/030098589102800506.

[27] Osborne, C. A., Johnston, G. R., Polzin, D. J., Kruger, J. M., Poffenbarger, E. M., et al. (1984) Redefinition of the feline urologic syndrome: feline lower urinary tract disease with heterogeneous causes. Veterinary Clinics of North America Small Animal Practice 14, 409–439. doi: 10.1016/s0195-5616(84)50051-5.

[28] Piola, V., Posch, B., Aghte, P., Caine, A., and Herrtage, M. E. (2011) Radiographic characterization of the os penis in the cat. Veterinary Radiology and Ultrasound 52, 270–272.

[29] Pointer, E. and Murray, L. (2011) Chronic prostatitis, cystitis, pyelonephritis, and balanoposthitis in a cat. Journal of the American Animal Hospital Association 47, 258–261. doi: 10.5326/JAAHA-MS-5627.

[30] Priester, W. A., Glass, A. G., and Waggoner, N. S. (1970) Congenital defects in domesticated animals: general considerations. American Journal of Veterinary Research 31, 1871–1879.

[31] Pyle, R. L., Patterson, D. F., Hare, W. C. D., Kelly, D. F., and Digiulia, T. (1971) XXY sex chromosome constitution in a Himalayan cat with tortoise-shell points. Journal of Heredity 62, 220–222. doi: 10.1093/oxfordjournals.jhered.a108154.

[32] Romagnoli, S. and Schlafer, D. H. (2006) Disorders of sexual differentiation in puppies and kittens: a diagnostic and clinical approach. Veterinary Clinics of North American Small Animal Practice 36, 573–606. doi: 10.1016/j.cvsm.2005.12.007.

[33] Schulman, J. and Levine, S. H. (1989) Pyometra involving uterus masculinus in a cat. Journal of the American Veterinary Medical Association 205, 690–691.

[34] Swalec, K. M. and Smeak, D. D. (1989) Priapism after castration in a cat. Journal of the American Veterinary Medical Association 195(7), 963–964.

[35] Szczerbal, I., Stachowiak, M., Dzimira, S., Sliwa, K., and Switonski, M. (2015) The first case of 38,XX (SRY-positive) disorder of sex development in a cat. Molecular Cytogenetics 8, 22. doi: 10.1186/s13039-015-0128-5.

[36] Szczerbal, I., Stachowiak, M., Nowacka-Woszuk, J., Dzimira, S., Szczepanska, K., et al. (2017) Disorder of sex development in a cat with chromosome mosaicism 37,X/38,X,r(Y). Reproduction in Domestic Animals 52, 914–917. doi: 10.1111/rda.12968.

[37] Szczerbal, I., Krzeminska, P., Dzimira, S., Tamminen, T. M., Saari, S., et al. (2018) Disorders of sex development in cats with different complements of sex chromosomes. Reproduction in Domestic Animals 53, 1317–1322. doi: 10.1111/rda.13263.

[38] Zambelli, D. and Levy, X. (2010) Clinical approaches to the infertile male. In: England, G. and von Heimendahl, A. (eds) BSAVA Manual of Canine and Feline Reproduction and Neonatology. BSAVA, Gloucester, Scotland, pp. 70–79.

23 精液冷冻保存

Daniele Zambelli, Marco Cunto
意大利博洛尼亚大学兽医科学系动物生殖科

23.1 前言

在繁殖过程中，养殖者经常要求冷冻保存犬精子，但很少要求冷冻保存猫精子，而且猫精子的冷冻保存程序也鲜为人知。犬精子的冷冻保存已进行了多年的研究和实践，一些国家已经建立了精子库。在家猫繁殖过程中，人工授精应用相对较少，且仅限于新鲜精液。这可能是由于无法获得足够数量的解冻后活力较高的精子，且猫的人工授精操作较难限制了猫育种者的需求和兽医工作者对精液冷冻保存技术应用的热情。然而，随着猫作为人类重要的伴侣动物，其数量逐渐增加，对其精液的采集、评估和冷冻保存的研究兴趣也在增加（Siemieniuch and Dubiel，2007）。家猫精液冷冻保存技术的开发应用不仅有助于家猫的快速育种，也有助于保护野生猫科动物（Rijsselaere and van Soom，2010）。《濒危物种国际贸易公约》显示，现有的 37 种猫科动物中已有 36 种濒临灭绝（CITES，1973），造成这种情况的主要原因是由于地理隔离和种群收缩造成的近亲繁殖现象，从而导致遗传多样性减少、育种性能低下（Wildt，1990）。

人工授精可以使用新鲜、冷却以及冷冻保存的精液进行，其中冷冻保存精液可以长期储存。1978 年首次报道了使用冷冻－解冻精液进行育种并使家猫妊娠（Platz et al.，1978），随后，大量的猫科动物精液冷冻方案和人工授精技术被报道。

体外射精精子（Glover and Watson，1985，1987；Pope et al.，1989，1991；Pukazhenthi et al.，1999）和附睾中精子（Goodrowe and Hay，1993；Harris et al.，2001）都可用于冷冻保存。还可以先冷却睾丸，然后冲洗附睾和输精管，以收集精子再进行冷冻（Goodrowe and Hay，1993；Hay and Goodrowe，1993）。

猫精液通常用安瓿（Lengwinat and Blottner，1994）、细管（Pope et al.，1991；Hay and Goodrowe，1993）或颗粒（Platz et al.，1976，1978）进行冷冻保存。一般来说，冷冻保存方案决定了猫冷冻精液解冻后的运动性、活力、顶体损伤（Pope et al.，1991）和受精能力的降低情况（Pukazhenthi et al.，2000）。研究显示，相较于细管，在颗粒中冷冻猫的精液，解冻后活力下降 76%。因此，猫的精液更适合保存于冷冻细管中（Pope et al.，1991）。

在冷冻－解冻过程中，影响精子质量的因素有很多，如冷冻保护液成分（Axnér et al.，2004；Thuwanut et al.，2008；Zambelli et al.，2010）、冷却速率和冷冻方案等。特别是冷冻－解冻过程会导致精子严重受损，从而降低精子的受精能力。因此，低温损伤是精子冷冻保存的一个限制因素。另外，特别是猫科动物的精子畸形率较高（Luvoni et al.，2003b）。一项研究显示，猫科动物仅 73.4% ± 3.5% 的精子形态正常。通过多次交配来弥补精子形态和活力不足。该研究还发现，冷冻－解冻后精子畸形率增加，形态正常的精子比例下降至 58.7% ± 3.8%。另有研究显示，附睾中正常精子的百分比从新鲜时的 76% ± 2.0% 下降至冷冻－解冻后的 64% ± 2.6%（Hay and Goodrowe，1993）。

23.2 冷冻稀释液

冷冻稀释液可以起到缓冲精液 pH 的作用，并为精子提供能量、防止细菌生长，同时在冷却、冷冻和解冻过程中保护精子，降低氧化应激损伤。精浆的存在会对猫精子的受精能力产生负面影响（McLaughlin and Hamner，1974）。在操作过程中，使用低速离心（300×g）去除精浆可显著延长精子的存活时间（Luvoni et al.，2003a）。采用精子上浮法可以取得较好的效果，因为可以根据精子的活力和结构完整性来选择精子（Howard et al.，1990；Chatdarong et al.，2010b）。

据报道，目前没有猫专用的商业化冷冻稀释液试剂，基于 TRIS 的冷冻稀释液迄今广泛应用于猫精子的冷冻保护。甘油（Nelson et al.，1999；Baran et al.，2004）、十二烷基硫酸钠（Axnér et al.，2004；Zambelli et al.，2010）、蛋黄（Glover and Watson，1987；Hermansson and Axnér，2007）和不同类型的糖（Glover and Watson，1987）以不同比例添加到猫的冷冻稀释液中，以提高精子冷冻保存的效果。此外，冷冻稀释液中还包含抗生素，如硫酸链霉素和（或）青霉素 G 钾等（Johnston et al.，2001）。

研究显示，使用含 20% 蛋黄和 8% 甘油的 TRIS 冷冻稀释液可以显著提高精子解冻后的活力和顶体完整性（Zambelli et al.，2002）。据报道，大豆卵磷脂具有与蛋黄中低密度脂蛋白类似的冷冻保护作用。目前，含有植物源蛋白的冷冻稀释液已广泛应用于灵长类动物（Li et al.，2005）、奶牛（Aires et al.，2003）、绵羊（Forouzanfar et al.，2010）和犬（Beccaglia et al.，2009）精子的冷冻保存中，其解冻后精子质量等于或高于传统的添加蛋黄的保护剂。尤其是大豆中的成分，可显著提高家猫精子冷冻－解冻后的活力和获能能力，保持了受精能力（Vick et al.，2012）。

甘油同样经常作为冷冻保护剂加入到精子冷冻稀释液中。甘油通过增加精子冷冻过程中未冻结水的比例来降低水结晶对精子的损伤。然而，甘油的渗透作用会影响精子细胞膜的完整性。由于猫的精子对高浓度甘油特别敏感，其在冷冻过程中应使用低浓度甘油（Nelson et al.，1999）。可能观察到精子的运动能力下降（Pukazhenthi et al.，2000），主要原因在于精子尾部离子主动运输和渗透压的变化，以及能量可用性改变和轴突元件损伤（Watson，1995）。精子冷冻保存液中甘油的终浓度为 3%～8%（Hay and Goodrowe，1993；Nelson et al.，1999），常用浓度为 4%～5%（Thuwanut et al.，2010；Villaverde et al.，2013）。为了使冷冻保存液中甘油的终浓度达到 5%，分别在稀释的两个步骤中加入不同浓度的甘油（3% 和 7%）（Axnér et al.，2004；Chatdarong et al.，2010b），或者将其添加到仅用于第二步稀释的冷冻稀释液中（即用于第一步和第二步的冷冻稀释液分别含有 0% 和 10% 的甘油）（Villaverde et al.，2013）。添加甘油时的温度也会影响解冻后的精子质量（Thiangtum et al.，2006）。甘油在室温条件下添加或在 4～5℃（冷却后）条件下完全或部分添加，以降低其细胞毒性。

此外还需注意的是，哺乳动物的精子冷冻保护剂必须优化能量消耗，以增强精子尾部收缩力，确保解冻后精子具有足够的运动性。糖类通常作为外源性能量底物、渗透成分和冷冻保护剂被添加到精子冷冻稀释液中（Watson，1979）。然而，糖浓度过高会抑制精子的能量获取，因此需在冷冻稀释液中保持适当的糖浓度（Rigau et al.，2001）。虽然大多数单糖都可用于冷冻保存，但不同种类单糖之间的代谢可能存在差异（Rikmenspoel and Caputo，1966）。众所周知，果糖和葡萄糖是体外射精精子的主要能量来源，存在于多种动物的精浆中。然而，哺乳动物（包括家猫）的精浆中不含单糖。研究显示，在这些物种中，精子通过吸收雌性生殖道内的单糖类物质从而改变自身的运动模式（Rigau et al.，2001）。猫的精子冷冻稀释液中通常添加果糖（Cocchia et al.，2010；Toyonaga et al.，2010；Baran et al.，2011）和葡萄糖（Siemieniuch and Dubiel，2007；

Thuwanut et al., 2008；Chatdarong et al., 2010b；Zambelli et al., 2010）。添加糖的类型似乎对冷冻－解冻后的猫精子形态和活力没有影响（Hay and Goodrowe, 1993）。

十二烷基硫酸钠又称SDS，商业产品Orvus Es Paste（OEP）和Equex-STM的活性化合物成分，是一种水溶性阴离子表面活性剂，其经常添加到家猫和其他哺乳动物的精子冷冻稀释液中（Jiménez, 1987；Peña et al., 1998；Cheng et al., 2004；Buranaamnuay et al., 2009；Anakkul et al., 2011）。SDS通过修饰冷冻稀释液中的蛋黄脂蛋白，保护精子在冷冻－解冻过程中免受毒性作用，同时增强精子的抗冻性和解冻后的精子质量（Martin et al., 1979；Arriola and Foote, 1987）。在猫精子冷冻保存中，OEP（Tsutsui et al., 2003；Martins et al., 2009；Toyonaga and Tsutsui, 2012）和Equex-STM（Axnér et al., 2004；Thuwanut and Chatdarong, 2009）的终浓度通常为0.5%～1%，并且能够改善冷冻－解冻后的精子活力（Mizutani et al., 2010）。虽然添加Equex-STM并没有显著提高精子冷浆－解冻后的活力，但对附睾精子顶体有保护作用（Tsutsui et al., 2003）。据报道，体外孵育对精子质膜和活力有负面影响（Axnér et al., 2004），表明短暂的冷冻前暴露有更明显的保护作用（Peña and Linde-Forsberg, 2000；Jiménez et al., 2013）。添加0.5%的Equex-STM显著提高了猫附睾精子（Axnér et al., 2004）和电刺激采集精子（Zambelli et al., 2010）的冷冻保存效果。此外，Zambelli等（2010）研究发现，在5℃冷却前，向用于第二次稀释的冷冻稀释液中添加Equex-STM不会影响冷冻－解冻后的精子受精能力（Buranaamnuay, 2017）。

抗氧化剂在猫精液冷冻稀释液中的应用及其对精子质量的影响效果目前尚无明确的结论。研究显示，虽然添加10 U/mL谷胱甘肽过氧化物酶的TRIS-蛋黄液（TEY）对猫附睾精子解冻后活力具有积极作用，但与未添加的冷冻稀释液相比，使用200 U/mL过氧化氢酶或600 U/mL超氧化物歧化酶未改善解冻后的精子活力和顶体完整性（Thuwanut et al., 2010）。同样，冷冻稀释液中添加400 U/mL过氧化氢酶或超氧化物歧化酶均未改善冷冻－解冻后精子的运动性、活力或顶体完整性（Thiangtum et al., 2009）。

据报道，抗氧化剂DL-半胱氨酸（改善解冻后精子活力和DNA完整性）和水溶性维生素E类似物（Trolox）（改善解冻后精子活力、直线运动性和质膜完整性）其中的任何一种（5 mmol/L）添加到TEY-乳糖冷冻稀释液中，对冷冻－解冻后猫附睾精子具有保护作用（Thuwanut et al., 2008）。此外，在TEY-葡萄糖冷冻稀释液中添加25 mmol/L左旋肉碱在解冻后的2 h内可显著改善猫附睾精子的活力（Manee-In et al., 2014）。

其他添加剂也被用于猫精子冷冻稀释液中。例如，牛磺酸是一种含硫的对氨基酸，在精子渗透压调节中起关键作用，能够提高精子活力。Luvoni等（2002）研究显示，在TEY-葡萄糖冷冻稀释液中添加25～50 mmol/L牛磺酸可调节精子细胞的渗透压，从而显著提高精子解冻后的运动能力。在含有10%蛋黄的脱脂牛奶－葡萄糖冷冻稀释液中加入75 mmol/L牛磺酸与TEY-果糖冷冻稀释液同样能够维持电射精收集的冷冻－解冻后的精子活力和正常形态。

几种植物源性物质在精子冷冻保存中的保护能力也得到了广泛评估。研究显示，芦荟中含有类似于传统精子冷冻保护剂的物质（Souza et al., 2014）。芦荟的冷冻保护作用已在山羊（Aguiar et al., 2012）、牛（Vargas, 2012）、犬（Melo et al., 2014）和野猪（Souza et al., 2016）的精子冷冻保存中得到验证。芦荟的抗氧化和抗菌以及细胞再生作用等特性被认为能够提高冷冻保存精子解冻后存活率（Estakhr and Javdan, 2011；Nejatzadeh-Barandozi, 2013；Rozkot et al., 2013；Freitas et al., 2014）。然而，使用芦荟粗提取物对猫附睾精子的冷冻保存效果并不理想（Barbosa et al., 2020）。

咖啡因、己酮可可碱和2'-脱氧腺苷因其作为动力兴奋剂的剂量依赖效应而被用于精子的冷冻保存。研究显示，这些物质使冷冻 – 解冻后的猫附睾精子产生过度活跃的运动，运动性能仅比新鲜精液下降约 10%（Stachecki et al.，1994）。

目前已对基于TEY、蛋黄或脱脂牛奶（Jiménez et al.，2013，Brusentsev et al.，2018）、脱脂牛奶 – 蛋黄（Jiménez et al.，2013），以及基于 TRIS 添加蛋黄（Brusentsev et al.，2018）的不同的商业化冷冻稀释液对猫精子的冷冻保存效果进行了评估。以 TEY 为基础的专门生产的冷冻稀释液通常会有更好的精子冷冻保存效果。由于商品化冷冻稀释液在实际操作中具有使用便捷、适用品种广泛等特点，因此其有时仍是一种良好的选择。

23.3 冷却速率和技术

从体温冷却至冷冻温度的冷冻速率对于保持精子完整性和受精能力至关重要（Luvoni et al.，2003a）。在冷冻前，猫的精液需要放置在 5℃下约 20 min。目前，冷休克对精子的损害机制尚不完全清楚，但可能与细胞膜脂质的相变有关，导致相分离，丧失了活生物膜的选择性渗透特性（Watson，1995）。当精子快速从体温冷却至 5℃时（4℃ /min），精子中会产生冰晶导致细胞膜破裂，而将冷却速率下降至 0.5℃ /min 时，可最大限度减少精子结构损伤（Pukazhenthi et al.，1999）。

温度一旦降至 5 ℃，就将精子分装至细管和安瓿中。继续降低温度可通过程序化冷冻仪控制或在浸入液氮前进行液氮熏蒸（Pope et al.，1991）。液氮熏蒸较程序化冷冻仪操作更为经济、快捷，相比干冰冷冻也更为方便。将装有精子的细管水平或垂直放置在液氮表面上一段时间，使细管温度从 4 ～ 5℃下降至约 –40℃（Zambelli et al.，2002）、–100℃（Wood et al.，1993）、–110℃（Baran et al.，2004）、–120℃（Siemieniuch and Dubiel，2007）或 –130℃（Schñfer et al.，2000）后，将细管精子浸入液氮中。通常，精子容量为 1.5 mL 的细管需要水平放置熏蒸（Stachecki et al.，1994），0.5 mL（Schñfer and Holzmann，2000）和 0.25 mL（Luvoni et al.，2002；Kashiwazaki et al.，2005；Tebet et al.，2006；Cocchia et al.，2010）的细管水平和垂直放置熏蒸均可。据报道，装有精子的细管放置在距离液氮表面 4 cm（Karja et al.，2002；Baran et al.，2011）、6 cm（Villaverde et al.，2009；Cocchia et al.，2010）或 7 cm（Toyonaga et al.，2010）的位置上均有良好的冷冻效果。而当装有精子的细管垂直放置于液氮表面熏蒸时，细管通常为 0.25 mL，在将细管浸入液氮前，将装有细管的罐子表面用液氮熏蒸 3 次（Axnér et al.，2004；Chatdarong et al.，2009；Thuwanut and Chatdarong，2009）。该技术首次应用于犬精子的冷冻保存，即将装细管的罐子分别放置在距离液氮表面 7 cm、13 cm 和 20 cm 处 2 min、2 min 和 1 min，之后浸于液氮中（Rota et al.，1997）。猫精子的垂直低温保存也可以使用一种专门的真空瓶（杜瓦瓶；意大利米兰 SIO）。0.25 mL 细管置于预冷（5℃）不锈钢圆筒中（14 cm × 4 cm）放置在高于液氮表面的杜瓦瓶中（直径 25 cm，高 47 cm），以获得特定冷却速率（即高于液氮 3 cm，达到 3.85℃ /min 的冷冻速率）。之后将圆筒浸于液氮中（Zambelli et al.，2002, 2006, 2008, 2010）。与快速冷却速率（9℃ /min、22.8℃ /min、36 ℃ /min 和 43 ℃ /min）相比，这种缓慢冷却（3.85℃ /min）低温保存技术在精子解冻后显示出更高的运动性和顶体完整性（Zambelli et al.，2002）。此外，也可进行多步液氮熏蒸对猫精子进行冷冻，既将细管放置距液氮表面 7 cm 处 1 min，3.5 cm 处 1 min，然后再浸入液氮中（Vick et al.，2012）。

也有对猫附睾精子和射精精子使用程序化冷冻仪进行冷冻保存的报道（Lengwinat and Blottner，1994；Tsutsui et al.，2000, 2003；Mizutani et al.，2010）。在低温保存的初始阶段，精子冷却速率相对较慢（即 –1℃ /min，从 4℃降至 –1 ℃或 –25 ℃），以减少精子中的冰晶，随后迅速降温（即 –30℃ /min 或更大），直到最终温度降至 –100 ℃（Lengwinat and Blattner，1994）

或 -196℃（Tsutsui et al.，2000, 2003；Mizutani et al.，2010）。随后将冷冻保存的精子转移至液氮罐中进行长期保存。

也有研究报道，猫附睾精子的冷冻保存也可缓慢平衡到 15℃或 10℃。特别是，分别经历 40 min 和 100 min 的缓慢降温达到这个温度，然后将装有精子的细管放置在距液氮表面上方 2 cm 处 15 min，于 -167℃时将细管转移至液氮罐中保存（Klaus et al.，2016）。

23.4 解冻

与冷冻保存过程一样，解冻过程也可导致精子损伤（Holt et al.，1992；Curry and Watson，1994；Rota et al.，1998）。在解冻过程中，再结晶发生，形成冰晶导致细胞损伤（Mazur et al.，1981）。此外，在解冻过程中，精子细胞膜也会出现渗透梯度，导致精子质膜损伤和细胞死亡（Holt and North，1994；Gilmore et al.，1996）。不同的冷冻程序往往需要不同的解冻速率，以保证最大的精子存活率。一般来说，快速冷冻的精子需要快速解冻。研究显示，在快速冷冻后，快速复温限制了精子中的水分再结晶（Holt and North，1994）。这也解释了犬的冷冻精子在 70℃解冻比在 37℃解冻后具有更高的精子质量（Rota et al.，1998；Peña and inde-Forsberg，2000）。然而，快速解冻也可导致精子的渗透压突然发生变化，从而产生负面影响（Holt et al.，1992；Gao et al.，1997）。虽然缺乏关于不同解冻速率对猫冷冻精液影响的相关报道，但 Rijsselaere 等（2007）发现，与 37℃解冻 1 min 相比，在 60℃解冻 5 s 的猫附睾精子畸形率显著降低，而顶体完整率显著升高。由于大多数诊所水浴锅的温度设置为 37℃，因此 37℃解冻更为常用。Chatdarong 等（2010a）研究显示，猫的冷冻精液在 37℃或 70℃下解冻后的效果一致，但建议在解冻后用 TRIS 缓冲液进行稀释，以减少冷冻稀释液中某些成分在解冻后对精子产生的毒性作用。

23.5 建议方案

作者参照了 Zambelli 等（2002）报道的实验方案，并在 2006 年进行了调整（Zambelli et al.，2006）。收集的精液以 300 × g 离心 5 min，去除多余精浆并对精液进行浓缩。室温下（约 20℃），使用含有 20% 蛋黄的 TRIS 冷冻稀释液进行精子重悬（Zambelli et al.，2000，2006）。在含有 20% 蛋黄的 TRIS 冷冻稀释液中添加 8% 甘油和 1% Equex-STM，然后按 1 ∶ 1 比例进行稀释（Zambelli et al.，2006），使精子浓度达到 40×10^6/200 μL。将精液装入 0.25 mL 细管中，以 0.2℃ /s 的速率冷却精子至 5℃，并在 5℃下平衡 25 min。预冷的 0.25 mL 细管（5℃），放入 5℃预冷不锈钢圆筒中，将圆筒置于杜瓦瓶中放于液氮上方（冷却速率维持在 3.85℃ /min）进行熏蒸。当细管温度降至 -40℃时将圆筒浸入液氮中保存。解冻时，将细管置于 37℃水浴中 30 s。

23.6 参考文献

[1] Aguiar. G. V., Santos, B. M. B., Cavalcante, J. M. M., Rodrigues, F. R. N., Salgueiro, C. C. M., et al. (2012) Addition of Aloe vera to powder coconut water solution (ACP-101) like cryoprotector of the goat semen cooled at 4°C. Ciência Animal 22, 292–295.

[2] Aires, V. A., Hinsch, K. D., Mueller-Schloesser, F., Bogner, K., Mueller-Schloesser, S., et al. (2003) In vitro and in vivo comparison of egg yolk-based and soybean lecithin-based extenders for cryopreservation of bovine semen. Theriogenology 60, 269–279. doi: 10.1016/s0093-691x(02)01369-9.

[3] Anakkul, N., Suwimonteerabutr, J., Singlor, J., Phutikanit, N., Tharasanit, T., et al. (2011) Effect of Equex STM Paste on the quality and motility characteristics of post thawed cryopreserved goat semen. The Thai Journal of Veterinary Medicine 41, 345–351.

[4] Arriola, J. and Foote, R. H. (1987) Glycerolation and thawing effects on bull spermatozoa frozen in detergent-treated egg yolk and whole egg extenders. Journal of Dairy Science 70, 1664–1670. doi: 10.3168/jds.s0022-0302(87)80194-7.

[5] Axnér, E., Hermansson, U., and Linde-Forsberg, C. (2004) The effect of Equex STM paste and sperm morphology on post-thaw survival of cat epididymal spermatozoa. Animal Reproduction Science 84, 179–191. doi: 10.1016/j.anireprosci.2003.11.003.

[6] Baran, A., Bacinoglu, S., Evecen, M., Sahin, B. E., Alkan, S., et al. (2004) Freezing of cat semen in straws with different glycerol levels containing Tris extender. Turkish Journal of

Veterinary and Animal Science 28, 545–552.

[7] Baran, A., Tek, C., Demir, K., Sabuncu, A., and Ozdas, O. B. (2011) Intrauterine insemination with cat semen frozen with various extenders. Turkish Journal of Veterinary and Animal Science 35, 311–318.

[8] Barbosa, B. S., Santos, F. A., Macêdo, L. B., Izzo, R. G., Fernandes, D. P., et al. (2020) Effect of supplementation of Aloe vera extracts in cold storage media and cryopreservation of domestic cat epididymal spermatozoa. Animal Reproduction 17(1). doi: 10.21451/1984-3143-AR2019-0067.

[9] Beccaglia, M., Anastasi, P., and Luvoni, G. C. (2009) Freezing of canine semen in an animal-free protein extender. Veterinary Research Communications 33, 77–80. doi: 10.1007/s11259-009-9249-9.

[10] Brusentsev, E., Kizilova, E., Mokrousova, V., Kozhevnikova, V., Rozhkova, I., et al. (2018) Characteristics and fertility of domestic cat epididymal spermatozoa cryopreserved with two different freezing media. Theriogenology 110, 148–152. doi: 10.1016/j.theriogenology.2017.12.038.

[11] Buranaamnuay, K. (2017) Protocols for sperm cryopreservation in the domestic cat: A review. Animal Reproduction Science 183, 56–65. doi: 10.1016/j.anireprosci.2017.06.002.

[12] Buranaamnuay, K., Tummaruk, P., Singlor, J., Rodriguez-Martinez, H., and Techakumphu, M. (2009) Effects of straw volume and equex-STM on boar sperm quality after cryopreservation. Reproduction in Domestic Animals 44, 69–73. doi: 10.1111/j.1439-0531.2007.00996.x.

[13] Chatdarong, K., Thuwanut, P., Suksamai, P., Patanatiradaj, S., and Sangwornrachasup, A. (2009) Survival of frozen-thawed cat spermatozoa pre-cooled in the epididymides. Reproduction in Domestic Animals 44 (2), 377–380. doi: 10.1111/j.1439-0531.2009.01412.x.

[14] Chatdarong, K., Thuwanut, P., Manee-in, S., Lohachit, C., and Axnér, E. (2010a) Effects of thawing temperature and post-thaw dilution on the quality of cat spermatozoa. Reproduction in Domestic Animals 45, 221–227. doi: 10.1111/j.1439-0531.2008.01218.x.

[15] Chatdarong, K., Thuwanut, P., and Morrell, J. M. (2010b) Single-layer centrifugation through colloid selects improved quality of epididymal cat sperm. Theriogenology 73, 1284–1292. doi: 10.1016/j.theriogenology. 2009.12.009.

[16] Cheng, F. P., Wu, J. T., Chan, J. P. W., Wang, J. S., Fung, H. P., et al. (2004) The effect of different extenders on post-thaw sperm survival, acrosomal integrity and longevity on cryopreserved semen of Formosan Sika deer and Formosan Sambar deer. Theriogenology 61, 1605–1616. doi: 10.1016/j.theriogenology.2003.07.015.

[17] CITES (1973) Convention on International Trade in Endangered Species of Wild Flora and Fauna, part of the Endangered Species Act (PL 93-205, 93rd Congress) and in 50 appendices. Code Fed. Reg., part 23.

[18] Cocchia, N., Ciani, F., El-Rass, R., Russo, M., Borzacchiello, G., et al. (2010) Cryopreservation of feline epididymal spermatozoa from dead and alive animals and its use in assisted reproduction. Zygote 18, 1–8. doi: 10.1017/S0967199409990256.

[19] Curry, M. R. and Watson, P. F. (1994) Osmotic effects on ram and human sperm membranes in relation to thawing injury. Cryobiology 31, 39–46. doi: 10.1006/cryo.1994.1005.

[20] Estakhr, J. and Javdan, N. (2011) Spermatogenic activity of Aloe vera in adult male rats. Pharmacology online 2, 886–889.

[21] Forouzanfar, M., Sharafi, M., Hosseini, S. M., Ostadhosseini, S., Hajian, M., et al. (2010) In vitro comparison of egg yolk-based and soybean lecithin-based extenders for cryopreservation of ram semen. Theriogenology 73, 480–487. doi: 10.1016/j.theriogenology.2009.10.005.

[22] Freitas, V. S., Rodrigues, R. A. F., and Gaspi, F. O. G. (2014) Propriedades farmacológicas da Aloe vera (L.). Burm. F. Revista Brasileira Plantas Medicinais 16(2), 299–307.

[23] Gao, D. Y., Mazur, P., and Critser, J. K. (1997) Fundamental cryobiology of mammalian spermatozoa. In: Karow, A. M. and Critser, J. K. (eds) Reproductive Tissue Banking. Academic Press, San Diego, California, pp. 263–328.

[24] Gilmore, J. A., Du, J., Tao, J., Peter, A. T., and Critser, J.K. (1996) Osmotic properties of boar spermatozoa and their relevance to cryopreservation. Journal of Reproduction and Fertility 107, 87–95. doi: 10.1530/jrf.0.1070087.

[25] Glover, T. E. and Watson, P. F. (1985) The effect of buffer osmolality on the survival of cat (Felis catus) spermatozoa at 5°C. Theriogenology 24, 449–456. doi: 10.1016/0093-691x(85)90051-2.

[26] Glover, T. E. and Watson, P. F. (1987) The effects of egg yolk, the low-density lipoprotein fraction of egg yolk, and three monosaccharides on the survival of cat (Felis catus) spermatozoa stored at 5°C. Animal Reproduction Science 13, 229–237. doi: 10.1016/0378-4320(87)90112-6.

[27] Goodrowe, K. L. and Hay, M. A. (1993) Characteristics and zona binding ability of fresh and cooled domestic cat spermatozoa. Theriogenology 40, 967–975. doi: 10.1016/0093-691x(93)90365-c.

[28] Harris, R. F., Pope, C. E., Gomez, M. C., Leibo, S. P., and Dresser, B. L. (2001) Storage of domestic cat spermatozoa for extended periods at 4°C. Theriogenology 55, 308.

[29] Hay, M. A. and Goodrowe, K. L. (1993) Comparative cryopreservation and capacitation of spermatozoa from epididymides and vasa deferentia of the domestic cat. Journal of Reproduction and Fertility Supplement 47, 297–305.

[30] Hermansson, U. and Axnér, E. (2007) Epididymal and ejaculated cat spermatozoa are resistant to cold shock but egg yolk promotes sperm longevity during cold storage at 4 degrees C. Theriogenology 67, 1239-1248. doi: 10.1016/j.theriogenology.2007.01.008.

[31] Holt, W. V. and North, R. D. (1994) Effects of temperature and restoration of osmotic equilibrium during thawing on the induction of plasma membrane damage in cryopreserved

ram spermatozoa. Biology of Reproduction 51, 414–424. doi: 10.1095/biolreprod51.3.414.

[32] Holt, W. V., Head, M. F., and North, R. D. (1992) Freeze-induced membrane damage in ram spermatozoa is manifested after thawing: observations with experimental cryomicroscopy. Biology of Reproduction 46, 1086–1094. doi: 10.1095/biolreprod46.6.1086.

[33] Howard, J. G., Brown, J. L., Bush, M., and Wildt, D. E. (1990) Teratospermic and normospermic domestic cats: ejaculate traits, pituitary-gonadal hormones, and improvement of spermatozoa motility and morphology after swim up processing. Journal of Andrology 11, 204–215.

[34] Jiménez, C. F. (1987) Effects of Equex STM and equilibration time on the pre-freeze and post thaw motility of equine epididymal spermatozoa. Theriogenology 28, 773–782. doi: 10.1016/0093-691X(87)90029-X.

[35] Jiménez, E., Pérez-Marín, C. C., Vizuete, G., Millán, Y., and Agüera, E. I. (2013) Effect of different extenders on in vitro characteristics of feline epididymal sperm during cryopreservation. Reproduction in Domestic Animals 48, 665–672. doi: 10.1111/rda.12142.

[36] Johnston, S. D., Osborne, C. A., and Lipowitz, A. J. (1988) Characterizations of seminal plasma, prostatic fluid, and bulbourethral gland secretions in the domestic cat. In: Proceedings of the 11th International Congress Animal Reproduction AI. Dublin, UK, pp.560.

[37] Johnston, S. D., Root Kustriz, M. V., and Olson, P. N. S. (2001) Semen Collection and evaluation in the cat. In: Johnston, S. D., Root Kustriz, M. V., and Olson, P. N. S. (eds) Canine and Feline Theriogenology. W. B. Saunders Company, Philadelphia, Pennsylvania, pp. 508–520.

[38] Karja, N. W., Otoi, T., Murakami, M., Fahrudin, M., and Suzuki, T. (2002) In vitro maturation, fertilization and development of domestic cat oocytes recovered from ovaries collected at three stages of the reproductive cycle. Theriogenology 57, 2289–2298. doi: 10.1016/s0093-691x(02)00905-6.

[39] Kashiwazaki, N., Yamaguchi, R., Uesugi, R., Hishiyama, N., Kim, M., et al. (2005) Sperm motility, plasma membrane integrity, and binding capacity to homologous zona pellucida of cryopreserved epididymal spermatozoa in the domestic cat. Journal of Reproduction and Development 51, 735–739. doi: 10.1262/jrd.17052.

[40] Klaus, C., Eder, S., Franz, C., and Müller, K. (2016) Successful cryopreservation of domestic cat (Felis catus) epididymal sperm after slow equilibration to 15 or 10°C. Reproduction in Domestic Animals 51, 195–203. doi: 10.1111/rda.12666.

[41] Lengwinat, T. and Blottner, S. (1994) In vitro fertilization of follicular oocytes of domestic cat using fresh and cryopreserved epididymal spermatozoa. Animal Reproduction Science 35, 291–301. doi: 10.1016/0378-4320(94)90044-2.

[42] Li, Y. H., Cai, K. J., Su, L., Guan, M., He, X. C., et al. (2005) Cryopreservation of cynomolgus monkey (Macaca fascicularis) spermatozoa in a chemically defined extender. Asian Journal of Andrology 7, 139–44. doi: 10.1111/j.1745-7262.2005.00039.x.

[43] Luvoni, G. C., Ruggiero, C., Marinoni, G., and Kalchschmidt, E. (2002) Effect of taurine-containing diluent for cryopreservation of domestic cat epididymal spermatozoa. Theriogenology 57, 466.

[44] Luvoni, G. C., Kalschmidt, E., Leoni, S., and Ruggiero, C. (2003a) Conservation of feline semen. Part I: cooling and freezing protocols. Journal of Feline Medicine and Surgery 5, 203–208. doi: 10.1016/S1098-612X(03)00029-9.

[45] Luvoni, G. C., Kalchschmidt, E., and Marinoni, E. (2003b) Conservation of feline semen. Part II: Cold-induced damages on spermatozoal fertilizing ability. Journal of Feline Medicine and Surgery 5, 257–263. doi: 10.1016/S1098-612X(03)00030-5.

[46] Manee-In, S., Parmornsupornvichit, S., Kraiprayoon, S., Tharasanit, T., Chanapiwat, P., et al. (2014) l-Carnitine supplemented extender improves cryopreserved-thawed cat epididymal sperm motility. Asian-Australasian Journal of Animal Science 27(6), 791–796. doi: 10.5713/ajas.2013.13565.

[47] Martin, J. C., Klug, E., and Gunzel, A. R. (1979) Centrifugation of stallion semen and its storage in large volume straws. Journal of Reproduction and Fertility Supplement 27, 47–51.

[48] Martins, J. L., Villaverde, A. I., Lima, A. F., Steagall, P. V., Ferreira, J. C., et al. (2009) Impact of 24-h cooling prior to freezing on the survival of domestic cat (Felis catus) epididymal sperm. Reproduction in Domestic Animals 44(2), 366–368. doi: 10.1111/j.1439-0531. 2009.01432.x.

[49] Mazur, P., Rall, W. F., and Rigopoulos, N. (1981) Relative contribution of the fraction of unfrozen water and of salt concentration to the survival of slowly frozen human erythrocytes. Biophysical Journal 36, 653–675. doi: 10.1016/S0006-3495(81)84757-1.

[50] McLaughlin, K. C. and Hamner, C. E. (1974) A demonstration of cat seminal plasma antifertility activity. Proceedings of the Society for Experimental Biology and Medicine 145, 103–106. doi: 10.3181/00379727-145-37757.

[51] Melo, C. C. S., Oliveira, É. C. S., Ramos, R. P., Lima, C. F., Rodrigues, A. E. S., et al. (2014) Renovação do diluidor Tris com gema de ovo ou Aloe vera sp. Na viabilidade do sêmen canino refrigerado a 5°C–resultados preliminares. Acta Veterinaria Brasilica 8, 142–143.

[52] Mizutani, T., Sumigama, S., Nagakubo, K., Shimizu, N., Oba, H., et al. (2010) Usefulness of addition of Orvus ES paste and sodium lauryl sulfate to frozen feline semen. Journal of Veterinary Medical Science 72, 23–27. doi: 10.1292/jvms.08-0332.

[53] Nejatzadeh-Barandozi, F. (2013) Antibacterial activities and antioxidant capacity of aloe vera. Organic and Medical

Chemistry Letters 3(1), 1–8. doi: 10.1186/2191-2858-3-5.
[54] Nelson, K. L., Crichton, E. G., Doty, L., Volenec, D. E., Morato, R. G., et al. (1999) Heterologous and homologous fertilizing capacity of cryopreserved felid sperm: a model for endangered species. Theriogenology 51, 290.
[55] Peña, A. I., Barrio, F., Quintela, L. A., and Herradon, P. G. (1998) Effects of sodium dodecyl sulphate on post-thaw dog semen quality during in vitro incubation at 39 ℃ and 22 ℃. Reproduction in Domestic Animals 33, 393–398. doi: 10.1111/j.1439-0531.1998.tb01377.x.
[56] Peña, A. and Linde-Forsberg, C. (2000) Effects of Equex, one- or two-step dilution, and two freezing and thawing rates on post-thaw survival of dog spermatozoa. Theriogenology 54(6), 859–875. doi: 10.1016/S0093-691X(00)00397-6.
[57] Platz, C. C., Follis, T., Demorest, N., and Seager, S. W. J. (1976) Semen collection, freezing and insemination in the domestic cat. In: Proceedings of VIII International Congress on Animal Reproduction and Artificial Insemination, Cracow, Poland, pp. 1053–1056.
[58] Platz, C. C., Wildt, D. E., and Seager, S. W. J. (1978) Pregnancy in the domestic cat after artificial insemination with previously frozen spermatozoa. Journal of Reproduction and Fertility 52, 279–282. doi: 10.1530/jrf.0.0520279.
[59] Ponglowhapan, S., Essen-Gustavsson, B., and Linde-Forsberg, C. (2004) Influence of glucose and fructose in the extender during longterm storage of chilled canine semen. Theriogenology 62, 1498–1517. doi: 10.1016/j.theriogenology.2004.02.014.
[60] Pope, C. E., Gelwicks, E. J., Wachs, K.B., Keller, G. L., and Dresser, B. L. (1989) In vitro fertilization in the domestic cat (Felis catus): a comparison between freshly collected and cooled semen. Theriogenology 31, 241.
[61] Pope, C. E., Turner, J. L., Quatman, S. P., and Dresser, B. L. (1991) Semen storage in the domestic felid: a comparison of cryopreservation methods and storage temperature. Biology of Reproduction 44, 117.
[62] Pukazhenthi, B., Pelican, K., Wildt, D. E., and Howard, J. G. (1999) Sensitivity of domestic cat (Felis catus) sperm from normospermic versus teratospermic donors to cold-induced acrosomal damage. Biology of Reproduction 61, 135–141. doi: 10.1095/biolreprod61.1.135.
[63] Pukazhenthi, B., Noiles, E., Pelican, K., Donoghue, A., Wildt, D., et al. (2000) Osmotic effects on feline spermatozoa from normospermic versus teratospermic donors. Cryobiology 40, 139–150. doi: 10.1006/cryo.2000.2233.
[64] Rigau, T., Farre, M., Ballester, J., Mogas, T., Pena, A., et al. (2001) Effects of glucose and fructose on motility patterns of dog spermatozoa from fresh ejaculates. Theriogenology 56, 801–815. doi: 10.1016/S0093-691X(01)00609-4.
[65] Rijsselaere, T., Pope, E., Wirtu, G., Filliers, M., Maes, D., et al. (2007) Effect of thawing temperature on survival of cooled, cryopreserved epididymal spermatozoa. In: Proceedings of the Fifth Annual Symposium EVSSAR, Estoril, European Veterinary Society of Small Animal Reproduction, Estoril, Portugal, pp. 106.
[66] Rijsselaere, T. and van Soom, A. (2010) Semen collection, assessment and artificial insemination in the cat. Vlaams Diergeneeskundig Tijdschrift 79, 467-470.
[67] Rikmenspoel, R. and Caputo, R. (1966) The Michaelis-Menten constant for fructose and for glucose of hexokinases in bull spermatozoa. Journal of Reproduction and Fertility 1, 437–444. doi: 10.1530/jrf.0.0120437.
[68] Rota, A., Ström, B., Linde-Forsberg, C., and Rodriguez-Martinez, H. (1997) Effects of Equex STM paste on viability of frozen-thawed dog spermatozoa during in vitro incubation at 38 degrees C. Theriogenology 47, 1093–1101. doi: 10.1016/s0093-691x(97)00066-6.
[69] Rota, A., Linde-Forsberg, C., Vannozzi, J., Romagnoli, S., and Rodriguez-Martinez, H. (1998) Cryosurvival of dog spermatozoa at different glycerol concentrations and freezing/thawing rates. Reproduction in Domestic Animals 33, 355–361. doi: 10.1111/j.1439-0531.1998.tb01370.x.
[70] Rozkot, M., Frydrychová, S., Beneŝová, N., and Opletal, L. (2013) Small molecules of natural origin as a source of antimicrobial agents in pig breeding –review. Research in Pig Breeding 7, 26–33.
[71] Schäfer, S. and Holzmann, A. (2000) The use of transmigration and spermac stain to evaluate epididymal cat spermatozoa. Animal Reproduction Science 59, 201–211. doi: 10.1016/s0378-4320(00)00073-7.
[72] Siemieniuch, M. and Dubiel, A. (2007) Preservation of tomcat (Felis catus) semen in variable temperatures. Animal Reproduction Science 91, 135–144. doi: 10.1016/j.anireprosci.2006.04.049.
[73] Stachecki, J. J., Ginsburg, K. A., and Armant, D. R. (1994) Stimulation of cryopreserved epididymal spermatozoa of the domestic cat using the motility stimulants caffeine, pentoxifylline and 2#-deoxyadenosine. Journal of Andrology 15, 157–164.
[74] Souza, A. L. P., Lima, G. L., and Silva, A. R. (2014) Alternativas para o aperfeiçoamento dos protocolos de criopreservação de sêmen de animais selvagens. Revista Brasileira Reproduo Animal 38, 98–102.
[75] Souza, A. L. P., Lima, G. L., Peixoto, G. C. X., Silva, A. M., Oliveira, M. F., et al. (2016) Use of Aloe vera-based extender for chilling and freezing collared peccary (Pecari tajacu) semen. Theriogenology 85(8), 1432–1438. doi: 10.1016/j.theriogenology.2016.01.007.
[76] Tebet, J. M., Martins, M. I. M., Chirinea, V. H., Souza, F. F., Campagnol, D., et al. (2006) Cryopreservation effects on domestic cat epididymal versus electroejaculated spermatozoa. Theriogenology 66, 1629–1632. doi: 10.1016/j.theriogenology.2006.02.013.
[77] Thiangtum, K., Swanson, W. F., Howard, J., Tunwattana, W., Tongthainan, D., et al. (2006) Assessment of basic seminal characteristics, sperm cryopreservation and heterologous in vitro fertilisation in the fishing cat (Prionailurus viverrinus).

Reproduction, Fertility, and Development 18, 373–382. doi: 10.1071/rd05098.

[78] Thiangtum, K., Pinyopummin, A., Hori, T., Kawakami, E., and Tsutsui, T. (2009) Effect of catalase and superoxide dismutase on motility, viability and acrosomal integrity of frozen-thawed cat spermatozoa. Reproduction in Domestic Animals 44, 369–372. doi: 10.1111/j.1439-0531.2009.01420.x.

[79] Thuwanut, P. and Chatdarong, K. (2009) Incubation of post-thaw epididymal cat spermatozoa with seminal plasma. Reproduction in Domestic Animals 44(2), 381–384. doi: 10.1111/j.1439-0531.2009.01436.x.

[80] Thuwanut, P., Chatdarong, K., Techakumphu, M., and Axnér, E. (2008) The effect of antioxidants on motility, viability, acrosome integrity and DNA integrity of frozen-thawed epididymal cat spermatozoa. Theriogenology 70(2), 233–240. doi: 10.1016/j.theriogenology. 2008.04.005.

[81] Thuwanut, P., Chatdarong, K., Johannisson, A., Bergqvist, A. S., Soderquist, L., et al. (2010) Cryopreservation of epididymal cat spermatozoa: effects of in vitro antioxidative enzyme supplementation and lipid peroxidation induction. Theriogenology 73, 1076–1087. doi: 10.1016/j.theriogenology.2010.01.007.

[82] Toyonaga, M. and Tsutsui, T. (2012) The quality of cryopreserved sperm collected from feline caudal epididymides using seminal plasma. Journal of Veterinary Medical Science 7, 1349–1353. doi: 10.1292/jvms.11-0175.

[83] Toyonaga, M., Sato, Y., Morita, M., Watanabe, M., Oba, H., et al. (2010) The qualities of cryopreserved epididymal sperm collected from feline epididymides stored at low temperature. Journal of Veterinary Medical Science 72, 777–780. doi: 10.1292/jvms.09-0260.

[85] Tsutsui, T., Tanaka, A., Takagi, Y., Nakagawa, K., Fujimoto, Y., et al. (2000) Unilateral intrauterine horn insemination of frozen semen in cats. Journal of Veterinary Medical Science 62, 1247–1251. doi: 10.1292/jvms.62.1247.

[86] Tsutsui, T., Wada, M., Anzai, M., and Hori, T. (2003) Artificial insemination with frozen epididymal sperm in cats. Journal of Veterinary Medcal Science 65, 397–399. doi: 10.1292/jvms.65.397.

[87] Vargas, W. D. E. (2012) Efecto de la adición de un surfactante natural (Aloe vera) al diluyente Triladyl para crioconservación de semen bovino en toros reproductores de agso-genes, Quito-Pichincha (tesis). Universidad Técnica de Cotopaxi, Latacunga, pp. 155.

[88] Vick, M. M., Bateman, H. L., Lambo, C. A., and Swanson, W. F. (2012) Improved cryopreservation of domestic cat sperm in a chemically defined medium. Theriogenology 78, 2120–2128. doi: 10.1016/j.theriogenology.2012.08.009.

[89] Villaverde, A. I., Melo, C. M., Martin, I., Ferreira, T. H., Papa, F. O., et al. (2009) Comparison of efficiency between two artificial insemination methods using frozen–thawed semen in domestic cat (Felis catus) Artificial insemination in domestic cats. Animal Reproduction Science 114, 434–442. doi: 10.1016/j.anireprosci.2008.10.008.

[90] Villaverde, A. I., Fioratti, E. G., Penitenti, M., Ikoma, M. R. V., Tsunemi, M. H., et al. (2013) Cryoprotective effect of different glycerol concentrations on domestic cat spermatozoa. Theriogenology 80, 730–737. doi: 10.1016/j.theriogenology.2013.06.010.

[91] Watson, P. F. (1979) The preservation of semen in mammals. In: Finn, C.A. (ed.) Oxford Reviews of Reproductive Biology, Vol. 1. Oxford University Press, Oxford, pp. 283–351.

[92] Watson, P. F. (1995) Recent developments and concepts in the cryopreservation of spermatozoa and the assessment of their post-thawing function. Reproduction, Fertility and Development 7, 871–891. doi: 10.1071/rd9950871.

[93] Wildt, D. E. (1990) Potential applications of IVF technology for species conservation. In: Bavister, B. D., Cummins, J., and Roldan, E. R. S. (eds) Fertilization in Mammals. Serono Symposium, Norwell, Massachusetts, pp. 349–364.

[94] Wood, T. C., Swanson, W. F., Davis, R. M., Anderson, J. E., and Wildt, D. E. (1993) Functionality of sperm from normo-versus teratospermic domestic cat cryopreserved in pellets or straw containers. Theriogenology 39, 342. doi: 10.1016/0093-691X(93)90197-D.

[95] Zambelli, D., Caneppele, B., Castagnetti, C., and Belluzzi, S. (2002) Cryopreservation of cat semen in straws: comparison of five different freezing rates. Reproduction in Domestic Animals 37, 310–313. doi: 10.1046/j.1439-0531.2002.00365.x.

[96] Zambelli, D., Merlo, B., Iacono, E., Prati, F., and Belluzzi, S. (2006) Fertilizing ability of electro-ejaculated cryopreserved semen in the domestic cat. Reproduction in Domestic Animals 41, 137–141. doi: 10.1111/j.1439-0531.2006.00654.x.

[97] Zambelli, D., Prati, F., Cunto, M., Iacono, E., and Merlo, B. (2008) Quality and in vitro fertilizing ability of cryopreserved cat spermatozoa obtained by urethral catheterization after medetomidine administration. Theriogenology 69:485–490. doi: 10.1016/j.theriogenology.2007.10.019.

[98] Zambelli, D., Iacono, D., Raccagni, R., and Merlo, B. (2010) Quality and fertilizing ability of electroejaculated cat spermatozoa frozen with or without Equex STM paste. Theriogenology 73, 886–892. 10.1016/j.theriogenology.2009.11.012.

24　附睾精子用于遗传保存和人工授精

Riley E. Thompson[1], Fiona K. Hollinshead[1], Budhan S. Pukazhenthi[2]

美国科罗拉多州立大学临床科学系[1]，美国史密森尼保护生物学研究所物种生存中心[2]

24.1　引言

有很多辅助生殖技术可以用于猫的基因库建设，增加许多野生猫科动物的种群数量，同时，也可减少许多家养 / 野生猫科动物的种群数量。这些辅助生殖技术大多侧重于使用来自绝育手术的活体动物或生殖组织。在临床实践中，许多家猫可能死于潜在疾病或其他并发症。在这种情况下，主人可以选择收集并储存猫的种质资源。

已有从公猫的附睾中收集精子和（或）冷冻保存的存活精子，用于其他辅助生殖技术来繁殖后代的详细报道（Lengwinat and Blottner，1994；Kunkitti et al.，2016）。在目前的稀有和濒危野生猫科动物生殖管理中，常在去势或动物死亡后，利用附睾精子进行动物个体恢复与繁殖（Silva et al.，2004；Kunkitti et al.，2016）。从附睾成功收集存活精子的主要考虑因素包括：①性成熟；②去势或死亡后的时间；③储存条件。在本章中，我们将讨论家猫附睾精子的回收方法、储存要求、保存和使用的现状。

24.2　附睾基础生物学

附睾在精子从睾丸网到储存在附睾尾的过程中逐步成熟。通过附睾长度的平均转运时间（10～12 d）与其他物种相似（Axnér，2006）。附睾由单一的弯曲导管组成，精子通过蠕动运输（Courot，1981）。虽然附睾的功能区域要复杂得多（Axnér，2006），但大体解剖特征是确定用于保存或用于辅助生殖技术的附睾精子成熟阶段最有临床意义的方法。附睾在解剖学上分为附睾头（头）、附睾体（体）和附睾尾（尾）（图 24.1），这也是精子从睾丸网到输精管的路线。在转运过程中，精子发生了一些结构和功能上的变化，包括：①顶体成熟，大多数精子在附睾头有异常的顶体，在附睾尾有正常的顶体（Axnér et al.，1999）；②精子具有活力（Axnér，2006）；③细胞质液滴从精子中部的近端位置迁移到远端位置发生在猫附睾的头体之间的过渡区域（Axnér et al.，1999）。射精导致大多数远端液滴丢失（Axnér et al.，1998）；因此，附睾尾的精子倾向于保留远端细胞质液滴。重要的是，尽管来自睾丸的

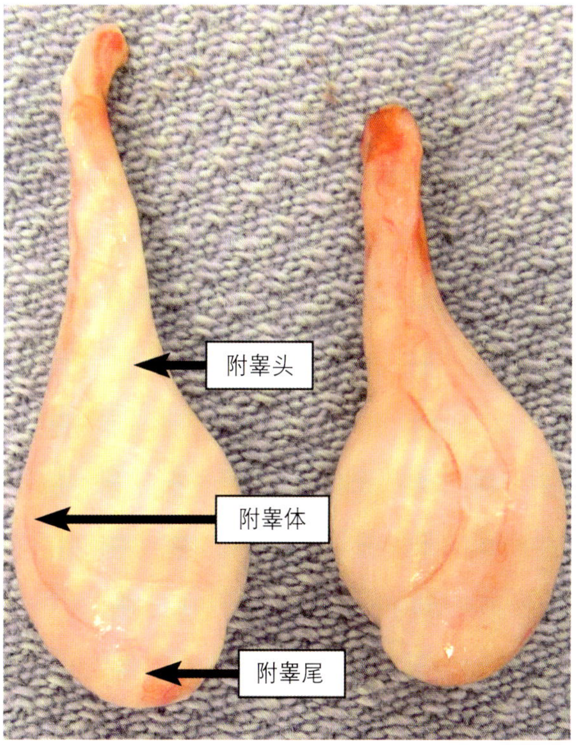

图 24.1　去势后猫睾丸的结构描述图

附睾头、附睾体和附睾尾。

精子能够通过胞浆内精子注射使卵母细胞受精（Comizzoli et al.，2006），但从附睾头收集的精子不能在标准的体外受精后使卵母细胞受精（试管婴儿）或人工授精（由于没有或低进行性运动）。相比之下，从附睾尾收集的精子与射精的精子在人工授精后具有相似的受精率（Axnér，2006）。

24.3 睾丸的收集、储存和运输

大多数 6 月龄的公猫适合收集附睾精子。为了最大限度地恢复高质量的活动精子，必须在动物死亡 24 h 内从其身上采集生殖腺，并将组织储存在 4℃下。同样重要的是，切除的性腺用无菌生理盐水或其他规定的组织培养液保持湿润，且在 4℃下冷藏不超过 24 h（Klaus et al.，2016；Kunkitti et al.，2016）。由于季节对公猫精子的产量或质量没有影响，因此一年四季都可以从成年公猫身上获得存活的精子（Spindler and Wildt，1999）。然而，当动物因传染病死亡或被安乐死时，必须谨慎考虑是否应该收集和储存精子以备将来使用。

24.3.1 公猫睾丸切除

如果需要长途运输到实验室，可以对活的公猫进行常规的闭式手术去势，或者对死亡动物进行带阴囊的睾丸切除。切除前，结扎离睾丸最近一侧的输精管。切除一长段输精管。

如果睾丸没有在采集地点进行处理，将每个睾丸包在盐水浸泡的无菌纱布中（结扎输精管以防止精子丢失），放入样本袋中，并在装有冷冻冰袋的泡沫塑料冷却器中运输。在睾丸和冰袋之间放置纸巾，防止直接接触。另外，睾丸也可以装在用来冷藏马或犬精子的容器里。

24.3.2 实验室附睾精子采集流程（表 24.1）

24.3.2.1 睾丸和附睾解剖

1. 解剖睾丸白膜（Prochowska et al.，2015），仔细暴露睾丸和附睾（图 24.2a）。

a. 通过解剖睾丸韧带将附睾尾与睾丸分离（图 24.2b）。

2. 分离附睾尾和附睾体，同时保持输精管与附睾尾相连（图 24.2c）。

3. 使用显微解剖仪器，在不切开附睾组织的情况下，切除尽可能多的附睾尾部血管。用毛巾或无菌纱布轻轻吸干组织上的血迹。

4. 将附睾尾和输精管放入一个含有精子收集液的培养皿中（见下文）。

24.3.2.2 精子采集

1. 通过以下两种方法从输精管中采集精子：

a. 逆行冲洗。使用钝头 25 G 或结核菌素针和注射器将精子收集液注入输精管的切割端，以冲洗附睾尾部精子。如果以温和的压力无法流经附睾，可以连续切割尾部，直到精子流经并进入收集盘。

b. 顺行冲洗。首先用止血器夹住毗邻附睾尾的输精管，将 25 G 或结核菌素针插入输精管腔内，将精子收集液从开口端冲入输精管（图 24.2d）。

采用顺行法从输精管中回收的精子可以单独冷冻，也可以与附睾尾精子一起冷冻保存。

2. 将附睾尾置于预热的精子采集培养液中，用手术刀在附睾尾上多次切开，将精子释放到采集培养液中（图 24.2e）。

a. 避免切开其他血管，以尽量减少血细胞污染。

b. 注意不要太用力地切割组织，否则收集的精子中会混入组织块。

3. 最好在温暖的环境下孵育解剖 / 浸泡的附睾尾 5 min，使精子扩散到预热的（37℃）收集液中。定期轻轻搅动组织。

4. 从培养皿中取出组织，将精子收集液和精子混合物转移到无菌微离心管中（图 24.2）。在从培养皿中取出之前，用收集液冲洗组织。

24.3.2.3 精子收集液的选择

1. M199（HEPES 改良）培养液（Klaus et al.，2016）。

2. Hams F-10 培养液（Spindler and Wildt，1999）。

3. 不含甘油的 Tris 缓冲液（Zambelli，1994；Zambelli et al.，2000；Hermansson and Axnér，2007）。

表 24.1　附睾精子收集和冷冻保存所需的设备和制造商

设备和耗材	生产商
大（直径 100 mm）和小（直径 35 mm）培养皿	如康宁、Nunc
手术刀片及刀柄	如 10 号或 20 号刀片
眼科剪	
蚊式止血钳	
干净的一次性湿巾	如金佰利纸巾
精子收集液	自制：见下文 市售：TYB 制冷剂（欧文科技）
精子冷冻液	自制：见下文 市售：TYB 冷冻液（欧文科技）
25 mL 精液冷冻细管	如 Minitube,IMV Technologies 技术公司
细管标签机 / 细管标签	如布雷迪 BMP21 标签打印机和标签， 或者用记号笔手写标签
移液器和移液头（1000 μL、200 μL、20 μL）或塑料移液器	
2 mL 离心管	
精液细管密封剂	如 ULINE 热封机或者聚乙烯醇粉末密封
冰箱或寒冷的房间	
装满水的容器	如装 200 mL 水的 250 mL 大烧杯
聚苯乙烯泡沫塑料冷却器	
试管架（金属）或浮精细管冷冻架	
液氮及储罐	
液氮安全镊子、护目镜、手套	
离心机或微量离心机	

4. Dulbecco 的磷酸盐缓冲盐水（Vizuete et al.，2014）。

5. 试验蛋黄缓冲液制冷剂（Test yolk buffer，TYB；Irvine Scientific）或在室内配制冷冻剂 – 不含甘油的两步冷冻剂的 A 部分（Spindler et al.，2004；Pukazhenthi et al.，2006；Thiangtum et al.，2006）。

24.4　附睾精子的冷冻保存

在猫科动物中，最常见的冷冻保存方案是“两步法”。第一步是在没有冷冻保护剂的培养液中稀释冷却精子，第二步是加入冷冻保护剂，如甘油，然后用液氮冷冻。在家猫精子冷冻保存中，经常使用试验蛋黄缓冲液（TYB）。这种培养液既可以从商业公司购买，也可以在临床或实验室制备改良类似产品。或者，可以使用超快速冷冻方法冷冻少量猫附睾精子，使用大豆卵磷脂培养液进行长期存储（Swanson et al.，2017）。

24.4.1　精子冷冻液的配方

1. 商业化 TYB（欧文科技）

a.TYB 冷冻剂（含 12% 甘油）和 TYB 制冷剂（含 0% 甘油）以 2 ∶ 1 比例混合以达到 8% 甘油浓度。冷冻保存时，在精悬液中加入预冷的含 8% 甘油的 TYB，比例为 1 ∶ 1，使甘油终浓度达到 4%。

2. 自制 TEST 缓冲液，含有 7.5%（v/v）甘油和 15%（v/v）蛋黄水溶性部分（Lengwinat and

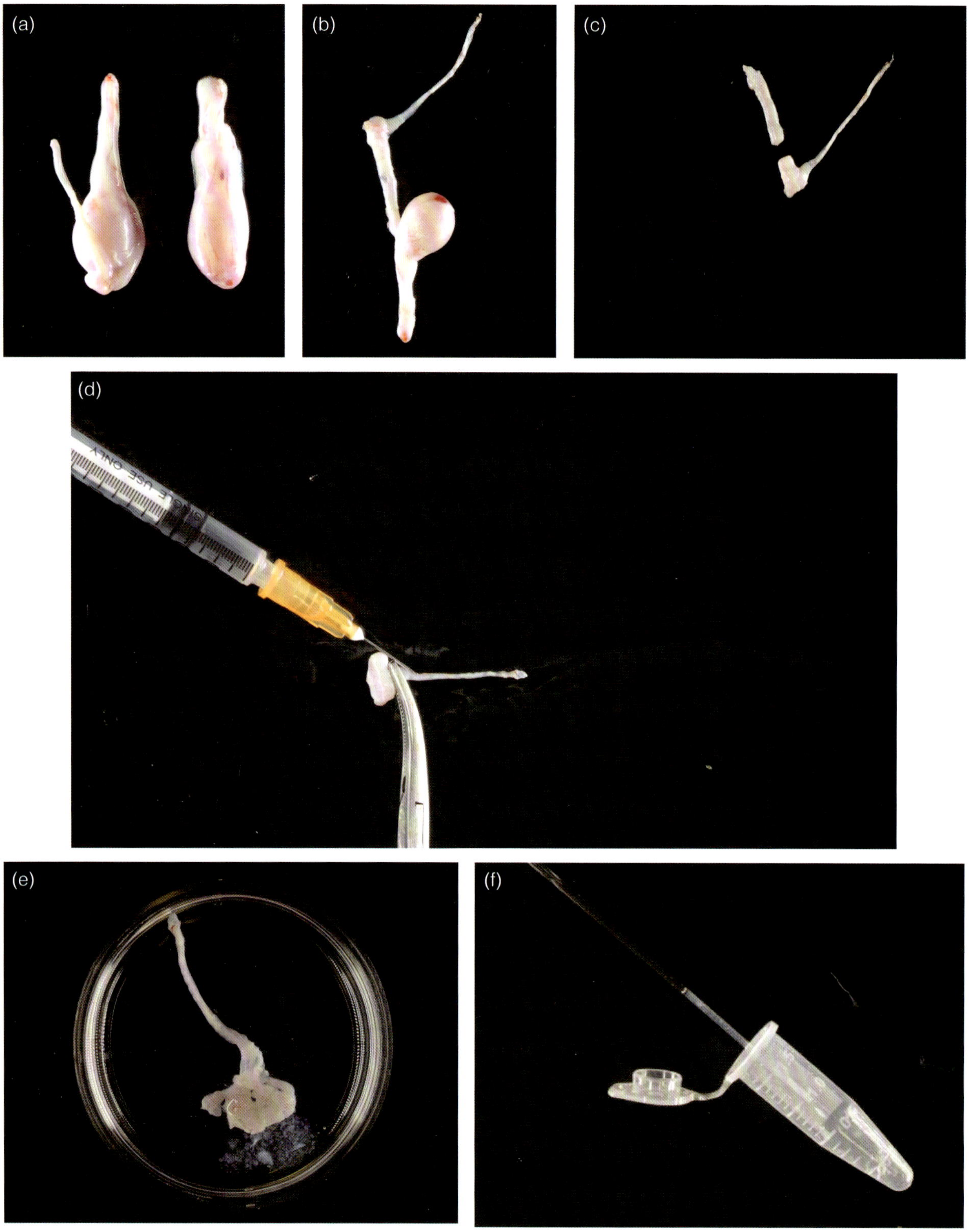

图 24.2 附睾精子收集过程的图像

（a）切除睾丸白膜的左侧睾丸，右侧睾丸保留完整的睾丸白膜；（b）切断睾丸韧带，将附睾尾和附睾体与睾丸分离；（c）在附睾尾和附睾体之间的切断，输精管与附睾尾相连；（d）输精管顺行冲洗；（e）切割附睾尾后将精子释放到采集液中；（f）将精子液转移到微量离心管中。

Blottner，1994）。

a. 每 1000 mL 水中加入 48.3 g TES：N tris（羟甲基）（甲基 -2- 氨基乙烷）磺酸、11.6 g tris（羟甲基氨基甲烷）和 2 g 果糖，制备 TES-tris 缓冲液。缓冲液渗透压应为 325 mOsm/kg，pH=7.1 ～ 7.2（Schmehl et al.，1986）。

b. 在 TES-Tris 缓冲液中加入 15%（v/v）的蛋黄水溶性部分。

c. 在 TES-Tris 蛋黄液中加入甘油（7.5% v/v）。

3. 超快速冷冻液（Swanson et al.，2017；Vansandt et al.，2021）。

a. 超快冷冻液：含 0.2 mol/L 蔗糖的大豆卵磷脂基培养液。

b. 大豆卵磷脂培养液（Vick et al.，2012）：TES-Tris 原液缓冲液（TES 74 g/L 和 Tris HCl 39.68 g/L）滴定至 pH7.3（TEST）。然后，将 480 mL TEST 加入到 300 mL 柠檬酸钠溶液（33.84 g/L）和 220 mL 双蒸馏水中，随后添加果糖（14 g）、大豆卵磷脂（10 g）、硫酸链霉素（0.05 g）和青霉素 -G（100 kIU）。调整 pH 至 7.0，2 900 × g 离心 15 min，上清液经 0.8 μm 和 0.4 μm 过滤器过滤。

24.4.2 精子冷冻程序

24.4.2.1 两步慢速冷冻（冷冻保存）法

1. 用 300 × g 离心 8 min 回收 / 冲洗稀释的附睾精子。去除上清液。

2. 缓慢加入 TYB 制冷剂（不含甘油）重悬精子，使最终精子浓度达到每毫升 4000 万至 6000 万精子（Cocchia et al.，2010）。

3. 将重悬的精子放入 10 mL 或 15 mL 无菌试管中，室温条件下（大约 22℃）将无菌试管放入一个装有 500 mL 水的容器中，将水容器放入冰箱中冷却至 4℃，大约 3 h（Thiangtum et al.，2006）。

4. 用预冷的（4℃）含有 8% 甘油的 TYB 冷冻剂在 4℃下缓慢 1 ∶ 1 稀释精子溶液（稀释后，冷冻保护剂的终浓度为 4% v/v 甘油）。

5. 让稀释后的精子在 4℃下平衡 15 min，随后将精子装入预冷（4℃）的 0.25 mL 塑料细管中并密封。

6. 所有的细管打上标签，至少要包含以下信息：动物名称、品种和收集日期。使用液氮安全细管标签或用记号笔手工标签是很重要的。

7. 使用移液器将精液装入（0.25 mL）吸管，并使用热封胶或聚乙烯醇粉末密封开口端。

8. 将细管放在架子上，放置在距离液氮表面 7.5 cm 的冷却器中，放置 1 min，然后在距离液氮表面 2.5 cm 的地方放置 1 min（Spindler et al.，2004；Thiangtum et al.，2006）。

9. 将细管插入液氮中（Cocchia et al.，2010），并将吸管长期储存在液氮罐中。

24.4.2.2 超快冷冻（玻璃化）法（Swanson et al.，2017）

1. 如上所述收集精子。

2. 将精子悬液转移至无菌微离心管中，离心（300 × g；8 min）使精子沉淀。

3. 用冷冻液重悬精子沉淀（1 ∶ 3 v/v）。

4. 在室温下平衡 5 min。

5. 直接吸取 30 μL 精子悬浮液注入含液氮的桶中。

6. 使用长钳，将精子颗粒转移到预先标记的冷冻瓶中，并将冷冻瓶储存在液氮中。

24.4.3 解冻 / 复温程序

24.4.3.1 解冻（适用于慢速冷冻保存的样本）

1. 用预冷的（末端放置于液氮中）镊子将细管从液氮中取出，立即将细管转移到 37℃的水浴中，快速搅动 30 s。

2. 用 1 mL 预热的（37℃）不含冷冻保护剂的 Tris 蛋黄稀释液缓慢稀释解冻的精液（Cocchia et al.，2010）。或者用指定的培养液缓慢稀释解冻的精子悬浮液（见精子收集培养液）。

24.4.3.2 玻璃化精子颗粒的解冻（Swanson et al.，2017）

1. 将冷冻瓶从存储液氮罐中取出，保存在液氮中。

2. 打开冷冻瓶，将精子冷冻颗粒转移到液氮中。

3. 使用预冷冻的金属钳，将单个颗粒转移到含有 0.1 mL 猫优化培养液（FOCM；Herrick et al.，2007），同时将试管放在 37℃的水浴中。

4. 30 s 后，将精子悬浮液转移到无菌的微型离心管中，慢慢加入 0.2 mL 预热的 FOCM 培养液。

5. 以 300 × g 离心 5 min。

6. 根据所使用的辅助生殖技术，去除上清液，将精子颗粒重悬于预热的新鲜培养液中。

24.5 附睾精子用于繁殖

附睾精子已成功用于体外受精和人工授精（Lengwinat and Blottner，1994；Tsutsui et al.，2003）。更多信息，请参见辅助生殖技术章节。

24.6 展望

未来的研究方向不是从新鲜收集的附睾中分离精子，而是对类似卵巢组织块的完整附睾组织进行冷冻保存 / 玻璃化保存（Brito et al.，2018；Gorricho et al.，2018），首先需要确定在组织解冻后是否可以分离出存活的精子，用于胞浆内精子注射或体外受精，如果不能立即进行精子处理，这将节省时间。

24.6.1 实践的角度

"不要"：

直接在冰上运输睾丸。

将睾丸保存在冷冻室（–20℃）。

"要"：

如果将睾丸运送到实验室进行处理，请附上描述动物细节的标签（名称、品种、年龄、健康状况等）。

提前联系实验室做好准备，确保睾丸一到实验室就可进行处理。

24.7 参考文献

[1] Axnér, E. (2006) Sperm maturation in the domestic cat. Theriogenology 66, 14–24. doi: 10.1016/j.theriogenology.2006.03.022.

[2] Axnér, E., Holst, B. S., and Linde-Forsberg, C. (1998) Morphology of spermatozoa in the cauda epididymidis before and after electroejaculation and a comparison with ejaculated spermatozoa in the domestic cat. Theriogenology 50, 973–979. doi: 10.1016/s0093-691x(98)00200-3.

[3] Axnér, E., Linde-Forsberg, C., and Einarsson, S. (1999) Morphology and motility of spermatozoa from different regions of the epididymal duct in the domestic cat. Theriogenology 52, 767–778. doi: 10.1016/S0093-691X(99)00170-3.

[4] Brito, D. C. C., Domingues, S. F. S., Rodrigues, A. P. R., Maside, C., Lunardi, F. O., et al. (2018) Cryopreservation of domestic cat (Felis catus) ovarian tissue: Comparison of two vitrification methods. Theriogenology 111, 69–77. doi: 10.1016/j.theriogenology.2018.01.015.

[5] Cocchia, N., Ciani, F., El-Rass, R., Russo, M., Borzacchiello, G., et al. (2010) Cryopreservation of feline epididymal spermatozoa from dead and alive animals and its use in assisted reproduction. Zygote 18, 1–8. doi: 10.1017/S0967199409990256.

[6] Comizzoli, P., Wildt, D. E., and Pukazhenthi, B. S. (2006) In vitro development of domestic cat embryos following intra-cytoplasmic sperm injection with testicular spermatozoa. Theriogenology 66, 1659–1663. doi: 10.1016/j.theriogenology.2006.01.038.

[7] Courot, M. (1981) Transport and maturation of spermatozoa in the epididymis of mammals. In: Bollack, C. and Clavert, A. (eds) Progress in Reproductive Biology, Vol. 8, Epididymis and Fertility: Biology and Pathology. S. Karger, Basle, Switzerland, pp. 67–79.

[8] Gorricho, C. M., Tavares, M. R., Apparício, M., Fonseca-Alves, C. E., Macente, B. I., et al. (2018) Vitrification of cat ovarian tissue: Does fragment size matters? Reproduction in Domestic Animals 53, 125–132. doi: 10.1111/rda.13357.

[9] Hermansson, U. and Axnér, E. (2007) Epididymal and ejaculated cat spermatozoa are resistant to cold shock but egg yolk promotes sperm longevity during cold storage at 4 degrees C. Theriogenology 67, 1239–1248. doi: 10.1016/j.theriogenology.b 2007.01.008.

[10] Herrick, J. R., Bond, J. B., Magarey, G. M., Bateman, H. L., Krisher, R. L., et al. (2007) Toward a feline-optimized culture medium: Impact of ions, carbohydrates, essential amino acids, vitamins, and serum on development and metabolism of in vitro fertilization-derived feline embryos relative to embryos grown in vivo. Biology of Reproduction 76, 858–870. doi: 10.1095/biolreprod.106.058065.

[11] Klaus, C., Eder, S., Franz, C., and Müller, K. (2016)

Successful cryopreservation of domestic cat (Felis catus) Epididymal sperm after slow equilibration to 15 or 10° C. Reproduction in Domestic Animals 51, 195–203. doi: 10.1111/rda.12666.

[12] Kunkitti, P., Axnér, E., Bergqvist, A. S., and Sjunnesson, Y. (2016) In vitro fertilization using frozen-thawed feline epididymal spermatozoa from corpus and cauda regions. Theriogenology 86, 1403–1408. doi: 10.1016/j.theriogenology.2016.04.085.

[13] Lengwinat, T. and Blottner, S. (1994) In vitro fertilization of follicular oocytes of domestic cat using fresh and cryopreserved epididymal spermatozoa. Animal Reproduction Science 35, 291–301. doi: 10.1016/0378-4320(94)90044-2.

[14] Prochowska, S., Niżański, W., Ochota, M., and Partyka, A. (2015) Characteristics of urethral and epididymal semen collected from domestic cats—A retrospective study of 214 cases. Theriogenology 84, 1565–1571. doi: 10.1016/j.theriogenology.2015.08.005.

[15] Pukazhenthi, B., Laroe, D., Crosier, A., Bush, L.M., Spindler, R., et al. (2006) Challenges in cryopreservation of clouded leopard (Neofelis nebulosa) spermatozoa. Theriogenology 66, 1790–1796. doi: 10.1016/j.theriogenology.2006.02.020.

[16] Schmehl, M. K., Anderson, S. P., Vazquez, I. A., and Graham, E. F. (1986) The effect of dialysis of extended ram semen prior to freezing on post-thaw survival and fertility. Cryobiology 23, 406–414. doi: 10.1016/0011-2240(86)90025-8.

[17] Silva, A. R., Morato, R. G., and Silva, L. D. (2004) The potential for gamete recovery from non-domestic canids and felids. Animal Reproduction Science 81, 159–175. doi: 10.1016/j.anireprosci.2003.10.001.

[18] Spindler, R. E. and Wildt, D.E. (1999) Circannual variations in intraovarian oocyte but not epididymal sperm quality in the domestic cat. Biology of Reproduction 61, 188–194. doi: 10.1095/biolreprod61.1.188.

[19] Spindler, R. E., Huang, Y., Howard, J. G., Wang, P., Zhang, H., et al. (2004) Acrosomal integrity and capacitation are not influenced by sperm cryopreservation in the giant panda. Reproduction 127, 547–556. doi: 10.1530/rep.1.00034.

[20] Swanson, W. F., Bateman, H. L., and Vansandt, L. M. (2017) Urethral catheterization and sperm vitrification for simplified semen banking in felids. Reproduction in Domestic Animals 52, 255–260. doi: 10.1111/rda.12863.

[21] Thiangtum, K., Swanson, W. F., Howard, J., Tunwattana, W., Tongthainan, D., et al. (2006) Assessment of basic seminal characteristics, sperm cryopreservation and heterologous in vitro fertilisation in the fishing cat (Prionailurus viverrinus). Reproduction, Fertility and Development 18, 373–382. doi: 10.1071/rd05098.

[22] Tsutsui, T., Wada, M., Anzai, M., and Hori, T. (2003) Artificial insemination with frozen epididymal sperm in cats. Journal of Veterinary Medical Science 65, 397–399. doi: 10.1292/jvms.65.397.

[23] Vansandt, L. M., Bateman, H. L., Miller, A. G., Herrick, J. R., Moresco, A., et al. (2021) Cross-species efficacy of a chemically-defined, soy lecithin-based cryomedium for semen banking in imperiled wild felids. Theriogenology 159, 108–115. doi: 10.1016/j.theriogenology.2020.10.021.

[24] Vick, M. M., Bateman, H. L., Lambo, C. A., and Swanson, W. F. (2012) Improved cryopreservation of domestic cat sperm in a chemically defined medium. Theriogenology 78, 2120–2128. doi: 10.1016/j.theriogenology. 2012.08.009.

[25] Vizuete, G., Jiménez, E., Agüera, E. I., and Pérez-Marín, C. C. (2014) Impact of ultra-rapid freezing on the motility, morphology, viability and acrosome integrity of epididymal cat sperm diluted in sucrose-based extenders. Reproduction in Domestic Animals 49, e5–e8. doi: 10.1111/rda.12253.

[26] Zambelli, D. (1994) Study of sperm morphology and preservation in the cat and of reproductive physiologic parameters in the female for the use in the AI. PhD Thesis, University of Perugia, pp.69–70.

[27] Zambelli, D., Bergonzoni, M. L., and Caneppele, B. (2000) Long and short term sperm preservation in the cat using chilling or freezing. In: SISVet Proceedings, Riva del Garda (TN), Italy, pp.121–122.

25 不孕不育的临床治疗

Sandra Goericke-Pesch
德国汉诺威兽医大学小动物诊所生殖科

25.1 引言

造成不孕不育和流产的原因有很多，第 5 章和第 7 章详细介绍了母猫不孕和流产的原因，第 19 章详细介绍了公猫不育的原因。本章将讨论如何在临床中治疗不孕不育。

临床医生能够通过不同的方法来确定猫不孕不育的原因。而对于猫育种员来说他们通常只迫切需要一个答案（即“不孕不育”的原因），往往不愿为诊断支付过多的费用。因此，需要对不孕不育的猫的病例进行结构化分析，以限制费用，并（期望）做出诊断。不孕不育分为几个主要类别，使医生能够更好地选择诊断和治疗方案。母猫主要包括发情周期紊乱、抗拒交配、不排卵和妊娠失败等。公猫应调查其勃起 / 交配障碍、射精障碍和与其交配的母猫无法妊娠等问题。在动物出现相关症状时，应获得详细的病史，然后进行体格检查和产科检查。通常需要进行超声检查。用拭子取样进行细菌学检查、完整的精液检测或其他进一步的检查，如血清激素检测或病毒感染的检测可能是有用的。病史检查、体格检查和产科检查都是最基本的。根据详细的病史，提出“正确”问题，将为帮助找出问题的关键提供一个起点。

25.2 母猫

表 25.1 是“不孕母猫”病例的诊断程序。

表 25.1　不孕母猫的检查程序

病史	
特征	名字、品种、ID 身份证（微芯片 / 标签），出生日期
体格检查	全身（从鼻子到尾巴）
产科检查	外生殖器官检查（分泌物） 阴道细胞学
超声检查	阴道（如可见） 子宫 卵巢
进一步的检查（如果需要）	阴道拭子的细菌学检查 激素检测 病毒感染检测（血清学 /PCR） 核型分析
诊断、评估和治疗方法	

25.2.1 病史

详细的病史能够给医生提供信息和指导诊断。因此，需要清楚以下问题：

1. 是否出现过发情期（初情期年龄和发情的周期——应该考虑母猫的年龄和品种，以及当前的季节和出生的季节）？

2. 是否 / 曾经有发情周期［包括询问发情周期之间的间隔——通常的情况下和（疑似）交配后］？

3. 是否妊娠过（包括获取有关的交配信息。如果有观察记录，前一次妊娠的过程，分娩和产后的时间、胎儿数量和生存率）？

4. 是否与繁殖性能正常的公猫接触过（该公猫是否在近期有过后代）?

5. 是否有过交配，如果有，发情期交配的时间和频率（为了确定交配是否被观察到，以及交配频率是否足够诱导排卵）?

6. 相关症状是否有充足的证据［例如，通过临床症状（如乳头肿胀和变红），通过腹部触诊或超声检查］，还是只是育种员的猜测?

7. 是否有流产 / 产死胎等情况，包括在分娩前或最后一次交配后出现阴道分泌物?

上述这些问题都应该被询问，以获得关于猫个体繁殖背景的必要信息。也应该询问一些关于猫舍和管理的“一般”问题（见第 4 章）。要收集的信息应该包括总共有多少只猫生活在猫舍里（包括未绝育母猫、幼猫和公猫），有几只猫不孕。如果存在多只母猫不孕，那它们是否与同一只公猫交配过，是来自猫舍的公猫还是一个“外来”公猫? 这些猫是否被关在室内饲养，它们是否可以进入室外围栏区域，是否与其他动物或来自其他家庭的猫有接触? 饮食是很重要的，因为饲喂生食很有可能引起某些问题（甲状腺增生会导致 LH 的下调；维生素 / 矿物质 / 微量元素成分不足；细菌，如沙门氏菌病会导致肠道内环境失衡而造成腹泻，生鸡肉中可能含有鼠伤寒沙门氏菌从而导致死胎）。如果一些商品化的干饲料或罐装饲料的成分错误、过期或储存方法不当，也存在风险，因为它会导致活性氧的形成或重金属污染。关于猫的一般健康状况相关的资料应在表现不孕不育时以及在交配时和交配前获得。由于猫细小病毒和 FeLV 等病毒感染会对生育能力产生不良影响，并导致流产和死胎，因此猫的疫苗接种是非常重要的。此外，应该确定以前和目前的用药情况，如治疗癣病的抗真菌药物（可能干扰发情）、驱虫药（用药种类和用药时间）、避孕药（孕激素、褪黑素、GnRH 激动剂植入物），或任何其他药物都需要注意，因为特定的药物可能对发情周期和早期妊娠有不良影响。详细的病史可以决定应该进行哪种诊断来确定母猫不孕的原因。

25.2.2　产科检查

在所有表现发情周期紊乱、着床失败或妊娠维持失败的猫病例中，产科检查是至关重要的。猫的产科检查必须包括外阴检查，确定阴道分泌物的组成。对于长毛猫，兽医还应检查后腿毛和尾巴下方是否有阴道分泌物（图 25.1）。如果母猫特别敏感，在检查结束时对阴道分泌物进行二次快速检查有可能观察到在检查过程中所排出的分泌物。用于细菌学和细胞学检查的阴道拭子适用于确定发情周期的阶段以及判断细菌感染和（或）子宫蓄脓。在取样前，应该用一些干纸或沾有对黏膜损伤较小的消毒剂（不可用酒精）的纸对外阴进行简单地清洁。利用较小的棉签（图 25.2），如将人用尿道拭子尽可能插入母猫的阴道，轻轻地摩擦阴道背侧的黏膜并取出拭子。第一个拭子可用于细菌学检查，第二个可用于阴道

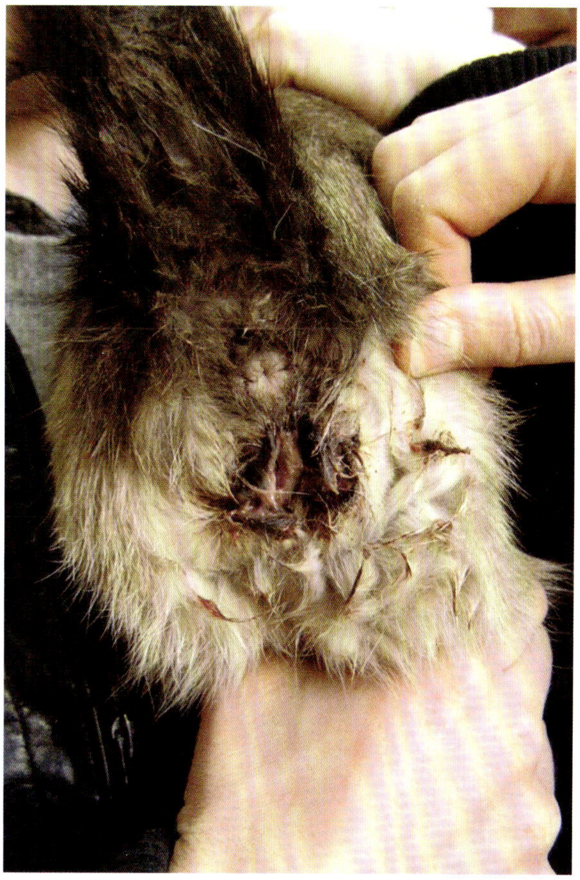

图 25.1　检查阴道分泌物

在产科检查中，必须检查肛门生殖器区域是否有阴道分泌物。在本病例中，阴道分泌物是胎儿死亡的唯一临床症状。

细胞学检查。将第二个拭子放在载玻片一端并滚动到载玻片的另一端，风干后，涂片可以用标准的血细胞染色剂染色，如快速血液涂片染色液（Hemacolor®）（图 25.3 和图 25.4）或迪夫快速染色液（DiffQuick®）。这种方法易于着色，便于使用和评估。帕帕尼科劳（Papanicolaou）染色可将未接触雌二醇 -17 的细胞染为墨绿色，接触雌二醇 -17 的细胞染为橙色，从而可以轻易判断雌激素的影响，但这种染色所需要的时间和精力并不能使其成为日常临床诊断常用的染色方法。

对于出现不孕的母猫，应确定其所处的发情时期。正常的阴道细胞学检查已在第 2 章进行讨论。Davidson 和 Baker（2009a）为母猫的超声诊断提供了指导。阴道细胞学检查中发现的细菌并不一定表明感染，但在不孕的情况下，应进行细菌学检查，以充分评估细菌的存在。存在大量白细胞（图 25.5）通常提示有炎症。阴道分泌物中无白细胞可能提示是非感染性原因引起的部分流产（剩余的仍维持妊娠到足月）。尽管生育能力与细菌感染之间很难确定直接联系，但是仍然建议进行阴道拭子细菌学检查。如果检测到大量的溶血性链球菌或大肠杆菌变种，建议进行抗生

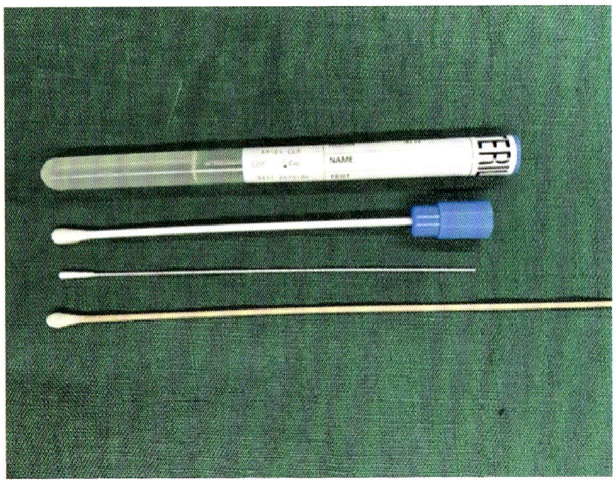

图 25.2　不同型号的棉签可用于阴道细胞学的取样

只有极细的棉签才适合给猫采集样本。如果进行细菌学检查，可以将拭子放置在含有 Amies 培养液的试管中进行培养。

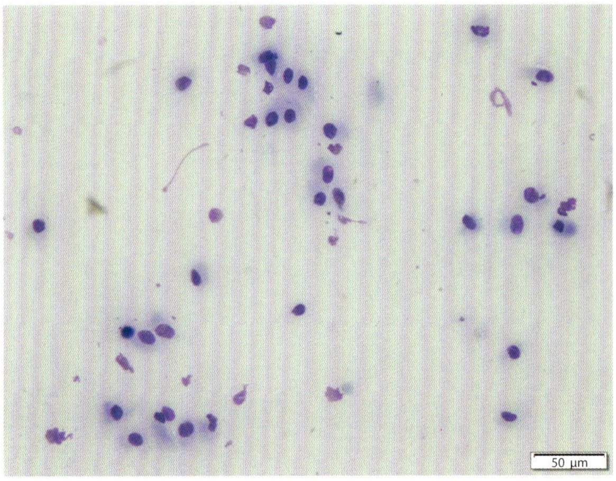

图 25.4　用 Hemacolour® 染色的阴道细胞学涂片

主要为基底旁细胞和小的中间细胞，同时可见一些细胞碎屑和黏液。涂片取自一只妊娠母猫。

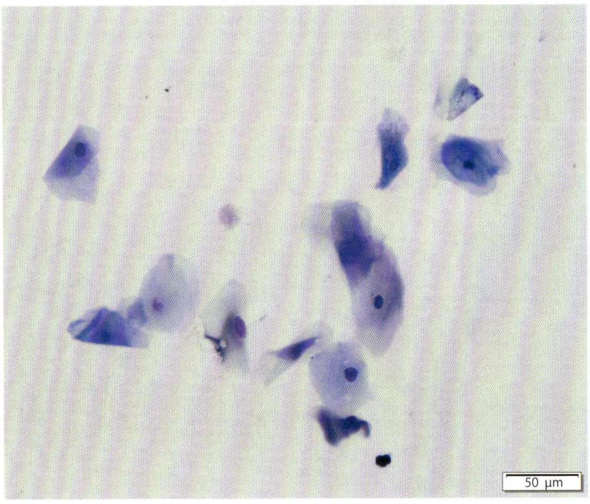

图 25.3　用 Hemacolour® 染色的阴道细胞学涂片

主要为上皮细胞（正常、致密细胞核的有核细胞），涂片取自发情的母猫。

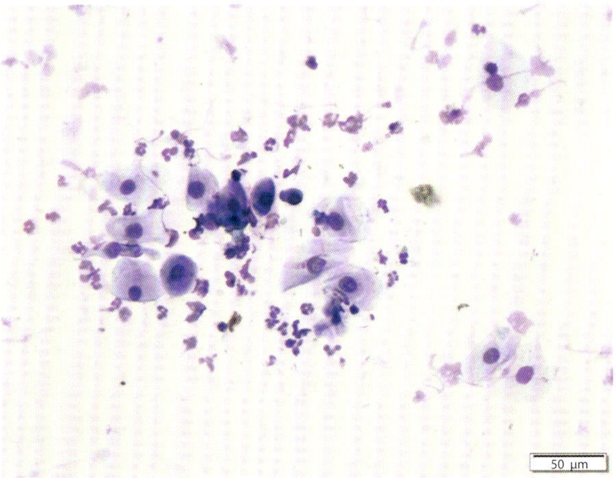

图 25.5　用 Hemacolour® 染色的阴道细胞学涂片

主要为白细胞、大小不等的中间细胞，也可见部分黏液。涂片取自一只带有阴道分泌物的妊娠母猫，且已检测到存在大肠杆菌感染并导致了死胎。

素治疗，因为这些细菌已被证明与子宫内膜炎、子宫蓄脓、胎盘炎（溶血性链球菌引起）、流产（大肠杆菌变种引起）、死胎（鼠伤寒沙门氏菌引起；Reilly et al.，1994）及新生儿败血症（溶血性链球菌，大肠杆菌变种引起）有关（Pretzer，2008；自身的临床经验）。其他与生殖道疾病相关的细菌和被提及的亚型与不孕相关的细菌是支原体、脲原体、衣原体和伯氏菌（McKinney，1973）。这些细菌的生长需要特定的培养条件，因此通常进行 PCR 检测。猫披衣菌（衣原体）在实验性感染后引起持续的输卵管炎，但在自然感染并且未出现任何生殖临床症状的猫生殖道内也能够检测到猫披衣菌。这些细菌的临床相关性的最终评估是困难的。

图 25.6 概述了母猫出现不孕的潜在原因、可能的病史和诊断程序。

25.2.3 发情周期紊乱

发情周期紊乱包括原发性不发情和继发性不发情。原发性不发情是母猫从未发情过，而继发性不发情是母猫之前有正常的发情周期，但最后一次发情后的间隔时间延长。安静发情，指发情时生理激素变化，但没有表现出任何临床发情症状，乏情期行为的变化有差异，需要排除。对卵巢进行超声检查有助于确认卵巢卵泡的存在（图 25.7）。安静发情的母猫是可孕的，可以与已知可育公猫合笼。调整环境和减少应激可能有助于安静发情的猫出现更明显的发情表现。

原发性不发情是指无初情期（或母猫仍然太年轻），主要是因为染色体和（或）发育异常，营养不良甚至疾病。初情期最早在 4 月龄时发生。然而，体型大的猫（通常是长毛的品种，如挪威福勒斯特猫或缅因猫）进入初情期的时间比体型小的猫（短毛的品种）晚，第一次发情出现在 21 ～ 24 月龄。某些被毛颜色，如三花色和玳瑁色，与导致不孕的基因异常（X0 和 XXY 基因组）有关。在原发性不发情的情况下应考虑核型分析，特别是在体格检查中发现了解剖学异常。

继发性不发情可能与未知的绝育史、妊娠、避孕药（孕激素、缓释 GnRH 激动剂植入物、褪黑素）有关，但也与孕酮诱发的卵巢囊肿 / 囊性黄体、疾病和营养不良而导致的黄体期延长有关。少数药物对发情周期具有影响，如高浓度的糖皮质激素。记录详实的病史对于确定近期（或长期）药物的使用是必要的。尽管血液孕酮浓度可以在实验室中进行分析，但这并不是日常诊所的常规检查程序，因此在未知病史的情况下，几乎不可能判断是否使用过孕酮药物。为了排除早期手术绝育的可能，应该仔细检查腹中线和腹壁的两侧区域是否有疤痕。腹部超声可以排除因妊娠导致的周期紊乱（图 25.8）。腹部超声也有助于识别卵巢上囊性黄体导致的不发情。囊性黄体可通过其体积增大、无回声充盈和体壁增厚，以及乏情来诊断。

激素分析对发情周期紊乱或排卵失败的诊断特别有帮助。孕酮分析可用于在怀疑有发情或安静发情的情况下检测近期排卵情况。反复的孕酮分析有助于证实孕酮长期分泌的猜测。抗米勒管激素和 LH 的分析适用于确认卵巢组织的存在或缺失。孕酮可以从血清或血浆中进行分析。在采集之前，兽医应首先确定提交至实验室的首选待检样本类型。尽管一旦从红细胞中取出血清或血浆（室温 4 d，冷却至 4℃后约 1 周），孕激素就相对稳定，但同样需要低温保存运输。母猫有可能类似于母犬体内孕激素浓度的日变化（Thuróczy et al.，2003），重复采样时建议在一天的同一时间采样。糖蛋白抗米勒管激素由支持细胞和颗粒细胞分泌，因此可以作为雄性和雌性初情期前后动物中存在生殖系统发育的证据（Walter，2020）。由于激素在室温下能够稳定保存约 3 d，在 2 ～ 8℃下能够稳定保存约 5 d，所以应将样本冷藏送往实验室。早期（未知）卵巢子宫切除术是卵巢功能缺失最常见的原因。绝育雌性的抗米勒管激素浓度较低［基于人体测定结果：＜ 0.1 ng/mL（Place et al.，2011）或＜ 0.14 ng/mL（Axner and Strom Holst et al.，2015）］，

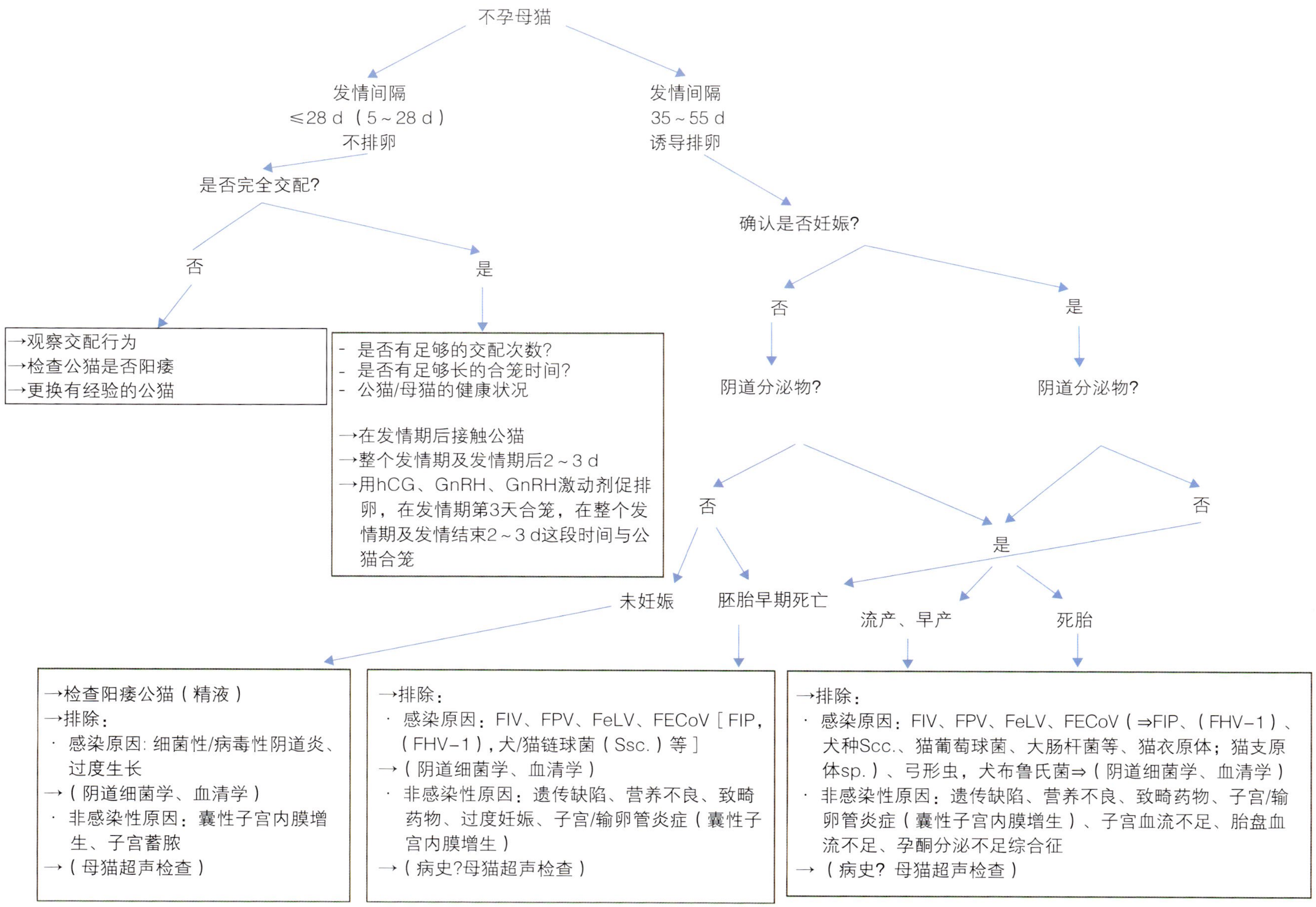

图 25.6　妊娠失败母猫的诊断程序

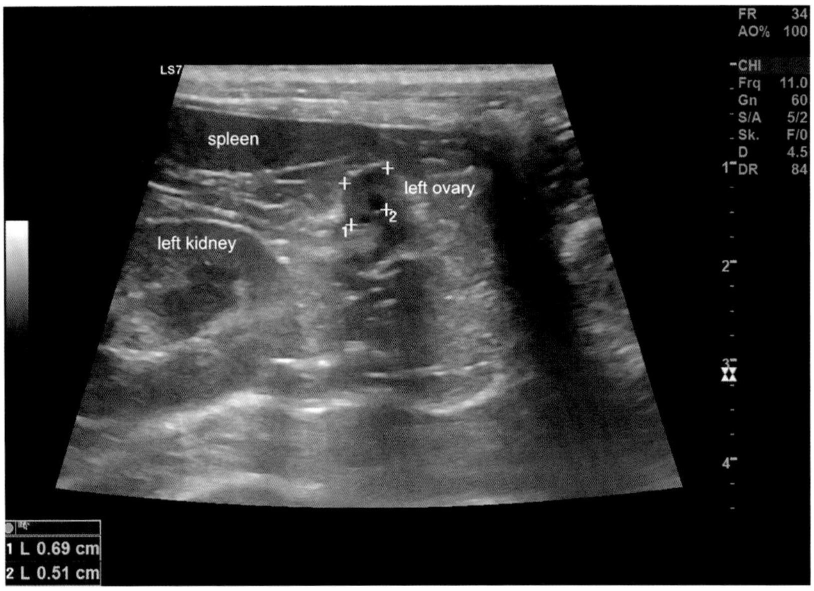

图 25.7　发情母猫卵巢的超声图像

两处无回声结构清晰可见。

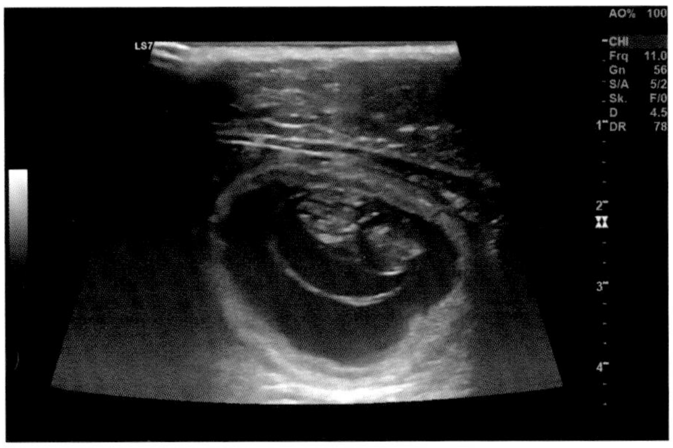

图 25.8　妊娠早期超声检查

子宫壁、胚胎和胎膜清晰可见。

未绝育动物的抗米勒管激素浓度显著更高［基于人体测定结果：0.7 ～ 10 ng/mL（Place et al.，2011）或 1.3 ～ 19 ng/mL（Axner and Strom Holst et al.，2015）］。在这些阈值水平下，没有关于假阳性和假阴性结果的报道（Walter,2020）。有趣的是，未绝育母猫的抗米勒管激素浓度似乎与年龄有关，3 月龄幼猫的抗米勒管激素浓度值最高（Snoeck et al.，2017）。

重复 LH 分析可以使用半定量测试（如 Witness® LH）代替抗米勒管激素来检测成熟卵巢的存在。LH 浓度低表明存在卵巢组织。内部分析的使用使该测试更容易在临床上执行。由于 LH 不稳定（2 ～ 8℃下保存 1 d），进行 LH 测试比较困难。由于负反馈机制的缺乏，高浓度 LH 存在于未绝育动物的 LH 峰值出现时或者绝育动物中。如果 LH 水平升高，可在 2 ～ 3 d 内重复出现，在未绝育的动物中，LH 将再次降低。

在原发性不发情和继发性不发情的情况下，可以根据潜在健康问题，排除解剖或遗传异常后，在初情期前尝试诱导发情。控制光照（>14 h 的光照）及接触其他发情母猫和未去势公猫是非侵入性诱导发情方法。更常见的诱导发情方法是使用激素，包括 GnRH 和 GnRH 类似物、FSH 和 FSH 类似物（见第 3 章），最常用肌内注射单剂量 100 ～ 150 IU 的 eCG 来诱导发情（Kutzler，2007）。母猫在发情时应交配以诱导排卵。或者，肌内注射 eCG 80 ～ 88 h 后，通过肌内注射单剂量 75 ～ 100 IU hCG 来诱导排卵（Donoghue et al.，1992；Swanson et al.，1997）或给每只猫肌内注射单剂量 25 μg GnRH 二乙酸脂四水化合物（Cystorelin）（Cutzler，2007）或 50 μg 戈那瑞林（Gonadorelin）（Ferré-Dolcet et al.，2021）。也可以通过皮下埋植 GnRH 激动剂缓释制剂来诱导发情（如 4.7 mg Suprelorin® 植入物）（Zambelli et al.，2015），并在成功诱导发情后移除植入物。

25.2.4 抗拒交配

抗拒交配通常与行为原因有关，如过度攻击性或母猫性格胆小害羞，先天性（或获得性）阴道异常是罕见的病因。行为原因可以通过改变繁殖管理来治疗。把公猫与母猫合笼，或者尝试换一只公猫，观察是否仍有抗拒交配的情况。一些母猫可能在发情的第 3 ～ 4 天更容易接受交配。在发情早期将母猫带到公猫那里可以促进其提前适应新环境，这可能对母猫的交配有益。交配期间出现疼痛（背部或后肢疼痛，阴道瘢痕等）也应进行适当的评估和治疗。只有健康动物才能进行繁殖。如果育种管理的调整没有效果，可以考虑药物诱导排卵和人工授精。

25.2.5 不排卵

当母猫每 8 ～ 10 d 发情一次时，可以怀疑是不能排卵。应该评估猫舍的管理情况，以确定是否观察到了母猫的交配行为。交配行为包括适当的姿势，插入发生时发出的叫声以及翻滚、舔舐等交配后反应。如果这些行为没有发生，很可能是公猫没有真正插入阴道并完成交配，应该作为潜在问题进行检查。此外，应该评估交配的次数，因为需要多次交配（超过 4 次）才能诱导排卵。不排卵可以通过观察公猫和母猫之间的交配行为，以及在 4 ～ 7 d 后检测孕酮来诊断。如果排卵，孕酮会上升（$>$ 2 ng/mL）。如果孕酮仍然处于基线水平（$<$ 0.2 ng/mL），则没有发生排卵。如果母猫在排卵前的卵泡出现之前就允许交配，那么公猫可以在较长一段时间内接近母猫，从而保证在卵泡最佳排卵期时繁殖。原发性不排卵可以通过药物诱导排卵来治疗，如通过肌内注射 75 ～ 100 IU 的 hCG，之后让母猫和公猫进行交配，或者进行人工授精。在诱导排卵后，大约 1 周后可以检测孕酮（孕酮上升），以确保排卵确实发生。

持续性发情也与不排卵有关，临床症状与持续性雌激素产生有关。特定品种（如暹罗猫）或个别猫可能会出现短暂的发情间隔，主人可能会认为这是持续性发情。全面的病史采集和多次产科检查以及阴道细胞学检查可以明确发情期持续的长短。

卵巢 / 卵泡囊肿是导致持续性发情和不排卵的常见原因。颗粒细胞瘤虽然罕见，但表现为持续发情。阴道细胞学检查与雌激素的存在相一致（角质化上皮细胞，图 25.3）。腹部超声检查适用于鉴别卵泡囊肿和颗粒细胞瘤。卵泡囊肿的特征是在卵巢上有巨大的充满液体的无回声结构。可以通过大小（通常较大,通常$>$ 10 mm）和（或）卵泡持续存在（在相应的时间范围内多次进行超声检查，如 5 ～ 7 d，显示相同的结构）来区分囊肿和正常发育卵泡。颗粒细胞瘤表现为卵巢结构不均匀，具有高回声和低回声区域，并可能存在钙化。抗米勒管激素分析被认为有助于母猫颗粒细胞肿瘤的鉴别（Heaps et al.，2017；Walter et al.，2020），与犬的情况类似，高水平的抗米勒管激素与颗粒细胞瘤的存在相关（Walter et al.，2018）。

值得注意的是，卵巢旁囊肿是卵巢周围充满液体的结构，不会引起临床症状，也不需要治疗或处理。通常情况下，它们是偶然发现的，但也可能被误认为是卵泡囊肿。

对于颗粒细胞瘤病例，卵巢子宫切除术（部分或全部）是治疗的选择，而在卵泡囊肿病例中，可以尝试通过用棉签反复刺激阴道或肌内注射 hCG（每只猫 75 ～ 100 IU）或 GnRH（每只猫 25 ～ 50 μg）的方式进行药物诱导排卵。如果阴道刺激或药物治疗不成功，可以进行手术切除囊肿或单侧卵巢切除术（如果存在单侧性卵泡囊肿）。如果所有的选择都失败了，则需要进行手术绝育。不建议使用孕酮来诱导囊肿消退，因为这可能增加患子宫蓄脓的风险。

25.2.6 妊娠失败

妊娠失败可能是母猫的问题，也可能是公猫的问题。典型情况是，母猫允许交配，40 ～ 45 d 没有观察到发情，但在妊娠期满之前恢复发情。

另一种情况是，母猫成功交配，但在大约 30 d 时被确定为未妊娠。交配后孕酮水平的升高有助于区分妊娠失败和不排卵。一般来说，必须考虑导致妊娠失败的非传染性原因和传染性原因。然而，妊娠失败通常是非传染性原因。子宫疾病是最常见的，如囊性子宫内膜增生 – 子宫蓄脓综合征（图 25.9）。与不育公猫交配、营养不足和罕见发育障碍，如生殖道特定部分发育不全和（或）生殖道畸形，都应被认为是非传染性病因。全身性疾病、健康状况下降、营养不良或肥胖都会对生殖性能产生影响。

如果存在子宫疾病，则未来生育能力预后不良。如果母猫还年轻，可以尝试对子宫蓄脓进行治疗。第 14 章讨论了子宫蓄脓的诊断和治疗。完成治疗后的下一次发情时将繁殖母猫与已证明可育的公猫进行交配最大限度地提高后续妊娠的机会，并降低子宫蓄脓复发的风险。

目前，在“生物学上合适的生食”和家庭自制饮食喂养增加的时期，猫营养不良的情况被频繁被观察到。繁殖性能受到必需脂肪酸不足和能量不足的影响，这就强调了繁殖母猫对最佳营养的需求。营养失衡、牛磺酸、花生四烯酸和铜离子不足以及必需脂肪酸和能量不足都会对繁殖性能产生负面影响。缺乏牛磺酸可导致胎儿吸收增加。临床病史和饮食分析可以帮助确定不孕的原因。

25.2.7 流产——早期胚胎丢失、胎儿死亡和死产

如前所述，不能维持妊娠可能是非传染性原因或传染性原因导致的（表 25.2），其中传染性原因更常见，对育种计划来说是灾难性的。早期胚胎丢失通常不易被发现，除了发情间隔延长外，没有其他临床症状，因此很难区分早期胚胎丢失和妊娠失败。后期妊娠丢失与出血或褐色外阴分泌物、胎儿 / 胎儿部分 / 胎膜排出有关，还有可能是全身性疾病的征兆。表 25.2 提供了妊娠中断的时间点，包括在胚胎发育时、胎儿发育期间和死胎分娩时。

病毒感染需要正确的诊断，包括血清学检测或通过 PCR 抗原验证。病毒感染可能是单独致病因素，也可能伴随着其他原因。关于细菌学检查，阴道拭子可提示单一有机体细菌过度生长（数量多）的原因。当怀疑子宫有感染性和退行性改变时，需要对子宫活检进行组织病理学和细菌学检查。抗生素应根据细菌培养和敏感性来选择。在猫衣原体和伯氏菌感染情况下，必须考虑全身感染，在妊娠前需要使用多西环素或氟喹

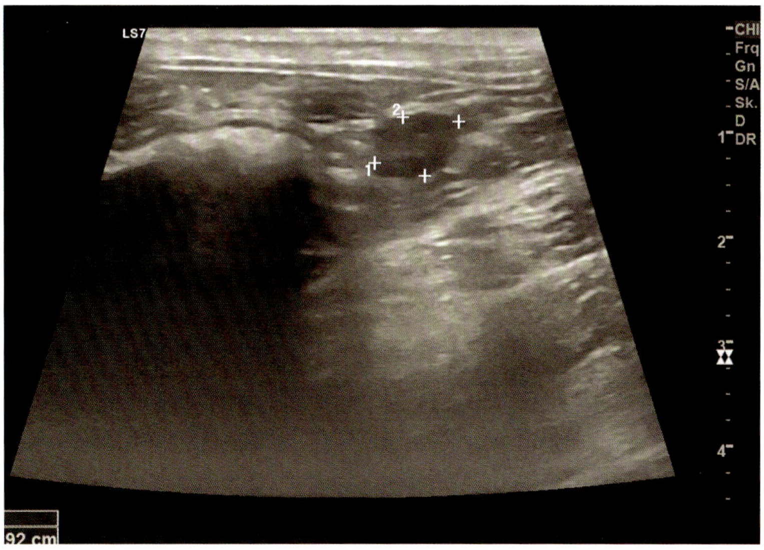

图 25.9　未妊娠母猫子宫的超声检查

子宫壁稍增厚，显示轻度囊性子宫内膜增生。

表 25.2 不同妊娠时期非传染性原因和传染性原因导致的妊娠失败的原因

传染性原因	非传染性原因
早期胚胎丢失	早期胚胎丢失
病毒感染：	基因缺陷 ⅰ, ⅱ, ⅲ, ⅳ
猫免疫缺陷病毒（FIV）ⅰ, ⅱ, ⅲ, ⅳ	影响不良 ⅰ, ⅱ, ⅳ
猫传染性腹膜炎病毒（FIPV）= 猫肠道冠状病毒 ⅰ, ⅱ, ⅲ	缺乏牛磺酸
猫白血病病毒（FeLV）ⅰ, ⅱ	缺乏维生素 A
猫泛白细胞减少症病毒（FPLV）ⅰ, ⅱ, ⅲ, ⅳ [a]	缺乏维生素 E
猫疱疹病毒（FHV-1）ⅰ	致畸药物 ⅰ, ⅱ, ⅲ, ⅳ
细菌感染：	妊娠子痫 ⅰ, ⅱ, ⅲ
革兰氏阳性链球菌（犬链球菌）ⅱ, ⅲ	输卵管 / 子宫炎症 ⅰ
大肠杆菌变种 ⅱ, ⅲ	子宫内膜萎缩 / 胎盘功能不全 ⅱ, ⅲ
空肠弯曲杆菌 ⅱ	孕酮分泌不足 / 黄体形成失败 ⅱ
鼠伤寒沙门氏菌 ⅱ, ⅲ	
犬布鲁氏菌 ⅱ ?, ⅲ ?	
支原体 / 脲原体 ⅱ	
猫披衣菌 ⅱ, ⅲ	
寄生虫：	
刚地弓形虫 ⅱ, ⅲ	

注：妊娠失败导致的结果为①胚胎死亡；②流产 / 胎儿死亡；③死胎；④胎儿缺陷。

a 小脑发育不良。

诺酮进行治疗。如果有严重的复发性全身性疾病（结膜炎等），应考虑接种猫衣原体灭活疫苗。

黄体功能减退或黄体发育不良是指不能产生足够的孕酮来维持妊娠。这种疾病通常发生在繁殖母猫上，特别是缅因猫，但已发表的文章中缺乏母猫黄体功能减退的相关报道。一个可能的原因是孕酮不仅由黄体产生，在妊娠后期胎盘也可以产生孕酮。在妊娠过程中，每周重复采血进行孕酮分析，可以提供诊断。在黄体功能减退或黄体发育不良的情况下，建议补充孕酮或人工合成的孕激素。犬的补充方案为皮下注射 2 mg/kg（孕酮溶于芝麻油），间隔 1 d 用药或口服 5 mg/kg（微粒化孕酮），每天 3 次；也可以使用合成孕激素，如 MPA(口服 0.1 mg/kg, 每天 1 次）或烯丙孕酮（口服 0.088 mg/kg, 每天 1 次）。在器官发育完成（大约妊娠第 45 天）之前不应进行补充，因为过早的使用与雌性后代发生雄性化和雄性后代发生隐睾的风险相关（Wilkins，1960；Curtis and Grant，1964）。如果血清孕酮下降（具体取决于分析方法）至低于 2 ng/mL 或在短时间内（数天）迅速下降，则可考虑孕酮治疗。黄体功能减退或黄体发育不足可能是一种遗传性疾病，因此不应将患病母猫用于繁殖。

25.3 公猫

关于公猫不育的相关文献比母猫不孕更有限。大部分文献来自作为野生亲属模型的濒危野生猫科动物或家养猫科动物。除非公猫之前有过生育史，否则很难确定不育是先天性还是获得性。无论引发公猫不育的原因是什么，其基本临床治疗方法都非常相似，包括完整的生殖检查（包含精液采集和评估）。通过该检查，医生将获得更多的信息来确定所需的额外检查。表 25.3 描述了不育公猫的基本检查程序。

25.3.1 病史

需要详细的病史，以确定不育是否与公猫交配障碍（公猫无法交配）或公猫生育能力缺失（公猫能够正常交配，但交配后未妊娠）有关。交配障碍可能是由于年龄不足（未性成熟，如波斯猫和一些类似品种发育晚），或由于与强势母猫的恐惧或糟糕的交配经历，生长过程中形成的错误条件反射（一直是主人单独饲养，从未接触过母猫）、不适宜的饲养条件，社会压力，疼痛和（或）腰椎、骨盆或后腿区域的神经损伤，或解剖/骨骼畸形。

我们应询问猫的生殖史、一般健康状况以及与猫舍环境状况有关的问题。尤其要特别注意过去2个月内公猫的健康状况，因为在这段时间内发生的异常会影响精子的发生。另外还有一个重要的问题就是与母猫交配的频率及母猫的来源，即它们是来自同一猫舍还是来自外部猫舍。

以下详细介绍了公猫不育诊断过程中病史采集相关的问题：

1. 与其交配过的母猫数量和来源（来自同一猫舍或来自外部猫舍）？

2. 妊娠/未妊娠的母猫数？随时间变化的窝产崽数（通过乳房乳头、腹部触诊或超声检查确定是否妊娠）？

3. 这只公猫在之前是否与生育能力正常的母猫交配，并产下健康的幼崽？

4. 是否有性欲？

5. 是否已观察到了交配行为？母猫在交配期间和交配后是否表现出正常的行为表现（如交配时的吼叫，交配后的舔舐、翻滚等）？

6. 与母猫交配的频率是多少？是在母猫发情的什么时间进行交配？可能的交配发生之后，母猫的发情期持续多久？

7. 最后一次（成功）交配是什么时候，并持续了多长时间？

8. 公猫是否做过雄性检查和精液评估？若做过，那检查结果如何？

9. 特别是在过去2个月内，有任何疾病、受伤或发烧吗？

10. 公猫目前是否正在接受药物治疗或是在过去2个月内接受过药物治疗？

猫舍环境状况的问题与之前母猫病史采集中提出的问题类似。

表 25.3　不育公猫的检查程序

病史		
特征	姓名、品种、身份信息（微芯片/标签）、出生日期	
体格检查		
雄性检查	阴囊	位置、大小、对称性、损伤、炎症、粘连、皮肤厚度、精索
	睾丸	大小、稠度、炎症、肿瘤
	附睾	大小、稠度、炎症、肿瘤
	精索	（如果可以找到）
	包皮	分泌物、炎症、肿瘤
	阴茎	
超声检查	睾丸	
	附睾	
	精索（如果可能）	
	副性腺（如果可能）	
精液采集与评估		
进一步检查（如有必要）	精液细菌学检查	
	精液的病毒学检查，PCR，血清学，如有必要	
	精浆分析（碱性磷酸酶）	
	激素检测	
	核型分析	
诊断、评估和治疗方法		

25.3.2 体格检查和雄性检查

体格检查的目的是查明当前是否有任何疾病和健康问题，同时获得有关猫的一般情况和营养状况等相关信息。牙龈炎、口炎和其他口腔疼痛的情况会阻止公猫咬脖子，而这个行为是交配时的必要反射。兽医应该特别关注腰椎、骨盆或后腿疼痛的症状，或可能干扰正常交配的神经系统问题。与糖尿病相关的神经病变也可能是导致射精失败的一个原因。

在雄性检查中，阴囊、睾丸、附睾、精索、包皮和阴茎应通过视诊和触诊进行检查，应包括仔细检查睾丸的位置、大小、对称性，阴囊皮肤是否可以自由地在睾丸上方移动，以及是否存在任何炎症或损伤的症状。猫的打斗可能会因咬伤导致阴囊脓肿。严重的阴囊损伤可能与睾丸周围炎和疤痕组织的形成有关，从而导致阴囊皮肤的活动性下降。由于炎症引起的阴囊温度升高，或由于阴囊内活动受限而无法进行体温调节，都会影响到精液品质。睾丸大小可通过测量卡尺（手动 / 电子；图 25.10）或超声进行检查，每个睾丸的长度、宽度和高度应单独测量。一般情况下，应在镇静状态下进行多次测量，以提高准确性。在使用卡尺或超声进行测量的过程中，应小心不要挤压组织。尽管目前的参考值仅限于家养短毛猫，但将其与相关公猫体重进行比较可能会发现更有用的信息。成年、性成熟、精液品质正常（体重 3.9 ～ 6.4 kg）的公猫用电子卡尺测得的睾丸体积平均为 3.1 mm^3（范围为 2.1 ～ 4.3 mm^3；作者的观察结果）。目前已经证实，睾丸发育不全和营养不良与生精量减少密切相关。睾丸的质地均匀性提供了生精能力的相关信息。过度坚硬的睾丸表明可能是睾丸肿瘤（但猫的睾丸肿瘤非常罕见）或急性睾丸炎，而软 / 软弹性睾丸可能表明生精能力降低。图 25.11 展示了精子总数较高公猫和无精子公猫的睾丸，2 只幼猫的体重相似，但睾丸的大小差异很大。附睾在正常情况下是牢固地附在睾丸上的，除非有明显的疾病（炎症或增生引起的肿大），否则不容易区分。精索的检查比较困难，关于精索异常的相关报道较少，不过已有文献表明，在去势后发生精索炎可能与结核病有关（Araújo et al.，2012）。

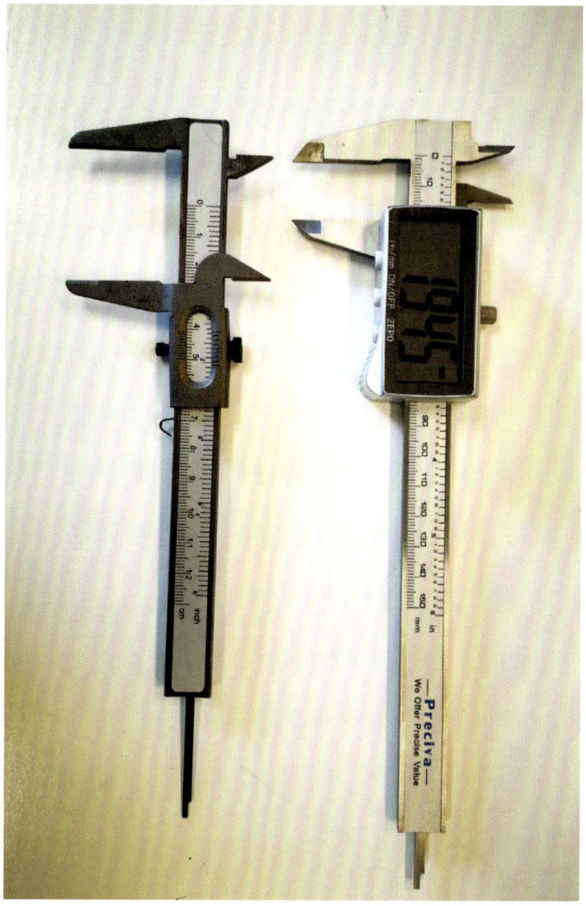

图 25.10 测量睾丸尺寸的电子 / 手动卡尺

在未镇静的情况下难以执行阴茎的检查，需对动物进行镇静 / 麻醉处理后检查并采集精液。应全面仔细检查外生殖器有无严重病变，如溃疡、变色或分泌物。在垂体性腺功能减退或使用 GnRH 激动剂植入的医源性避孕治疗导致的睾酮血症病例中，阴茎棘的大小可能会减小（图 25.12）。长毛猫因毛圈导致的先天性或获得性阴茎包茎或狭窄可能会影响繁殖。阴茎解剖位置上的偏差导致阴茎勃起过程中阴茎方向的改变很少被观察到，但应该进行检查，特别是在勃起或插入失败的情况下。猫的副性腺（前列腺和尿道球腺）可以通过超声检查，但由于其体积很小，并且位于骨盆内，实施超声检查者可能需要一些培训。关于猫附性腺疾病的报道目前还很少。

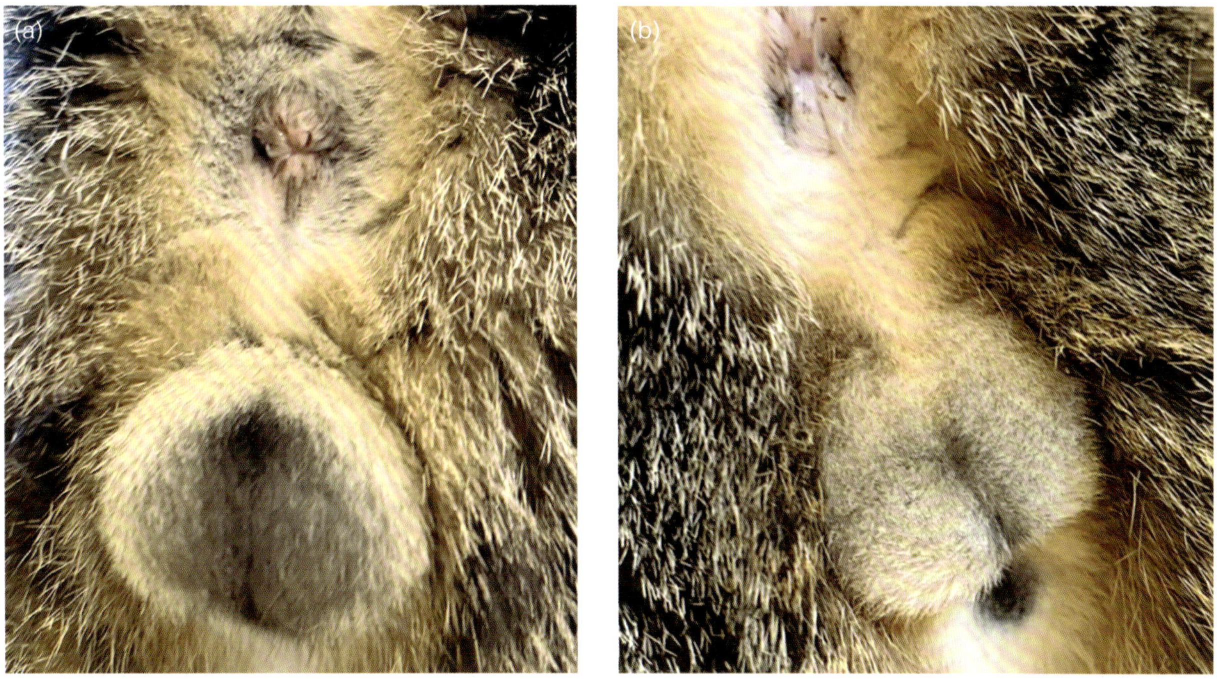

图 25.11　可育公猫与无精子症公猫睾丸大小对比

正常睾丸大小（来自可育公猫）（a）与萎缩睾丸（来自无精子症公猫）（b）大小的对比，2 只公猫都是家养短毛品种。

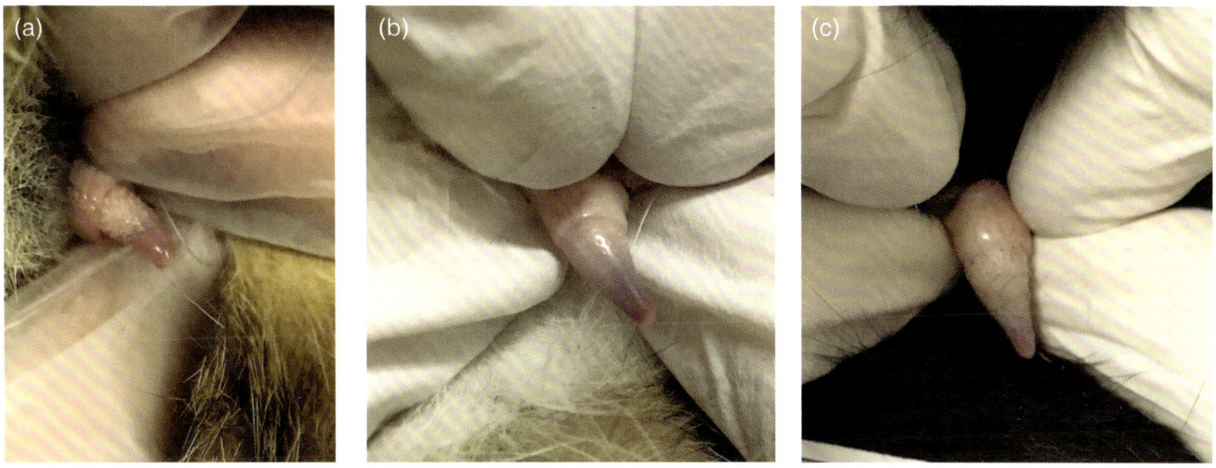

图 25.12　雄性检查时对阴茎棘的检查

（a）未绝育公猫有正常大小、突出的阴茎棘；（b）在手术绝育或使用 GnRH 激动剂植入成功进行激素去势期间，或垂体性腺功能减退时，出现的小阴茎棘；（c）小阴茎棘可能表明睾酮浓度较低。

超声检查时，睾丸结构质地均匀，睾丸纵隔位于中央（图 25.13）。Davidson 和 Baker 于 2009 年发表的文章为公猫的超声检查提供了指导，混合回声可能提示睾丸炎，常伴有睾丸周围炎和皮肤增厚。睾丸囊肿、输精管扩张或睾丸纵隔扩张则出现无回声区。据人医的报道，精索静脉曲张或睾丸静脉扩张会导致疼痛和不孕（Paick and Choi，2019），但据作者所知，尚未出现公猫的相关报道。在无回声区利用彩色多普勒超声可以识别血流和扩张的静脉或动脉，高回声区提示纤维化和（或）可能的钙化。实质内的显著变化可能预示着永久性变性，这对精子发生会产生严重的影响。

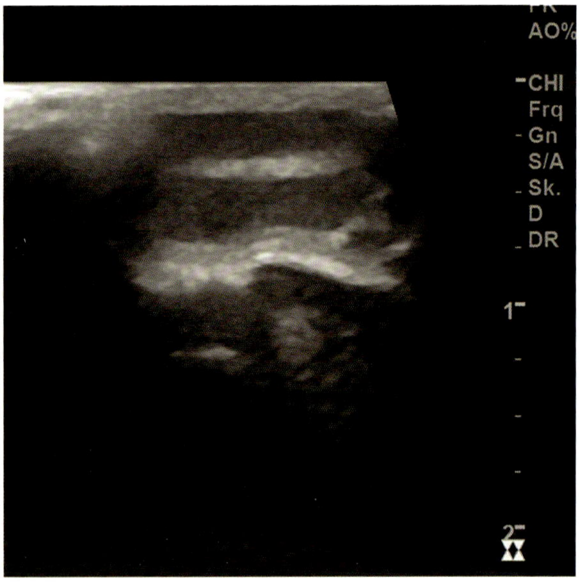

图 25.13　猫睾丸的超声检查

可见增厚的高回声性纵隔睾丸。

图 25.14　用于采集精液的假阴道

将橡胶连接到离心管上，人工采集精液于试管中。

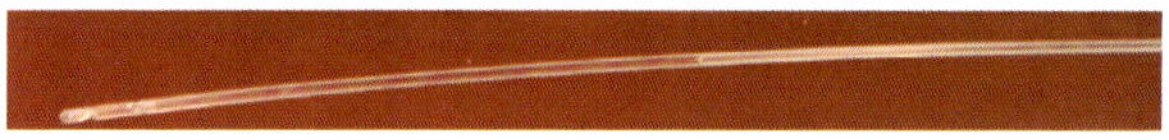

图 25.15　用于采集精液的尿道导管

右美托咪定 / 美沙酮镇静后，利用尿道导管收集无精子射精。导管尖端不切开，以免损伤阴茎尿道。还应注意的是不要将导管最后 2 cm 插入尿道。

25.3.3　精液采集与评估

精液采集和评估对于诊断不育和确定病因是至关重要的。对精液样本颜色和稠度的宏观评估可以提供初步判断：精液呈透明可能提示无精子症或严重的少精子症。基于文献中描述的猫射精的巨大差异，在一定程度上采集方法（假阴道 / 经尿道导尿 / 电射精）对检测结果有很大影响（图 25.14 和图 25.15），因此，很难得出关于所检查的公猫的生育能力的确切结论。猫的畸形精子症很常见，这对于正常的生殖功能有重要影响（Pukazhenthi et al.，2001；Neubauer et al.，2004）。无精子症，即缺少精子，可与精浆中碱性磷酸酶的完全射精试验相鉴别。与其他物种一样，碱性磷酸酶来自附睾，精浆中的高浓度碱性磷酸酶（>5000 IU/L）表明附睾尾部排空（即完全射精）。与其他物种类似，精浆碱性磷酸酶浓度通常> 20 000 IU/L。在无精子射精和高浓度碱性磷酸酶精浆的情况下，诊断为非阻塞性无精子症，此时可认为是公猫不育。通常（非阻塞性）无精子症与其他临床表现相关，如超声检查睾丸质地柔软和（或）睾丸实质不规则。间隔 2 ～ 3 个月后应进行随访检查，采集精液并评估精液品质。这个间隔时间与精子发生持续时间（46.8 d）和附睾成熟持续时间（10 ～ 14 d）有关。在低浓度碱性磷酸酶精浆的情况下，应考虑不完全射精（通常是由于精液采集方法）或阻塞性无精子症（双侧）。阻塞性无精子症与附睾、输精管或射精管的阻塞或病理变化有关。它可能与泌尿生殖系统感染、先天性畸形以及输精管结扎有关。临床上，阻塞性无精子症是一种极其罕见的，目前作者只收集到一个病例报告（Umbach et al.，2020）。

25.3.4　额外检查

25.3.4.1　精液的细菌学 / 病毒学检查

如果精液评估不能指出公猫不育的病因，结合交配后母猫的多次流产、死产的情况，应考虑对精液样本进行细菌学检查。生理上，好氧菌和厌氧菌被认为是猫精液和包皮上的正常菌群。作者还未发表的数据显示，经尿道导尿采集的精液样本包含生理混合菌群，通常包括不同的、不致病的和兼性致病物种（大肠杆菌变种、葡萄球菌、链球菌、巴氏杆菌、变形杆菌、肠球菌）。培养的大量繁殖的大肠杆菌及其变种、溶血性链球菌和犬链球菌，已被证实与一些原因不明的不孕病例有关，并采取了相应的治疗。可以收集未妊娠和（或）流产母猫的阴道拭子，并进行细菌学检查，与精液培养结果进行比较，从而判断是否存在细菌感染。据作者所知，目前还没有关于猫精液中衣原体、支原体和脲原体的存在和致病性的相关报道。但是，目前它们已经在母猫和其他雄性物种的精液中被发现，所以它们似乎也可能存在于公猫的精液中。据报道，猫的睾丸炎与结核病和犬布鲁氏菌有关。这两种疾病都有可能传染给人类。

尽管疱疹病毒（FHV-1）有可能通过精液传播，但目前还没有关于FHV通过精液传播的报道。此外，研究人员在3年的时间里没有从FHV-1感染的帕拉斯猫的精液中发现FHV-1 DNA，这表明FHV-1不太可能通过精液传播（Swanson et al.，2006）。然而，这种病毒是通过口鼻感染的，只有在采集精液并对母猫进行人工授精的条件下才能避免病毒的感染，因此应该避免繁殖伴侣之间的任何接触。猫传染性腹膜炎是一种由猫冠状病毒感染引发的免疫介导性疾病。尽管已有报道表明猫传染性腹膜炎能够引起睾丸炎（Foster et al.，1996；Sigurdardóttir et al.，2001），但最近的一项研究发现猫冠状病毒并没有通过精液传播（Stranieri et al.，2020）。与此不同的是，几项研究已发现自然交配和人工授精均可感染FIV，精液样本的精浆中能够检测到FIV的存在（Jordan et al.，1998，1999）。病毒感染可通过配对血清样本进行血清学或PCR诊断。

25.3.4.2 激素分析

血清中睾酮的测定有助于鉴别隐睾症、性腺功能减退和睾丸萎缩。由于激素的脉冲性分泌方式，对猫进行单一的睾酮检测分析是不够的。虽然单一的睾酮检测分析为犬提供了正确的结论，但在公猫上出现假阴性结果的可能相对较高，因为未绝育公猫具有基础睾酮分泌浓度（T ＜ 0.1 ng/mL）。因此，建议在GnRH刺激前使用一个血清样本进行GnRH刺激试验，同时建议使用GnRH类似物，如每只猫使用醋酸布舍瑞林25 μg（Goerke－pesch et al.，2013）或0.4 μg/kg（Stempel and Goerke－pesch，2020），建议样本1～3分别在刺激30 min、60 min和90 min后静脉注射GnRH类似物。另外，hCG刺激试验可以通过初始血液样本（基础）进行比对，然后肌内注射或静脉注射500 IU hCG（Memon et al.，1992），在30 min、60 min和120 min后再检测另一个样本。在临床实践中，为了减少样本数量，通常只需要一个“刺激前”和一个“刺激后”的样本（GnRH 60 min，hCG 60 min或90 min）就足够了。睾丸组织功能性检测表明，睾酮浓度至少显著增加了1.5倍，GnRH处理后睾酮没有增加可能与垂体－性腺功能减退有关。这可能是先天性的（原发性的），也可能是继发性的，通过应用GnRH激动剂植入物也会有同样结果。已有人的自发性、继发性垂体－性腺功能减退的报道，但尚未见到猫的相关报道。

LH可以通过半定量的快速检测来评估，以确定绝育状态和确认绝育是否完全。低水平LH表明下丘脑－垂体－性腺轴完整，而反复的高水平LH表明早已去势。阴茎棘、高抗米勒管激素和GnRH刺激试验后睾酮浓度的增加将证明雄性生殖系统的完整性。由支持细胞产生的糖蛋白抗米勒管激素是雄性性别分化的关键激素。抗米勒管激素的存在证实了性腺组织的存在，而绝育雄性和雌性动物中抗米勒管激素浓度极低（低于检测限，＜ 0.02 ng/mL，取决于实验条件）。有趣的是，在有支持细胞肿瘤、隐睾症病例和两性共存情况的犬身上发现了较高的抗米勒管激素浓度。据作者所知，目前还没有关于使用抗米勒管激素诊断猫睾丸肿瘤的相关报道。

25.3.4.3 染色体核型分析

性发育障碍（disorders of the sexual development，DSD）也可能是不育的原因，因此核型分析成为一种有用的额外诊断工具。生理学上家猫（Felis catus）具有二倍体染色体 2n，38，XY 或 38，XX。在毛色方面，橙色被毛基因位于 X 染色体上，在除白色位点外的所有颜色的主导色。因此，公猫可能是橙色或橙白色的。公猫身上的其他颜色及图案，如三花或玳瑁色可能与异常的性发育有关。通常，它们带有 XXY 染色体组（原 Klinefelter）或带有 38,XX 和 38,XY 的嵌合细胞，但由于缺乏精子发生而不育。在文献中存在一些关于雄性表型的报道：XX/XY 嵌合体同时具有卵巢和睾丸或卵细胞，很少可育。还有少量的报告中提到 XY-DSD 伴持续性米勒管、尿道下裂或孤立性隐睾症。另外，XX-DSD（以前的性别逆转）的猫具有雄性表型，但没有可见的睾丸。

图 25.16 概述了公猫不育的潜在原因、可能的病史和诊断程序。

25.3.5 常见问题和可能的治疗方法

25.3.5.1 无法交配和勃起

不能交配被称为阳痿。公猫可能由于未性成熟、身体机能紊乱、骨科问题或其他健康问题（如口炎、牙龈炎等）导致无法交配。任何原因引起的疼痛（如咬伤和脓肿）都可能导致性欲丧

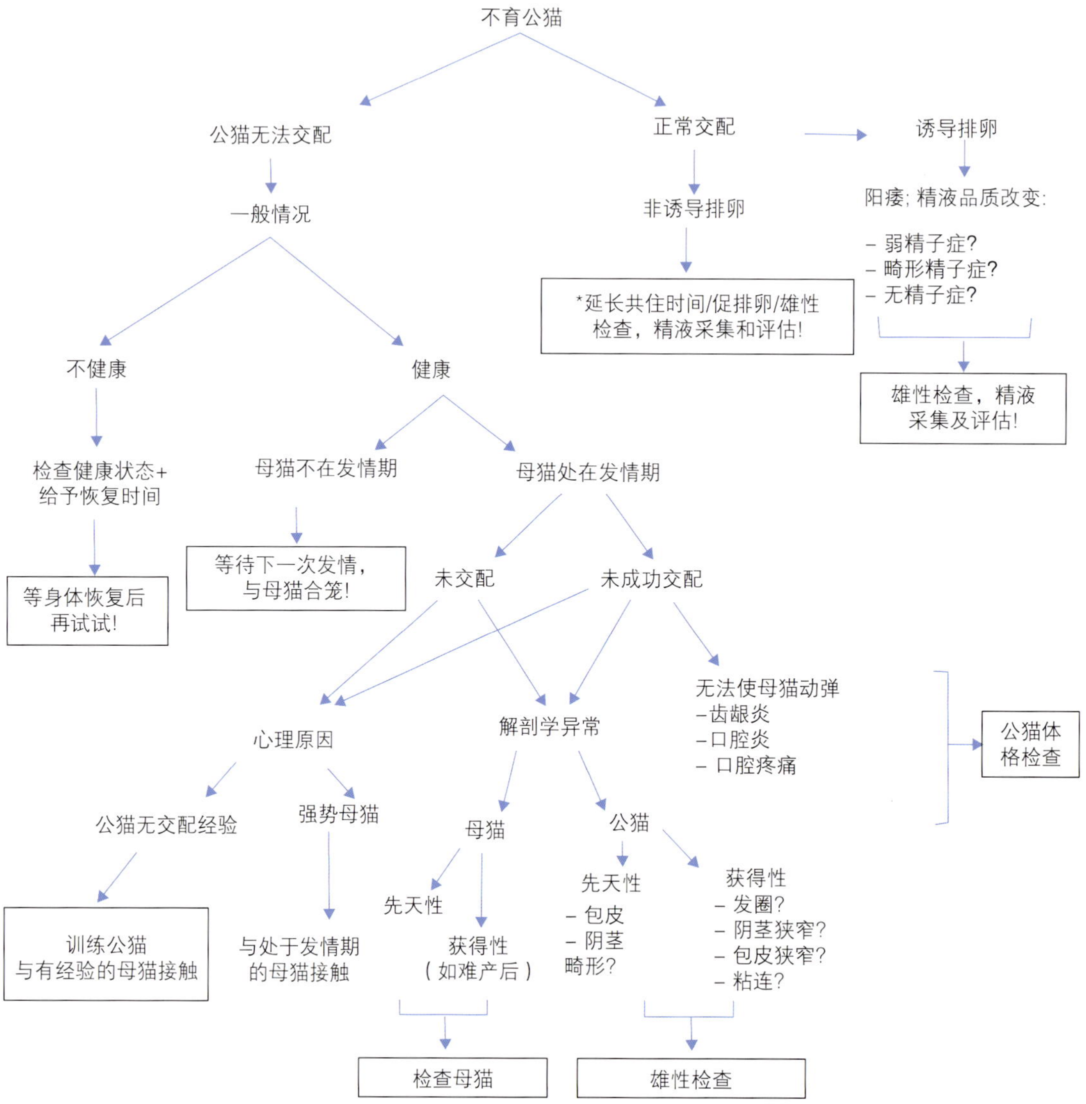

图 25.16 不育公猫的诊断程序

失，从而导致无法交配。另外，强势的母猫碰到完全没有交配经验的公猫也可能是交配不成功的原因。病史采集、体格检查、繁殖性能检测能够为交配失败寻找病因。波斯猫、缅因猫和挪威福勒斯特猫的初情期较晚，如果没有发现其他异常或疾病，则应考虑行为问题和（或）缺乏交配经验。在这种情况下，公猫应该与一个处在发情中期且接受交配的母猫接触。由于阴茎的大小和交配行为本身，很难验证公猫能否勃起。先天性包茎、发圈或者睾丸炎也会导致交配失败。

就原发性疾病而言，治疗原发性问题是至关重要的。在骨科问题或任何其他引起疼痛原因的情况下，镇痛药可以提供一些帮助。在未性成熟的情况下，直到动物性成熟之前，只能耐心等待。对于没有潜在疾病却不能交配的治疗比较困难。如果性欲下降，应改善饲养环境条件，尝试与有经验的发情母猫接触有助于刺激公猫的性欲。在其他动物中，GnRH 激动剂（醋酸布舍瑞林，每只猫 25 μg）或 LH 类似物（hCG，每只猫 250 IU）可以增加睾酮量，从而提高性欲。然而，并没有关于对公猫使用这些方法的相关报告。

25.3.5.2 诱导排卵失败

诱导排卵失败主要与无法正常交配（阳痿）及发情期间交配次数不足有关。进一步的诊断和治疗方法见第 5 章。

25.3.5.3 妊娠失败

妊娠失败可能是由于公猫无法交配或生精功能障碍，母猫成功交配并诱导排卵后缺乏受精。阳痿在“无法交配和勃起”这一小节中已进行了描述。

低生育能力可能与精液品质的轻微偏低有关，即所谓的精液异常。精液异常，是一个或多个精液品质指标发生显著改变，通常与不孕或不育有关。少精子症，即精子总数减少，可能是由于未性成熟、自发性或医源性激素抑制，如避孕药、传染性疾病、睾丸炎及遗传性睾丸发育不良。在临床上，常表现为小睾丸，质地改变（过软或过硬）。弱精子症（$<70\%$ 进行性运动）常与畸形精子症（$>60\%$ 精子形态异常）有关，可能与生殖道感染或发热、尿液污染等一般感染性疾病有关，通常观察到电射精过度刺激（尿精子症）。如上所述，猫的畸形精子症很常见（Pukazhenthi et al.，2001；Neubauer et al.，2004），但通常不影响自然交配情况下的生育能力，因此很难估计其对公猫生育能力的影响。

无精子症，即射精时缺乏精子，可能与不完全射精有关，由于经尿道导尿或电刺激不足时使用 α2 激动剂导致精子释放不足或“真正的”无精子症。“真正的”无精子症的原因包括缺乏足够的刺激而导致的性腺功能减退、睾丸非阻塞性因素或睾丸阻塞性因素。非阻塞性（睾丸）无精子症是最常见的，可能是遗传性（可能与三花色或玳瑁色图案被毛有关）、先天性（双侧腹部隐睾或支持细胞综合征）或获得性（睾丸外伤、损伤或肿瘤）。阻塞性无精子症，由精子输出通道的阻塞引起，非常罕见，目前作者只查找到一例病例报告（Umbach et al.，2020）。与其他物种一样，它可以通过精浆中的低碱性磷酸酶活性来诊断。雄性检查中的超声、激素分析、核型分析和精浆中碱性磷酸酶的测定都是用来确定具体病因的有用工具。

为了检测这些疾病是否存在可逆变化，并进一步评估其对生育能力的长期影响，应在首次检查后的 2～3 个月再次采集精液。睾丸炎患病动物的预后较差。如果只有一个睾丸受到影响，而睾丸炎与病毒感染（如猫传染性腹膜炎）、犬类布鲁氏菌或结核病无关，则可以考虑在诊断时进行单侧去势以保持生育能力。如果是慢性疾病，受影响睾丸的相关炎症可能导致剩余睾丸的变性，进一步降低生育能力。当精液中白细胞增多时，建议根据重培养和纯化培养的情况进行抗菌治疗。如果没有发现细菌感染或性腺功能减退，单纯通过非特异性护理和治疗的话预后往往很差。非特异性护理治疗也包括均衡的饮食，因为不均衡的饮食会导致猫少精子症（甚至无精子症）（Howard and Allen，2007）。与犬相比，很少有关于膳食补充剂对公猫精液品质影响的研究发表，但是，可能与其他物种相似（Salas-Huetos et al.，2018），均衡的营养膳食也会对猫的精液品质有一定的好处。

25.4 参考文献

[1] Araújo, N. L. de S., Carneiro, R. S., da Nóbrega Neto, P. I., and Araújo A. L. (2012). Funiculitis is a cat – a case report. Ciência Animal 22, 550–552.

[2] Axnér, E. and Ström Holst, B. (2015) Concentrations of anti-Müllerian hormone in the domestic cat. Relation with spay or neuter status and serum estradiol. Theriogenology 83(5), 817–821. doi: 10.1016/j.theriogenology.2014.11.016.

[3] Curtis, E. M. and Grant, R. P. (1964) Masculinization of female pups by progestogens. Journal of the American Veterinary Medical Association 144, 395–398.

[4] Davidson, A. P. and Baker, T. W. (2009a) Reproductive ultrasound of the bitch and the queen. Topics in Companion Animal Medicine 24(2), 55–63. doi: 10.1053/j.tcam.2008.11.002.

[5] Davidson, A. P. and Baker, T. W. (2009b) Reproductive ultrasound of the dog and tom. Topics in Companion Animal Medicine 24(2), 64–70. doi: 10.1053/j.tcam.2008.11.003.

[6] Donoghue, M., Johnston, L. A., Munson, L., Brown, J. L., and Wildt, D.E. (1992) Influence of gonadotropin treatment interval on follicular maturation, in vitro fertilization, circulating steroid concentrations, and subsequent luteal function in the domestic cat, Biology of Reproduction 46(5), 972–980. doi: 10.1095/biolreprod46.5.972.

[7] Ferré-Dolcet, L., Frumento, P., Abramo, F., and Romagnoli, S. (2021) Disappearance of signs of heat and induction of ovulation in oestrous queens with gonadorelin: a clinical study. Journal of Feline Medicine and Surgery 23(4):344–350. doi: 10.1177/1098612X20951284.

[8] Foster, R. A., Caswell, J. L., and Rinkardt, N. (1996) Chronic fibrinous and necrotic orchitis in a cat. Canadian Veterinary Journal 37, 681–682.

[9] Goericke-Pesch, S., Georgiev, P., Fasulkov, I., Vodenicharov, A., and Wehrend, A. (2013) Basal testosterone concentrations following the application of a slow release GnRH agonist implant are associated with a loss of response to buserelin, a short-term GnRH agonist, in the tom cat. Theriogenology 80, 65–69. doi: S0093-691X(13)00110-6.

[10] Heaps, L. A., Scudder, C. J., Lipscomb, V. J., Steinbach, S. M., Priestnall, S. L., et al. (2017). Serum anti-Müllerian hormone concentrations before and after treatment of an ovarian granulosa cell tumour in a cat. Journal of Feline Medicine and Surgery Open Reports 3, 2055116917722701. doi: 10.1177/2055116917722701.

[11] Howard, J. and Allen M. E. (2007) Nutritional factors affecting semen quality in felids. Zoo and Wild Animal Medicine: Current Therapy VI, 272–283.

[12] Jordan, H. L., Howard, J., Barr, M. C., Kennedy-Stoskopf, S., Levy, J. K., et al. (1998) Feline immunodeficiency virus is shed in semen from experimentally and naturally infected cats. AIDS Research in Human Retroviruses 14, 1087–1092. doi: 10.1089/aid.1998.14.1087.

[13] Jordan, H. L., Liang, Y., Hudson, L. C., and Tompkins, W. A. (1999) Shedding of feline immunodeficiency virus in semen of domestic cats during acute infection. American Journal of Veterinary Research 60(2), 211–215.

[14] Kutzler, M. A. (2007) Estrus induction and synchronization in canids and felids. Theriogenology. 68(3), 354–374. doi: 10.1016/j.theriogenology.2007.04.014.

[15] McKinney, H. R. (1973) A study of toxoplasma infections in cats. Veterinary Medicine Small Animal Clinician 68, 493–495.

[16] Memon, M. A., Ganjam, V. K., Pavletic, M. M. and Schelling, S. H. (1992) Use of human chorionic gonadotropin stimulation test to detect a retained testis in a cat. Journal American Veterinary Medicine Association 201, 1602.

[17] Neubauer, K., Jewgenow, K., Blottner, S., Wildt, D. E., and Pukazhenthi, B. S. (2004) Quantity rather than quality in teratospermic males: a histomorphometric and flow cytometric evaluation of spermatogenesis in the domestic cat (Felis catus). Biology of Reproduction 71, 1517–1524. doi: 10.1095/biolreprod.104.031062.

[18] Paick, S. and Choi, W. S. (2019). Varicocele and testicular pain: a review. World Journal of Mens Health 37, 4–11. doi: 10.5534/wjmh.170010.

[19] Place, N. J., Hansen, B. S., Cheraskin, J. L., Cudney, S. E., Flanders, J. A., Newmark, A.D., Barry, B., Scarlett, J. M. (2011) Measurement of serum anti-Müllerian hormone concentration in female dogs and cats before and after ovariohysterectomy. Journal of Veterinary Diagnostic Investigation. 23(3), 524–527. doi: 10.1177/1040638711403428.

[20] Pretzer, S. D. (2008) Bacterial and protozoal causes of pregnancy loss in the bitch and queen. Theriogenology 70, 320–326. doi: 10.1016/j.theriogenology.2008.04.03.

[21] Pukazhenti, B., Wildt, D. E., and Howard, J. G. (2001) The phenomenon and significance of teratozoospermia in felids. Journal of Reproduction and Fertility 57, 423–433.

[22] Reilly, G. A., Bailie, N. C., Morrow, W. T., McDowell, S. W., and Ellis, W. A. (1994) Feline stillbirths associated with mixed salmonella typhimurium and leptospira infection. Veterinary Records 135, 608.

[23] Salas-Huetos, A., Rosique-Esteban, N., Becerra-Tomás, N., Vizmanos, B., Bulló, M., et al. (2018) The effect of nutrients and dietary supplements on sperm quality parameters: a

systematic review and meta-analysis of randomized clinical trials. Advances in Nutrition 9, 833–848. doi: 10.1093/advances/nmy057.

[24] Sigurdardóttir, O. G., Kolbjørnsen, O., and Lutz, H. J. (2001) Orchitis in a cat associated with coronavirus infection. Comparative Pathology 124, 219–222. doi: 10.1053/jcpa.2000.0443.

[25] Snoeck, F., Sarrazin, S., Wydoogh, E., and Soom, V. (2017). Age and anti-Müllerian hormone levels predict the success of in vitro maturation of cat oocytes. Reproduction in Domestic Animals 52, 98–102. doi: 10.1111/rda.12827.

[26] Stempel, S. and Goericke-Pesch, S. (2020) Castration and GnRH-agonists in small animal practice - what do we know 13 years after EU registration? Tierärztliche Praxis Kleintiere/Heimtiere 48: 420–432. DOI 10.1055/a-1274-9268 (German).

[27] Stranieri, A., Probo, M., Pisu, M. C., Fioletti, A., Meazzi, S., et al. (2020) Preliminary investigation on feline coronavirus presence in the reproductive tract of the tom cat as a potential route of viral transmission. Journal of Feline Medicine and Surgery 22, 178–185. doi: 10.1177/1098612X19837114.

[28] Swanson, W. F., Wolfe, B. A., Brown, J. L., Martin-Jimenez, T., Riviere, J. E., et al. (1997) Pharmokinetics and ovarian-stimulatory effects of equine and human chorionic gonadotropins administered singly and in combination in the domestic cat. Biology of Reproduction 57, 295–302. doi: 10.1095/biolreprod57.2.295.

[29] Swanson W. F., Maggs, D. J., Clarke H. E., Newell A. E., Bond J. B., et al. (2006) Assessment of viral presence in semen and reproductive function of frozen-thawed spermatozoa from Pallas' cats (Otocolobus manul) infected with feline herpesvirus. Journal of Zoo and Wildlife Medicine 37, 336–346. doi: 10.1638/05-073.1.

[30] Thuróczy, J., Wölfling, A., Tibold, A., Balogh, L., Jánoki, G. A., et al. (2003). Effect of anticoagulants and sampling time on results of progesterone determination in canine blood samples. Reproduction in Domestic Animals 8, 386–389. doi: 10.1046/j.1439-0531.2003.00450.x.

[31] Umbach, A.K., Spennes, J., Goericke-Pesch, S. (2020) Azoospermia and suspicion of obstruction of the efferent ducts in a ragdoll breeding male tomcat, Congress Proceedings DVG-DGK Berlin, 15.-17.10.2020, pp. 229–230.

[32] Walter, B. (2020) Anti-Müllerian hormone in dogs and cats reproduction. Reproduction in Domestic Animals 55, 26–31. doi: 10.1111/rda.13603.

[33] Walter, B., Coelfen, A., Jaeger, K., Reese, S., Meyer-Lindenberg, A., and Aupperle-Lellbach, H. (2018). Anti-Muellerian hormone concentration in bitches with histopathologically diagnosed ovarian tumours and cysts. Reproduction in Domestic Animals 53, 784–792. doi:10.1111/rda.13171.

[34] Wilkins, L. (1960). Masculinization of female fetus due to use of orally given progestins. Journal of the American Medical Association 172, 1028–1032. doi: 10.1001/jama.1960.03020100036007.

[35] Zambelli, D., Bini, C., Küster, D.G., Molari, V., and Cunto, M. (2015) First deliveries after estrus induction using deslorelin and endoscopic transcervical insemination in the queen. Theriogenology 84, 773–778. doi: 10.1016/j.theriogenology.2015.05.010.

26 公猫和母猫的避孕措施

Cristina Gobello
阿根廷拉普拉塔国立大学兽医科学生殖生理学中心和国家研究委员会

26.1 引言

家猫是多产动物，从初情期（最早4月龄左右）到生命后期都能产下幼崽。虽然猫是长日照繁殖动物，但许多家猫全年都可以繁殖（Faya et al.，2011a）。此外，未绝育母猫相较于大多数其他家养动物来说难以圈养和控制。

猫主人或育种者经常要求对家猫的繁殖过程进行适时的可逆控制，即避孕。避孕还可以减少不必要的第二性行为，如徘徊、打斗和嘶吼（Goericke-Pesch，2017）。此外，已有研究表明，在人工授精或体外受精/胚胎移植之前抑制内源性卵巢活动可以提高妊娠率（Stewart et al.，2015）。然而，目前持续避孕的治疗方案会影响子宫发情周期或导致长期的子宫健康问题，因此不适用于繁育的猫。

26.2 雌性

26.2.1 孕激素

孕激素是天然孕酮的合成衍生物，虽然比天然孕酮更有效，但它们的作用方式一致，都是通过降低GnRH的脉冲式释放，从而减少促性腺激素的分泌。家猫常用的孕激素是MPA（17α-羟基-6-α-甲孕酮醋酸酯）、MA（6-甲基-6-脱氢-17α-乙酰氧基孕酮）和丙二醇酮（14α-亚丙二氧孕酮，17α-亚丙二氧孕酮）。在猫的生殖控制方面取得一定成功的其他孕激素包括左旋诺孕酮、醋酸氯地酮、醋酸地尔地酮和烯丙孕素（阿替雷诺孕酮）。孕激素在市场中既有长效悬浮液用于肠外注射的注射剂，也有口服制剂（片剂或液体）（Romagnoli and Concanon，2003）。

孕激素的使用需要精确的剂量和特定的处理方案，以最大限度减少副作用的风险性，这些副作用会在高剂量、长时间使用和有亚临床问题的雌性动物中出现。因此，推荐使用抑制发情时的最低用药剂量和用药频率。然而，在中断发情时可能需要高剂量的孕激素（Jöchle and Jöchle，1975），同时应避免与公猫接触，直到所有发情表现消失。

理想的孕激素应具有高抗促性腺激素活性和低孕激素活性作用。甲地孕酮同时具有很高的抗促性腺激素和孕激素活性作用，使其成为一种有效但安全性较低的选择。丙孕酮是第三代孕激素，与其他孕激素相比，其对子宫内膜和乳腺上皮的刺激较弱（Evans and Sutton，1989；Findik et al.，1999）。虽然注射长效孕激素很方便，但在出现副作用时，低剂量甲地孕酮口服用药能够立即停止用药从而减轻副作用。

副作用也可能因使用孕激素处理的发情时期阶段的不同而不同。在乏情期或季节性乏情期间服用孕激素比在发情期更安全，因为发情期的孕激素活性可能会被体内高水平的内源性雌二醇放大。繁殖史不明的母猫在孕激素处理前应通过阴道细胞学检查和血清孕酮含量的检测来确定其发情周期。尽管由于孕激素对未发育成熟的性腺轴的作用不明而未被用于初情期以前的母猫，但目前也没有证据表明它具有不良作用（Lopez Merlo et al.，2016）。普遍认为对于年轻健康、已过青春期且处于乏情期的母猫在接受短期低剂量孕激素处理时很少出现任何副作用。

孕激素的不良生殖副作用主要包括囊性子宫内膜增生、子宫蓄脓、良性乳腺增生和乳腺肿瘤，但是，孕激素的副作用不限于生殖道，可能还包括肾上腺皮质抑制、高血糖、糖尿病、多食、肥胖、嗜睡、沉郁、免疫抑制，甚至在注射部位出现皮肤问题（如皮毛变色、脱毛、皮肤萎缩、局限性钙质沉着）（Tomlinson et al.，1984；Romagnoli and Concanon，2003）。

26.2.1.1 MA

MA 是最短效的孕激素，在大多数国家都有口服制剂（Oen，1977）。在乏情期给药时，剂量为每 2 周口服 5 mg 或每周口服 2.5 mg（Oen，1977；Romagnoli and Concanon，2003）。在繁殖季节给药时，从发情后期开始，每天口服剂量为 2 mg，持续 2 周，或者在发情前期和发情期时每天口服 5 mg，连续 4 d（Romagnoli and Concanon，2003）。在这个给药方案之后，在繁殖季节使用乏情期的给药剂量可以延长发情抑制。

26.2.1.2 MPA

MPA 在大多数国家都有口服和非肠道吸收制剂。口服给药后的半衰期为 12 ～ 17 h，肌内注射后的半衰期为 40 ～ 50 d（Romagnoli，2015）。MPA 可以在乏情期或整个繁殖季节使用。MPA 的剂量是每 4 ～ 6 个月单次注射 25 ～ 100 mg，或按照动物体重每天口服 0.05 mg/kg，持续 12 个月（Harris and Wolchuk，1963；Romagnoli，2015）。如果雌性正处于发情期，每天口服 5 mg，连续口服 5 d，之后再按上述方案给药（Romagnoli，2015）。

26.2.1.3 普罗孕酮

在发情前期、发情后期或乏情期，分别每隔 3、4 或 5 个月皮下注射给药一次，皮下注射剂量分别为每只猫 100 ～ 250 mg（约 25 ～ 30 mg/kg）（Findik et al.，1999；Romagnoli and Concanon，2003）。根据药品制造商的信息，如果在发情前期给药，发情表现在治疗后 1 ～ 7 d 内就会消失。药品制造商还建议雌性在 2 次注射之间经历一次正常的发情周期。

26.2.2 GnRH 激动剂

GnRH 激动剂是通过对天然 GnRH 分子进行氨基酸替换而产生的，具有更强的效力和更长的有效时间。长期服用 GnRH 激动剂可使垂体促性腺激素受体的敏感性下降，从而抑制促性腺激素的合成和分泌。然而，GnRH 激动剂在用药初期会有短期刺激作用（促发情），这是将其用于雌性动物的主要缺点（在本节最后一段进一步讨论）（Gobello，2012）。

GnRH 激动剂（地洛瑞林）已被用于抑制猫发情（Munson et al.，2001；Ackermann et al.，2012；Toyota demir et al.，2012）。给母猫注射 4.7 mg 地洛瑞林后，能够起到可逆的发情抑制作用（Ackermann et al.，2012；Gobello，2012）。给母猫植入地洛瑞林后，发情抑制的持续时间差异很大（16 ～ 37 个月）（Goericke-Pesch et al.，2013）。据报道，在植入 9.5 mg 地洛瑞林后，发情抑制持续了 18.5 个月（Toydemir et al.，2012）。然而，对母猫反复使用 GnRH 激动剂的有效性和安全性仍需调查研究。

地洛瑞林的安全性和有效性已经在出生后和初情期前的幼猫身上得到了验证。当体重达到成年体重的 50%（大约 4 月龄）时给予 4.7 mg 地洛瑞林，可以使母猫的初情期推迟到平均 10 月龄（范围为 6 ～ 15 月龄）（Risso et al.，2012）。给 3 ～ 9 月龄的幼猫植入地洛瑞林会诱导发情抑制，直到 21 ～ 36 月龄（Cecchetto et al.，2017）。初情期前进行 GnRH 激动剂处理不会影响生长，但可能会导致早期发情诱导（Risso et al.，2012；Cecchetto et al.，2017）。据报道，一只初情期前的猫用药后导致了子宫蓄脓（Risso et al.，2012）。出生后给予 1.6 mg 地洛瑞林可将母猫和公猫的初情期延迟到 281.2 d ± 21.6 d（范围为 180 ～ 428 d）（Carranza et al.，2014）。目前仍需进一步的研究来确定给予不同剂量的地洛瑞林对初情期延迟的影响以及出现长期不良影响的可能性。

如上所述，母猫体内的雌二醇浓度在植入地洛瑞林后出现了增加，然而通过在植入 9.5 mg 地洛瑞林的前 14 d 和 12 h 以及用药 14 d 后注射 MA（5 mg）可以抑制母猫发情行为，但并不能抑制大多数母猫体内雌二醇的增加（Toydemir et al.，2012）。目前还没有确定在植入地洛瑞林之前和之后是否有必要进行孕激素处理以抑制发情，或者在植入地洛瑞林时孕激素处理是否应该根据发情周期阶段的不同而有所不同。

需要注意的是，地洛瑞林植入物目前在美国还没有批准用于猫。

26.2.3 褪黑素

褪黑素（N- 乙酰 -5- 甲氧基色胺）是一种在黑暗环境下分泌的松果体激素，调节猫的下丘脑 - 垂体 - 卵巢轴。体内褪黑素的浓度在发情后期和乏情期达到峰值（Leyva et al.，1984，1989）。外源性褪黑素（人用口服片剂，羊用皮下埋植剂）对猫生殖调控的作用已进行了研究。

植入褪黑素植入物（18 mg）或口服褪黑素片剂（每天每只 4 mg），在光照时长达 14 h 的情况下，可导致母猫发情抑制 63.8 d ± 5 d（Faya et al.，2011b）。另一项研究中，在发情期或发情后期应用相同的植入物，发情分别被抑制了 61.1 d ± 6.8 d 和 113.3 d ± 6.1 d（Gimenez et al.，2009）。还有研究发现，在发情后期母猫内注射了相同的褪黑素，只有 68%（13/19）的母猫发情被抑制，其中一只发情的母猫进行了交配，并产下了后代（Schöfer-Somi，2017）。对纯种母猫的研究也有类似的结果，81%（22/27）的母猫平均发情抑制 103.9 d（Schöfer-Somi，2017）。然而，当对初情期前的母猫（体重为 1.5 ～ 1.9 kg）用药时，发情抑制与对照组没有显著差异（Faya et al.，2011b）。值得一提的是，目前还没有在临床上检测到与服用褪黑素有关的副作用，包括初情期前猫的生长速度。

26.2.4 其他

其他避孕方法（如基因沉默、细胞毒素靶向传递和免疫避孕）仍在研究中。免疫避孕通过接种促黄体激素受体或透明带蛋白疫苗以达到阻止妊娠的目的，已有对猫使用该方法的报道。早先，透明带疫苗并没能实现阻止妊娠的效果（Levy et al.，2005）。佐剂导致的肉芽肿反应也是该疫苗的一个问题（Munson et al.，2005）。

Gonacon ™是一种在野生哺乳动物体内制备的 GnRH- 血蓝蛋白结合物免疫避孕疫苗。该产品的早期配方用于雌性家猫的避孕试验时，效果平均超过 3 年。自这些初步研究以来，疫苗的配方成分发生了变化，由不同的抗原载体蛋白和增加的抗原浓度组成的新配方在一些猫的注射部位产生了强烈的体液免疫反应和自限性肿物（Vansandt et al.，2017）。最近，GonaCon（美国农业部动物卫生监察局国家野生动物研究中心，柯林斯堡）对 20 只母猫进行单次注射后，有 30% 的母猫出现至少 1 年的不孕（Fischer et al.，2018）。这种水平的避孕措施不够有效，不建议对母猫使用。

26.3 雄性

26.3.1 GnRH 激动剂

地洛瑞林（4.7 mg）植入物已用于公猫，它能够使公猫的血清双氢睾酮浓度在用药后 23 ～ 30 d 内开始降低（Gültiken et al.，2017），在 11 周内将血清睾酮浓度降低至基础浓度（GoerickePesch et al.，2011），且血清双氢睾酮浓度在 26.5 ± 7.42 个月内维持在较低水平（Gültiken et al.，2017）。随着睾酮水平的降低，地洛瑞林植入后 9.4 周 ± 1.0 周内阴茎棘消失（Goericke-Pesch et al.，2011）。在最初植入刺激出现两性行为后，性欲、交配行为及尿液指标被抑制 88.7 周 ± 12.4 周（Goericke-Pesch et al.，2014）或 115.1 周 ± 32.2 周（Gültiken et al.，2017）。

在植入地洛瑞林（4.7 mg）的 36 周内，睾丸体积减少了约73%（Goericke-Pesch et al.，2011），并伴有无精子症和不同程度的生精抑制（Novotny et al.，2015）。抑制效果的持续时间从78.8周 ±12.9周（范围为61.7～100.7周）到95.6～108.6周不等（Goericke-Pesch et al.，2014a；Favre，2018）。当给处初情期前的公猫（3月龄）注射时，生殖机能受到抑制超过48周（Mehl et al.，2016）。地洛瑞林诱导的不育可恢复，生殖机能和睾丸正常组织学特征分别在最后一次药物处理致使睾酮水平下降到基础浓度后的7～42周和13.6～47.6周恢复（Goericke-Pesch et al.，2014b）。

不同浓度地洛瑞林的植入效果也进行过研究。使用含有9.4 mg的地洛瑞林植入物，精液品质在植入后的第1个月略有提高，然后在植入后40～72 d内下降至完全不育（Romagnoli et al.，2017）。在该剂量下，诱导性不育持续了750～850 d（Romagnoli et al.，2017）。出生后给予含有1.6 mg的地洛瑞林植入物可以将初情期延迟到281.2 d ± 21.6 d（Carranza et al.，2014）。无论地洛瑞林浓度如何，给药部位（肩胛内和脐周）都不会影响药效（Romagnoli et al.，2019）。除了最初刺激出现的两性行为外，未观察到地洛瑞林对公猫有其他的副作用。

26.3.2 褪黑素

从绵羊体内提取的褪黑素（18 mg）用于公猫的发情抑制，已被证明在植入后的120 d ± 15 d内能够降低精子质量，而不会改变睾酮浓度或造成不良影响（Favre et al.，2014）。

26.3.3 其他非类固醇的选择

RTI-4587-073（L）是一种吲哚吡啶衍生物，公猫口服24 h内严重干扰精子发生，并在大约一个精子发生周期内恢复正常，没有其他临床副作用（D'Francisco et al.，2019）。在广泛推广应用之前，应对这类吲哚吡啶药物的剂量和长期不良反应进行进一步的试验研究。

硬化剂（如氯化钙、葡萄糖酸锌、葡萄糖酸氯己定）可以注射到睾丸和附睾内，以诱导睾丸炎和睾丸硬化。由于它们能够造成永久性避孕，本章不再进一步讨论这类药剂。

26.4 参考文献

[1] Ackermann, C. L., Volpato, R., Destro, F. C., Trevisol, E., Sousa, N. R., et al. (2012) Ovarian activity reversibility after the use of deslorelin acetate as a short-term contraceptive in domestic queens. Theriogenology 78, 817–822. doi: 10.1016/j.theriogenology.2012.03.030.

[2] Carranza, A., Faya, M., Merlo, M. L., Batista, P., and Gobello, C. (2014) Effect of GnRH analogs in postnatal domestic cats. Theriogenology 82, 138–143. doi: 10.1016/j.theriogenology.2014.03.012.

[3] Cecchetto, M., Salata, P., Baldan, A., Milani, C., Mollo, A., et al. (2017) Postponement of puberty in queens treated with deslorelin. Journal of Feline Medicine and Surgery 19, 1224–1230. doi: 10.1177/1098612X16688406.

[4] Chen, Y. M., Wright, P. J., and Lee, C. S. (2001) A model for the study of cystic endometrial hyperplasia in bitches. Journal of Reproduction and Fertility Supplement, 57, 407–414.

[5] D'Francisco, F., Merlo, M. L., Vercellini, R., Blanco, P., Barbeito, C., et al. (2019) Effect of the indenopyridine RTI-4587-073 (l) on feline testicle. Animal Reproduction Science 205, 10–17. doi: 10.1016/j.anireprosci. 2019.03.014.

[6] Evans, J. M., and Sutton, D. J. (1989) The use of hormones, especially progestagens, to control oestrus in bitches. Journal of Reproduction and Fertility Supplement 39, 163–173.

[7] Favre, R. N., Bonaura, M. C., Praderio, R., Stornelli, M. C., de la Sota, R. L., et al. (2014) Effect of melatonin implants on spermatogenesis in the domestic cat (Felis silvestris catus). Theriogenology, 82, 851–856. doi: 10.1016/j.theriogenology.2014.06.013.

[8] Favre, R. N., García, M. F., García Mitacek, M. C., Rearte, R., Fontaine, C., et al. (2018) Reestablishment of sperm quality after long-term deslorelin suppression in tomcats. Animal Reproduction Science 195, 302–308. doi: 10.1016/j.anireprosci.2018.06.008.

[9] Faya, M., Carranza, A., Priotto, M., Abeya, M., Diaz, J.D., et al. (2011a) Domestic queens under natural temperate photoperiod do not manifest seasonal anestrus. Animal Reproduction Science 129, 78–81. doi: 10.1016/j.anireprosci.2011.10.007.

[10] Faya, M., Carranza, A., Priotto, M., Graiff, D., Zurbriggen, G., et al. (2011b) Long-term melatonin treatment prolongs interestrus, but does not delay puberty, in domestic cats. Theriogenology, 75, 1750–1754. doi: 10.1016/j.theriogenology.2011.01.015.

[11] Findik, M., Erunal Maral, N. and Asian, S. (1999) The use of proligestone, megestrol acetate and GnRH on queens

with the aim of hormonal contraception. Turkish Journal of Veterinary Animal Science 23:455–460.

[12] Fischer, A., Benka, V. A., Briggs, J. R., Driancourt, M. A., Maki, J., et al. (2018). Effectiveness of GonaCon as an immunocontraceptive in colony-housed cats. Journal of Feline Medicine and Surgery 20(8), 786–792. doi:10.1177/1098612X18758549.

[13] Gimenez, F., Stornelli, M. C., Tittarelli, C. M., Savignone, C. A., and Dorna, I. V. (2009) Suppression of estrus in cats with melatonin implants. Theriogenology 72(4), 493–499. doi: 10.1016/j.theriogenology.2009.04.004.

[14] Gobello, C. (2012) Effects of GnRH antagonists vs agonists in domestic carnivores, a review. Reproduction in Domestic Animals 47, 373–376. doi: 10.1111/rda.12025.

[15] Goericke-Pesch, S. (2017) Long-term effects of GnRH agonists on fertility and behaviour. Reproduction in Domestic Animals 52, 336–347. doi: 10.1111/rda.12898.

[16] Goericke-Pesch, S., Georgiev, P., Antonov, A., Albouy, M., and Wehrend, A. (2011) Clinical efficacy of a GnRH-agonist implant containing 4.7 mg deslorelin, Suprelorin, regarding suppression of reproductive function in tomcats. Theriogenology 75, 803–810. doi: 10.1016/j.theriogenology.2010.10.020.

[17] Goericke-Pesch, S., Georgiev, P., Atanasov, A., Albouy, M., Navarro, C., et al. (2013) Treatment of queens in estrus and after estrus with a GnRH-agonist implant containing 4.7 mg deslorelin; hormonal response, duration of efficacy, and reversibility. Theriogenology 79, 640–646. doi: 10.1016/j.theriogenology.2012.11.018.

[18] Goericke-Pesch, S., Georgiev, P., Antonov, A., Vodenicharov, A., Navarro, C., et al. (2014a) Reversibility of germinative and endocrine testicular function after long-term contraception with a GnRH-agonist implant in the tom – a follow-up study. Theriogenology 81, 941–946. doi: 10.1016/j.theriogenology.2014.01.015.

[19] Goericke-Pesch, S., Wehrend, A., and Georgiev, P. (2014b) Suppression of fertility in adult cats. Reproduction in Domestic Animals, 49, 33–40. doi: 10.1111/rda.12301.

[20] Gültiken, N., Aslan, S., Ay, S. S., Gülbahar, M. Y., Thuróczy, J., et al. (2017) Effect of deslorelin on testicular function, serum dihydrotestosterone and oestradiol concentrations during and after suppression of sexual activity in tom cats. Journal of Feline Medicine and Surgery 19, 123–131. doi: 10.1177/1098612X15615381.

[21] Harris, T. W. and Wolchuk, N. (1963) The suppression of estrus in the dog and cat with long term administration of synthetic progestational steroids. American Journal of Veterinary Research 24, 1003–1006.

[22] Jöchle, W. and Jöchle, M. (1975) Reproductive and behavioral control in the male and female cat with progestins: long-term field observations in individual animals. Theriogenology 3, 179–185. doi: 10.1016/0093-691x(75)90002-3.

[23] Levy, J. K., Mansour, M., Crawford, P. C., Pohajdak, B., and Brown, R. G. (2005) Survey of zona pellucida antigens for immunocontraception of cats. Theriogenology 15(63), 1334–1341. doi: 10.1016/j.theriogenology.2004.07.015.

[24] Leyva, H., Addiego, L., and Stabenfeldt, G. (1984) The effect of different photoperiods on plasma concentrations of melatonin, prolactin, and cortisol in the domestic cat. Endocrinology 115, 1729–1736. doi: 10.1210/endo-115-5-1729.

[25] Leyva, H., Madley, T., and Stabenfeldt, G. H. (1989) Effect of light manipulation on ovarian activity and melatonin and prolactin secretion in the domestic cat. Journal of Reproduction and Fertility Supplement 39, 125–133.

[26] Lopez Merlo, M., Faya, M., Blanco, P. G., Carranza, A., Barbeito, C., et al. (2016) Failure of a single dose of medroxyprogesterone acetate to induce uterine infertility in postnatally treated domestic cats. Theriogenology 85(4), 718–723. doi: 10.1016/j.theriogenology.2015.10.013.

[27] Mehl, N. S., Khalid, M., Srisuwatanasagul, S., Swangchan-Uthai, T., and Sirivaidyapong, S. (2016) GnRH-agonist implantation of prepubertal male cats affects their reproductive performance and testicular LH receptor and FSH receptor expression. Theriogenology 85, 841–848. doi: 10.1016/j.theriogenology.2015.10.031.

[28] Munson, L., Bauman, J. E., Asa, C. S., Jöchle, W., and Trigg, T. E. (2001) Efficacy of the GnRH analogue deslorelin for suppression of oestrous cycles in cats. Journal of Reproduction and Fertility Supplement 57, 269–273.

[29] Munson, L., Harrenstien, L. A., Acton, A. E., Graham, P. A., Chassy, L. M., et al. (2005) Immunologic responses and adverse reactions to Freund's-adjuvanted porcine zona pellucida immuno-contraceptives in domestic cats. Vaccine 23(48-49), 5646–5654. doi: 10.1016/j.vaccine.2005.05.044.

[30] Novotny, R., Vitasek, R., Bartoskova, A., Cizek, P., Prinosilova, P., et al. (2015) Azoospermia with variable testicular histology after 7 months of treatment with a deslorelin implant in toms. Theriogenology 83, 1188–1193. doi: 10.1016/j.theriogenology.2014.12.026.

[31] Oen E. O. (1977) The oral administration of megestrol acetate to postpone oestrus in cats. Nordisk Veterinaer-medicin 29, 287–291.

[32] Risso, A., Corrada, Y., Barbeito, C., Diaz, J. D., and Gobello, C. (2012) Long-term-release GnRH agonists postpone puberty in domestic cats. Reproduction in Domestic Animals 47, 936–938. doi: 10.1111/j. 1439-0531.2012.01994.x.

[33] Romagnoli, S. (2015) Progestins to control feline reproduction: Historical abuse of high doses and potentially safe use of low doses. Journal of Feline Medicine and Surgery 17, 743–752. doi: 10.1177/1098612X15594987.

[34] Romagnoli, S. and Concannon. P. (2003) Clinical use of progestins in bitches and queens: A review. In: Concannon,

P., England, G., Verstegen, J., and Linde-Forsberg, C., (eds) Recent Advances in Small Animal Reproduction. International Veterinary Information Service, USA.

[35] Romagnoli, S., Baldan, A., Righetti, C., Milani, C., Mollo, A., et al. (2017) Semen quality and interval to sterility in tom cats treated with a 9.4 mg deslorelin implant. Journal of Feline Medicine and Surgery 19, 194–199. doi: 10.1177/1098612X15623985.

[36] Romagnoli, S., Baldan, A., Ferro, S., Righetti, C., Scenna, L., et al. (2019) Length of efficacy and effect of implant location in adult tom cats treated with a 9.4 mg deslorelin subcutaneous implant. Journal of Feline Medicine and Surgery 21, 507–519. doi: 10.1177/1098612X18788157.

[37] Schäfer-Somi, S. (2017) Effect of melatonin on the reproductive cycle in female cats: a review of clinical experiences and previous studies. Journal of Feline Medicine and Surgery 19, 5–12. doi: 10.1177/1098612X15610369.

[38] Stewart, R. A., Crosier, A. E., Pelican, K. M., Pukazhenthi, B. S., Sitzmann, B. D., et al. (2015) Progestin priming before gonadotrophin stimulation and AI improves embryo development and normalises luteal function in the cat. Reproduction, Fertility and Development, 27, 360–371. doi: 10.1071/RD13274.

[39] Tomlinson, M. J., Barteaux, L., Ferns, L. E., and Angelopoulos, E. (1984). Feline mammary carcinoma: a retrospective evaluation of 17 cases. The Canadian Veterinary Journal 25, 435–439.

[40] Toydemir, T. S., Kılıçarslan, M. R., and Olgaç, V. (2012) Effects of the GnRH analogue deslorelin implants on reproduction in female domestic cats. Theriogenology 77, 662–674. doi: 10.1016/j.theriogenology.2011.07.046.

[41] Vansandt, L. M., Kutzler, M. A., Fischer, A. E., Morris, K. N., and Swanson, W. F. (2017) Safety and effectiveness of a single and repeat intramuscular injection of a GnRH vaccine (GonaCon) in adult female domestic cats. Reproduction in Domestic Animals 52(2), 348–353. doi: 10.1111/rda.12853.

27 家猫的辅助生殖技术

Jennifer B. Nagashima, Budhan S. Pukazhenthi
美国史密森尼保护生物学研究所和国家动物园

27.1 引言

辅助生殖技术包括提高或控制生育的所有方法。辅助生殖技术包括但不限于通过外源性激素处理诱导发情（第 3 章）、精液采集（第 18 章）和冷冻保存（第 23 章）、卵母细胞收集和冷冻保存、体外受精（in vitro fertilization，IVF）或单精子卵细胞质内注射（intracytoplasmic sperm infection，ICSI）、人工授精和胚胎移植（embryo transfer，ET）。近几十年来，人们一直在努力开发和优化家猫的辅助生殖技术。除了猫主人的兴趣外，这些技术对科学研究也至关重要。家猫不仅是野生种群或濒危种群开发保种、繁育方法的理想动物模型，而且在历史上，家猫也是人类生理和疾病的生物医学研究模型。根据孟德尔动物遗传网站对遗传性疾病和基因型进行的分类，家猫有超过 200 个遗传特征或疾病，可作为人类疾病的潜在模型（Nicholas，n.d.）。精确控制家猫的繁殖能力有可能减少研究所需的动物数量，并加快了解猫和人类共有疾病的原因并制订适当的治疗方法的进程。在本章中，我们将讨论家猫的关键辅助生殖技术的现状，包括保种技术（卵母细胞、胚胎、卵巢 / 睾丸组织采集、保存和培养）和胚胎生产技术（体外受精、ICSI 和克隆）。

27.2 基因组保种技术

如果有遗传价值的动物在成功繁殖之前死亡，或身体、行为障碍阻碍了后代产生的情况，那么保留品种的遗传潜力就会受到关注，以便之后将这个品种重新引入种群。例如，用解冻的家猫附睾精子让母猫受孕。尤其是 Toyonaga 等（2011）的研究报告指出，利用从冷冻保存的附睾中采集的解冻精子，能够通过宫内授精的方式达到 80% 的受孕率。尽管没有关于野生猫科动物死后回收冷冻保存的精子授精后成功受孕的报道，但 Howard 等（2015）利用 20 多年前从濒危黑足雪貂（黑鼬）采集的冻存精子实现了母体的受孕。这证明了精液采集和保存对于实现基因品种繁衍具有重要价值。第 23 章（精液冷冻保存）介绍了雄性配子的保存方法，第 3 章介绍了猫科动物的诱导发情。本章将重点介绍卵母细胞、卵巢组织和睾丸组织的保存方法，包括概述目前临床或实验中实施保种技术所需的常规设备和用品（表 27.1）。

27.2.1 卵母细胞

在＜ 20 日龄的幼猫卵巢上就能够观察到有腔卵泡，并且从 100 ～ 120 日龄的猫体内收集培养的卵母细胞经体外受精和培养能够成功发育至囊胚阶段，虽然其比率低于从成熟猫体内的采集的卵母细胞（分别为 13.3% 和 31.8%）（Uchikura et al.，2010），但这至少表明在大多数年龄段的猫体内均可以获得发育良好的卵母细胞。从卵巢（如绝育摘除或死亡动物的卵巢）收集这些卵子的过程简单，即在充满收集液的培养皿中用手术刀浅切卵巢表面（表 27.1），并在解剖 / 立体显微镜下寻找卵泡中释放的卵母细胞。质量较好的卵母细胞通常直径为 100 ～ 115 μm、均匀色深、

表 27.1　基因组保种和保存工作所需的一般设备和用品

方法	设备	常规培养液
卵母细胞收集 – 离体卵巢	解剖或立体显微镜（卵母细胞 / 胚胎） 外科手术刀 医用镊子 移液器 / 针尖或口吸移液器或 Wiretrol（卵母细胞 / 胚胎）	培养皿 细胞培养液（MEM，M199）
卵母细胞收集 – 体内卵巢原位抽吸	配有倾斜手术台的外科设备 腹腔镜 费尔斯针 吹药器 套管针 活检针（20 G） 硅胶或聚乙烯管 吸气用真空泵	外源性促性腺激素（卵巢刺激） 麻醉药 培养液(碳酸氢盐[1], TL Hepes[2], Ham's F10[3,a])
冷冻保存或玻璃化冷冻	医用镊子 移液器 / 针尖或口吸移液器或 Wiretrol 冰箱（4℃） 超低温冰箱（−80℃） 液氮罐 液氮手套、护目镜	培养液（TCM 199[4]，MEM[5]，Ham's F10[6]） 冷冻保护剂 液氮

1. Goodrowe et al.（1988）; 2. Pope（2004）; 3. Crosier et al.（2020）; 4. Thuwanut and Chatdarong（2012）; 5. Lima et al.（2017）; 6. Lima et al.（2018）。

呈圆形、周围覆盖着几层卵丘细胞（Reynaud et al.，2009）。

卵母细胞也可以借助腹腔镜从有腔卵泡中抽吸采集。这项技术的详细方法已有文献发表（Pope，2004）。简单地说，在卵巢解剖位置的上方固定套管，将连接硅胶管的 20 G 大小的抽吸针穿过套管到达卵巢部位，穿刺后依靠专用的真空泵提供的75 mmHg的负压可将直径在2～4 mm的卵泡内的卵母细胞抽吸出来，供体母猫通常需要外源性 FSH 和促黄体生成激素的刺激，以保证最佳的手术时机和卵母细胞数量（见第 3 章的诱导发情）。虽然在熟练操作下手术风险非常低，但仍然可能由于附近器官的损伤、粘连以及麻醉和对卵巢的刺激引起相应的并发症。如果时机和操作得当，通过腹腔镜抽吸可以从家猫体内无创获得高质量、成熟的卵母细胞。

卵母细胞的高表面积 / 体积比是猫卵母细胞成功冷冻保存面临的挑战。与之前讨论的精子冻存不同，卵子的体积较大，冻存过程中防止胞内水分形成冰晶十分困难。此外，与某些其他物种（如人类、小鼠）相比，家猫卵细胞内脂质含量较高，导致其对低温冷冻的敏感性增加（Galiguis et al.，2014）。在寻求最适的冷冻保护剂浓度、降温时间，特别是冷却速率方面做了相当多的工作，目前该领域的研究主要集中在微量玻璃化冷冻上（Zhang et al.，2011）。玻璃化冷冻与慢速或控制速率的冷冻相反，需要对样本进行超快速冷却，使其立即转变为“玻璃体”状态，而不是冻结，从而降低了形成冰晶损伤细胞的可能性。微量玻璃化冷冻通常将卵母细胞或胚胎装入如图 27.1a 的装置中，包括开放或密闭的超薄吸管（如 CryoTip，Irvine Scientific，美国），纳米环（如 CryoLoop ™，Hampton Research，美国）或窄条薄膜（如 CryoTop ™，Kitazato，日本），将卵母细胞置于微量玻璃化冷冻液中并将载体装置插入液氮中从而实现玻璃化冷冻。已有文献讲述了

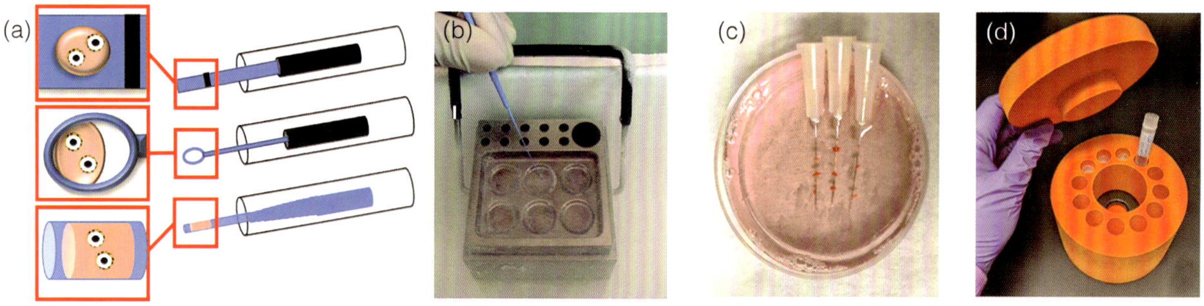

图 27.1　家猫卵母细胞、胚胎和组织的保存方法，包括各种最小体积玻璃化冷冻方法的示意图

（a）包括窄条薄膜，纳米环和超薄吸管（从上到下）；（b）固体表面玻璃化冷冻法（Wang et al.，2009）；（c）针浸玻璃化冷冻法；（d）控制降温速率的缓慢冷冻（经生殖与生育学会 / 生物科学许可使用）。

猫卵母细胞采集和微量玻璃化冷冻的可视化操作（Colombo and Luvoni，2020），同时也详细回顾了 2006 年之前关于猫卵母细胞冻存的工作（Luvoni，2006）。

玻璃化冷冻的猫卵母细胞升温解冻并在体外成熟，之后通过 ICSI 可以生产活体后代（Pope et al.，2012）。在 Pope 等（2012）的研究中，利用玻璃化冷冻的猫卵母细胞经体外成熟和 ICSI 获得了 30 个受精卵，将其中的 4 个 2- 细胞经过胚胎移植后，产下了 4 只后代（2 只代孕母猫）（即通过体外成熟 - 玻璃化冷冻 -ICSI 过程获得后代的成功率为 11.7%）。与此同时，移植了体内成熟后的玻璃化冷冻卵母细胞获得的 9 个 ICSI 早期胚胎移植后没有获得后代。尽管存在明显的差异，Sowinúska 等（2020）比较了体外成熟前后玻璃化冷冻的猫卵母细胞的发育能力，却发现 ICSI 后各组之间的胚胎发育没有差异。对部分极化（脂质聚集到配子的一侧）的猫卵母细胞解冻并进行体外成熟和体外受精，同样也能够获得后代（Galiguis et al.，2014）（表 27.2）。在这项研究中，一只幼崽是由 35 个 2 ～ 6- 细胞胚胎移植到 2 只代孕母猫中（2.8%）产生的，另外 4 只幼崽是由 39 个非极化的卵母细胞通过 ICSI 产生的受精卵（10.2%）移植后生产的。

为了提高繁殖效率，过去十年的研究主要集中在改进玻璃化冷冻方法和评估体外培养的卵母细胞的发育能力上。已有的报道显示，用各种玻璃化冷冻方法保存的卵母细胞解冻和受精后，最终能够发育到囊胚阶段的概率为 0% ～ 30.2%（表 27.2）。

27.2.2　胚胎

1988 年，首次将家猫体内采集的囊胚期胚胎解冻后移植入受体母猫并获得了后代（Dresser et al.，1988）。在该研究中，通过剖腹手术冲胚的方式获得了 139 枚新鲜胚胎，利用含有甘油的 DPBS 慢速冷冻保存，解冻并短时间孵育使其恢复正常生理状态，共有 116 个囊胚被转移到受孕母猫子宫中，最终获得了 17 只后代，产活胎率为 14.7%。Gómez 等（2003）利用体外受精后冷冻 4 ～ 5 d 的胚胎移植也获得了活胎，在这项研究中，共移植了通过体外成熟 / 体外受精获得的 122 个第 4 ～ 5 天胚胎（桑椹胚时期，通过体外成熟 / 体外受精生产），最终产下了 2 只后代，产活胎率为 1.7%。另外，将缓慢冷冻保存的睾丸组织中的精子通过 ICSI 注入卵母细胞后获得的 209 枚胚胎移植入受体母猫中，最终产下了 2 只后代（产活胎率约为 1%）。如上所述，采用的体外操作和步骤越复杂，产生存活后代的难度就越高。近年来，研究更注重于优化解冻 / 体外培养后的胚胎存活率（表 27.3）包括评估胚胎（2 ～ 8 个细胞的胚胎）在体外发育到囊胚阶段的能力，或在体外培养胚胎的囊胚腔（如果是囊胚）在体外重新扩张的能力。根据研究结果来看，不同发育阶段的胚胎解冻后存活率为 70% ～ 80%（表 27.3）；无论缓慢冷冻还是玻璃化冷冻，复苏的

表 27.2　卵母细胞冷冻保存 / 玻璃化冷冻方法及其成功率参考表

方法	基础培养液	冷冻保护步骤	解冻	成功率
未成熟卵母细胞				
缓慢冷冻–麦管	无	在含 0.2 M 蔗糖的 9.3% EG 中平衡 → 程序冷冻	1M 蔗糖溶液 → 蔗糖梯度稀释，洗涤	减数分裂恢复率：60.9%[1]
玻璃化冷冻–开放式冷冻环	DPBS	在 5% ~ 10% EG、DMSO 中平衡 在含 1.5 M 海藻糖和 ±10% 聚蔗糖的 20% EG、DMSO 中玻璃化冷冻	1.5M 海藻糖 ±10% 聚蔗糖 → 蔗糖梯度稀释，洗涤	卵母细胞活率 25% ~ 41%[2]
玻璃化冷冻–开放式麦管	MEM, SOF, TCM199	在 7.5% ~ 10% EG 和 DMSO 中平衡 在含 1M 蔗糖的 16.5% ~ 20% EG 和 DMSO 中玻璃化冷冻（Gap26 多肽[3] 和白藜芦醇[4]）	1M 蔗糖溶液 → 蔗糖梯度稀释，洗涤	卵母细胞成熟率：19.0%[3] ~ 69.0%[4] 胚胎率（IVF）：18.6%[5] ~ 61.7%[4] 胚胎率（孤雌生殖）：3% ~ 9%[3] 囊胚率：0.4% ~ 4.3%[5] 囊胚率（孤雌生殖）：0% ~ 2.2%[3]
玻璃化冷冻–封闭式麦管：VitKit, Syngro[a]	TCM199 或专用	在 7.5% EG 和 DMSO 中平衡 在含 0.5 M 蔗糖的 15% EG 和 DMSO 中玻璃化冷冻（±20% 右旋糖酐[6]）	1M 蔗糖溶液（±20% 右旋糖酐[6]）→ 蔗糖梯度稀释，洗涤	减数分裂恢复率：37.5%[1,a] 卵母细胞成熟率：10.1%[6] 胚胎率：22.2%[6] 桑椹胚率：0%[6]
玻璃化冷冻–开放式窄条：Kitazato Cryo-Top[a], IZW Freeze	MEM, TCM199	在 7.5% ~ 10% EG 和 DMSO 中平衡 在含 0.5 M 蔗糖的 15% ~ 20% EG 和 DMSO 中玻璃化冷冻（±10% 聚蔗糖和 1.5M 海藻糖[6]）	1M 蔗糖或 1.5 M 海藻糖溶解于 10% 聚蔗糖溶液 → 梯度稀释，洗涤	卵母细胞成熟率：17.9%[7] ~ 38.7%[6] 胚胎率：18.4%[8] ~ 25.0[9,b] ~ 28.6[6] 囊胚率：to 0[9,a] ~ 1.0[8] ~ 2.1[6]
成熟卵母细胞				
玻璃化冷冻–开放式冷冻环	DPBS, HSOF	在 5% ~ 15%EG 和 DMSO 或者 5% ~ 10% 逐渐增加的 EG 中平衡[9] 在含 1.5M 海藻糖 ± 10% 聚蔗糖的 20% EG, DMSO 或者含 0.3 M 蔗糖和 1% 聚蔗糖的 40%EG 中玻璃化冷冻[9]	0.5 M 蔗糖或 1.5 M 海藻糖 ±10% 聚蔗糖溶液 → 梯度稀释，洗涤	卵母细胞活率：41% ~ 52%[2] 胚胎率：16.2%[10] 囊胚率：5.9%[10]
玻璃化冷冻–开放式麦管	TCM199	在 10% EG 和 DMSO 或者 20% EG 或 DMSO 中平衡 在 20% EG 和 DMSO 或者含 0.5 M 蔗糖的 40% EG 或 DMSO 中玻璃化冷冻	蔗糖溶液 → 蔗糖梯度，洗涤	卵母细胞成熟率：19.2% ~ 37.6%[11] 胚胎率：24.8%[11] 囊胚率：7.5%[11] 附植率：（4 ~ 8- 细胞胚胎）2 个胎儿心脏（记录）来自 6 个移植的胚胎（总共 242 枚胚胎）[11]

方法	基础培养液	冷冻保护步骤	解冻	成功率
玻璃化冷冻－开放式窄条：CryoTop，CryoTech[a]	DPBS，TCM199	在 5% ~ 10% EG 和 DMSO 中平衡 在含 0.5 M 蔗糖或 1.5 M 海藻糖和 10% 聚蔗糖的 15% ~ 20% 的 EG 和 DMSO 中用玻璃化冷冻	1 M 蔗糖或含 1.5 M 海藻糖的 30% 聚蔗糖溶液 → 梯度稀释，洗涤	卵母细胞活率：51%[2] ~ 62%[12,a] 胚胎率（孤雌生殖）：46%[12] 胚胎率（IVF/ICSI）：21[9,a] ~ 68%[13] 囊胚率（IVF/ICSI）：0%[9,b] ~ 3.9%[14] ~ 5.2%[13] 产活崽率：10.2%[13] 移植 24 枚胚胎产 4 活崽）~ 11.8[14]

注：使用冷冻保护剂二甲基亚砜（DMSO）、乙二醇（EG）、1, 2- 丙二醇（PrOH）和丙二醇（PG），成功率代表不同处理条件下，发育到不同阶段的卵母细胞数量占总卵母细胞数量的比例。1. Apparicio et al.（2013）; 2. Mikołajewska et al.（2012）; 3. Snoeck et al.（2018）; 4. Comizzoli et al.（2009）; 5. Cocchia et al.（2010）; 6. FernandezGonzalez and Jewgenow（2017）; 7. de Almeida Monteiro Melo Ferraz et al.（2020）; 8. Colombo et al.（2019）; 9. Sowináska et al.（2020）; 10. Merlo et al.（2008）; 11. Tharasanit et al.（2011）; 12. Nowak et al.（2020）; 13. Pope et al.（2012）; 14. Galiguis et al.（2014）。

a 玻璃化冷冻冻存产品专利。

b 不是所有的玻璃化冷冻卵母细胞解冻后都被用于 ICSI。

2 ～ 8- 细胞的胚胎在体外发育到囊胚阶段的能力都降低（13% ～ 53%）。

27.2.3 卵巢和睾丸组织

如上所述，从冷冻保存的睾丸组织中采集的精液是可以用于繁殖后代的（Tharasanit et al.，2012）。然而，本节的重点是保存初情期前的睾丸组织，因为新鲜组织中没有成熟的精子细胞。到目前为止，还没有从家猫冷冻保存或玻璃化冷冻冻存的未成熟卵巢或睾丸组织产生活的后代的相关报道。虽然对玻璃化冷冻、针浸玻璃化冷冻、缓慢冷冻和两步冷冻方案进行了评估，但在这领域的研究十分有限。

在玻璃化冷冻过程中，组织块先在平衡液和玻璃化冷冻液中孵育，然后直接置于液氮中，并转移到冻存管中储存，如图 27.1b，使用 EG、DMSO 和海藻糖作为低温保护剂将猫卵巢组织置于开放的固体表面和封闭的不锈钢圆柱形凹槽中进行玻璃化冷冻处理（Brito et al.，2018）。在该研究中，固体表面玻璃化冷冻（Solid surface vitrification，SSV）的卵巢组织升温解冻并体外培养 7 d 后，有 19% 的卵泡保持正常形态（Brito et al.，2018）。

如图 27.1c，针浸玻璃化冷冻法是将卵巢或睾丸组织块固定在 30 G 针头上，并连续浸入平衡液和玻璃化冷冻溶液中（Mouttham and Comizoli，2017；Lima et al.，2018），用无菌吸纸除去多余的玻璃化冷冻溶液后，将带组织的针头直接插入液氮中，然后将样本转移到预冷的低温瓶中进行储存。与 37 ℃解冻相比，玻璃化冷冻睾丸组织 50℃加热 5 s 的生精小管结构、体细胞和生殖细胞存活力以及细胞功能（线粒体膜电位和生殖细胞发育情况）更好（Lima et al.，2018）。针浸玻璃化冷冻卵巢组织解冻并经过 7 d 的体外培养后，约 20% 的卵泡保持正常形态（Mouttham and Comizzoli，2017）。与卵母细胞和胚胎的冻存方法研究一样，猫的性腺组织冻存也进行了缓慢冷冻和玻璃化冷冻两种方法的比较。Tanpradit 等（2015）报道了一种缓慢冷冻方法，将组织置于冷冻容器中（如图 27.1d 所示），使其以 −1℃ /min 的降温速度降至 −80℃，过夜，然后再置于如图 27.1c 的液氮中冻存，这种方法相较于开放式玻璃化冷冻法在保持正常卵泡结构、功能方面更优。

两步冷冻法是将组织块放在预冷冻存管管壁上，然后将冻存管放在液氮蒸汽上方（液面上方 4 cm）10 min，最后浸入液氮中。组织的复苏是将

表 27.3 胚胎冷冻保存 / 玻璃化冷冻方法及其成功率参考表

方法	冷冻保护步骤	解冻	成功率
2 ~ 8- 细胞胚胎			
慢速冷冻 – 闭合氏麦管	在 PG、蔗糖和葡聚糖 70 或 PG 和蔗糖浓度逐渐增加的溶液中完成逐步平衡 在含 1.4 M PG、0.125 M 蔗糖和 10% 葡聚糖 70 溶液或者含 0.125 M 蔗糖的 10% PG 中玻璃化冷冻 在含 0.125 M 海藻糖中平衡，然后增加 EG（2.5% ~ 5%） 在含 0.125 M 海藻糖的 10% EG 中玻璃化冷冻	在 22℃加热 → 稀释，洗涤	胚胎率：78.2%[1] 囊胚率：2 ~ 4- 细胞 = 20.0[1] ~ 21.3[2,a] ~ 40.7[3] ~ 46.4%[4], 8- 细胞至母细胞 = 54.4%[4] 产活崽率：2 ~ 4- 细胞 = 0%[4] ~ 1.0[2], 8- 细胞桑椹胚 = 1.7%[4]
玻璃化冷冻 – 开放式窄条	在含 0.5 M 蔗糖和 10% 聚蔗糖的 7.5% DMSO 和 PrOH 中平衡 在含 1M 蔗糖和 10% 聚蔗糖的 15% DMSO 和 PrOH 中玻璃化冷冻 在 10% PG 和 DMSO 中平衡 在含 1M 蔗糖的 20% PG 和 DMSO 中玻璃化冷冻	蔗糖溶液中加热 (0.3 ~ 1 M, ± 聚蔗糖), 然后梯度稀释，洗涤	胚胎活率：2 ~ 4- 细胞 =73.3% ~ 76.9%[5], 8- 细胞 ~ 桑椹胚 = 72.7% ~ 3.3%[5] 囊胚率：13.3%（4 ~ 8- 细胞）[5] ~ 26.7%（＞8- 细胞）[5] ~ 28.6%（2 ~ 4- 细胞）[1]
囊胚			
玻璃化冷冻 – 开放式窄条	在含 0.5 M 蔗糖和 10% 聚蔗糖的 7.5% DMSO 和 PrOH 中平衡 在含 1 M 蔗糖和 10% 聚蔗糖的 15% DMSO 和 PrOH 中玻璃化冷冻 在 7.5% EG 和 DMSO 中平衡 在含 0.5 M 蔗糖的 15% EG, DMSO 中玻璃化冷冻	在 0.5 ~ 1 M 蔗糖溶液（10% 聚蔗糖）中加热，然后蔗糖梯度稀释，洗涤	囊胚率（扩张）：38.55% 或 64.3%（孵化囊胚）[4] ~ 73.8%[6]

注：冷冻保护剂二甲基亚砜（DMSO）、乙二醇（EG）、1,2- 丙二醇（PrOH）和丙二醇（PG）的成功率。成功率代表不同处理条件下，发育到不同阶段的胚胎数量占总胚胎数量的比例。1. Mokrousova et al.（2020）; 2. Tharasanti et al.（2012）; 3. Pedersen et al.（2008）; 4. Gómez et al.（2003）; 5. Ochota et al.（2017）; 6. Tsujioka et al.（2008）。

a 不是所有的冷冻胚胎都进行培养。

冻存管取出后室温下静置 30 s 后再将组织取出并在室温条件下融化。尽管大多数方法能够保证细胞存活率超过 50%，但除实验小鼠外，体外条件下还不能满足精子的发生（Yokonishi et al.，2014）。

27.2.4 组织基因组保种的未来展望

对于保存的睾丸和卵巢组织的利用仍然十分有限。如图 27.2a，未成熟 / 初情期前的猫睾丸组织可以移植到免疫缺陷小鼠体内，从而促进精子发生和成熟（Yeunhe et al.，2007）。类似地，将冷冻保存的猫卵巢皮质组织移植到免疫缺陷小鼠体内后，发现卵巢上存在有腔卵泡发育（Bosch et al.，2004）。尽管这两种类型的实验结果让性腺组织的利用成为可能，但这种在体实验系统对于专门的实验基础设施要求较高，因为免疫缺陷啮齿动物模型需要特殊的饲养管理。

除在体实验外，另一种选择是体外培养。在小型哺乳动物（如实验小鼠）中，睾丸和卵巢组织，或从未成熟动物体内分离出的卵泡通过体外培养和体外受精从而获得成熟的受精卵。然而，这些技术还没有用于家猫。如图 27.2b，用新鲜的小鼠睾丸组织在琼脂糖凝胶培养液上培养，从而体外产生成熟精子（Sato et al.，2011）。将类似的培养体系应用于家猫睾丸组织，经过 6 周的体外培养后仍有一些生殖细胞存活，但并未出现分化迹象（Silva et al.，2018）。我们仍需更多的研究来了解猫体外精子发生的条件。大型哺乳动物初情期前的卵巢组织也未能培养出可受精的成熟卵母细胞，这可能是因为在大型哺乳动物中，卵泡从最原始的阶段发育到排卵前的状态需要经历长时间的生长，猫、牛和人类等物种需要约100 d，而实验室小鼠等小型哺乳动物仅需要约20 d（Picton et al.，2008）。此外，相较于小鼠卵泡的大小（0.5 mm），大型哺乳动物的卵泡会从直径约40 μm的原始卵泡生长至排卵前大小超过3 mm的成熟卵泡（Reynaud et al.，2009；Picton et al.，2008）。猫卵泡在发育过程中几乎增大了100倍，其生理状态、激素水平和营养需求都发生了巨大改变，这在体外很难模拟。

为了应对这些挑战，最近的研究集中在开发更“仿生”的培养系统上。例如，生物反应器和微流控芯片培养方法的应用，在这种培养体系中，培养液在组织培养板中流动，从而更好地模拟组织通过体内循环对营养物质和代谢产物的

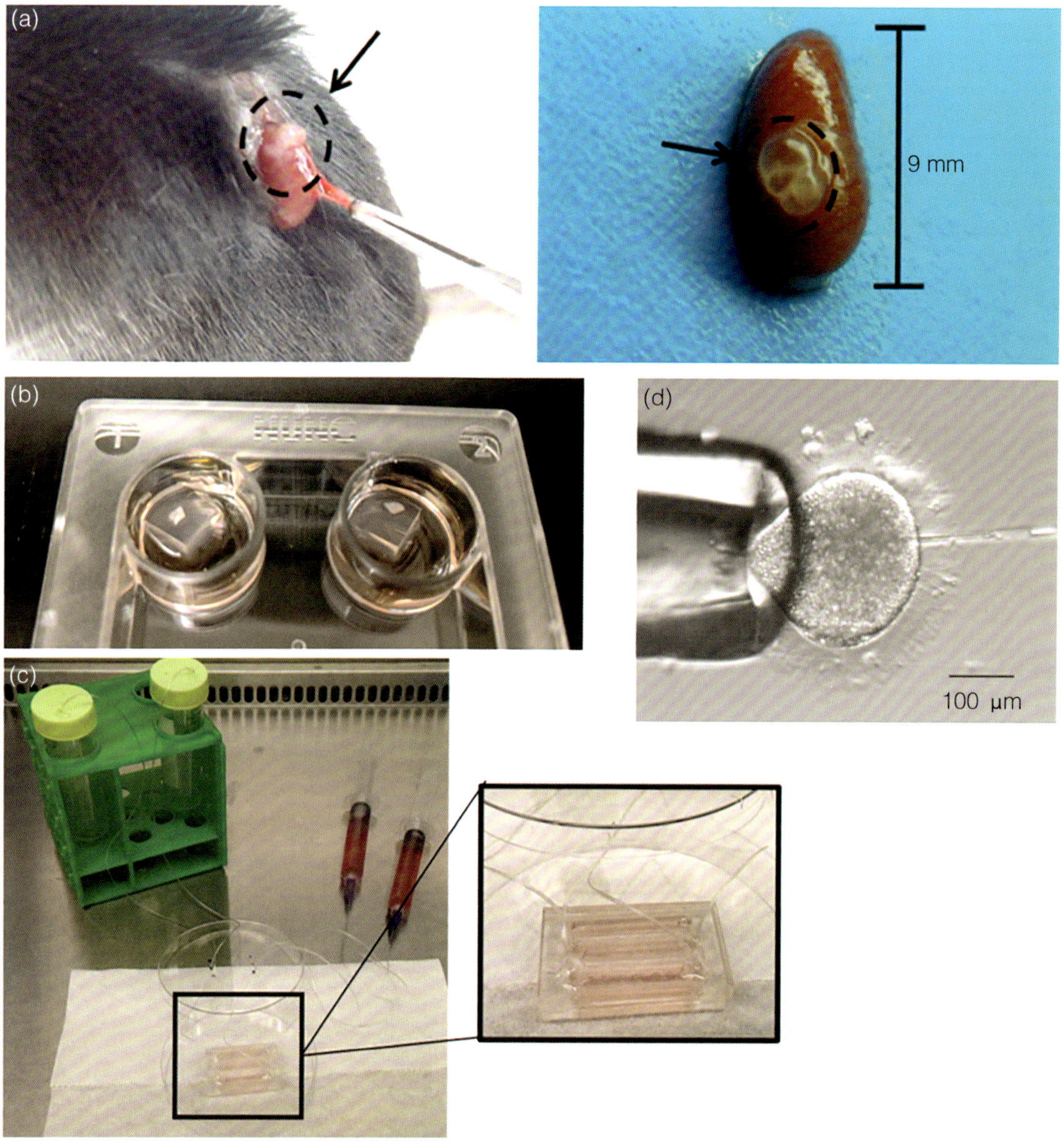

图 27.2　配子和胚胎生产技术

（a）免疫缺陷小鼠肾包膜下的异种移植卵巢组织（左），以及发育的有腔卵泡（右）（Santos et al.，2016）；（b）琼脂糖凝胶块组织培养的示例；（c）微流控芯片组织培养示例；（d）猫的ICSI（Gómez et al.，2000）。

吸收、排出和交换。应用这项技术足以使雄性支撑6个月的体外培养并促使精子体外成熟，同时，在该培养系统中发育的精子能够成功繁殖后代（Komeya et al.，2016），然而到目前为止，还没有将类似的技术应用于家猫睾丸组织培养的报道。在雌性中，我们的实验室已经开发了用于体外培养家猫卵巢组织和分离卵泡的微流控卵巢模型芯片（图27.2c）（Nagashima et al.，2018），这种动态培养方法相当于短期培养的金标琼脂糖凝胶系统，目前正在猫和其他大型哺乳动物模型中试验，进行进一步优化和改进后才能用于卵泡的体外成熟。

27.3 胚胎生产技术

本节从辅助生殖技术难度最低的方法开始介绍，并依次展开讨论。表27.4中总结了这些技术需要的一些专用实验室设备和耗材。

27.3.1 卵母细胞体外成熟、体外受精和ICSI等

从卵巢组织的未成熟卵泡中收集的卵母细胞受精前需要在体外培养成熟。卵母细胞体外成熟是将数枚卵母细胞（周围附着卵丘细胞）在含有充足蛋白质（如牛血清白蛋白）并添加FSH、促黄体激素或eCG、hCG的成熟培养液（通常为TCM199）（Sowinska et al.，2017），在37～38℃和5% CO_2条件下孵育24～36 h，使卵母细胞恢复减数分裂并达到可受精的第二次减数分裂中期的过程。利用家猫体内或体外成熟的卵母细胞，通过体外受精技术和单精子卵细胞质内注射技术已成功繁殖后代。家猫体外受精是将成熟卵母细胞与精子在37～38℃、5% CO_2的条件下共同孵育24 h完成的（有关猫体外成熟和体外受精的详细技术方法，请参见Herrick，2019）。2-细胞胚胎的体外发育率取决于所选的卵母细胞冷冻保存方法、收集卵母细胞的季节、动物所处的繁殖阶段（Freistedt et al.，2001；Karja et al.，2002）。然而实际上只要配子充分接触并有适宜的培养箱，猫的体外成熟/体外受精和胚胎培养是很容易成功的（表27.4）。ICSI是将精子通过显微操作直接注入卵母细胞中（图27.2d）。通过ICSI获得2-细胞胚胎的效率为30%～80%（Gómez et al.，2000；Pope et al.，2012；Tharasani et al.，2012）。通过ICSI获得的胚胎移植入受孕母体后的产活胎率为1%～11%（Gómez et al.，2000；Pope et al.，2012；Tharasani et al.，2012）。这里要指出的是这些生产效率的差异可能是由于包括精子和卵母细胞的处理（冷冻保存vs常温）以及移植不同发育阶段胚胎（受精卵vs桑椹胚）等因素造成的，此外，这些过程的实施需要技术人员熟练的操作和专业的显微操作设备（表27.4）。

克隆，也称为体细胞核移植（Somatic cell nuclear transfer，SCNT），它是将体细胞核转移到去核的卵母细胞中，然后激活使其恢复发育。与人工授精、体外受精及胚胎移植不同，通过克隆生产的后代存活率低于1%。这种方法需要更复杂的基础设备和大量的实验以确保成功。尽管越来越多的动物主人对克隆他们的猫感兴趣，但仍有一些伦理问题需要考虑。首先，克隆动物不是凭空产生的，它需要一个或多个代孕母亲在特定的发情时间接受卵巢刺激，然后进行胚胎移植。代孕母亲的来源、健康状况和最终命运都必须考虑在内。其次，应该告知动物主人，克隆的后代与供体动物表现出的行为和身体特征（皮毛颜色、图案花纹）并不完全一致。最后，由于上述因素，应当鼓励主人收养，而不是追求克隆。但如果动物主人要求克隆他们的猫，将其推荐给提供此项服务的专业医院/实验室可能会得到最理想的结果。

尽管如此，克隆仍然是一项具有应用价值和潜力的技术。克隆猫通常用于新治疗方案的相关研究，他们之间基因型差异很小，这就类似于同品系实验小鼠所具备的优势。此外，克隆（以及转基因，这部分超出了本章的范围，读者可以参见Asfaw和Assefa在2019年发表的文章）可以被用来增加特定生物医学研究模型猫的数量（Asfaw

表 27.4 体外培养和胚胎生产技术所需的一般设备和用品

方法	设备	基础培养液
卵母细胞 / 胚胎 / 组织培养	带加热板的解剖或体视显微镜（卵母细胞 / 胚胎） 医用镊子 移液器 / 针尖或口吸移液器或 Wiretrol（卵母细胞 / 胚胎） CO_2 培养箱 无菌工作区 冰箱（4℃） 超低温冰箱（－20℃）	培养皿（皮氏培养皿） 细胞培养液 CO_2 来源
ICSI	带有加热板解剖或立体显微镜 带有微操作设备的倒置显微镜 CO_2 培养箱 无菌操作区	培养皿（皮氏培养皿） 细胞培养液 CO_2 来源 持有和注射 ICSI 移液管
克隆	带加热板的解剖或立体显微镜 带有显微操作设备的倒置显微镜 CO_2 培养箱 无菌操作区	培养皿（皮氏培养皿） 细胞培养液 CO_2 来源 持有和注射 ICSI 移液管 代孕母猫

注：前几行列出的设备和用品在之后几行也都是必须的。

and Assefa，2019）。如前所述，家猫共有 200 多种遗传特征 / 疾病，这些是人类疾病的潜在模型（Nicholas，n.d.），但是，获得足够数量的样本用以深入研究罕见疾病的治疗方案是一项挑战，生产特定遗传特征的猫群比每窝仅产下 1 ～ 2 个性状一致的个体更有助于提高研究效率，同时也减少研究中不需要的繁殖群体数量。

27.4 结论

家猫辅助生殖技术的开发和应用已取得了重大进展，这些成果是通过学术研究和临床实验获得的。尽管如此，家猫通过辅助生殖技术获得后代的总体成功率仍然很低，还需要进行更多的研究来改进这些技术。个体对激素刺激反应的差异是实现提高妊娠率的主要挑战。人工授精的非手术和腹腔镜方法都得到了很好的发展。然而，腹腔镜方法需要先进的仪器和系统的操作培训。猫科动物的体外胚胎发育也得到了突破。但通过胚胎移植实现妊娠仍然存在高度不稳定性，需要通过更多的研究改进。卵母细胞和性腺组织的体外培养系统等更尖端的技术正在家猫中进行不同的尝试。在具备兽医从业背景的前提下，兽医们可以为动物主人提供上述的各种保种技术来保存动物的遗传和繁殖潜力，但人们也应该考虑这些技术的利弊，特别是在每年有数千只幼猫和成年猫可供收养的情况下，仍然要繁殖过多的家猫。

27.5 参考文献

[1] Apparicio, M., Ruggeri, E. and Luvoni, G. (2013) Vitrification of immature feline oocytes with a commercial kit for bovine embryo vitrification. Reproduction in Domestic Animals 48, 240–244. doi: 10.1111/j.1439-0531.2012. 02138.x.

[2] Asfaw, A. B. and Assefa, A. (2019) Animal transgenesis technology: A review. Cogent Food & Agriculture 5, 1686802. doi: 10.1080/23311932.2019.1686802.

[3] Bosch, P., Hernandez-Fonseca, H. J., Miller, D. M., Wininger, J. D., Masser, J. B. et al. (2004) Development of antral follicles in cryopreserved cat ovarian tissue transplanted to immunodeficient mice. Theriogenology 61, 581–594. doi: 10.1016/S0093-691X(03)00244-9.

[4] Brito, D. C. C., Domingues, S. F. S., Rodrigues, A. P. R., Maside, C., Lunardi, F. O., et al. (2018) Cryopreservation of domestic cat (Felis catus) ovarian tissue: Comparison of two vitrification methods. Theriogenology 111, 69–77. doi: 10.1016/j.theriogenology.2018.01.015.

[5] Cocchia, N., Ciani, F., Russo, M., El Rass, R., Rosapane, I., et al. (2010) Immature cat oocyte vitrification in open pulled

straws (OPSs) using a cryoprotectant mixture. Cryobiology 60, 229–234. doi: 10.1016/j.cryobiol.2010.01.003.
[6] Colombo, M., Luvoni, G. C. (2020) Minimum Volume Vitrification of Immature Feline Oocytes. Journal of Visualized Experiments 160. doi: 10.3791/61523.
[7] Colombo, M., Morselli, M. G., Tavares, M. R., Apparicio, M., and Luvoni, G. C. (2019) Developmental competence of domestic cat vitrified oocytes in 3D enriched culture conditions. Animals 9, 329–342. doi: 10.3390/ani9060329.
[8] Comizzoli, P., Wildt, D. E., and Pukazhenthi, B. S. (2009) In vitro compaction of germinal vesicle chromatin is beneficial to survival of vitrified cat oocytes. Reproduction in Domestic Animals 44, 269–274. doi: 10.1111/j.1439-0531.2009.01372.x.
[9] Crosier, A.E., Lamy, J., Bapodra, P., Rapp, S., Maly, M., et al. (2020) First birth of cheetah cubs from in vitro fertilization and embryo transfer. Animals 10, 1811. doi: 10.3390/ani10101811.
[10] de Almeida Monteiro Melo Ferraz, M., Fujihara, M., Nagachima, J. B., Noonan, M. J., Inoue-Murayama, M., et al. (2020) Follicular extracellular vesicles enhance meiotic resumption of domestic cat vitrified oocytes. Scientific Reports 10, 8619. doi:10.1038/s41598-020-65497-w.
[11] dos Santos, F. A., Pimental, M. M. L., Teixeira, A. C. G., Cosmo, C. Í., Lima, M. A., et al. (2016) Follicular right shift: Xenografting queens' ovarian tissue into severe combined immunodeficiency mice and its responses to exogenous gonadotropin. Theriogenology 86, 1811–1817. doi: 10.1016/j.theriogenology.2016.05.034.
[12] Dresser, B., Gelwicks, E., Wachs, K., and Keller, G. (1988) First successful transfer of cryopreserved feline (Felis catus) embryos resulting in live offspring. Journal of Experimental Zoology 246, 180–186. doi: 10.1002/jez.1402460210.
[13] Fernandez-Gonzalez, L. and Jewgenow, K. (2017) Cryopreservation of feline oocytes by vitrification using commercial kits and slush nitrogen technique. Reproduction in Domestic Animals 52, 230–234. doi: 10.1111/rda.12837.
[14] Freistedt, P., Stojkovic, M., and Wolf, E. (2001) Efficient in vitro production of cat embryos in modified synthetic oviduct fluid medium: Effects of season and ovarian status. Biology of Reproduction 65, 9–13. doi: 10.1095/biolreprod65.1.9.
[15] Galiguis, J., Gómez, M. C., Leibo, S., and Pope, C. E. (2014) Birth of a domestic cat kitten produced by vitrification of lipid polarized in vitro matured oocytes. Cryobiology 68, 459–466. doi: 10.1016/j.cryobiol.2014.02.012.
[16] Gómez, M. C., Pope, C. E., Harris, R. Davis, A., Mikota, S., et al. (2000) Births of kittens produced by intracytoplasmic sperm injection of domestic cat oocytes matured in vitro. Reproduction Fertility and Development 12, 423–433. doi: 10.1071/rd00126.
[17] Gómez, M. C., Pope, E., Harris, R., Mikota, S., and Dresser, B. L. (2003) Development of in vitro matured, in vitro fertilized domestic cat embryos following cryopreservation, culture and transfer. Theriogenology 60, 239–251. doi: 10.1016/s0093-691x(03)00004-9.
[18] Goodrowe K. L., Howard, J., and Wildt, D. E. (1988) Comparison of embryo recovery, embryo quality, oestradiol-17β and progesterone profiles in domestic cats (Felis catus) at natural or induced oestrus. Reproduction 82(2), 553–561. doi: 10.1530/jrf.0.0820553.
[19] Herrick, J. R. (2019) In vitro culture of embryos from domestic cats. In: Herrick, J. (ed.) Comparative Embryo Culture. Methods in Molecular Biology. Humana, New York, pp 229–246. doi: 10.1007/978-1-4939-9566-0_17.
[20] Howard, J. G., Lynch, C., Santymire, R. M., Marinari, P. E., and Wildt, D. E. (2016) Recovery of gene diversity using long-term cryopreserved spermatozoa and artificial insemination in the endangered black-footed ferret. Animal Conservation 19, 102–111.
[21] Karja, N. W. K., Otoi, T., Murakami, M., Fahrudin, M., and Suzuki, T. (2002) In vitro maturation, fertilization and development of domestic cat oocytes recovered from ovaries collected at three stages of the reproductive cycle. Theriogenology 57, 2289–2298. doi: 10.1016/S0093-691X(02)00905-6.
[22] Komeya, M., Kimura, H., Nakamura, H., Yokonishi, T., Sato, T. et al. (2016) Long-term ex vivo maintenance of testis tissues producing fertile sperm in a microfluidic device. Scientific Reports 6, 1–10. doi: 10.1038/srep21472.
[23] Lima, D. B. C., Silva, T. F. P., Morais, G. B. Aquino-Cortez, A., Evangelista, J. S. A. M., et al. (2017) Different associations of cryoprotectants for testicular tissue of prepubertal cats submitted to vitrification. Reproduction in Domestic Animals 52, 235–241. doi: 10.1111/rda.12833.
[24] Lima, D. B. C., da Silva, L. D. M., and Comizzoli, P. (2018) Influence of warming and reanimation conditions on seminiferous tubule morphology, mitochondrial activity, and cell composition of vitrified testicular tissues in the domestic cat model. PloS One 13, e0207317. doi: 10.1371/journal.pone.0207317.
[25] Luvoni, G. C. (2006) Gamete cryopreservation in the domestic cat. Theriogenology 66, 101–111. doi: 10.1016/j.theriogenology.2006.03.012.
[26] Merlo, B., Iacono, E., Regazzini, M., and Zambelli, D. (2008) Cat blastocysts produced in vitro from oocytes vitrified using the cryoloop technique and cryopreserved electroejaculated semen. Theriogenology 70, 126–130. doi: 10.1016/j.theriogenology.2008.03.009.
[27] Mikołajewska, N., Müller, K., Niżański, W., and Jewgenow, K. (2012) Vitrification of domestic cat oocytes – effect on viability and integrity of subcellular structures. Reproduction in Domestic Animals 47, 295–299. doi: 10.1111/rda.12044.
[28] Mokrousova, V. I., Okotrub, K. A., Brusentsev, E. Y., Kizilova, E. A, Surovtsev, N. V., et al. (2020) Effects of slow freezing and vitrification on embryo development in domestic cat. Reproduction in Domestic Animals 55, 1328–

1336. doi: 10.1111/rda.13776.
[29] Mouttham, L. and Comizzoli, P. (2017) Presence of sucrose in the vitrification solution and exposure for longer periods of time improve post-warming follicle integrity in cat ovarian tissues. Reproduction in Domestic Animals 52, 224–229. doi 10.1111/rda.12847.
[30] Nagashima, J., El Assal, R., Songsasen, N. and Demirci, U. (2018) Evaluation of an ovary-on-a-chip in large mammalian models: Species specificity and influence of follicle isolation status. Journal of Tissue Engineering and Regenerative Medicine e1926–e1935.
[31] Nicholas, F. W. (n.d.) OMIA – Online Mendelian Inheritance in Animals. Available at: https://www.omia.org/home/ (accessed 30 December 2021).
[32] Nowak, A., Kochan, J., Świętek, E., Barbara, K., Prochowska, S., et al. (2020) Survivability and developmental competences of domestic cat (Felis catus) oocytes after Cryotech method vitrification. Reproduction in Domestic Animals 55, 992–997. doi: 10.1111/rda.13741.
[33] Ochota, M., Wojtasik, B. and Niżański, W. (2017) Survival rate after vitrification of various stages of cat embryos and blastocyst with and without artificially collapsed blastocoel cavity. Reproduction in Domestic Animals 52, 281–287. doi: 10.1111/rda.12826.
[34] Pedersen, M. J., Watson, C. A., Blevins, B. A., and Loskutoff, N. M. (2008) 163 Domestic cat (Felis catus) embryo cryopreservation: slow freezing versus vitrification. Reproduction, Fertility and Development 21, 180–181. doi: 10.1071/RDv21n1Ab163.
[35] Picton, H. M., Harris, S. E., Muruvi, W. and Chambers, E. L. (2008) The in vitro growth and maturation of follicles. Reproduction 136, 703–715. doi: 10.1530/rep-08-0290.
[36] Pope, C.E. (2004) In vitro fertilization and embryo transfer in felids. In: Schatten, H. (ed.) Germ Cell Protocols: Molecular Embryo Analysis, Live Imaging, Transgenesis, and Cloning, Vol. 2, Methods in Molecular Biology, v. 254. Humana Press, Totowa, New Jersey, pp. 227–244.
[37] Pope, C., Gómez, M. C., Kagawa, N., Kuwayama, M., Leibo, S. P., et al. (2012) In vivo survival of domestic cat oocytes after vitrification, intracytoplasmic sperm injection and embryo transfer. Theriogenology 77, 531–538. doi:10.1016/j.theriogenology.2011.08.028.
[38] Reynaud, K., Gicquel, C., Thoumire, S., Chebrout, M., Ficheux, C., et al. (2009) Folliculogenesis and morphometry of oocyte and follicle growth in the feline ovary. Reproduction in Domestic Animals 44, 174–179. doi: 10.1111/j.1439-0531.2007.01012.x.
[39] Sato, T., Katagiri, K., Gohbaram A., Inoue, K., Ogonuki, N., et al. (2011) In vitro production of functional sperm in cultured neonatal mouse testes. Nature 471, 504–507. doi: 10.1038/nature09850.
[40] Silva, A. F., Escada-Rebelo, S., Amaral, S., Tavares, R. S., Schlatt, S., et al. (2018) Can we induce spermatogenesis in the domestic cat using an in vitro tissue culture approach? PLOS ONE 13, e0191912. doi: 10.1371/journal.pone.0191912.
[41] Snoeck, F., Szymanska, K. J., Sarrazin, S., Ortiz-Escribano, N., Leybaert, L., et al. (2018) Blocking connexin channels during vitrification of immature cat oocytes improves maturation capacity after warming. Theriogenology 122, 144–149. doi: 10.1016/j.theriogenology.2018.09.011.
[42] Sowińska, N. Frankowska, K., Filipczyk, A., Adamaszek, A., Fic, K., et al. (2017) The effect of cumulus cells on domestic cat (Felis catus) oocytes during in vitro maturation and fertilization. Reproduction in Domestic Animals 52, 108–113. doi: 10.1111/rda.12895.
[43] Sowińska, N., Zahmel, J., Wojciech, N., Hribal, R., Fernandez-Gonzalez, L., et al. (2020) Meiotic status does not affect the vitrification effectiveness of domestic cat oocytes. Animals 10, 1371. doi: 10.3390/ani10081371.
[44] Tanpradit, N., Comizzoli, P., Srisuwatanasagul, S., and Chatdarong, K. (2015) Positive impact of sucrose supplementation during slow freezing of cat ovarian tissues on cellular viability, follicle morphology, and DNA integrity. Theriogenology 83, 1553–1561, doi: 10.1016/j.theriogenology.2015.01.035.
[45] Tharasanit, T. Manee-In, S., Buarpung, S., Chatdarong, K., Lohachit, C., et al. (2011) Successful pregnancy following transfer of feline embryos derived from vitrified immature cat oocytes using 'stepwise' cryoprotectant exposure technique. Theriogenology 76(8) 1442–1449. doi: 10.1016/j.theriogenology.2011.06.014.
[46] Tharasanit, T., Buarpung, S., Manee-In, S., Thongkittidilok, C., Tiptanavattana, N., et al. (2012) Birth of kittens after the transfer of frozen–thawed embryos produced by intracytoplasmic sperm injection with spermatozoa collected from cryopreserved testicular tissue. Reproduction in Domestic Animals 47, 305–308. doi: 10.1111/rda.12072.
[47] Thuwanut, P. and Chatdarong, K. (2012) Cryopreservation of cat testicular tissues: Effects of storage temperature, freezing protocols and cryoprotective agents. Reproduction in Domestic Animals 47, 777–781. doi: 10.1111/j.1439-0531.2011.01967.x.
[48] Toyonaga, M., Sato, Y., Sasaki, A., Kaihara, A., and Tsutsui, T. (2011) Artificial insemination with cryopreserved sperm from feline epididymides stored at 4°C. Theriogenology 76, 532–537. doi: 10.1016/j.theriogenology.2011.03.005.
[49] Tsujioka, T., Otzdorff, C., Braun, J., and Hochi, S. (2008) Effect of post-IVF developmental kinetics on in vitro survival of vitrified-warmed domestic cat blastocysts. Reproduction in Domestic Animals 43, 323–327. doi: 10.1111/j.1439-0531.2007.00902.x.
[50] Uchikura, K., Nagano, M., and Hishinuma, M. (2010) Evaluation of follicular development and oocyte quality in

pre-pubertal cats. Reproduction in Domestic Animals 45, e405–e411. doi: 10.1111/j.1439-0531.2010.01590.x.

[51] Wang, X., Catt, S., Pangestu, M., and Temple-Smith, P. D. (2009) Live offspring from vitrified blastocysts derived from fresh and cryopreserved ovarian tissue grafts of adult mice. Reproduction 138, 527–535. doi: 10.1530/REP-09-0148.

[52] Yeunhee, K., Vimal, S., Budhan, P., and Alexander, J. T. (2007) Effect of donor age on success of spermatogenesis in feline testis xenografts. Reproduction, Fertility and Development 19, 869–876. doi: 10.1071/rd07056.

[53] Yokonishi, T., Sato, T., Komeya, M., Katagiri, K., Kubota, Y., et al. (2014) Offspring production with sperm grown in vitro from cryopreserved testis tissues. Nature Communications 5, 4320.

[54] Zhang, X., Catalano, P. N., Gurkan, U. A., Khimji, I., and Demirci, U. (2011) Emerging technologies in medical applications of minimum volume vitrification. Nanomedicine 6, 1115–1129. doi: 10.2217/nnm.11.71.

28 辅助生殖技术在野生猫科动物中的应用

William F. Swanson

美国俄亥俄州辛辛那提动植物园濒危野生动物保护与研究中心

28.1 引言

在过去1000万年的地球历史中，野生猫科动物已经进化成为最成功的类群之一，如今38个已知物种分布于五大洲，在各自的生态位中仍然处于顶级捕食者（IUCN，2020）。尽管在过去的10 000年里，猫科动物没有发生过物种灭绝，但由于人口增长、资源过度消耗以及相关栖息地被破坏和气候变化的直接影响，大多数现存的野猫物种在自然界中的生存正面临着日益严重的威胁，几乎所有非家养野生猫科动物的数量都在下降，在国际自然保护联盟红色名录（IUCN，2020）中，有25个物种被列为不同程度的濒危（即极度濒危至接近灭绝），并且许多IUCN评估过的亚种（以及更多未评估过的亚种）濒临灭绝（表28.1）。

表28.1 野生猫科动物的保护现状和种群管理计划

通用名称	属/种	保护状况（IUCN）[a]	管理程序	
			AZA[b]	EAZA[c]
老虎	豹属虎种	EN	SSP	EEP
狮子	豹属狮种	VU	SSP	EEP
美洲豹	豹属美洲豹亚种	NT	SSP	EEP
花豹	豹属豹种	VU	SSP	EEP
雪豹	雪豹属	VU	SSP	EEP
云豹	云豹属	VU	SSP	EEP
猎豹	猎豹属猎豹亚种	VU	SSP	EEP
渔猫	豹猫属渔猫亚种	VU	SSP	EEP
帕拉斯猫	兔狲属兔狲种	NT	SSP	EEP
沙猫	猫属	LC	SSP	EEP
黑足猫	猫属	VU	SSP	EEP
加拿大猞猁	猞猁属	LC	SSP	-
山猫	猞猁属	LC	SSP	-
豹猫	豹猫属	LC	SSP	-
虎猫	虎猫属	NT	-	EEP
伯曼猫	虎猫属	LC	-	EEP

a 国际自然保护联盟红色名录物种级别分类：EN，濒危；VU，脆弱；NT，濒临灭绝；LC，无危。

b AZA，美国动物园和水族馆联合会；SSP，物种生存计划。

c EAZA，欧洲动物园和水族馆联合会；EEP，欧洲濒危物种计划。

为了应对生物多样性的丧失，将近600家动物园联合制订了合作繁殖计划，以保证这些濒危猫科动物的种群数量，这些动物园得到了美国动物园和水族馆联合会（United States-based Association of Zoos and Aquariums，AZA）、欧洲动物园和水族馆联合会（European Association of Zoos and Aquaria，EAZA）的认可。欧洲物种保护协会的物种生存计划（Species Survival Plans，SSP）和欧洲濒危物种保护协会的欧洲濒危物种计划（European Endangered species Programs，EEPs）使用来自血统书的谱系数据记录和遗传分析来制订繁殖计划，努力使种群数量和基因多样性达到最大化（Swanson，2006）。目前，欧洲物种保护协会负责监管14种特殊猫科动物的保护措施，而欧洲濒危物种保护协会负责监管13种特殊猫科动物的保护措施，其中11种由两个组织共同管理（表28.1）。如果只依靠传统管理方案中的自然繁殖，绝大多数（75%）动物园的猫数量甚至无法维持100年（Swanson，2006）。动物园管理的种群数量减少将使某些物种至关重要的安全网消失，并剥夺科学家为保护其他物种所必需的宝贵研究资源。

确保人类管理计划下野生猫科动物种群数量长期维持是一件极其困难的事情，但通过包括辅助生殖技术在内的生殖科学技术更广泛的应用，可以显著增强这一前景。对野生猫科动物而言，动物园内优先采取的生殖技术仍然是最基本的精液采集和分析、体外授精、胚胎移植、人工授精以及精子和胚胎冷冻保存。此外，更先进的生殖技术，如体细胞核移植或从诱导多能干细胞中创造精子和卵母细胞，通常因其保护潜力而得到推广，但对野生动物的应用效益在多年后才会出现。野生猫科动物缺乏等待这些新兴科学技术的时间来有效解决其迫切的物种保护需求。动物园内猫科动物物种的延续最终取决于能否产生足够多的存活后代，以抵消因衰老、受伤和疾病而导致的死亡，这些因素受到了有限的物理空间、低遗传多样性以及管理大多数动物园种群所固有的财政资源的限制。如果希望辅助生殖技术对维持这些猫科动物数量产生有意义的作用，那么在未来10～20年内，这项技术的成熟度和对种群管理的适用性必须大大提高。时间已成为将辅助生殖技术应用于动物园和野生猫科动物物种保护中的关键影响因素。

我们能否将这些技术成功应用于野生猫科动物，取决于最初在家猫中进行的初步研究。家猫（*Felis silvestris catus*）是在约1万年前被人类从野猫中驯服而来，并与野猫有许多生理和遗传上的相似性。我们对猫科动物繁殖的基本认识大多源于对家猫的实验研究，目前在野生猫科动物中成功使用的所有辅助生殖技术都是（Sojka et al.，1970；Platz and Seager，1978；Kraemer et al.，1979）首先开发、完善和应用于驯化群体。相反，动物园中的野生猫科动物种群为科学家提供了一个重要的资源来研究这些技术的跨物种应用。将辅助生殖技术应用于野生猫科动物的一个先决条件是识别物种特异性的繁殖性状，通过精液采集和分析，确定物种特有的生殖特征，在不同物种的基础上识别相似性和差异性，最重要的是通过粪便激素分析进行无创内分泌监测（Brown et al.，1994）。尽管野生猫科动物和家猫在进化上存在明显的差异，但也存在着一定的生殖共性，因此应用辅助生殖技术作为野生猫科动物（与辅助生殖技术在大多数其他野生动物中的应用现状不同）种群管理策略正获得进一步的关注度。

28.2 精液采集、分析和冷冻保存

猫科动物的精液采集对于评估雄性基本生殖性状以及获取精液用于冷冻保存、体外授精和人工授精至关重要。几种采集精液的方法已经被证明对猫科动物是安全有效的。对野生猫科动物而言，麻醉雄性的电刺激射精是应用最广泛的方法，在过去的40年中，几乎所有动物园饲养的野生猫科物种都成功地将其用于精液采集（Platz and Seager，1978）。电射精技术是将一个润滑的直肠探头插入直肠，该探针具有纵向或圆周电

极，探头直径根据猫的体型大小（即近似于该物种典型粪便样本的直径）进行调整（图 28.1），电刺激器连接直肠探头，通过一系列可控的低电压（2 ～ 6 V）刺激来诱发射精，通常为 2 ～ 3 组，每组 20 ～ 30 个的刺激。通过放在阴茎头上一个保温的、无菌的塑料杯回收射精的样本（图 28.2a）。近期还发现了另一种用于猫精液采集的替代方法，即用插入尿道（到前列腺的深度）的开放式导尿管回收高浓度精液（图 28.2b）（Zambelli et al.，2008）。对于这种方法，雌性动物需要用 α2 激动剂（如美托咪定、右美托咪定等）进行麻醉，以诱导精子从输精管释放到远端尿道。导管直径（1.2 mm 或 1.7 mm）和插入深度（范围为 6 ～ 30 cm）根据每个物种的体型差异而不同。在不同物种和个体中，导尿管的总精子回收率与电射精的精子回收率基本相同，并且使用这种方法已从狮子（Lueders et al.，2012）和至少 10 种其他野生猫科动物中回收到了高质量样本。在少数情况下，也可以使用人工阴道采集非麻醉野生猫科动物（如猎豹、老虎）的精液，但前提是该雄性动物已接受驯养员的严格驯养。大多数猫在死后可以通过用培养液冲洗输精管和附睾尾部来回收精液。大多数情况下，如果动物死后的组织在储存和运输过程中保持低温，那么可在死亡后 24 h 内获得存活的精液样本。

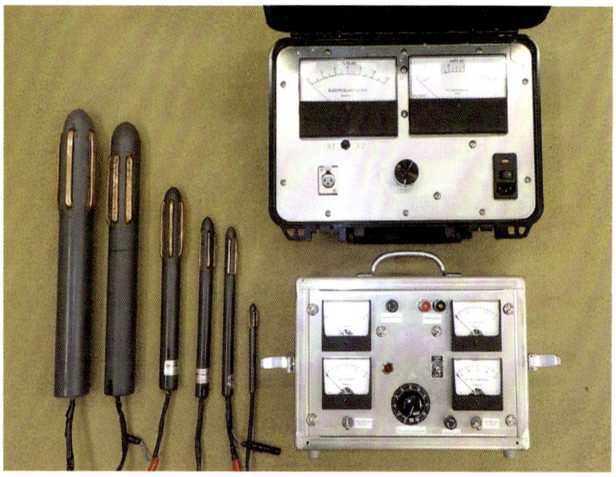

图 28.1　精液采集设备

电刺激器和直肠探头（直径为 1.0 ～ 4.2 cm），用于家猫和野生猫科动物的电射精（适用体型大小的范围从黑足猫到东北虎）。

全面的精液分析可深入了解每只猫的生育力，并确定不同品种猫的标准精液参数（Herrick et al.，2010）。精液回收后，通常使用适用于其他哺乳动物的标准显微观察方法，对猫精液样本的几个基本特征进行评估，特别是体积、精液 pH、精子浓度、运动能力、运动速度和精子形态。个体间的精液性状可能存在很大差异，但在物种间的精子数量和形态特征上往往观察到一致的差异。一般来说，与大型猫科动物（精子数量＞1 亿）相比，小型猫科动物每次射精提供的精子更少（精子数量通常＜5000 万），这限制了小型猫科动物的精子冷冻或人工授精。某些物种（如猎豹和云豹）的精子形态非常差（正常形态数量＜30%），被归类为畸形精子症，但其他物

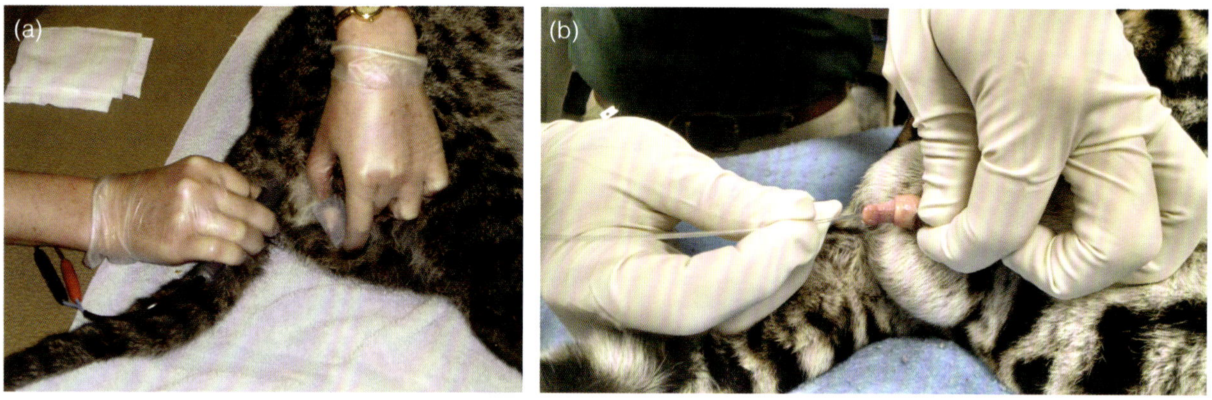

图 28.2　猫科动物精液采集方法

（a）使用直径 1.6 cm 的直肠探头和聚丙烯收集杯收集渔猫电射精的精液；（b）美托咪定 / 氯胺酮诱导麻醉后，使用 5 Fr 开口聚丙烯导管对豹猫进行尿道插管。

种（如豹猫和老虎）的精子形态通常60%以上是正常的，其他大多数物种则介于这两者之间。畸形精子症会严重影响精子功能和冷冻敏感性，间接导致辅助生殖成功率下降。

野生猫科动物的生殖研究往往与分布各地的多个动物园合作进行，由于距离过长限制了复杂实验设备的运输。因此，经常需要一个“移动式实验室”，研究人员更偏爱紧凑、轻便、耐用的实验设备，这可能会影响研究设计，例如，野猫的精子运动特性研究的评估通常是主观的，以避免使用更繁琐的计算机辅助精子分析系统，尽管现在已经有了方便、便携的系统。其他精子性状，如顶体状态、活力、获能状态和线粒体功能，可通过固定样本的特殊比色法（如玫瑰红/固绿）或荧光染色（如Hoescht、FITC-PNA）进行评估。对野猫（尤其是在异种体外受精前）进行更深入的精子品质分析还包括精子代谢、染色质断裂和精子功能。在猫科动物中，配子水平上不存在跨物种生殖障碍，这使得任何野生猫科动物的精子都可以在体外穿透家猫的卵母细胞并使其受精。在当地诊所收集家猫卵巢中的卵母细胞并进行成熟培养是很容易的，这消除了利用野猫的同源卵母细胞进行精子功能研究的困难。虽然异源体外受精能够用来评估单个雄性的生育能力，但它被证明最有益的还是用于冷冻精液的精子功能比较评估研究（Herrick et al.，2010）。

精液冷冻保存是将辅助生殖技术应用于濒危物种保护的基础。能够冷冻保存数十年或者数百年的猫科动物精子是一种宝贵资源，大多数受保护种群的遗传多样性可以在液氮罐内得以保存和维持，而不是在活体动物中，这可能会使动物园内能够有效保存的猫品种数量增加1～3倍。此外，冷冻精液能够在不同动物园、国家，以及原栖息地和迁移地之间建立基因的流动，以此代替运输活体猫（Swanson et al.，2007）。然而，为了使这种方法成为现实，猫的精液样本必须经过一定的处理和冷冻，以保障精子的生存能力和功能，从而通过体外受精或人工授精的方法产生后代。但是，尽管经过了几十年的研究，猫的精子仍然难以有效地冷冻保存。

早期的研究中，家猫精子是在含有甘油的卵黄稀释冷冻液中稀释，然后在冰箱中短期冷却，最后在干冰上快速结晶冷冻的。将这种方法应用于野生猫科动物，可以在解冻后获得一定比例恢复活力的精子，但精子寿命通常会缩短，使用这种冷冻方法保存的精子进行繁殖，只产生了少数后代。多年来，精液冷冻技术的改进涉及大量研究，包括稀释剂、冷冻保护剂、冷却速率、包装方法和解冻速度的改变。虽然目前许多野生猫科动物的精液样本仍然使用市售的含甘油的卵黄稀释液进行冷冻，但这种方法已经发展到在缓慢冷却后，将冻存管置于液氮蒸汽上或干燥的冷冻箱中逐步冷冻保存。

最近的研究表明，将家猫和野生猫科动物的精子冷冻在大豆卵磷脂冻存剂（含甘油）更具优势，可减少批次间的差异性、传染病问题以及避免使用卵黄类冷冻液产品相关的监管限制（Vick et al.，2012）。对美洲虎、豹猫、帕拉斯猫、渔猫、黑足猫和沙猫的比较研究发现，使用大豆卵磷脂冷冻液与卵黄冷冻液冻存的精子解冻后的运动能力和功能相似（通过异源体外授精检测）。后来研究者将猫精子混合于含有蔗糖而非甘油的大豆卵磷脂冷冻液中并直接快速冷冻到液氮中，利用该方法冻存的精子解冻后通过人工授精获得了存活的273只野生猫科动物幼崽，证明该方法是可行的，这种方法与导尿管结合用于精液采集时，就提供了一种快速、方便的精液储存方法，由于该方法只需要少量的仪器设备，动物园的兽医或野生动物学家可以就地采集猫科动物的精液并储存（Swanson et al.，2016）。然而，尽管近年来猫精液冷冻保存方法有所改进，但许多野生猫科动物解冻后的精液品质仍不太适用于辅助生殖，这是将常规精液库和标准授精技术纳入物种保护计划的主要障碍。

28.3 人工授精

人工授精是在野生猫科动物中产生后代最直接的方法，已被推广为与野生动物管理最相关的辅助生殖技术（Pukazhenthi and Wildt，2004）。人工授精是让繁殖行为或生理上不统一的野生猫科动物繁育的最有价值的方法，实现了不同动物园的猫之间以及家猫和野猫之间的杂交繁衍（Swanson，2006；Howard and Wildt，2009）。50多年前，人工授精首次应用于家猫（Sojka et al.，1970），随着人工授精方法的改进，目前主要通过采集的新鲜精液和解冻的精液进行繁殖。在过去40年中，通过野生猫科动物的阴道和子宫颈人工授精的效果并不好，仅实现了少量的妊娠，主要原因可能是麻醉药干扰了雌性动物生殖道对精子的运输（表28.2）。最近尝试通过子宫颈人工授精，已经使3个物种（狮子、金猫、波斯豹）在自然发情期通过诱导排卵后产生了多次妊娠。然而，这种方法需要较高的精子数量才能受孕，而且由于其依赖自然发情周期，因此很难适应不同机构的物种管理。

将腹腔镜（一种微创外科技术）应用于家猫的生殖研究中，极大地促进了猫科动物人工授精的发展（图28.3）（Wildt et al.，1977）。20世纪80年代后期开发的子宫腹腔镜人工授精技

表 28.2　野生猫科动物成功进行人工授精和胚胎移植的表格

通用名词	属 / 种	人工授精		胚胎移植		
		授精方法[a]	精液状态[b]	胚胎来源[c]	移植方法[d]	胚胎状态[e]
虎	豹属虎种	V/LU/LO	F	IVF	SO	F
狮子	豹属狮种	TC	F			
美洲豹	豹属美洲豹亚种	LO/LU	F			
花豹	豹属豹种	TC	F			
雪豹	雪豹属	LU	F			
云豹	云豹属	LU/LO	F/FT			
猎豹	猎豹属猎豹亚种	LU	F/FT	IVF	LO	F
美洲狮	美洲狮属美洲狮种	SU/LU	F			
渔猫	豹猫属渔猫亚种	LO	F	IVF	SU	F
帕拉斯猫	兔狲属兔狲种	LO	F/FT			
沙猫	猫属	LO	FT	IVF	LO	F
虎猫	虎猫属	LU/LO	F/FT	IVF	LO	FT
虎斑猫	猫属	LU	F			
金猫	金猫属	TC	F			
豹猫	豹猫属	LU	F/FT			
黑足猫	猫属			IVF	LO/LOi	FT
狞猫	狞猫属			IVF	SU	F/FT
山猫	猞猁属			IVF	SU	F
野猫	猫属			IVF	SU	F/FT

a 授精方法：V，阴道授精；TC，经宫颈授精；SU，外科法子宫授精；LU，子宫腹腔镜人工授精；LO，输卵管腹腔镜人工授精。

b 精液状态：F，新鲜；FT，冻融。

c 胚胎来源：IVF，体外受精获得。

d 移植方法：SU，手术法子宫内移植；SO，手术法输卵管内移植；LO，腹腔镜法输卵管内；i，种间移植。

e 胚胎状态：F，新鲜；FT，冻融。

术（LU-AI）提高了利用外源促性腺激素（eCG，hCG）处理的家猫受孕率，并且将其推广应用于野生猫科动物中，已在 8 种动物中实现了妊娠（图 28.4a）（Howard and Wildt，2009）。采用这种方法，往往只需对雌性动物注射一次 eCG 以诱导卵泡生长，然后在 3 ～ 4 d 后注射人绒毛膜促性激素（hCG）来诱导排卵，在注射 hCG 后 36 ～ 45 h 进行人工授精即可。促性腺激素剂量和人工授精的时机在不同物种中需要进行调整，大型猫通常在注射 hCG 后需要更长时间才能够排卵，卵巢对 eCG/hCG 剂量的敏感性因物种而异，但与体重几乎没有关系。利用猎豹和豹猫的冻融精子进行子宫腹腔镜人工授精，已经实现了多次妊娠。然而，人工授精在其他物种中的成功率是有限的，部分原因是子宫腹腔镜人工授精和子宫颈人工授精一样，需要相对稳定的精子数量才能实现受孕，而精子冷冻也可能会严重影响受孕。

最近，在家猫和野生猫科动物标准腹腔镜人工授精方案中进行了多种改进，包括外源性促性腺激素处理方案、授精部位和卵巢功能调控等（Conforti et al.，2013；Swanson，2019）。尽管 eCG 和 hCG 对诱导卵巢活动和排卵非常有效，但 hCG 刺激排卵后的持续作用导致卵泡生长和相关内分泌紊乱，对胚胎迁移和胎儿发育产生不利影响。用猪促黄体素（porcine luteinizing hormone，pLH）替代 hCG，可产生相同的诱导排卵效果，

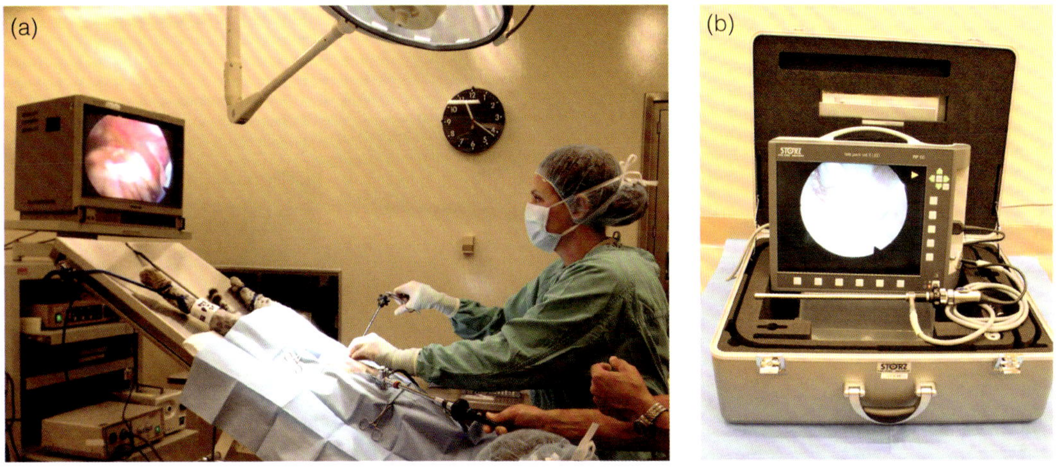

图 28.3　猫科动物的腹腔镜检查

（a）诊疗机构输卵管腹腔镜授精设备；（b）便携式腹腔镜设备，用于在前往远程机构期间进行“移动实验室”生产程序。

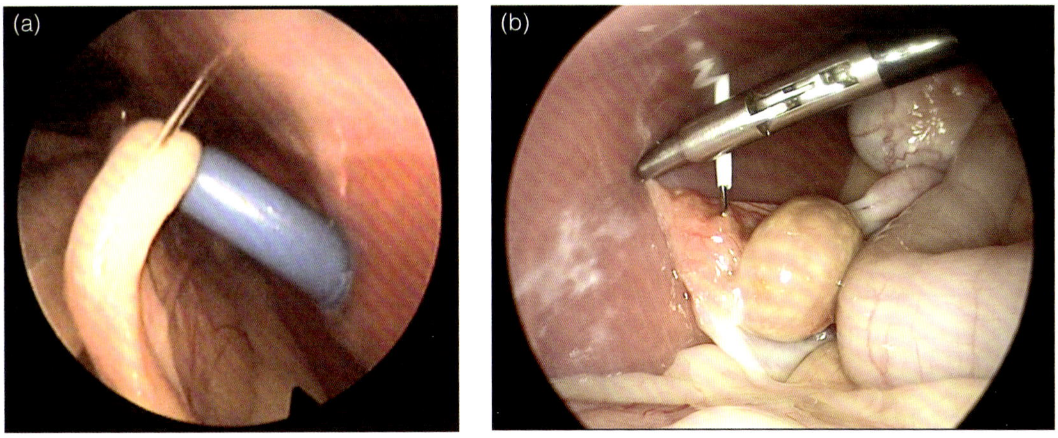

图 28.4　腹腔镜人工授精

（a）子宫腹腔镜人工授精，人工授精导管插入远端子宫角的腔内；（b）输卵管腹腔镜人工授精，人工授精针深入输卵管壶腹部的位置。

而不会对卵巢产生持续刺激。此外，授精的首选部位从子宫转移到输卵管，将精子直接注入到母猫的输卵管壶腹部，从而大大减少了人工授精所需的精子量（图 28.4b）。目前，输卵管腹腔镜人工授精（LO-AIs）常应用于射精的精子数量仅 200 万至 400 万个的物种。过去用于人工授精的外源性促性腺激素处理通常不考虑受体雌性动物自身卵巢发育活动的情况，因此导致许多个体的卵巢反应不一致（Howard and Wildt，2009；Thongphakdee et al.，2018）。根据目前的输卵管腹腔镜人工授精方案，母猫通常在促性腺激素处理之前，通过每天饲喂低剂量孕酮（烯丙孕素），持续 30 ～ 55 d，来抑制卵巢发育活动，具体方案取决于物种（Swanson，2019）。在停用孕酮 5 ～ 7 d 后，雌性动物注射 eCG 和 pLH，并在相应处理时间后通过输卵管腹腔镜技术进行人工授精。采用这种方法，70% ～ 80% 的家猫能够受孕，并且有 6 种野生猫科动物也成功产生了后代，其中包括对豹猫使用新鲜精液和冷冻精液进行人工授精已多次受孕（表 28.2）。对豹猫使用随机挑选的冷冻精液进行输卵管腹腔镜人工授精已成功产下多窝幼崽，大大提高了种群保护计划所要求的物种数量，并显著提高了遗传多样性。在美国动物园和水族馆联合会管理的 14 个种群保护计划中，豹猫种群的保护通过辅助生殖技术获得了巨大成效，并成为将输卵管腹腔镜人工授精技术应用到其他猫科动物管理计划的潜在模型。

28.4 体外受精、胚胎培养和冷冻保存

家猫的体外受精实验结果为研究猫科动物的生殖功能、促性腺激素诱导的卵泡发生、卵母细胞成熟、精子获能、配子相互作用、胚胎发育动力学和培养要求提供了重要信息。体外受精研究还为研究胚胎移植在物种保护中的潜在用途提供了机会，它克服了在自然繁殖或人工授精后体内发育的胚胎易死亡的缺点，并增加了每只雌性动物可产生的胎儿数量（Goodrowe et al.，1988；Pope，2014）。与人工授精一样，外源性促性腺激素处理是体外受精技术发展的核心因素。在家猫和野生猫科动物中，eCG 或 pFSH 通常用于诱导卵巢上更多的卵泡生长，随后在抽吸前使用 pLH 或 hCG 诱导卵泡成熟。通过腹腔镜观察，排卵在 pLH 或 hCG 处理后约 24 ～ 27 h 进行，大多数卵母细胞通常在收集后 1 ～ 2 h 内完成核成熟（至减数分裂Ⅱ期）。与人工授精一样，家猫体外受精的卵巢刺激方案在大多数野生猫科动物中表现出了一定的效果，并且促性腺激素的使用剂量在不同物种中需要进行调整。整个物种中，猫科动物的精子能够在大多数补充蛋白的培养液中获能，迄今为止已有近 20 种野生猫科动物的体外受精率达到中高等水平（图 28.5a）（Swanson，2006；Pope，2019）。体外受精需要的精子数量比输卵管腹腔镜人工输精少得多（每次体外受精约 20×10^6 ～ 50×10^6 个活动精子），即使使用冷冻 - 解冻的精子，通常也能够达到一定的受精率（图 28.5b）。

体外受精研究还促进了胚胎培养研究的开展，从而能够比较体外胚胎和体内胚胎的发育动力学，并对体外受精产生的胚胎发育进行跨物种评估。通过对培养液配方和阶段特异性代谢需求的多因素研究，改进后的家猫胚胎培养系统可以在正常生理发育时间范围内产生更加一致的囊胚（Herrick et al.，2007）。培养到子宫期的胚胎能够被子宫识别并着床，这样就简化了胚胎移植过程，但移植研究结果表明，延长胚胎培养时间可能对胚胎的活力产生不利影响（Pope，2014）。最后，体外受精技术使早期（2 ～ 8- 细胞）和晚期（桑椹胚 / 囊胚）胚胎冷冻保存成为可能。对其他哺乳动物使用缓慢梯度冷冻和玻璃化冷冻的胚胎冷冻保存方法，已证明对家猫以及一些野生猫科动物也适用（Pope，2014，2019）。与精子冷冻和人工授精一样，可靠的胚胎冷冻方法是未来将胚胎移植应用于野生猫科动物保护管理的先决条件。

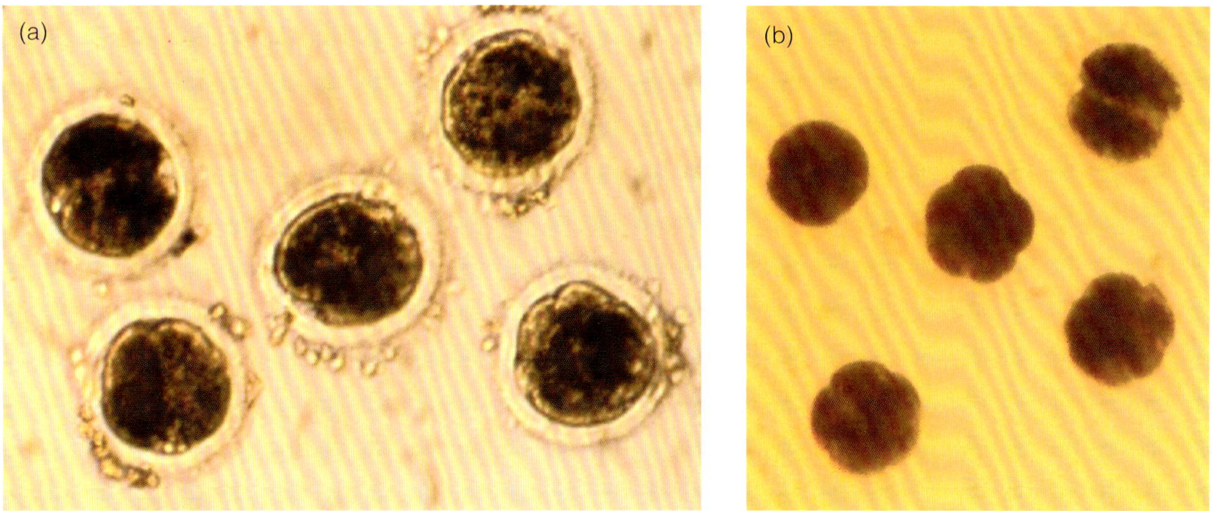

图 28.5　猫科动物的体外受精和胚胎培养

（a）用同源精子授精 48 h 后的豹猫胚胎（2 ～ 8- 细胞）；（b）将家猫卵母细胞与解冻的山猫精子受精 48 h 后的山猫 - 家猫杂交胚胎（2 ～ 8- 细胞）。

28.5　胚胎移植

从应用的角度来看，体外受精的价值在于它可以产生能够移植且具备发育形成后代潜能的野生猫科动物胚胎。与人工授精相比，胚胎移植是一种更复杂的辅助生殖技术，需要单独的腹腔镜手术来回收和转移卵母细胞，且通常需要进行胚胎冷冻保存，以确保受体具备相同生理状态下再进行移植。然而，无论是通过卵母细胞回收 / 体外受精程序进行常规处理，还是在出现的意外死亡后进行卵母细胞体外成熟或体外受精以挽救基因损失，胚胎移植确实为保证母猫的遗传潜力提供了一种更直接的手段。家猫的早期胚胎移植研究证明了从体内获得的胚胎移植入子宫后能够生产后代（Kraemer et al.，1979）。十多年来，体外受精胚胎的胚胎移植一直是野生猫科动物胚胎移植的主要方法，有 5 种物种（老虎、野猫、渔猫、家猫、山猫）都实现了胚胎移植后的妊娠，野猫和家猫利用冷冻胚胎移植后也成功妊娠（表 28.2）。然而，随着越来越多地使用腹腔镜取卵技术和人工授精技术，以及选择早期体外受精胚胎的输卵管移植，输卵管腹腔镜胚胎移植（LO–ET）技术在家猫繁殖中也得到应用和发展，以取代剖腹移植手术（Swanson，2012；Pope，2014）。对野生猫科动物的比较研究表明，LO–ET 具有跨物种的作用，对 4 个物种（虎猫、沙猫、黑足猫、猎豹）的体外受精胚胎进行移植都实现了妊娠并产生了后代，其中包括 5 只山猫利用冷冻胚胎移植后也成功妊娠（表 28.2）。然而目前，体外受精和胚胎移植在任何野生猫科动物的物种保护中都还没有发挥出非常重大的作用。

尽管早期胚胎的输卵管腹腔镜胚胎移植在一些野生猫科动物中已被证实是可行的，但如果要提高应用价值，胚胎培养系统和受孕母体同期发情方法仍需进一步探索。目前的难点在于还无法解决胚胎培养（尤其是长期培养）对胚胎活力的影响、外源性促性腺激素处理引起的输卵管、子宫环境异常对胚胎发育的影响。在这些问题得到解决之前，可能很难从输卵管腹腔镜胚胎移植方法过渡到将胚胎经宫颈移植的微创方法，从而使体外受精 / 胚胎移植技术作为输卵管腹腔镜人工授精技术的一种替代方法并在物种保护方面得到广泛应用。

28.6 参考文献

[1] Brown, J.L., Wasser, S.K., Wildt, D.E., and Graham, L.H. (1994) Comparative aspects of steroid hormone metabolism and ovarian activity in felids, measured noninvasively in feces. Biology of Reproduction 51, 776–786. doi: 10.1095/biolreprod51.4.776.

[2] Conforti, V.A., Bateman, H.L., Schook, M.M., Newsom, J., Lyons, L.A., et al. (2013) Laparoscopic oviductal artificial insemination improves pregnancy success in exogenous gonadotropin-treated domestic cats as a model for endangered felids. Biology of Reproduction 89, 1–9. doi: 10.1095/biolreprod.112.105353.

[3] Goodrowe, K.L., Wall, R.J., O'Brien, S.J., Schmidt, P.M., and Wildt, D.E. (1988) Developmental competence of domestic cat oocytes after fertilization in vitro. Biology of Reproduction 39, 355–372. doi: 10.1095/biolreprod39.2.355.

[4] Herrick, J.R., Bond, J.B., Magarey, G.M., Bateman, H.L., Krisher, R.L., et al. (2007) Toward a feline-optimized culture medium: Impact of ions, carbohydrates, essential amino acids, vitamins, and serum on development and metabolism of in vitro fertilization-derived feline embryos relative to embryos grown in vivo. Biology of Reproduction 76, 858–870. doi: 10.1095/biolreprod.106.058065.

[5] Herrick, J.R., Campbell, M., Levens, G., Moore, T., Benson, K., et al. (2010) In vitro fertilization and sperm cryopreservation in the black-footed cat (Felis nigripes) and sand cat (Felis margarita). Biology of Reproduction 82, 552–562. doi: 10.1095/biolreprod. 109.081034.

[6] Howard, J.G. and Wildt, D.E. (2009) Approaches and efficacy of artificial insemination in felids and mustelids. Theriogenology 71, 130–148. doi: 10.1016/j.theriogenology.2008.09.046.

[7] IUCN (2020) International Union for Conservation of Nature's red list of threatened species. Version 2020-1. Available at: https://www.iucnredlist.org. (accessed 2 June 2020).

[8] Kraemer, D.C., Flow, B.L., Schriver, M.D., Kinney, G.M., and Pennycook, J.W. (1979) Embryo transfer in the nonhuman primate, feline and canine. Theriogenology 11, 51–62. doi: 10.1016/S0093-691X(79)80018-7.

[9] Lueders, I., Luther, I., Scheepers, G., and Van der Horst, G. (2012) Improved semen collection for wild felids: urethral catheterization yields high sperm quality in African lions (Panthera leo). Theriogenology 78, 696–701. doi: 10.1016/j.theriogenology.2012.02.026.

[10] Platz, C.C. and Seager, S.W.J. (1978) Semen collection by electroejaculation in the domestic cat. Journal of the American Veterinary Medical Association 173, 1353–1155.

[11] Pope, C.E. (2014) Aspects of in vivo oocyte production, blastocyst development and embryo transfer in the cat. Theriogenology 81,126–137. doi: 10.1016/j.theriogenology.2013.09.006.

[12] Pope, C.E. (2019) Forty years of assisted reproduction research in non-domestic, wild and endangered mammals. Revista Brasileira de Reprodução Animal 43, 160–167.

[13] Pukazhenthi, B.S. and Wildt, D.E. (2004) Which reproductive technologies are most relevant to studying, managing and conserving wildlife? Reproduction, Fertility and Development 16, 33–46. doi: 10.10371/RD03076.

[14] Sojka, N.J., Jennings, L.L., and Hamner, C.E. (1970) Artificial insemination in the cat (Felis catus L.). Laboratory Animal Care 20, 198–204.

[15] Swanson, W.F. (2006) Application of assisted reproduction for population management in felids: the potential and reality for conservation of small cats. Theriogenology 66, 49–58. doi: 10.1016/j.theriogenology.2006.03.024.

[16] Swanson, W.F. (2012) Laparoscopic oviductal embryo transfer and artificial insemination in felids: Challenges, strategies and successes. Reproduction in Domestic Animals 47(6), 136–140. doi: 10.1111/rda.12069.

[17] Swanson, W.F. (2019) Practical application of laparoscopic oviductal artificial insemination for propagation of domestic cats and wild felids. Reproduction, Fertility and Development 31, 27–39. doi: 10.1071/RD18350.

[18] Swanson, W.F., Stoops, M.A., Magarey, G.M., and Herrick, J. (2007) Sperm cryopreservation in endangered felids: developing linkage of in situ–ex situ populations. In: Roldan, E. and Gomenido, M. (eds) Spermatology. Nottingham University Press, Nottingham, UK, pp. 417–432.

[19] Swanson, W.F., Bateman, H.L., and Vansandt, L.M. (2016) Urethral catheterization and sperm vitrification for simplified semen banking in felids. Reproduction in Domestic Animals 52(2), 255–260. doi: 10.1111/rda.12863.

[20] Thongphakdee, A., Tipkantha, W., Punkong, C., and Chatdarong, K. (2018) Monitoring and controlling ovarian activity in wild felids. Theriogenology 109, 14–21. doi: 10.1016/j.theriogenology.2017.12.010.

[21] Vick, M. M., Bateman, H. L., Lambo, C. A., Swanson, W. F. Improved cryopreservation of domestic cat sperm in a chemically defined medium. Theriogenology 78(9), 2120–2128. doi: 10.1016/j.theriogenology.2012.08.009.

[22] Wildt, D.E., Kinney, G.M., and Seager, S.W.J. (1977) Laparoscopy for direct observation of internal organs in the domestic cat and dog. American Journal of Veterinary Research 38, 1429–1432.

[23] Zambelli, D., Prati, F., Cunto, M., Iacono, E., and Merlo, B. (2008) Quality and in vitro fertilizing ability of cryopreserved cat spermatozoa obtained by urethral catheterization after medetomidine administration. Theriogenology 69, 485–490. doi: 10.1016/j.theriogenology.2007.10.019.

附　录

食肉动物常用药物及其在妊娠期的使用建议，来自 Papich and Davis（1986）。

分类：

A：可能是安全的。虽然没有具体的研究证明所有药物在猫、犬身上的安全性，但也没有关于在实验动物或人类女性身上产生不良影响的报告。

B：谨慎使用时是安全的。在对实验动物的研究中发现了一些风险，但这些药物对犬和猫是安全的，在非哺乳期动物中使用这些药物是安全的。

C：这些药可能有潜在的毒、副作用。在对人或实验动物的研究中已经发现了毒、副作用，当使用该类药物治疗时的治疗作用明显超过其毒、副作用时，这些药物可以作为最后的治疗手段，谨慎使用。

D：禁忌。这些药物已被证明可引起先天性畸胚胎毒性。

药物类别	组成	分类	已知对不同物种的副作用	妊娠期的禁止期	特异性
抗微生物药	β－内酰胺类 头孢菌素类 大环内酯类 林可酰胺类	A	无信息或未知		
	特异性大环内酯类：泰乐菌素	B	无信息	无信息	无信息或未知
	磺胺类		小鼠 / 大鼠：先天性畸形，雌性：新生黄疸	避免长效药物	无信息或未知
	磺胺嘧啶甲氧苄啶		甲氧苄啶对大鼠有致畸性，但对其他物种可能是安全的	无信息或未知	无信息或未知
	氨基糖甙类	C	对胎儿的神经毒性和肾毒性	无信息或未知	必要时，可谨慎使用庆大霉素
	甲硝唑类		先天性畸形和胚胎毒性	前 3 周	无信息或未知
	氯霉素		减少胎儿的蛋白质合成，特别是在骨髓中	无信息或未知	
	喹诺酮类	D	胎儿的关节、软骨缺损	排卵后 10 d	无信息或未知
	四环素类		胎儿的骨骼和牙齿畸形和母体毒性	无信息或未知	
	特异性氨基糖甙类：链霉素		对胎儿的神经毒性和肾毒性		
	特异性氨基糖甙类：新霉素	A	无信息或未知		
抗寄生虫药	吡喹酮 哌嗪 苯硫哒唑 伊维菌素	A	无信息或未知		
	双甲脒	D	警告！对猫致命		

续表

药物类别	组成	分类	已知对不同物种的副作用	妊娠期的禁止期	特异性
抗真菌药	咪康唑	A	无信息或未知	无信息或未知	
	酮康唑	B	大鼠致畸和胚胎毒性、抗雄激素、犬产死胎		
	两性霉素B	C	先天性异常		
	灰黄霉素	D	大鼠致畸，猫的骨骼和大脑畸形		
抗癌药	多柔比星	C	致畸性和胚胎毒性	无信息或未知	
	氮硫磷平		先天性畸形，但仅限于雌性		
	苯丁酸氮芥		致畸性、胚胎毒性		
	顺铂		致畸性、胚胎毒性、肾毒性		
	环磷酰胺		先天性畸形、胚胎毒性、肾毒性		
	甲氨蝶呤		新生儿畸形和胚胎毒性		
	长春新碱				
镇痛药	对乙氨基酚	C	警告！对猫有毒性		
	阿司匹林、水杨酸		在实验动物中有胚胎毒性	妊娠晚期：肺动脉高压和出血	无信息或未知
	氟胺烟酸葡胺		无信息		
	吲哚美辛		无信息或未知	妊娠晚期：动脉导管过早闭合	
	苯基丁氮酮		无信息（可能长期使用骨髓抑制）		
麻醉药	利多卡因	A	与所有用于局部神经阻滞和硬膜外麻醉的局部麻醉药一样安全	无信息或未知	
	纳洛酮		新生儿出生后几分钟内安全		
	吗啡	B	新生儿镇静和呼吸抑制 => 新生儿剖宫产术后使用纳洛酮可逆		
	芬太尼、布托啡诺、可待因、羟吗啡酮		短期使用安全。新生儿镇静和呼吸抑制 => 纳洛酮可逆		
	乙酰丙嗪		新生儿中枢神经系统抑制	避免接近	无信息或未知
	阿托品		可能会引起胎儿心动过速，但似乎很安全	无信息或未知	
	甘草酸酯		在实验动物中安全，不像阿托品那样容易穿过胎盘		
	异氟烷 / 七氟烷		无信息或未知		
	氯胺酮		安全，但可能会导致早产		
	赛拉嗪、甲氧氟烷	C	导致剖宫产术中的新生儿沉郁		
胃肠药	抗酸药	A	安全	雷尼替丁和西咪替丁的安全性尚未确定	
	硫糖铝				
	镇吐药	B	短期使用可能安全	没有关于犬和猫的信息，甲氧氯普胺在实验动物中是安全的	
	泻药			无信息或未知	
	洛派丁胺	C	对实验动物有不良反应，但在犬、猫和人中没有报道		
	米索前列醇	D	终止妊娠	从妊娠的第 2 天开始：流产	
心血管药	洋地黄	A	可能安全	无信息或未知	

药物类别	组成	分类	已知对不同物种的副作用	妊娠期的禁止期	特异性
	呋喃苯胺酸	B	可能安全		
	多巴胺		治疗剂量可能是安全的，但高剂量可能会终止妊娠	无信息或未知	
	肝素		不穿过胎盘	无信息或未知	
	茶碱		无不良反应报道		
	奎尼丁		可能安全，但可能导致胎儿心动过缓		
	普萘洛尔	C	胎儿心动过缓、呼吸抑制、新生儿低血糖	避免近期	无信息或未知
抗惊厥药	苯巴比妥	B	罕见的先天性缺陷和新生儿出血倾向，但可能是其他患病动物的最佳选择	无信息或未知	
	安定	C	实验动物和人的先天性畸形		
肌松剂	丹曲林	C	安全性未确定		
激素	甲状腺素	B	不穿过胎盘	无信息或未知	
	倍他米松、可的松、地塞米松、氟甲松	C	腭裂和其他先天畸形的发病率增加，并可能导致早产和流产	无信息或未知	用于犬堕胎
	环磷酸雌二醇	D	雄性、雌性生殖道畸形和骨髓发育不良		
	雄激素		胎儿乳房发育		
	米托坦		肾上腺皮质坏死	无信息或未知	禁止

索 引

S

T

W

X

Y

Z